国家骨干高等职业院校
重点建设专业(电力技术类)“十二五”规划教材

继电保护技术

主　编　沈诗佳　程　琳
副主编　高浩宇　宣翠明　陈　晶
主　审　赵自刚

合肥工业大学出版社

内容提要

全书共分为8个教学项目，内容包括继电保护技术基础知识、电网电流保护、电网距离保护、电网全线速动保护、变压器保护、发电机保护、母线保护和二次接线技术。每个项目均由若干个来自实际生产、相互关联而又相对独立的典型工作任务组成。在每个任务中，按照任务的工作过程，由简到繁、由易到难、循序渐进、深入浅出地进行论述，启发读者用所学理论知识解决实际应用问题。

本书为高职高专院校电力技术类专业课程教材，也可作为电力行业工程技术人员的参考用书。

图书在版编目(CIP)数据

继电保护技术/沈诗佳，程琳主编．—合肥：合肥工业大学出版社，2013.3(2023.1重印)
ISBN 978-7-5650-1208-2

Ⅰ.①继… Ⅱ.①沈…②程… Ⅲ.①继电保护—高等职业教育—教材 Ⅳ.①TM77

中国版本图书馆CIP数据核字(2013)第017807号

继电保护技术

沈诗佳　程　琳　主编　　　　责任编辑　汤礼广　马成勋

出　版	合肥工业大学出版社	**版　次**	2013年3月第1版
地　址	合肥市屯溪路193号	**印　次**	2023年1月第3次印刷
邮　编	230009	**开　本**	787毫米×1092毫米　1/16
电　话	理工编辑部：0551—62903087	**印　张**	29.75
	市场营销部：0551—62903198	**字　数**	650千字
网　址	www.hfutpress.com.cn	**印　刷**	安徽联众印刷有限公司
E-mail	hfutpress@163.com	**发　行**	全国新华书店

ISBN 978-7-5650-1208-2　　　　定价：58.00元

前　言

基于工作过程系统化的课程要求，紧密结合生产实际进行设计，培养适应岗位需求及专业发展需要的人才，兼顾职业教育和人本教育，这是高等职业教育课程改革所要达到的目的。目前，高等职业教育课程改革的具体方法是：在学习专业知识和技能的基础上，以同性质的典型工作任务为同一学习领域（课程），以整合完整的工作任务过程为同一学习情境（篇章），以完成总体工作过程时的具体工作环节为单元（节次），结合工作环节的任务进行跨学科知识与技能的重构。其中，课程任务的安排依照完整的工作过程，情境排列依照从简单到复杂的认知规律。本书正是按照上述基于工作过程导向的职业技术教育课程改革思路，为发电厂及电力系统专业的继电保护技术课程编写的配套教材。

本书分继电保护技术基础知识、电网电流保护、电网距离保护、电网全线速动保护、变压器保护、发电机保护、母线保护和二次接线技术8个项目，按照企业中继电保护技术工作过程划分任务单元，将继电保护、继电保护调试技术及现场管理等传统课程有机整合，结合行动导向进行编写，因此，本书具有鲜明的职业教育特色。

参加本书编写的有安徽电气工程职业技术学院程琳（编写项目一、项目八）、合肥供电公司高浩宇（编写项目二、项目三、项目四）、安徽电气工程职业技术学院沈诗佳（编写项目五）、合肥发电厂宣翠明（编写项目六）、安徽电气工程职业技术学院陈晶（编写项目七）。全书由沈诗佳、程琳担任主编，高浩宇、宣翠明、陈晶担任副主编，沈诗佳统稿。

河北省电力公司调度中心主任赵自刚（教授级高级工程师）担任本书主审。赵自刚主任在百忙之中，抽出大量宝贵时间，对本书进行了认真审读，并提出了不少宝贵意见和建议，在此对其表示衷心的感谢。

由于编者的水平有限，书中难免有不妥之处，恳请读者批评指正。

编　者

前 言

目　　录

项目一　继电保护技术基础知识

【项目描述】

通过对本项目的学习，了解电力系统的故障和不正常工作状态；了解继电保护技术的基本任务和基本要求；了解微机保护的基本概念、硬件结构等基本知识；掌握一次设备、二次设备与二次回路基本知识。

【学习目标】

1. 知识目标

(1)了解电力系统的故障和不正常工作状态；

(2)了解继电保护的发展历史；

(3)掌握继电保护的基本任务和基本要求；

(4)了解继电保护的组成和基本原理；

(5)熟悉常用电磁型继电器的分类与符号；

(6)了解微机保护的基本概念；

(7)了解微机保护装置的基本硬件结构；

(8)了解微机保护的算法；

(9)了解二次回路常用设备的符号；

(10)熟悉二次回路的基本概念和分类。

2. 能力目标

(1)熟悉各种电磁型继电器的结构和动作过程；

(2)掌握电磁型电流、电压继电器动作特性试验方法；

(3)了解微机保护装置的硬件系统；

(4)了解微机保护装置定值调整的步骤；

(5)熟悉二次回路识绘图方法；

(6)能看懂基本的二次回路图。

【学习环境】

为了完成上述教学目标，要求具有与现场相似的微机保护实训场所(或微机保护一体化教室)，具有微机线路保护、微机变压器保护等基本的微机保护装置，具有二次接线实训室。同时应具有微机保护装置检验调试所需的仪器仪表、工器具、相关材料等，具有电磁型继电器、常规保护装置、调压器、滑线变阻器、电流表等常规试验仪器设备，具有可以开展一体化教学的多媒体教学设备。

任务一　继电保护基础知识

学习目标

通过对电流继电器等电磁型继电器的讲解和检验，使学生在完成本任务的学习过程中达到以下3个方面的目标：

1. 知识目标

(1)了解电力系统的故障和不正常工作状态；

(2)了解继电保护的基本任务；

(3)掌握对继电保护的基本要求；

(4)了解继电保护的基本原理；

(5)了解常用电磁型继电器的分类与符号；

(6)了解各种电磁型继电器的结构和动作过程。

2. 能力目标

(1)具有测试常规电磁型继电器特性的能力；

(2)具有使用常规试验仪器、仪表的能力。

3. 态度目标

(1)不旷课，不迟到，不早退；

(2)具有团队意识、协作精神；

(3)积极向上努力按时完成老师布置的各项任务；

(4)责任意识，安全意识，规范意识。

任务描述

在教师的指导下对常规继电保护装置外观进行检查，认识电磁型继电器，按图连接试验电路，观察电磁型电流继电器的动作现象，测定和校验电磁型继电器的启动电流，测定返回电流并计算返回系数。

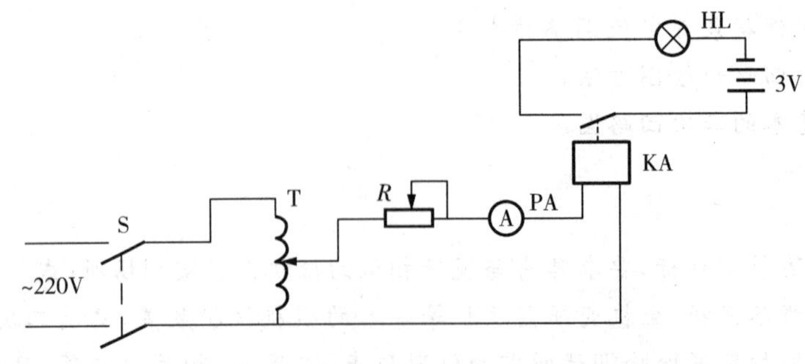

图1-1　电磁型电流继电器的动作特性试验接线图

任务准备

1. 工作准备

学习阶段	工作(学习)任务	工作目标
入题阶段	明确学习任务目标及主要学习内容	明确任务
	介绍继电保护的发展史、基本概念等	获取相关基础知识
准备阶段	划分小组,规划任务,制订工作计划;围绕学习目标准备考察学习的议题	明确工作计划、目的
分工阶段	在实训室参观继电保护装置,了解继电保护的发展史和基本组成	获取直观感性认识
	每组分工,分组按图连线	接线正确

2. 主要设备(每组)

序　号	符 号	名　称	数　量
1	T	单相自耦调压器	1 台
2	R	滑线变阻器	1 台
3	PA	电流表	1 只
4	KA	电流继电器	1 只
5	HL	指示灯	1 只
6	E	1.5V 干电池	2 只

任务实施

(1)按图 1-1 实验接线图接好线,电流整定值调整好。

(2)使调压器的指针处于最低位,使滑线电阻器处于最高电阻值,准备测量动作电流及返回电流。

(3)接通电源,通过改变调压器和滑线电阻,增大电流达到使继电器动作的最小电流称为动作电流,此时继电器接点闭合(指示灯 HL 亮),读取此动作电流。

(4)通过改变调压器的调整把手,减小电流,待触点打开为止(指示灯 HL 灭),此电流为返回电流,读取此返回电流。

(5)重新测量动作电流、返回电流,每个整定值测三次,取平均值。返回系数要在 0.85～0.90 才算合格。

(6)填写继电器特性测试记录表格。

表 1-1　电磁型过电流继电器动作特性试验数据表

整定电流值	实测次数	实测动作电流	实测返回电流	返回系数
1.8A				
2.4A				
平均值				

相关知识

继电保护基础知识

一、继电器

继电器是构成继电保护的基本元件。继电器按组成元件分为机电型(包括电磁型和感应型)、晶体管型、集成电路型、微机型等。本项目所涉及的常规继电器主要指的是电磁型和感应型继电器,一般用于35kV及以下电网和工厂供电系统。

继电器输入量和输出量之间的关系,如图1-2所示。图中X是加于继电器的输入量,Y是继电器触点电路中的输出量。当输入量X从零开始增加时,在$X<X_{OP}$的过程中,输出量$Y=Y_{min}$保持不变。当输入量X增加到动作量X_{OP}时,输出量突然由最小Y_{min}变到最大Y_{max},称为继电器动作。当输入量减小时,在$X>X_r$的过程中,输出量保持不变。当输入量X减小到X_r时,输出量Y突然由最大Y_{max}变到最小Y_{min},称为继电器返回。这种输入量连续变化,而输出量总是跃变的特性,称为继电特性。返回值X_r与动作值X_{OP}之比称为继电器的返回系数,以K_r表示,则$K_r=X_r/X_{OP}$。

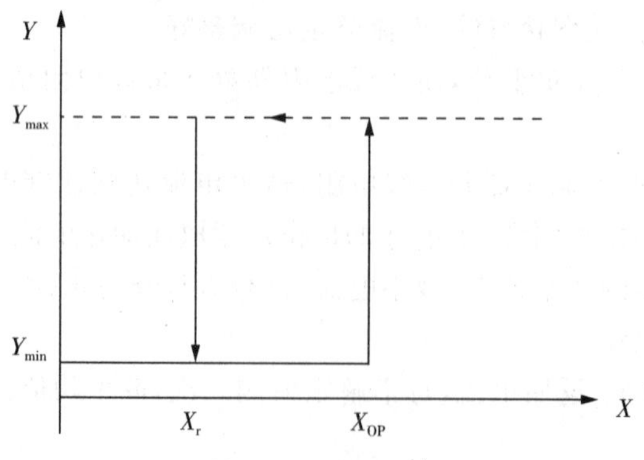

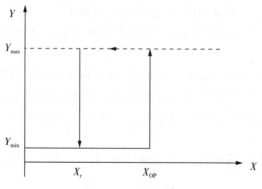

图1-2　继电特性

通常,继电器在没有输入量(或输入量没有达到整定值)的状态下,断开着的触点称为动合触点(也称为常开触点);闭合着的触点称为动断触点(也称为常闭触点)。

国产保护继电器，一般用汉语拼音字母表示它的型号。型号中第一个字母表示继电器的工作原理。第2(或第3)个字母表示继电器的用途。例如DL代表电磁型电流继电器，LCD代表整流型差动继电器。常用继电器型号中字母的含义见表1-2。

表1-2　常用保护继电器型号中字母的含义

第一个字母	第二、三个字母	
D—电磁型	L—电流继电器	Z—阻抗继电器
L—整流型	Y—电压继电器	FY—负序电压继电器
B—半导体性	G—功率方向继电器	CD—差动继电器
J—极化型或晶体管型	X—信号继电器	ZB—中间继电器

1. 电磁型电流继电器

电流继电器的文字符号为KA，其图形符号如图1-3所示。图中方框表示电流继电器的线圈，方框上面的符号表示电流继电器的动合触点。在电流保护中常用DL—10型电流继电器，它是一种转动舌片式瞬时动作的电磁型继电器，当电磁铁线圈中有电流通过时，衔铁克服反作用力矩而处于动作状态。当电流升高至整定值(或大于整定值)时，继电器立即动作，常开接点闭合，常闭接点断开；当电流降低小于返回电流时，继电器立即返回，常开接点断开、常闭接点闭合，结构如图1-4所示。

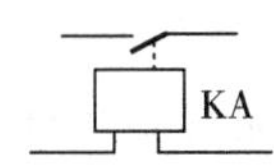

图1-3　电流继电器的图形符号

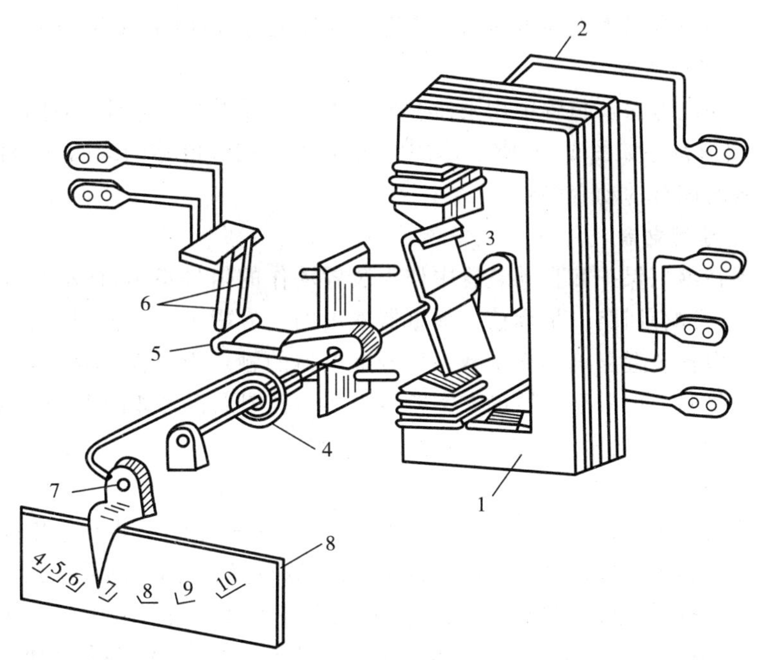

图1-4　DL—10型电磁型电流继电器的结构图

1—电磁铁；2—绕组；3—Z形舌片；4—弹簧；5—动触点；6—静触点；7—整定值调整把手；8—刻度盘

过电流继电器线圈中使继电器动作的最小电流，称为继电器的动作电流用I_{OP}表示。使继电器由动作状态返回到起始位置的最大电流，称为继电器的返回电流用I_r表示。继电器的返回电流与动作电流的比值称为继电器的返回系数用 K_r 表示，即 $K_r = I_r / I_{OP}$。对于过量继电器(例如过电流继电器) K_r 总小于 1。

2. 电磁型电压继电器

电压继电器的文字符号为 KV。电压继电器分为过电压继电器和低电压继电器两种，其图形符号分别如图 1-5a、b 所示。

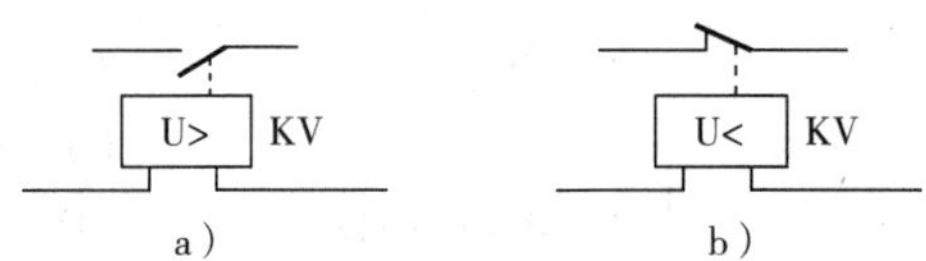

图 1-5　电压继电器的图形符号

a)过电压继电器　b)低电压继电器

图 1-5 中方框表示电压继电器的线圈，过电压继电器一般配有动合触点，低电压继电器一般配有动断触点。

过电压继电器线圈中使继电器动作的最小电压，称为继电器的动作电压，用 U_{OP} 表示。使继电器由动作状态返回到起始位置的最大电压，称为继电器的返回电压用，U_r 表示。继电器的返回电压与动作电压的比值称为继电器的返回系数，用 K_r 表示，即 $K_r = U_r / U_{OP}$。

低电压继电器线圈中使继电器动作的最大电压，称为继电器的动作电压，用 U_{OP} 表示。使继电器由动作状态返回到起始位置的最小电压，称为继电器的返回电压，用 U_r 表示。低电压继电器的返回系数仍为返回电压与动作电压的比值，但返回系数 K_r 总大于 1。

3. 电磁型时间继电器

时间继电器在继电保护装置中用来使保护装置获得所要求的延时。时间继电器的文字符号为 KT，其图形符号如图 1-6 所示，图中方框表示时间继电器的线圈，时间继电器一般配有瞬时打开延时闭合的动合触点。

4. 电磁型信号继电器

信号继电器在继电保护和自动装置中作为装置动作的信号指示，标示装置所处的状态或接通灯光信号(音响)回路。根据信号继电器发出的信号指示，运行维护人员能够方便地分析事故和统计保护装置正确动作次数。信号继电器的触点为自保持触点，应由值班人员手动复归或电动复归。信号继电器的文字符号为 KS，其图形符号如图 1-7 所示，图中方框表示信号继电器的线圈，信号继电器一般配有动合触点。

5. 电磁型中间继电器

中间继电器是保护装置中不可少的辅助继电器，与电磁式电流、电压继电器相比具有如下特点：触点容量大，可直接作用于断路器跳闸；触点数目多，可同时断开或接通几个不同的回路；可实现时间继电器难以实现的延时。中间继电器的文字符号为 KM。其图形符号如图 1-8 所示。图中方框表示中间继电器的线圈，中间继电器一般配有多个动合触点或动断触点。

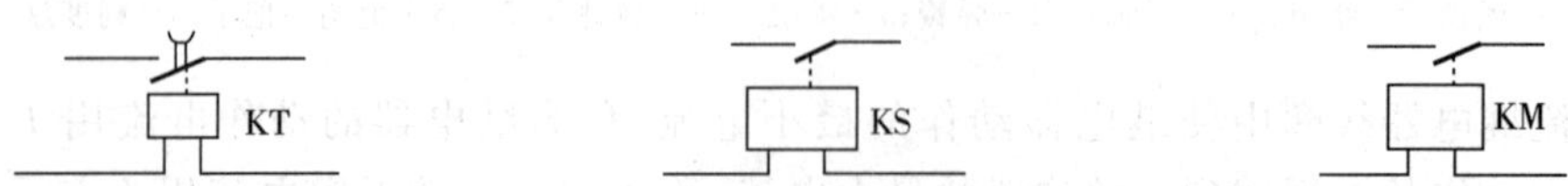

图 1-6　时间继电器图形符号　图 1-7　信号继电器图形符号图　图 1-8　中间继电器图形符号

二、继电保护装置的基本任务

电力系统由发电机、变压器、母线、输配电线路及用电设备组成。各电气元件及系统整体通常处于正常运行状态，但也可能出现故障或异常运行状态。在三相交流系统中，最常见、最危险的故障是各种形式的短路。直接连接（不考虑过渡电阻）的短路一般称为金属性短路。电力系统的正常工作遭到破坏，但未形成故障，称为异常工作状态。

继电保护装置是一种能反应电力系统中电气元件发生的故障或异常工作状态，并动作于断路器跳闸或发出信号的一种自动装置。其基本任务是：

(1)当电力系统中被保护元件发生故障时，继电保护装置应能自动、迅速、有选择地将故障元件从电力系统中切除，并保证无故障部分迅速恢复正常运行。

(2)当电力系统中被保护元件出现异常工作状态时，继电保护装置应能及时反应，并根据运行维护条件，动作于发出信号、减负荷或跳闸。此时一般不要求保护迅速动作，而是根据对电力系统及其元件的危害程度规定一定的延时，以免不必要的动作和由于干扰而引起的误动作。

三、继电保护的发展历史

继电保护技术是随着电力系统的发展而发展起来的。电力系统中的短路是不可避免的，短路必然伴随着电流的增大，因而为保护电气设备免受短路电流的破坏，首先出现了反应电流超过一预定值的过电流保护。熔断器就是最早的、最简单的过电流保护。这种保护方式时至今日仍广泛应用于低压线路和用电设备。熔断器的特点是融保护装置与切断电流的装置于一体，因而最为简单。由于电力系统的发展，用电设备的功率、发电机的容量不断增大，发电厂、变电站和供电网的接线不断复杂化，电力系统中正常工作电流和短路电流都不断增大，熔断器已不能满足选择性和快速性的要求，于是出现了作用于专门的断流装置（断路器）的过电流继电器。19 世纪 90 年代出现了装于断路器上并直接作用于断路器的一次式（直接反应于一次短路电流）的电磁型过电流继电器。20 世纪初随着电力系统的发展，继电器才开始广泛应用于电力系统的保护。这个时期可认为是继电保护技术发展的开端。

1901 年出现感应型过电流继电器，1908 年提出比较被保护元件两端电流的电流差动保护原理。1910 年方向性电流保护开始得到应用，在此时期也出现了将电流与电压相比较的保护原理，并促使 20 世纪 20 年代初距离保护装置的出现。随着电力系统载波通信的发展，在 1927 年前后，出现利用高压输电线上高频载波电流传送和比较输电线两端功率方向或电流相位的高频保护装置。在 20 世纪 50 年代，微波中继通信开始应用于电力系统，从而出现利用微波传送和比较输电线两端故障电气量的微波保护。早在 20 世纪 50 年代就出现利用故障点产生的行波实现快速继电保护的设想，经过 20 余年的研究，终于诞生的行波保护装置。随着光纤通信将在电力系统中的大量采用，利用光纤通道的继电保护得到广泛应用。

以上是继电保护原理的发展过程。与此同时，构成继电保护装置的元件、材料、保护装置的结构型式和制造工艺也发生了巨大的变革。20 世纪 50 年代以前的继电保护装置都是由电磁型、感应型或电动型继电器组成的。这些继电器都具有机械转动部件，统称为机电式继电器。由这些继电器组成的继电保护装置称为机电式保护装置。机电式继电器所采用的元件、材料、结构型式和制造工艺在近 30 余年来，经历了重大的改进，积累了丰富的运行经验，工作比较可靠，因而目前仍是电力系统中应用很广的保护装置。但这种保护装置体积大、消耗功率大、动作速度慢，机械转动部分和触点容易磨损或粘连，调试维护比较复杂，不能满足超高压、大容量电力系统的要求。

20 世纪 50 年代，由于半导体晶体管的发展，开始出现了晶体管式继电保护装置。这种保护装置体积小，功率消耗小，动作速度快，无机械转动部分，称为电子式静态保护装置。晶体管保护装置易受电力系统中或外界的电磁干扰的影响而误动或损坏，当时其工作可靠性低于机电式保护装置。但经过 20 余年长期的研究和实践，抗干扰问题从理论上和实践上都得到满意的解决，使晶体管继电保护装置的正确动作率达到了和机电式保护装置同样的水平。20 世纪 70 年代是晶体管继电保护装置在我国大量采用的时期，满足了当时电力系统向超高压，大容量发展的需要。

由于集成电路技术的飞速发展，人们有可能将数十个或更多晶体管集成在一个半导体芯片上，从而出现体积更小，工作更加可靠的集成运算放大器和其他集成电路元件。这促使静态继电保护装置向集成电路化方向发展。20 世纪 80 年代后期，标志着静态继电保护从第一代(晶体管式)向第二代(集成电路式)的过渡。20 世纪 90 年代开始向微机保护过渡。目前，微机保护装置已取代集成电路式继电保护装置，成为静态继电保护装置的主要形式。微机保护具有强大的计算、分析和逻辑判断能力，有存储记忆功能，因而可用以实现任何性能完善且复杂的保护原理。微机保护可连续不断地对本身的工作情况进行自检，其工作可靠性很高。此外，微机保护可用同一硬件实现不同的保护原理，这使保护装置的制造大为简化，也容易实行保护装置的标准化。微机保护除保护功能外，还兼有故障录波、故障测距、事件顺序记录和调度计算机交换信息等辅助功能，这对简化保护的调试、事故分析和事故后的处理等都有重大意义。由于微机保护装置的巨大优越性和潜力，因而受到运行人员的欢迎。进入 20 世纪 90 年代以来，在我国得到大量应用，已成为继电保护装置的主要型式，成为电力系统保护、控制、运行调度及事故处理的统一计算机系统的组成部分。

由于计算机网络的发展和在电力系统中的大量采用给微机保护提供了不可估量的发展空间。微机硬件和软件功能的空前强大，变电站综合自动化和调度自动化的兴起和电力系统光纤通信网络的逐步形成使得微机保护不能也不应再是一个个孤立的、任务单一的、“消极待命”的装置，而应是积极参与，共同维护电力系统整体安全稳定运行的计算机自动控制系统的基本组成单元。因而 1993 年前后出现了测量、保护、控制和数据通信一体化的设想和研究工作。在此设想中，微机保护作为一体化装置将就近装设在室外变电站被保护设备或元件的附近，直接采取其电流和电压，将其数字化后一方面用于保护功能的计算，一方面通过计算机网络送到本站主机和系统调度。同时，微机保护不仅根据故障情况实行被保护设备的切除或自动重合，还作为自动控制系统的终端，接受调度命令实行跳、合闸等控制操作，以及故障诊断、稳定预测、安全监视、无功调节、负荷控制等监控功能。

此外，由于计算机网络提供的数据信息共享的优越性，微机保护可以占有全系统的运行数据和信息，应用自适应原理和人工智能方法使保护原理，性能和可靠性得到进一步的发展和提高，使继电保护技术沿着网络化、智能化、自适应和保护、测量、控制、数据通信一体化的方向不断前进。

继电保护是电力科学中最活跃的分支，在 20 世纪 50 至 90 年代的 40 年时间有机电式、整流式、晶体管式、集成电路式和微机式五个发展阶段。电力系统的快速发展为继电保护技

术提出了艰巨的任务，电子技术、计算机技术、通信技术又为继电保护技术的发展不断注入新的活力，因此可以预计，继电保护学科必将不断发展，达到更高的理论和技术高度。

四、继电保护的组成

继电保护的构成原理虽然很多，但是在一般情况下，整套继电保护装置是由测量比较元件、逻辑判断元件和执行输出元件三部分组成，如图 1-9 所示。

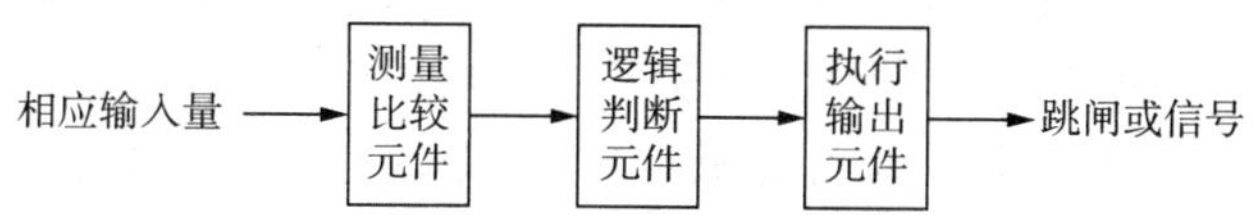

图 1-9 继电保护装置的组成方框图

1. 测量比较元件

测量比较元件测量通过被保护电力元件的物理参量，并与给定值进行比较，根据比较结果，给出“是”或“非”性质的一组逻辑信号，从而判断保护装置是否应该启动。根据需要，继电保护装置往往具有一个或多个测量比较元件。常用的测量比较元件有：被测电气量超过给定值而动作的继电器，如过电流继电器、过电压继电器等；被测电气量低于给定值而动作的欠量继电器，如低电压继电器、阻抗继电器等；被测电压、电流之间相位角满足一定值而动作的继电器，如功率方向继电器等。

2. 逻辑判断元件

逻辑判断元件根据测量比较元件输出逻辑信号的性质、先后顺序、持续时间等，使保护装置按一定的逻辑关系判定故障的类型和范围，最后确定是否应该使断路器跳闸、发出信号或不动作，并将对应的指令传给执行输出元件。

3. 执行输出元件

执行输出元件根据逻辑判断元件传来的指令，发出跳开断路器的跳闸脉冲及相应的动作信息、发出警报或不动作。

五、继电保护的基本原理

要完成电力系统继电保护的基本任务，继电保护装置就必须能够正确区分电力系统的正常工作状态、不正常工作状态和故障状态，必须能够正确甄别发生故障和出现异常的元件。继电保护的基本原理就是寻找电力元件在这三种运行状态下的可测参量（主要是电气量）的差异，依据这些差异就可以实现对正常工作、不正常工作和故障元件的正确而又快速的甄别。依据可测电气量的不同差异，就可以构成不同原理的继电保护装置。发现并正确利用能可靠区分三种运行状态的可测参量或参量的新差异，就可以形成新的继电保护原理。

目前已经发现不同运行状态下具有明显差异的电气量主要有：流过电力元件的相电流、序电流、功率及其方向，元件的运行相电压、序电压，元件的电压与电流的比值即“测量阻抗”，电压与电流之间的相位，故障时的突变量等。

1. 利用基本电气参数量的区别

（1）过电流保护。反应电流增大而动作的保护称为过电流保护。如图 1-10 所示，在正常运行时，线路上流过由它供电的负荷电流。若在 BC 线路上发生三相短路，则从电源到短路点 K 之间将流过短路电流 $\dot{I}_{k}$，可以使保护 1、2 反应到这个电流，首先由保护 2 动作于断路器 QF2 跳闸。

(2)低电压保护。反应电压降低而动作的保护称为低电压保护。如图 1－10 所示，正常运行时，各母线上的电压一般都在额定电压±(5～10)%范围内变化。若在 *BC* 线路 *K* 点发生三相短路时，短路点电压降到零，各母线上的电压都有所下降，保护 1、2 都能反应到电压下降，首先由保护 2 动作于断路器 QF2 跳闸。

(3)距离保护。反应保护安装处到短路点之间的阻抗下降而动作的保护称为低阻抗保护，也称为距离保护。如图 1－10 所示，在正常运行时，线路始端的电压与电流之比反应的是该线路与供电负荷的等值阻抗及负荷阻抗角(功率因数角)，其数值一般较大，阻抗角较小。若在 *BC* 线路 *K* 点发生短路时，*BC* 线路始端的电压与电流之比反应的是该测量点到短路点之间线路段的阻抗 Z_k，其值较小，一般正比于该线路段的距离(长度)，阻抗角为线路阻抗角，其值较大。

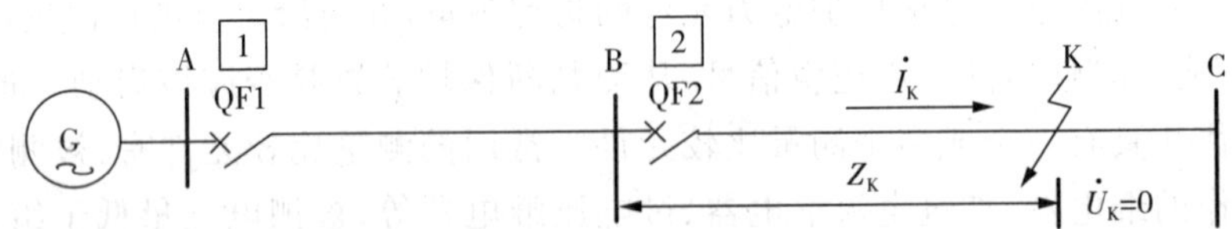

图 1－10 单侧电源线路

2. 利用比较两侧的电流相位(或功率方向)

如图 1－11 所示的双侧电源网络，若规定电流的正方向是从母线指向线路，如图 1－11a 所示。在正常运行时，线路 AB 两侧的电流大小相等相位差为 180°，如图 1－11b 所示；当在线路 BC 的 K_1点发生短路故障时，线路 AB 两侧的电流大小仍相等相位差仍为 180°，如图 1－11c 所示；当在线路 AB 内部的 K_2点发生短路故障时，线路 AB 两侧的短路电流大小一般不相等，相位相同。由此可见，若两侧电流相位(或功率方向)相同，则判定为被保护线路内部故障；若两侧电流相位(或功率方向)相反，则判定为区外短路故障。利用比较被保护线路两侧电流相位(或功率方向)，可以构成纵联差动保护、相差高频保护、方向保护等。

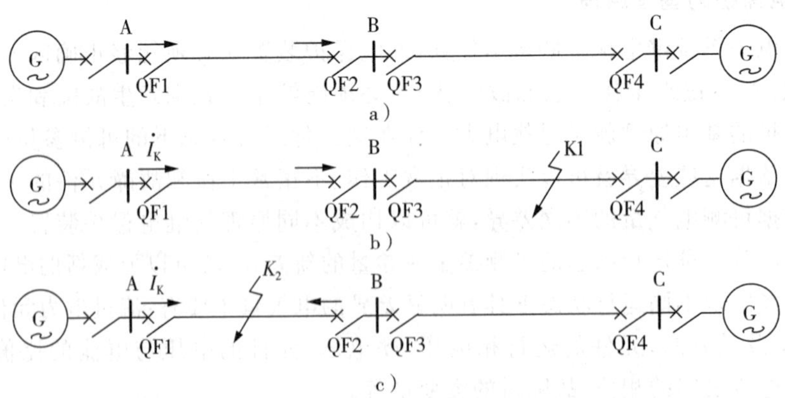

图 1－11 双侧电源线路

a)正常运行 b)外部故障 c)内部故障

3. 反映序分量或突变量是否出现

电力系统在对称运行时，不存在负序和零序分量；当发生不对称短路时，将出现负序、零

序分量;无论是对称短路还是不对称短路,正序分量都将发生突变。因此,可以根据是否出现负序、零序分量构成负序保护和零序保护,根据正序分量是否突变构成对称短路、不对称短路保护。

4. 反映非电量保护

除反映上述各种电气量变化特征的保护外,还可以根据电力元件的特点实现反映非电量特征的保护。例如,当变压器油箱内部的绕组短路时,反映于变压器油受热分解所产生的气体构成瓦斯保护;反映绕组温度升高构成的过负荷保护等。

六、对继电保护的基本要求

动作于跳闸的继电保护,在技术上一般应满足四条基本要求,即选择性、速动性、灵敏性和可靠性。

1. 选择性

选择性是指继电保护装置动作时,仅将故障元件从电力系统中切除,保证系统中非故障元件仍然能够继续安全运行,使停电范围尽量缩小。

如图 1-12 所示,当线路 L4 上 K_2 点发生短路时,保护 6 动作跳开断路器 QF6,将 L4 切除,这种动作是有选择性的。若 K_2 点故障,保护 5 动作将 QF5 断开,变电所 C 和 D 都将停电,这种动作是无选择性的。同样 K_1 点故障时,保护 1 和保护 2 动作断开 QF1 和 QF2,将故障线路 L1 切除,这种动作也是有选择性的。若 K_2 点故障,保护 6 或断路器 QF6 拒动,保护 5 动作将断路器 QF5 断开,故障切除,这种情况虽然是越级跳闸,但却尽量缩小了停电范围,限制了故障的发展,这种动作也是有选择性的。

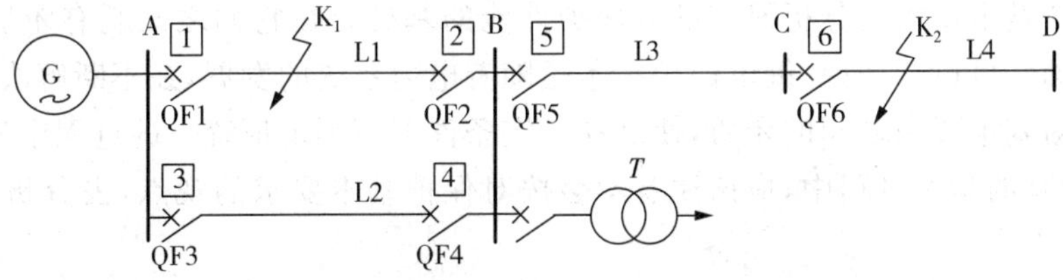

图 1-12　单侧电源网络中保护选择性动作说明图

2. 速动性

速动性是指尽可能快地切除故障,以减少设备及用户在大短路电流、低电压下的运行时间,降低设备的损坏程度,提高系统并列运行的稳定性以及自动重合闸和备用电源自动投入装置的动作成功率。

3. 灵敏性

灵敏性是指保护装置对其保护范围内发生的故障或不正常工作状态的反应能力。满足灵敏性要求的保护装置应该是在规定的保护范围内部故障时,在系统任意的运行条件下,无论短路点的位置、短路的类型如何,以及短路点是否有过渡电阻,当发生短路时都能灵敏反应。

灵敏性通常用灵敏系数 K_{sen} 或灵敏度来衡量。

对于反映故障时参数增大而动作的保护装置,其灵敏系数为:

$$K_{sen}=\frac{\text{保护区末端金属性短路时保护安装处测量到的故障参数的最小计算值}}{\text{保护整定值}}$$

对于反映故障时参数减小而动作的保护装置，其灵敏系数为：

$$K_{sen}=\frac{\text{保护整定值}}{\text{保护区末端金属性短路时保护安装处测量到的故障参数的最大计算值}}$$

在国家标准GB14285—1993《继电保护和安全自动装置技术规程》中，对各类保护灵敏系数的要求都作了具体规定。

4. 可靠性

可靠性是指在该保护装置规定的保护范围内发生了它应该动作的故障时，它不应该拒绝动作，而在发生任何其他该保护不应该动作的故障时，则不应该误动作。

保护装置的可靠性主要依赖于保护装置本身的质量和运行维护水平。一般来说，保护装置的组成元件质量越高、接线越简单、回路中继电器的触点数量越少，可靠性越高。同时，精细的制造工艺、正确的调整试验、良好的运行维护以及丰富的运行经验，对于提高保护的可靠性也具有重要的作用。

保护装置的误动和拒动都会给电力系统造成严重的危害。但提高其不误动的可靠性和不拒动的可靠性的措施常常是互相矛盾的。由于电力系统的结构和负荷性质的不同，误动和拒动的危害程度也有所不同，因而提高保护装置可靠性的着重点在各种具体情况下也应有所不同。

以上四个基本要求是分析研究继电保护性能的基础。在它们之间既有矛盾的一面，又有统一的一面。可以这样说，继电保护技术是随着电力系统的发展，在不断解决保护装置应用中出现的对基本要求之间的矛盾，使之在一定条件下达到辩证统一的过程中发展起来的。因此，在本课程的学习过程中，应该注意学会按对保护基本要求的观点，去分析每种保护装置的性能。

拓展训练

电磁型电压继电器电气特性试验

电磁型电压继电器分为过电压继电器与低电压继电器两类，其动作特性不同。

一、过电压继电器的动作特性试验

过电压继电器动作特性试验接线如图1-13所示。过电压继电器属于过量继电器，动作电压和返回电压的检验程序类似电流继电器。试验设备主要有单相自耦调压器、电压表、过电压继电器(DY－21C)、指示灯、干电池等。

试验时，缓慢调节调压器T，使电压从零开始均匀增加，直到继电器动作(指示灯HL亮)，记录动作电压，然后逐渐减小电压使继电器返回(指示灯HL灭)，记录返回电压。如此重复3此，每次测量的动作值与整定值误差不应大于±3%，然后取其3次平均值，并计算出返回系数。相关试验数据填入表1-3中。

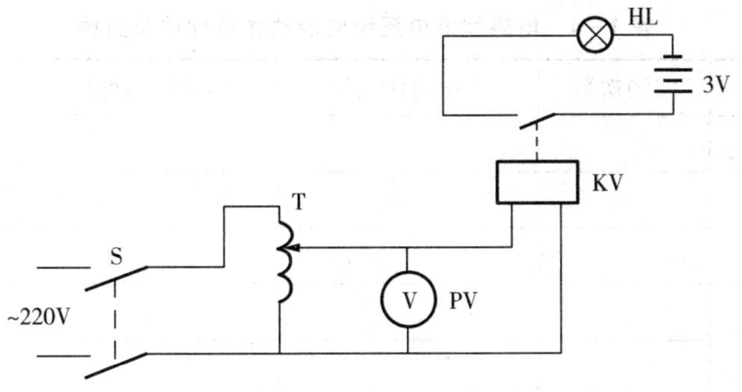

图 1－13　电磁型电压继电器的动作特性试验接线图

表 1－3　电磁型过电压继电器动作特性试验数据表

整定电压值	实测次数	实测动作电压	实测返回电压	返回系数
50V				
60V				
平均值				

二、低电压继电器的动作特性试验

低电压继电器属于欠量继电器，其动作特性试验接线如图 1－14 所示。试验设备主要有单相自耦调压器、电压表、过电压继电器（DY－22C）、指示灯、干电池等。

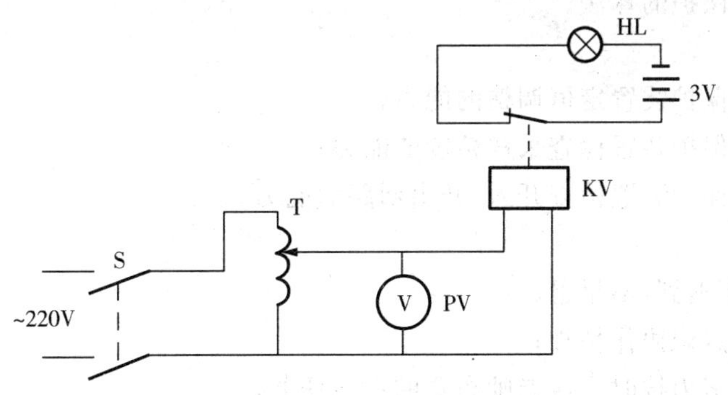

图 1－14　低电压继电器的动作特性试验接线图

试验时先对继电器加以 100V 电压，消除继电器振动后，缓慢调节调压器 T，使电压均匀下降，直到 Z 形舌片开始落下（指示灯 HL 亮），记录此电压，称为继电器的动作电压，然后逐渐增大电压至 Z 形舌片开始被吸上时的电压，即为继电器的返回电压。动作值和返回值测试应重复 3 次，每次测量的动作值与整定值误差不应大于±3%，然后取其 3 次平均值，并计算出返回系数。相关试验数据填入表 1－4 中。

表 1-4 电磁型低电压继电器动作特性试验数据

整定电压值	实测次数	实测动作电压	实测返回电压	返回系数
50V				
60V				
平均值				

任务二　微机保护基础知识

学习目标

通过对各种微机保护装置硬件特性及软件特性的讲解和检验，使学生在完成本任务的学习过程中达到以下 3 个方面的目标：

1. 知识目标

(1)了解微机保护装置的硬件结构；

(2)熟悉微机保护装置定值调整，检查采样精度，检查开入、开出回路的步骤；

(3)了解微机保护的基本原理；

(4)了解微机保护的算法。

2. 能力目标

(1)具有微机保护装置定值调整的能力；

(2)具有微机保护装置检查采样精度的能力；

(3)具有微机保护装置检查开入、开出回路的能力。

3. 态度目标

(1)不旷课，不迟到，不早退；

(2)具有团队意识协作精神；

(3)积极向上努力按时完成老师布置的各项任务；

(4)责任意识，安全意识，规范意识。

任务描述

在教师的指导下对微机保护装置外观进行检查，认识微机保护装置，分组调整不同类型微机保护装置的定值，检查装置软件版本号，检查微机保护装置的采样精度，检查装置的开入、开出回路。

任务准备

1. 工作准备

学习阶段	工作(学习)任务	工作目标
入题阶段	根据工作任务,分析设备现状,明确检验项目,编制检验工作安全措施及作业指导书,熟悉图纸资料	确定重点检验项目
准备阶段	检查并落实检验所需材料、工器具、劳动防护用品等是否齐全合格	检验所需设备材料齐全完备
分工阶段	班长根据工作需要和人员精神状态确定工作负责人和工作班成员,组织学习《电业安全工作规程》、现场安全措施	全体人员明确工作目标及安全措施

2. 检验工器具、材料表

(一)检验工器具

√	序　号	名　称	规　格	单　位	数　量	备　注
	1	继电保护微机试验仪及测试线		套		
	2	万用表		块		
	3	电源盘(带漏电保护器)		个		
	4	模拟断路器		台		

(二)备品备件

√	序　号	名　称	规　格	单　位	数　量	备　注
	1	电源插件		个		

(三)检验材料表

√	序　号	名　称	规　格	单　位	数　量	备　注
	1	毛刷		把		
	2	绝缘胶布		盘		
	3	电烙铁		把		

(四)图纸资料

√	序　号	名　称	备　注
	1	与现场实际接线一致的图纸	
	2	最新定值通知单	
	3	装置资料及说明书	
	4	上次检验报告	
	5	作业指导书	
	6	检验规程	

3. 危险点分析及安全控制措施

序　号	危险点	安全控制措施
1	误走错间隔，误碰运行设备	检查在保护屏前后应有“在此工作”标示牌，相邻运行屏悬挂红布幔
2	工作不慎引起交、直流回路故障	工作中应使用带绝缘手柄的工具，拆动二次线时应作绝缘处理并固定，防止直流接地或短路
3	电压反送、误向运行设备通电流	试验前应断开检修设备与运行设备相关联的电流、电压回路
4	检修中的临时改动忘记恢复	二次回路、保护压板、保护定值的临时改动要做好记录，坚持“谁拆除谁恢复”的原则
5	带电插拔插件，易造成集成块损坏；频繁插拔插件，易造成插件插头松动	严禁带电插拔插件，工作时佩戴防静电手环或采取其他防静电措施，整组传动后应尽量避免插拔插件，如需插拔应检验相关回路完好
6	接、拆低压电源时人身触电	接拆电源时应在电源开关拉开的情况下两人一起工作，所使用电源应装有漏电保护器。禁止从运行设备上接取试验电源
7	越过遮栏，易发生人员触电事故	现场设专人监护，严禁跨越围栏
8	联跳回路未断开，误跳运行开关	根据被检验装置与运行设备相关联部分的实际情况，制定技术措施，防止误跳其他开关(误跳母联、分段开关，误启动失灵保护)

任务实施

参观微机保护装置，熟悉微机保护装置的外部结构：

主要设备

序　号	名　称	型号与规格	数　量
1	微机线路保护装置	RCS—902	1套
2	微机线路保护装置	RCS—931	1套
3	微机线路保护装置	RCS—941A	1套
4	微机变压器保护装置	RCS978E	1套
5	微机变压器保护装置	PST—1200	1套
6	微机发电机保护装置	RCS—985	1套
7	微机母线保护装置	RCS—915A	1套
8	微机母线保护装置	RCS—915B	1套
9	微机母线保护装置	BP—2B	1套

写出微机线路保护装置 RCS901 或 RCS902 各功能插件的名称：

插件	DC	AC	LPF	CPU	COM	OPT	SIG	OUT1	OUT2
插件名称									

1. 开工

√	序　号	内　容
	1	履行工作票、安全措施票手续并对危险点和安全注意事项交底；办理工作许可手续

2. 安全措施的执行及确认危险点

<table>
<tr><td colspan="7">(一)检查运行人员所做的措施</td></tr>
<tr><td>√</td><td colspan="6">检查内容</td></tr>
<tr><td></td><td colspan="6">检查所有压板位置，并做好记录</td></tr>
<tr><td></td><td colspan="6">检查所有把手及开关位置，并做好记录</td></tr>
<tr><td colspan="7">(二)继电保护安全措施的执行</td></tr>
<tr><td>回　路</td><td>位置及措施内容</td><td>执行√</td><td>恢复√</td><td>位置及措施内容</td><td>执行√</td><td>恢复√</td></tr>
<tr><td rowspan="2">电流回路</td><td></td><td></td><td></td><td></td><td></td><td></td></tr>
<tr><td></td><td></td><td></td><td></td><td></td><td></td></tr>
<tr><td rowspan="2">电压回路</td><td></td><td></td><td></td><td></td><td></td><td></td></tr>
<tr><td></td><td></td><td></td><td></td><td></td><td></td></tr>
<tr><td>联跳和失灵回路</td><td></td><td></td><td></td><td></td><td></td><td></td></tr>
<tr><td>信号回路</td><td></td><td></td><td></td><td></td><td></td><td></td></tr>
<tr><td>其他</td><td></td><td></td><td></td><td></td><td></td><td></td></tr>
<tr><td colspan="4">执行人员：</td><td colspan="3">监护人员：</td></tr>
<tr><td colspan="7">备注：</td></tr>
</table>

3. 作业流程

<table>
<tr><td colspan="3">(三)微机保护装置硬件性能及软件性能检验</td></tr>
<tr><td>序　号</td><td>检验内容</td><td></td></tr>
<tr><td>1</td><td>调整各种微机保护装置的定值</td><td></td></tr>
<tr><td>2</td><td>检查各种微机保护装置的软件版本</td><td></td></tr>
<tr><td>3</td><td>检查各种微机保护装置的采样精度</td><td></td></tr>
<tr><td>4</td><td>检查各种微机保护装置的开入、开出回路</td><td></td></tr>
<tr><td>5</td><td></td><td></td></tr>
</table>

（续表）

（四）工作结束前检查		
序　号	内　容	√
1	现场工作结束前，工作负责人会同工作人员检查实验记录有无漏检验项目，试验结论、数据是否完整正确	
2	检查临时接线是否全部拆除，拆下的线头是否全部接好，包括接地线	
3	检查保护装置是否在正常运行状态	
4	打印装置现运行定值区定值与定值通知单逐项核对相符	
5	检查出口压板对地电位正确	

4. 竣工

√	序　号	内　容	备　注
	1	检查措施是否恢复到开工前状态	
	2	全体工作班人员清扫、整理现场，清点工具及回收材料。工作负责人周密检查施工现场，是否有遗留的工具、材料	
	3	工作负责人在检修记录上详细记录本次工作所检修项目、发现的问题、试验结果和存在的问题等	
	4	经验收合格，办理工作票终结手续	

微机型保护装置的硬件性能检验方法

微机型保护装置人机对话插件负责人机对话及全部信息处理，它在面板上设置液晶显示窗口和触摸式键盘实现对保护装置各种功能进行就地操作，也可以通过异步通信方式实现对保护装置的功能进行远方操作。所有的操作都是按预先编制好的菜单程序予以实现，不同的制造厂家不同的型号产品菜单的结构形式及内容都不相同，但都是在触摸式键盘上操作的各种按键实现其功能。

各制造厂的键盘设置是不相同的，有的设置 9 个操作按键也有设置 8 个或 6 个操作按键，主要制造企业的键盘设置见表 1－5。

表 1－5　微型机保护装置键盘设置

操作按键名称				功　能
许继集团有限公司	南瑞继保电气有限公司	北京四方继保自动化有限公司	国电南京自动化股份有限公司	
[←]	[←]	[←]	[←]	光标左移
[→]	[→]	[→]	[→]	光标右移
[↑]	[↑]	[↑]	[↑]	菜单选择或光标上移行（“北京四方”兼作增加数字键）

（续表）

操作按键名称				功能
许继集团有限公司	南瑞继保电气有限公司	北京四方继保自动化有限公司	国电南京自动化股份有限公司	
[↓]	[↓]	[↓]	[↓]	菜单选择或光标下移行（“北京四方”兼作减少数字键）
[+]	[+]		[+]	增加数字
[−]	[−]		[−]	减少数字
[ESC]	[ESC]	[QUIT]	[ESC]或[Q]	命令退出返回上级菜单或取消操作
[CR]	[ENT]	[SET]	[←┘]或[ENT]	菜单执行及确认
[RESET]	[RES]			复位

1. 装置通电自检

(1)将保护装置的全部插件插入规定的部位，施加额定直流电压。保护装置应自动进入自检状态。

(2)定值修改允许开关置于“运行”状态。

(3)自检状态完成后，各 CPU 和信号插件上的运行灯均应亮。液晶显示屏出现短时间的全亮状态，表明液晶显示屏完好。

2. 辅助设施功能检查

(1)键盘功能检验

① 保护装置处于正常运行状态下，定值修改开关置“运行”状态。

② 按键盘[↑]键，进入主菜单，选择“定值整定”子菜单，然后按[取消]键。

③ 分别操作[↑]、[↓]、[←]、[→]、[+]、[−]、[确认]、[复位]等键盘上所有的功能键，并检验这些键能否完成规定的功能。

(2)打印机与保护装置的联机检验

① 打印机通电，进行自检。检查打印机应处于待命工作状态。

② 将打印机与保护装置通信接口间接入通信电缆，装入打印纸，并合上打印机的电源。

③ 将保护装置处于运行状态，按下保护装置上的“打印”按钮，打印机应能自动打印出装置的动作报告、定值报告及自动报告。

完成上述工作表明打印机和保护装置联机成功。

(3)模拟量输入回路检验

① 交流电压、电流输入正确性检查

a. 检查接入装置的交流电压回路、交流电流回路的端子是否与产品说明书规定的一致。

b. 检查电流互感器、交流电压互感器的数量是否符合产品说明书的规定，其接线及极性是否满足要求。

(2)检验各电压互感器、电流互感器的变比

a. 检验电压互感器的变比

● 在电压互感器一次侧,输入线电压为 100 伏,测量二次测输出电压。

● 计算电压互感器的变比,是否符合规定要求。

b. 检验电流互感器的变比

● 在电流互感器一次侧,输入额定电流(5A 或 1A),测量二次测输出电流。

● 计算电流互感器的变比,是否符合规定要求。

③ 交流输入回路检验

a. 交流电流幅值特性检验

● 短接保护装置三相电流的输入端子 I'_A、I'_B、I'_C、I'_N,在端子 I_A、I_B、I_C、I_N 接入三相电流,其大小值为额定电流。

● 测量电流互感器的二次输出电流。

● 输入电流分别为 $20I_n$、$10I_n$、$5I_n$、$0.2I_n$、$0.1I_n$,重复上述检测,其电流互感器二次电流输出的线性度应符合规定要求。

● 采用模拟单相故障的方法检验 $3I_0$ 回路,测量输入电流为额定电流时的电流互感器的二次回路输出电流。

b. 交流电压幅值特性检验

● 在保护装置端子 U_A、U_B、U_C、U_N 上接入三相电压,其大小值为额定电压。

● 测量电压互感器的二次输出电压。

● 输入电压分别为 110V、80V、60V、40V、20V、10V、5V、1V,重复上述检测。其电压互感器二次电压输出的线性度应符合规定要求。

● 检验 $3U_0$ 回路,测量输入电压为额定电压时的电压互感器的二次回路输出电压。

④ 交流电压、电流间相位特性检验

a. 在保护装置的三相电流及三相电压的输入端子上分别接入三相电流及三相电压,其大小为额定值,各相电压与电流的相位差为 0°。

b. 分别测量电流互感器、电压互感器二次侧 A 相、B 相、C 相及 N 线的电压与电流的相位角,要求相互间的差异不大于 2°。

c. 改变输入电压与电流的相位差分别为 30°、45°、60°、90°,在每一相位角下,分别测量电流互感器、电压互感器二次侧 A 相、B 相、C 相及 N 线的电压与电流的相位角,要求相互间的差异不大于 2°。

⑤ 交流电流互感器、交流电压互感器平衡度检验

a. 交流电流的平衡度检验

● 将保护装置的电流端子顺极性串接(I'_A与 I_B短接、I'_B与 I_C短接、I'_C与 I'_N短接)。

● 在保护装置的 I_A及 I_N端子间施加额定电流(5A 或 1A)。

● 测量电流互感器二次输出电流,计算电流互感器的电流比例系数,应符合有关设计的要求。

● 输入电流分别为 $20I_n$、$10I_n$、$5I_n$、$0.2I_n$、$0.1I_n$。重复上述检测,计算电流互感器的电流比例系数,应符合有关设计的要求。

b. 交流电压的平衡度检验

● 将保护装置的各电压同极性并联(U_A、U_B、U_C、U_{LN}、U_X并联,U_N、U_L并联)。

● 在U_A及U_N间施加额定电压。

● 测量电压互感器二次输出电压,计算电压互感器的电压比例系数,应符合有关设计的要求。

● 输入电压分别为110V、80V、60V、40V、20V、10V、5V、1V,重复上述检测,计算电压互感器的电压比例系数,应符合有关设计的要求。

(4)数模变换器系统检验

① 零点漂移检验

a. 保护装置的交流电流及电压端子不输入电压及电流量。

b. 从保护装置的主菜单中选择子菜单"交流量采样值"(SAMPLING DATA)。

c. 测量三相电流、三相电压及线电压的零漂值,其大小应不大于规定的要求(如电流零漂值为$0.01I_n$、电压零漂值为0.05V)。

d. 检验零漂值时,要求检测在一段时间(例如5min)内零漂值的稳定范围值。

② 交流模拟量输入幅值特性检验

a. 交流电流模拟量幅值特性检验

● 短接保护装置三相电流的输入端子I'_A、I'_B、I'_C、I'_N,在端子I_A、I_B、I_C、I_N上;接入三相电流,其大小值为额定电流。

● 保护装置投入运行,通过主菜单选择子菜单"交流量采样值"(SAMPLING DATA),分别检测各CPU插件的三相电流模拟量的有效值。

● 要求保护装置的采样显示值与外接测量仪表的测量值的误差不超过±5%。

● 输入电流分别为$20I_n$、$10I_n$、$5I_n$、$0.2I_n$、$0.1I_n$。重复上述检测,保护装置的采样显示值与外接测量仪表的测量值的误差不超过5%,在$0.2I_n$及$0.1I_n$时交流电流模拟量的误差小于10%。

● 采用模拟单相故障的方法检验$3I_0$回路,测量输入电流为额定电流时交流电流模拟量的有效值。

b. 交流电压幅值特性检验

● 在端子U_A、U_B、U_C、U_N上接入三相电压,其大小值为额定电压。

● 保护装置投入运行,通过主菜单选择子菜单"交流量采样值"(SAMPLING DATA),分别检测各CPU插件的三相电压模拟量的有效值。

● 保护装置的采样显示值与外接测量仪表的测量值的误差不超过5%。

● 输入电压分别为110V、80V、60V、40V、20V、10V、5V、1V,重复上述检测。要求保护装置的采样显示值与外接测量仪表的测量值的误差不超过±5%,在5V及1V时交流电压模拟量的误差不超过±10%。

● 检验$3U_0$回路,测量输入电流为额定电压时交流电压模拟量的有效值。

c. 交流模拟量输入的相位特性检验

● 在保护装置的三相电流及三相电压的输入端子上分别接人三相电流及三相电压,其大小为额定值,各相电压与电流的相位差为0°。

● 保护装置的主菜单中选择子菜单"相位角"(HPHASH ANGLES)。分别测量A相、

B 相、C 相及 N 线的电压与电流的相位角，要求保护装置的采样显示值与外接测量仪表的测量值的误差不超过±3°。

● 改变保护装置输入电压与电流的相位差分别为 30°、45°、60°、90°，在每一相位角下，分别测量 A 相、B 相、C 相及 N 线的电压与电流的相位角，要求相互间的差异不大于 3°。

(5)开关量输入回路检验

① 检查开关量输入回路的数量是否符合规定的要求。

② 从保护装置的主菜单中选择子菜单“开关量状态”(SWITCH STATUS)依次进行开关量的输入和断开。

③ 监视液晶显示屏上显示的开关量变位情况。

(6)输出触点和信号检验

① 调整保护装置的直流电压为 80%额定电压。

② 投入试验部分的保护投运的连接片，退出不试验部分保护的连接片。

③ 对试验部分的保护施加故障电压及电流，使保护处于动作状态，检查保护出口触点状态及信号灯的指示状态。

④ 观察液晶显示屏显示触点的变位情况

(7)告警回路检验

① 将保护装置的各 CPU 保护插件及管理插件投入运行状态，管理插件的巡检部分处于投入位置，告警回路的信号指示灯不亮，各 CPU 的保护插件的“运行”指示灯点亮。

② 将某 CPU 保护插件的定值区改在无定值区，按该插件的确认键，告警回路中该 CPU 插件的信号灯及占总告警信号灯亮，插件上的运行信号灯灭。

③ 恢复该 CPU 保护插件的定值区为正确定值区，按该插件的确认键，告警回路中复归按钮，该 CPU 插件上的运行信号灯亮。

④ 将保护装置的管理插件投入调试状态，经 25s 后告警回路的“巡检中断”信号灯亮。

微机型保护装置的软件性能检验方法

微机型保护装置的软件部分是保证各保护能在各种故障状态下正确工作的关键，它的主程序是按固定的采样周期接受采样中断及计算程序。采样部分是对输入到保护装置的电流电压进行采样、滤波及数据整理。当采样的电流或电压值使保护装置启动元件动作时，进入故障测量程序，进行各种故障的测量计算，其计算结果反映出是什么故障时，就要驱动反映该故障的保护发出跳合闸命令或发出相应的故障信号。当启动元件未动作时，执行正常运行程序，例如检查开关位置、检查 TV 断线、电压电流自动零漂调整等。

这里介绍的软件性能测试主要是对主菜单所能实现的功能进行检验。对于不同保护插件通过程序所实现的保护功能的检验，在不同保护的基本电气性能检验中完成。

对于不同生产企业设计生产的微机型保护装置的主菜单的结构形式和内容都不相同，但都应包括保护状态即保护板(CPU)和管理板(MONITOR)状态，如模拟量(电流、电压及相角)的采样、开入量的状态反映；显示、打印报告，如保护动作报告(或称故障报告)、异常事件报告(或称告警报告)、开入变位报告等；整定、修改及显示定值；时钟的修改；程序版本等。

(1)软件版本及程序校准码的核查

① 核对打印机所打印的自检报告的软件版本号是否为产品说明书所规定的软件版

本号。

② 按键盘[↑]键，进入主菜单，并移动光标至子菜单“CRC码检查”(CRCCHECK)，按[确认]键，按[↓]键，液晶显示屏将依次显示各CPU插件和管理板插件的程序校验码和程序形成时间。核对所显示的校验码是否正确。

③ 在液晶显示屏上也要显示软件版本号，核查是否正确。

(2)时钟的整定及校准

① 时钟整定

a. 保护装置处于运行状态，按键盘[↑]键，进入主菜单，并移动光标至子菜单“时钟整定”(CLOCK)，按[确认]键后进行时钟的修改和整定状态。

b. 进行年、月、日、时、分、秒的整定。时钟整定不需要将定值修改开关置于“修改”位置。

② 检查时钟的失电保护功能

a. 时钟整定完毕后，断开后在合上逆变电源开关。

b. 检验直流电源失电后(失电时间最小应达到5min)，时钟的准确性。

(3)定值整定检验

① 定值的输入、修改功能检验

a. 在主菜单中选择“定值”菜单，按[确认]键后，液晶显示窗口显示“定值”操作对话框。

b. 在对话框中选择“整定定值”子菜单，按[确认]键后，显示“整定定值”操作对话框。

在对话框中选择保护插件(CPU的编号)，用[↑]、[↓]键，将输入的光标改变到整篇定值区编辑框，用[＋]、[－]键来选择定值区号；对于区号为多位数值时，可通过[←]、[→]键移动光标至要修改的位置。

c. 用[↑]、[↓]键，将输入的光标移至“开始整定”处，按确认键后液晶显示窗口显示定值输入对话框；用[↑]、[↓]键选择需要设置/修改的定值项，可通过[←]、[→]键移动光标至要修改的位置，用[＋]、[－]键来改变光标所在位置的数值。

d. 当设置/修改的定值项为控制字时，液晶显示窗口的状态栏会提示“确认按位整定控制字”字样，应按[确认]键进入“整定控制字”对话框，设置/修改的方式与定值设置/法修改的方式相似。

e. 上述定值和控制字修改完毕后，经确认后要进入固化定值的程序。

f. 在定值整定固化后，要返回到主菜单后，才能使保护装置恢复运行。

② 显示、打印定值功能检验

a. 在主菜单中选择“定值”菜单，按[确认]键后，液晶显示窗口显示“定值”操作对话框。

b. 在对话框中选择“定值显示/打印”子菜单，按[确认]键后，显示“定值显示/打印”操作对话框。

c. 在对话框中选择保护插件(CPU的编号)；用[↑]、[↓]键，将输入的光标改变到定值区编辑框，按[＋]、[－]键来选择定值区号；用[↑]、[↓]键，将输入的光标移至“显示”处，按[确认]键后显示保护插件号的定值，再按[确认]键后显示保护插件号。

d. 用[↑]、[↓]键，将输入的光标移至“打印”处，按[确认]键后，打印保护模块号的定值。

③ 复制定值区功能检验

可以将保存在保护插件中某定值区的整定值全部复制到另一定值区。

a. 在主菜单中选择“定值”菜单，按[确认]键后，液晶显示窗口显示“定值”操作话框。

b. 在对话框中选择“复制定值区”子菜单，按[确认]键后，显示“复制定值区”操对话框；在对话框中选择保护插件(CPU 的编号)；用[↑]、[↓]键，将输入的光标改变到被复制的定值区编辑框，用[+]、[-]键来选择定值区号。

c. 再用[↑]、[↓]键，将输入的光标移至需复制定值区的编辑框，对于区号为多位数值时，可通过[←]、[→]键移动光标至要修改的位置；用[+]、[-]键来选择需复制定值区号。

d. 用[↑]、[↓]键，将输入的光标移至“开始复制”处，按[确认]键后液晶显示窗口显示“密码输入”对话框；经确认输入密码正确后按[确认]键，进行定值复值，将被复制的定值区的定值复制到需复制定值区内。

④ 删除定值功能检验

用于删除不再需要的定值区的整定值。

a. 在主菜单中选择“定值”菜单，按[确认]键后，液晶显示窗口显示“定值”操作对话框。

b. 在对话框中选择“删除”子菜单，按确认键后，显示“删除”操作对话框；在对话框中选择保护插件(CPU 的编号)，用[↑]、[↓]键，将输入的光标改变到整定值区编辑框，用[+]、[-]键来选择定值区号。对于区号为多位数值时，可通过[←]、[→]键移动光标至要修改的位置。

c. 用[↑]、[↓]键，将输入的光标移至“删除定值”处，按[确认]键后液晶显示窗口显示“密码输入”对话框，经确认输入密码正确后，按[确认]键进行删除定值。

(4)显示、打印报告功能检验

微机型保护装置的报告一般分为两种：总报告和分报告。总报告存于人机对话插件(MMI)中的事件报告记录，分报告存于保护插件(CPU)中的事件报告记录。

① 显示、打印总报告功能检验

a. 在主菜单中选择“事件”菜单，按[确认]键后，液晶显示窗口显示“事件报告”对话框。

b. 在对话框中选择“总报告”子菜单，按[确认]键后，显示“事件显示”选择对话框；在对话框内用[↑]、[↓]键，选择某次故障的记录，状态栏会提示相应报告的类型如保护动作报告(或称故障报告)、异常事件报告(或称告警报告)、开关量变位报告等并选择发生事件的时间，按[确认]键后液晶显示窗口显示事件报告的内容。

c. 按[确认]键，可打印报告的内容。

② 显示、打印分报告功能检验

a. 在主菜单中选择“事件”菜单，按[确认]键后，液晶显示窗口显示“事件报告”对话框。

b. 在对话框中选择“分报告”子菜单，按[确认]键后，显示“保护模块(CPU 的编号)”选择对话框。在对话框内用[+]、[-]键来选择保护模件；按[确认]键后，用[↑]、[↓]键，选择某次故障的记录，状态栏会提示相应报告的类型如保护动作报告(或称故障报告)、异常事件报告(或称告警报告)、开关量变位报告等并选择发生事件的时间；按[确认]键后液晶显示窗口显示事件报告的内容。

c. 按[确认]键，可打印报告的内容。

(6)采样功能检验

① 显示采样的有效值功能检验

实时显示各交流模拟量的幅值、相位及直流偏移量。

a. 在主菜单中选择“采样信息”菜单，按[确认]键后，液晶显示窗口显示“采样信息”操作对话框。

b. 在“采样信息”操作对话框用[＋]、[－]键来选择保护插件；用[↑]、[↓]键，选择[显示有效值]子菜单。

c. 按[确认]键后液晶显示窗口显示各交流模拟量的幅值、相位及直流偏移量。

d. 按[确认]键可打印显示的内容。

② 打印采样值功能检验

打印两个周波的波形。

a. 在主菜单中选择“采样信息”菜单，按[确认]键后，液晶显示窗口显示“采样信息”操作对话框。

b. 在“采样信息”操作对话框用[＋]、[－]键来选择保护插件；用[↑]、[↓]键，选择[打印采样值]子菜单；按[确认]键可打印采样的波形。

(6)测试硬件功能

① 开出传动检验

用于检验保护装置的各开出是否完好。

a. 在主菜单中选择“测试功能”菜单，按[确认]键后，液晶显示窗口显示“测试功能”操作对话框。

b. 在“测试功能”操作对话框，用[↑]、[↓]键，选择[开出传动]子菜单；按[确认]键，进入“密码输入”对话框；经确认输入密码正确后，保护退出运行。

c. 按[确认]键，进入[开出传动]操作对话框，用[＋]、[－]键来选择保护插件(CPU)的编号；用[↑]、[↓]键，选择传动类型列表选择框，用[＋]、[－]键来选择要操作的开关量名称；用[↑]、[↓]键，选择操作方式(开关量动作选“开出动作”、开关量返回选“开出返回”)。

d. 按[确认]键，发出传动命令。

e. 在液晶显示屏上检查相应的保护插件的出口触点是否出现变位。

② 开入测试

用于实时显示开入量的状态。

a. 在主菜单中选择“测试功能”菜单，按[确认]键后，液晶显示窗口显示“测试功能”操作对话框。

b. 在“测试功能”操作对话框，用[↑]、[↓]键，选择[开入测试]子菜单；按[确认]键，进入“密码输入”对话框；经确认输入密码正确后，保护退出运行。

c. 按[确认]键，进入[开入测试]操作对话框，用[＋]、[－]键来选择保护插件(CPU)的编号；按[确认]键，进入开入量实时显示对话框。

d. 在开入量实时显示对话框，用[↑]、[↓]、[←]、[→]键，观察各开入量的当前状态。

③ 交流测试

用于实时显示各交流量的当前状态，包括幅值、相位及直流偏移量。

a. 在主菜单中选择“测试功能”菜单，按[确认]键后，液晶显示窗口显示“测试功能”操作对话框。

b. 在“测试功能”操作对话框，用[↑]、[↓]键，选择[交流测试]子菜单；按[确认]键，进入“密码输入”对话框；经确认输入密码正确后，保护退出运行。

c. 按[确认]键，进入[交流测试]操作对话框，用[＋]、[－]键来选择保护插件号；按[确认]键，进入交流量实时显示对话框；

d. 在交流量实时显示对话框，用[↑]、[↓]、[←]、[→]键，观察各开入量的当前状态。按[确认]键，可打印所显示的内容，包括全部交流输入量的名称、幅值、相位及直流偏移量。

对于不同的微机型保护装置的主菜单的设置有所差异，在检验程序上也可能出现差别，因此在检验前应详细阅读微机型保护装置的产品说明书，这里介绍的软件功能检验的内容不是所有微机型保护装置所规定的内容，对于微机型保护装置其他软件功能检验也应按产品说明书规定的内容增减。

相关知识

微机保护基础知识

一、微机保护概述

将微型机、微控制器等器件作为核心部件的继电保护称为微机保护。微机保护具有强大的计算、分析和逻辑判断能力，有存储记忆功能，因而可用以实现任何性能完善且复杂的保护原理。微机保护可连续不断地对本身的工作情况进行自检，其工作可靠性很高。此外，微机保护可用同一硬件实现不同的保护原理，这使保护装置的制造过程大为简化，也容易实行保护装置的标准化。微机保护除了保护功能外，还兼有故障录波、故障测距、事件顺序记录和调度计算机交换信息等辅助功能，这对简化保护的调试、事故分析和事故后的处理等都有重大意义。由于微机保护装置的巨大优越性和潜力，因而受到运行人员的欢迎。进入 20 世纪 90 年代以来，在我国得到大量应用，已成为继电保护装置的主要型式，成为电力系统保护、控制，运行调度及事故处理的统一计算机系统的组成部分。

微机型继电保护装置采用机箱式结构，每套保护装置由一个或几个机箱组成。有的保护装置机箱除了完成保护功能外，还具有其他功能。例如某 10kV 线路的保护装置机箱具有 10kV 线路的保护功能、重合闸功能、故障录波功能，此外还兼有遥测、遥信、遥控及用于切除本线路的低周减载等功能。

微机型继电保护装置机箱的正面称为面板，机箱背面设有接线端子排。微机型继电保护装置机箱的内部是由一个个印制电路板组成的。印制电路板上焊接有各种芯片及电子、电路元器件，为便于调试、检修，在装置不带电的情况下，每个印制电路板一般可以插、拔，因此把每个印制电路板也称为一个插件。

二、微机保护装置的外部结构

1. 面板布置

如图 1－15 所示，在微机型继电保护装置的面板上一般设置有液晶显示器、光字牌(或信号灯)、键盘、插座和信号复归按钮等。其中：液晶显示器可以用来显示保护装置的提示菜单、定值清单、事件报告、运行参数、开关状态等信息；光字牌是由发光二极管构成的，用于运行监视以及发保护动作、重合闸动作、告警等信号；通过键盘可以进行参数设定、控制操作、事件查询等操作；信号复归按钮用来复归程序、光字牌等；面板上的插座是一串行通信接口，用来外接计算机。外接的计算机可以代替本装置的人机对话插件直接同本装置箱体内的各

计算机插件通信，通过切换可使人机对话插件或外接计算机取得通信控制权。

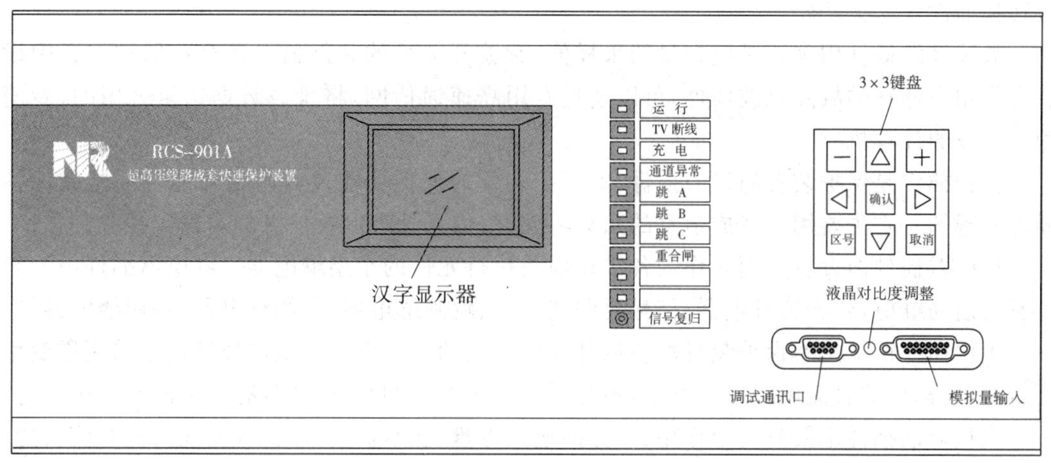

图 1-15 某微机保护装置面板布置图

2. 背板布置

微机保护装置的背板布置如图 1-16 所示，各插件实现不同的功能。在每个保护装置机箱的背面，都设有该装置机箱的接线端子排，主要用于保护装置机箱与外部的连接。在各装置的端子排上一般设有交流输入端子、直流电源输入端子、网络接口、跳闸出口、合闸出口、遥信开入、信号输出等端子。

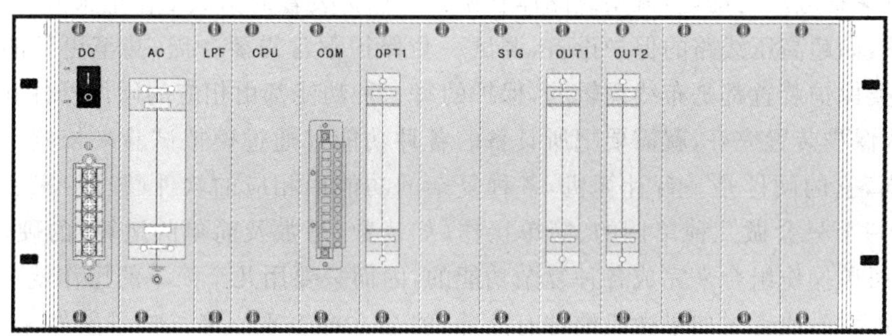

图 1-16 某微机保护装置机箱背面视图

不同型号装置的端子排设置有所不同，即使是同一型号但版本不同的装置，其个别端子的用途也有所不同。因此，在使用时应注意阅读装置的说明书。

三、微机保护装置的内部结构及各插件作用

不同的保护装置机箱，用途、功能都不相同，生产厂家不同，其插件的构成也并不完全相同，但其插件的基本结构大致相同。在微机保护装置机箱的内部一般设置有交流插件、模数转换插件、录波插件、保护插件、继电器插件、电源插件、人机对话插件（人机接口电路板）等。

交流插件内设有电流变换器、电压变换器等元器件，用来引入本保护装置所需的各路交流电流、交流电压量，并起到电量变换和隔离作用。

模数转换插件的电路板上设有模数变换回路，用来将交流插件输出的各路模拟量转换成数字量，以便计算机能对各路电流、电压信号进行处理。现在，新型保护装置的集成度越

来越高,有些保护装置已将模数变换回路设置在保护插件、录波插件中,而不再单独配置模数转换插件。

故障录波插件用来记录模拟量的采样值、有关开关量的状态值。在有些保护装置中设有可供用户选择的故障录波插件,可以通过专用高速通信网,将录波数据送至公用的、专门用于录波的计算机。

保护插件是保护装置的核心插件,本保护装置的保护功能及其附加功能主要是靠保护插件实现的。它主要用来完成信息的采集与储存、信息处理以及信息的传输等任务。

继电器插件内设置了用来作为各出口回路执行元件的小型继电器。继电器插件中一般设置有启动继电器、告警继电器、信号复归继电器、跳闸继电器、合闸继电器、备用继电器等。

电源插件用来给本保护装置的各插件提供独立的工作电源。电源插件通常采用逆变稳压电源,它输出的直流电源电压稳定,不受系统电压波动的影响,并具有较强的抗干扰能力。

人机对话插件主要有两个作用:一方面通过键盘、显示器、打印机等完成人机对话功能;另一方面通过局域网与上一层管理机进行双向通信,接受上一层管理机的指令、向上一层管理机传送信息。如果保护装置的面板是按插件划分的,则人机对话插件和其他插件一样可以插、拔;如果保护装置为一整体面板,则一般是在该机箱面板的背面,固定了一个人机接口电路板。

四、微机保护的特点

1. 维护调试方便

在微机保护应用之前,整流型或晶体管型继电保护装置的调试工作量很大,尤其是一些复杂的保护,如超高压线路的保护设备,调试一套保护常常需要一周,甚至更长的时间。究其原因,这类保护装置都是布线逻辑的,保护的每一种功能都由相应的硬件器件和连线来实现。为确认保护装置完好,就需要把所具备的各种功能都通过模拟试验来校核一遍。微机保护则不同,它的硬件是一台计算机,各种复杂的功能由相应的软件(程序)来实现。换言之,它是用一个只会做几种单调的、简单操作(如读数、写数及简单的运算)的硬件,配以软件,把许多简单操作组合来完成各种复杂功能的,因而只要用几个简单的操作就可以检验它的硬件是否完好,或者说如果微机硬件有故障,将会立即表现出来。如果硬件完好,对于已成熟的软件,只要程序和设计时一样,就必然会达到设计的要求,用不着逐台做各种模拟试验来检验每一种功能是否正确。实际上如果经检查,程序和设计时的完全一样,就相当于布线逻辑的保护装置的各种功能已被检查完毕。微机保护装置具有很强的自诊断功能,对硬件各部分和程序(包括功能、逻辑等)不断地进行自动检测,一旦发现异常就会发出警报。通常只要给上电源后没有警报,就可确认装置是完好的。

所以对微机保护装置可以说几乎不用调试,从而可大大减轻运行维护的工作量。

2. 可靠性高

计算机在程序指挥下,有极强的综合分析和判断能力,因而它可以实现常规保护很难办到的自动纠错,即自动地识别和排除干扰,防止由于干扰而造成误动作。另外,它有自诊断能力,能够自动检测出本身硬件的异常部分,配合多重化可以有效地防止拒动,因此可靠性很高。目前,国内设计与制造的微机保护均按照国际标准的电磁兼容试验来考核,进一步保证了装置的可靠性。

3. 易于获得附加功能

应用微型机后，如果配置一个打印机，或者其他显示设备，或通过网络连接到后台计算机监控系统，可以在电力系统发生故障后提供多种信息。例如，保护动作时间和各部分的动作顺序记录，故障类型和相别及故障前后电压和电流的波形记录等。对于线路保护，还可以提供故障点的位置（测距）。这将有助于运行部门对事故的分析和处理。

4. 灵活性大

由于微机保护的特性主要由软件决定（不同原理的保护可以采用通用的硬件），因此只要改变软件就可以改变保护的特性和功能，从而可灵活地适应电力系统运行方式的变化。

5. 保护性能得到很好改善

由于微型机的应用，使很多原有型式的继电保护中存在的技术问题，可找到新的解决办法。例如，对接地距离保护的允许过渡电阻的能力，距离保护如何区别振荡和短路，大型变压器差动保护如何识别励磁涌流和内部故障等问题，都已提出了许多新的原理和解决方法。

可以说，只要找出正常与故障特征的区别方案，微机保护基本上都能予以实现。

五、微机继电保护装置的硬件构成

一套微机型保护装置硬件构成从功能上还可以分为六部分，即数据采集系统（或称模拟量输入系统）、微型计算机系统、输入/输出回路、通信接口、人机对话系统和电源部分等。在构成实际的微机型保护装置时，均以上述六部分为中心，采用整面板、插件式结构。因此，微机型保护装置的硬件构成基本相似。

微机型保护装置硬件电路的基本组成框图，如图 1－17 所示。

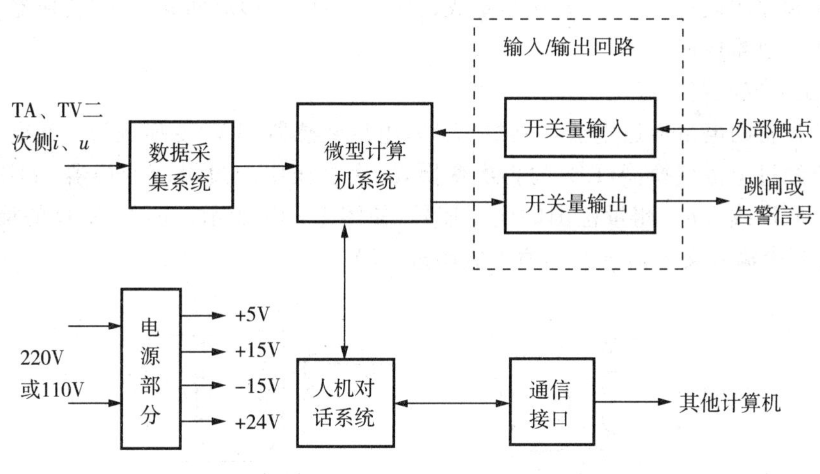

图 1－17　微机保护硬件系统构成示意图

(1)数据采集系统。微机保护装置的数据采集系统又称为模拟量输入系统。其作用是将被保护设备 TA 二次侧的电流、TV 二次侧的电压，分别经过适当的预处理后转换为所需的数字量，送至微型计算机系统。数据采集系统的主要元件通常有变换器、模数转换(A/D)芯片、电阻、电容等。

(2)微型计算机系统。微型计算机系统的作用是完成算术及逻辑运算，实现继电保护功能。该系统的主要元件是微处理器 CPU 芯片、存储器芯片、定时器/计数器及接口芯片等。

(3)输入/输出回路。输入/输出回路是微机保护装置与外部设备的联系电路，因为输入信号、输出信号都是开关量信号(即触点的通、断),所以该回路又称为开关量输入/输出回路。

开关量输入回路的作用是将各种开关量(如保护装置连接片的通断、保护屏上切换开关的位置等)通过光电耦合电路、接口电路输入到微型计算机系统;开关量输出回路的作用是将微型计算机系统的分析处理结果输出,以完成各种保护的出口跳闸或信号告警等任务,开关量输出回路的主要元器件通常是光电耦合芯片和小型中间继电器等。

(4)人机对话系统。人机对话系统的作用是建立起微机保护装置与使用者之间的信息联系,以便对装置进行人工操作、调试和得到反馈信息。人机对话系统又称人机接口部分,该部分主要包括显示器、键盘、各种面板开关、打印机等。

(5)通信接口。通信接口的作用是提供计算机局域通信网络以及远程通信网络的信息通道。微机保护装置的通信接口是实现变电站综合自动化的必要条件,特别是面向被保护设备的分散型变电站监控系统的发展,通信接口电路更是不可缺少的。每个微机保护装置的通信接口通常都采用带有相对标准的接口电路。

(6)电源回路。电源回路的主要作用是给整个微机保护装置提供所需的工作电源,保证整个装置的可靠供电。微机保护装置的电源回路通常采用输入直流 220V 或 110V,输出直流+5V、±12V(或±15V)、±24V 等。其中,+5V 主要用于微型计算机系统;±12V(或±15V)主要用于数据采集系统;±24V 主要用于开关量输出回路等。

1. 数据采集系统

模拟量的数据采集系统有两种。一种是由电压形成回路、低通滤波器、采样保持器、多路转换开关和逐次逼近型 A/D 转换器组成;另一种由电压形成回路、压频转换器(VFC)、光电隔离器和计数器构成。

(1)电压形成回路

被保护设备的电量通过电流互感器(TA)、电压互感器(TV)变换成为二次电流和电压。二次电流要经过电流变换器(LB)的再次变换,二次电压要经过电压变换器(YB)的再次变换,成为在 A/D 或 VFC 测量范围的电压信号,如图 1-18 所示。例如 A/D 的最大测量范围是±5V,要求输入交流信号的峰值不能超过±5V。

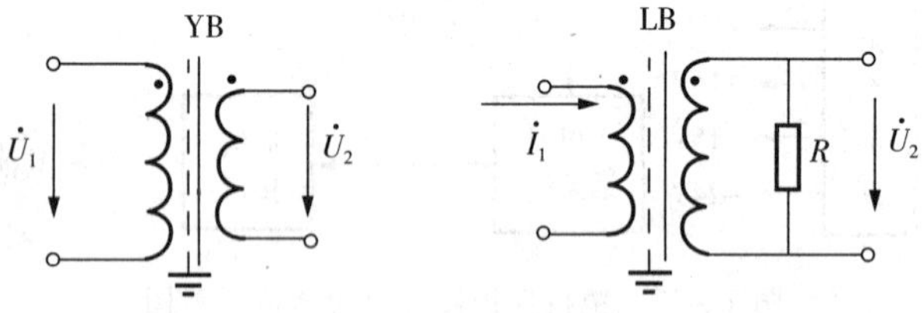

图 1-18　电压、电流变换器原理

电压变换器原理与电压互感器相同。电流变换器通过二次侧的电阻 R 取得与一次电流成线比例关系的电压信号。在传统的保护装置中,电流电压变换常采用电抗器。电抗器虽然有铁芯不易饱和、线性范围大、有移相的特点,但是放大谐波,阻抗大使 TA 的负载增大,在故障大电流时,TA 二次侧电压过高,误差加大。用 LB 因为二次侧电阻 R 很小,使 LB 的等值电阻很低,TA 负载轻,在故障大电流时,TA 二次侧电压低,误差相对较小。LB 并联电阻的电压波形与 TA 的二次电流波形基本一致。只要设计得当,按原边可能的最大

电流设计，线性度和动态范围可以满足要求。因此目前微机继电保护都采用电流变换器。

TV 和 TA 除了有电量变换的功能外，通常在两线圈之间加屏蔽层，如图 1－18 中的虚线，并将屏蔽层接地起电气隔离作用，使微机部分与强电部分隔离。

(2)模拟低通滤波器

对微机保护系统来说，在故障初瞬，电压、电流中可能含有相当高的频率分量(如 2kH$_Z$ 以上)，为防止混叠，采样频率 f_s 不得不用得很高，从而对硬件速度提出过高的要求。实际上，目前大多数的微机保护原理都是反映工频量，采用模拟低通滤波器将高频分量滤掉，这样就可以降低 f_s，从而降低对硬件提出的要求。最简单的模拟低通滤波器如图 1－19 所示。模拟低通滤波器主要用来滤除 $f_s/2$ 以上的高频分量信号，以消除频率混叠，防止高频分量混叠到工频附近来。低于 $f_s/2$ 的其他暂态频率分量，可以通过数字滤波来滤除。

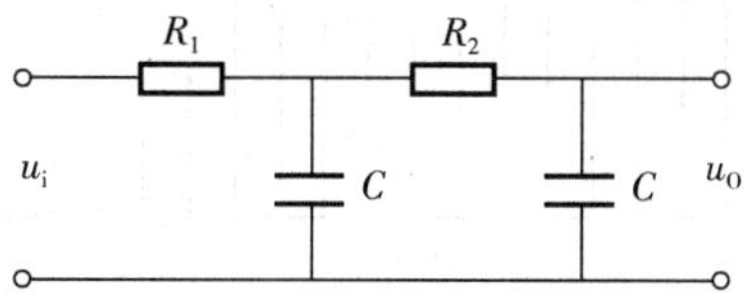

图 1－19　无源 RC 低通滤波器

(3)采样保持器(S/H)

微机保护必须对同一时刻的电量进行模数转换，以保证各信号间的相对关系。为了用一个模数转换器得到多个电气量同一时刻的数值，必须在同一时刻对多个电气量采样并将采样的电压保持住，才可以用一个模数转换器依次进行模数转换。实现这个功能的器件就是采样保持器(sample/hold)。采样保持器原理如图 1－20 所示。

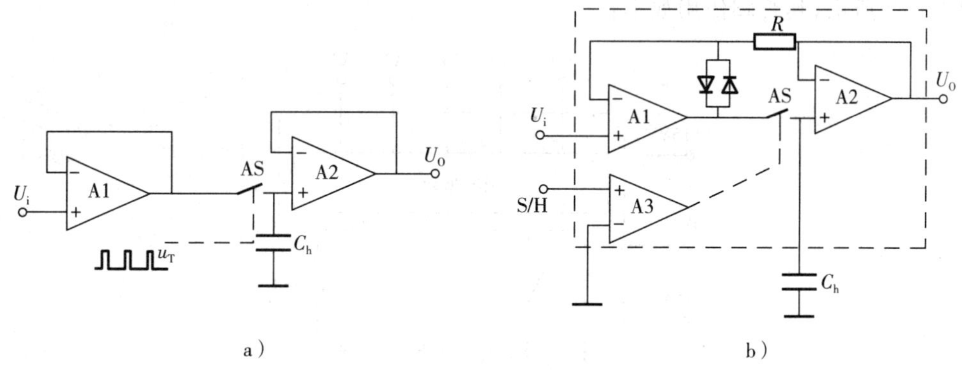

图 1－20　采样保持器原理图

a)原理图　b)内部结构图

当 AS 闭合时 A1 对 C_h 快速充电，在极短时间内达到 $U_i = U_c$，这个时间叫采样时间。由于运算放大器的输入电阻可以认为无穷大，采样时间相当于 $A1$ 的输出电阻与 C_h 构成的 RC 电路的充、放电时间。显然 A1 输出电阻越低，C_h 值越小，采样时间越短。目前 A/D 的速度都很快，模数转换结束后就可以合上 AS，进入采样，因此对于采样时间的要求并不高。例如对于工频信号每周采样 24 点，模数转换速度为每次 3μs，则对 20 个通道数据进行模数转换的时间不大于 100μs，而两次保持的时间间隔为 20/24ms，等于 833μs。

当AS断开时A2的输出电压$U_o=U_c$，显然A2的输入电阻越高U_c电流泄漏越少；C_h值越大，U_c下降速度越慢，也就是信号保持的越好。由于现在模数转换速度快，如前例中采样时间可以有700μs，C_h可以选大些，不但使信号保持较好，还可以减小电子开关AS操作对U_c电压的干扰影响保持电压。图1-21中的虚线是输入信号的$x(t)$波形，实线是理想采样保持后信号x_n的波形。目前微机保护确实都可以实现对所有电量实现同时测量，误差极小。

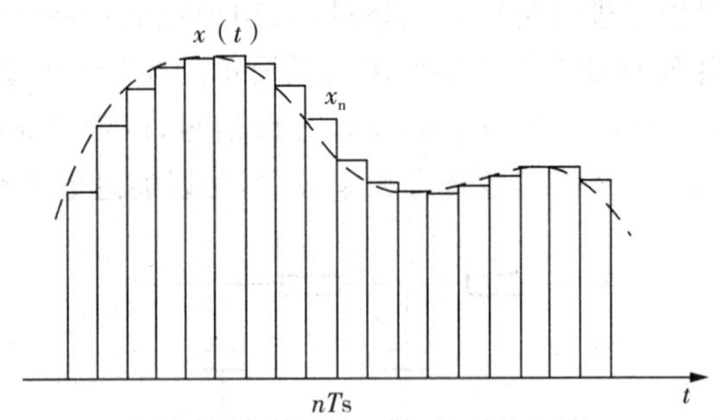

图1-21　采样保持后信号波形

(4)模拟多路转换开关(MPX)

微机保护装置通常是几路模拟量用一个A/D芯片进行模数转换，为了实现对所有通道同时测量，用S/H器件对所有通道同时采样并保持，用多路转换开关将各通道保持的信号分时接入A/D转换器。多路转换开关是微机外围芯片，有的可以挂在总线上，CPU通过MPX的地址线、数据线和控制线对其控制。以16路的多路转换开关芯片AD7506为例。如图1-22所示，其管脚作用如下：

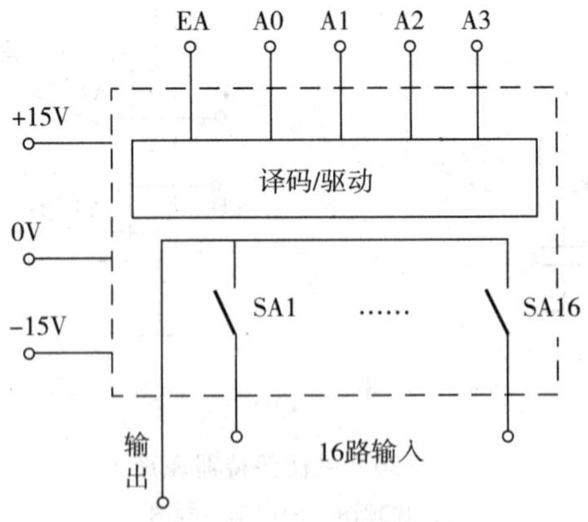

图1-22　AD7506内部结构图

A0、A1、A2、A3输入选择，赋予不同二进制值可以选通一个SA模拟电子开关，因AD7506没有输入自保持功能，只能接在具有输出状态保持的并行输出接口上。EA使能端，EA低电平时所有SA开关断开，输出线高阻状态；EA高电平，可以通过A0、A1、A2、A3根据表1-6选择接通一个SA开关，AD7506可以选通16个模拟量输入。芯片中的电子模拟开关通常是CMOS电路，导通时的导通电阻很低。电源分别接+15V和-15V。

表 1-6　AD7506 功能表

EA	A0	A1	A2	A3	选择开关
1	0	0	0	0	SA1
1	0	0	0	1	SA2
…	…				…
1	1	1	1	1	SA16
0	×	×	×	×	无

(5)模数转换器(A/D)

计算机只能对数字量进行运算,因而需要将经过电压形成电路、低通滤波器、采样保持器和多路转换开关的各电气信号经过模数转换成与一次信号成线形关系的数字信号。

逐次逼近型模数转换器的原理图如图 1-23 所示。D/A 是数模转换器,D/A 将数字信号转换为模拟信号,U_R是 D/A 转换器的参考电压。将输入模拟信号 u_i转换成数字信号的过程如下:

先由置数选择逻辑送出一个仅最高位为 1 的二进制数 D,将此数经 D/A 转换为模拟量 u_o;u_o加到比较器 A 的负端,如果 $u_i>u_o$,A 输出 1,D 的最高位保持 1 不变;如果 $u_i<u_o$,A 输出 0,置数选择逻辑将暂存器 D 的最高位变为 0。下一步置数选择逻辑将 D 的次高位变为 1,再将 D/A 转换后 u_o与 u_i比较,由置数选择逻辑选择此位为 1 或为 0。这个过程反复至最低位比较完成,因此 A/D 转换器的比较次数等于 A/D 转换器的位数。A/D 转换器的位数和时钟频率决定了 A/D 转换器的速度,D/A 转换器是仅依赖于模拟开关速度的高速电子元件。

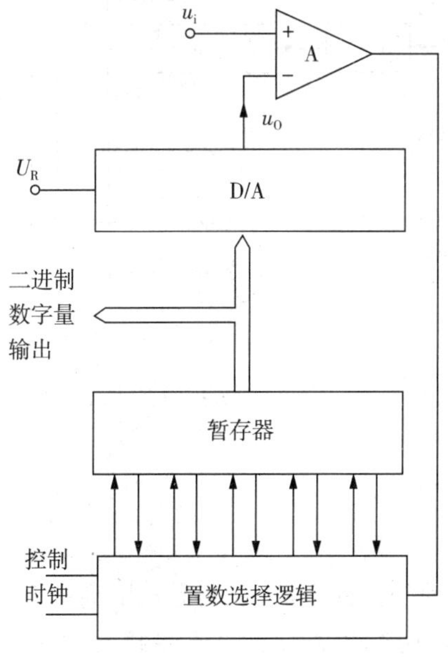

图 1-23　逐次逼近型 A/D 转换器

逐次逼近型 A/D 转换器的指标为分辨率/转换精度和转换速度,两者相互影响。对于微机保护而言,采样量较多,保护动作速度快。通常要求,转换速度一般不超过 25μs,数字位数在 10～14 位。

VFC 型模/数转换器的原理是将电压模拟量 u_i 线性地变换为数字脉冲式的频率 f,然后由计数器对数字脉冲计数,供 CPU 读入。其原理框图如图 1-24 所示。

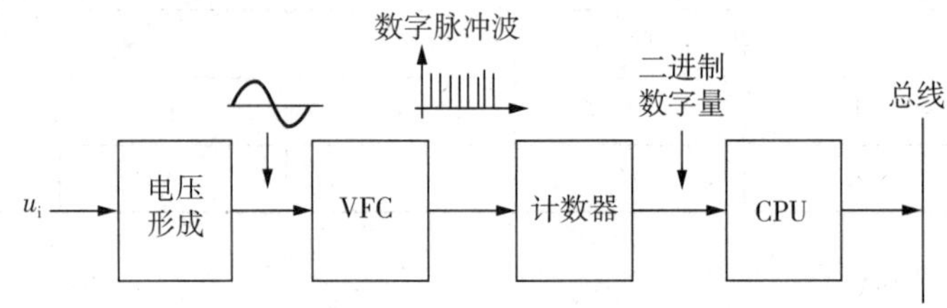

图 1-24　VFC 型模/数变换原理框图

VFC 型模/数转换的优点有:①工作稳定,线性好,精度高,电路十分简单;②抗干扰能力强;③同 CPU 接口简单,VFC 的工作可不需 CPU 控制;④可以很方便地实现多 CPU 共享一套 VFC 变换。

VFC 型数据采集系统示意图如图 1-25 所示。VFC 型数据采集系统的特点为:①低通滤波特性(普通 A/D 转换器对瞬时值转换,VFC 型转换器对输入信号连续积分,具有低通滤波效果,大大抑制噪声);②抗干扰能力强;③位数可调;④与微型机的接口简单;⑤实现多微型机共享;⑥易于实现同时采样;⑦不适用于高频信号的采集。

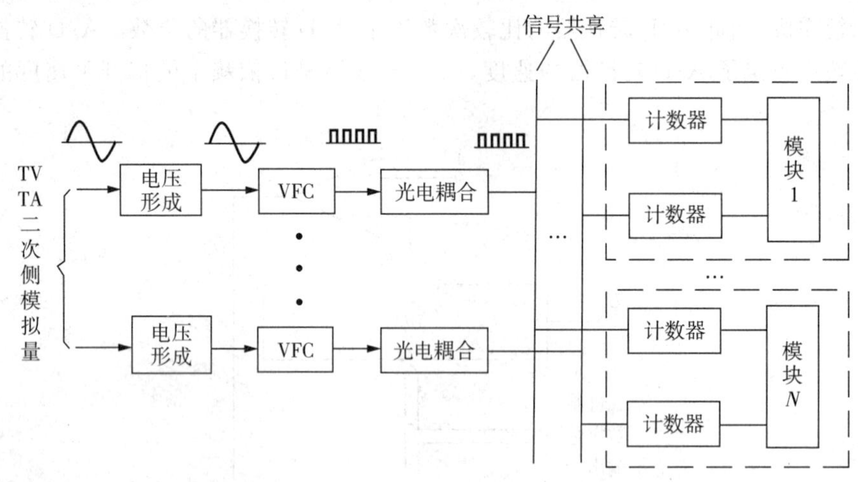

图 1-25　VFC 型数据采集系统示意图

2. 输入和输出系统

(1)开关量输入

开关量输入有两类:

① 可以与 CPU 主系统使用共同电源,无需电气隔离的开关量输入。如键盘上的按键、复位按钮、定值切换按钮等。这类开关量可以直接接至微机的并行接口。如图 1-26a 所示,S 接通时 a 点电位为 0;S 断开时 a 点为 5V。由此可以读得开关状态。

② 与 CPU 主系统使用不同电源,需要电气隔离的开关量输入,如断路器、隔离开关的

辅助接点，继电器的触点等。为了 CPU 主系统的安全，必须采用光电隔离措施。如图 1-26b 所示，VG 是光电耦合元件。当 S 合上时，发光二极管有电流而发光，光敏三极管导通，a 点为 0V；S 断开时，发光二极管无电流不发光，光敏三极管截止，a 点为 5V。R_1 是限流电阻，将直流电流限制在毫安级，选择时要注意容量和耐压水平。

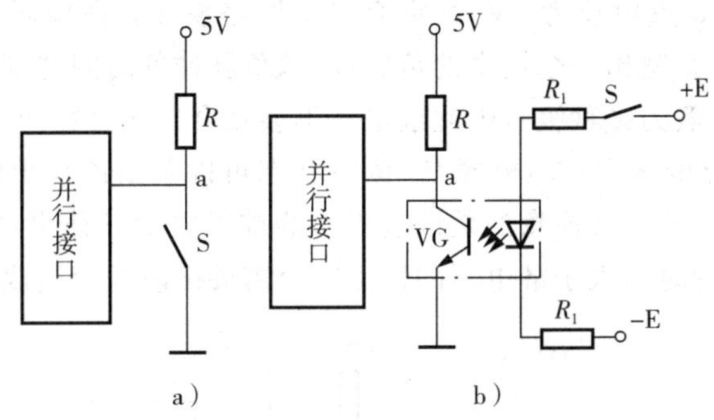

图 1-26　两种开关量输入方式

(2)开关量输出

开关量输出有三类：

① 可以与 CPU 主系统使用共同电源，无需电气隔离的开关量输出。如发光二极管的指示灯、液晶显示屏等，可以直接由 CPU 主系统的并行口输出。

② 与 CPU 主系统使用不同电源而需电气隔离的开关量输出，如打印机的数据、信号线、晶闸管驱动等。此类开关量输出具有高速、电流不大的特点，要使用容量较小，高速度的光电隔离元件。485 串行数据输出也要通过光电隔离。

③ 断路器的跳、合闸控制、中央信号继电器驱动等与强电有关的电路。这种电路一般要光电隔离和二级驱动，先通过光电隔离元件驱动一个电压较低、较小的中间继电器，一般是干簧继电器；通过该继电器的接点驱动一个大的中间继电器从而接通断路器的跳、合闸回路。为了防止因某个元件损坏而误动作，还要加上防误措施。

如图 1-27 所示，Y1 和 Y2 是与非门，仅当 P1=0 同时 P2=1 时 Y2 输出为 0V，光电耦合元件导通，继电器 K 动作；P1 和 P2 的其他状态光电耦合元件均不导通，继电器 K 不能动作。用两个并行口的不同状态驱动继电器是为了防止并行口元件损坏或微机受干扰时误操作而误动。为了可靠，两个并行口最好来自两个芯片。由于继电器的线圈是感性的，二极管 VD 是线圈的续流管，防止光耦 VG 断开时过电压。

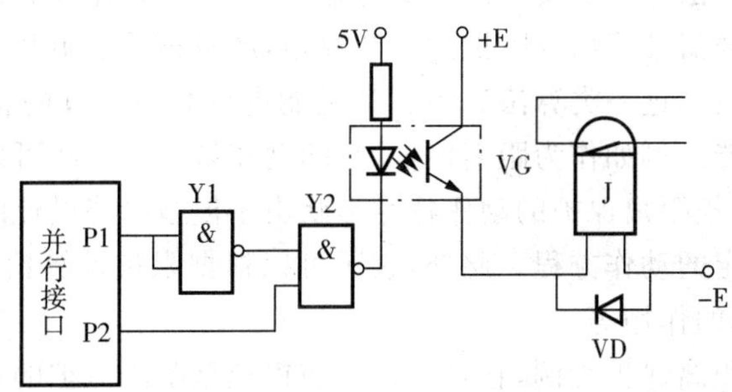

图 1-27　控制类开关量输出

(3)开关量输出回路检测

图 1－27 中的并行输出口、与非门、光电耦合器有损坏的可能性，为了检测该驱动电路中的电子元件，采用图 1－28 的检测电路。图中二极管 VD 用于隔离被检的开关量输出回路，因为多个输出回路可以共用一套自检电路。在所有输出回路无输出时，VG1 截止，a 点电位为 5V；如果此时 a 点电位为 0V，肯定有输出回路损坏。在检测输出回路是否会拒动时，让被检测的输出回路输出一个极窄的负脉冲，该负脉冲的时间宽度应远小于继电器的接点吸合需要的时间(一般为毫秒级)，因此继电器不会吸合。在负脉冲(微秒级)存在时间内，三极管 VG1 导通，a 点电压为 0V，根据 P3 读得状态可以判断该输出回路的并行口和与非门及光耦器件都是完好的。要注意的是该过程不能被微机的其他事件中断，如果被微机的其他事件中断使负脉冲时间大于继电器的接点吸合需要的时间会造成继电器误合。

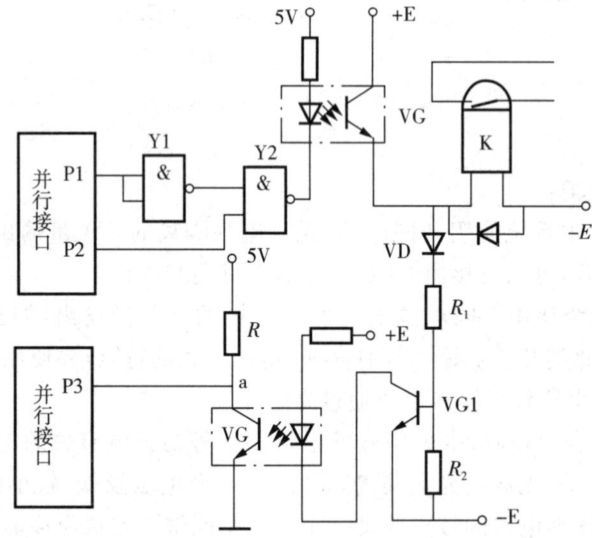

图 1－28　控制类开关量输出自检

六、微机继电保护基本算法

微机继电保护装置根据模数转换器输入电气量的采样数据进行分析、运算和判断，以实现各种继电保护功能的方法称为算法。

按算法的目标可以分成两大类。一类算法是根据输入电气量的若干点采样值通过一定的数学式或方程式计算出保护所反映的量值，然后与定值进行比较。例如实现距离保护，可根据电压和电流的采样值计算出复阻抗的模和幅角，或阻抗的电阻和电抗分量，然后同给定的阻抗动作区进行比较。这一类算法利用了微机能进行数值计算的特点，从而实现许多常规保护无法实现的功能。例如作为距离保护，它的动作特性的形状可以非常灵活，可以是多边形的动作区，不像常规距离保护的动作特性形状由于模拟电路设计的限制，只能决定于在电路上可以实现的一定的动作方程。此外，它还可以根据阻抗计算值中的电抗分量推算出短路点距离，起到测距的作用等。

另一类算法仍以距离保护为例，它是直接模仿模拟型距离保护的实现方法，根据动作方程来判断是否在动作区内，而不计算出具体的阻抗值。另外，虽然它所依循的原理和常规的模拟型保护同出一宗，但由于运用微型机所特有的数学处理和逻辑运算功能，可以使某些保

护的性能有明显提高。如在数字滤波方面具有高度的灵活性，像半周积分滤波，这是模拟电路不能实现的。另外目前广泛应用的提取故障分量的保护，如故障分量的阻抗算法，故障分量的线路纵差算法不用微机的数值计算也是不能实现的。

应该说，微机保护具备的计算、记忆、分析和通信等多种功能，加上成套化的设计方法，不仅可以纵观时间前后的电力系统情况，而且还可以在空间上横向了解本装置的全部模拟量，以及通过通信手段获取其他变电站的信息，使得微机保护比模拟型保护做得更好、更加完善，性能更为优良。

目前已提出的算法有很多种，如半周积分算法、两点乘积算法、导数算法、傅氏算法等。分析和评价各种不同的算法优劣的标准是精度和速度。速度又包括两个方面：一是算法所要求的采样点数（或称数据窗长度）；二是算法的运算工作量。精度和速度又是总是矛盾的，若要计算精确，则往往要利用更多的采样点和进行更多的计算工作量。所以研究算法的实质是如何在速度和精度两方面进行权衡。还应当指出，有些算法本身具有数字滤波的功能，有些算法则需配以数字滤波一起工作。

拓展训练

RCS901 或 RCS902 系列微机保护装置零漂检验

在 RCS901 或 RCS902 装置不输入交流电流、电压的情况下，通过装置的显示菜单观察装置在一段时间内的零漂值是否满足装置技术条件的规定，并将数据记录在表 1－7 中。

表 1－7　微机保护装置零漂检验记录表

允许范围	±0.01A			±0.05V		
通道	I_A	I_B	I_C	U_A	U_B	U_C
实测值						

一般要求微机保护装置的电流零漂值在 $0.01I_n$ 以内、电压的零漂值在 0.05V 以内，而且要求在一段时间（几分钟）内零漂值稳定在规定范围内。如果零漂值不满足要求，可通过调整硬件或软件进行校正。由于现场人员对厂家的模数变换调整通道不是很熟悉，且无相关的检测设备，因此建议由厂家进行零漂的调整。

任务三　二次回路基础知识

学习目标

通过对典型二次接线图（原理图、展开图、安装接线图）的识图和绘图训练，使学生在完成本任务的学习过程中达到以下三个方面的目标：

一、知识目标

（1）熟悉一次设备、二次设备与二次回路；

(2)熟悉二次回路常用设备的符号；

(3)了解二次回路图及分类；

(4)熟悉二次接线图的识绘图方法。

二、能力目标

(1)具有二次接线图(原理图、展开图、安装接线图)的识图能力；

(2)具有二次接线图(原理图、展开图、安装接线图)的绘图能力。

三、态度目标

(1)不旷课、不迟到、不早退；

(2)具有团队意识协作精神；

(3)积极向上努力按时完成老师布置的各项任务；

(4)责任意识，安全意识，规范意识。

任务描述

如图1-29所示的6～35kV线路过电流保护原理图，绘出对应的展开接线图和安装接线图。

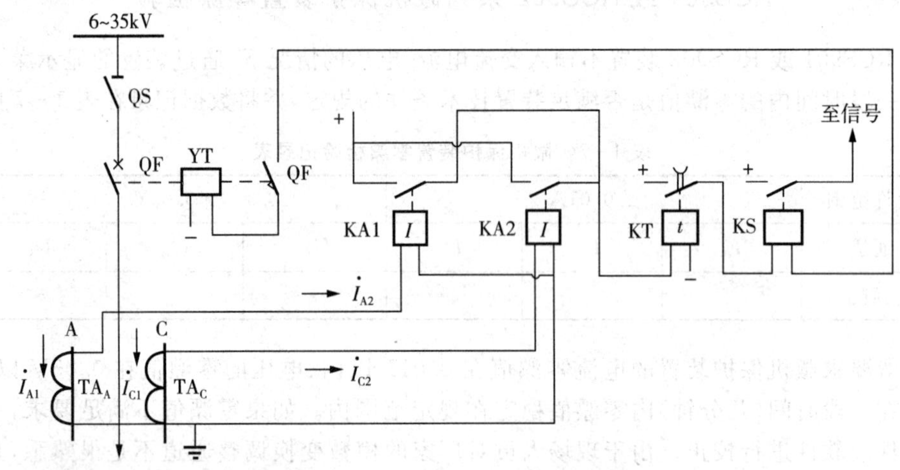

图1-29　6～35kV线路过电流保护原理图

任务准备

1. 工作准备

学习阶段	工作(学习)任务	工作目标
入题阶段	明确学习任务目标机主要学习内容	明确任务
	介绍一次设备与二次设备的区分等	获取相关基础知识
准备阶段	划分小组，规划任务，制订工作计划；围绕学习目标准备考察学习的议题	明确工作计划、目的

（续表）

学习阶段	工作(学习)任务	工作目标
分工阶段	在实训室参观二次接线设备,了解各种形式的二次回路,每组分工	获取直观感性认识
	分组熟悉 6～35kV 线路过电流保护装置的结构	绘图正确、美观
	分组介绍 6～35kV 线路过电流保护的基本工作原理	
	分组绘出对应的展开接线图和安装接线图	

2. 主要设备

序　号	名　称	数　量
1	6～35kV 线路过电流保护图纸	10 套
2	6～35kV 线路过电流保护装置	5 套
3	多媒体设备	1 套

任务实施

(1)参观二次回路设备;

(2)熟悉二次回路的基本结构;

(3)对照图纸、设备分析 6－35kV 线路过电流保护装置基本工作原理;

(4)根据图 1-29 所示的 6－35kV 线路过电流保护原理图,绘出对应的展开接线图;

(5)根据图 1-29 所示的 6－35kV 线路过电流保护原理图和所对应的展开图,绘出安装接线图(包括屏面布置图、屏后接线图和端子排图)。

相关知识

二次回路基本知识

一、二次回路概述

发电厂和变电站的电气设备通常分为一次设备和二次设备,其接线可相应分为一次接线和二次接线。

一次设备是指直接用于生产、输送、分配电能的高电压、大电流的设备,又称主设备。它包括发电机、变压器、高压断路器、隔离开关、输电线路、母线、电流互感器、电压互感器和避雷器等。一次接线又称为电气主接线,主接线是将一次设备按照一定的功能要求,互相连接而成的电路。

二次设备是指对一次设备进行监察、控制、测量、调整和保护的低压设备,又称辅助设备,它包括控制、信号、测量监察、同期、继电保护装置、安全自动装置和操作电源等设备。

二次接线又称二次回路，是将二次设备互相连接而成的电路，主要包括电气设备的控制操作回路、测量回路、信号回路、保护回路以及同期回路等。二次回路附属于对应的一次接线或一次设备，它是对一次设备进行控制操作、测量监察和保护的有效手段。发电机、变压器的正常运行，查找、分析有关电气故障和事故，电气设备的定期调试和检测等都要用到二次回路。

表明二次回路的图称为二次回路图。二次回路图以国家规定的通用图形符号和文字符号表示二次设备的互相连接关系。二次回路图中所有开关电器、继电器和接触器的触点都按照它们的正常状态来表示。对于继电器，正常状态是指其线圈无电压失磁的状态。常用的二次回路图有三种形式，即原理接线图、展开接线图和安装接线图。

二、原理接线图

原理接线图是用来表示二次回路各元件（继电器、仪表、信号装置、自动装置及控制开关等设备）的电气联系及工作原理的电气回路图。

1. 原理接线图的特点

原理接线图在表示二次回路的工作原理时，主要有以下特点：

(1)原理接线图中的所有继电器、仪表等设备均以集合整体的形式来表示，用直线画出它们之间的相互联系，因而清楚、形象地表明了接线方式和动作原理。在原理图中，各电器触点都是按照它们的正常状态表示的。所谓正常状态是指开关电器在断开位置和继电器线圈中没有电流时的状态。

(2)原理接线图将交流电流、电压回路与直流电源之间的联系综合地表示在一起，对所有设备具有一个完整的概念。

(3)一次回路的有关部分也画在接线图中，可清晰地表明该回路对一次回路的辅助作用。

阅读原理接线图的顺序是从一次接线看电流的来源，从电流互感器的二次侧看短路电流出现后，能使哪个电流继电器动作，该继电器的触点闭合（或断开）后，又使哪个继电器启动。依次看下去，直至看到使断路器跳闸及发出信号为止。

2. 原理接线图示例

图 1－29 为 6～35kV 线路过电流保护的原理接线图，下面对该原理图所表示的过电流保护的动作原理进行分析。

(1)接线图的组成元件及功能

电流互感器(TA)：电流互感器的一次绕组流过一次系统大电流 I_1，二次绕组中流过变换后的小电流 I_2，I_2的额定值通常为 5A。

电流继电器(KA)：电流继电器线圈中流过电流互感器的二次电流 I_2，当 I_2大于 KA 的动作电流时，KA 的动合触点闭合。

时间继电器(KT)：时间继电器线圈励磁时，经过预定延时，其延时动合触点闭合。

信号继电器(KS)：信号继电器线圈励磁时，其动合触点闭合，接通信号回路并掉牌，以便运行人员辨别其是否动作。信号继电器的机械掉牌需手动复归，为下一次动作准备。

断路器跳闸线圈(YT)：YT 线圈励磁，断路器将跳闸。

断路器(QF)：其主触点用来接通和断开一次系统电路。

断路器辅助动合触点(QF)：断路器有与其主触点机械连锁的辅助触点。与主触点位置

状态保持一致的辅助触点为辅助动合触点，与主触点位置状态始终相反的辅助触点为辅助动断触点。

(2)装置动作过程

如图 1-29 可见，电流继电器 KA_1、KA_2 线圈分别接于 A、C 相电流互感器 TA_A、TA_C 的二次侧。当线路发生相间短路时，流过线路的短路电流剧增，使 KA_1、KA_2 线圈流过的电流也增大，若短路电流大于保护装置的整定值时，KA_1 或 KA_2 动作，其动合触点闭合，将接于直流操作电源正母线来的正电源加在时间继电器 KT 的线圈上，时间继电器 KT 启动，经过预定的延时，KT 延时闭合的动合触点闭合，正电源经过其触点和信号继电器 KS 的线圈以及断路器的辅助动合触点 QF、断路器跳闸线圈 YT 接至负电源。信号继电器 KS 的线圈和跳闸线圈 YT 中都有电流流过，两者同时动作，断路器 QF 跳闸，信号继电器 KS 的动合触点闭合发出信号。

三、展开接线图

展开接线图是将二次设备按线圈和触点回路展开分别画出，组成多个独立回路，作为制造、安装、运行的重要技术图纸，也是绘制安装接线图的主要依据。

1. 展开接线图的特点

展开接线图的特点是以分散的形式表示二次设备之间的电气连接，将原理接线图中的交流回路与直流回路分开来表示。交流回路又分为电流回路与电压回路；直流回路分为直流操作回路与信号回路等。同一仪表或继电器的线圈和触点分别画在上述不同的独立回路内。为了避免混淆，对同一元件的线圈和触点用相同的文字符号表示。

展开接线图的右侧通常有文字说明，以表明回路的作用。绘制和阅读展开接线图的基本原则是：

(1)整个展开图的绘制和阅读是从上到下、从左到右。

(2)各回路的排列顺序为先交流电流回路、交流电压回路，后直流操作、直流信号回路等。

(3)每个回路中各行的排列顺序为：交流回路按 A、B、C、N 相序排列，直流回路按动作顺序自上而下逐行排列。

(4)每一行中继电器的线圈、触点等设备按实际连接顺序绘制。

因此，阅读展开接线图应从右图的文字说明开始，先交流后直流，自上而下、从左到右；对各元件先看启动线圈，再找相应触点。展开接线图中，导线、端子都有统一规定的回路编号和标号，便于分类查找、维修和施工。

2. 展开接线图示例

现以图 1-30 的 6～35kV 线路过电流保护展开接线图为例加以分析：左侧部分是保护回路的展开接线图，按照自上而下、从左到右的顺序依次是交流电流回路、直流操作回路和直流信号回路。右侧部分是主接线示意图，用来表示该二次接线与一次系统之间的联系。

交流电流回路由电流互感器 TA 的二次绕组供电，TA 仅装在 A、C 两相，其二次绕组分别接入电流继电器 KA_1、KA_2 的线圈，然后用一根公共线引回构成两相不完全星形接线。保护装置的动作顺序如下：当被保护线路发生过电流时，电流继电器 KA_1、KA_2 动作，其动合触点闭合，接通时间继电器 KT 的线圈回路，其延时闭合的动合触点延时闭合，而此时断路器的辅助动合触点处于闭合状态，因此跳闸回路接通。于是跳闸线圈 YT 中有电流流过，使断路器跳闸。同时,信号继电器 KS 动作并掉牌。

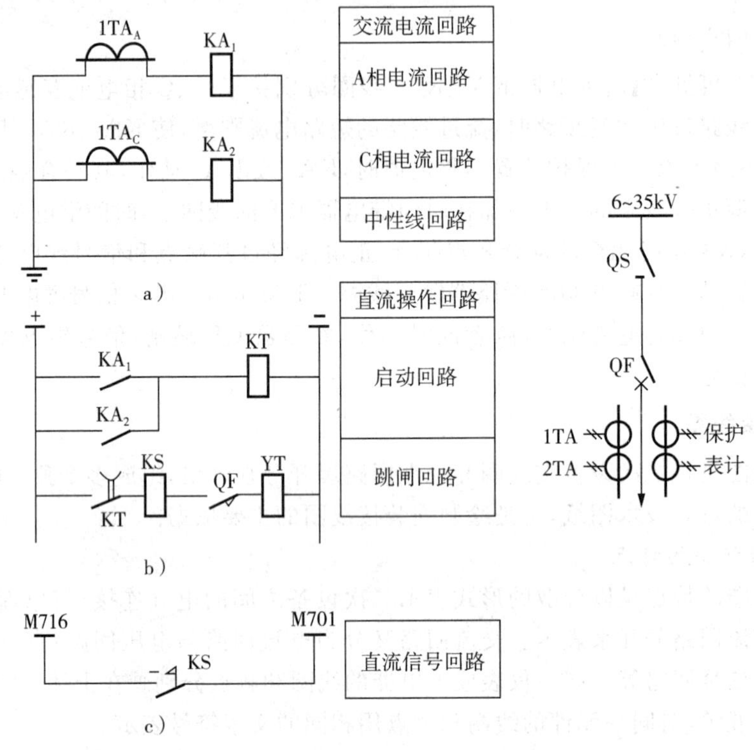

图 1-30　6～35kV 线路过电流保护展开接线图

a)交流电流回路　b)直流电操作回路　c)直流信号回路

展开接线图接线清晰、易于阅读,又便于了解整套装置的动作程序和工作原理,尤其在复杂电路中优点更突出。

四、安装接线图

安装接线图用来表明二次回路的实际安装情况,是控制屏(台)制造厂生产加工和现场安装施工用图,是根据展开接线图绘制的。在安装接线图中,各种仪表、电器、继电器及连接导线等,按照它们的实际图形、位置和连接关系绘制。安装接线图包括屏面布置图、屏后接线图和端子排图,有时屏后接线图和端子排图画在一起。

安装接线图是最具体的施工图,除典型的成套装置外,订货单位向制造厂家定购的控制屏(台)时,必须提供展开接线图、屏面布置图和端子排图,作为厂家制造产品的依据。通常屏后接线图由制造厂绘制,并随产品一起提供给订货单位。

1. 二次回路编号

(1)一般要求

为了便于安装施工和运行维护,在展开接线图中应对回路进行编号。在安装接线图中除编号外,尚须对设备进行标志。

二次回路的编号,根据等电位的原则进行,就是在回路中连接在一点的全部导线都用同一个数码来表示。当回路经过开关或继电器触点隔开后,因为触点断开时,其两端已不是等电位,故应给予不同的编号。

安装接线图上对二次设备、端子排等进行标志的内容有：①与屏面布置图相一致的安装单位编号及设备顺序号；②与展开接线图相一致的设备文字符号；③与设备表相一致的设备型号。

(2)展开接线图回路编号

能根据编号了解该回路的用途，并且进行正确的接线。交直流回路在展开图中采用不同方法编号。

直流二次回路编号是从正电源出发，以奇数序号编号，直到最后一个有压降的元件为止。如最后一个有压降的元件后面不是直接接在负极，而是通过连接片、开关或继电器触点接在负极上，则下一步应从负极开始以偶数顺序编号至上述已有编号的回路为止，如图 1－31 所示。

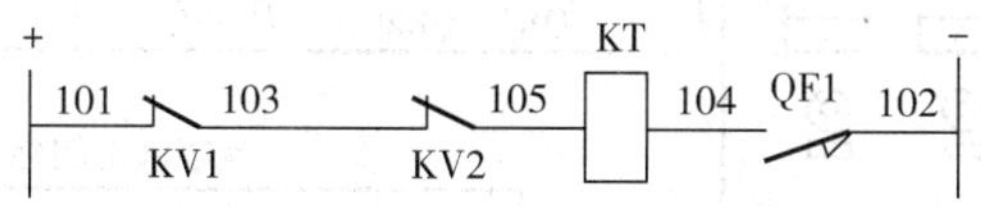

图 1－31　直流回路编号示例

在具体工作中，并不需要对展开接线图中的每一个结点都进行回路编号，而只对引至端子排上的回路加以编号即可。在同一屏上互相连接的设备，在屏后接线图中有相应的标志方法。

交流二次回路的编号是按一次系统中电流互感器与电压互感器的编号相对来分组的。例如在一条线路上装两组电流互感器，编号分别为 TA1、TA2，则对 TA1 的二次回路编号取 A411～A419、B411～B419、C411～C419 和 N411～N419，对 TA2 的二次回路编号取 A421～A429、B421～B429、C421～C429 和 N421～N429，依此类推。交流二次回路的编号不分奇数与偶数，从电源处开始按顺序编号。

展开接线图中的小母线用粗实线表示，并注以文字符号。在控制和信号回路中的一些辅助小母线和交流电压小母线，除文字符号外，还给予固定的数字编号。

2. 屏面布置图

屏面布置图是表示屏上各设备的排列位置及相互间距离尺寸的图纸，要求按一定的比例尺绘制，并附有设备表，是正视图。

图 1－32 为 35kV 线路控制屏屏面布置图。一块屏用来控制四条线路，因此屏上有四个安装单位，四个安装单位相同，在图上用罗马数字Ⅰ～Ⅳ加以区分。屏上每个设备都给予标号，例如：Ⅰ－11 表示安装单位Ⅰ的第 11 号设备；Ⅱ－12 表示安装单位Ⅱ的第 12 号设备。因屏上四个安装单位完全一致，所以只对其中一个注明了设备顺序号。根据设备顺序号可以知道该设备的型号和规格。设备表中编号一栏中的数码即为屏面布置图上的编号。因为四个安装单位相同，所以将设备表列在一起，并去掉了前面的罗马数字。设备表中符号一栏所表示的是在展开图中该设备的符号。其中有些设备在屏面布置图中找不到，表示该设备不在屏正面，而是装于屏后。如电阻、熔断器和继电器等，并在设备表的备注中作了说明。

光字牌和标签框内的标注，也在设计图纸中列表标出，如图 1－32 中所示。

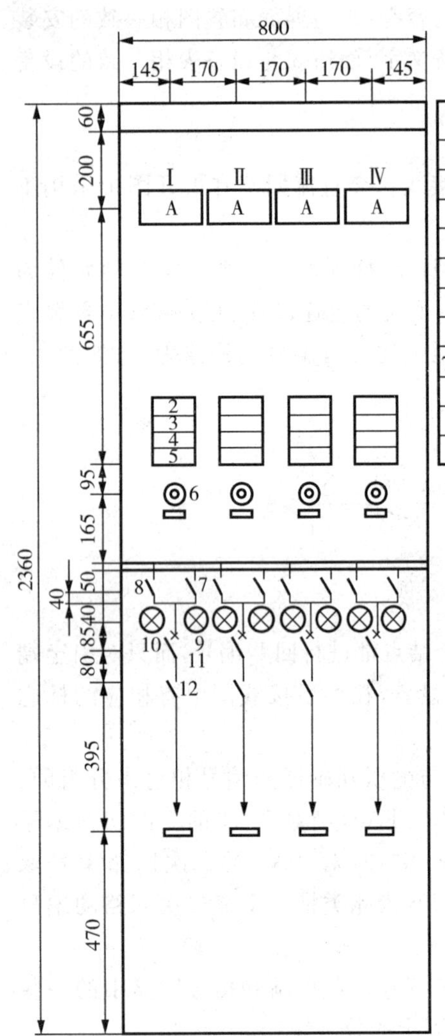

设　备　表

编号	符号	名称	型式	技术特性	数量	备注
安装单位Ⅰ（或Ⅱ、Ⅲ、Ⅳ）35kV线路						
1	A	电流表	$16T_1$—A		1	
2~5	H1~H5	光字牌	XD10	220V、15W	4	
6	SB	按钮	LA18—22	500V/5A	1	
9	HL（RD）	红灯	XD5	220V	1	
10	HL（GR）	绿灯	XD5	220V	1	
11	SA	控制开关	LW_2—Z—1a、4、6A、40、20、6A/F8		1	
7、8、12		模拟位置指示器		手动	3	
	R	电阻		2000Ω、25W	1	
	FU1、FU2	熔断器	R1-10/1A	250V	2	
	QK1、QK2	刀开关		250V、10A	2	

光字牌上的标字

符号	编号	标字
H1	2	自动重合闸
H2	3	QF弹簧未拉紧（当用电磁操动机构时改为备用）
H3	4	备用
H4	5	备用

标签框内的标字

编号	标字
6	接地检查

图 1-32　35kV 线路控制屏屏面布置图

3．端子排图

端子排图是用来表示屏上需要装设的端子数目、类型、排列次序以及端子与屏上设备及屏外设备连接情况的图纸，是背视图。

接线端子（简称端子）是二次接线中不可缺少的配件。屏内设备与屏外设备之间的连接是通过端子和电缆来实现的。许多端子组合在一起构成端子排。端子排多采用垂直布置方式，安装在屏后的两侧。

每一安装单位应有独立的端子排，端子排垂直布置时，排列由上而下；水平布置时，排列由左而右。其顺序是交流电流回路、交流电压回路、控制回路、信号回路和其他回路。

每一安装单位的端子排应编有顺序号，在最后留 2～5 个端子作为备用。若端子排长度许可，各组端子之间也可适当地留 1～2 个备用端子。在端子排两端应留有终端端子。

正、负电源之间，经常带电的正电源与合闸、跳闸回路之间的端子应不相邻或用一个空端子隔开，以免在端子排上造成短路或断路器误动作。

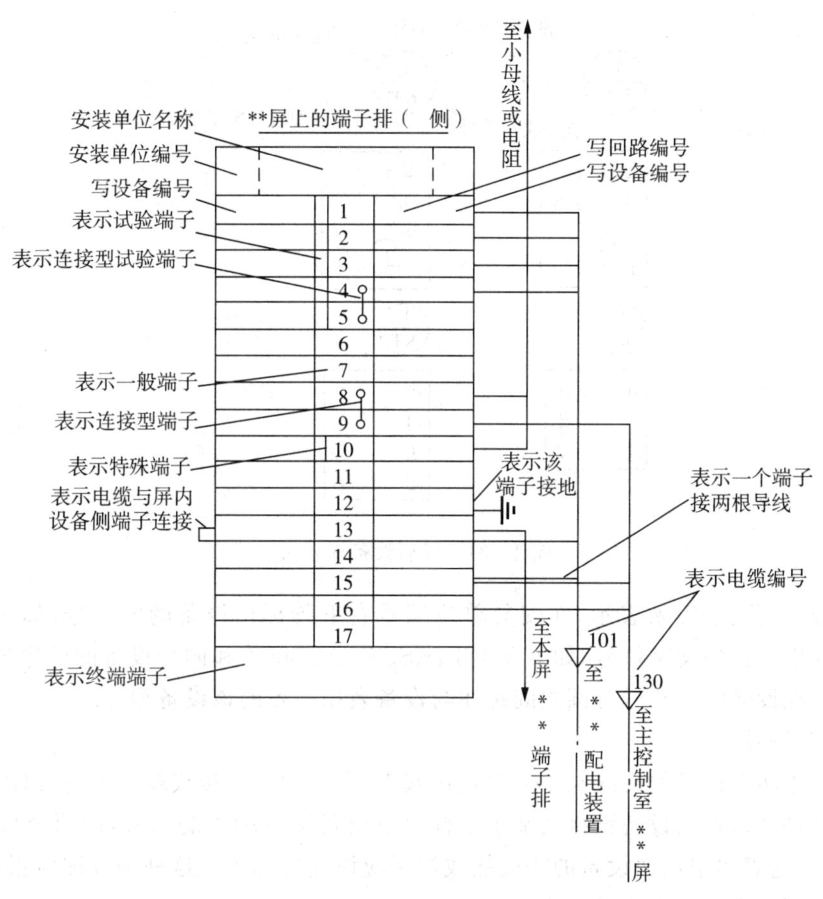

图 1-33 端子排的表示方法

一个端子的每一端一般只接一根导线，导线截面一般不超过 $6mm^2$，特殊情况下个别端子允许最多接两根导线。当一根电缆同时接至屏上两侧端子排时，一般不经过渡端子，端子排的表示方法如图 1-33 所示，实际的端子排图参见图 1-37。

4. 屏后接线图

屏后接线图用来表明屏内各设备在屏背面引出端子间以及与端子排间的连接情况，是背视图，应标明各设备的代号、安装单位和型号规格，复杂的设备应绘出设备内部接线图。屏后接线图是制造厂生产屏过程中配线的依据，也是施工和运行的重要参考图纸。

在屏后接线图中，设备的排列与屏面布置图相对应，但屏后接线图为背视图，所以设备的左右方向与屏面布置图相反。

绘制屏后接线图时，不要求按比例尺绘制，但应保证设备间的相对位置正确。各设备的引出端子应按实际排列顺序画出。

(1)屏后设备标志法

屏后设备标志方法如图 1-34 所示，在图形符号内部标出接线用的设备端子号，所标端子号必须与制造厂家的编号一致。

在设备图形符号上方画一个小圆，该圆分为上、下两个部分，上部分标出安装单位编号，

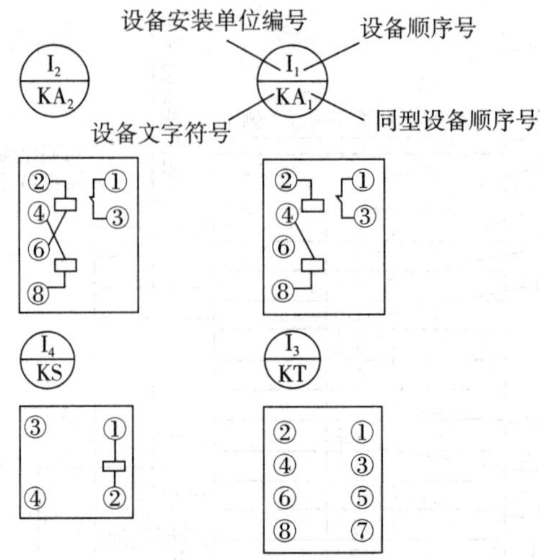

图 1-34　屏后设备标志法

用罗马字母Ⅰ、Ⅱ、Ⅲ等来表示；在安装单位编号右下脚标出设备的顺序号，如 1、2、3、…。小圆下部标出设备的文字符号，如 KA、KT、KS、W、A、var 等和同型设备的顺序号，如 1、2、3、…。有时在设备图形符号与圆之间标注与设备表相一致的该设备型号。

(2)相对编号法

如果甲乙两个设备的接线端子需要连接起来，在甲设备的接线端子上，标出乙设备接线端子的编号，同时，在乙设备该接线端子上标出甲设备接线端子的编号，即两个接线端子的编号相对应，这表明甲乙两设备的相应接线端子应该连接起来。这种编号称为相对编号法，目前在二次回路中已得到广泛应用。

例如图 1-35 所示，电流继电器 KA 的编号为 4，时间继电器 KT 的编号为 8。KA 的 3 号接线端子与 KT 的 7 号接线端子相连，KA 的 3 号接线端子旁标上"8～7"，亦即与第 8 号元件的第 7 个端子相连。而第 8 号元件正是 KT。与之对应，在 KT 第 7 号端子旁标上"4～3"，这正是 KA 的第 3 个端子。查找起来十分方便。

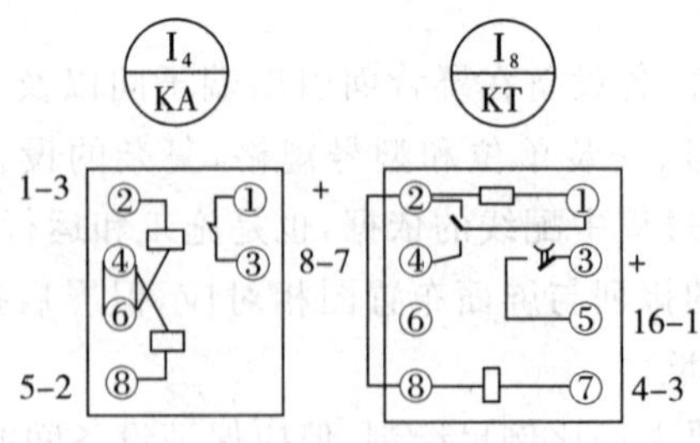

图 1-35　相对编号法

相对编号法的应用如图 1-36 所示。

针对图 1-30、图 1-31 的 6～35kV 线路过电流保护接线图，作出 10kV 线路过电流保护屏后接线图，如图 1-37 所示。

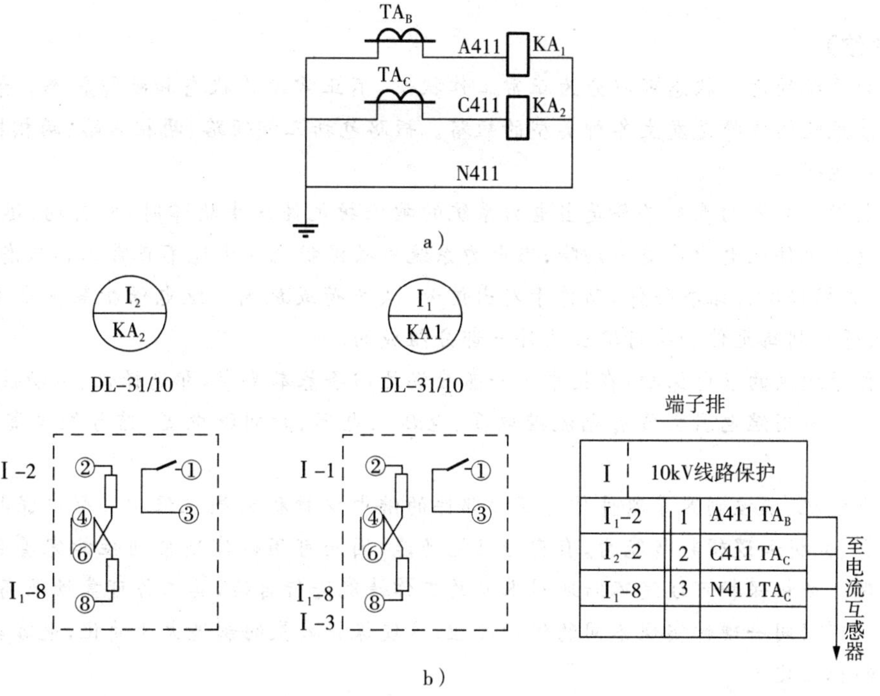

图 1-36　相对编号法的应用

a)展开图　b)安装图

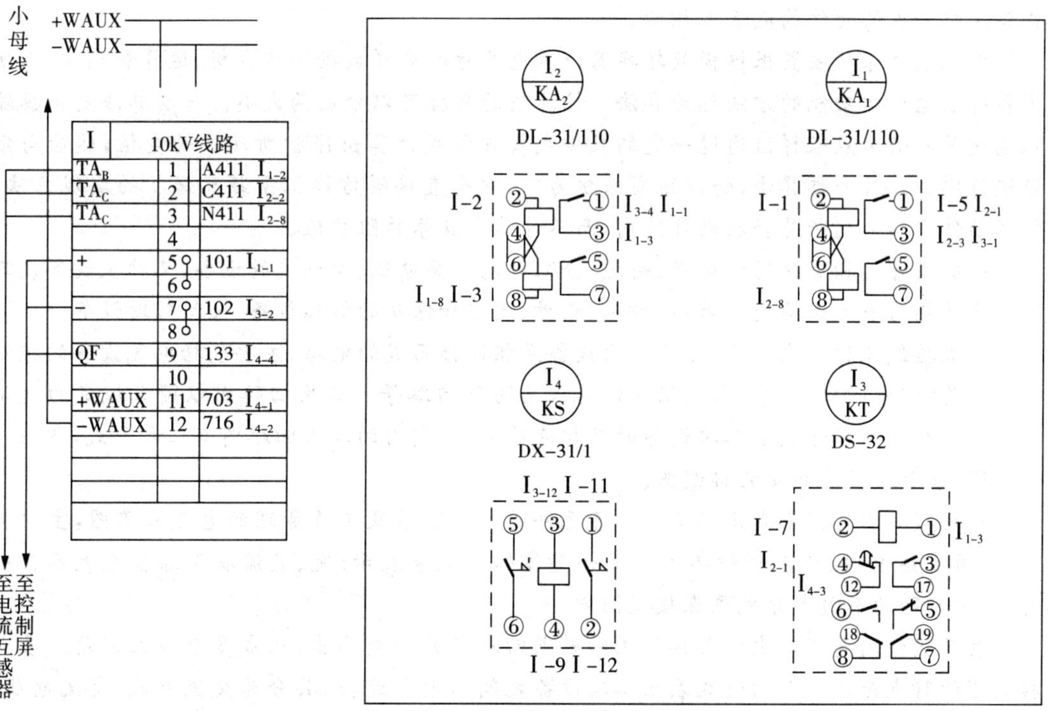

图 1-37　10kV 线路过电流保护屏后接线图

【项目总结】

电力系统的运行状态可以分为正常工作状态、不正常工作状态和故障状态。最常见同时也是最危险的故障是发生各种类型的短路。短路包括三相短路、两相短路、两相接地短路和单相接地短路。

继电保护装置的基本任务是当电力系统的被保护元件发生故障时,能自动、迅速、有选择地将故障元件从电力系统中切除;当电力系统中被保护元件出现不正常工作状态时,能及时反应,并根据运行维护条件,动作于发出信号、减负荷或跳闸。继电保护装置是由测量比较元件、逻辑判断元件和执行输出元件三部分组成的。

动作于跳闸的继电保护,在技术上一般应满足四条基本要求,即选择性、速动性、灵敏性和可靠性。常用继电器主要有电流继电器、电压继电器、时间继电器、信号继电器、中间继电器。

将微型机、微控制器等器件作为核心部件的继电保护称为微机保护。微机保护具有强大的计算、分析和逻辑判断能力,有存储记忆功能,因而可用以实现任何性能完善且复杂的保护原理。微机保护可连续不断地对本身的工作情况进行自检,其工作可靠性很高。此外,微机保护可用同一硬件实现不同的保护原理,这使保护装置的制造大为简化,也容易实行保护装置的标准化。

一套微机型保护装置硬件构成从功能上还可以分为六部分,即数据采集系统(或称模拟量输入系统)、微型计算机系统、输入/输出回路、通信接口、人机对话系统和电源部分等。在构成实际的微机型保护装置时,均以上述六部分为中心,采用整面板、插件式结构。因此,微机型保护装置的硬件构成基本相似。

微机继电保护装置根据模数转换器输入电气量的采样数据进行分析、运算和判断,以实现各种继电保护功能的方法称为算法。按算法的目标可以分成两大类。一类算法是根据输入电气量的若干点采样值通过一定的数学式或方程式计算出保护所反映的量值,然后与定值进行比较。另一类算法,仍以距离保护为例,它是直接模仿模拟型距离保护的实现方法,根据动作方程来判断是否在动作区内,而不计算出具体的阻抗值。

一次设备是指直接用于生产、输送、分配电能的高电压、大电流的设备,又称主设备。二次设备是指对一次设备进行监察、控制、测量、调整和保护的低压设备,又称辅助设备。

二次接线又称二次回路,是将二次设备互相连接而成的电路,主要包括电气设备的控制操作回路、测量回路、信号回路、保护回路以及同期回路等。二次回路图以国家规定的通用图形符号和文字符号表示二次设备的互相连接关系,常用的二次回路图有三种形式,即原理接线图、展开接线图和安装接线图。

原理接线图是用来表示二次回路各元件的电气联系及工作原理的电气回路图,主要特点有:所有继电器、仪表等设备均以集合整体的形式来表示;交、直流联系综合地表示在一起;一次回路的有关部分也画在接线图中。

展开接线图是将二次设备按线圈和触点回路展开分别画出,组成多个独立回路。展开接线图的特点是以分散的形式表示二次设备之间的电气连接,共分为交流电流、交流电压,直流操作、直流信号回路等。展开接线图的识绘图原则是:整个展开图是从上到下、从左到右;各回路的排列顺序为先交流电流回路、交流电压回路,后直流操作、直流信号回路等;每

个回路中各行的排列顺序为：交流回路按 A、B、C、N 相序排列，直流回路按动作顺序自上而下逐行排列；每一行中继电器的线圈、触点等设备按实际连接顺序绘制。

安装接线图用来表明二次回路的实际安装情况，包括屏面布置图、屏后接线图和端子排图。

屏面布置图表示屏上设备的布置情况，按一定的比例绘出屏上各设备的安装位置、外形尺寸及中心线的尺寸，并附有设备表，图中各设备的排列位置和相互间尺寸应与实际相符，以便制造厂备料和安装加工，是正视图。

端子排图用来表明屏内设备与屏顶设备、屏外设备连接关系以及屏上需要装设的端子类型、数目以及排列顺序的图，是背视图。

屏后接线图用来表明屏内各设备在屏背面引出端子间以及与端子排间的连接情况，是背视图，应标明各设备的代号、安装单位和型号规格，复杂的设备应绘出设备内部接线图。

思考题与习题

1－1　继电保护装置的基本任务是什么？

1－2　对继电保护的基本要求是什么？

1－3　什么是主保护？什么是后备保护？

1－4　电流互感器和电压互感器的作用是什么？它们的误差怎样表示？

1－5　什么是电流继电器和电压继电器的动作值、返回值和返回系数？

1－6　什么是微机保护？

1－7　微机保护的基本硬件有哪几个组成部分？

1－8　什么是微机保护的算法？微机保护的算法有哪几类？

1－9　什么是二次设备和二次回路？

1－10　二次接线图常见的形式有哪几种？各有什么特点？

1－11　什么是动合触点？什么是动断触点？

1－12　原理接线图与展开接线图各有何特点？

1－13　展开接线图的识绘图的基本原则是什么？

1－14　二次回路编号的原则是什么？简述直流回路和交流回路的编号方法。

1－15　如何在屏后接线图中表示设备？

1－16　什么是相对编号法？

项目二 电网电流保护

【项目描述】

通过对线路微机保护装置(如 PSL－600 系列、RCS－9000 系列等)中所包含各种电流保护的讲解和检验,使学生熟悉各种电流保护原理、实现方式,具有对单侧电源电网相间短路的电流保护整定计算的能力,具有检验各种电流保护特性的能力。

【学习目标】

1. 知识目标

(1)熟悉线路电流保护的基本配置及线路微机保护装置的基本结构;

(2)掌握线路各种相间短路电流保护的实现方式;

(3)掌握零序电流保护的实现方式;

(4)了解绝缘监视装置的作用、原理。

2. 能力目标

(1)具有检验线路相间短路电流保护特性能力;

(2)具有检验线路功率方向元件特性能力;

(3)具有线路微机保护装置运行维护能力。

【学习环境】

为完成上述学习目标,要求具有与现场相似的微机保护实训场所(或微机保护一体化教室),具有微机线路保护、微机变压器保护等基本的微机保护装置。具有微机保护装置检验调试所需的仪器仪表、工器具、相关材料等,具有可以开展一体化教学的多媒体教学设备。

任务一 单侧电源电网相间短路的电流保护

学习目标

通过对线路微机保护装置(如 RCS－941、RCS－931、JY－35CXL 等)所包含的线路电流保护功能进行讲解和检验,使学生在完成本任务的学习过程中达到以下三个方面的目标:

1. 知识目标

(1)熟悉单侧电源相间短路电流保护的实现方式;

(2)掌握电流保护的接线方式;

(3)了解三段式电流保护的整定计算。

2. 能力目标

(1)会阅读线路电流保护的相关图纸;

(2)熟悉线路微机保护装置中与电流保护相关的压板、信号、端子等;

(3)熟悉并能完成线路微机保护装置检验前的准备工作,会对线路微机保护装置电流保护进行检验。

3. 态度目标

(1)不旷课、不迟到、不早退;

(2)具有团队意识协作精神;

(3)积极向上努力按时完成老师布置的各项任务;

(4)责任意识,安全意识,规范意识。

任务描述

熟悉线路微机保护装置相间短路电流保护的构成,学会对线路微机保护装置单侧电源电网(配电网)相间短路电流保护功能检验的方法、步骤等。

任务准备

1. 工作准备

√	学习阶段	工作(学习)任务	工作目标	备　注
	入题阶段	根据工作任务,分析设备现状,明确检验项目,编制检验工作安全措施及作业指导书,熟悉图纸资料	确定重点检验项目	
	准备阶段	检查并落实检验所需材料、工器具、劳动防护用品等是否齐全合格	检验所需设备材料齐全完备	
	分工阶段	班长根据工作需要和人员精神状态确定工作负责人和工作班成员,组织学习《电业安全工作规程》、现场安全措施	全体人员明确工作目标及安全措施	

2. 检验工器具、材料表

(一)检验工器具						
√	序　号	名　称	规　格	单　位	数　量	备　注
	1	继电保护微机试验仪及测试线		套		
	2	万用表		块		

（续表）

√	序　号	名　称	规　格	单　位	数　量	备　注
	3	电源盘（带漏电保护器）		个		
	4	模拟断路器		台		
（二）备品备件						
√	序　号	名　称	规　格	单　位	数　量	备　注
	1	电源插件		个		
（三）检验材料表						
√	序　号	名　称	规　格	单　位	数　量	备　注
	1	毛刷		把		
	2	绝缘胶布		盘		
	3	电烙铁		把		
（四）图纸资料						
√	序　号	名　称				备　注
	1	与现场实际接线一致的图纸				
	2	最新定值通知单				
	3	装置资料及说明书				
	4	上次检验报告				
	5	作业指导书				
	6	检验规程				

3. 危险点分析及安全控制措施

序　号	危险点	安全控制措施
1	误走错间隔，误碰运行设备	检查在线路保护屏前后应有“在此工作”标示牌，相邻运行屏悬挂红布幔
2	工作不慎引起交、直流回路故障	工作中应使用带绝缘手柄的工具，拆动二次线时应作绝缘处理并固定，防止直流接地或短路
3	电压反送、误向运行设备通电流	试验前应断开检修设备与运行设备相关联的电流、电压回路
4	检修中的临时改动忘记恢复	二次回路、保护压板、保护定值的临时改动要做好记录，坚持“谁拆除谁恢复”的原则
5	带电插拔插件，易造成集成块损坏；频繁插拔插件，易造成插件插头松动	严禁带电插拔插件，工作时佩戴防静电手环或采取其他防静电措施。整组传动后应尽量避免插拔插件，如需插拔应检验相关回路完好

（续表）

序　号	危险点	安全控制措施
6	接、拆低压电源时人身触电	接拆电源时应在电源开关拉开的情况下两人一起工作。所使用电源应装有漏电保护器。禁止从运行设备上接取试验电源
7	越过遮栏，易发生人员触电事故	现场设专人监护，严禁跨越围栏
8	联跳回路未断开，误跳运行开关	根据被检验装置与运行设备相关联部分的实际情况，制定技术措施，防止误跳其他开关（误跳母联、分段开关，误启动失灵保护）

任务实施

1. 开工

√	序　号	内　容
	1	履行工作票、安全措施票手续并对危险点和安全注意事项交底；办理工作许可手续

2. 安全措施的执行及确认危险点

<table>
<tr><td colspan="7">（一）检查运行人员所做的措施</td></tr>
<tr><td>√</td><td colspan="6">检查内容</td></tr>
<tr><td></td><td colspan="6">检查所有压板位置，并做好记录</td></tr>
<tr><td></td><td colspan="6">检查所有把手及开关位置，并做好记录</td></tr>
<tr><td colspan="7">（二）继电保护安全措施的执行</td></tr>
<tr><td>回　路</td><td>位置及措施内容</td><td>执行√</td><td>恢复√</td><td>位置及措施内容</td><td>执行√</td><td>恢复√</td></tr>
<tr><td rowspan="2">电流回路</td><td></td><td></td><td></td><td></td><td></td><td></td></tr>
<tr><td></td><td></td><td></td><td></td><td></td><td></td></tr>
<tr><td rowspan="2">电压回路</td><td></td><td></td><td></td><td></td><td></td><td></td></tr>
<tr><td></td><td></td><td></td><td></td><td></td><td></td></tr>
<tr><td>联跳和失灵回路</td><td></td><td></td><td></td><td></td><td></td><td></td></tr>
<tr><td>信号回路</td><td></td><td></td><td></td><td></td><td></td><td></td></tr>
<tr><td>其他</td><td></td><td></td><td></td><td></td><td></td><td></td></tr>
<tr><td colspan="4">执行人员：</td><td colspan="3">监护人员：</td></tr>
<tr><td colspan="7">备注：</td></tr>
</table>

3. 作业流程

(三)单侧电源电网相间短路电流保护电流元件检验		
序号	检验内容	√
1	Ⅰ段电流定值检验	
2	Ⅱ段电流定值检验	
3	Ⅲ段电流定值检验	
(四)工作结束前检查		
序号	内容	√
1	现场工作结束前,工作负责人会同工作人员检查实验记录有无漏检验项目,试验结论、数据是否完整正确	
2	检查临时接线是否全部拆除,拆下的线头是否全部接好,包括接地线	
3	检查保护装置是否在正常运行状态	
4	打印装置现运行定值区定值与定值通知单逐项核对相符	
5	检查出口压板对地电位正确	

4. 竣工

√	序号	内容	备注
	1	检查措施是否恢复到开工前状态	
	2	全体工作班人员清扫、整理现场,清点工具及回收材料。工作负责人周密检查施工现场,是否有遗留的工具、材料	
	3	工作负责人在检修记录上详细记录本次工作所检修项目、发现的问题、试验结果和存在的问题等	
	4	经验收合格,办理工作票终结手续	

电流元件检验方法

微机型馈线保护一般由多段式(一般提供三段,由用户选择采用)保护构成,每段除了电流元件为基本元件外,一些馈线保护还可以选择是否再经过方向元件或低电压元件闭锁。

典型的电流保护简化逻辑框图如图 2-1 所示,图中以 A 相电流元件为例说明,其他相电流元件类似,且各相动作为或门关系。各段的逻辑框图与该图类似,仅出口时间不同。需要注意的是,图中对应相的电流元件和方向元件为按相构成与门,而低电压元件则是三个电压元件任意一个满足低电压元件即动作。另外如图 2-1 所示,各段均可通过保护投入软连接片来投入或退出该段保护功能,方向元件和低电压闭锁元件也均有控制字选择是否投入方向元件或低电压元件。

1. 电流元件测试

电流元件的动作条件为 $I_{\varphi}>I_{dn}$,其中 I_{dn} 为 n 段电流定值,I_{φ} 为相电流。同时还应满足对应段的动作时间 $T>T_{dn}$时出口跳闸,其中 T_{dn} 为 n 段延时定值。

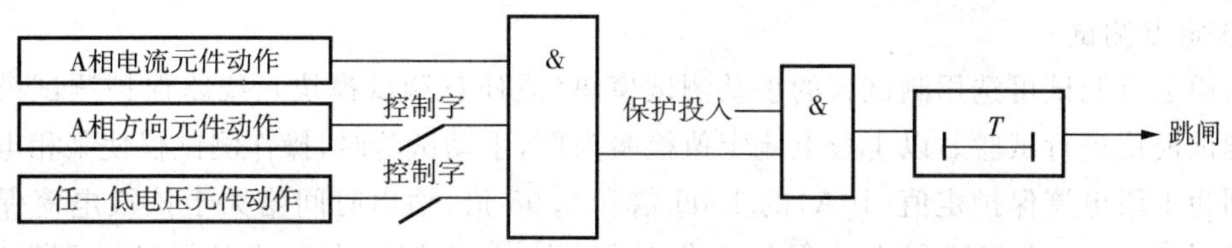

图 2-1　典型电流保护简化逻辑框图

选择某段的电流元件进行测试时需注意，如果投入了方向元件或低电压元件控制字，应当在满足方向元件及低电压元件动作的情况下对电流元件进行测试，或者将方向元件及低电压元件退出。以下测试假设仅投入电流元件。

在进行某段电流元件（如速断）测试中，为避免其他段的电流元件（如定时限电流段）造成影响，可临时将其他段的保护退出。由于各段动作出口时间不同，定值大小不同，因此更好的方法是通过测试时对输入的测试参数进行适当的调整来避免其他段对试验的影响。

（1）试验接线及设置

将继电保护测试仪的电流输出接至馈线保护电流输入端子，另将馈线保护的一副跳闸触点接到测试仪的任一开关量输入端，用于进行自动测试及测量保护动作时间。试验接线假设馈线保护仅投入电流元件，因此可不加入电压，如图 2-2 所示。

投入需测试的电流元件控制字，投入电流保护功能连接片，退出零序、重合闸、低频及方向元件和低电压元件功能连接片及控制字。

试验前可打印或记录电流保护定值，试验假设馈线保护仅投入Ⅰ段和Ⅲ段，电流保护定值为速断动作电流值 10A，动作时间 0s，Ⅲ段动作电流为 4A，动作时间 1s。

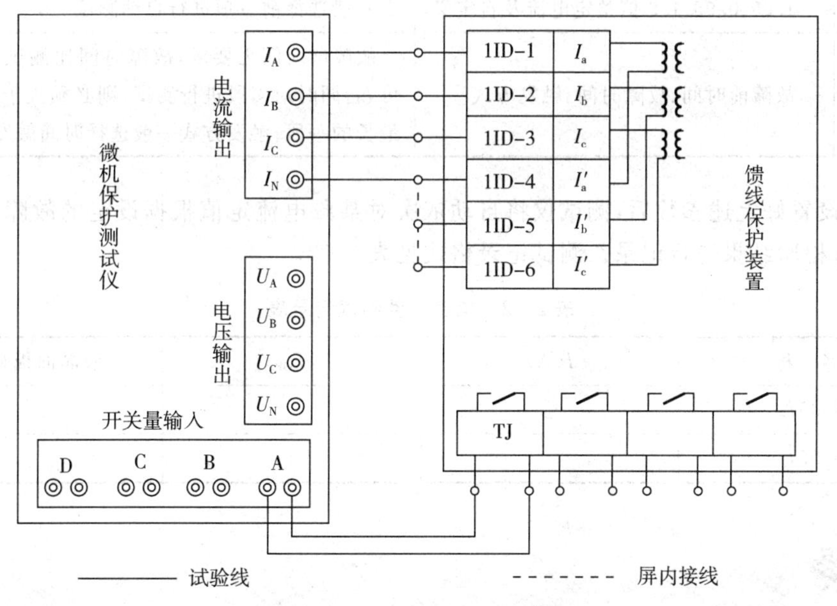

图 2-2　电流元件试验接线示意图

（2）电流定值检验

对微机型电流保护的定值检验可采用定点测试法，常规继电器则可采用递变方式进行检验。

① 定点测试

采用定点测试可选用测试仪的手动测试模块(或任意测试模块)、线路保护测试模块及整组测试模块进行试验。以Ⅰ段电流定值检验为例,手动试验时,操作测试仪使某相电流输出分别为Ⅰ段电流保护定值(10A)的1.05倍和0.95倍,输出时间略大于该段电流保护动作时间(如0.3s),小于下段电流保护动作时间,则1.05倍整定电流时保护应可靠动作,0.95倍应可靠不动作,然后在1.2倍整定电流时测量动作时间。其他段的试验方法与此类似。

② 专用模块测试

若采用线路保护专用测试模块,则可进入线路定值专用测试界面,对表2-1所示的参数进行正确设置,然后由测试仪进行自动测试及评估。需注意的是,应确保输入的相关参数正确无误,才能得到正确的测试结果。

表2-1 电流元件测试参数设置表

参数名称	选　项	输入说明
故障类型	各种单相、相间及三相故障	一般选择相间或三相短路进行测试,则可同时对多路进行测试
整定值	Ⅰ段、Ⅱ段、Ⅲ段电流整定值	根据测试需要选择,可同时选择多项进行试验
整定动作时间	输入整定的某段动作时间	根据定值输入,将测出的时间与输入的时间定值进行比较,以自动判别动作时间是否满足精度要求
整定倍数	1.05、0.95、1.2倍整定电流及自定义	一般选择前三项进行自动测试
故障控制	故障前时间、故障时间、触发方式	故障前时间无要求;故障时间比测试段稍大即可,若同时对多段进行测试,则必须大于动作时间最长的一段;触发方式一般选择时间触发

正确设置好上述参数后,测试仪将自动依次对某段电流定值根据设定的故障类型进行检验,并对检验结果进行记录。测试记录格式见表2-2。

表2-2 电流元件测试记录表

名　称	I(A)	T_{OP}	液晶面板显示
$1.05I_{set}$			
$0.95I_{set}$			

相关知识

单侧电源电网相间短路的电流保护

电网正常运行时的电流是负荷电流,当发生短路时电流突然增大,电压降低。利用电流增大作为电网故障的判据而构成的保护,即电流保护。

一、无时限电流速断保护

无时限电流速断保护(又称第Ⅰ段电流保护)是反应电流增大而不带时限动作的保护。仅反应于电流增大而瞬时动作。

1. 工作原理

图 2-3 中为一简单的单侧电源电网。短路电流变化曲线短路电流计算公式如下：

三相短路时

$$I_k = \frac{Es}{Xs + X_1 l} \tag{2-1}$$

两相短路时

$$I_k = \frac{\sqrt{3}}{2} \times \frac{Es}{Xs + X_1 l} \tag{2-2}$$

式中：Es 为相电势；

Xs 为系统电源等效电抗；

X_1 为线路单位长度正序电抗；

l 为故障点到保护安装处的距离(km)。

由式(2-1)和式(2-2)可知，短路电流与下列因素有关：

① 系统电源等效电抗 Xs。Xs 和系统运行方式有关，Xs 最小时短路电流最大，称为最大运行方式；Xs 最大时短路电流最小，称为最小运行方式。

② 故障点到保护安装处的距离 l。故障点越远 l 越大，短路电流越小。

③ 短路故障类型。

由此得图 2-3 中曲线 1、曲线 2。曲线 1 表示最大运行方式下三相短路电流变化曲线，曲线 2 表示最小运行方式下两相短路电流变化曲线。

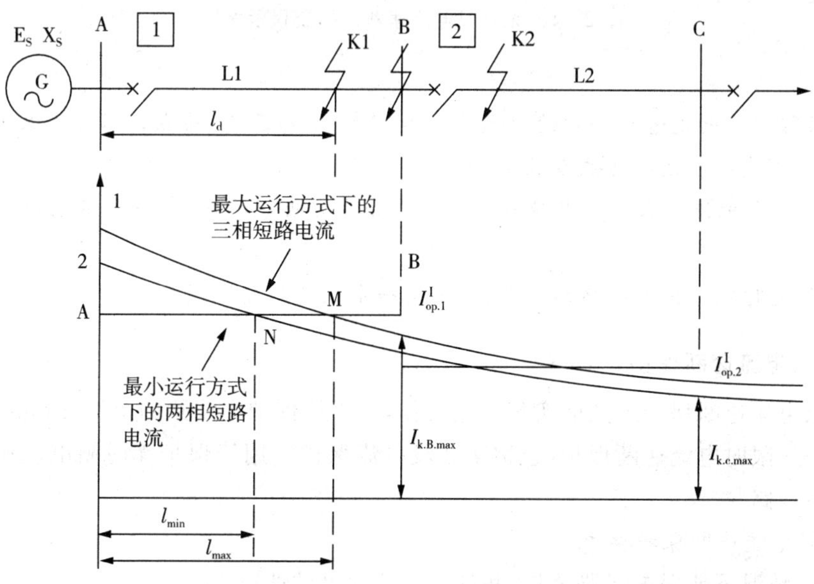

图 2-3　无时限电流速断保护动作整定分析图

2. 微机型无时限(瞬时)电流速断保护

对于微机型的保护装置,一般用程序流程图或逻辑框图来表示其工作原理,图 2-4 为无时限(瞬时)电流速断保护的程序流程示意图。

当线路故障,保护装置的启动元件动作后,保护进入故障处理程序。首先检查无时限(瞬时)电流速断保护的压板是否投入。

各保护的出口连接片一般安装在保护屏的下方,通常称为硬压板。此外对于微机型的保护装置,一般还可以在计算机上设置保护的投入或退出的控制字,通常称为软压板;如果无时限(瞬时)电流速断保护的软、硬压板均在投入状态,则进行故障判别。当故障相的电流大于无时限(瞬时)电流速断保护的动作电流的整定值,即 $I_{\varphi} \geqslant I_{SET}$时,时间元件开始计时,延时时间一到即 $t=t_{st}^{I}$;保护立即发出跳闸指令。当线路上装有避雷器时,为防止因避雷器放电引起无时限(瞬时)电流速断保护误动作,在微机型保护中一般要加 10～20ms 左右的延时。

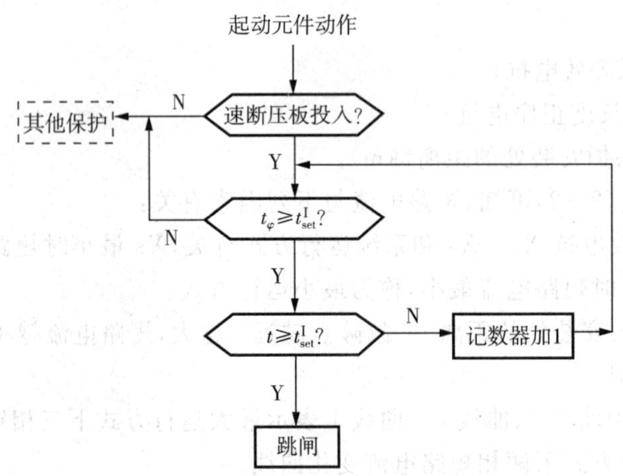

图 2-4　无时限电流速断保护流程示意图

小结:

无时限(瞬时)电流速断保护的优点是简单可靠、动作迅速,缺点是不可能保护线路的全长,且保护范围直接受运行方式变化的影响。

① 仅靠动作电流值来保证其选择性。对于距离比较短的线路,一般不采用瞬时电流速断保护。

② 能无延时地保护本线路的一部分(不是一个完整的电流保护)。

二、限时电流速断保护

无时限电流速断保护虽然能实现快速动作,但不能保护本线路的全长,因此必须装设另一段保护——限时电流速断保护(也称第Ⅱ段电流保护),用于保护无时限电流速断保护不到的后一段线路。

1. 限时电流速断保护要求

① 任何情况下能保护线路全长,并具有足够的灵敏性;

② 在满足要求①的前提下,力求动作时限最小。

因动作带有延时，故称限时电流速断保护。

2. 微机型限时电流速断保护

对于微机型的保护装置，一般用程序流程图或逻辑框图来表示其工作原理，图 2-5 为限时电流速断保护的程序流程示意图。当线路故障，保护装置的启动元件动作后，保护进入故障处理程序。如果限时电流速断保护的软、硬压板均在投入状态，则进行故障判别。当故障相的电流大于限时电流速断保护的动作电流的整定值，即 $I_\varphi \geqslant I_{SET}^{\mathrm{II}}$ 时，时间元件开始计时，延时时间一到即 $t=t_{st}^{\mathrm{II}}$；保护立即发出跳闸指令。如果延时时间还没有到，即 $t<t_{st}^{\mathrm{II}}$，故障已经被无时限（瞬时）电流速断保护切除了，则电流元件返回，时间元件也瞬间返回，保护不再经限时电流速断保护出口发跳闸指令。

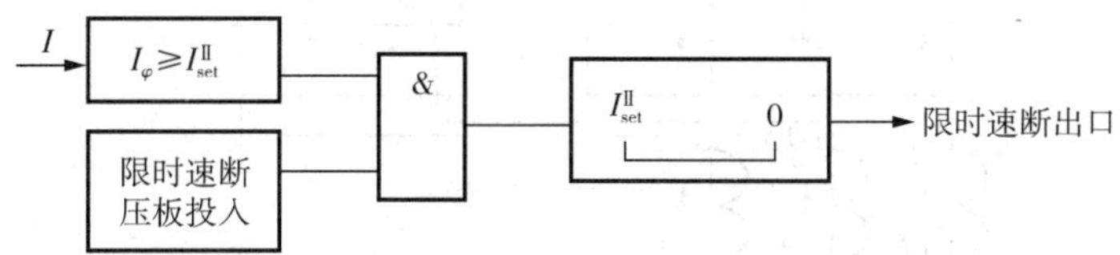

图 2-5 限时电流速断保护的程序流程示意图

小结：

① 限时电流速断保护的保护范围大于本线路全长。

② 依靠动作电流值和动作时间共同保证其选择性。

③ 与第Ⅰ段共同构成被保护线路的主保护，兼作第Ⅰ段的全后备保护。

三、定时限过电流保护

无时限电流速断保护和限时电流速断保护共同构成了线路的主保护。为防止本线路的主保护或断路器拒动，以及下一线路的保护或断路器拒动，必须还要给线路装设后备保护——定时限过电流保护（也称第Ⅲ段电流保护），以作为本线路的近后备和下一线路的远后备。

定时限过电流保护：作为本线路主保护的近后备以及相邻线下一线路保护的远后备。其启动电流按躲最大负荷电流来整定的保护称为过电流保护，此保护不仅能保护本线路全长，且能保护相邻线路的全长。

微机型定时限过电流保护的原理接线图与限时电流速断保护相同，只是动作电流和动作时限不同。

小结：

① 第Ⅲ段的 I_{OP}^{III} 比第Ⅰ、Ⅱ段的 I_{OP} 小得多，其灵敏度比第Ⅰ、Ⅱ段更高；

② 在后备保护之间，只有灵敏系数和动作时限都互相配合时，才能保证选择性；

③ 保护范围是本线路和相邻下一线路全长；

④ 电网末端第Ⅲ段的动作时间可以是保护中所有元件的固有动作时间之和（可瞬时动作），故可不设电流速断保护；末级线路保护亦可简化（Ⅰ＋Ⅲ或Ⅲ），越接近电源，t^{III} 越长，应设三段式保护。

四、电流保护的接线方式

电流保护的接线方式是指电流保护中电流继电器线圈与电流互感器二次绕组之间的连

接方式。流入继电器的电流与电流互感器二次侧流出电流的比值称为接线系数 K_{con}。

下面介绍电流保护常用的接线方式。

1. 三相完全星形接线

如图 2－6 所示，这种这线方式特点是：能反映三相短路、两相短路、单相接地短路等故障；流入继电器的电流与电流互感器二次侧流出电流相等，接线系数 $K_{con}=1$；可提高保护动作的可靠性和灵敏性，广泛应用于发电机、变压器等贵重设备的保护。

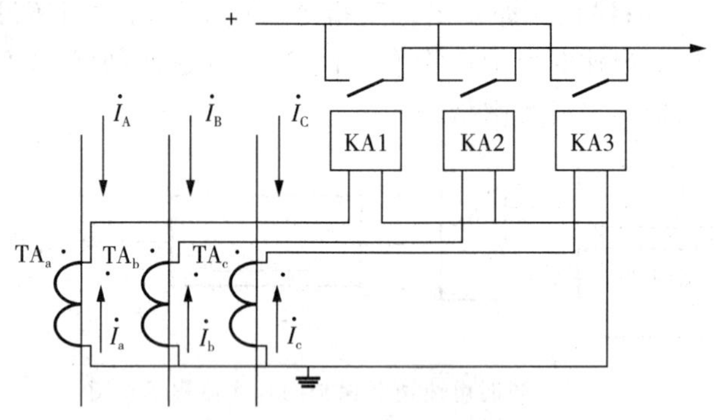

图 2－6　三相完全星形接线

2. 两相两继电器不完全星形接线

如图 2－7 所示，这种这线方式特点是：能反映三相短路、两相短路等各种相间短路，但对单相接地短路不能全部反映；流入继电器的电流与电流互感器二次侧流出电流相等，接线系数 $K_{con}=1$；接线简单、经济，广泛应用于中性点非直接接地系统，用于反应相间短路。

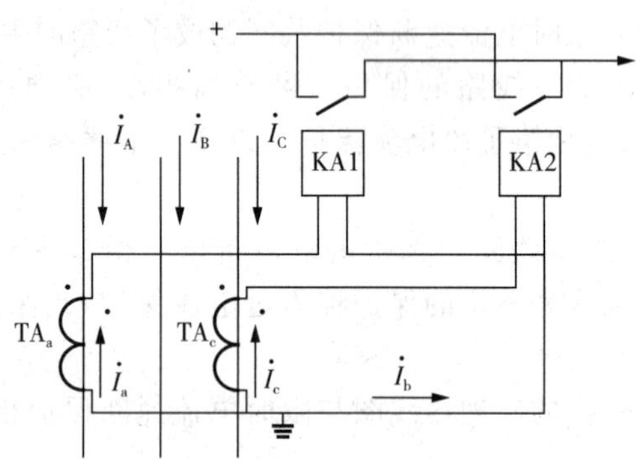

图 2－7　两相两继电器不完全星形接线

在中性点非直接接地系统中，发生单相接地故障时，短路电流就是较小的对地电容电流，相间电压仍然对称，往往允许继续运行 1～2h。因此，在这种电网中发生单相接地故障时，因短路电流较小，相间短路的电流保护不会动作，仅由接地保护发出预告信号。

小接地电流系统采用不完全星形接线时，各处保护装置的电流互感器应装设在同名的两相上（一般装设于 A、C 两相）。这样，一方面，在不同的线路发生两点接地短路时，可统计出有 2/3 的几率只切除一条线路，另一线路可继续运行，提高供电可靠性，如表 2－3 所示；另一方面，防止了不装于同名相时保护拒动，如线路 L1 装于 A、B 两相，L2 装于 B、C 两相，当发生线路 L1 的 C 相和线路 L2 的 A 相两点接地形成相间短路时，保护将会拒动。

表 2-3

线路 L1 接地相别	A	A	B	B	C	C
线路 L2 接地相别	B	C	C	A	A	B
L1 保护动作情况	动作	动作	不动作	不动作	动作	动作
L2 保护动作情况	不动作	动作	动作	动作	动作	不动作
停电线路数	1	2	1	1	2	1

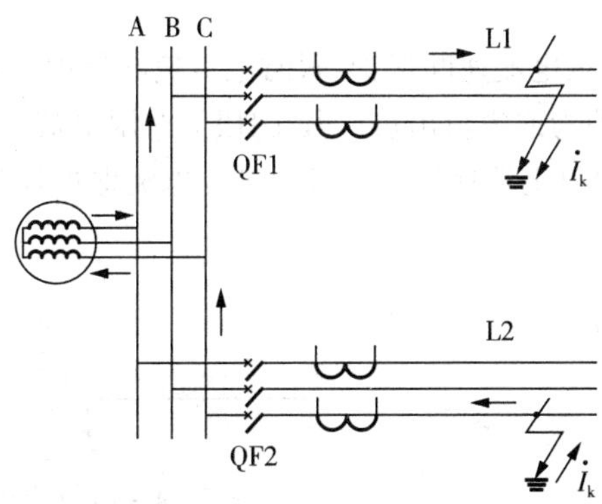

图 2-8　不同地点两点接地时工作分析图

两相不完全星形接线方式较简单经济，对中性点非直接接地系统在不同线路的不同相别上发生两点接地短路时，有 2/3 的机会只切除一条线路，这比三相完全星形接线优越。因此在中性点非直接接地系统中，广泛采用两相不完全星形接线。

(3)两相三继电器不完全星形接线

如图 2-9 所示。第三个继电器流过的是 A、C 两相电流互感器二次电流的和，其数值等于 B 相电流的二次值，从而能反映 B 相的电流，与采用三相完全星形接线相同，常用于 Y,d11 接线变压器保护。

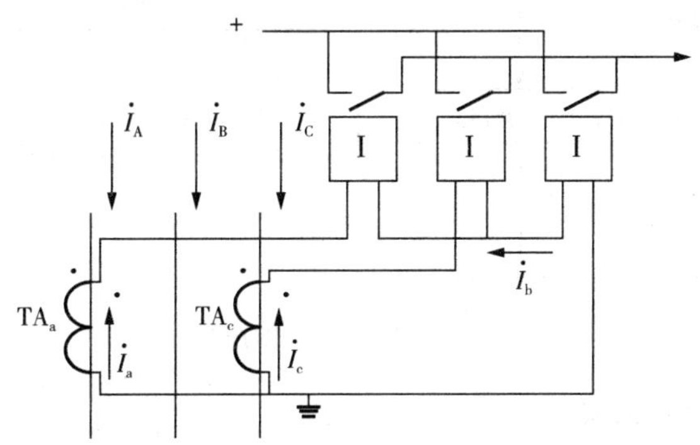

图 2-9　两相三继电器不完全星形接线

在变压器的 Δ 侧发生 AB 两相短路时，反应到 Y 侧的电流中，故障相的滞后相 B 相电流最大，是其他任一相的两倍，若采用两相两继电器不完全星形接线，B 相无继电器反应，灵敏系数将下降。采用两相三继电器不完全星形接线克服了这一缺点。

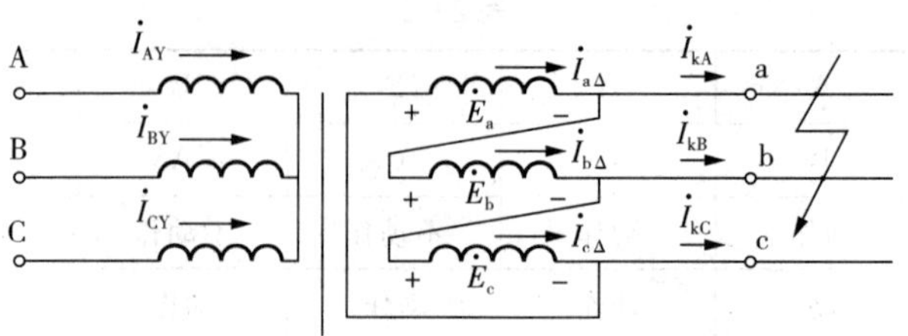

图 2－10　Y,d11 变压器 Δ 侧发生 AB 两相短路

5. 阶段式电流保护

阶段式电流保护由无时限电流速断保护、限时电流速断保护和定时限过电流保护组成,也称三段式电流保护,三段保护为或逻辑出口。其中Ⅰ段无时限电流速断保护、Ⅱ段限时电流速断保护构成主保护,Ⅲ段定时限过电流保护是后备保护。电流保护程序框图如图 2－11 所示。

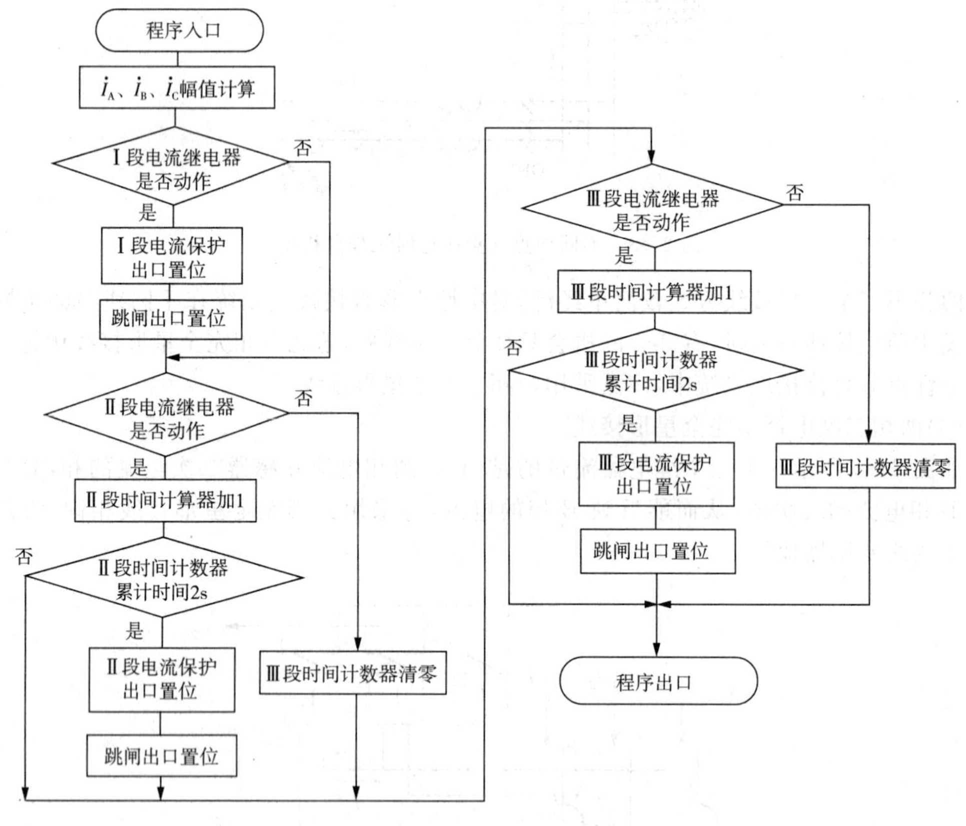

图 2－11　电流保护程序框图

6. 电流保护的评价和应用

无时限电流速断保护的选择性依据整定动作电流保证,速动性最好,但灵敏性最差,不能保护线路的全长。

限时电流速断保护的选择性依据整定动作电流和动作时限保证,速动性次之,动作时限为 0.5s 左右,灵敏性较好,能保护线路的全长。

定时限过电流保护的选择性依据动作时限阶梯形时限特性保证,速动性最差,靠近电源

处的动作时间长，灵敏性最好，既能保护本线路，又能保护下一线路。

由上述构成的三段式保护，主要优点是简单、可靠，在一般情况下能满足对继电保护提出的四项基本要求。保护的缺点是直接受电网的接线和电力系统运行方式的影响，灵敏系数往往不能满足要求。

主要应用范围为 35kV 及以下配电网线路保护的主保护；变压器、发电机等元件保护的后备保护。

拓展知识

阶段式电流保护的整定计算

一、阶段式电流保护的整定计算及校验

1. 无时限电流速断保护

(1)动作电流整定

如图 2－3 所示，设在线路 L1 和线路 L2 上分别装设无时限电流速断保护。首先暂不考虑误差因素。在线路 L2 发生短路时，按选择性的要求，保护 1 不应动作，为此保护 1 的动作电流应比在线路 L2 发生短路时流过保护 1 的短路电流大，可按线路 L1 末端 B 点最大短路电流 $I_{k.B.max}$来整定。同理保护 2 的动作电流按线路 L2 末端 C 点最大短路电流 $I_{k.C.max}$来整定。当 K1 点、K2 点故障时，可分析得出结论：两个保护是有选择性的。

考虑误差因素。线路 L2 的首端和线路 L1 的末端在电气距离上相差无几，在这两点短路时最大短路电流几乎相等，考虑电流互感器、电流继电器均有误差，在线路 L2 的首端短路时，流过保护 1 的短路电流可能大于保护 1 的动作整定电流，保护 1 将误动作。因此，为保证选择性，必须提高保护 1 无时限电流速断保护的动作整定电流，应按大于本线路末端短路时的最大短路电流来整定，即

$$I_{OP.1}^{\mathrm{I}} = K_{rel} I_{K.B.max} \tag{2-3}$$

式中：K_{rel}为可靠系数，考虑电流互感器的误差、电流继电器的动作误差、短路电流计算误差、短路电流非周期分量的影响和必要的裕度而引入的大于 1 的系数，一般取 1.2～1.3。

以此类推，保护 2 动作电流应整定为：$I_{OP.2}^{\mathrm{I}} = K_{rel} I_{K.c.max}$，$I_{OP.1}^{\mathrm{I}}$、$I_{OP.2}^{\mathrm{I}}$为一次动作电流。继电器的动作电流(即二次动作电流)应为

$$i_{OP.1}^{\mathrm{I}} = K_{rel} I_{K.B.max} \times K_{con} / n_{TA}$$

式中：K_{con}为接线系数，见本节电流保护接线方式；

n_{TA}为电流互感器变比。

可见，无时限电流速断保护是依靠动作电流整定保证选择性的。

(2)保护的特点、灵敏度校验

无时限电流速断保护不能保护本线路的全长。如图 2－3 中线路 L1，在 MB 段发生短路时，短路电流 I_k小于保护 1 的动作电流 $I_{op.1}^{\mathrm{I}}$，保护不动作。

无时限电流速断保护的优点是可以瞬时动作。正因为无时限电流速断保护只保护本线路的一部分，动作时限不必与相邻线路配合，其速动性最好。

无时限电流速断保护范围受系统运行方式和短路类型的影响。在最大运行方式下三相短路时，保护范围最大，如图 2－3 中 AM 段；在最小运行方式下两相短路时，保护范围最小，如图 2－3 中 AN 段。最大保护范围 $l_{\max}$ 和最小保护范围 $l_{\min}$ 计算公式分别如下

$$I_{\mathrm{OP.1}}^{\mathrm{I}}=\frac{Es}{Xs.\min+X_i l_{\max}} \tag{2-4}$$

$$I_{\mathrm{OP.1}}^{\mathrm{I}}=\frac{Es}{Xs.\max+X_i l_{\min}}\times\frac{\sqrt{3}}{2} \tag{2-5}$$

无时限电流速断保护灵敏度用保护范围占线路全长的百分数衡量。通常要求 $l_{\max}\%\geqslant 50\%$，$l_{\min}\%\geqslant 15\%$，才能装设无时限电流速断保护。

当电网的终端采用如图 2－12 所示的线路变压器组运行方式时，线路变压器组可以看成一个整体，无时限电流速断保护的保护范围可以延伸至变压器内，保护本线路的全长。动作电流整定为

$$I_{\mathrm{OP.1}}^{\mathrm{I}}=K_{\mathrm{CO}}I_{\mathrm{K.C.max}} \tag{2-6}$$

式中：K_{CO} 为配合系数，一般取 1.3。

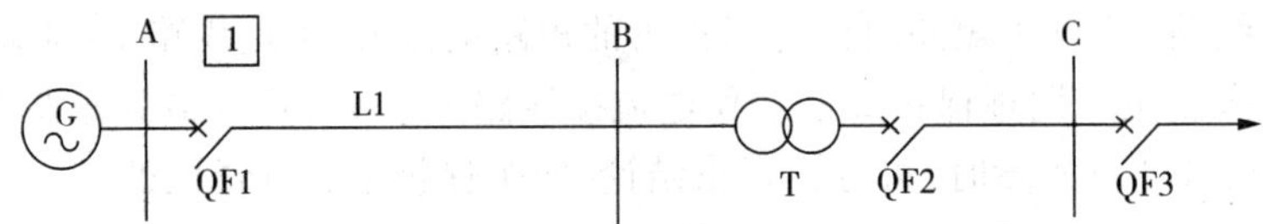

图 2－12　线路—变压器组的无时限电流速断保护

2. 限时电流速断保护

(1)动作电流、动作时限整定

装设限时电流速断保护是为了保护本线路的全长，考虑到误差因素，保护范围应延伸至下一线路；为了尽量缩短保护的动作时限，通常不超出下一线路第Ⅰ段电流保护范围。因此，限时电流速断保护动作电流应按大于下一线路第Ⅰ段电流保护的动作电流来整定。如图 2－13 所示，线路 L1 第Ⅱ段电流保护的动作电流应为

$$I_{\mathrm{OP.1}}{}^{\mathrm{II}}=K_{\mathrm{rel}}I_{\mathrm{OP.2}}^{\mathrm{I}} \tag{2-7a}$$

同时，也不超出相邻变压器速断保护范围，即

$$I_{\mathrm{OP.1}}{}^{\mathrm{II}}=K_{\mathrm{CO}}I_{\mathrm{K.D.max}} \tag{2-7b}$$

式中：K_{CO} 为配合系数，取 1.3；

$I_{\mathrm{K.D.max}}$ 为母线 D 发生短路时，流过保护 1 的最大短路电流。

图 2－13 中，线路 L2 的 BM 段处于线路 L2 的第Ⅰ段电流保护和线路 L1 的第Ⅱ段电流保护的双重保护范围之内，在 BM 段发生短路时，必然出现这两段保护的同时动作。为了保证选择性，应由 L2 的第Ⅰ段电流保护动作跳开 QF2，L1 的第Ⅱ段电流保护不跳开 QF1。为此，L1 的第Ⅱ段电流保护应带有一定的延时，动作慢于第Ⅰ段电流保护，即

$$t_1^{\text{II}} = t_2^{\text{I}} + \Delta t \approx \Delta t$$

式中：Δt 为时间级差，0.3～0.6s，一般取 0.5s。

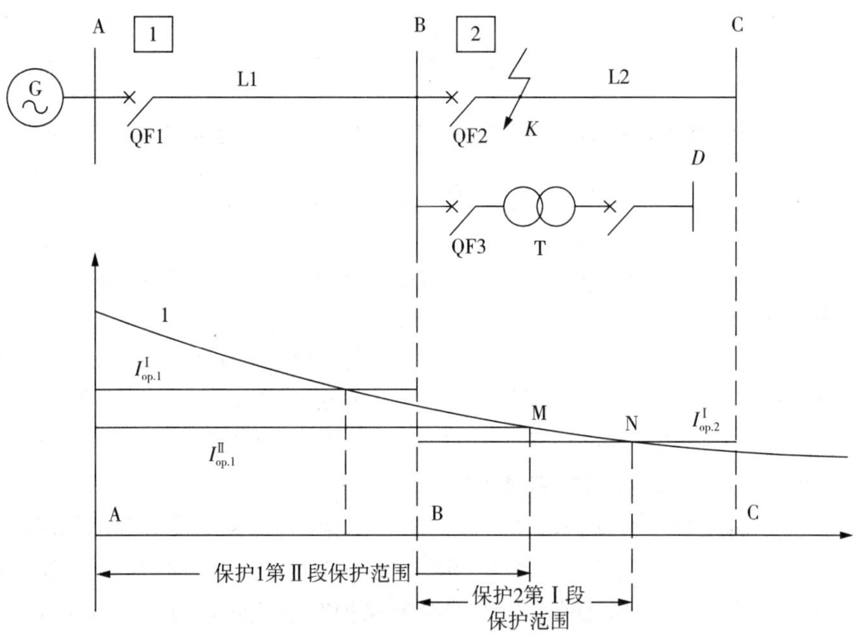

图 2－13 限时电流速断保护动作整定分析图

(2)灵敏度校验

为了保证在极端的情况下限时电流速断保护也能保护本线路的全长，应校验在最小运行方式下在本线路末端发生两相短路时，流过保护的短路电流是否大于动作电流，使保护可靠动作。即灵敏系数

$$K_{sen} = I_{K.B.min} / I_{OP}^{\text{II}} \tag{2-8}$$

考虑电流互感器 TA、电流继电器误差，根据规程要求，$K_{sen} \geqslant 1.3$。当灵敏系数不满足要求时，限时电流速断保护应与下一线路的第Ⅱ段电流保护配合，即动作电流为 $I_{OP.1}^{\text{II}} = K_{rel} I_{op.2}^{\text{II}}$，动作时限为 $t_1^{\text{II}} = t_2^{\text{II}} + \Delta t \approx 2\Delta t$。

3. 定时限过电流保护

(1)动作电流整定

通常定时限过电流保护按躲过最大负荷电流来整定。根据可靠性的要求，定时限过电流保护的动作电流应按以下两个条件来确定：

① 在被保护线路流过最大负荷电流 $I_{l.max}$ 时，定时限过电流保护不动作，即

$$I_{OP}^{\text{III}} > I_{l.max}$$

② 为保证下一线路上的短路故障切除后，本线路上已启动的定时限过电流保护能可靠返回，返回电流 I_r 应大于流过保护的最大自启动电流 $K_{ast} I_{l.max}$，即

$$I_r > K_{ast} I_{l.max}$$

式中：K_{ast}为自启动系数，一般取 1.5～3。

因 $K_r=\frac{Ir}{Iop}$，故 $I_r=K_r I_{OP}$，即

$$I_{OP}^{Ⅲ}>\frac{K_{ast}I_{l.max}}{K_r}$$

为保证两个条件都满足，取以上两个条件中较大者为动作电流整定值。即

$$I_{OP}^{Ⅲ}=\frac{K_{rel}}{K_r}K_{ast}I_{l.max} \tag{2-9}$$

式中：K_{rel}为可靠系数，一般取 1.15～1.25；K_r为电流继电器的返回系数，一般取 0.85～0.95。

(2)动作时限整定

如图 2－14 所示，线路 L1、L2、L3 均装设过电流保护。当 $K1$ 点短路时，短路电流流过 L1 和 L2 保护安装处，因过电流保护按躲过负荷电流来整定，因而动作电流小，可能过电流保护 1、2 均启动。根据选择性的要求，应由保护 2 动作，为此应有 $t_1>t_2$。

以此类推，当 K2 点短路时，应满足 $t_1>t_2>t_3$。

由此可见，定时限过电流保护动作时限的配合原则是，各保护装置的动作时限从用户到电源逐级增加一个级差 Δt，如图 2－12 所示，其形状好似一个阶梯，故称为阶梯形时限特性。级差 Δt 一般取 0.5s。在电网终端的过电流保护时限最短，可取 0.5s，可作主保护；其他保护的时限较长，只能作后备保护。

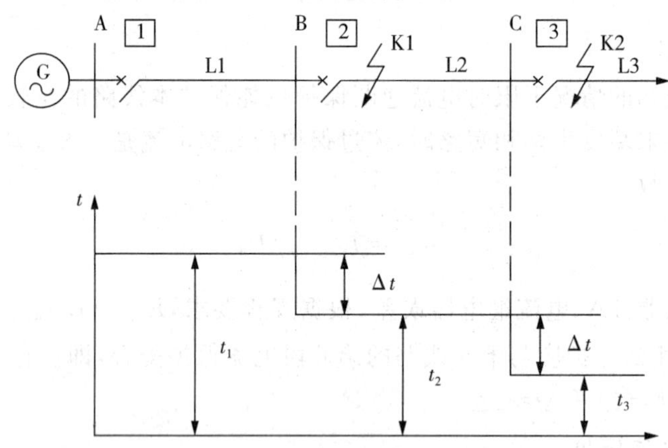

图 2－14　定时限过电流保护的动作时限

第Ⅰ段电流保护依据动作电流整定保证选择性，第Ⅱ段电流保护依据动作电流和时限整定共同保证选择性，第Ⅲ段电流保护依据动作时限的“阶梯形时限特性”配合来保证。

(3)灵敏度校验

与限时电流速断保护相似，过电流保护要进行灵敏度校验。所不同的是，过电流保护不仅作本线路的近后备保护，还作下一线路的远后备保护。如图 2－14 所示，L1 的过电流保护作本线路的近后备保护时，应以本线路末端 B 点最小运行方式下两相短路电流校验灵敏度，$K_{sen}=I_{K.B.min}/I_{OP}^{Ⅲ}$；作下一线路 L2 的远后备保护时，应以 L2 线路末端 C 点最小运行方式下两相短路电流校验灵敏度，$K_{sen}=I_{K.C.min}/I_{OP}^{Ⅲ}$。

作近后备时，要求 $K_{sen}\geqslant 1.5$；作远后备时，要求 $K_{sen}\geqslant 1.2$。

二、阶段式电流保护整定计算举例

【例 2-1】 35kV 系统图如图 2-15 所示，已知系统电源等值电抗：$Xs._{max}=6\Omega$，$Xs._{min}=4\Omega$；线路 AB 的最大传输功率为 7MW，功率因素 0.9，自启动系数 1.5，返回系数 0.85，线路单位长度正序电抗 X_1 为 0.4Ω/km，线路长度和变压器阻抗归算至 37kV 侧的有名值如图中所示，变压器中装设差动保护。求线路 AB 三段式电流保护动作值及灵敏度。

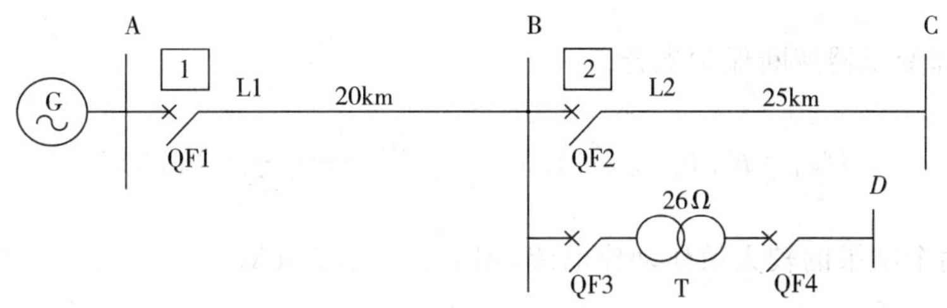

图 2-15　三段式电流保护整定计算系统图

解：(1)第Ⅰ段整定计算

① 求动作电流 $I_{OP.1}^{I}$。

$$I_{OP.1}^{I}=K_{rel}I_{K.B.max}=K_{rel}\frac{Es}{Xs._{min}+X_1 l_{AB}}=1.2\times\frac{37/\sqrt{3}}{4+0.4\times 20}\text{kA}$$

$$=2.14\text{kA}$$

② 灵敏度校验

最大保护范围为

$$I_{OP.1}^{I}=\frac{Es}{Xs.\min+X_i l_{max}}$$

$$2.14=\frac{37/\sqrt{3}}{4+0.4\times l_{max}}$$

解得　$l_{max}=15.0\text{km}$

$$l_{max}\%=\frac{15}{20}\times 100\%=75\%>50\%$$

最小保护范围为

$$I_{OP.1}^{I}=\frac{Es}{Xs._{max}+X_1 l_{min}}\times\frac{\sqrt{3}}{2}$$

$$2.14=\frac{37/\sqrt{3}}{6+0.4\times l_{min}}\times\frac{\sqrt{3}}{2}$$

解得　$l_{min}=6.6\text{km}$

$$l_{min}\%=\frac{6.6}{20}\times 100\%=33\%>15\%$$

(2)第Ⅱ段整定计算

① 求动作电流 $I_{OP.1}{}^{Ⅱ}$

a. 与相邻线路第Ⅰ段配合

$$I_{OP.1}{}^{Ⅱ}=K_{rel}{}^{Ⅱ}I_{OP.2}^{Ⅰ}=K_{rel}{}^{Ⅱ}K_{rel}^{Ⅰ}I_{K.c.max}$$

$$=1.1\times1.2\times\frac{37/\sqrt{3}}{4+0.4\times20+0.4\times25}=1.28\text{kA}$$

b. 与相邻变压器速断保护配合

$$I_{OP.1}^{Ⅱ}=K_{co}I_{K.E.max}=1.3\times\frac{37/\sqrt{3}}{4+0.4\times20+26}=0.73\text{kA}$$

取以上两个结果的较大值作动作电流，则 $I_{OP.1}^{Ⅱ}=1.28\text{kA}$。

② 灵敏度校验

$$K_{sen}=I_{K.B.min}/I_{OP}^{Ⅱ}=\frac{37/\sqrt{3}}{6+0.4\times20}\times\frac{\sqrt{3}}{2}/1.28=1.03<1.3$$

灵敏度不满足要求，改与相邻变压器速断保护配合，取 0.73kA 作动作值。

$$K_{sen}=I_{K.B.min}/I_{OP}^{Ⅱ}=\frac{37/\sqrt{3}}{6+0.4\times20}\times\frac{\sqrt{3}}{2}/0.73=1.8$$

保护范围已超出保护 2 第Ⅰ段，应与第Ⅱ段配合，动作时限取 1s。

(3)第Ⅲ段整定计算

① 求动作电流 $I_{OP}^{Ⅲ}$

$$I_{OP}^{Ⅲ}=\frac{K_{rel}}{K_r}K_{ast}I_{l.max}=\frac{1.2}{0.85}\times1.5\times\frac{7}{\sqrt{3}\times0.95\times35\times0.9}=0.286\text{kA}$$

② 灵敏度校验

作本线路的近后备时

$$K_{sen}=I_{K.B.min}/I_{OP}^{Ⅲ}=\frac{37/\sqrt{3}}{6+0.4\times20}\times\frac{\sqrt{3}}{2}/0.286=4.62>1.5$$

作相邻线路 BC 的远后备时

$$K_{sen}=I_{K.C.min}/I_{OP}^{Ⅲ}=\frac{37/\sqrt{3}}{6+0.4\times20+0.4\times25}\times\frac{\sqrt{3}}{2}/0.286$$

$$=2.695>1.2$$

作相邻变压器的远后备时

$$K_{sen}=I_{K.E.min}/I_{OP}^{Ⅲ}=\frac{37/\sqrt{3}}{6+0.4\times20+26}\times\frac{\sqrt{3}}{2}/0.286=1.62>1.2$$

灵敏度满足要求。

任务二　电网相间短路的方向性电流保护

学习目标

通过对线路微机保护装置(如 RCS－941、RCS－931、JY－35CXL 等)所包含的线路方向电流保护功能进行讲解和检验，使学生在完成本任务的学习过程中达到以下 3 个方面的目标：

1. 知识目标

(1)熟悉多侧电源相间短路电流保护的实现方式；

(2)掌握方向元件的接线方式。

2. 能力目标

(1)会阅读线路方向电流保护的相关图纸；

(2)熟悉线路微机保护装置中与方向电流保护相关的压板、信号、端子等；

(3)熟悉并能完成线路微机保护装置检验前的准备工作，会对线路微机保护装置方向电流保护进行检验。

3. 态度目标

(1)不旷课，不迟到，不早退；

(2)具有团队意识协作精神；

(3)积极向上努力按时完成老师布置的各项任务；

(4)责任意识，安全意识，规范意识。

任务描述

学会对线路微机保护装置多侧电源电网相间短路方向电流保护功能检验的方法、步骤等。

任务准备

1. 工作准备

√	学习阶段	工作(学习)任务	工作目标	备　注
	入题阶段	根据工作任务，分析设备现状，明确检验项目，编制检验工作安全措施及作业指导书，熟悉图纸资料	确定重点检验项目	
	准备阶段	检查并落实检验所需材料、工器具、劳动防护用品等是否齐全合格	检验所需设备材料齐全完备	
	分工阶段	班长根据工作需要和人员精神状态确定工作负责人和工作班成员，组织学习《电业安全工作规程》、现场安全措施	全体人员明确工作目标及安全措施	

2. 检验工器具、材料表

(一)检验工器具						
√	序 号	名 称	规 格	单 位	数 量	备 注
	1	继电保护微机试验仪及测试线		套		
	2	万用表		块		
	3	电源盘(带漏电保护器)		个		
	4	模拟断路器		台		
(二)备品备件						
√	序 号	名 称	规 格	单 位	数 量	备 注
	1	电源插件		个		
(三)检验材料表						
√	序 号	名 称	规 格	单 位	数 量	备 注
	1	毛刷		把		
	2	绝缘胶布		盘		
	3	电烙铁		把		
(四)图纸资料						
√	序 号	名 称				备 注
	1	与现场实际接线一致的图纸				
	2	最新定值通知单				
	3	装置资料及说明书				
	4	上次检验报告				
	5	作业指导书				
	6	检验规程				

3. 危险点分析及安全控制措施

序 号	危险点	安全控制措施
1	误走错间隔,误碰运行设备	检查在线路保护屏前后应有“在此工作”标示牌,相邻运行屏悬挂红布幔
2	工作不慎引起交、直流回路故障	工作中应使用带绝缘手柄的工具,拆动二次线时应作绝缘处理并固定,防止直流接地或短路
3	电压反送、误向运行设备通电流	试验前应断开检修设备与运行设备相关联的电流、电压回路
4	检修中的临时改动忘记恢复	二次回路、保护压板、保护定值的临时改动要做好记录,坚持“谁拆除谁恢复”的原则

（续表）

序　号	危险点	安全控制措施
5	带电插拔插件，易造成集成块损坏；频繁插拔插件，易造成插件插头松动	严禁带电插拔插件，工作时佩戴防静电手环或采取其他防静电措施。整组传动后应尽量避免插拔插件，如需插拔应检验相关回路完好
6	接、拆低压电源时人身触电	接拆电源时应在电源开关拉开的情况下两人一起工作。所使用电源应装有漏电保护器。禁止从运行设备上接取试验电源
7	越过遮栏，易发生人员触电事故	现场设专人监护，严禁跨越围栏
8	联跳回路未断开，误跳运行开关	根据被检验装置与运行设备相关联部分的实际情况，制定技术措施，防止误跳其他开关（误跳母联、分段开关，误启动失灵保护）

任务实施

1．开工

√	序　号	内　容
	1	履行工作票、安全措施票手续并对危险点和安全注意事项交底；办理工作许可手续

2．安全措施的执行及确认危险点

<table>
<tr><td colspan="7">（一）检查运行人员所做的措施</td></tr>
<tr><td>√</td><td colspan="6">检查内容</td></tr>
<tr><td></td><td colspan="6">检查所有压板位置，并做好记录</td></tr>
<tr><td></td><td colspan="6">检查所有把手及开关位置，并做好记录</td></tr>
<tr><td colspan="7">（二）继电保护安全措施的执行</td></tr>
<tr><td>回　路</td><td>位置及措施内容</td><td>执行√</td><td>恢复√</td><td>位置及措施内容</td><td>执行√</td><td>恢复√</td></tr>
<tr><td rowspan="2">电流回路</td><td></td><td></td><td></td><td></td><td></td><td></td></tr>
<tr><td></td><td></td><td></td><td></td><td></td><td></td></tr>
<tr><td rowspan="2">电压回路</td><td></td><td></td><td></td><td></td><td></td><td></td></tr>
<tr><td></td><td></td><td></td><td></td><td></td><td></td></tr>
<tr><td>联跳和失灵回路</td><td></td><td></td><td></td><td></td><td></td><td></td></tr>
<tr><td>信号回路</td><td></td><td></td><td></td><td></td><td></td><td></td></tr>
<tr><td>其他</td><td></td><td></td><td></td><td></td><td></td><td></td></tr>
<tr><td colspan="4">执行人员：</td><td colspan="3">监护人员：</td></tr>
<tr><td colspan="7">备注：</td></tr>
</table>

3. 作业流程

(三)多侧电源电网相间短路方向电流保护方向元件检验		
序　号	检验内容	√
1	动作边界检验	
2	出口短路方向元件检验	
(四)工作结束前检查		
序　号	内　容	√
1	现场工作结束前,工作负责人会同工作人员检查实验记录有无漏检验项目,试验结论、数据是否完整正确	
2	检查临时接线是否全部拆除,拆下的线头是否全部接好,包括接地线	
3	检查保护装置是否在正常运行状态	
4	打印装置现运行定值区定值与定值通知单逐项核对相符	
5	检查出口压板对地电位正确	

4. 竣工

√	序　号	内　容	备　注
	1	检查措施是否恢复到开工前状态	
	2	全体工作班人员清扫、整理现场,清点工具及回收材料。工作负责人周密检查施工现场,是否有遗留的工具、材料	
	3	工作负责人在检修记录上详细记录本次工作所检修项目、发现的问题、试验结果和存在的问题等	
	4	经验收合格,办理工作票终结手续	

方向元件检验方法

无论是微机保护还是常规的功率方向继电器,其方向元件一般采用90°接线。对微机保护而言,也有采用正序电压作为极化电压的方向元件,构成所谓0°接线。方向元件的接线方式实质是指在进行短路功率方向判别时采用何种电压和电流作为参考及判别,并根据在功率因数为1时所采用的电压和电流的相位关系来进行命名。以90°接线方式的方向元件为例,其方向元件采用的判别量见表2-4。

表2-4　功率方向继电器接线方式

功率方向继电器	接入电流 I_j	接入电压 U_j
A相方向元件	I_A	U_{BC}
B相方向元件	I_B	U_{CA}
C相方向元件	I_C	U_{AB}

按照表 2-4 的方式接入时，在功率因数为 1(及 U_A 和 I_A 同向)时，接入电流和电压的相位为90°，故称为90°接线。

功率方向继电器的基本工作原理是利用接入的电流和电压的相位关系在设定的动作区域进行比较，以判断功率方向并决定是否动作。对线路保护而言，首先应保证在正方向短路时可靠动作，而反方向时可靠不动作，并且希望无论对于各种两相短路及三相短路、无论短路点的远近及线路阻抗参数的差异等，都应能保证灵敏动作。为满足上述条件，因此一般采用90°的功率方向继电器的动作特性定义为接入电流超前接入电压45°(或30°)时动作最灵敏，即所谓的最大灵敏角，动作边界则为最大灵敏角超前和滞后90°。

其动作方程为

$$-90^\circ \leqslant \arg \frac{\dot{U}_j e^{-j\varphi_{sen}}}{\dot{I}_j} \leqslant 90^\circ$$

对应的动作特性见图 2-16。

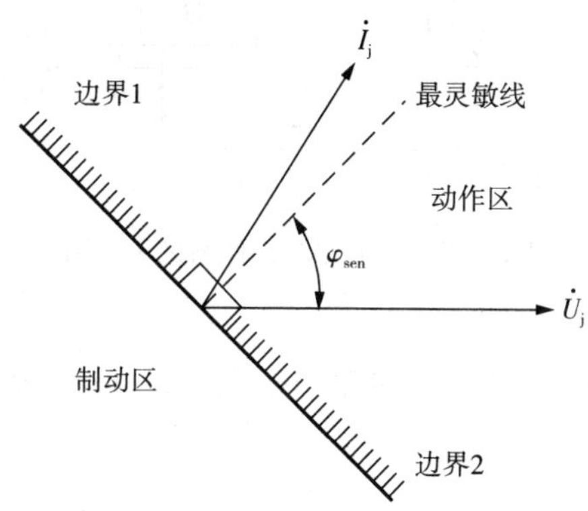

图 2-16 功率方向继电器动作边界

按照90°接线的方向元件可正确反应各种相间故障。在构成时，一般采用按相与门的方式，即某相电流元件与该相对应的方向元件一起构成与门关系。当在线路出口附近短路时，由于此时三相电压很低，接近于 0，因此如果方向元件不采取措施将导致由于电压低而无法判断相位从而失去方向性，微机型保护通过采用记忆电压来解决这个问题。

根据上述方向继电器工作原理简介，对方向元件进行检验应包括方向元件的动作边界、最大灵敏角、三相出口短路方向性检验。

1. 试验接线及设置

将继电保护测试仪的电流输出接至馈线保护电流输入端子，电压输出接至馈线保护电压输入端子，另将馈线保护的一副跳闸触点接到测试仪的任一开关量输入端，用于进行自动测试，试验接线如图 2-17 所示。

投入需测试的电流元件控制字，投入方向元件控制字，投入电流保护功能连接片，退出零序、重合闸、低频功能连接片及控制字。

试验前可打印或记录电流保护定值，试验假设馈线保护投入Ⅰ段和Ⅲ段，Ⅰ段方向元件控制字投入，且方向元件最大灵敏角为45°，电流保护定值为速断动作电流值 7A，动作时间 0s，Ⅲ段动作电流为 4A，动作时间 1s。

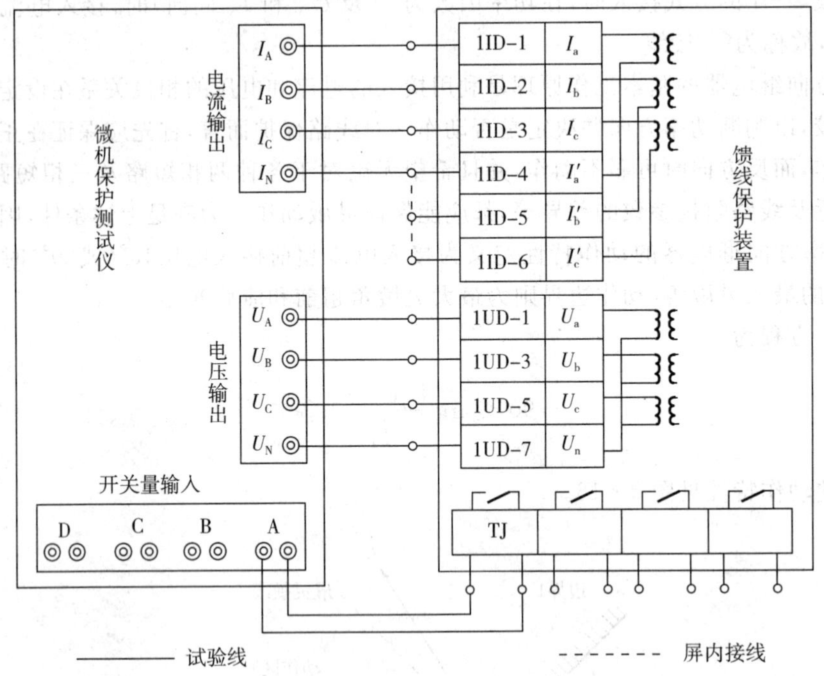

图 2-17 功率方向元件测试示意图

2. 动作边界检验

对微机型方向元件的动作边界检验可采用定点测试法，常规方向继电器可采用递变方式通过搜索进行检验。

(1)定点测试

采用定点测试可选用测试仪的手动测试模块(或任意测试模块)或状态序列进行检验。定点测试的基本方法为固定接入某方向元件的电压大小和幅值均不变，使接入的电流大小大于电流元件动作值(如 8A)，相位分别在动作特性曲线的边界 1 和边界 2 的±2°(根据精度要求选择 2°)，则在动作边界附近处于动作区的应该可靠动作，制动区的应可靠不动作。这种方法可检验方向元件动作区误差不超过±2°。

以对 A 相方向元件进行测试为例，参数设置见表 2-5(I_b、I_C、U_A 均为 0)，示意图如图 2-18 所示。

表 2-5 功率方向元件测试参数设置表

相 别	幅 值	相 位
I_A	8A	133°
U_B	20V	−30°
U_C	20V	−150°

当改变 I_A 相位为137°时，方向元件处于制动区，保护应不动作，同理可检验边界 2。

(2)递变搜索测试

采用递变方式可进行方向继电器的边界搜索,检验出方向继电器的准确动作区。实际上对于微机保护的方向元件,由于其动作特性是通过软件算法实现,因此其动作边界是很准确的,一般采用定点检验验证即可。而对于电磁型功率方向继电器,则有必要对动作边界进行检验,可采用手动测试或递变测试模块实现自动边界搜索,无论采用何种方式,其基本原理类似。

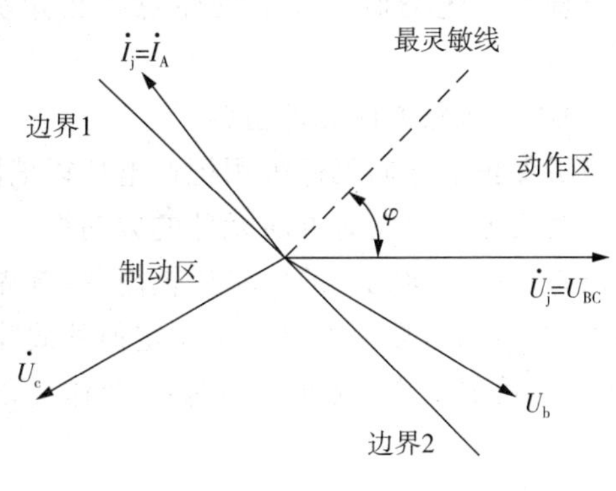

图 2-18　示意图

采用递变方式进行边界搜索时,接线和基本设置同手动定点测试,同时应将不带保持的继电器动作触点接入测试仪以进行自动测试。设置自动测试的初始状态、变化步长及间隔时间、终点状态、变化方式,可按表 2-6 进行设置。需要注意的是,初始状态应当确保在制动区,然后通过变化电流或电压相位向动作边界移动,直到保护动作找到第一个边界,向相反方向变化相位,则可以找到另外一个边界。

初始状态可按照表 2-5 设置,将电流 $\dot{I}_A$ 相位设置为150°(确保在制动区)。递变参数可按表 2-6 设置。递变测试时,通过手动变化逐步减小相位,如当 $\dot{I}_A$ 相位减小到134°时方向继电器动作,则可找到边界 1,即 $\dot{I}_A$ 超前 $\dot{U}_{BC}$134°。

表 2-6　功率方向元件边界 1 递变测试设置表

初始状态	变化步长	步长变化时间	终点状态	变化方式
150°	−1°	0.5s	120°	始—终

同样,设置初始角度在边界 2 附近的制动区,见表 2-7,逐渐增大 $\dot{I}_A$ 相位至动作边界可找到边界 2,如检验结果为316°。

表 2-7　功率方向元件边界 2 递变测试设置表

初始状态	变化步长	步长变化时间	终点状态	变化方式
220°	1°	0.5s	300°	始—终

检验出方向继电器的两个边界后,即可计算出方向继电器的动作区及最大灵敏角。根据上述检验结果得出动作边界及灵敏角见表 2-8。

表 2-8　功率方向元件灵敏角计算表

结　果	边界 1	边界 2	动作区域	灵敏角
$\dot{I}_A$ 超前 $\dot{U}_{BC}$(°)	134	316(−44)	−44～134	[134−(−34)]/2−44=40

一些测试仪软件采用固定电流 $\dot{I}_A$ 大小及相位,自动变化 $\dot{U}_{BC}$ 的相位进行边界搜索,其

工作原理与上述类似。只是需注意找出边界时应确定 $\dot{I}_A$ 超前 $\dot{U}_{BC}$ 的相位，测试结果应相同。

(3)出口短路方向元件检验

微机保护的方向元件采用记忆电压以消除出口三相短路时电压死区，应当检验出口附近正向及反方向短路时方向元件的方向性。

出口短路方向元件的检验比较简单，首先应加入正常工作状态的电压，确保 TV 断线信号消失，然后加可靠大于电流保护定值的故障电流，故障电压置 0V，模拟正向及反向三相短路，正向应可靠动作，反向应可靠不动作。该项目测试可在手动、状态序列及整组试验中进行。

相关知识

多侧电源电网相间短路的方向性电流保护

一、方向性电流保护的工作原理

为了提高供电可靠性，出现了多侧电源电网或环形电网供电更可靠，但却带来新问题。即反方向故障时对侧电源提供的短路电流引起误动。

如图 2-19 所示，在这样的电网中，为切除故障，线路两侧均装有断路器和保护装置。

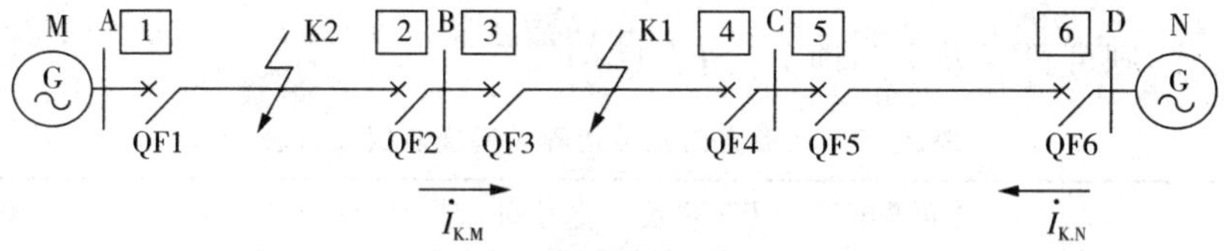

图 2-19 双侧电源辐射形电网

1. 电流保护用于多侧电源电网时的问题分析

假设在多侧电源电网装设前述的电流保护，将出现下列问题：

(1)第Ⅰ、Ⅱ段灵敏度下降

以 L2 保护 3 第Ⅰ段为例，动作电流应大于本线路末端 C 母线故障时由电源 M 提供的短路电流，同时还要大于 B 母线故障时由电源 N 提供的短路电流。当电源 N 提供的短路电流比较大，动作电流将增大，缩短保护范围，灵敏度下降。第Ⅱ段也有类似的问题。

(2)第Ⅲ段无法保证选择性

当 K_1 点故障时，按阶梯形时限特性原则，应有 $t_2>t_3$；但如此整定后，当 K_2 点故障时，保护 3 先于保护 2 动作，第Ⅲ段电流保护无法保证选择性。

2. 方向性电流保护的工作原理

短路功率方向的规定。当 K_1 点故障时，对保护 3 而言，短路功率由母线指向线路，称之为正方向；当 K_2 点故障时，对保护 3 而言，短路功率由线路指向母线，称之为负方向。

方向性电流保护的工作原理。保护 3 之所以第Ⅰ、Ⅱ段灵敏度下降、第Ⅲ段无法保证选择性，是因为短路功率反方向时保护也可能动作。如果有一个方向元件，当短路功率反方向时能闭锁电流保护，从而不必考虑反方向的故障，就能解决以上的问题。

在电流保护的基础上加装方向元件，便构成了方向性电流保护，如图 2－20 所示。加装方向元件后，反方向故障时保护不会动作；只有正方向故障时保护才可能动作。

在图 2－19 中装设方向性电流保护后，按方向性划分，保护 1、3、5 为一组，第Ⅰ、Ⅱ段动作电流按电源 M 提供的短路电流整定，第Ⅲ段动作时限 $t_1>t_2>t_3$；保护 2、4、6 为一组，第Ⅰ、Ⅱ段动作电流按电源 N 提供的短路电流整定，第Ⅲ段动作时限 $t_6>t_4>t_2$。

3. 微机型带低电压闭锁的方向性电流保护

图 2－20 为微机型带低电压闭锁的方向性电流保护的逻辑框图。由线路电流互感器、母线电压互感器采集到的交流电压、交流电流，经电流、电压转换，送到继电保护装置。低电压元件在三个线电压中任一个低于低电压的定值时动作，开放被闭锁的保护。低电压元件通过低电压控制字进行投退，当低电压控制字整定为 1 时，低电压元件投入，保护经低电压元件闭锁；当低电压控制字整定为 0 时，低电压元件退出，保护不经低电压元件闭锁。

方向元件在短路功率方向为正方向时动作，开放被闭锁的保护。方向元件通过方向控制字投退，当方向控制字整定为 1 时，方向元件投入，保护经方向元件把关；当方向控制字整定为 0 时，方向元件退出，保护不经方向元件把关。过电流元件在三个相电流中任何一个大于过电流保护的动作电流定值时保护动作，在方向元件、低电压元件动作解除闭锁的情况下，驱动时间开始计时；当延时达到过电流保护的动作时限定值时，保护发出出口跳闸指令。

阶段式过电流保护投入或退出是通过装置内部的软压板控制字进行控制的，当该段过流保护的软压板控制字设置为 1 时，该段过流保护投入；当该段过流保护的软压板控制字设置为 0 时，该段过流保护退出。

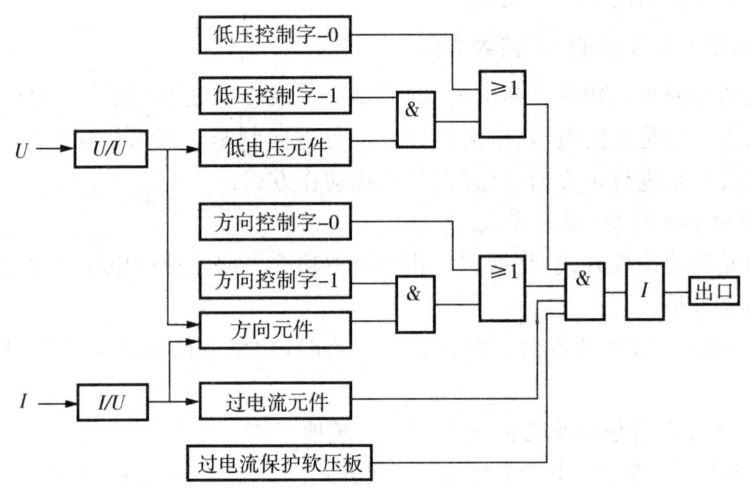

图 2－20　微机型带低电压闭锁的方向性电流保护逻辑框图

二、功率方向元件

功率方向元件基本要求是：

① 应具有明确的方向性，即正方向发生各种故障时可靠动作，而在反方向故障时，可靠不动作；

② 故障时元件的动作有足够的灵敏度。

下面以图 2－21 为例说明功率方向元件的原理。

如图 2-21a 图所示。对保护 3 而言，正向故障即 K1 点短路时，由于短路阻抗呈感性，短路电流 $\dot{I}_{K1}$ 滞后母线残压 $\dot{U}_{rem}$ 为 0°～90°，$P=UI\cos\varphi>0$，$|\varphi|=\arg|\frac{\dot{U}_{rem}}{\dot{I}_{K1}}|<90°$，相量图如 2-21b 图所示。

反向故障时，由于电流反向，短路电流 $\dot{I}_{K2}$ 超前母线残压 $\dot{U}_{rem}$ 为 90°～180°，$P=UI\cos\varphi<0$，$|\varphi|=\arg|\frac{\dot{U}_{rem}}{\dot{I}_{K2}}|>90°$，相量图如图 2-21c 图所示。

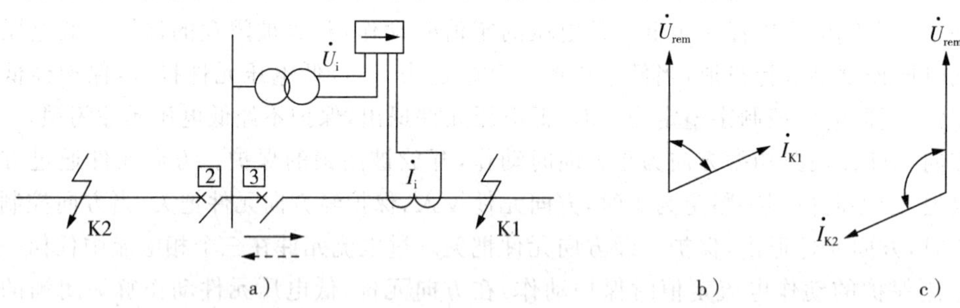

图 2-21　功率方向元件的原理分析

a)原理图　b)正向故障　c)反向故障

因此，有功功率的正负，或母线残压与短路电流的相位差的大小可以判断故障的方向，功率方向元件就是依据此原理做成的。

三、短路功率方向元件的 90°接线方式

对于传统的相间短路功率方向继电器，采用的接线方式是 90°接线。同样，微机保护中方向元件判断方向也是依据电压、电流的接线进行方向判断。在微机保护中方向元件可以通过控制字的选择来进行正方向、反方向的选择动作方式。

1. 功率方向元件的 90°接线方式

功率方向元件的接线方式，是指在三相系统中功率方向元件的电压及电流的接入方式。对接线方式的要求是：

① 应能正确反应故障的方向。即正方向短路时，功率方向元件应动作，反方向短路时应不动作。

② 正方向故障时应使功率方向元件尽量灵敏地工作。

为满足上述要求，在相间短路保护中，接线方式广泛采用 90°接线方式见表 2-9。

表 2-9　90°接线功率方向元件

功率方向元件	$\dot{I}_i$	U_i
A 相功率方向元件	$\dot{I}_A$	$\dot{U}_{BC}$
B 相功率方向元件	$\dot{I}_B$	$\dot{U}_{CA}$
C 相功率方向元件	$\dot{I}_C$	$\dot{U}_{AB}$

所谓 90°接线方式是指系统三相对称，$\cos\varphi=1$ 时，加入功率方向元件的电流 $\dot{I}_{i}$ 超前电压 $\dot{U}_{i}$90°，如图 2－22 所示。

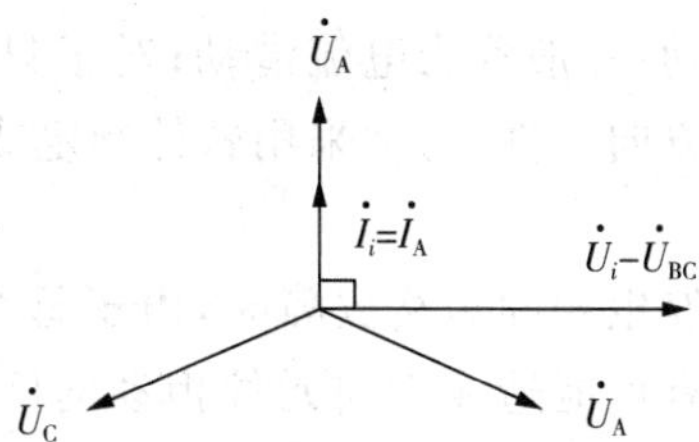

图 2－22 功率方向元件的 90°接线说明示意图

2．动作行为分析

只分析三相短路时功率方向元件的动作行为。由于是对称性短路，3 个功率方向元件的动作行为一样。在微机保护中为了调试的方便，通常选用某项电压为基准相量，并约定按顺时针旋转为增加方向。以 A 相继电器为例分析，如图 2－23 所示。φ_K 为线路阻抗角，φ_i 为功率方向元件的测量相角，显然 $\dot{I}_{i}$ 落在动作区内。如果选择 $\alpha=90°-\varphi_K$，则 $\dot{I}_{i}$ 落在最灵敏线上，功率方向元件工作在最灵敏状态。

反方向故障时，$\dot{I}_{i}$ 落在不动作区内，功率方向元件不动作。可见，三相短路时，功率方向元件的动作行为满足对功率方向元件提出的要求。

两相短路时随着故障点到保护安装处的远近不同，接入功率方向元件的电流和电压的相角差也会发生变化，即 φ_i 会发生变化，要 $\dot{I}_{i}$ 都落在最灵敏线上，让功率方向元件都灵敏地工作，在运行中是不可能的。为了防止反方向故障时方向元件误动作，功率方向元件的实际动作范围应小于 180°。实际应用中方向元件的最大灵敏角宜选定 $\alpha=-30°$。其动作范围设置为－90°～＋30°。

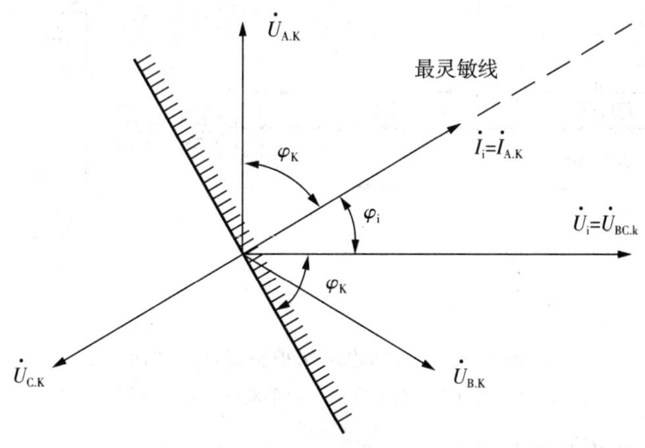

图 2－23 三相短路相量图

3．功率方向元件的潜动和死区

(1)潜动

当功率方向元件中只加入了电流，而没有加电压时，因相间为零，无法判断功率方向。

在这种情况下，方向元件不应该动作。同理，当功率方向元件中只加入电压，而没有加电流时，也无法判断功率方向。在这种情况下，方向元件也不该动作。如果在上述情况下，方向元件有误动作的现象，则称方向元件有潜动。

对于只加电流时产生的潜动，一般称为电流潜动；对于只加电压时产生的潜动，一般成为电压潜动。对于微机型功率方向元件，通常采用软件判定或调整零漂的方法消除潜动。

② 死区

当靠近保护安装处正方向发生相间短路故障时，由于母线电压很低，甚至为零，有可能造成方向元件不动作。一般把有可能造成方向元件拒动的区域，成为方向元件的死区。对于微机型功率方向元件，在判断短路功率的方向时，通常采取故障前的电压与故障后的短路电流进行计算，这样就可以避免上述情况的发生。

拓展知识

阶段式方向电流保护

一、阶段式方向性电流保护

在阶段式电流保护中增设方向元件，和电流继电器构成"与"逻辑，便形成阶段式方向性电流保护。下面讨论阶段式方向性电流保护的整定计算、非故障相电流的影响等问题。

1. 方向性电流保护的整定计算

阶段式电流保护中增设了方向元件，反向故障保护不会动作，因此只需考虑正方向动作电流的整定和同方向保护的配合。在多侧电源电网或单电源环形电网，同方向的阶段式方向性电流保护的第Ⅰ、Ⅱ段动作电流的整定计算，可按单侧电源电网的第Ⅰ、Ⅱ段整定原则进行。第Ⅲ段则有所不同，需考虑其他问题。

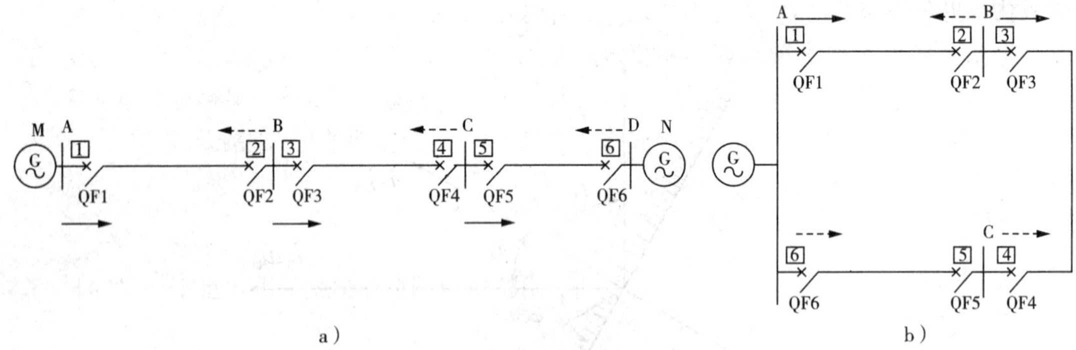

图 2-24　方向电流保护整定计算举例

a)双侧电源辐射形电网　b)单侧电源环形电网

2. 第Ⅲ段保护动作电流整定

(1)躲过被保护线路的最大负荷电流。在单侧电源环形电网中，不仅要考虑闭环时线路的最大负荷电流，还应考虑电网开环时负荷电流的增加。

(2)同方向保护的灵敏度配合。为保证选择性，同方向保护的动作电流，应从离电源最远的保护开始逐级增大。如图 2-24 所示，动作电流的配合关系应为

$$I_{\mathrm{OP1}}^{\mathrm{III}} > I_{\mathrm{OP3}}^{\mathrm{III}} > I_{\mathrm{OP5}}^{\mathrm{III}}$$

$$I_{\mathrm{OP6}}^{\mathrm{III}} > I_{\mathrm{OP4}}^{\mathrm{III}} > I_{\mathrm{OP2}}^{\mathrm{III}}$$

以保护 3 为例，应有

$$I_{\mathrm{OP3}}^{\mathrm{III}} > I_{\mathrm{OP5}}^{\mathrm{III}}$$

$$I_{\mathrm{OP3}}^{\mathrm{III}} = K_{\mathrm{co}} I_{\mathrm{OP5}}^{\mathrm{III}} \tag{2-13}$$

式中：K_{co}为配合系数，一般取 1.1。

取以上两个计算结果中较大者为动作电流。

3. 方向元件的装设

并非所有的保护都要装设方向元件，只有在反方向故障时造成保护误动作，才需要装设方向元件。

(1)无时限电流速断保护。以图 2-19a 保护 2 为例，当保护安装处的 B 母线故障时，流过保护 2 的反向短路电流最大，若最大反向短路电流小于保护 2 第Ⅰ段的动作电流，则该Ⅰ段不必装设方向元件。反之，则应装设方向元件。

(2)限时电流速断保护。反向无时限电流速断保护区末端短路故障时，若流过保护的电流小于限时电流速断保护的动作电流，则该Ⅱ段不必装设方向元件。反之，则应装设方向元件。

(3)定时限过电流保护。装设在同一母线上的Ⅲ段保护，动作时限最长的可不必装设方向元件。除此以外，动作时限较短者和相等者必须装设方向元件。动作时限最长的保护，在反向故障时不会"抢动"，因而无需装设方向元件。

4. 非故障相电流的影响及按相启动

按相启动是指同名相的电流元件、方向元件的触点相串联，组成保护的启动电路。如图 2-25 所示，a 图为按相启动接线，b 图为非按相启动接线。

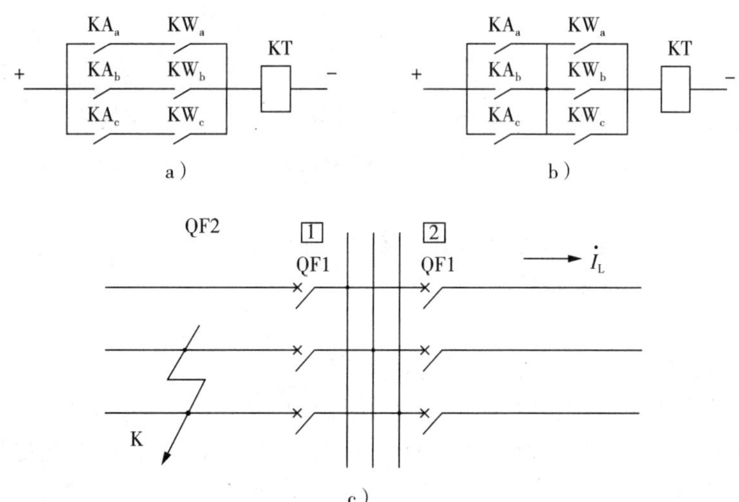

图 2-25 按相启动接线图

a)按相启动 b)非按相启动 c)一次系统图

非故障相电流是指发生不对称短路时，非故障相仍有的电流。如 c 图所示，当保护 2 反方向发生BC两相短路时，B、C相电流继电器KA_b、KA_c动作，设非故障相C相仍有电流$\dot{I}_L$从母线流向线路，C相方向元件KWc在$\dot{I}_L$的作用下动作。若不按相启动，则KAb、KAc和KWc的触点接通保护的启动回路，保护误动作。若按相启动，保护就不会误动作，因此方向电流保护必须采用按相启动接线。

二、方向电流保护的评价和应用

由以上分析可见，在具有两个以上电源的网络接线中，必须采用方向性保护才有可能保证各保护之间动作的选择性，这是方向保护的主要优点。但当继电保护中应用方向元件以后将使接线复杂，投资增加，同时保护安装地点附近正方向发生三相短路时，由于母线电压降低至零，方向元件将失去判别相位的依据，从而不能动作，其结果是导致整套保护装置拒动，出现方向保护的“死区”。

鉴于上述缺点的存在，在继电保护中应力求不用方向元件(这与前面提到的能用简单的就绝不用复杂的是完全吻合的)。实际上是否能够取消方向元件而同时又不失掉动作的选择性，将根据电流保护的工作情况和具体的整定计算来确定。按照前面的分析基本可以得出下面的结论：

(1)对电流速断保护，靠近小电源那一侧要加功率方向元件。

(2)对过电流保护，一般很难从电流整定值躲开，而主要决定于动作时限的大小，时限小的那一侧要加功率方向元件。

任务三　中性点直接接地电网中接地短路的零序电流及方向保护

学习目标

通过对线路微机保护装置(如RCS－941、RCS－931等)所包含的零序电流保护功能进行讲解和检验，使学生在完成本任务的学习过程中达到以下三个方面的目标：

1. 知识目标

(1)熟悉中性点直接接地电网中接地短路的零序电流及方向保护的实现方式；

(2)掌握零序方向元件的特性。

2. 能力目标

(1)会阅读线路零序方向电流保护的相关图纸；

(2)熟悉线路微机保护装置中与零序方向电流保护相关的压板、信号、端子等；

(3)熟悉并能完成线路微机保护装置检验前的准备工作，会对线路微机保护装置零序方向电流保护进行检验。

3. 态度目标

(1)不旷课，不迟到，不早退；

(2)具有团队意识协作精神；

(3)积极向上努力按时完成老师布置的各项任务；

(4)责任意识,安全意识,规范意识。

任务描述

学会对线路微机保护装置零序方向电流保护功能检验的方法、步骤等。

任务准备

1. 工作准备

√	学习阶段	工作(学习)任务	工作目标	备　注
	入题阶段	根据工作任务,分析设备现状,明确检验项目,编制检验工作安全措施及作业指导书,熟悉图纸资料	确定重点检验项目	
	准备阶段	检查并落实检验所需材料、工器具、劳动防护用品等是否齐全合格	检验所需设备材料齐全完备	
	分工阶段	班长根据工作需要和人员精神状态确定工作负责人和工作班成员,组织学习《电业安全工作规程》、现场安全措施	全体人员明确工作目标及安全措施	

2. 检验工器具、材料表

(一)检验工器具						
√	序　号	名　称	规　格	单　位	数　量	备　注
	1	继电保护微机试验仪及测试线		套		
	2	万用表		块		
	3	电源盘(带漏电保护器)		个		
	4	模拟断路器		台		
(二)备品备件						
√	序　号	名　称	规　格	单　位	数　量	备　注
	1	电源插件		个		
(三)检验材料表						
√	序　号	名　称	规　格	单　位	数　量	备　注
	1	毛刷		把		
	2	绝缘胶布		盘		
	3	电烙铁		把		
(四)图纸资料						
√	序　号	名　称				备　注
	1	与现场实际接线一致的图纸				

（续表）

	2	最新定值通知单	
	3	装置资料及说明书	
	4	上次检验报告	
	5	作业指导书	
	6	检验规程	

3. 危险点分析及安全控制措施

序　号	危险点	安全控制措施
1	误走错间隔，误碰运行设备	检查在线路保护屏前后应有“在此工作”标示牌，相邻运行屏悬挂红布幔
2	工作不慎引起交、直流回路故障	工作中应使用带绝缘手柄的工具，拆动二次线时应作绝缘处理并固定，防止直流接地或短路
3	电压反送、误向运行设备通电流	试验前应断开检修设备与运行设备相关联的电流、电压回路
4	检修中的临时改动忘记恢复	二次回路、保护压板、保护定值的临时改动要做好记录，坚持“谁拆除谁恢复”的原则
5	带电插拔插件，易造成集成块损坏；频繁插拔插件，易造成插件插头松动	严禁带电插拔插件，工作时佩戴防静电手环或采取其他防静电措施。整组传动后应尽量避免插拔插件，如需插拔应检验相关回路完好
6	接、拆低压电源时人身触电	接拆电源时应在电源开关拉开的情况下两人一起工作。所使用电源应装有漏电保护器。禁止从运行设备上接取试验电源
7	越过遮栏，易发生人员触电事故	现场设专人监护，严禁跨越围栏
8	联跳回路未断开，误跳运行开关	根据被检验装置与运行设备相关联部分的实际情况，制定技术措施，防止误跳其他开关（误跳母联、分段开关，误启动失灵保护）

任务实施

1. 开工

√	序　号	内　容
	1	履行工作票、安全措施票手续并对危险点和安全注意事项交底；办理工作许可手续

2. 安全措施的执行及确认危险点

(一)检查运行人员所做的措施	
√	检查内容
	检查所有压板位置,并做好记录
	检查所有把手及开关位置,并做好记录

(二)继电保护安全措施的执行						
回　路	位置及措施内容	执行√	恢复√	位置及措施内容	执行√	恢复√
电流回路						
电压回路						
联跳和失灵回路						
信号回路						
其他						
执行人员:				监护人员:		
备注:						

3. 作业流程

(三)零序方向电流保护检验		
序　号	检验内容	√
1	零序Ⅰ段定值及动作时间	
2	零序Ⅱ段定值及动作时间	
3	零序Ⅲ段定值及动作时间	
4	零序方向元件检验	
(四)工作结束前检查		
序　号	内　容	√
1	现场工作结束前,工作负责人会同工作人员检查实验记录有无漏检验项目,试验结论、数据是否完整正确	
2	检查临时接线是否全部拆除,拆下的线头是否全部接好,包括接地线	
3	检查保护装置是否在正常运行状态	
4	打印装置现运行定值区定值与定值通知单逐项核对相符	
5	检查出口压板对地电位正确	

4. 竣工

√	序　号	内　容	备　注
	1	检查措施是否恢复到开工前状态	
	2	全体工作班人员清扫、整理现场，清点工具及回收材料。工作负责人周密检查施工现场，是否有遗留的工具、材料	
	3	工作负责人在检修记录上详细记录本次工作所检修项目、发现的问题、试验结果和存在的问题等	
	4	经验收合格，办理工作票终结手续	

零序电流保护检验方法

零序电流保护一般为四段式，每段零序电流元件为基本元件。除了Ⅳ段固定不带方向外，其余各段可由控制字决定是否带方向。另外有控制字，可以选择在手动重合或跳闸后重合过程中是否加速零序电流保护(一般有专用的零序过电流段)。典型的零序保护简化逻辑框图如图 2 - 29a 所示，各段的逻辑框图与该图类似，仅出口时间不同。

零序电流保护的逻辑功能测试主要包括零序电流定值和动作时间的检验、零序方向元动作边界检验。

1. 试验接线及设置

零序电流保护的测试接线如图 2 - 26 所示，试验假设零序保护各段全投入，零序电流保护定值为Ⅰ段 10A，动作时间 0s；Ⅱ段零序电流定值为 7A，动作时间 0.5s；Ⅲ和Ⅳ段零序电流值相同均为 3A，动作时间 2.5s。零序阻抗灵敏角为75°；各段方向元件均投入。

投入零序保护控制字和功能连接片，退出其他相关保护和重合闸、低频等功能。

2. 零序电流定值及动作时间检验

(1)定点测试

采用定点测试可选用测试仪的手动测试模块(或任意测试模块)、线路保护测试模块及整组测试模块进行试验。手动试验时，可以采用模拟单相接地故障的方法进行零序电流保护定值的检验。如果准确地进行故障模拟，可采用如前接地距离保护的故障测试方法，故障电流按照零序电流定值设定，短路阻抗可任意设定一个接地阻抗定值，但应当保证计算出的故障电压不应超出额定电压值，以 30V 左右为宜。按照此方法进行设置，计算较为复杂。

一般的故障计算中，以近似模拟 A 相接地短路为例，操作测试仪使 A 相电流输出分别为 1.05、0.95 倍零序电流定值，A 相电压幅值设定为 30V，B 相及 C 相可设置为正常电压，相位为正相序，电流相位设定为滞后 A 相80°。故障输出时间大于该段电流保护动作时间，则 1.05 倍电流保护应可靠动作，0.95 倍应可靠不动作，然后在 1.2 倍时测量动作时间。其他段的试验方法类似。

若零序电流保护不带方向，则可仅输出单相电流模拟。

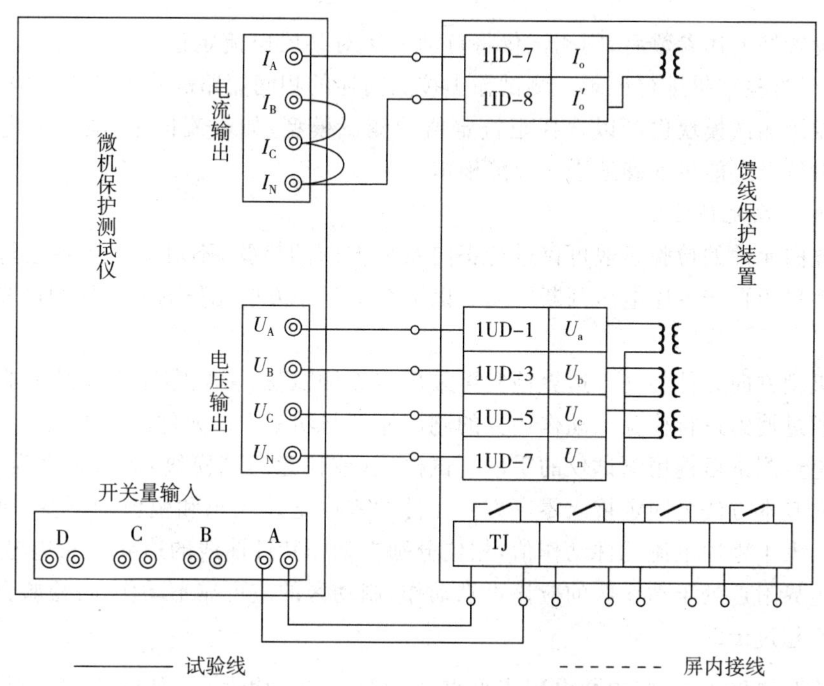

图 2-26　零序电流元件检验接线图

(2)专用模块测试

若采用线路保护专用测试模块，则可进入零序电流定值检验界面，对表 2-10 所示的参数进行正确设置，然后由测试仪进行自动测试及评估。需注意的是，请确保输入的相关参数正确无误，才能得到正确的测试结果。

表 2-10　零序测试参数设置表

参数名称	选　项	输入说明
故障类型	各种单相接地故障	根据需要测试的故障类型进行选择
短路阻抗	模拟的短路阻抗值	软件根据输入的短路阻抗来计算故障电压，以模拟的故障电压不超过额定电压为准
整定值	Ⅰ段、Ⅱ段、Ⅲ段零序整定值	根据测试需要选择，可同时选择多项进行试验
整定动作时间	输入整定的某段动作时间	根据定值输入，将测出的时间与输入的值进行比较，以自动判别动作时间是否满足精度要求
整定倍数	1.05、0.95、0.7 倍及自定义	一般选择前三项进行自动测试，同时选择进行正向故障模拟
故障控制	故障前时间、故障时间、触发方式	故障前时间无要求，故障时间比测试段稍大即可，若同时对多段进行测试，则必须大于动作时间最长的一段。触发方式一般选择时间触发

正确设置好上述参数后，则测试仪将自动依次对某段电流定值根据设定的故障类型进行检验，并对检验结果进行记录。测试输出按照前述的相间短路故障模拟方法输出故障。

一些专用测试模块也可以选择阻抗定值的测试模型，如电流恒定、电压恒定或阻抗恒定。选择阻抗恒定能更准确地进行故障模拟。

3. 零序方向元件检验

零序方向元件的检验一般可仅进行正向及反方向的检验，不对动作边界进行检验。零序方向元件采用自产零序电压判断方向。以下介绍零序方向元件的方向性测试和动作边界检验。

对微机型方向元件的动作边界检验可采用定点测试法；常规零序方向继电器则可采用递变方式通过搜索进行检验。动作边界的测试原理与功率方向元件测试类似。

采用定点测试可选用测试仪的手动测试模块（或任意测试模块）或状态序列进行检验。定点测试的基本方法为固定接入零序方向元件的零序电压大小和幅值均不变，使接入的零序电流大小大于零序电流元件动作值，相位分别在动作特性曲线的边界1和边界2的±2°，则在动作边界附近处于动作区的应该可靠动作，制动区的应可靠不动作，可检验方向元件动作区误差不超过±2°。

如以检验边界1为例，参数设置表见表2-11（$\dot{I}_b$、$\dot{I}_c$均为0），如图2-27所示，此时保护应可靠不动作。

表2-11 零序方向元件检验参数设置表

相别	幅值	相位
$\dot{I}_a$	8A	107°
$\dot{U}_a$	30V	90°
$\dot{U}_b$	57V	−30°
$\dot{U}_c$	57V	−150°

当$\dot{I}_a$改变相位为103°时，零序方向元件处于边界1的动作区，应可靠动作。用同样的方法，检验边界2。

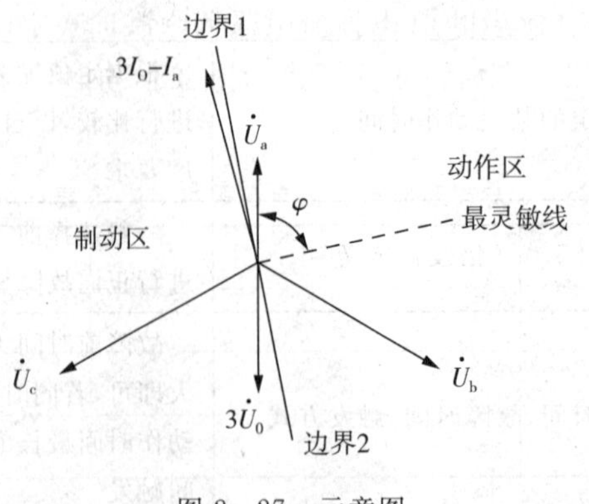

图2-27 示意图

相关知识

中性点直接接地系统接地短路零序及方向保护

在我国，110kV 及以上的电压等级电网采用主变压器中性点直接接地运行方式。当发生接地故障时通过变压器接地点构成短路通路，将出现很大的短路电流，故又称这种系统为大接地电流系统。统计表明，大接地电流系统发生的故障中，几率占总故障率的 70%～90%，所以如何正确设置接地故障的保护是该系统的中心问题之一。若用三相星形接线的相间短路保护作接地故障的保护，灵敏度低，动作时限长。而在该系统中发生 $d^{(1)}$，系统中会出现零序分量，而正常运行时无零序分量．故可利用零序分量构成接地短路的保护。

一、中性点直接接地系统接地短路零序分量的特点

中性点直接接地系统在正常运行和三相短路及两相短路时，不会出现零序分量（分析略），当发生接地短路时，系统中便出现零序分量。利用零序分量构成专门的接地保护，称为零序保护。

下面以单相接地短路为例，讨论零序电流、零序电压及零序功率的特点。如图 2-28 所示，b 图为零序等效网络图，Z_{T10} 和 Z_{T20} 为两侧变压器零序阻抗，Z_{L0}^{I} 和 Z_{L0}^{II} 为故障点两侧线路零序阻抗；零序电流的参考方向仍取从母线流向线路，零序电压的参考方向则取指向大地。

从图 2-28 中可看出，零序电流、零序电压及零序功率具有以下特点。

(1)故障点处的零序电压最高，离故障点越远，零序电压越低，在变压器中性点零序电压降为零。零序电压的分布如图 2-28c 所示。

(2)零序电流是由故障点零序电压产生的，经变压器接地的中性点构成回路，如图 2-28b 所示。因而，零序电流的分布，主要取决于输电线路的零序阻抗和中性点接地变压器的零序阻抗，与电源的数目和位置无关。当图 2-28a 的变压器 T2 的中性点不接地，则 $I_0^{II}=0$。零序电流的大小与正序阻抗、负序阻抗有关，因此，受运行方式的间接影响。

如计及回路的电阻时，零序电流、零序电压的相量图如图 2-28d 所示。

(3)对发生故障的线路，两端零序功率的方向与正序功率的方向相反，零序功率方向实际上都是从线路流向母线。

(4)保护安装处如 A 母线上的零序电压为

$$\dot{U}_{A0}=-\dot{I}_0^{I}Z_{T10}$$

因此，正向故障时，保护安装处母线零序电压与零序电流的相位差，取决于母线背后变压器的零序阻抗(通常为 70°～85°)，而与保护线路的零序阻抗及故障点的位置无关。

二、零序功率方向元件

中性点直接接地系统往往为多侧电源的电网，各个电源处一般至少有一台变压器的中性点接地。当线路发生接地短路时，故障点的零序电流将流向各个变压器的中性点。可见，与多侧电源电网的相间短路保护相类似，接地保护要装设零序功率方向元件。

接地保护广泛采用零序功率方向元件接入零序电压($-3\dot{U}_0$)和零序电流($3\dot{I}_0$)，反应零序功率的方向而动作。其原理与实现方法同前述的功率方向元件。需要注意的是，当保护

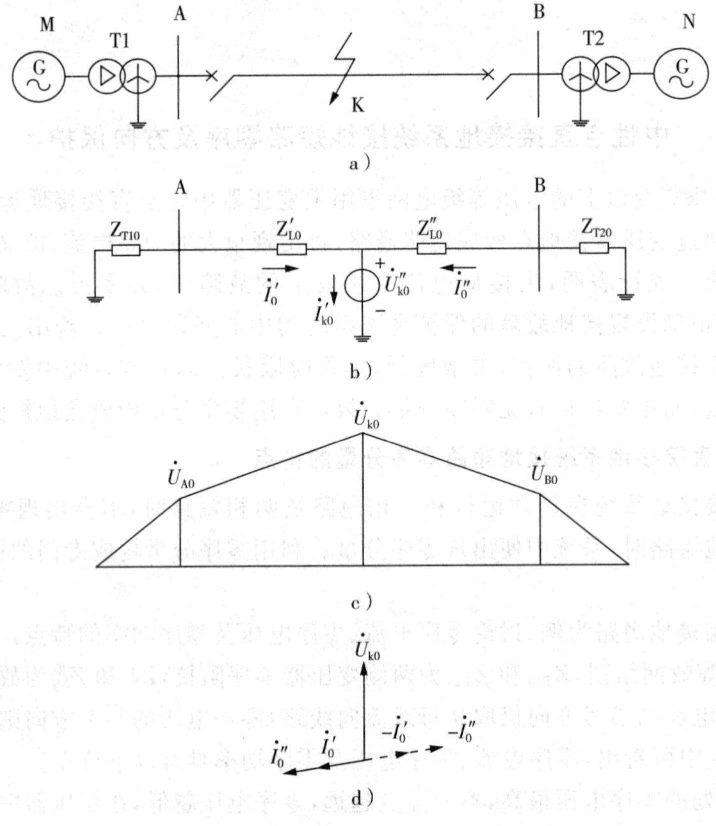

图 2－28　单相接地短路零序分量分析图

a)系统接线图　b)零序网络图　c)零序电压的分布图　d)设计电阻时的相量图

范围内部故障时，按规定的电流、电压方向看 $3\dot{I}_0$ 超前与($3\dot{U}_0$)为 95°～110°(对应于保护安装地点背后的零序阻抗角为 85°～70°的情况)，$\varphi_{sen}=-95°\sim-110°$(以零序电压 $3\dot{U}_0$ 为参考，功率方向元件显然应采用最大灵敏角为－95°～－110°)。方向元件此时应正确动作，并应工作在最灵敏的条件下。

由于越靠近故障点的零序电压越高，因此零序方向元件没有电压死区。相反当故障点距保护安装地点越远时，由于保护安装处的零序电压较低，零序电流较小，必须校验方向元件在这种情况下的灵敏系数。例如当零序保护作为相邻元件的后备保护时，即采用相邻元件末端时，在本保护安装处的最小零序电流、电压或功率(经电流、电压互感器转换到二次侧的数值)与功率方向元件的最小启动电流、电压或启动功率之比来计算灵敏系数，并要求 $K_{sen}\geqslant1.5$。

三、零序电流保护及零序方向保护

中性点直接接地系统发生接地故障时出现很大的零序电流，利用零序电流增大作为电网接地短路的判据而构成的保护，即零序电流保护。电网接地的零序电流保护和相间短路的电流保护，在组成、整定计算、保护范围等方面有相似之处，在学习时要注意比较，融会贯通。

1. 零序电流保护

零序电流保护也采用阶段式，由零序电流速断保护（零序Ⅰ段）、零序限时电流速断保护（零序Ⅱ段）、零序过电流保护（零序Ⅲ段）组成，如图 2－29 所示。

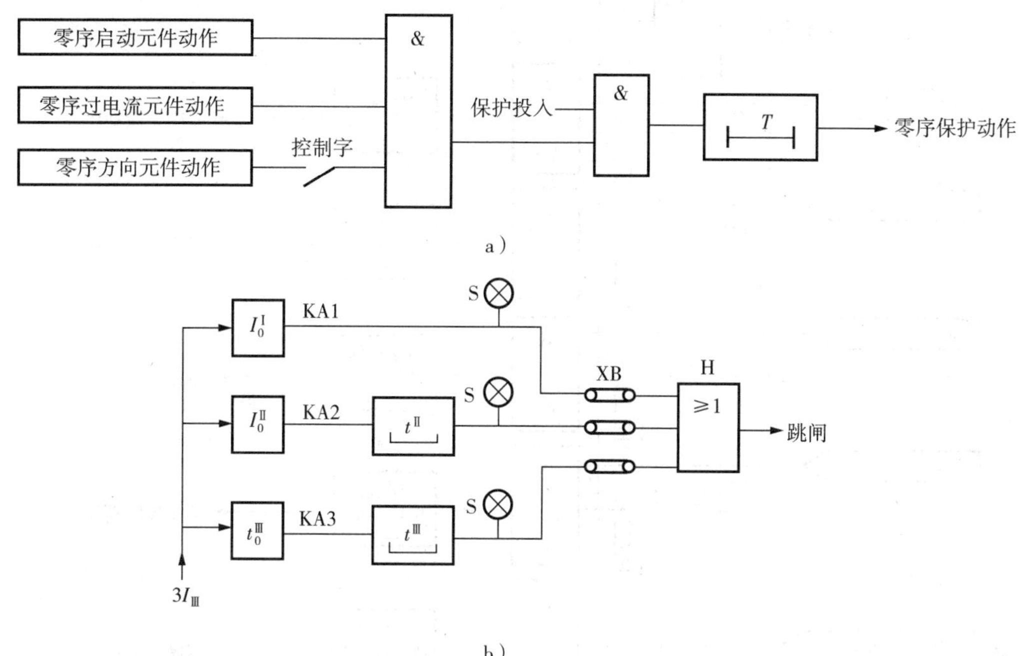

图 2－29　零序电流保护的逻辑框图

a）零序保护简化逻辑框图　b）阶段式零序电流保护的逻辑框图

KA1、KA2、KA3 是Ⅰ、Ⅱ、Ⅲ段电流保护的测量元件、S 是对应各段的信号元件。

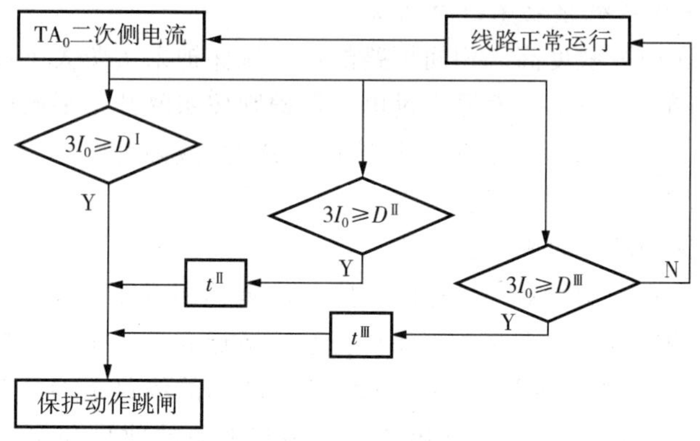

图 2－30　阶段式零序电流保护的程序框图

2. 零序方向保护

阶段式零序方向电流保护动作逻辑如图 2－31 所示说明如下。

零序保护由自产零序和外接零序共同启动，开放与门 M5、M6、M7、M8、M9。零序方向元件经对控制字由与门 M5、M6、M7、M8 构成Ⅰ、Ⅱ、Ⅲ、Ⅳ零序方向保护。TV 断线时自动退出零序方向元件，可通过控制字在 TV 断线时将零序Ⅰ段保留。手动及重合闸合闸时通过与门 M9 使零序加速段以 100ms 或 200ms 后加速跳闸。

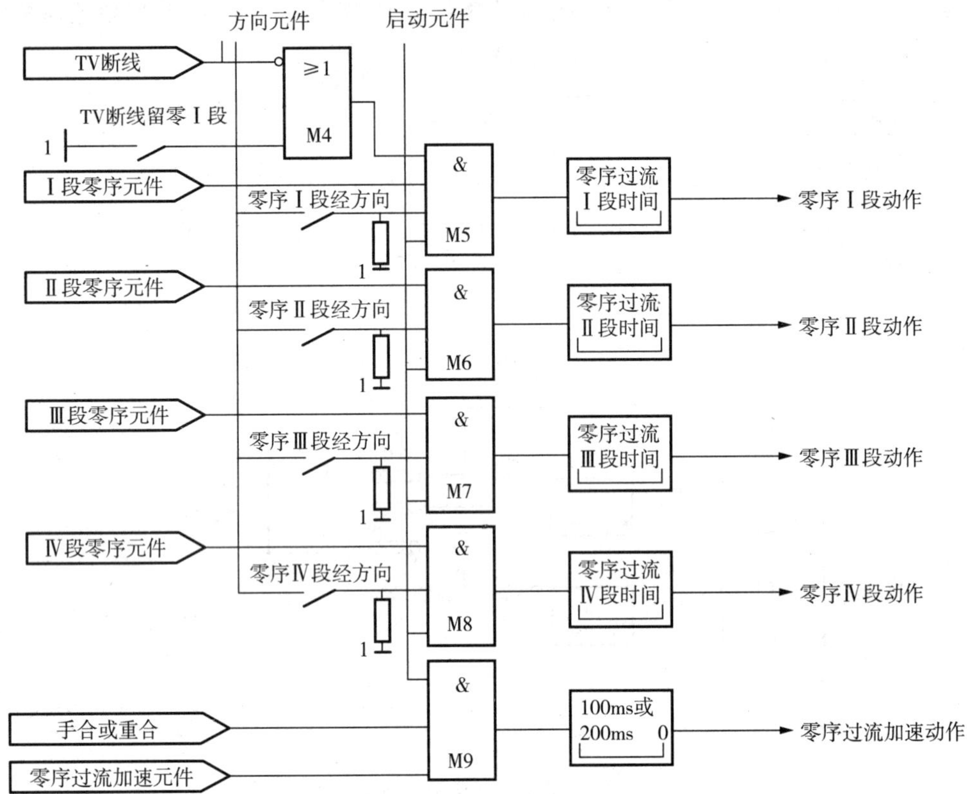

图 2-31　阶段式零序方向电流保护动作逻辑

三、中性点直接接地系统接地保护的评价和应用

1. 中性点直接接地系统接地保护的优点

(1)零序过电流保护灵敏度高。相间短路的过电流保护系按照大于负荷电流整定,继电器的二次启动电流一般为 5～7A,而零序过电流保护则按照躲开不平衡电流的原则整定,二次动作电流一般只有 2～3A,由于发生单相接地短路时,故障相的电流与零序电流 $3I_0$ 相等,因此,零序过电流保护的零敏度高。

(2)零序过电流保护动作时限短。

(3)受系统运行方式影响相对小。相间短路的电流速断和限时电流速断保护直接受系统运行方式变化的影响很大,而零序电流保护受系统运行方式变化的影响要小得多。此外,由于线路零序阻抗远较正序阻抗为大,$X_0=(2\sim3.5)X1$,故线路始端与末端短路时,零序电流变化显著,曲线较陡。如前所述,零序电流的分布与电源的数目和位置无关,零序阻抗也与电源的数目和位置无关,只是零序电流间接受影响。因此零序Ⅰ段的保护范围较大,也较稳定,零序Ⅱ段的灵敏系数也易于满足要求。

(4)受系统振荡影响小。当系统中发生某些不正常运行状态时,例如系统振荡,短时过负荷等,三相是对称的,相间短路的电流保护均将受它们的影响而可能误动作,而零序保护则不受它们的影响。

(5)在 110kV 及以上的高压和超高压系统中,单相接地故障占全部故障的 70%～90%,

而且其他的故障也往往是由单相接地发展起来的，因此，采用专门的零序保护就具有显著的优越性。

2. 零序电流方向保护及其作用

在中性点直接接地的高压电网中发生接地短路时，将出现零序电流和零序电压。利用上述的特征电气量可构成保护接地短路故障的零序电流方向保护。

统计资料表明，在中性点直接接地的电网中，接地故障点占总故障次数的90%左右，作为接地保护的零序电流方向保护又是高压线路保护中正确动作率最高的一种。在我国中性点直接接地系统不同电压等级电力网线路上，按国家《继电保护和安全自动装置技术规程》(以下简称"技术规程")规定，都装设了零序电流方向保护装置。

带方向性和不带方向性的零序电流保护是简单而有效的接地保护方式，它主要由零序电流滤过器、电流继电器和零序方向继电器以及与收发信机、重合闸配合使用的逻辑电路所组成。

现今，大接地电流系统中输电线路接地保护方式主要有纵联保护、零序电流方向保护和接地距离保护等。它们都与系统中的零序电流、零序电压及零序阻抗密切相关的。

实践表明零序电流方向保护在高压电网中发挥着重要作用，成为各种电压等级高压电网接地故障的基本保护。即使在装有接地距离保护作为接地故障主要保护的线路上，为保护经高电阻接地的故障和对相邻线路保护有更好的后备作用，也为保证选择性，仍然需要装设完整的成套零序电流方向保护作基本保护。

3. 零序电流方向保护的优缺点

带方向性和不带方向性的零序电流保护是简单而有效的接地保护方式，其主要优点是：

(1)经高阻接地故障时，零序电流保护仍可动作。由于本保护反应于零序电流的绝对值，受故障过渡电阻的影响较小。例如，当220kV线路发生对树放电故障，故障点过渡电阻可能高达100Ω，此时，其他保护大多数将无法动作，而零序电流保护，即使$3I_0$定值高达几百安培尚能可靠动作。

(2)系统振荡时不会误动。零序电流方向保护不怕系统振荡是由于振荡时系统仍是对称的，故没有零序电流，因此零序电流继电器及零序方向继电器都不会误动。

(3)在电网零序网络基本保持稳定的条件下，保护范围比较稳定。由于线路零序阻抗比正序阻抗一般大3～3.5倍，故线路始端与末端短路时，零序电流变化显著，零序电流随线路保护接地故障点位置的变化曲线较陡，其瞬时段保护范围较大，对一般长线路和中长线路可以达到全线的70%～80%，性能与距离保护相近。而且在装用三相重合闸的线路上(这里是指的三跳出口方式)，多数情况，其瞬时保护段尚有纵续动作的特性，即使在瞬时段保护范围以外的本线路故障，仍能靠对侧开关三相跳闸后，本侧零序电流突然增大而促使瞬时段启动切除故障。这是一般距离保护所不及的，为零序电流保护所独有的优点。

(4)系统正常运行和发生相间短路时，不会出现零序电流和零序电压，因此零序保护的延时段动作电流可以整定得较小，这有利于提高其灵敏度。并且，零序电流保护之间得配合只决定于零序网络得阻抗分布情况，不受负荷潮流和发电机开停机的影响，只需要零序网络阻抗保持基本稳定，便可以获得良好的保护效果。

(5)结构与工作原理简单。零序电流保护以单一的电流量为动作量，只需要用一个继电器便可以对三相中任一相接地故障作出反应，因而运行维护简便，其正确动作率高于其他复杂保护。同样又因为整套保护中间环节少，动作快捷，有利于减少发展性故障，特别是近处故障的快速切除是很有利的。在 Y/△接线的降压变压器三角形绕组侧以后的故障不会在星形绕组侧反映出零序电流，所以零序电流保护的动作时限可以不必与该种变压器以后的线路保护配合而可取得较短的动作时限。

4. 中性点直接接地系统接地保护的缺点

(1)当系统运行方式变化较大，往往也不能满足系统的要求。

(2)单相重合闸时出现非全相运行，往往产生较大的零序电流，影响零序保护的正确动作，有时要退出运行。

(3)当采用自耦变压器联系两个不同电压等级的网络时(例如 110kV 和 220kV 电网)，则任一网络的接地短路都将在另一网络中产生零序电流，这将使零序保护的整定配合复杂化，并将增大第Ⅲ段保护的动作时限。

零序电流保护简单、经济、可靠，在中性点直接接地系统中获得了广泛的应用。在 110kV 电网，用来构成接地短路的主保护；在 220 及以上的电网，用来构成接地短路的后备保护。

5. 应用范围

零序电流主要应用中性点直接接地系统或小接地系统中，与电流保护、距离保护配合使用。零序电流方向保护主要应用与多侧电源的线路保护或、主变保护

拓展知识

零序电流保护及零序方向保护整定计算

一、零序电流速断保护(零序Ⅰ段)的整定计算

发生单相或两相接地短路时，可求出零序电流 $3I_0$ 随故障点远近变化的关系曲线，取两种接地短路中零序电流 $3I_0$ 较大者作整定计算依据，如图 2-32 所示。

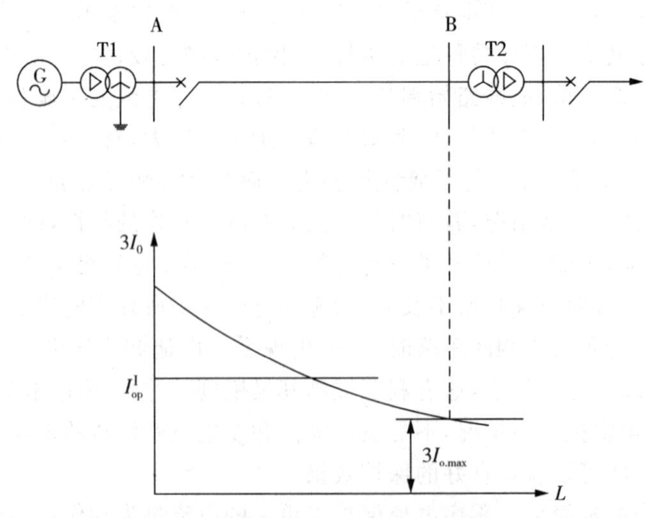

图 2-32　零序Ⅰ段动作整定分析图

零序Ⅰ段整定原则如下。

(1)躲过本线路末端发生接地短路时出现的最大零序电流 $3I_0$，即

$$I_{OP}^{I}=k_{reL}3I_{0.max} \tag{2-14}$$

(2)躲过断路器三相触头不同时合闸时所出现的最大零序电流 $3I_{0.unb.max}$，即

$$I_{OP}^{I}=k_{reL}3I_{0.unb.max} \tag{2-15}$$

两式中：k_{reL}为可靠系数，取1.2～1.3。

取(2-14)、(2-15)较大者为保护的整定值。若按照第(2)条件整定动作电流过大，灵敏度不满足要求时，可在断路器手动合闸或自动重合闸时，使零序Ⅰ段增加延时(约0.1s)，使保护的动作时间大于断路器三相触头不同时合闸的时间，则可不考虑整定原则(2)。

(3)躲过单相重合闸动作，线路非全相运行又发生振荡所出现的零序电流。如果按这个条件来整定零序Ⅰ段，则零序Ⅰ段的整定值高，在正常情况下发生接地短路时保护范围小。

为此，通常设置两个零序Ⅰ段保护，一个是按整定原则(1)、(2)整定，其整定值小，保护范围大，称为灵敏Ⅰ段，用于保护线路全相运行时的接地短路。另一个按躲过非全相振荡的零序电流整定，整定值大，灵敏度低，称为不灵敏Ⅰ段，用于保护线路非全相运行时的接地短路。单相重合闸启动(将出现非全相运行)时，将灵敏Ⅰ段自动闭锁，同时投入不灵敏Ⅰ段。

灵敏Ⅰ段的最小保护范围，要求不小于被保护线路全长的15%。

2. 零序限时电流速断保护(零序Ⅱ段)的整定计算

零序Ⅱ段的工作原理、整定原则与相间短路限时电流速断保护相似，应与下一线路的零序Ⅰ段配合，即保护范围不超过下一线路零序Ⅰ段的保护范围。如图2-33所示，分为两种情况讨论。

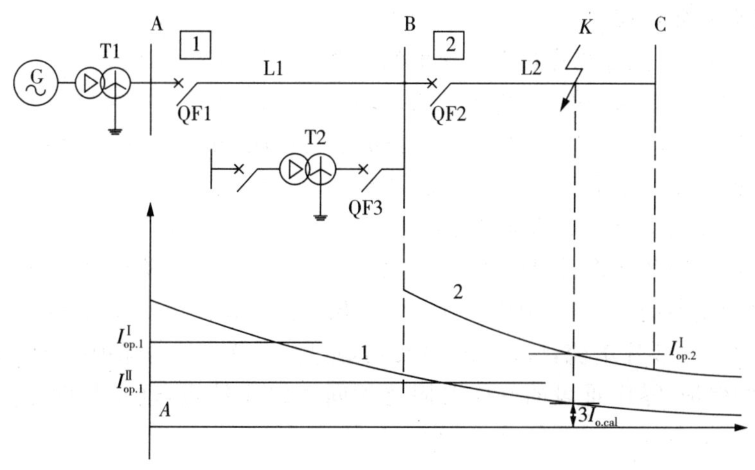

图2-33　零序Ⅱ段动作整定分析图

(1)母线 B 没有接中性点接地的变压器 T_2。与电流保护Ⅱ段相似,有

$$I_{OP1}^{\mathrm{II}}=k_{reL}I_{OP2}^{\mathrm{I}} \tag{2-16}$$

式中:k_{reL}为可靠系数,一般取 1.1~1.2。

(2)母线 B 接有中性点接地的变压器 T2。零序电流的变化曲线如图 2-33 所示,曲线 1 为发生接地短路时,流过保护 1 的最大零序电流;曲线 2 为在线路 BC 发生接地短路时,流过保护 2 的最大零序电流。

动作电流应躲过保护 2 零序Ⅰ段保护范围末端 K 点接地短路时,流过本保护 1 的最大零序电流 $3I_{0.cal}$,即

$$I_{OP1}^{\mathrm{II}}=k_{reL}3I_{0.cal} \tag{2-17}$$

式中:k_{reL}与式(2-16)相同。需要指出,当母线 B 没有接中性点接地的变压器 T2,式(2-17)中 $3I_{0.cal}$与 I_{OP2}^{I}相等。

动作时限与相间短路限时电流速断相同,一般取 0.5s。

灵敏系数按被保护线路末端接地短路的最小零序电流校验,要求 $K_{sen}\geqslant$1.3~1.5。

当灵敏度不满足要求,可采取以下措施:

① 与下一线路的零序Ⅱ段配合整定,动作时限取 1S。

② 从电网全局考虑,改用接地距离保护。

3. 零序过电流保护(零序Ⅲ段)的整定计算

零序过电流保护与相间短路过电流保护类似,用作接地短路的后备保护。零序过电流保护在正常运行及下一线路相间短路时不应动作,其动作电流应躲过本线路末端(即下一线路始端)相间短路时流过本保护的最大不平衡电流 $3I_{unb.max}$,即

$$I_{OP1}^{\mathrm{III}}=k_{reL}3I_{unb.max} \tag{2-18}$$

式中:k_{reL}为可靠系数,一般取 1.2~1.3。

根据运行经验,一般取零序过电流保护的二次动作值为 2~4A。

作本线路的近后备保护时,应以本线路末端接地短路时流过本保护的最小零序电流校验灵敏度,要求 $K_{sen}\geqslant$1.3~1.5。作下一线路的远后备保护时,应以下一线路末端接地短路时流过本保护的最小零序电流校验灵敏度,要求 $K_{sen}\geqslant$1.2。

动作时限与相间电流保护第Ⅲ段的整定原则相同,但整定起点不同。如图 2-34 所示,相间电流保护第Ⅲ段的动作时限应从离电源最远处开始,逐级按阶梯原则进行配合。

但零序Ⅲ段则不同,动作时限应从保护 3 开始。因为在变压器 T_2的 Δ 侧发生接地短路时,不会在 Y 侧产生零序电流,所以保护 3 无需与保护 4 及更远的保护配合。如图 2-34 所示,同一线路的保护,零序Ⅲ段的动作时限比相间短路保护短,这是装设零序Ⅲ段的一个优点。

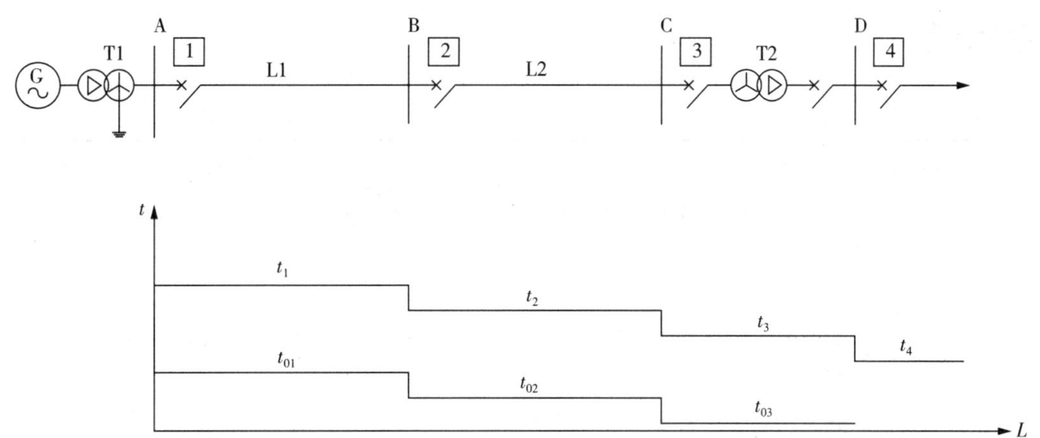

图 2-34　零序过电流保护的时限特性

任务四　中性点非直接接地系统单相接地保护

学习目标

通过对小接地电流系统单相接地选线装置所包含的中性点不直接接地系统单相接地保护功能进行讲解和检验，使学生在完成本任务的学习过程中达到以下 3 个方面的目标：

1. 知识目标

(1)熟悉中性点非直接接地电网中接地短路保护的实现方式；

(2)掌握绝缘监视装置的特性。

2. 能力目标

(1)会阅读馈线零序电流保护(作为中性点非直接接地系统接地选线的判别元件)的相关图纸；

(2)熟悉线路微机保护装置中与馈线零序电流保护相关的压板、信号、端子等；

(3)熟悉并能完成线路微机保护装置检验前的准备工作，会对线路微机保护装置馈线零序电流保护进行检验。

3. 态度目标

(1)不旷课，不迟到，不早退；

(2)具有团队意识协作精神；

(3)积极向上努力按时完成老师布置的各项任务；

(4)责任意识，安全意识，规范意识。

任务描述

学会对小接地电流系统单相接地选线装置馈线零序电流保护功能检验的方法、步骤等。

任务准备

1. 工作准备

√	学习阶段	工作(学习)任务	工作目标	备　注
	入题阶段	根据工作任务,分析设备现状,明确检验项目,编制检验工作安全措施及作业指导书,熟悉图纸资料	确定重点检验项目	
	准备阶段	检查并落实检验所需材料、工器具、劳动防护用品等是否齐全合格	检验所需设备材料齐全完备	
	分工阶段	班长根据工作需要和人员精神状态确定工作负责人和工作班成员,组织学习《电业安全工作规程》、现场安全措施	全体人员明确工作目标及安全措施	

2. 检验工器具、材料表

(一)检验工器具						
√	序　号	名　称	规　格	单　位	数　量	备　注
	1	继电保护微机试验仪及测试线		套		
	2	万用表		块		
	3	电源盘(带漏电保护器)		个		
	4	模拟断路器		台		
(二)备品备件						
√	序　号	名　称	规　格	单　位	数　量	备　注
	1	电源插件		个		
(三)检验材料表						
√	序　号	名　称	规　格	单　位	数　量	备　注
	1	毛刷		把		
	2	绝缘胶布		盘		
	3	电烙铁		把		
(四)图纸资料						
√	序　号	名　称				备　注
	1	与现场实际接线一致的图纸				
	2	最新定值通知单				
	3	装置资料及说明书				
	4	上次检验报告				
	5	作业指导书				
	6	检验规程				

3. 危险点分析及安全控制措施

序　号	危险点	安全控制措施
1	误走错间隔,误碰运行设备	检查在线路保护屏前后应有"在此工作"标示牌,相邻运行屏悬挂红布幔
2	工作不慎引起交、直流回路故障	工作中应使用带绝缘手柄的工具,拆动二次线时应作绝缘处理并固定,防止直流接地或短路
3	电压反送、误向运行设备通电流	试验前应断开检修设备与运行设备相关联的电流、电压回路
4	检修中的临时改动忘记恢复	二次回路、保护压板、保护定值的临时改动要做好记录,坚持"谁拆除谁恢复"的原则
5	带电插拔插件,易造成集成块损坏;频繁插拔插件,易造成插件插头松动	严禁带电插拔插件,工作时佩戴防静电手环或采取其他防静电措施。整组传动后应尽量避免插拔插件,如需插拔应检验相关回路完好
6	接、拆低压电源时人身触电	接拆电源时应在电源开关拉开的情况下两人一起工作。所使用电源应装有漏电保护器。禁止从运行设备上接取试验电源
7	越过遮栏,易发生人员触电事故	现场设专人监护,严禁跨越围栏
8	联跳回路未断开,误跳运行开关	根据被检验装置与运行设备相关联部分的实际情况,制定技术措施,防止误跳其他开关(误跳母联、分段开关,误启动失灵保护)

任务实施

1. 开工

√	序　号	内　容
	1	履行工作票、安全措施票手续并对危险点和安全注意事项交底;办理工作许可手续

2. 安全措施的执行及确认危险点

<table>
<tr><td colspan="7">(一)检查运行人员所做的措施</td></tr>
<tr><td>√</td><td colspan="6">检查内容</td></tr>
<tr><td></td><td colspan="6">检查所有压板位置,并做好记录</td></tr>
<tr><td></td><td colspan="6">检查所有把手及开关位置,并做好记录</td></tr>
<tr><td colspan="7">(二)继电保护安全措施的执行</td></tr>
<tr><td>回　路</td><td>位置及措施内容</td><td>执行√</td><td>恢复√</td><td>位置及措施内容</td><td>执行√</td><td>恢复√</td></tr>
<tr><td rowspan="2">电流回路</td><td></td><td></td><td></td><td></td><td></td><td></td></tr>
<tr><td></td><td></td><td></td><td></td><td></td><td></td></tr>
</table>

（续表）

电压回路						
联跳和失灵回路						
信号回路						
其他						
执行人员：				监护人员：		
备注：						

3. 作业流程

（三）馈线零序电流保护检验		
序　号	检验内容	√
1	零序电流定值检验	
2	零序方向元件检验	
（四）工作结束前检查		
序　号	内　容	√
1	现场工作结束前，工作负责人会同工作人员检查实验记录有无漏检验项目，试验结论、数据是否完整正确	
2	检查临时接线是否全部拆除，拆下的线头是否全部接好，包括接地线	
3	检查保护装置是否在正常运行状态	
4	打印装置现运行定值区定值与定值通知单逐项核对相符	
5	检查出口压板对地电位正确	

4. 竣工

√	序　号	内　容	备　注
	1	检查措施是否恢复到开工前状态	
	2	全体工作班人员清扫、整理现场，清点工具及回收材料。工作负责人周密检查施工现场，是否有遗留的工具、材料	
	3	工作负责人在检修记录上详细记录本次工作所检修项目、发现的问题、试验结果和存在的问题等	
	4	经验收合格，办理工作票终结手续	

馈线零序电流保护检验方法

馈线保护装置中的零序电流元件一般用于中性点非直接接地系统（又称小电流接地系统）作为接地选线的判别元件。实际现场运行中，该功能属于选用功能，根据具体情况决定是否投入该元件。

对于小电流接地系统，当系统中发生单相接地故障时，其接地故障点零序电流基本为电容电流，且幅值很小，用单独的零序过电流继电器来保护接地故障很难保证其选择性。由于非故障线路的零序电流超前零序电压90°，故障线路的零序电流滞后零序电压90°，即故障线路的零序电流与非故障线路的零序电流相位相差180°。一些馈线保护装置中，通过采用判断零序无功功率（基波或五次谐波）的方向来判别接地故障线路。也可以采用通过通信管理机来比较同一母线上各线路零序电流基波或五次谐波幅值和方向的方法来判断接地线路。需要注意的是，用于接地选线的零序电流必须外加，即必须给装置提供外部输入的零序电流，一般由专用的零序电流互感器提供，不能使用装置自产的零序电流。用于比较零序无功功率的方向电压可以采用外接方式，也可以采用自产零序电压方式。

对于小电阻接地系统，在发生接地故障时，接地零序电流相对较大，因此可采用直接跳闸方式。馈线保护装置可通过控制字设定零序过电流元件的动作行为，可以整定为跳闸或报警方式（“零序过电流投入”整定控制字整定为“投入”时跳闸，整定为“退出”时只报警）。另外，有些馈线保护设置了多段零序电流元件，且最末一段动作特性可设定为反时限特性，以便提供更灵活、性能更好的保护配置，满足电网的各种运行要求。

零序过电流元件的实现方式基本与过电流元件相同满足以下条件时出口跳闸：

(1)$3I_0>I_{0n}$，I_{0n}为接地 n 段定值；

(2)$T>T_{0n}$，T_{0n}为接地 n 段延时定值；

(3)相应的方向条件满足（若需要）。

以下介绍零序电流元件的检验方法，关于零序方向元件的检验可参照任务三中的零序方向元件进行。

1. 试验接线及设置

将继电保护测试仪的任一相电流输出接至馈线保护零序电流输入端子，若需检验零序方向元件，则根据零序电压的接入要求，将三相电压（或零序电压）输出接至馈线保护三相电压（或零序电压）输入端子。另将馈线保护的一副跳闸触点接到测试仪的任一开关量输入端，用于进行自动测试。试验接线如图 2－35 所示，图中零序电压输入采用自产零序电压。若仅检验零序电流元件，则电压输入可不接入。

投入需测试的零序电流元件控制字，投入方向元件控制字（若需要），投入零序电流保护功能连接片，退出重合闸、低频功能连接片及控制字。

试验前可打印或记录零序电流保护定值，试验假设馈线保护投入某段零序电流元件，方向元件退出，零序电流保护定值为 7A，动作时间 0s，采用跳闸方式。

2. 零序电流定值检验

对微机型零序电流保护的定值检验可采用定点测试法，也可采用递变方式。

(1)定点测试

采用定点测试可选用测试仪的手动测试模块（或任意测试模块）、线路保护测试模块及整组测试模块进行试验。手动试验时，操作测试仪使某相（如 A 相）电流输出分别为 1.05 倍、0.95 倍零序电流定值，输出时间大于该段零序电流保护动作时间（如 0.3s），则 1.05 倍整定电流时保护应可靠动作，0.95 倍则应可靠不动作，然后在 1.2 倍时测量动作时间。其他段的试验方法类似。

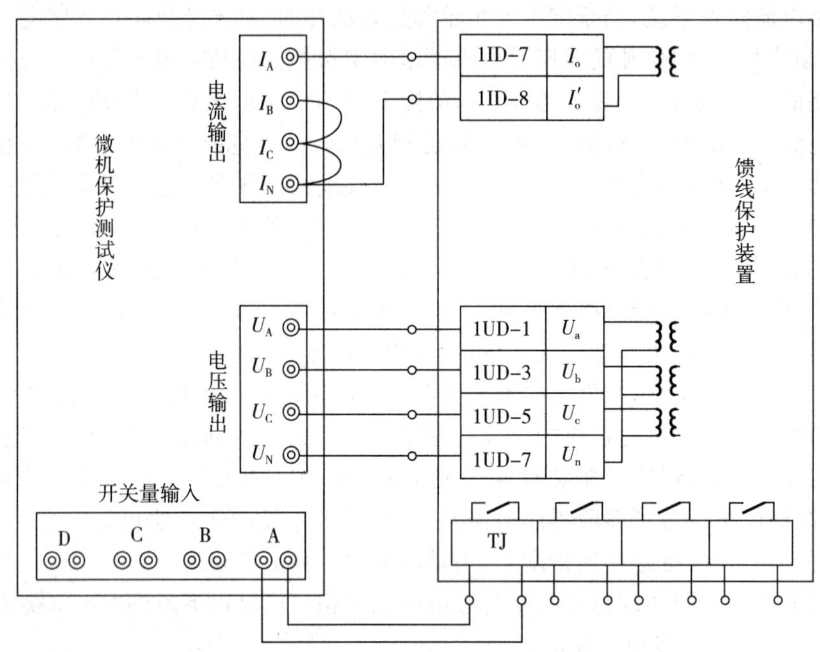

图 2-35　零序电流元件检验接线图

(2)专用模块测试

若采用线路保护专用测试模块,则可进入零序电流保护测试界面或电流保护测试界面进行测试。由于线路保护专用测试模块的零序电流保护测试主要针对接地系统的零序电流保护,因此不推荐采用此模块进行测试,

3. 其他

若对馈线保护装置的零序接地选线功能进行检验,应结合零序方向元件进行检验。零序电流元件的方向元件测试可不必进行边界检验,在正方向和反方向最大灵敏角分别测试即可。

相关知识

中性点非直接接地系统单相接地故障的特点及其保护

在我国 3~35kV 电压等级电网采用中性点非直接接地运行方式。当发生单相接地故障时,故障点电流小,线电压仍然对称,可继续运行 1~2 小时,而不必立即跳闸,故保护一般只需发出信号。这是其主要优点,但是在单相接地以后,故障相的电压变成零,而非故障相的对地电压要升高$\sqrt{3}$倍。

一、中性点不接地系统单相接地故障的特点及其保护

1. 中性点不接地系统单相接地故障的特点

中性点不接地系统在正常运行时,电源及负载基本对称,三相对地电压和对地电容电流也对称,故没有零序电压和零序电流。

当发生单相接地故障时,负荷电流和线电压仍然是对称的,可不予考虑;各相对地电压

和各相对地电容电流发生了变化，出现零序电压和零序电流，如图 2－36 所示。

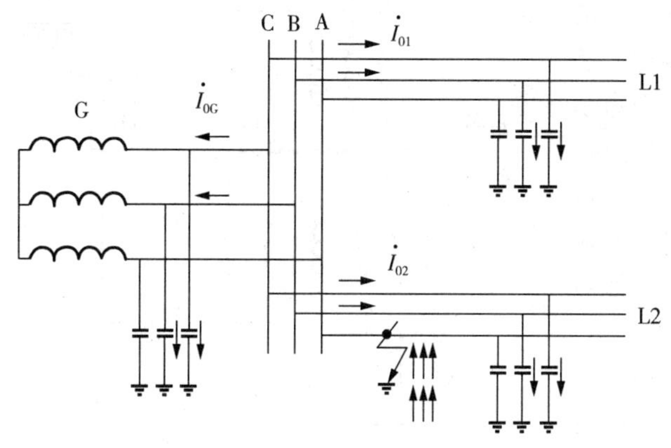

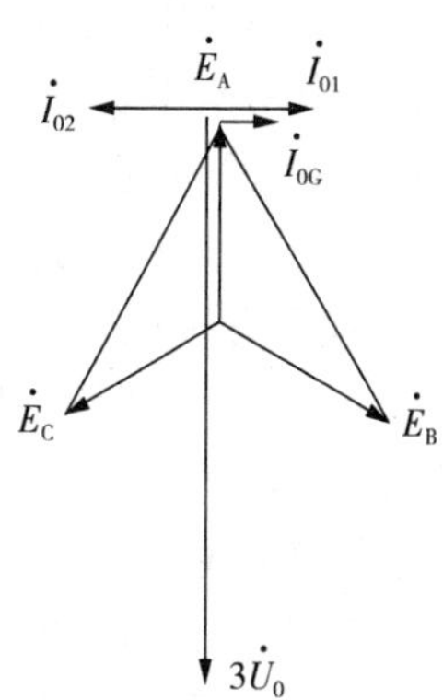

图 2－36　中性点不接地电网单相接地

假设线路 L2 发生 A 相接地，各相对地电压为：$\dot{U}_{KA}=0$，$\dot{U}_{KB}=\dot{E}_B-\dot{E}_A$，$\dot{U}_{KC}=\dot{E}_C-\dot{E}_A$，则零序电压为

$$3\dot{U}_0=\dot{U}_{KA}+\dot{U}_{KB}+\dot{U}_{KC}=-3\dot{E}_A \tag{2-19}$$

线路 L1 的零序电流为

$$3\dot{I}_{01}=3\dot{U}_0\times j\omega C_{01} \tag{2-20}$$

电源处的零序电流为

$$3\dot{I}_{0G}=3\dot{U}_0\times j\omega C_{0G} \tag{2-21}$$

从图 2－31 可知：故障线路 L2 的零序电流为

$$\begin{aligned}3\dot{I}_{02}&=3\dot{I}_{02}-(3\dot{I}_{01}+3\dot{I}_{02}+3\dot{I}_{0G})=-3\dot{U}_0\times j\omega(C_{01}+C_{0G})\\&=-3\dot{U}_0\times j\omega(C_{0\Sigma}-C_{02})\end{aligned} \tag{2-22}$$

式中：$C_{0\Sigma}$为系统一相对地总电容。

可见，中性点不接地系统单相接地故障的特点为

(1)系统各处出现了零序电压，其数值为相电压。

(2)非故障线路上出现了零序电流，其数值等于本线路对地电容电流，其相位超前零序电压 90°，其方向由母线流向线路。

(3)故障线路的零序电流等于非故障线路对地电容电流之和，其相位滞后零序电压 90°，其方向由线路流向母线。

2. 中性点不接地电网接地保护

根据以上特点，可用下列方式构成中性点不接地电网接地保护。

(1)绝缘监视装置的作用原理

6～35kV 小电流接地系统中发生一相接地故障，虽然对供电不受影响，但因非故障相对地电压升高到线电压，可能引起对地绝缘击穿而造成相间短路，故不允许长期接地运行。

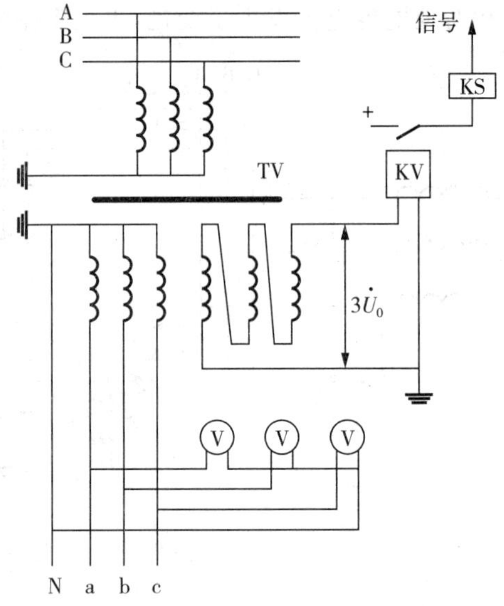

图 2-37　绝缘监视装置原理接线图

装设在中央信号屏上的交流绝缘监察装置的作用是专门用于监视其对地绝缘状况的装置。当该系统中发生一相接地故障时，装置中的三个相电压表中，接地相电压表指示降低或为零、另两相指示升高或为线电压，同时发出声光报警信号，通知运行值班人员判断、查找和处理绝缘。监视装置利用对零序电压的监视，便可判定是否发生了接地故障，如图 2-37 所示。

无论哪条线路发生接地故障，系统各处都出现零序电压，因此绝缘监视装置是没有选择性的。值班人员可依次断开各出线断路器，并随即把断路器投入，当断开某条线路后零序电压消失、三只电压表读数重新相同时，即表明故障在该条线路。

(2)零序电流保护

零序电流保护利用故障线路的零序电流比非故障线路的零序电流大的特点，构成有选择性的保护。

保护的动作电流应按躲过本线路的电容电流(即零序电流)整定，即

$$I_{OP}=K_{rel}3U_S\omega C_0 \tag{2-23}$$

式中：K_{rel}为可靠系数；U_S为相电压；C_0为本线路每相对地电容。

灵敏系数为

$$K_{sen}=\frac{3U_S\omega(C_{0\Sigma}-C_0)}{K_{rel}3U_S\omega C_0}=\frac{C_{0\Sigma}-C_0}{K_{rel}C_0} \tag{2-24}$$

原理接线图如图 2-28 所示。

由于电容电流很小，零序电流保护灵敏系数往往不能满足要求，特别是出线少时更难以实现。

(3)零序功率方向保护

零序功率方向保护利用故障线路和非故障线路零序功率方向不同的特点，构成有选择性的保护。

原理接线图如图 2-39 所示。故障线路的零序电流滞后零序电压 90°，若功率方向继电器的最大灵敏角为 90°，此时保护装置动作最灵敏，因此，零序电压输入回路的接线与中性点直接接地电网是不同的。

(4)微机小电流接地选线装置

判据产生的原理：在小电流接地系统中，正常情况下，系统三相电压对称平衡，三相对

地电容相等，在各馈出回路的零序电流互感器中无零序电流流过，当某回路发生单相接地故障时，电压互感器开口三角绕组输出零序电压，系统各回路的零序电流互感器中，原方均有零序电流流过，零序电流互感器副边均输出二次零序电流，但因故障和非故障回路所通

过的电流大小和方向不同，可根据其零序电流的大小和方向进行故障判断。

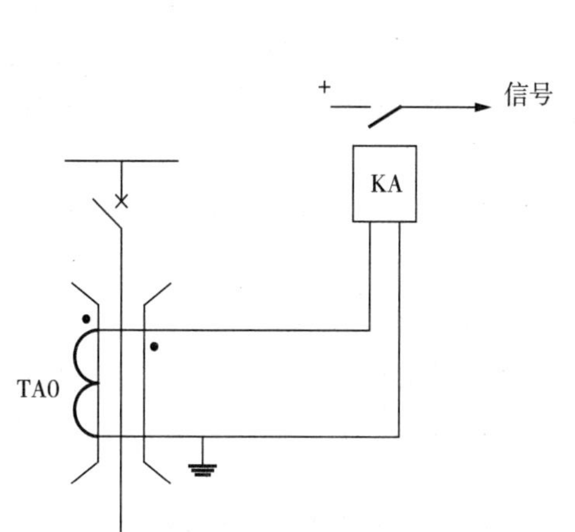

图 2-38　零序电流保护原理接线图

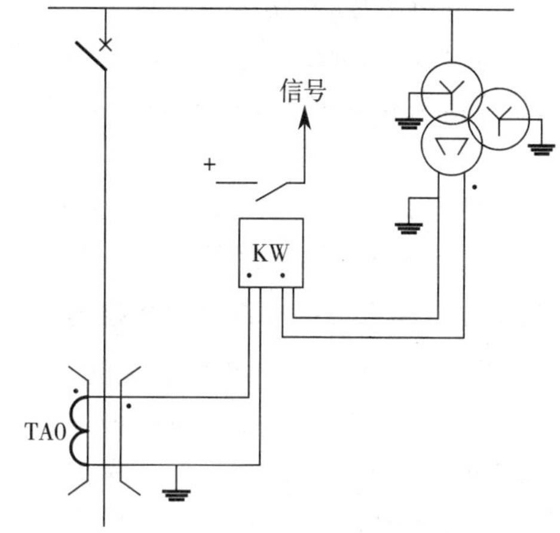

图 2-39　零序功率方向保护原理接线图

二、中性点经消弧线圈接地系统单相接地故障的特点

中性点不接地系统发生单相接地时，在接地点中流过的是全系统的对地电容电流。如果这个电流比较大，会在接地点产生电弧，引起弧光电压，非故障相对地电压进一步升高，可能造成多点的接地短路，并损坏绝缘。为此，可在中性点接入一个电感线圈，即消弧线圈，如图 2-40 所示。当单相接地时，中性点对地电压升高为相电压，消弧线圈产生一个电感电流，在接地点与原系统的电容电流相抵消，从而减小了接地点的总电流，使电弧消除。

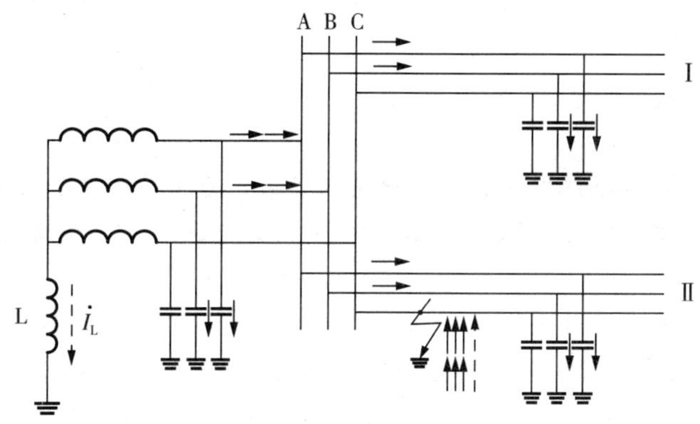

图 2-40　中性点经消弧线圈接地电网单相接地故障

根据补偿度的不同，分别有完全补偿、欠补偿和过补偿三种方式。

(1)完全补偿。就是使 $I_L = I_{C\Sigma}$，接地点的总电流为零。这种补偿方式消弧效果最好，但由于完全补偿时 $X_L = X_C$，满足串联谐振的条件，容易使系统产生过电压，因此在实际中不能采用这种方式。

(2)欠补偿。就是使 $I_L < I_{C\Sigma}$，补偿后的接地点总电流仍然是容性的。当某些元件退出运行时，电容电流将减小，这时可能又出现 $I_L = I_{C\Sigma}$，又容易引起串联谐振产生过电压，因此，欠补偿的方式一般也不采用。

(3)过补偿。就是使 $I_L > I_{C\Sigma}$,补偿后的接地点总电流是感性的。这种方式不可能发生串联谐振引起过电压,在实际中获得了广泛的应用。

采用过补偿后,故障线路的零序电流与非故障线路的零序电流相差可能已不大,可能无法采用零序电流保护;功率方向和非故障线路中的一样,因此也无法采用零序功率方向保护。

中性点经消弧线圈接地系统单相接地故障的保护方式有下列几种:绝缘监视装置、反应5次谐波分量的保护、反应暂态零序电流的保护。

三、中性点非直接接地系统单相接地保护的评价和应用

绝缘监视装置利用零序电压的变化而构成单相接地保护,灵敏性好,但没有选择性。由于小接地电流系统发生单相接地后仍可短时间运行,有时间利用其他办法寻找故障点,因此,绝缘监视装置仍是应用较广泛的保护方式。

零序电流保护具有选择性,但灵敏系数往往小。在系统出线多,故障线路与非故障线路零序电流相差较大时,才能采用,而且用在有条件安装零序电流互感器的电缆线路或经电缆引出的架空线路。(零序电流滤过器的三个互感器特性不一致,对小接地电流系统的零序电流而言不平衡电流较大。)

零序功率方向保护具有选择性,当零序电流保护灵敏系数不够时,可采用零序功率方向保护。但由于零序电流很小,在实际运行中保护有可能拒动或误动。

现在已经研发出微机小电流接地选线装置,这种装置,不仅能选出是哪一条线路发生单相接地,而且还能判断是在什么位置发生故障,这样给运行人员提供了很大的方便。

绝缘监视装置仍然可以在中性点经消弧线圈接地电网中采用,但零序电流保护与零序功率方向保护实际上不能采用。这种系统还可采用反应5次谐波分量和反应暂态零序电流的保护。

【项目总结】

三段式电流保护是学习继电保护技术中遇到的第一套完整的保护装置,必须予以重视。要通过三段式电流保护的学习,理解三段式保护如何保证对继电保护的基本要求,建立完整的继电保护概念。

第Ⅰ段电流保护采用动作电流躲过本线路末端最大短路电流获得选择性,保护瞬时动作,但仅能保护本线路靠电源处的一部分,即有选择性、速动性,但灵敏性差;第Ⅱ段电流保护动作电流按躲过下一线路第Ⅰ段整定,能保护本线路全长并延伸至下一线路,但不超出下一线路第Ⅰ段保护范围,为保证选择性带0.5s时限;第Ⅲ段电流保护基本思路是按躲过最大负荷电流整定(并保证外部故障切除后可靠返回),灵敏性高,能作本线路和相邻线路的后备保护,但速动性差,按阶梯形时限特性整定。通过三段保护这样的相互配合,三段式保护装置满足了继电保护的基本要求。

为解决多侧电源电流保护的选择性,引入了方向的概念。方向元件具有正方向故障动作,反方向故障不动作的特性。这样,多侧电源电流保护按同方向分组,同方向的保护按单侧电源三段式电流保护配合的原则整定。

阶段式电流保护和阶段式方向电流保护是电网相间短路的保护,对中性点接地方式不同的系统保护方式有所不同。

中性点直接接地系统利用接地时出现零序电流的特点，与相间短路的保护类似也构成阶段式零序电流保护。阶段式零序电流保护灵敏度高，动作时限短，受系统运行方式影响较小。

中性点不接地系统利用单相接地故障时出现零序电压的特点，构成无选择性绝缘监视装置；利用故障线路零序电流比非故障线路大的特点，构成有选择性零序电流保护；利用故障线路零序电流与非故障线路零序功率方向不同的特点，构成有选择性零序功率方向保护。

中性点经消弧线圈接地系统利用单相接地故障时出现零序电压的特点，构成无选择性绝缘监视装置，这种系统还可采用反应5次谐波分量和反应暂态零序电流的保护。

思考题与习题

2-1　什么是保护整定的最大运行方式？

2-2　无时限电流速断保护是如何保证选择性的？试评价其速动性和灵敏性。

2-3　限时电流速断保护是如何保证选择性的？其速动性和灵敏性又如何？

2-4　定时限过电流保护是如何保证选择性的？试评价其速动性和灵敏性。

2-5　三段式电流保护在整定计算时如何选择系统运行方式及短路类型？

2-6　中性点不接地系统相间短路的接线方式，为什么采用两相不完全星形接线而不采用完全星形接线？

2-7　多侧电源电网为什么要装设方向元件？

2-8　中性点直接接地系统的零序电流保护是如何构成的？各保护的动作电流如何整定？

2-9　中性点不接地系统发生单相接地故障时零序分量有什么特点？

2-10　35kV电网如图下所示，各线路均装设三段式电流保护，等值电源和线路有关参数如图中所示。已知线路正序电抗 $X_1=0.4\Omega/km$，返回系数 $Kr=0.85$，自启动系数 $K_{ast}=1.5$，AB线路最大负荷电流 $I_{L.max}=250A$。求线路AB三段保护的动作值及灵敏度。

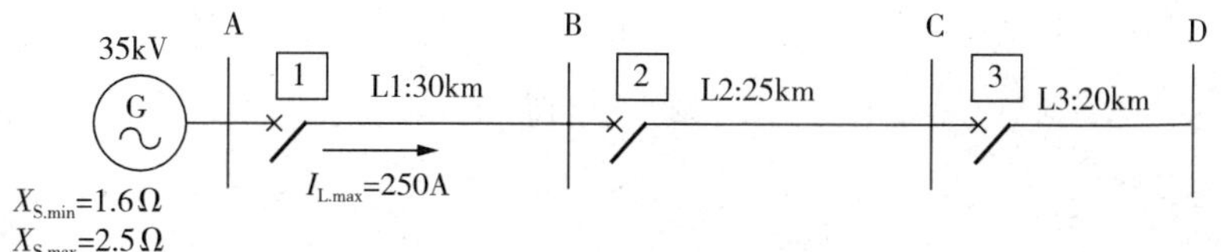

题2-10图

2-11　如图下所示为35kV系统图，线路AB、BC装设三段式电流保护。已知：

(1)系统电源等值电抗：$Xs.max=5.5\Omega$，$Xs.min=3.5\Omega$；

(2)线路AB的最大传输功率为12MW，功率因素0.9，自启动系数1.5；

(3)线路单位长度正序电抗 X_1 为 $0.4\Omega/km$，线路AB长35km，BC长30km；

(4)变压器阻抗归算至37kV侧的有名值如图所示，两个变压器均装设差动保护。

求线路AB三段式电流保护动作值并校验灵敏度。

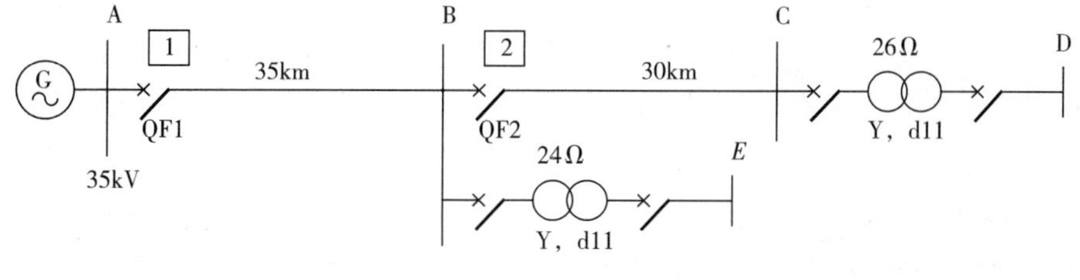

题2-11图

2-12 整定图各定时限过电流保护的动作时限，并指出哪些保护需要装设方向元件？

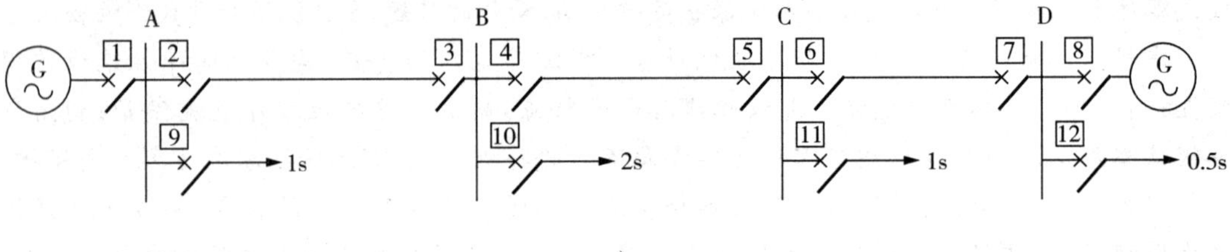

a）

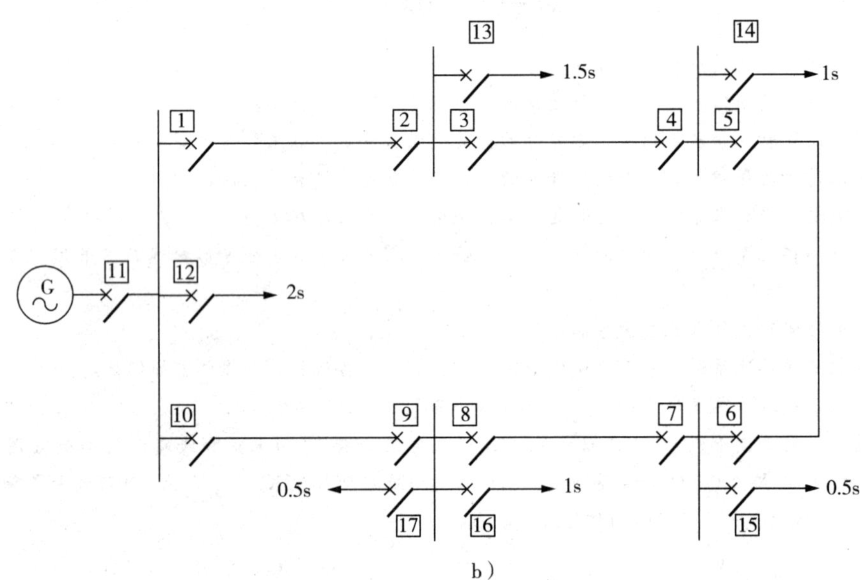

b）

题 2-12 图

项目三　电网距离保护

【项目描述】

通过对线路微机保护装置(如 PSL－600 系列、RCS－9000 系列等)中所包含各种距离保护的讲解和检验,使学生熟悉各种距离保护原理、实现方式,具有对单侧电源电网相间短路距离保护整定计算的能力,具有检验各种距离保护特性的能力。

【学习目标】

1. 知识目标

(1)熟悉线路距离保护的基本配置及线路微机保护装置的基本结构;

(2)掌握线路各种距离保护的实现方式;

(3)熟悉影响距离保护正确动作的各种因素。

2. 能力目标

(1)具有检验线路距离保护特性能力;

(2)具有线路微机保护装置运行维护能力。

【学习环境】

为完成上述学习目标,要求具有与现场相似的微机保护实训场所(或微机保护一体化教室),具有微机线路保护、微机变压器保护等基本的微机装置。具有微机保护装置检验调试所需的仪器仪表、工器具、相关材料等,具有可以开展一体化教学的多媒体教学设备。

任务一　电网距离保护

学习目标

通过对线路微机保护装置(如 RCS－941、RCS－931 等)所包含的线路距离保护功能进行讲解和检验,使学生在完成本任务的学习过程中达到以下 3 个方面的目标:

1. 知识目标

(1)熟悉电网距离保护的实现方式;

(2)掌握距离保护的接线方式。

2. 能力目标

(1)会阅读线路距离保护的相关图纸；

(2)熟悉线路微机保护装置中与距离保护相关的压板、信号、端子等；

(3)熟悉并能完成线路微机保护装置检验前的准备工作,会对线路微机保护装置距离保护进行检验。

3. 态度目标

(1)不旷课,不迟到,不早退；

(2)具有团队意识协作精神；

(3)积极向上努力按时完成老师布置的各项任务；

(4)责任意识,安全意识,规范意识。

任务描述

熟悉线路距离保护的构成、原理,学会对线路微机保护装置距离保护功能检验的方法、步骤等。

任务准备

1. 工作准备

√	学习阶段	工作(学习)任务	工作目标	备 注
	入题阶段	根据工作任务,分析设备现状,明确检验项目,编制检验工作安全措施及作业指导书,熟悉图纸资料	确定重点检验项目	
	准备阶段	检查并落实检验所需材料、工器具、劳动防护用品等是否齐全合格	检验所需设备材料齐全完备	
	分工阶段	班长根据工作需要和人员精神状态确定工作负责人和工作班成员,组织学习《电业安全工作规程》、现场安全措施	全体人员明确工作目标及安全措施	

2. 检验工器具、材料表

(一)检验工器具						
√	序 号	名 称	规 格	单 位	数 量	备 注
	1	继电保护微机试验仪及测试线		套		
	2	万用表		块		
	3	电源盘(带漏电保护器)		个		
	4	模拟断路器		台		

（续表）

(二)备品备件						
√	序　号	名　称	规　格	单　位	数　量	备　注
	1	电源插件		个		
(三)检验材料表						
√	序　号	名　称	规　格	单　位	数　量	备　注
	1	毛刷		把		
	2	绝缘胶布		盘		
	3	电烙铁		把		
(四)图纸资料						
√	序　号	名　称				备　注
	1	与现场实际接线一致的图纸				
	2	最新定值通知单				
	3	装置资料及说明书				
	4	上次检验报告				
	5	作业指导书				
	6	检验规程				

3. 危险点分析及安全控制措施

序　号	危险点	安全控制措施
1	误走错间隔，误碰运行设备	检查在线路保护屏前后应有“在此工作”标示牌，相邻运行屏悬挂红布幔
2	工作不慎引起交、直流回路故障	工作中应使用带绝缘手柄的工具，拆动二次线时应作绝缘处理并固定，防止直流接地或短路
3	电压反送、误向运行设备通电流	试验前应断开检修设备与运行设备相关联的电流、电压回路
4	检修中的临时改动忘记恢复	二次回路、保护压板、保护定值的临时改动要做好记录，坚持“谁拆除谁恢复”的原则
5	带电插拔插件，易造成集成块损坏；频繁插拔插件，易造成插件插头松动	严禁带电插拔插件，工作时佩戴防静电手环或采取其他防静电措施。整组传动后应尽量避免插拔插件，如需插拔应检验相关回路完好
6	接、拆低压电源时人身触电	接拆电源时应在电源开关拉开的情况下两人一起工作。所使用电源应装有漏电保护器。禁止从运行设备上接取试验电源
7	越过遮栏，易发生人员触电事故	现场设专人监护，严禁跨越围栏

(续表)

序　号	危险点	安全控制措施
9	联跳回路未断开,误跳运行开关	根据被检验装置与运行设备相关联部分的实际情况,制定技术措施,防止误跳其他开关(误跳母联、分段开关,误启动失灵保护)

任务实施

1. 开工

√	序　号	内　容
	1	履行工作票、安全措施票手续并对危险点和安全注意事项交底;办理工作许可手续

2. 安全措施的执行及确认危险点

(一)检查运行人员所做的措施	
√	检查内容
	检查所有压板位置,并做好记录
	检查所有把手及开关位置,并做好记录

(二)继电保护安全措施的执行						
回　路	位置及措施内容	执行√	恢复√	位置及措施内容	执行√	恢复√
电流回路						
电压回路						
联跳和失灵回路						
信号回路						
其他						
执行人员:				监护人员:		
备注:						

3. 作业流程

(三)线路距离保护检验		
序　号	检验内容	√
1	相间距离保护阻抗定值检验	
2	阻抗方向性检验	

（续表）

3	接地距离保护阻抗定值检验	
（四）工作结束前检查		
序　号	内　容	√
1	现场工作结束前，工作负责人会同工作人员检查实验记录有无漏检验项目，试验结论、数据是否完整正确	
2	检查临时接线是否全部拆除，拆下的线头是否全部接好，包括接地线	
3	检查保护装置是否在正常运行状态	
4	打印装置现运行定值区定值与定值通知单逐项核对相符	
5	检查出口压板对地电位正确	

4. 竣工

√	序　号	内　容	备　注
	1	检查措施是否恢复到开工前状态	
	2	全体工作班人员清扫、整理现场，清点工具及回收材料。工作负责人周密检查施工现场，是否有遗留的工具、材料	
	3	工作负责人在检修记录上详细记录本次工作所检修项目、发现的问题、试验结果和存在的问题等	
	4	经验收合格，办理工作票终结手续	

线路距离保护检验方法

微机型距离保护一般由多段式（一般为三段或四段）保护构成，其特性采用圆特性和多边形特性。每段除了阻抗元件为基本元件外，对于Ⅰ段、Ⅱ段可以选择是否经过振荡闭锁，Ⅲ段则由于动作时间长可躲过振荡而不加振荡闭锁。另外有控制字，可以选择在手动重合或跳闸后重合过程中是否加速距离Ⅱ段或Ⅲ段。典型的距离保护简化逻辑框图如图3－1所示，各段的逻辑框图与该图类似，仅出口时间不同，另外Ⅲ段固定，不经振荡闭锁。

图3－1　典型距离保护简化逻辑框图

一、相间距离保护测试

相间距离保护采用的接线方式为相电压差和相电流差的接线方式，即进行计算测量阻抗采用的三个相间阻抗继电器的电压和电流分别为$\dot{U}_{ab}$、$\dot{I}_{ab}$，$\dot{U}_{bc}$、$\dot{I}_{bc}$和$\dot{U}_{ca}$、$\dot{I}_{ca}$。

相间距离保护的特性有圆特性及多边形等特性，应注意给出的阻抗定值为阻抗形式或电抗形式，以决定模拟的短路阻抗的灵敏角度。对阻抗元件的检验，现场一般仅需要检验其阻抗定值和检验方向性，不需要做动作特性的检验。以下介绍阻抗定值和方向性检验，对于动作特性的试验和振荡模拟试验此处不作介绍。

1. 试验接线及设置

将继电保护测试仪的电流输出接至线路保护电流输入端子，电压输出接至线路保护电压输入端子，另将线路保护的一副跳闸触点接到测试仪的任一开关量输入端，用于进行自动测试。典型接线如图 3-2 所示。

投入距离保护控制字及距离保护功能连接片，退出其他保护及重合闸、低频等功能。

试验假设距离保护各段全投入，距离保护定值为Ⅰ段 2Ω，动作时间 0s；Ⅱ段阻抗定值为 4Ω，动作时间 0.5s。Ⅲ段阻抗定值为 7Ω，动作时间 2.5s；阻抗灵敏角为75°。

2. 阻抗定值检验

(1)定点测试

采用定点测试可选用测试仪的手动测试模块（或任意测试模块）、线路保护测试模块及整组测试模块进行试验。以距离Ⅰ段检验为例，手动试验时，操作测试仪使某相间阻抗定值输出分别为Ⅰ段阻抗定值(2Ω)的 1.05 倍及 0.95 倍，输出时间大于Ⅰ段距离保护动作时间(0.2s)，则 0.95 倍时Ⅰ段保护应可靠动作，1.05 倍应可靠不动作，然后在 0.7 倍时测量动作时间。当距离保护动作时，装置面板上相应灯亮，液晶屏上显示距离Ⅰ段的动作信息及动作跳闸时间和故障相别，动作时间一般为 10～30ms。其他段的试验方法与此类似。

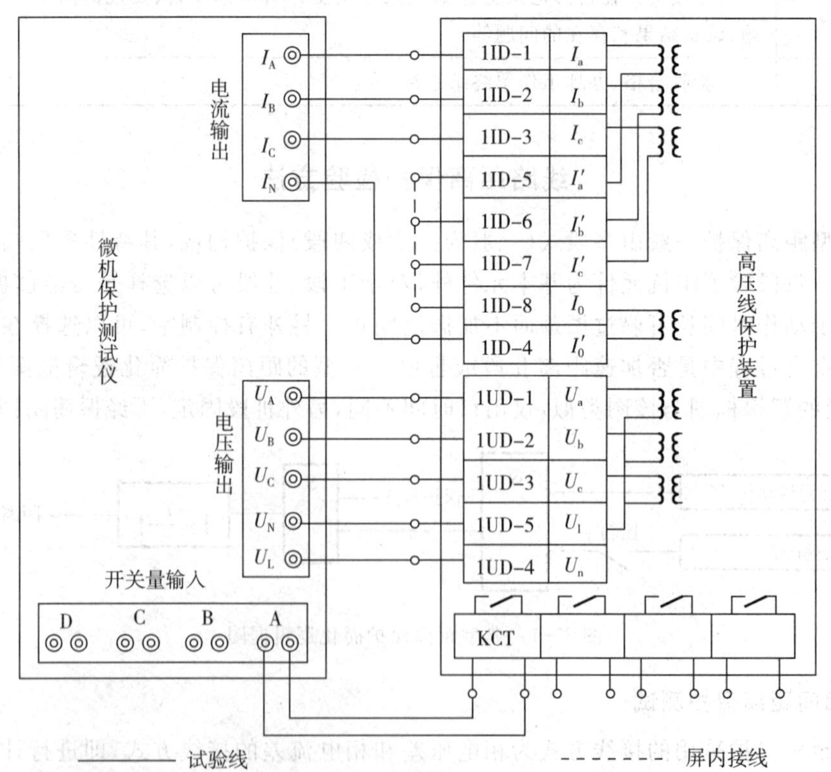

图 3-2　距离保护试验接线示意图

如何设置故障参数使输出的短路阻抗满足测量要求是关键，模拟 AB 或 BC 或 CA 相间正方向瞬时故障时可采用多种方式，如电流恒定、电压恒定及系统阻抗恒定等方式。现场较简洁的方式是采用电流恒定的方式，对于圆特性的阻抗继电器，可加故障电流 $I=5\text{A}$，相角为定值单中的正序灵敏角，设置故障电压

$$U=m\times 2I\times Z_{\text{ZDm}}$$

式中：Z_{ZDm}为相间距离 n 段阻抗定值；

m 为系数，其值分别为 0.95、1.05、0.7。

如前所述，对于相间阻抗继电器施加的故障电流和故障电压应为相间电流和相间电压，而测试仪需设置单相电流及电压，因此需根据相间短路时的电流、电压相量图进行转换。如检验距离Ⅰ段，故障电流 I 设置为 5A，m 为 0.95，则故障电压 U 为 19V。

保护安装处的电流、电压相量如图 3－3 所示，为使模拟的相间故障与实际相同，可设置 $\dot{U}_{\text{a}}$ 为 57V，相位90°（按照测试仪的参考相位，横坐标为 0°，逆时针为正），若使 $\dot{U}_{\text{bc}}$为 19V，相位为 0°，由图可得

$$U_{\text{MB}}=\sqrt{\left(\frac{1}{2}U_{\text{MA}}\right)^{2}+\left(\frac{1}{2}U\right)^{2}}=\sqrt{28.5^{2}+9.5^{2}}=30$$

$\dot{U}_{\text{MB}}$相角为－71.5°，$\dot{U}_{\text{MC}}$幅值为 30V，$\dot{U}_{\text{MC}}$相角为－108.4°。

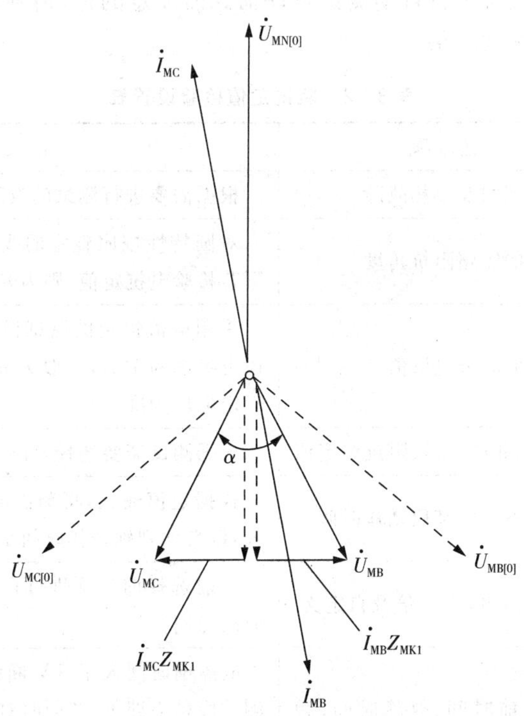

图 3－3　相间短路时保护安装处电流、电压相量图

电流设置为 $\dot{I}_{\text{MB}}$、$\dot{I}_{\text{MC}}$大小相等，幅值为 5A，相角为－75°，则 $\dot{I}_{\text{BC}}$滞后于 $\dot{U}_{\text{BC}}$75°，计算出的故障量见表 3－1。按照上述方法严格依相间短路时的故障特点设置无零序电压和零序

电流，但手动设置计算较繁琐，可采用测试仪短路计算模块进行自动计算，其结果相同。

表 3－1　相间短路参数设置表

参数	$\dot{U}_A$	$\dot{U}_B$	$\dot{U}_C$	$\dot{I}_A$	$\dot{I}_B$	$\dot{I}_C$
幅值	57V	30V	30V	5A	5A	OA
相位	0°	－71.5°	－108°	－75°	105°	0°

为计算方便，可考虑固定 $\dot{U}_{mb}$、$\dot{U}_{mc}$ 相差120°，如果需 $\dot{U}_{bc}$ 为 19V，则 $U_{mb}=U_{mc}=19/1.732=11V$，$U_{ma}$ 仍为 57V。当然更简单可设置 $\dot{U}_{mb}$、$\dot{U}_{mc}$ 相位相反，大小为 9.5V，此时对应的 bc 相间测量阻抗亦满足要求。但按照这种方式将会产生零序电压，与实际短路故障不同，不能真实的模拟故障，因此仅在检验阻抗定值时可考虑。更好的方法是利用测试仪提供的短路计算功能按照如前方法进行准确模拟。

对于多边形特性的阻抗继电器而言，由于厂家给出的定值参数是 R 和 X，且往往仅要求检验电抗定值 X，此时可按照上述方法进行检验，仅将检验的线路阻抗角设定为90°即可，这样在电抗线方向进行电抗定值的检验。

(2)专用模块测试

若采用线路保护专用测试模块，则可进入阻抗定值检验界面，对表 3－2 所示的参数进行正确设置，然后由测试仪进行自动测试及评估。需注意的是，请确保输入的相关参数正确无误，才能得到正确的测试结果。

表 3－2　阻抗定值检验设置表

参数名称	选　项	输入说明
故障类型	各种相间及三相故障	根据需要进行测试的故障类型进行选择
阻抗角	设置的短路阻抗角度	对圆特性按照整定的线路正序阻抗角输入；多边形若检验电抗定值，则为90°
短路电流	模拟的故障电流值	采用电流恒定的测试模型，对于整定阻抗很小的段可考虑为 10A，一般为 5A，以模拟的电压不超过额定电压为准
整定值	Ⅰ段、Ⅱ段、Ⅲ段阻抗整定值	根据测试需要选择，可同时选择多项进行试验
整定动作时间	输入整定的某段动作时间	根据定值输入，将测出的时间与输入的值进行比较，以自动判别动作时间是否满足精度要求
整定倍数	1.05、0.95、0.7 倍及自定义	一般选择前三项进行自动测试，同时选择进行正向故障模拟
故障控制	故障前时间、故障时间、触发方式	故障前时间大于 TV 断线恢复时间，故障时间比测试段稍大即可，若同时对多段进行测试，则必须大于动作时间最长的一段。触发方式一般选择时间触发

正确设置好上述参数后，测试仪将自动依次对某段电流定值根据设定的故障类型进行

检验，并对检验结果进行记录。测试输出按照前述的相间短路故障模拟方法输出故障。

一些专用测试模块也可以选择阻抗定值的测试模型，如电流恒定、电压恒定或阻抗恒定。选择阻抗恒定能更准确地进行故障模拟。

3. 阻抗方向性检验

线路采用的阻抗继电器一般都为方向阻抗继电器，对阻抗继电器的方向性检验主要考虑进行正向出口及反向出口三相短路检验，以对记忆电压进行检验。

进行故障正向或反向出口检验的基本方法同阻抗定值检验。手动试验时，将电压设为0，电流按照前述方法进行设置，按照三相短路的故障设置。若采用专用或线路测试模块进行，一般未提供专用的出口测试模块，可设定为一个很小的短路阻抗进行模拟。如选择三相短路故障类型，在测试时电流可适当大些(因为实际出口短路时，短路电流均较大，能更真实地进行模拟)，正向出口可靠动作，反向出口则可靠不动作。试验前应当保证先输出一段时间的电压值，使TV断线信号消失后进行试验。

二、接地距离保护测试

接地距离保护采用的接线方式为零序电流补偿的接线方式，即进行计算测量阻抗采用的三个接地阻抗继电器的电压和电流分别为$\dot{U}_a$、$\dot{I}_a+K3\dot{I}_0$，$\dot{U}_b$、$\dot{I}_b+K3\dot{I}_0$，$\dot{U}_c$、$\dot{I}_c+K3\dot{I}_0$。进行接地阻抗继电器的检验时，主要应当考虑零序电流补偿系数，并根据具体的接地阻抗继电器的特性进行故障设置。对于圆特性的接地阻抗继电器，其零序补偿系数为阻抗形式及$K_z=(Z_0-Z_1)/3Z_1$；而多边形的接地阻抗继电器的零序补偿系数分别根据R_0、R_1、X_0、X_1进行计算，即$K_r=(R_0-R_1)/3R_1$，$K_x=(X_0-X_1)/3X_1$。

接地距离保护的试验内容与相间距离保护相同。

1. 试验接线及设置

接地距离保护的测试接线与相间保护完全相同，投入接地阻抗继电器功能控制字，其余设置与相间距离保护测试相同。

试验假设距离保护各段全投入，接地距离保护定值为Ⅰ段2Ω，动作时间0s；Ⅱ段阻抗定值为4Ω，动作时间0.5s；Ⅲ段阻抗定值为7Ω，动作时间2.5s；阻抗灵敏角为75°，零序电流补偿系数为0.6。

2. 阻抗定值检验

(1)定点测试

采用定点测试进行接地阻抗继电器的测试过程与相间阻抗继电器相同，主要的不同在于接地故障的模拟及零序补偿系数的考虑。

如何设置故障参数使输出的短路阻抗满足测量要求是关键，现场一般仍采用电流恒定方式进行模拟，故障参数设置见表3-3。对于圆特性的阻抗继电器，可加故障电流I=5A，相角为定值单中的零序灵敏角，故障电压

$$U=m(1+K)IZ_{D1}$$

式中：Z_{D1}为接地距离Ⅰ段阻抗定值；

K为零序补偿系数。

如前所述，对于接地阻抗继电器施加的故障电流和故障电压应为补偿电流和单相电压，如检验接地距离Ⅰ段，模拟A相接地故障，则故障电流I设置为5A，m为0.95，则故障电压

U 按照上述计算公式为 15.2V，电压超前电流75°。

表 3－3　接地阻抗检验故障参数设置表

参数	$\dot{U}_A$	$\dot{U}_B$	$\dot{U}_C$	$\dot{I}_A$	$\dot{I}_B$	$\dot{I}_C$
幅值	15.2V	57V	57V	5A	0A	0A
相位	0°	－120°	120°	－75°	0°	0°

对于多边形特性的阻抗继电器而言，由于厂家给出的定值参数是 R 和 X，且往往仅要求检验电抗定值 X，此时可按照上述方法进行检验，仅将检验的线路阻抗角设定为90°，这样在电抗线方向（X 轴）进行电抗定值的检验。

（2）专用模块测试

若采用线路保护专用测试模块，则可进入阻抗定值检验界面，可参照表 3－3 设置参数。需要注意的是对零序补偿系数进行正确设定，一般微机测试仪根据大多数厂家装置的特性提供了不同的零序补偿系数输入设置，只需根据装置的实际定值进行输入，不需再作转换。

一些专用测试模块也可以选择阻抗定值的测试模型，如电流恒定、电压恒定或阻抗恒定。选择阻抗恒定能更准确地进行故障模拟。

相关知识

距离保护

一、距离保护概述

1. 距离保护的基本工作原理

电流保护具有简单、可靠的优点，但其保护范围或灵敏系数受电网接线方式以及系统运行方式的影响较大，在 35kV 以上电压的复杂网络中很难满足选择性、灵敏性以及快速切除故障的要求。因此，必须采用保护范围比较稳定、灵敏度较高的距离保护。

定义：距离保护是反应故障点至保护安装地点之间的距离（或阻抗），并根据距离的远近而确定动作时限的一种保护装置。即根据被保护线路始端电压和线路电流的比值而工作的一种保护，这个比值称为测量阻抗，即

$$Z_K=\frac{\dot{U}_K}{\dot{I}_K} \tag{3-1}$$

式中：Z_K 为测量阻抗；

$\dot{U}_k$ 为被保护线路始端电压；

$\dot{I}_k$ 为被保护线路电流。

在线路正常运行时，测量阻抗为负荷阻抗，其值较大，保护不动作。当线路发生短路时，测量阻抗等于线路始端（即保护安装处）到短路点的短路阻抗，其值较小，而且短路点距保护安装处越近，其值越小，当测量阻抗小于预先整定好的整定阻抗 Z_{set} 时，保护动作。使距离保护刚好动作时的测量阻抗称为动作阻抗（或启动阻抗）Z_{op}。距离保护的动作时间，取决于

短路点到保护安装处的距离。当短路点距保护安装点较近时，其测量阻抗较小，动作时间就较短；当短路点距保护安装点较远时，其测量阻抗较大，动作时间就较长，这样就保证了距离保护能够有选择地切除故障线路。

由此可见，距离保护就是根据测量阻抗的大小来反应短路点到保护安装处之间的距离，并根据该距离的远近而确定动作时间的一种保护装置。由于距离保护是反应短路点到保护安装处之间的距离，而距离一般用阻抗的形式来表示，所以距离保护又称为阻抗保护。

距离保护是反应阻抗降低而动作的保护装置，是一种欠量动作的继电器。

2. 距离保护的时限特性

距离保护的动作时间 t 与保护安装处到短路点之间的距离 l 的关系 $t=f(l)$，称为距离保护的时限特性。目前广泛采用具有三段保护范围的阶梯型时限特性，如图 3－4 所示，并分别称为距离保护的Ⅰ段、Ⅱ段和Ⅲ段。

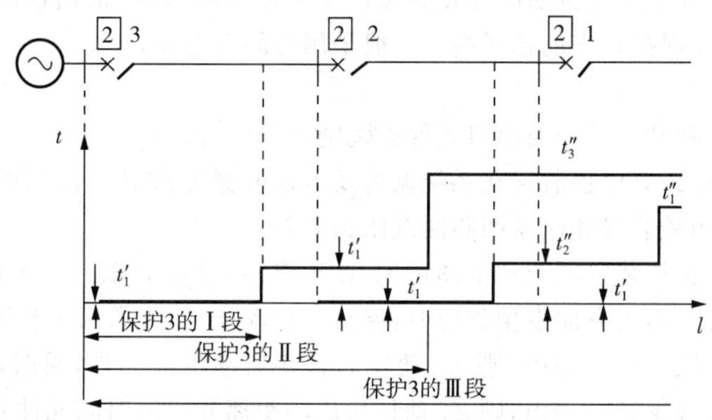

图 3－4　距离保护的时限特性

为保证下一线路出口短路时的选择性，距离保护的第Ⅰ段只能保护线路全长的 80％～85％，动作时限为 0s。距离保护的第Ⅱ段以反映本线路末端 15％～20％范围内故障为主，同时作为本线路距离Ⅰ段的后备，动作时限一般为 0.5s。距离保护的第Ⅰ段与第Ⅱ段的联合工作构成本线路的主保护。为了作为相邻线路保护装置和断路器拒绝动作的远后备保护，同时也作为本线路距离Ⅰ、Ⅱ段的近后备保护，还应该装设距离保护的第Ⅲ段。距离保护的第Ⅲ段不仅可以保护本线路的全长，而且还可以相邻线路的全长，其动作时限按阶梯时限特性选择。

3. 距离保护的主要组成元件

三段式距离保护装置的组成元件及逻辑框图如图 3－5 所示。主要由启动元件、测量元件、时间元件和出口元件所组成。

(1)启动元件 QDJ(振荡闭锁元件)

启动元件的主要作用是在发生故障的瞬间启动整套保护，并和距离元件动作后组成与门，启动出口回路动作于跳闸，以提高保护装置的可靠性。启动元件可由过电流继电器、低阻抗继电器或反应于负序和零序电流的继电器构成。现在一般采用负序和零序电流增量继电器。

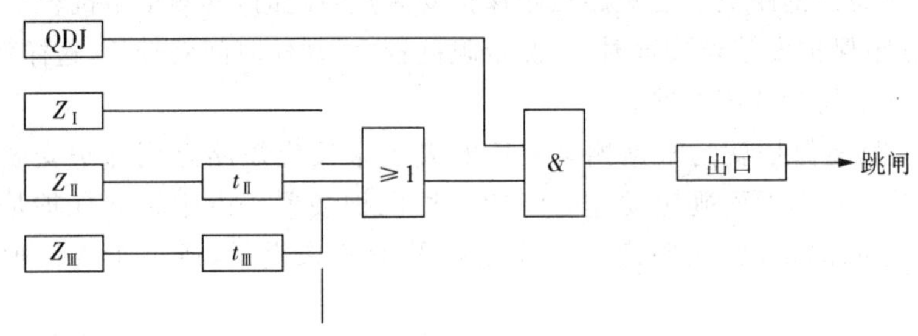

图 3-5　三段式距离保护组成元件和逻辑框图

(2)距离(阻抗)元件(ZⅠ、ZⅡ和ZⅢ)

距离元件的主要作用是测量短路点到保护安装地点之间的阻抗(亦即距离)。

(3)时间元件

时间元件的主要作用是按照故障点到保护安装地点的远近,根据预定的时限特性确定动作的时限,以保证保护动作的选择性。一般采用时间继电器。

(4)出口元件

距离保护装置在动作后经由出口元件去跳闸,并且发出信号。

另外,为了防止距离保护装置在系统振荡及电压互感器或其二次回路断线时发生误动作,还装设了振荡闭锁装置和电压回路断线闭锁装置。

由三段式距离保护装置的原理框图可见,在正常运行时,启动元件不启动,距离保护装置处于被闭锁状态。当正方向发生故障时,启动元件动作,使距离保护装置投入工作。如果故障点位于距离Ⅰ段保护范围内,则 $Z_{\rm I}$ 动作后直接启动出口元件,瞬时动作于跳闸;如果故障点位于距离Ⅱ段保护范围内,则 $Z_{\rm II}$ 动作后启动距离Ⅱ段的时间元件 $t_{\rm II}$,以 $t_{\rm II}$ 延时启动出口元件而动作于跳闸;如果故障点位于距离Ⅲ段保护范围内,则 $Z_{\rm III}$ 动作,以 $t_{\rm III}$ 延时启动出口元件而动作于跳闸。

4. 距离保护动作逻辑

高压线路保护一般包括:三段式相间距离和接地距离保护,四段式零序电流保护,三相一次重合闸,距离、零序后加速保护,低频保护,TV 断线闭锁保护等功能。一般情况下距离Ⅲ段、零序末段保护动作式要闭锁重合闸。三段式距离保护动作逻辑如图 3-6 所示。

其中、Z_{Φ} 为接地距离;$Z_{\Phi\Phi}$ 为相间距离;KG1.0 为重合闸加速Ⅱ段投入;KG1.1 为重合闸Ⅲ段加速投入;KG1.2 为振荡闭锁功能投入;KG1.3 为双线加速投入;KG1.4 为不对称加速投入;KG1.6 为Ⅲ段动作永跳投入;KG1.12 为接地距离投入。

虚线将图 3-37 分为三部分。从上至下,第一部分为振荡闭锁逻辑。第二部分为相间距离和接地距离动作逻辑,通过与门 Y1、Y2、Y3、Y4 实现振荡闭锁距离Ⅰ、Ⅱ段,距离Ⅲ段不经振荡闭锁。第三部分为重合闸和手动合闸后加速逻辑。重合闸通过与门 Y6 加速未经振荡闭锁的Ⅲ段(H2)、Ⅲ段;手动合闸通过与门 Y5 加速未经振荡闭锁的相间Ⅱ、Ⅲ段(H4);不对称和双回线加速未经与门 Y7、Y8 加速经振荡闭锁的Ⅱ段(H3)。

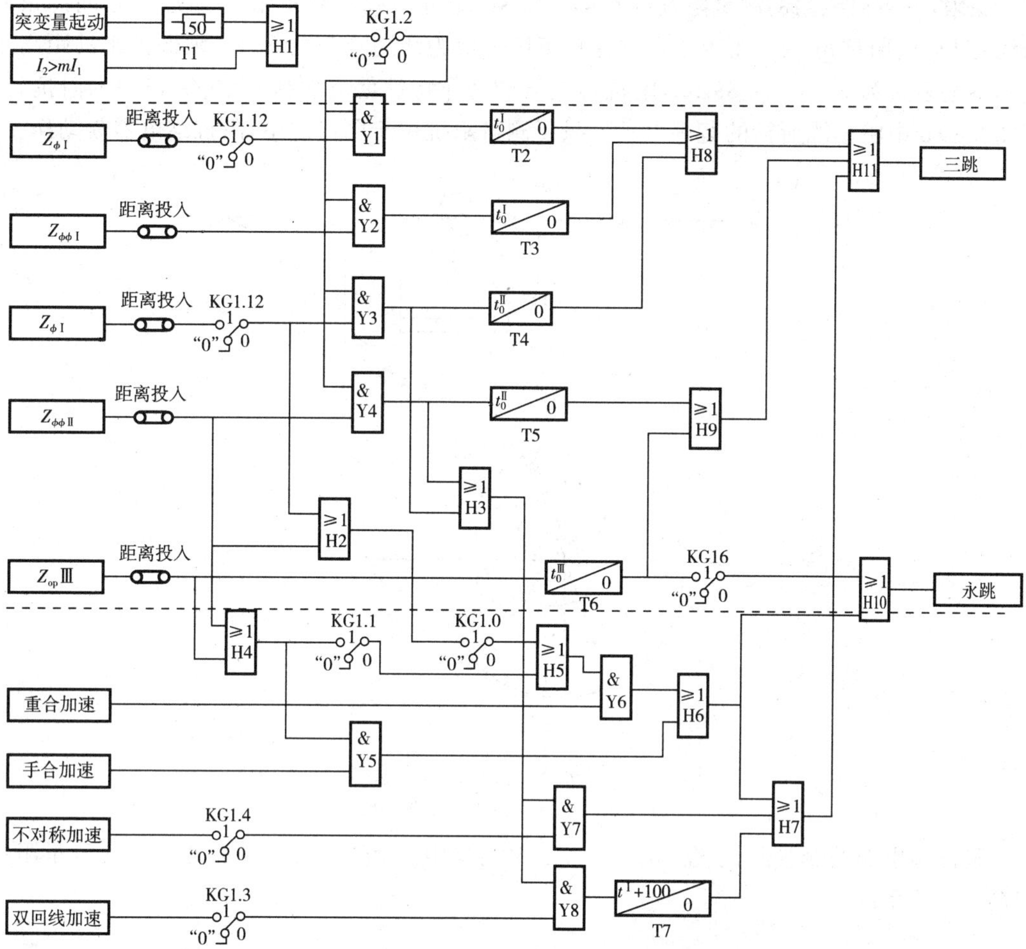

图 3-6　三段式距离保护逻辑框图

二、阻抗继电器

1. 阻抗继电器的作用和分类

阻抗继电器是距离保护装置的核心元件，它的主要作用是测量短路点到保护安装处之间的距离（阻抗），并与整定阻抗进行比较，以确定保护是否应该动作。

阻抗继电器按其动作特性可分为单相式和多相补偿式两种。

（1）单相式阻抗继电器

单相式阻抗继电器是指只加入一个电压量和一个电流量的阻抗继电器，这种阻抗继电器的动作特性不随系统参数、故障类型而变化，并且可以利用复数平面来分析和表示。

（2）多相补偿式阻抗继电器

多相补偿式阻抗继电器是指加入多个电压量和电流量的阻抗继电器，其动作特性必须结合给定的系统参数、故障类型及故障点位置进行分析。

2. 阻抗继电器的动作特性

以图 3-7a 中线路 BC 的保护 1 的距离Ⅰ段为例，将阻抗继电器的测量阻抗画在复数阻抗平面上，如图 3-7b 所示。线路 BC 的始端 B 位于坐标的原点，正方向线路的测量阻抗在第一象限，反方向线路的测量阻抗则在第三象限，正方向线路测量阻抗与 R 轴之间的角度为线路 BC 的阻抗角 φ_k。距离Ⅰ段的保护范围一般为线路全长的 85%，则保护 1 的距离Ⅰ段的整定阻抗为 $Z_{set.1}^{I}=0.85Z_{BC}$，阻抗继电器的动作特性就应包括 $0.85Z_{BC}$ 以内的阻抗，可用图 3－7b 中阴影线所括的范围表示。只要测量阻抗位于阴影之中，阻抗继电器就动作。

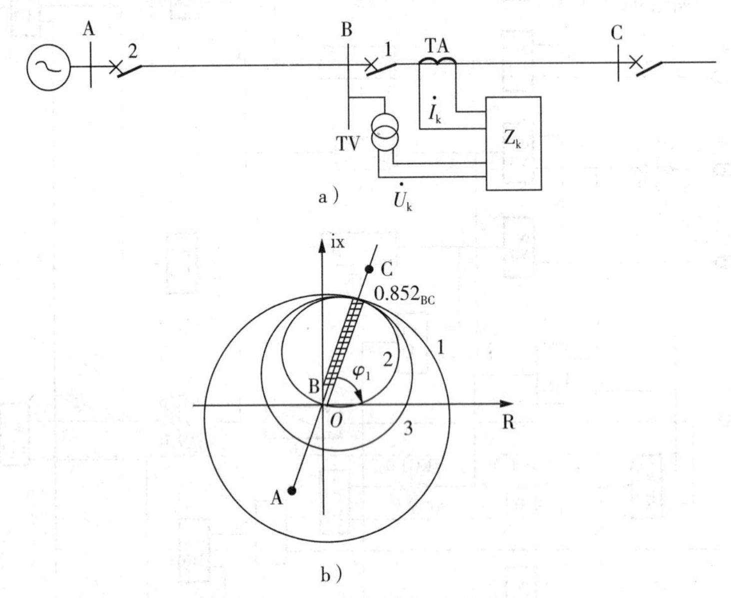

图 3－7 阻抗继电器动作特性说明图

a)网络图 b)阻抗继电器动作特性

阻抗继电器的测量阻抗 Z_K 实际上为二次测量阻抗，它与保护安装处的一次测量阻抗存在下列关系：

$$Z_K=\frac{\dot{U}_K}{\dot{I}_K}=\frac{\dot{U}/n_{TV}}{\dot{I}/n_{TA}}=Z\times\frac{n_{TA}}{n_{TV}} \tag{3-2}$$

式中：$\dot{U}$、$\dot{I}$ 为分别为保护安装处的电压和电流；

n_{TV}、n_{TA} 为分别为电压互感器和电流互感器的变比；

Z、Z_K 为分别为一次测量阻抗和二次测量阻抗。

考虑到互感器的误差以及故障点存在过渡电阻，实际上电力系统发生短路时，阻抗继电器的测量阻抗不可能落在阴影所代表的动作特性内。另外，为简化阻抗继电器的接线，且便于制造和调试，通常将阻抗继电器的动作特性扩大为一个圆，如图 3－7b 所示。在图 3－7b 中，圆 1 为全阻抗继电器的动作特性，圆 2 为方向阻抗继电器的动作特性，圆 3 为偏移特性阻抗继电器的动作特性。此外，还有动作特性为直线、椭圆、四边形等阻抗继电器。

1. 全阻抗继电器

全阻抗继电器的动作特性是以坐标原点（继电器安装点）为圆心，以整定阻抗 Z_{set} 为半径所作的一个圆，如图 3－8 所示。当测量阻抗 Z_K 位于圆内时，继电器动作，即圆内为动作区，圆外为不动作区，圆周是动作边界。当测量阻抗 Z_K 正好位于圆周上时，继电器刚好动作，对应此时的测量阻抗就是继电器的动作阻抗 Z_{op}。可见，不论加入继电器的电压和电流之间的角度 φ_k 如何变化，继电器的动作阻抗 Z_{op} 在数值上是不变的，且等于整定阻抗 Z_{set}，

即$|Z_{op}|=|Z_{set}|$。具有这种特性的阻抗继电器称为全阻抗继电器，并且没有方向性，即在保护正方向和反方向发生短路时都能动作。

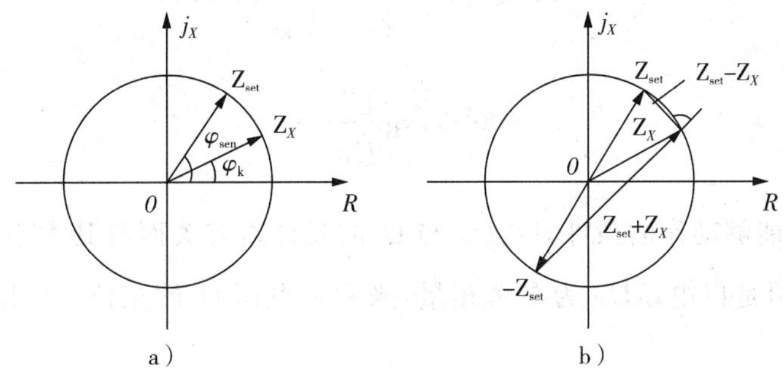

图 3－8　全阻抗继电器的动作特性

a)幅值比较式　b)相位比较式

全阻抗继电器以及其他特性的阻抗继电器，都可以利用两个电压幅值比较或两个电压相位比较的方式来构成。下面分别分析按这两种比较方式构成的全阻抗继电器及其动作条件。

(1)幅值比较的全阻抗继电器

如图 3－8a 所示，当测量阻抗 Z_K 位于圆内时，继电器就动作。因为圆内任何一点至圆心的连线小于圆的半径，而这一连线就是测量阻抗，所以全阻抗继电器的动作条件可表示为：

$$|Z_K|\leqslant|Z_{set}| \tag{3-3}$$

若将上式两边同乘以$\dot{I}_K$，并考虑到$\dot{I}_K Z_K=\dot{U}_K$，则可得到两个电压幅值比较的动作条件为：

$$|\dot{U}_K|\leqslant|\dot{I}_K Z_{set}| \tag{3-4}$$

式中：$\dot{U}_K$ 由电压变换器 UV 获得，而$\dot{I}_K Z_{set}$由电抗互感器 UX 获得。

(2)、相位比较的全阻抗继电器

如图 3－8b 所示，当测量阻抗 Z_K 位于圆周上时，$(Z_{set}-Z_K)$与$(Z_{set}+Z_K)$的角度θ刚好等于全阻抗继电器特性圆直径所对应的圆周角，而直径所对应的圆周角为直角，因此$\theta=90°$；当测量阻抗 Z_K 位于圆内时，$\theta<90°$；当测量阻抗 Z_K 位于圆外时，$\theta>90°$。因此，全阻抗继电器的动作条件可表示为

$$-90°\leqslant\arg\frac{Z_{set}-Z_K}{Z_{set}+Z_K}\leqslant 90° \tag{3-5}$$

在上式中，$\theta\geqslant-90°$对应于 Z_K 超前于 Z_{set}时的情况。

若将两个相量$(Z_{set}-Z_K)$与$(Z_{set}+Z_K)$均乘以电流$\dot{I}_K$，并考虑到$\dot{I}_K Z_K=\dot{U}_K$，则可得到比较相位的两个电压为

$$\begin{aligned}\dot{U}'&=\dot{I}_K Z_{set}-\dot{U}_K\\ \dot{U}_P&=\dot{I}_K Z_{set}+\dot{U}_K\end{aligned} \tag{3-6}$$

则全阻抗继电器的动作条件也可表示为：

$$-90^{\circ}\leqslant\arg\frac{\dot{I}_{K}Z_{set}-\dot{U}_{K}}{\dot{I}_{K}Z_{set}+\dot{U}_{K}}\leqslant 90^{\circ} \tag{3-7}$$

或

$$-90^{\circ}\leqslant\arg\frac{\dot{U}'}{\dot{U}_{P}}\leqslant 90^{\circ} \tag{3-8}$$

此时，继电器能够动作的条件只与$\dot{U}_{P}$与$\dot{U}'$的相位差有关而与其大小无关。上式可以看成继电器的作用是以电压$\dot{U}_{P}$为参考相量，来测定电压$\dot{U}'$的相位。一般称$\dot{U}_{P}$为极化电压、$\dot{U}'$为补偿电压。

2. 方向阻抗继电器

方向阻抗继电器的动作特性是以整定阻抗Z_{set}为直径，圆周通过坐标原点的一个圆，如图3-9所示，圆内为动作区，圆外为不动作区，圆周是动作边界。

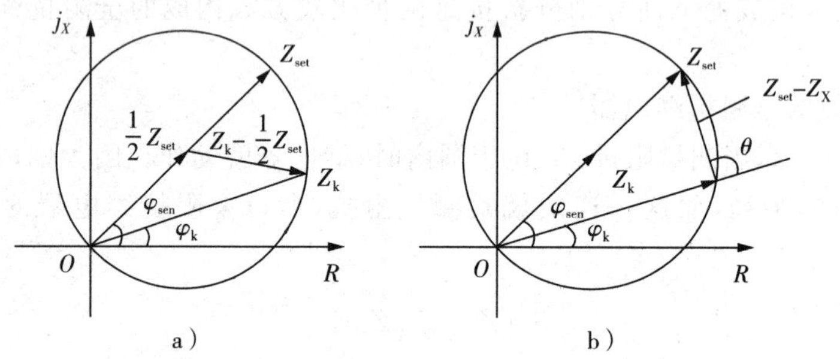

图3-9 方向阻抗继电器的动作特性

a)幅值比较式 b)相位比较式

当加入继电器的电压$\dot{U}_{K}$和电流$\dot{I}_{K}$之间的相位差φ_{k}为不同数值时，继电器的动作阻抗Z_{op}也将随之改变。当φ_{K}等于整定阻抗Z_{set}的阻抗角φ_{set}时，继电器的动作阻抗Z_{op}达到最大，就等于圆的直径，此时阻抗继电器的保护范围最大，工作最灵敏。因此，这个角度称为阻抗继电器的最大灵敏角，以φ_{sen}表示。为了使阻抗继电器在保护范围内发生金属性短路时最灵敏，应调整阻抗继电器的最大灵敏角φ_{sen}接近或等于线路阻抗角φ_{k}。当保护反方向发生短路时，测量阻抗Z_{K}位于第三象限，处于动作特性圆之外，继电器不动作，因此它本身就具有方向性。故称之为方向阻抗继电器。

对方向阻抗继电器而言，在出口短路时，继电器是处于动作的临界状态，但考虑到互感器和继电器的误差，实际出口短路时继电器是不动作的，即出现了动作的“死区”。

(1)幅值比较的方向阻抗继电器

如图3-9a所示，根据圆内任何一点至圆心的连线小于圆的半径，因此方向阻抗继电器的动作条件可表示为

$$\left|Z_{K}-\frac{1}{2}Z_{set}\right|\leqslant\left|\frac{1}{2}Z_{set}\right| \tag{3-9}$$

若上式两边同乘以电流$\dot{I}_{K}$，并考虑到$\dot{I}_{K}Z_{K}=\dot{U}_{K}$，则可得到两个电压幅值比较的动作条

件为

$$\left|\dot{U}_K-\frac{1}{2}\dot{I}_K Z_{set}\right|\leqslant\left|\frac{1}{2}\dot{I}_K Z_{set}\right| \tag{3-10}$$

(1)相位比较的方向阻抗继电器

如图 3-9b 所示,类似于全阻抗继电器的分析,当测量阻抗 Z_K 位于圆周上时,Z_K 与 $(Z_{set}-Z_K)$ 的角度 $\theta=90°$;当测量阻抗 Z_K 位于圆内时,$\theta\leqslant90°$;当测量阻抗 Z_K 位于圆外时,$\theta\geqslant90°$。因此,方向阻抗继电器的动作条件可表示为

$$-90°\leqslant\arg\frac{Z_{set}-Z_K}{Z_K}\leqslant90° \tag{3-11}$$

若将两个相量 Z_K 与 $(Z_{set}-Z_K)$ 均乘以电流 $\dot{I}_K$,并考虑到 $\dot{I}_K Z_K=\dot{U}_K$,则可得到比较相位的极化电压 $\dot{U}_P$ 和补偿电压,即

$$\begin{aligned}\dot{U}_P&=\dot{U}_K\\ \dot{U}'&=\dot{I}_K Z_{set}-\dot{U}_K\end{aligned} \tag{3-12}$$

则方向阻抗继电器的动作条件也可表示为:

$$-90°\leqslant\arg\frac{\dot{I}_K Z_{set}-\dot{U}_K}{\dot{U}_K}\leqslant90° \tag{3-13}$$

3. 偏移特性阻抗继电器

偏移特性阻抗继电器的动作特性如图 3-10 所示。它是以正方向整定阻抗 Z_{set} 与反方向整定阻抗 αZ_{set}(α 为偏移度)的幅值之和 $|Z_{set}+\alpha Z_{set}|$ 为直径所作的一个圆。圆心坐标为 $Z_0=\frac{1}{2}(Z_{set}-\alpha Z_{set})$,圆的半径为 $\frac{1}{2}|Z_{set}+\alpha Z_{set}|$,圆内是动作区。

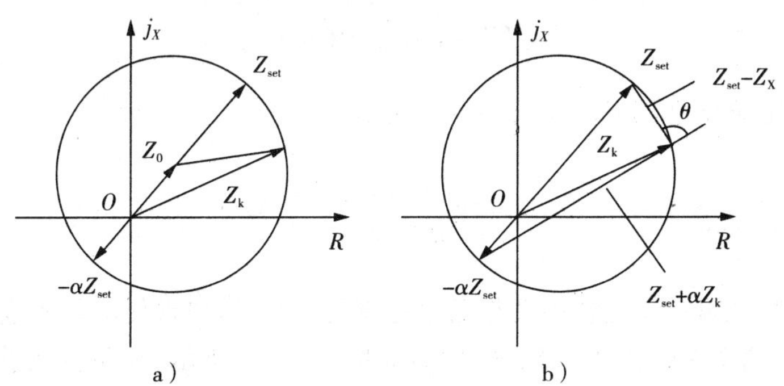

图 3-10　偏移特性阻抗继电器的动作特性

a)幅值比较式　b)相位比较式

这种继电器的动作特性介于方向阻抗继电器和全阻抗继电器之间,若 $\alpha=0$ 时,则为方向阻抗继电器;而当 $\alpha=1$ 时,则为全阻抗继电器。偏移特性阻抗继电器的动作阻抗 Z_{op} 与 φ_k 有关,而为了消除方向阻抗继电器的"死区",通常取 $\alpha=0.1\sim0.2$,即动作特性向反方向偏移 10%~20%。

(1)幅值比较的偏移特性阻抗继电器

如图 3－10a 所示，根据圆内任何一点至圆心的连线小于圆的半径，则可得到偏移特性阻抗继电器的动作条件为

$$|Z_K - Z_0| \leqslant |Z_{set} - Z_0| \tag{3-14}$$

即

$$\left|Z_K - \frac{1}{2}(1-\alpha)Z_{set}\right| \leqslant \left|\frac{1}{2}(+\alpha)Z_{set}\right| \tag{3-15}$$

若将上式两边同乘以电流 $\dot{I}_K$，并考虑到 $\dot{I}_K Z_K = \dot{U}_K$，则可得到两个电压幅值比较的动作条件为

$$\left|\dot{U}_K - \frac{1}{2}\dot{I}_K(1-\alpha)Z_{set}\right| \leqslant \left|\frac{1}{2}\dot{I}_K(+\alpha)Z_{set}\right| \tag{3-16}$$

(2)相位比较的偏移特性阻抗继电器

从图 3－10b 可见，当测量阻抗 Z_K 位于圆周上时，$(\alpha Z_{set}+Z_K)$ 与 $(Z_{set}-Z_K)$ 的角度 $\theta=90°$；而当测量阻抗 Z_K 位于圆内时，$-90°\leqslant\theta\leqslant90°$。因此，偏移特性继电器的动作条件可表示为

$$-90° \leqslant \arg\frac{Z_{set}-Z_K}{\alpha Z_{set}+Z_K} \leqslant 90° \tag{3-17}$$

若将两个相量 $(\alpha Z_{set}+Z_K)$ 与 $(Z_{set}-Z_K)$ 均乘以电流 $\dot{I}_K$，即可得到比较相位的两个电压 $\dot{U}_P$ 和 $\dot{U}'$ 分别为

$$\begin{aligned} \dot{U}_P &= \alpha\dot{I}_K Z_{set} + \dot{U}_K \\ \dot{U}' &= \dot{I}_K Z_{set} - \dot{U}_K \end{aligned} \tag{3-18}$$

则偏移特性阻抗继电器的动作条件也可表示为

$$-90° \leqslant \arg\frac{\dot{I}_K Z_{set} - \dot{U}_K}{\alpha\dot{I}_K Z_{set} + \dot{U}_K} \leqslant 90° \tag{3-19}$$

以上三种圆特性阻抗继电器的动作角度范围均为180°，如果使动作角度范围小于180°，例如采用 $\theta=60°$，则变为橄榄形阻抗继电器，如图 3－11a 所示；如果使动作角度范围大于180°，例如采用 $\theta=110°$，则变为苹果形阻抗继电器，如图 3－11b 所示。

在这里需特别注意测量阻抗、整定阻抗及动作阻抗的意义和区别，现总结如下：

测量阻抗 Z_K 是由加入继电器的电压 $\dot{U}_K$ 与电流 $\dot{I}_K$ 的比值确定，Z_K 的阻抗角就是电压 $\dot{U}_K$ 与电流 $\dot{I}_K$ 之间的夹角 φ_k。

整定阻抗 Z_{set} 一般取继电器安装点到保护范围末端的线路阻抗。对全阻抗继电器而言，就是圆的半径；对方向阻抗继电器而言，就是在最大灵敏角方向上圆的直径；而对偏移特

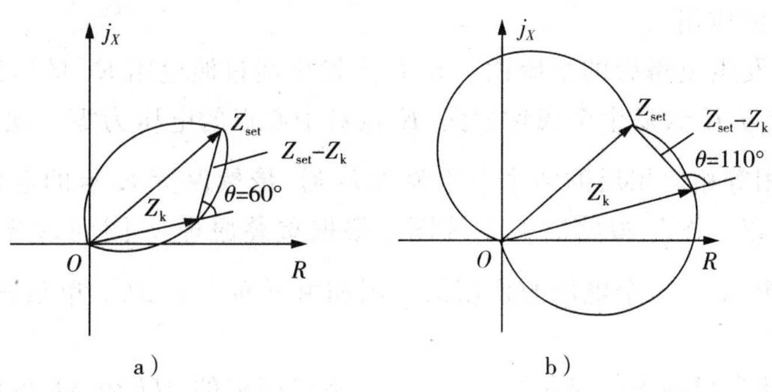

图 3－11　动作角度范围对动作特性的影响

a)橄榄形　b)苹果形

性阻抗继电器，则是在最大灵敏角方向上由原点到圆周的长度。

动作阻抗（即启动阻抗）Z_{op}是当继电器刚好动作时，加入继电器的电压$\dot{U}_K$与电流$\dot{I}_K$的比值。除全阻抗继电器以外，Z_{op}是随φ_k的不同而改变的，当$\varphi_k=\varphi_{set}$时，此时Z_{op}的数值最大，就等于Z_{set}。

4．工频变化量距离保护

对继电保护从原理上划分有反应稳态量的保护和反应暂态量的保护两大类。最早研究并使用的都是反应稳态量的保护，例如通常的电流、电压保护，零序电流保护，用上面分析的阻抗继电器构成的距离保护，以及原先应用的纵联保护等都是反应稳态量的保护。反应暂态量的保护有反应工频变化量的保护，反应行波初始特征的行波保护，反应电气量中的暂态分量保护等。电流工频变化量如图 3－12 所示。

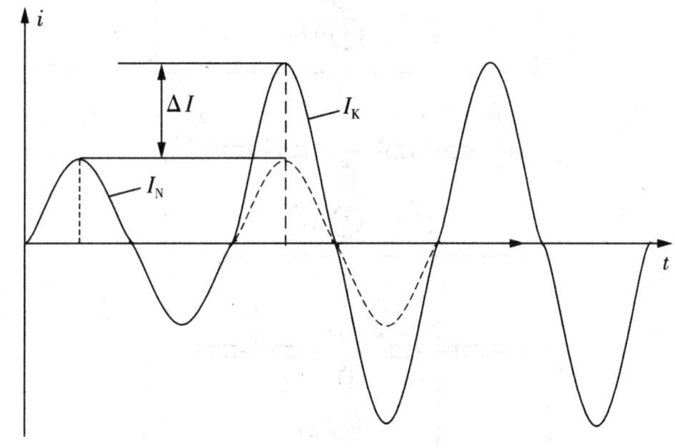

图 3－12　电流工频变化量示意图

反应工频变化量的保护是由我国工程院院士沈国荣先生首先提出并付诸实现的。上个世纪 80 年代初，沈国荣先生首先提出工频变化量的阻抗继电器和工频变化量的方向继电器的理论，先后研制生产了 CKJ 和 CKF 型的高压输电线路保护装置、LFP900 型微机高压输电线路保护装置、RCS900 型的微机保护，并把工频变化量继电器的原理应用到母线保护和主设备保护中，使工频变化量继电器的理论更加成熟，应用更加广泛。

(1)重叠原理的应用

图 3-13a 是发生短路后的系统图。在 F 点发生经过渡电阻 R_g 的短路,可以理解成在过渡电阻 R_g 的下方 K 点发生金属性短路,K 点对中心点的电压为零。现在在 K 点与中性点之间串入大小相等相位相反的两个电压源 $\Delta\dot{U}_F$ 后,依然保持 K 点的电位是零,没有改变短路后的状态,所以 a 图是短路后的系统图。根据重叠原理,a 图的系统图可以分解成由 $\dot{E}_S$、$\dot{E}_R$ 和上面一个 $\Delta\dot{U}_F$ 三个电压源作用的 b 图和由下面一个 $\Delta\dot{U}_F$ 单独发挥作用的 c 图的叠加。

在短路附加状态里的电气量都加一个'Δ'。在该图中的 $\Delta\dot{U}$ 和 $\Delta\dot{I}$ 可由下式求出

$$\begin{cases}\Delta\dot{U}=\dot{U}-\dot{U}_1\\ \Delta\dot{I}=\dot{I}-\dot{I}_1\end{cases} \tag{3-20}$$

(2-20)式中的 $\dot{U}$ 和 $\dot{I}$ 是短路后的电压、电流,是微机保护目前正在采样得到的数据。而 $\dot{U}_1$ 和 $\dot{I}_1$ 是短路前的电压、电流,是微机保护在以前历史上采样得到的数据。于是,微机保护将它们作个减法运算,就可得到短路附加状态里的电压和电流 $\Delta\dot{U}$、$\Delta\dot{I}$。它们反应的是电压和电流的变化量。用这个 $\Delta\dot{U}$ 和 $\Delta\dot{I}$ 构成的保护就是变化量的保护,这种反应变化量的保护也是一种暂态分量的保护。在分析工频变化量的保护时就可以用 c 图的短路附加状态来进行分析。

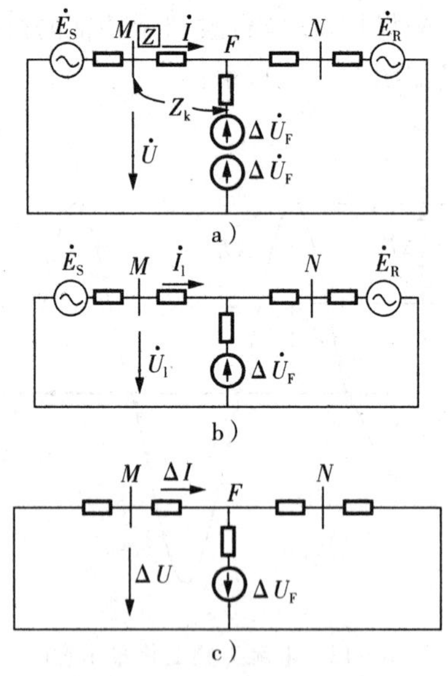

图 3-13 系统短路后分析图

a)短路后状态 b)正常负荷状态 c)短路附加状态

(2)工频变化量距离继电器的动作方程

其动作方程为

$$|\Delta\dot{U}_{OP}|>|\Delta\dot{U}_F| \tag{3-21}$$

$\Delta\dot{U}_{OP}=\Delta\dot{U}_{m}-\Delta\dot{I}_{m}Z_{SET}$代表保护范围末端电压变化量，当其大于$\Delta\dot{U}_{F}$时继电器动作，否则不动作。

对相间阻抗继电器 $\Delta\dot{U}_{OP\Phi\Phi}=\Delta\dot{U}_{\Phi\Phi}-\Delta\dot{I}_{\Phi\Phi}\times Z_{set}$

对接地阻抗继电器 $\Delta\dot{U}_{OP\Phi}=\Delta\dot{U}_{\Phi}-\Delta(\dot{I}_{\Phi}+K\times 3\dot{I}_{0})\times Z_{set}$

$\Delta\dot{U}_{F}$ 为动作门槛，取故障前工作电压的记忆量，即图(3-13)中的 $\Delta\dot{U}_{F}$，$\Delta\dot{U}_{F}=\dot{U}_{1}-\dot{I}_{1}Z_{set}$。

(3)正方向短路的动作特性分析及性能评述

正方向短路时的短路附加状态如图 3-14a 所示。加在工频变化量阻抗继电器上的电压 $\Delta\dot{U}_{m}$ 和电流 $\Delta\dot{I}_{m}$ 是阻抗继电器接线方式中规定的电压、电流，其正方向为传统规定的方向。

$$\Delta\dot{U}_{OP}=\Delta\dot{U}_{m}-\Delta\dot{I}_{m}Z_{set}=-\Delta\dot{I}_{m}Z_{S}-\Delta\dot{I}_{m}Z_{set}=-\Delta\dot{I}_{m}(Z_{S}+Z_{set}) \tag{3-22}$$

$$\Delta\dot{U}_{F}=\Delta\dot{I}_{m}(Z_{S}+Z_{K}) \tag{3-23}$$

将(3-22)、(3-23)两式代入动作方程(3-21)式，消去动作量和制动量中的 $\Delta\dot{I}_{m}$ 得到

$$|Z_{S}+Z_{set}|>|Z_{S}+Z_{K}| \tag{3-24}$$

转化为相位比较动作方程为

$$90°<\arg\frac{Z_{K}-Z_{set}}{Z_{K}+2Z_{S}+Z_{set}}<270° \tag{3-25}$$

如果以 Z_{K} 为自变量，该动作方程对应的动作特性是以$(+Z_{set})$、$(-2Z_{S}-Z_{set})$两相量的端点的连线为直径的圆，如图 3-14b 中的圆 1 所示，Z_{K} 相量位于圆内继电器动作。该圆向第Ⅲ象限有很大的偏移。

(4)反方向短路的动作特性分析

反方向短路时的短路附加状态如图 3-15a 所示。加在工频变化量阻抗继电器上的电压 $\Delta\dot{U}_{m}$ 和电流 $\Delta\dot{I}_{m}$ 是阻抗继电器接线方式中规定的电压、电流，其正方向为传统规定的方向。

$$\Delta\dot{U}_{OP}=\Delta\dot{U}_{m}-\Delta\dot{I}_{m}Z_{set}=\Delta\dot{I}_{m}Z_{R}-\Delta\dot{I}_{m}Z_{set}=\Delta\dot{I}_{m}(Z_{R}-Z_{set}) \tag{3-26}$$

$$\Delta\dot{U}_{F}=-\Delta\dot{I}_{m}(Z_{R}+Z_{K})=\Delta\dot{I}_{m}(-Z_{R}-Z_{K}) \tag{3-27}$$

将(3-26)、(3-27)两式代入动作方程，消去动作量和制动量中的 $\Delta\dot{I}_{m}$ 得到

$$|Z_{R}-Z_{set}|>|-Z_{R}-Z_{K}| \tag{3-28}$$

这是一个幅值比较动作方程，转化为相位比较动作方程为

$$90°<\arg\frac{(-Z_{K})-2Z_{R}+Z_{set}}{(-Z_{K})-Z_{set}}<270° \tag{3-29}$$

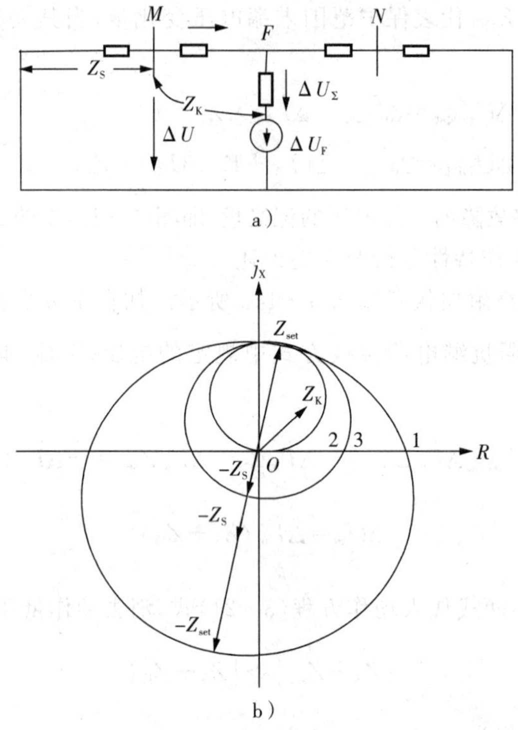

图 3－14　正方向短路的附加状态及动作特性

a)正方向短路的附加状态　b)正向短路的动作特性

如果以 $-Z_K$ 为自变量，该动作方程对应的动作特性是以 $(+2Z_R-Z_{set})$、$(+Z_{set})$ 两相量端点的连线为直径的圆，如图 3－15b 中的圆所示，该圆向第Ⅰ象限上抛，$-Z_K$ 相量位于圆内继电器动作。

从 M 母线到过渡电阻下面 K 点的阻抗是 Z_K，但对安装在 MN 线路 M 侧的继电器来说短路点在反方向，其感觉到的阻抗是 $-Z_K$，$-Z_K=-Z'_K-Z_a$。$-Z_K$ 相量一般在第Ⅲ象限，继电器不会误动，所以工频变化量阻抗继电器有非常良好的方向性。

(5)工频变化量距离特点

① 动作灵敏，抗过渡电阻能力强；

② 继电器理论分析和构成原理简单；

③ 动作速度快；

④ 不需要振荡闭锁，振荡时又发生区内故障一般仍能正确动作，(电力系统振荡时，整定点电压不会小于工作电压，且故障总是在电压达到一定幅值时才有可能)；

⑤ 可以用做方向比较保护的方向元件；

⑥ 故障时，非故障相的 ΔU_{op} 不会大于 U_z，有较好的选相能力。

5. 直线特性阻抗继电器

直线特性的阻抗继电器最典型的是四边形特性。它一般用在接地距离保护中。这种特性可以是各种形状的四边形，四边形以内为动作区，四边形以外为制动区，这种继电器的特性曲线通常是由一组折线和两个直线来合成。

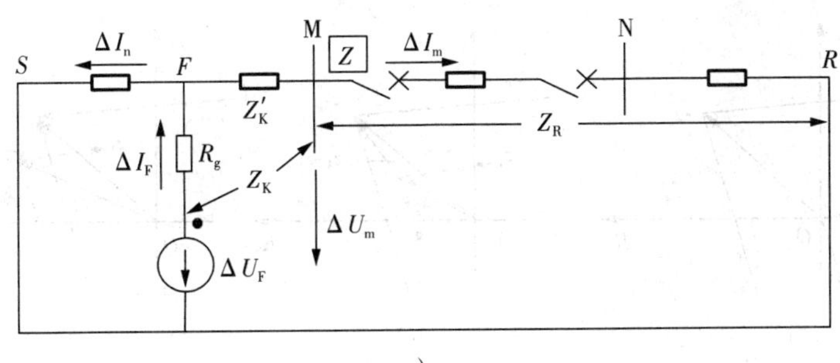

a)

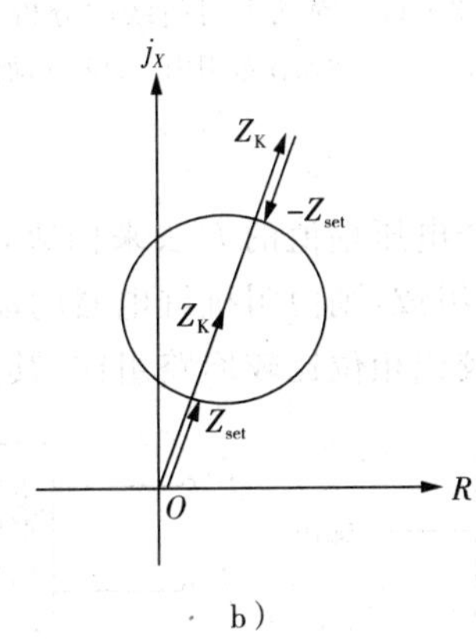

b)

图 3-15 反方向短路的短路附加状态及动作特性

a)反方向短路的短路附加状态 b)反向短路的动作特性

图 3-16 中折线 $A-O-C$ 这段特性广泛采用动作范围小于 180°的功率方向继电器来实现，直线 AB 是一个电抗形继电器的特性曲线，通常使其特性曲线下倾 5°～8°，以防区外故障时出现超越，引起误动，直线 BC 属电阻形继电器特性，它与 R 轴的夹角通常取 70°，将上述三个特性的继电器组成与门输出，即可获得图 3-16 所示的四边形特性。

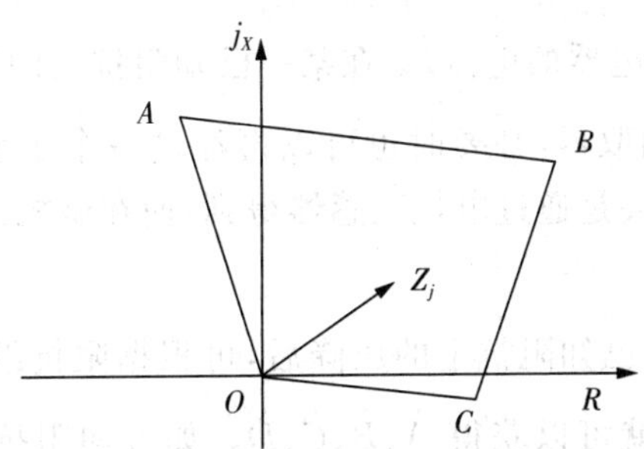

图 3-16 四边形特性的阻抗继电器

下面再讨论折线 $A-B-C$ 段特性的实现方法，如图 3-17a 所示，设顶点坐标由向量 Z_3 表示，折线的方向由 Z_1 和 Z_2 表示。当测量阻抗 Z_j 位于动作范围以内时，如图 3-17b 所示，在 Z_1、Z_2 和(Z_3-Z_j)这三个向量中，任何两个相邻向量之间的夹角都小于 180°，而当测量阻抗 Z_j 位于动作范围以外时，则如图 3-17c 所示，在上述三个向量中，总有一对相邻向量之间的夹角大于 180°。

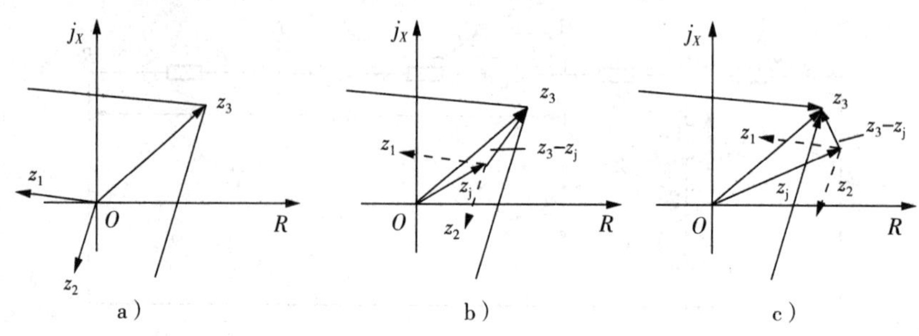

图 3-17 对两个对折线的分析

a)折线的构成 b)Z_j在动作范围内 c)Z_j在动作范围外

3. 阻抗继电器的构成方法

阻抗继电器可以利用比较两个电压幅值的方法来构成，也可以利用比较两个电压相位的方法来实现，而每个电压的具体组成，则由阻抗继电器的动作特性所决定。所有阻抗继电器都是由电压形成回路和幅值比较或相位比较回路组成，其构成原理框图如图 3-18 所示。

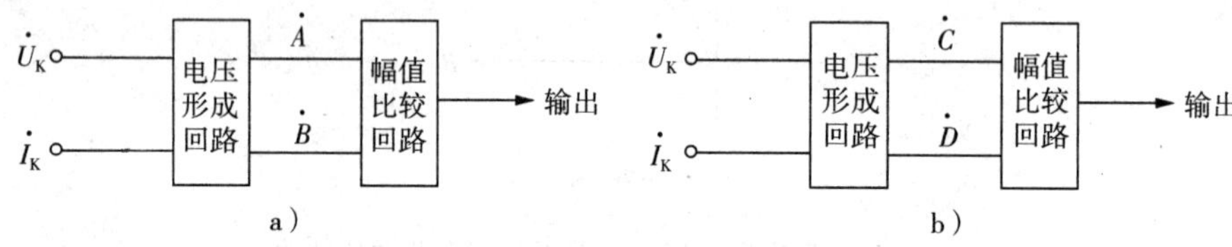

图 3-18 阻抗继电器的构成原理框

a)幅值比较式 b)相位比较式

(1)电压形成回路

电压形成回路的作用是形成幅值比较的两个电压 $\dot{A}$ 和 $\dot{B}$ 或相位比较的两个电压 $\dot{C}$ 和 $\dot{D}$。尽管 $\dot{A}$、$\dot{B}$、$\dot{C}$、$\dot{D}$ 的组成不同，但是基本上都可以归纳为两种形式，一种是加于继电器上的电压$\dot{U}_K$；另一种是加入继电器的电流$\dot{I}_K$ 在某一已知阻抗上的压降，如$\dot{I}_K Z_{set}$。对于$\dot{U}_K$ 可以直接从电压互感器二次侧取得，必要时也可以再经过一个小型中间变压器变换；对于$\dot{I}_K$ 在一已知阻抗上的压降，过去是通过电抗互感器得到，而在微机保护中可以通过移相的算法获得。

在得到$\dot{U}_K$ 和$\dot{I}_K$ 在某一已知阻抗上的压降后，可根据阻抗继电器的动作条件将两者相加或者相减地组合在一起，就可以获得 $\dot{A}$、$\dot{B}$、$\dot{C}$、$\dot{D}$。如方向阻抗继电器的电压形成回路如图 3-19 所示。在这里要特别注意绕组间极性的连接，以免出现错误。

(2)幅值比较回路

幅值比较回路的作用是比较两个电压 $\dot{A}$ 和 $\dot{B}$ 的大小，当$|\dot{A}|\geqslant|\dot{B}|$时，则输出动作信号。在微机型继电器中，判断 $\dot{A}$ 和 $\dot{B}$ 是否满足动作条件是根据 $\dot{A}$、$\dot{B}$ 的计算结果，直接比较两者的幅值大小而实现的，即用程序实现；在集成电路型、晶体管型和整流型继电器中，是将 $\dot{A}$ 和 $\dot{B}$ 分别进行整流和滤波后，再实现幅值比较的。

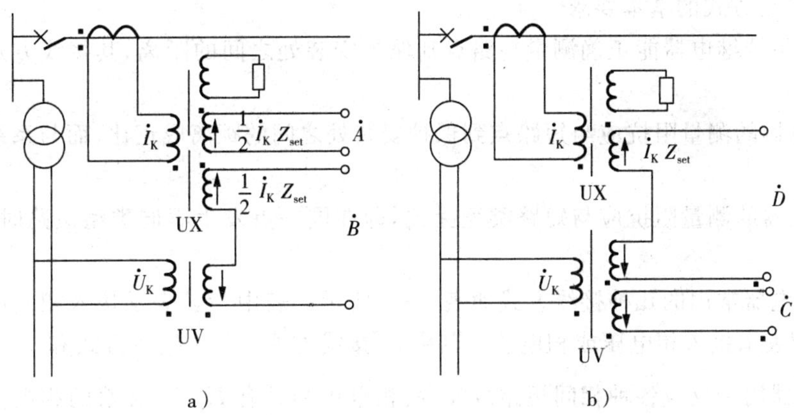

图 3-19 方向阻抗继电器的比较电压

a)幅值比较式的 $\dot{A}$ 和 $\dot{B}$ b)相位比较式 $\dot{C}$ 和 $\dot{D}$

(3)相位比较回路

相位比较回路的作用是比较两个电压 $\dot{C}$ 和 $\dot{D}$ 之间的相位关系，当满足动作条件，即一 $90°\leqslant\arg\dfrac{\dot{D}}{\dot{C}}\leqslant90°$时，则输出动作信号。在微机型继电器中，可根据 $\dot{C}$ 和 $\dot{D}$ 的计算结果，直接判断两者的相位是否满足动作条件，即用程序实现；而在集成电路型、晶体管型和整流型继电器中，是将 $\dot{C}$ 和 $\dot{D}$ 之间的相位比较转化为测量两者瞬时值同时为正(或同时为负)的时间来实现的。

应该说明的是，全阻抗继电器、方向阻抗继电器、偏移特性阻抗继电器以及其他特性阻抗继电器，其比较幅值的两个电压 $\dot{A}$、$\dot{B}$ 与比较相位的两个电压 $\dot{C}$、$\dot{D}$ 在忽略$\frac{1}{2}$或 2 倍关系时，它们之间满足

$$\begin{aligned}\dot{C}&=\dot{A}+\dot{B}\\ \dot{D}&=\dot{A}-\dot{B}\end{aligned}\tag{3-30}$$

或者说，满足

$$\begin{aligned}\dot{A}&=\dot{C}+\dot{D}\\ \dot{B}&=\dot{C}-\dot{D}\end{aligned}\tag{3-31}$$

另外，$\arg\dfrac{\dot{D}}{\dot{C}}$表示两个电气量 $\dot{C}$ 和 $\dot{D}$ 之间的夹角，当以 $\dot{C}$ 为参考相量，$\dot{D}$ 超前 $\dot{C}$ 时角度为正，而进行相位比较的动作条件为$-90°\leqslant\arg\dfrac{\dot{D}}{\dot{C}}\leqslant90°$。

4. 阻抗继电器的接线方式

阻抗继电器的接线方式是指接入阻抗继电器的一定相别电压和一定相别电流的组合。

(1)对接线方式的基本要求

为了使阻抗继电器能正确测量短路点到保护安装处之间的距离，其接线方式应满足以下基本要求：

① 继电器的测量阻抗应与短路点到保护安装处之间的距离成正比，而与系统运行方式无关；

② 继电器的测量阻抗应与短路类型无关，即在同一点发生不同类型短路时，应有相同的测量阻抗。

阻抗继电器常用的几种接线方式如表 3-4 所示。表中“△”表示接入相间电压或两相电流差，“Y”表示接入相电压或相电流。其中，0°接线方式，+30°接线方式和-30°接线方式的阻抗继电器用于反应各种相间短路故障；而相电压和具有 $K_3\dot{I}_0$ 补偿的相电流接线方式的阻抗继电器用于反应各种接地短路故障。

表 3-4　阻抗继电器常用的四种接线方式

接线方式 \ 继电器	$\dfrac{\dot{U}_A}{\dot{I}_A(0°)}$		$\dfrac{\dot{U}_A}{\dot{I}_U(30°)}$		$\dfrac{\dot{U}_A}{-\dot{I}_Y(-30°)}$		$\dfrac{\dot{U}_Y}{\dot{I}_Y+K_3\dot{I}_0}$	
	$\dot{U}_X$	$\dot{I}_X$	$\dot{U}_X$	$\dot{I}_X$	$\dot{U}_X$	$\dot{I}_X$	$\dot{U}_X$	$\dot{I}_X$
K_1	$\dot{U}_{AB}$	$\dot{I}_A-\dot{I}_B$	$\dot{U}_{AB}$	$\dot{I}_A$	$\dot{U}_{AB}$	$-\dot{I}_B$	$\dot{U}_A$	$\dot{I}_A+K_3I_0$
K_2	$\dot{U}_{BC}$	$\dot{I}_B-\dot{I}_C$	$\dot{U}_{BC}$	$\dot{I}_B$	$\dot{U}_{BC}$	$-\dot{I}_C$	$\dot{U}_B$	$\dot{I}_B+K_3I_0$
K_3	$\dot{U}_{CA}$	$\dot{I}_C-\dot{I}_A$	$\dot{U}_{CA}$	$\dot{I}_C$	$\dot{U}_{CA}$	$-\dot{I}_A$	$\dot{U}_C$	$\dot{I}_C+K_3I_0$

(2)母线残压的计算公式

在如图 3-20 所示的系统中，设 K 点发生金属性短路。

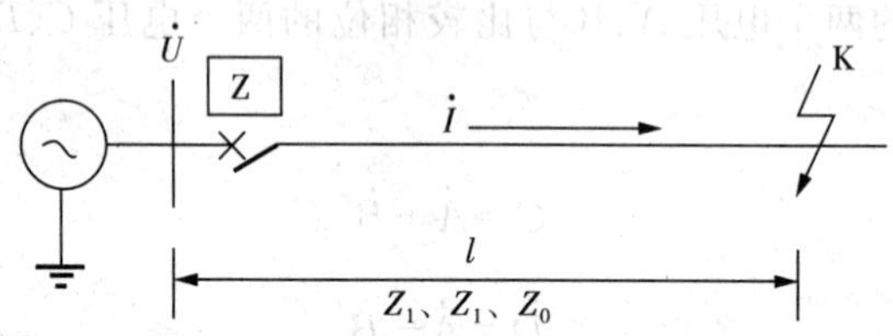

图 3-20　计算母线残压的系统图

若忽略负荷电流，按照对称分量法可求得母线各相电压分别为

$$\dot{U}_A=\dot{U}_{KA}+\dot{I}_{A1}Z_1 l+\dot{I}_{A2}Z_2 l+\dot{I}_{A0}Z_0 l$$

$$=\dot{U}_{KA}+(\dot{I}_{A1}+\dot{I}_{A2}+\dot{I}_{A0})Z_1 l+\dot{I}_{A0}(Z_0-Z_1)l$$

$$=\dot{U}_{KA}+(\dot{I}_A+K_3\dot{I}_0)Z_1 l \tag{3-32}$$

$$\dot{U}_B=\dot{U}_{KB}+(\dot{I}_B+K_3\dot{I}_0)Z_1 l \tag{3-33}$$

$$\dot{U}_C=\dot{U}_{KC}+(\dot{I}_C+K_3\dot{I}_0)Z_1 l \tag{3-34}$$

上式中，$\dot{U}_{KA}$、$\dot{U}_{KB}$、$\dot{U}_{KC}$是短路点 K 处 A、B、C 相电压；Z_1、Z_2、Z_0 是线路单位长度的正

序、负序、零序阻抗，一般情况下可认为正、负序阻抗相等；$K=\frac{Z_0-Z_1}{3Z_1}$称为零序电流补偿系数。

由以上三式，可得到母线相间电压为

$$\dot{U}_{AB}=\dot{U}_{KAB}+(\dot{I}_A-\dot{I}_B)Z_1 l \tag{3-35}$$

$$\dot{U}_{BC}=\dot{U}_{KBC}+(\dot{I}_B-\dot{I}_C)Z_1 l \tag{3-36}$$

$$\dot{U}_{CA}=\dot{U}_{KCA}+(\dot{I}_C-\dot{I}_A)Z_1 l \tag{3-37}$$

式中：$\dot{U}_{KAB}$、$\dot{U}_{KBC}$、$\dot{U}_{KCA}$分别是短路点K处AB、BC、CA相间电压。

3. 相间短路阻抗继电器的0°接线方式

为了反应各种相间短路，在AB相、BC相和CA相各接入一个阻抗继电器，加入每个继电器的电压$\dot{U}_K$和电流$\dot{I}_K$为相间电压和两相电流差，如表3-4中的第一种接线方式。这种接线方式的阻抗继电器，在三相对称系统中且当$\cos\varphi=1$时，加入的$\dot{U}_K$和$\dot{I}_K$是同相位的，因此称之为“0°接线”。

下面分析采用0°接线方式的阻抗继电器在各种相间短路时的测量阻抗。为便于分析，测量阻抗用一次侧阻抗表示，并假定电流和电压互感器的变比均为1。

(1)三相短路

由于三相短路是对称的，三个阻抗继电器的工作情况完全相同。因此，以继电器K_1为例进行分析。

此时$\dot{U}_{KAB}=\dot{U}_{KBC}=\dot{U}_{KCA}=0$，$3\dot{I}_0=0$，加入继电器的电压和电流分别为

$$\dot{U}_K=\dot{U}_{AB}=\dot{U}_A-\dot{U}_B=(\dot{I}_A-\dot{I}_B)Z_1 l$$

$$\dot{I}_K=\dot{I}_A-\dot{I}_B$$

则继电器的测量阻抗为

$$Z_{K1}^{(3)}=\frac{\dot{U}_{AB}}{\dot{I}_A-\dot{I}_B}=Z_1 l \tag{3-38}$$

可见，在三相短路时，三个继电器的测量阻抗均等于短路点到保护安装地点之间的阻抗，三个继电器均能正确动作。

(2)两相短路

以AB两相短路为例，此时$\dot{U}_{KAB}=0$，$\dot{U}_{KBC}\neq 0$，$\dot{U}_{KCA}\neq 0$，$\dot{I}_A=-\dot{I}_B$，$\dot{I}_C=0$，$3\dot{I}_0=0$，则继电器K_1的测量阻抗为

$$Z_{K1}^{(2)}=\frac{\dot{U}_{AB}}{\dot{I}_A-\dot{I}_B}=\frac{(\dot{I}_A-\dot{I}_B)Z_1 l}{\dot{I}_A-\dot{I}_B}=Z_1 l \tag{3-39}$$

可见，继电器K_1的测量阻抗与三相短路时相同。因此，继电器K_1能正确动作。

对继电器K_2和K_3而言：

$$Z_{K2}^{(2)}=\frac{\dot{U}_{BC}}{\dot{I}_B-\dot{I}_C}=\frac{\dot{U}_{KBC}+(\dot{I}_B-\dot{I}_C)Z_1l}{\dot{I}_B-\dot{I}_C}=Z_1l+\frac{\dot{U}_{KBC}}{\dot{I}_B}\geqslant Z_1l \tag{3-40}$$

$$Z_{K3}^{(2)}=\frac{\dot{U}_{CA}}{\dot{I}_C-\dot{I}_A}=\frac{\dot{U}_{KCA}+(\dot{I}_C-\dot{I}_A)Z_1l}{\dot{I}_C-\dot{I}_A}=Z_1l+\frac{\dot{U}_{KCA}}{\dot{I}_C}\geqslant Z_1l \tag{3-41}$$

其测量阻抗大于 Z_1l,即不能正确地测量短路点到保护安装地点之间的阻抗。因此,继电器 K_2 和 K_3 不能正确动作。但是,由于继电器 K_1 能正确动作,故继电器 K_2 和 K_3 的拒动不会影响整套保护的动作。

同理,在 BC 和 CA 两相短路时,相应地只有 K_2 或 K_3 能正确动作。这也就是为什么要采用三个阻抗继电器并分别接于不同相别的原因。

(3)中性点直接接地电网中的两相接地短路

以 AB 两相接地短路为例,此时$\dot{U}_{KAB}=0$、$\dot{U}_{KBC}\neq0$、$\dot{U}_{KCA}\neq0$、$\dot{I}_A\neq-\dot{I}_B$、$\dot{I}_C=0$、$3\dot{I}_0\neq0$,则继电器 K_1 的测量阻抗为

$$Z_{K1}^{(1,1)}=\frac{\dot{U}_{AB}}{\dot{I}_A-\dot{I}_B}=\frac{(\dot{I}_A-\dot{I}_B)Z_1l}{\dot{I}_A-\dot{I}_B}=Z_1l \tag{3-42}$$

但对继电器 K_2 和 K_3,其测量阻抗为

$$Z_{K2}^{(1,1)}=\frac{\dot{U}_{BC}}{\dot{I}_B-\dot{I}_C}=\frac{\dot{U}_{KBC}+(\dot{I}_B-\dot{I}_C)Z_1l}{\dot{I}_B-\dot{I}_C}=Z_1l+\frac{\dot{U}_{KBC}}{\dot{I}_B}\geqslant Z_1l \tag{3-43}$$

$$Z_{K3}^{(1,1)}=\frac{\dot{U}_{CA}}{\dot{I}_C-\dot{I}_A}=\frac{\dot{U}_{KCA}+(\dot{I}_C-\dot{I}_A)Z_1l}{\dot{I}_C-\dot{I}_A}=Z_1l+\frac{\dot{U}_{KCA}}{\dot{I}_C}\geqslant Z_1l \tag{3-44}$$

可见,继电器 K_1 的测量阻抗与三相短路时相同。因此,保护能正确动作。

由以上分析可知,0°接线方式能正确反应各种相间短路故障,但不能反映单相接地故障。

4. 接地短路阻抗继电器的接线方式

在单相接地故障时,只有故障相电压降低,电流增大,而任何相间电压都是很高的,因此应将故障相电压和电流加入到继电器中,即采用相电压和具有 $K3\dot{I}_0$ 补偿的相电流接线方式,如表 3-4 中的第四种接线方式。

以 A 相接地电路故障为例,此时$\dot{U}_{KA}=0$,$\dot{U}_{KB}\neq0$,$\dot{U}_{KC}\neq0$,$\dot{I}_B=0$,$\dot{I}_C=0$,$3\dot{I}_0\neq0$,而加入继电器 K_1 的电压和电流分别为

$$\dot{U}_K=\dot{U}_A=\dot{U}_{KA}+(\dot{I}_A+K_3\dot{I}_0)Z_1\mathrm{l}=(\dot{I}_A+K_3\dot{I}_0)Z_1l$$

$$\dot{I}_K=\dot{I}_A+K_3\dot{I}_0$$

则继电器 K_1 的测量阻抗为

$$Z_{K1}^{(1)}=\frac{\dot{U}_A}{\dot{I}_A+\mathrm{K_3I_0}}=\frac{(\dot{I}_A+K_3\dot{I}_0)Z_1\mathrm{l}}{\dot{I}_A+K_3\dot{I}_0}=Z_1l \tag{3-45}$$

即能正确测量短路点到保护安装地点之间的阻抗，因此能动作。

但对继电器 K_2 和 K_3，其测量阻抗为

$$Z_{K2}^{(1)}=\frac{\dot{U}_B}{\dot{I}_B+K_3\dot{I}_0}=\frac{\dot{U}_{KB}+(\dot{I}_B+K_3\dot{I}_0)Z_1l}{\dot{I}_B+K_3\dot{I}_0}=Z_1l+\frac{\dot{U}_{KB}}{K_3\dot{I}_0}\geqslant Z_1l \tag{3-46}$$

$$Z_{K3}^{(1)}=\frac{\dot{U}_C}{\dot{I}_C+K_3\dot{I}_0}=\frac{\dot{U}_{KC}+(\dot{I}_C+K_3\dot{I}_0)Z_1l}{\dot{I}_C+K_3\dot{I}_0}=Z_1l+\frac{\dot{U}_{KC}}{K_3\dot{I}_0}\geqslant Z_1l \tag{3-47}$$

为此，必须采用三个阻抗继电器，以反应任一相的接地短路。这种接线方式同样能够正确反应两相接地短路和三相接地短路，此时接于故障相的阻抗继电器的测量阻抗为 Z_1l。

5. 阻抗继电器的构成实例

现以幅值比较式整流型方向阻抗继电器为例来分析，其原理接线图如图 3-21 所示。它是由电抗互感器 UX、电压变换器 UV、极化变压器 TP、幅值比较回路及极化继电器 KP 等组成。

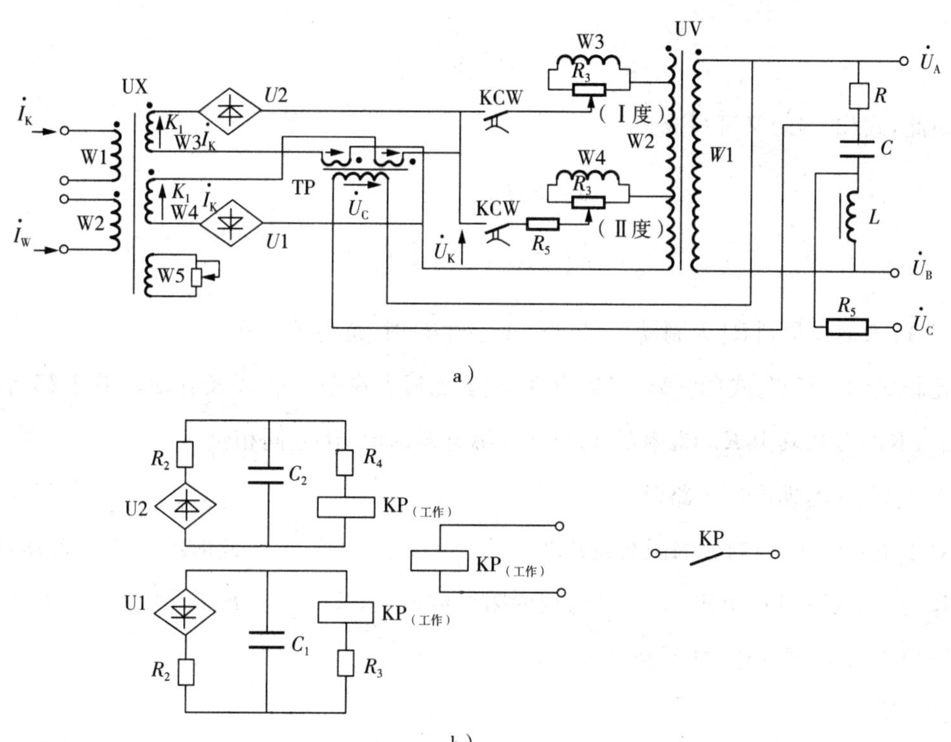

图 3-21　整流型方向阻抗继电器

a)原理接线图　b)幅值比较回路

(1)动作特性分析

从图 3-21 可见，加入继电器的电流为 $\dot{I}_K=\dot{I}_A-\dot{I}_B$、电压为 $\dot{U}_K=\dot{U}_{AB}$，电流 $\dot{I}_K$ 经电抗互感器 UX 得到电压 $\dot{K}_I\dot{I}_K$，电压 $\dot{U}_K$ 经电压变换器 UV 得到电压 $K_U\dot{U}_K$，由 R、L、C 组成串联谐振回路，在 R 上取得一电压加于极化变压器 TP 的原边，而在其副边得到极化电压 $\dot{U}_P$。

根据图 3-21 中所示的极性关系，可得到比较幅值的两个电压分别为

$$\begin{aligned}\dot{A}&=\dot{K}_I\dot{I}_K+\dot{U}_P-K_U\dot{U}_K=\dot{K}_I\dot{I}_K+(\dot{U}_P-K_U\dot{U}_K)\\ \dot{B}&=K_U\dot{U}_K+\dot{U}_P-\dot{K}_I\dot{I}_K=(2K_U\dot{U}_K-\dot{K}_I\dot{I}_K)+(\dot{U}_P-K_U\dot{U}_K)\end{aligned}\tag{3-48}$$

式中，K_U 是电压变换器 UV 的变比（无量纲）；$\dot{K}_I$ 是电抗互感器 UX 的变比（具有阻抗量纲）。

根据前面的分析，方向阻抗继电器进行幅值比较的两个电压分别为

$$\begin{aligned}\dot{A}&=\frac{1}{2}\dot{I}_K Z_{set}\\ \dot{B}&=\dot{U}_K-\frac{1}{2}\dot{I}_K Z_{set}\end{aligned}\tag{3-49}$$

考虑到继电器的整定阻抗为

$$Z_{set}=\frac{\dot{K}_I}{K_U}\tag{3-50}$$

因此，式(3-49)又可写成

$$\begin{aligned}\dot{A}&=\dot{K}_I\dot{I}_K\\ \dot{B}&=2K_U\dot{U}_K-\dot{K}_I\dot{I}_K\end{aligned}\tag{3-51}$$

式中：$|\dot{A}|$ 为动作量，$|\dot{B}|$ 为制动量，且当 $|\dot{A}|\geqslant|\dot{B}|$ 时，继电器动作。

比较式(3-48)与式(3-51)可以发现，前者比后者在动作量 $\dot{A}$ 及制动量 $\dot{B}$ 上都增加一项 $(\dot{U}_P-K_U\dot{U}_K)$，其中 $K_U\dot{U}_K$ 和 $\dot{U}_P$ 均与加入继电器的电压 $\dot{U}_{AB}$ 同相位。

① 当 $\dot{U}_K=0$，即出口短路时

对于由式(3-51)构成的阻抗继电器，$|\dot{A}|=|\dot{B}|=|\dot{K}_I\dot{I}_K|$，此时继电器不动作，即出现动作的“死区”；而对于式(3-38)构成的阻抗继电器，$\dot{A}=\dot{U}_P+\dot{K}_I\dot{I}_K$，$\dot{B}=\dot{U}_P-\dot{K}_I\dot{I}_K$，则 $|\dot{A}|\geqslant|\dot{B}|$，继电器动作，则不会失去方向性。

② 当 $\dot{U}_K\neq0$ 时

由式(3-48)构成的阻抗继电器，根据幅值比较和相位比较之间的关系，可得到比较相位的两个电压分别为

$$\begin{aligned}\dot{C}&=\dot{A}+\dot{B}=\dot{U}_P\\ \dot{D}&=\dot{A}-\dot{B}=\dot{K}_I\dot{I}_K-K_U\dot{U}_K\end{aligned}\tag{3-52}$$

可见，只要 $\dot{U}_P$ 与 $\dot{U}_K$ 同相位，则由式(3-48)构成的阻抗继电器仍然是一个方向阻抗继电器，即不影响动作特性。

2. 方向阻抗继电器的死区及消除死区的方法

对于由式(3-49)构成的幅值比较式方向阻抗继电器，在保护安装点正方向出口处发生相间短路时，保护安装处即母线上的故障相间电压降为零，即$\dot{U}_K=0$。此时，$|\dot{A}|=|\dot{B}|=\left|\frac{1}{2}\dot{I}_K Z_{set}\right|$，无法进行幅值比较，继电器将不动作，这就是方向阻抗继电器的死区。由于是出口短路，故障电流很大，若不快速切除，将威胁到电力系统的安全，为此应采取措施，设法减小和消除方向阻抗继电器的死区，通常可采用下列两种方法。

(1)记忆回路

在图3-22(a)中，由R、L、C构成对50Hz工频电流的串联谐振回路，继电器的电压取为该谐振回路中电阻两端的电压$\dot{U}_R$，调整$\omega L=\frac{1}{\omega C}$，则$\dot{U}_R$与外加电压$\dot{U}_{AB}$同相位，当外加电压$\dot{U}_{AB}$突然降为零时，谐振回路中的电流不是立即消失，而是按50Hz振荡频率经几个周波后，逐渐衰减到零，如图3-22b所示，由于此电流与故障前电压$\dot{U}_{AB}$同相位，并在衰减过程中保持相位不变，就像“记住”了故障前的电压，所以称之为“记忆回路”。

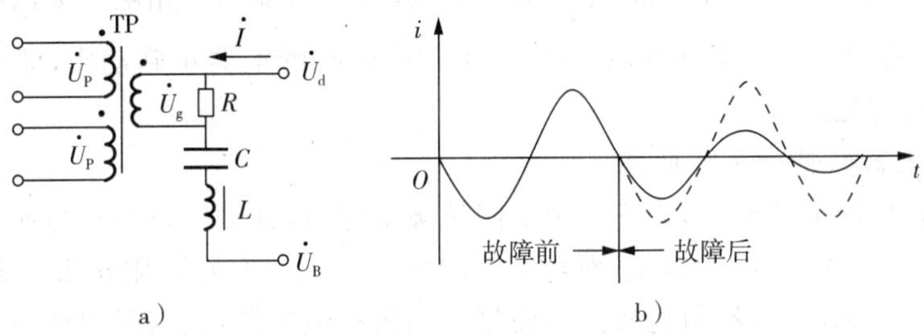

图3-22　方向阻抗继电器的“记忆回路”

a)记忆回路的原理接线图　b)记忆回路中电流变化的曲线

利用这个电流在电阻R上的压降$\dot{U}_R$，短时间进行幅值比较或相位比较，对正方向出口短路可消除死区而使继电器能正确动作，对反方向出口短路仍然不会动作而保证继电器动作方向性。因此，采用记忆回路可有效地消除方向阻抗继电器的死区。一般记忆时间只要大于距离Ⅰ段的动作时间就可以了。

(2)引入非故障相电压

如图3-23a所示，在方向阻抗继电器的电压回路中通过高阻值的电阻R_5(约30kΩ)引入第三相电压$\dot{U}_C$。

正常运行时，由于$\dot{U}_{AB}$数值较高且L、C处于工频谐振状态，而R_5值又很大，使作用在R上的电流主要来自$\dot{U}_{AB}$且是电阻性的，第三相电压$\dot{U}_C$基本上不起作用。当保护正方向出口处发生A、B两相短路时，$\dot{U}_{AB}=0$，在记忆作用消失后，这时的等值电路如图3-23b所示。由于第三相电压是通过高电阻R_5接入，并且电阻R_5远大于电路的阻抗值，因此可认为$\dot{I}_R$与$\dot{U}_{AC}$(或$\dot{U}_{BC}$)同相位，而通过R、C支路中的电流$\dot{I}_C$为

$$\dot{I}_C=\frac{jX_L}{(R-jX_C)+jX_L}\dot{I}_R=j\frac{X_L}{R}\dot{I}_R \tag{3-53}$$

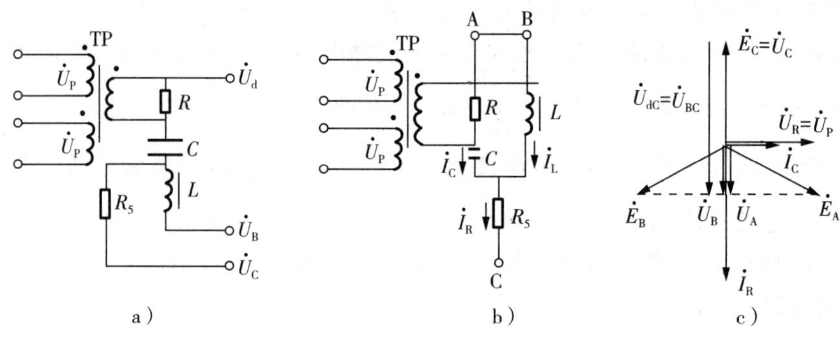

图 3-23　方向阻抗继电器引入第三相电压的作用

a)电压回路接线图　b)短路后的等值电路　c)分析第三相电压作用的相量图

$\dot{I}_R$在 R 上的压降为

$$\dot{U}_R=\dot{I}_C \mathrm{R}=\mathrm{j}\,\dot{I}_R X_L \tag{3-54}$$

由相量图 3-23c 可见，$\dot{I}_C$超前$\dot{I}_R 90^\circ$，$\dot{U}_R$ 超前$\dot{U}_{AC}90^\circ$，即第三相电压提供的极化电压与故障前电压$\dot{U}_{AB}$同相位而且不衰减，从而保证了方向阻抗继电器正确动作，即消除正方向出口处两相短路时的死区。

3. 阻抗继电器的精确工作电流

对理想的阻抗继电器而言，当它的整定阻抗被确定后，其动作特性只与加入继电器的电压和电流的比值(即测量阻抗)有关，而与电流的大小无关。实际的阻抗继电器在动作时都必须消耗一定的功率，例如幅值比较式整流型方向阻抗继电器，其实际的动作条件应为

$$|\dot{U}_P-(K_U\dot{U}_K-\dot{K}_I\dot{I}_K)|-|\dot{U}_P+(K_U\dot{U}_K-\dot{K}_I\dot{I}_K)|\geqslant U_0 \tag{3-55}$$

式中：U_0 表示幅值比较回路有输出，$|\dot{U}_P-(K_U\dot{U}_K-\dot{K}_I\dot{I}_K)|$必须比$|\dot{U}_P+(K_U\dot{U}_K-\dot{K}_I\dot{I}_K)|$高出的数值。

当发生金属性短路，且 $\varphi_K=\varphi_{sen}$时，式(3-55)中各相量同相位，上式变为代数和，其动作临界条件可简化为

$$K_U U_K=K_{\mathrm{II}K}-\frac{U_0}{2} \tag{3-56}$$

上式两端同除以 $K_U I_K$，考虑到此时测量阻抗$\frac{U_K}{I_K}=Z_K$ 就是继电器的动作阻抗 Z_{op}，而整定阻抗 $Z_{set}=\frac{K_I}{K_U}$，因此可得

$$Z_{op}=Z_{set}-\frac{U_0}{2K_U I_K} \tag{3-57}$$

由式(3-57)可以看出：

(1)由于 U_0 的存在，使得继电器的动作阻抗 Z_{op}小于整定阻抗 Z_{set}。

(2)在电流 I_K 较小且其他参数一定时，I_K 越小，$\frac{U_0}{2K_U I_K}$越大，则 Z_{op}越小；只有 I_K 足够

大，使得$\frac{U_0}{2K_U I_K}$可忽略时，则 $Z_{op}=Z_{set}$。

(3)当电流 I_K 大到足以使电抗互感器 UX 饱和时，随着 I_K 的增大，UX 饱和程度就越严重，其转移阻抗 K_I 也就越小，从而使 Z_{op}减小，偏离 Z_{set}越大。

继电器的动作阻抗 Z_{op}与电流 I_K 的关系 $Z_{op}=f(I_K)$如图 3－24 所示。

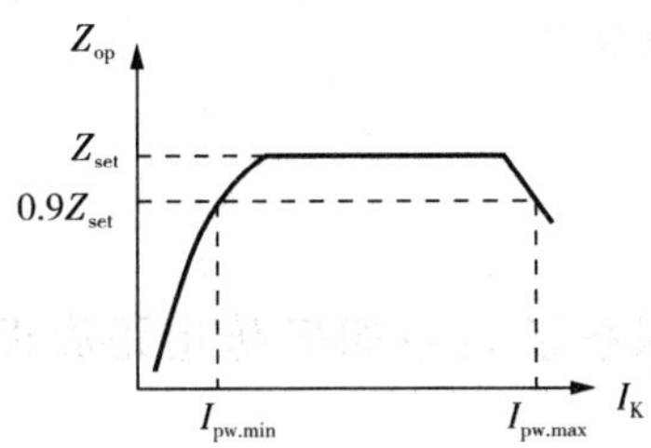

图 3－24　方向阻抗继电器 $Z_{OP}=f(I_K)$的曲线

由此可见，继电器的动作阻抗 Z_{op}是随着电流 I_K 的变化而改变，这将直接影响到距离保护之间的配合，从而使保护发生不正确动作。因此对阻抗继电器提出一个最小精确工作电流的要求，以保证阻抗继电器的测量误差不超过 10％。这个误差在整定计算时，已用可靠系数考虑进去了。所谓最小精确工作电流(简称精工电流)，是指 $\varphi_K=\varphi_{sen}$时，使继电器动作阻抗 $Z_{op}=0.9Z_{set}$时所对应加入继电器的最小电流 $I_{pw.min}$。若将 $Z_{op}=0.9Z_{set}$，$I_K=I_{pw.min}$带入式(3－47)可得

$$I_{pw.min}=\frac{U_0}{0.2K_I} \qquad (3-58)$$

当电流大到使 UX 严重饱和时，继电器动作阻抗 Z_{op}也会出现误差，使 $Z_{op}=0.9Z_{set}$时所对应加入继电器的最大电流 $I_{pw.max}$，称为最大精确工作电流。由于短路时很少出现大于或等于 $I_{pw.max}$的情况，故通常所指的精确工作电流是最小精确工作电流 $I_{pw.min}$。

影响精确工作电流的因素很多，不同特性和形式的阻抗继电器的精确工作电流各不相同。

任务二　影响距离保护正确工作的因素及防止方法

学习目标

通过对影响距离保护正确工作的因素及防止方法的讲解和检验，使学生在完成本任务的学习过程中达到以下三个方面的目标：

1. 知识目标

(1)熟悉影响距离保护各种因素及防止方法；

(2)了解三段式距离保护的整定计算。

2. 能力目标

(1)会阅读线路距离保护振荡闭锁、断线闭锁相关图纸；

(2)会对距离保护整定计算。

3. 态度目标

(1)不旷课,不迟到,不早退;

(2)具有团队意识协作精神;

(3)积极向上努力按时完成老师布置的各项任务;

(4)责任意识,安全意识,规范意识。

任务描述

熟悉线路微机保护装置中如何防止距离保护不正确动作

任务准备

1. 工作准备

√	学习阶段	工作(学习)任务	工作目标	备 注
	入题阶段	根据工作任务,分析设备现状,明确检验项目,编制检验工作安全措施及作业指导书,熟悉图纸资料	确定重点检验项目	
	准备阶段	检查并落实检验所需材料、工器具、劳动防护用品等是否齐全合格	检验所需设备材料齐全完备	
	分工阶段	班长根据工作需要和人员精神状态确定工作负责人和工作班成员,组织学习《电业安全工作规程》、现场安全措施	全体人员明确工作目标及安全措施	

2. 检验工器具、材料表

(一)检验工器具						
√	序 号	名 称	规 格	单 位	数 量	备 注
	1	继电保护微机试验仪及测试线		套		
	2	万用表		块		
	3	电源盘(带漏电保护器)		个		
	4	模拟断路器		台		
(二)备品备件						
√	序 号	名 称	规 格	单 位	数 量	备 注
	1	电源插件		个		

（续表）

（三）检验材料表						
√	序　号	名　称	规　格	单　位	数　量	备　注
	1	毛刷		把		
	2	绝缘胶布		盘		
	3	电烙铁		把		

（四）图纸资料			
√	序　号	名　称	备　注
	1	与现场实际接线一致的图纸	
	2	最新定值通知单	
	3	装置资料及说明书	
	4	上次检验报告	
	5	作业指导书	
	6	检验规程	

3. 危险点分析及安全控制措施

序　号	危险点	安全控制措施
1	误走错间隔，误碰运行设备	检查在线路保护屏前后应有“在此工作”标示牌，相邻运行屏悬挂红布幔
2	工作不慎引起交、直流回路故障	工作中应使用带绝缘手柄的工具，拆动二次线时应作绝缘处理并固定，防止直流接地或短路
3	电压反送、误向运行设备通电流	试验前应断开检修设备与运行设备相关联的电流、电压回路
4	检修中的临时改动忘记恢复	二次回路、保护压板、保护定值的临时改动要做好记录，坚持“谁拆除谁恢复”的原则
5	带电插拔插件，易造成集成块损坏；频繁插拔插件，易造成插件插头松动	严禁带电插拔插件，工作时佩戴防静电手环或采取其他防静电措施。整组传动后应尽量避免插拔插件，如需插拔应检验相关回路完好
6	接、拆低压电源时人身触电	接拆电源时应在电源开关拉开的情况下两人一起工作。所使用电源应装有漏电保护器。禁止从运行设备上接取试验电源
7	越过遮栏，易发生人员触电事故	现场设专人监护，严禁跨越围栏
8	联跳回路未断开，误跳运行开关	根据被检验装置与运行设备相关联部分的实际情况，制定技术措施，防止误跳其他开关（误跳母联、分段开关，误启动失灵保护）

任务实施

1. 开工

√	序　号	内　容
	1	履行工作票、安全措施票手续并对危险点和安全注意事项交底；办理工作许可手续

2. 安全措施的执行及确认危险点

(一)检查运行人员所做的措施	
√	检查内容
	检查所有压板位置，并做好记录
	检查所有把手及开关位置，并做好记录

(二)继电保护安全措施的执行						
回　路	位置及措施内容	执行√	恢复√	位置及措施内容	执行√	恢复√
电流回路						
电压回路						
联跳和失灵回路						
信号回路						
其他						
执行人员：				监护人员：		
备注：						

3. 作业流程

(三)线路距离保护模拟电压断线检验		
序　号	检验内容	√
1	模拟 TV 单相断线	
2	模拟 TV 两相断线	

(四)工作结束前检查		
序　号	内　容	√
1	现场工作结束前，工作负责人会同工作人员检查实验记录有无漏检验项目，试验结论、数据是否完整正确	
2	检查临时接线是否全部拆除，拆下的线头是否全部接好，包括接地线	
3	检查保护装置是否在正常运行状态	
4	打印装置现运行定值区定值与定值通知单逐项核对相符	
5	检查出口压板对地电位正确	

4. 竣工

√	序　号	内　容	备　注
	1	检查措施是否恢复到开工前状态	
	2	全体工作班人员清扫、整理现场，清点工具及回收材料。工作负责人周密检查施工现场，是否有遗留的工具、材料	
	3	工作负责人在检修记录上详细记录本次工作所检修项目、发现的问题、试验结果和存在的问题等	
	4	经验收合格，办理工作票终结手续	

TV 断线闭锁距离保护功能检验方法

TV 断线用锁距离保护的告警功能（单相、两相断线）检验接线与检验距离保护功能接线相同。模拟正常运行时，交流电压回路单相、两相断线，闭锁距离保护，发告警信号。

1. 试验接线及设置

将继电保护测试仪的电流输出接至线路保护电流输入端子，电压输出接至线路保护电压输入端子，另将线路保护的一副跳闸触点接到测试仪的任一开关量输入端，用于进行自动测试。典型接线如图 3－2 所示。

投入距离保护控制字及距离保护功能连接片，退出其他保护及重合闸、低频等功能。

试验假设距离保护各段全投入，距离保护定值为Ⅰ段 2Ω，动作时间 0s；Ⅱ段阻抗定值为 4Ω，动作时间 0.5s；Ⅲ段阻抗定值为 7Ω，动作时间 2.5s。阻抗灵敏角为75°。

2. TV 断线闭锁距离保护功能检验

继电保护测试仪输出三相对称负荷电流，输出对称三相额定电压，此时距离保护不会动作。改变测试仪三相电压输出（电流输出不变），单相或两相电压为 0，其余电压不变（模拟单相、两相断线），此时距离保护也不会动作（被闭锁），发 TV 断线告警信号。该项目测试可在手动、状态序列测试单元中进行。

相关知识

影响距离保护正确工作的因素及防止方法

距离保护是根据测量阻抗决定是否动作的一种保护，因此能使测量阻抗发生变化的因素都会影响距离保护正确工作，如短路点过渡电阻、保护安装处与短路点之间的分支线、电力系统振荡，保护装置电压回路断线、电流互感器和电压互感器的误差、输电线路的串联电容补偿、输电线路的非全相运行、短路电流中的暂态分量等。以下分析几种主要的影响因素。

一、短路点过渡电阻的影响及防止影响的方法

实际上，电力系统发生短路时，短路点往往存在过渡电阻。由于过渡电阻的存在，使测量阻抗发生变化，会造成保护装置不正确动作。

过渡电阻 R_t 是指短路电流从一相到另一相或从一相导线流入大地的途径中所经过物质的电阻。在相间短路时，过渡电阻 R_t 主要是由电弧电阻构成，其特点是随时间而变化；而在接地短路时，过渡电阻 R_t 主要是铁塔的接地电阻，数值较大。

1. 单侧电源线路上过渡电阻的影响

对于如图 3－25a 所示的单侧电源供电网络，当线路 BC 出口经过渡电阻 R_t 短路时，保护 1 的测量阻抗 $Z_{K1}=R_t$，保护 2 的测量阻抗 $Z_{K2}=Z_{AB}+R_t$。因此，过渡电阻会使测量阻抗增大，但对不同安装地点保护，测量阻抗增大的数值是不同的。由图 3－25b 可见，当 R_t 较大时，可能出现 Z_{K1} 已超出保护 1 的Ⅰ段保护范围，而 Z_{K2} 仍位于保护 2 的Ⅱ段范围内。此时，保护 1 和保护 2 都将以Ⅱ段时限动作，造成无选择性动作。

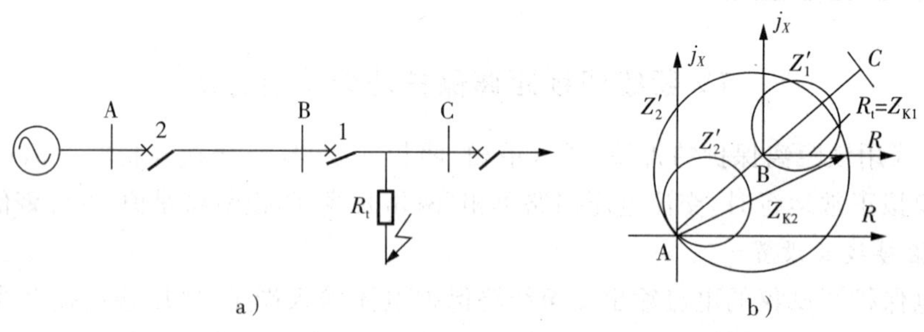

图 3－25　单侧电源线路上过渡电阻对测量阻抗的影响

a)网络接线图　b)保护范围图

由以上分析可见，保护装置距短路点越近时，受过渡电阻的影响越大；而保护装置的整定值越小，则相对地受过渡电阻的影响也越大。因此，对短线路的距离保护应特别注意过渡电阻的影响。

2. 双侧电源线路上过渡电阻的影响

对于如图 3－26a 所示的双侧电源供电网络，当线路 BC 出口经过渡电阻 R_t 短路时，保护 1 和保护 2 的测量阻抗分别为

$$Z_{K1}=\frac{\dot{U}_B}{\dot{I}'_K}=\frac{\dot{I}_K R_t}{\dot{I}'_K}=\frac{I_K}{I'_K}R_t e^{j\alpha} \tag{3-59}$$

$$Z_{K2}=\frac{\dot{U}_A}{\dot{I}'_K}=\frac{\dot{I}'_K Z_{AB}+\dot{I}_K R_t}{\dot{I}'_K}=Z_{AB}+\frac{I_K}{I'_K}R_t e^{j\alpha} \tag{3-60}$$

式中：α 为$\dot{I}_K$ 超前$\dot{I}'_K$的角度。

当 α 为正时，测量阻抗的电抗部分增大；当 α 为负时，测量阻抗的电抗部分减小，如图 3－26b所示。而在后一种情况，也可能导致保护无选择性动作。

3. 防止过渡电阻影响的方法

目前，防止过渡电阻影响的方法主要有以下两种。

(1)采用特定阻抗继电器

在具有相同保护范围的前提下，可采用动作特性在复数阻抗平面的＋R 轴方向上占有

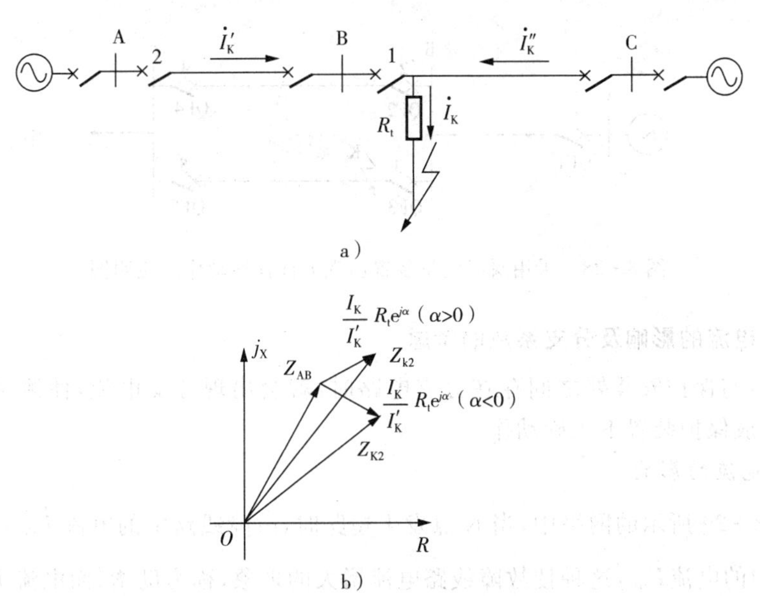

图 3－26　双侧电源线路上过渡电阻对测量阻抗的影响

a)网络接线图　b)相量图

较大面积的阻抗继电器，如电抗型继电器、偏移特性阻抗继电器、四边形继电器等。

(2)采用瞬时测量装置

在相间短路时，过渡电阻主要是电弧电阻，其数值在短路瞬间最小，大约经过 0.1～0.5s 后急剧增大。可见，电弧电阻对距离Ⅰ段影响不大，而对距离Ⅱ段影响较大，即在电弧电阻急剧增大后，距离Ⅱ段可能返回。因此，可在距离Ⅱ段中采用瞬时测量装置，将短路瞬间的测量阻抗固定下来，从而使过渡电阻的影响减至最小。

瞬时测量装置的原理框图如图 3－27 所示，在发生短路瞬间，启动元件与距离Ⅱ段阻抗元件动作，通过“与”门启动时间元件，同时距离Ⅱ段通过“或”门实现自保持。这样，只要启动元件不返回，“与”门就一直有输出；当Ⅱ段的整定时限到达后，就可以去跳闸。在此期间，即使由于电弧电阻增大而使距离Ⅱ段阻抗元件返回，保护也能正确动作。

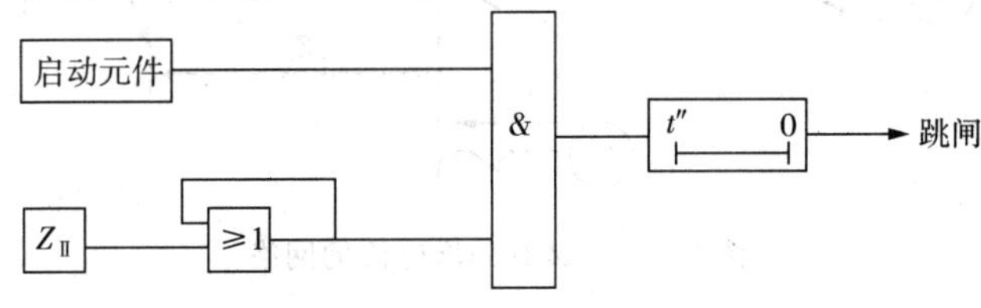

图 3－27　瞬时测量装置的原理框图

必须注意，瞬时测量装置只能用于相间短路的阻抗继电器且其使用是有条件的。例如在如图 3－28 所示的网络中，保护 1 就不宜采用瞬时测量装置。因为当线路 BC 始端 K 点发生故障时，保护 3 以Ⅰ段时限跳开 QF3，若保护 1 装设瞬时测量装置，则保护 1 和保护 5 将以相同的Ⅱ段时限分别跳开 QF1、QF5，从而造成无选择性动作。

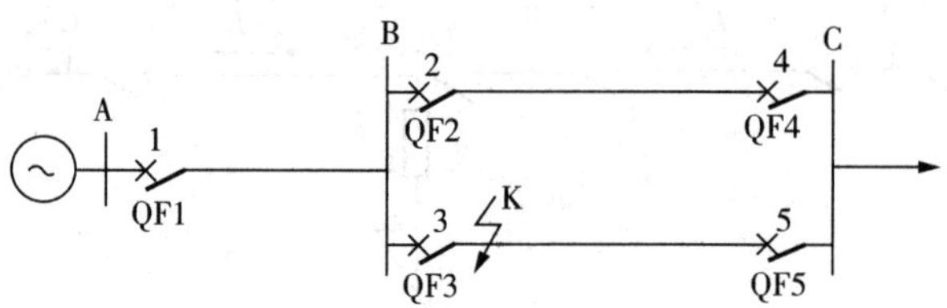

图 3-28 采用瞬时测量装置出现无选择性动作的说明图

二、分支电流的影响及分支系数的考虑

当短路点与保护安装处之间存在分支电路时，就会出现分支电流，使测量阻抗发生变化，从而会造成保护装置不正确动作。

1. 助增电流的影响

在如图 3-29 所示的网络中，当 K 点发生短路时，故障线路中的电流 $\dot{I}_{BC}=\dot{I}_{AB}+I'_{AB}$ 大于线路 AB 中的电流 $\dot{I}_{AB}$，这种使故障线路电流增大的现象，称为助增，而电流 $\dot{I}'_{AB}$ 称为助增电流。

此时，保护 1 的测量阻抗为

$$Z_{K1}=\frac{\dot{U}_A}{\dot{I}_{AB}}=\frac{\dot{I}_{AB}Z_{AB}+\dot{I}_{BC}Z_K}{\dot{I}_{AB}}=Z_{AB}+\frac{\dot{I}_{BC}}{\dot{I}_{AB}}Z_K=Z_{AB}+K_{br}Z_K \tag{3-61}$$

式中：$K_{br}=\frac{\dot{I}_{BC}}{\dot{I}_{AB}}$ 称为分支系数，一般按实数考虑；并且在助增电流的影响下，分支系数 $K_{br}>1$。

由式(3-61)可见，由于助增电流 的存在，使保护 1 的测量阻抗增大，可能使 Z_{K1} 超出保护 1 的Ⅱ段保护范围，从而导致保护 1 的Ⅱ段保护范围缩小，即保护 1 的Ⅱ段灵敏度降低，但不影响与保护 3 的配合，仍具有选择性。

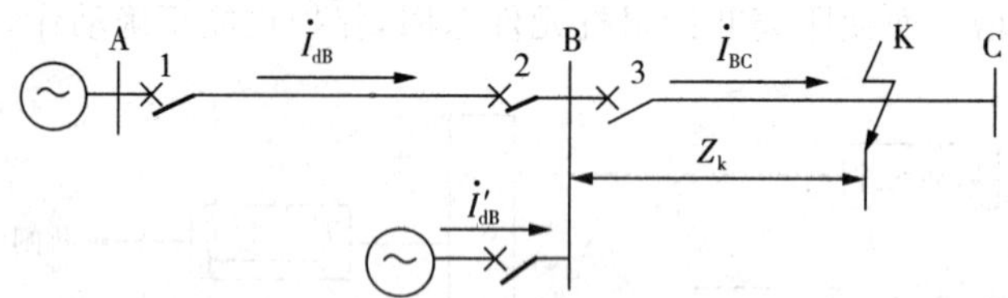

图 3-29 具有助增电流的网络

2. 外汲电流的影响

在如图 3-30 所示的网络中，当 K 点发生短路时，故障线路中的电流 $\dot{I}_{BC}=\dot{I}_{AB}-\dot{I}'_{AB}$ 小于线路 AB 中的电流 $\dot{I}_{AB}$，这种使故障线路电流减小的现象，称为外汲，而电流 $\dot{I}'_{BC}$ 称为外汲电流。

此时，保护 1 的测量阻抗为

$$Z_{K1}=\frac{\dot{U}_A}{\dot{I}_{AB}}=\frac{\dot{I}_{AB}Z_{AB}+\dot{I}_{BC}Z_K}{\dot{I}_{AB}}=Z_{AB}+\frac{\dot{I}_{BC}}{\dot{I}_{AB}}Z_K=Z_{AB}+K_{br}Z_K \tag{3-62}$$

式中：分支系数 $K_{br}<1$。

由式(3-62)可见，由于外汲电流的存在，分支系数 $K_{br}<1$，使保护 1 的测量阻抗减小，而保护范围增大，因此可能会造成保护 1 无选择性动作。故在计算保护 1 的Ⅱ段定值时，应取实际可能的最小分支系数 $K_{br.min}$。

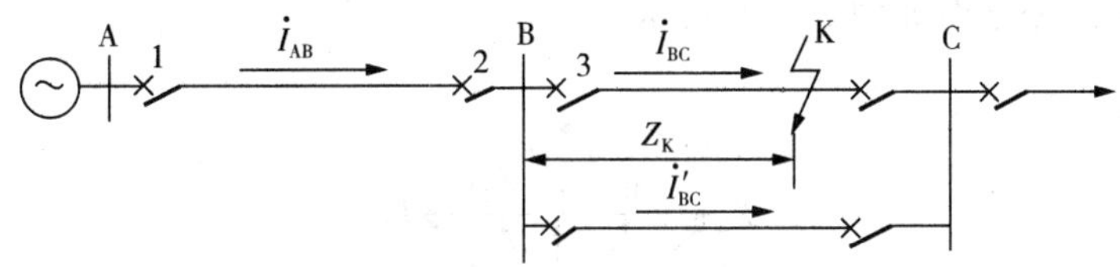

图 3-30　具有外汲电流的网络

根据以上分析可得出结论：分支系数是随着系统运行方式的改变而变化。当 K_{br} 越大，则保护范围越小，即灵敏度越低；而当 K_{br} 越小，则保护范围就越大。为保证选择性，在计算距离Ⅱ段的定值时，分支系数应取实际可能的最小值 $K_{br.min}$；而为保证灵敏性，在校验距离Ⅲ段作为远后备保护的灵敏度时，分支系数应取实际可能的最大值 $K_{br.max}$。

三、电力系统振荡对距离保护的影响

并列运行的电力系统或发电厂之间失去同步的现象，在继电保护中称为振荡。当电力系统发生振荡时，各点电压和电流的幅值和相位以及阻抗继电器的测量阻抗都将发生周期性变化。当测量阻抗进入动作区域时，距离保护将会发生误动作。因此，距离保护必须考虑系统振荡对其工作的影响。

1. 系统振荡时电流和电压的变化规律

现以如图 3-31 所示的两侧电源系统为例。设 $\dot{E}_M$ 超前于 $\dot{E}_N$ 的角度为 δ，$|\dot{E}_M|=|\dot{E}_N|=E$，且系统中各元件的阻抗角相等。

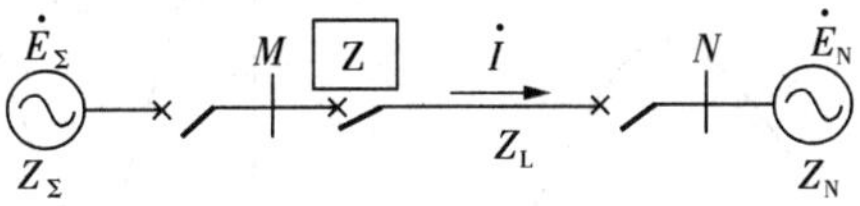

图 3-31　两侧电源系统图

当系统振荡时，则振荡电流为

$$\dot{I}=\frac{\dot{E}_M-\dot{E}_N}{Z_M+Z_L+Z_N}=\frac{\dot{E}_M-\dot{E}_N}{Z_\Sigma}=\frac{E(1-e^{-j\delta})}{Z_\Sigma} \tag{3-63}$$

振荡电流 $\dot{I}$ 滞后于电势差($\dot{E}_M-\dot{E}_N$)的角度为

$$\varphi=\text{arctg}\,\frac{X_M+X_L+X_N}{R_M+R_L+R_N}=\text{arctg}\,\frac{X_\Sigma}{R_\Sigma} \tag{3-64}$$

系统 M、N、Z 点的电压分别为

$$\dot{U}_M=\dot{E}_M-\dot{I}Z_M \tag{3-65}$$

$$\dot{U}_N=\dot{E}_N+\dot{I}Z_N \tag{3-66}$$

$$\dot{U}_Z=\dot{E}_M-\dot{I}\ \frac{1}{2}Z_\Sigma \tag{3-67}$$

式中:Z 点位于$\frac{1}{2}Z_\Sigma$处,即系统总阻抗的中心,因此称该点为振荡中心。

电流和电压的相量图如图 3-32 所示。

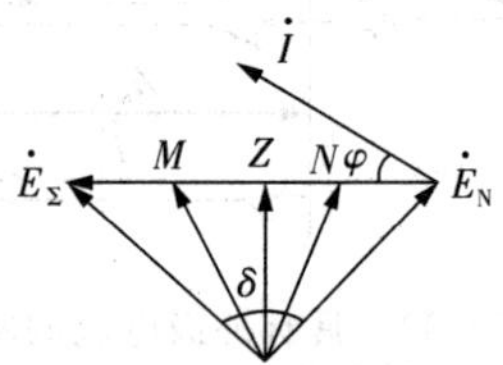

图 3-32　电流和电压的相量图

由图 3-32 所示的相量图可知

$$U_Z=E\cos\frac{\delta}{2} \tag{3-68}$$

当 $\delta=180°$时,振荡电流 $I=\frac{2E}{Z_\Sigma}$达到最大值,而电压 $U_Z=0$,相当于在振荡中心发生三相短路,但系统振荡是属于不正常运行状态而非故障,在此情况下保护不应动作。因此,要求保护必须具备区别三相短路和系统振荡的能力,才能保证在系统振荡情况下的正确工作。

当系统发生振荡时,振荡电流和系统各点电压幅值随 δ 变化的波形如图 3-33 所示。

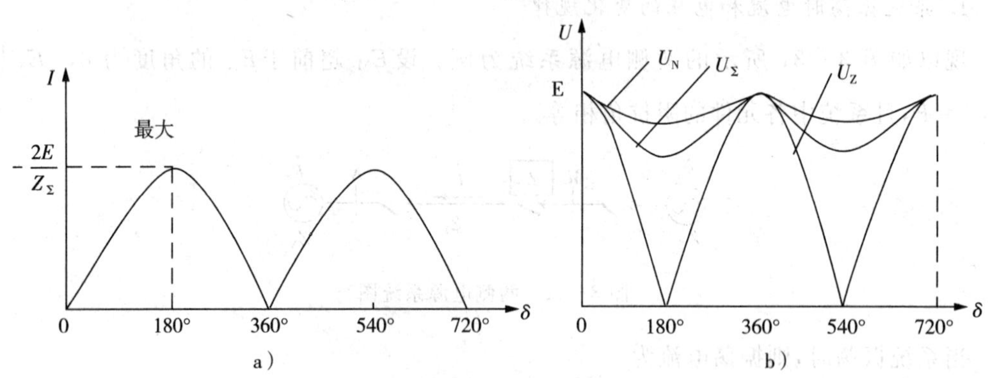

图 3-33　系统振荡时,振荡电流和各点电压的变化

a)振荡电流　b)各点电压

2. 系统振荡对距离保护的影响

(1)系统振荡时测量阻抗的变化规律

对于图 3-31 所示的系统,当系统振荡时,可根据振荡电流和电压求得 M 侧阻抗继电器的测量阻抗为

$$Z_{K.M}=\frac{\dot{U}_M}{\dot{I}}=\frac{\dot{E}_M-\dot{I}Z_M}{\dot{I}}=\frac{\dot{E}_M}{\dot{I}}-Z_M$$

$$=\frac{\dot{E}_M}{\dot{E}_M-\dot{E}_N}Z_\Sigma-Z_M=\frac{1}{1-e^{-j\delta}}Z_\Sigma-Z_M \tag{3-69}$$

考虑到

$$1-e^{-j\delta}=\frac{2}{1-j\text{ctg}\frac{\delta}{2}}$$

则式(3－69)可写为

$$Z_{K.M}=\frac{1}{2}(1-j\text{ctg}\frac{\delta}{2})Z_\Sigma-Z_M$$

$$=(\frac{1}{2}Z_\Sigma-Z_M)-j\frac{1}{2}Z_\Sigma\text{ctg}\frac{\delta}{2} \tag{3-70}$$

将测量阻抗 $Z_{K.M}$ 随 δ 而变化的轨迹，画在以保护安装点 M 为原点的复数阻抗平面上，如图 3－34 所示。

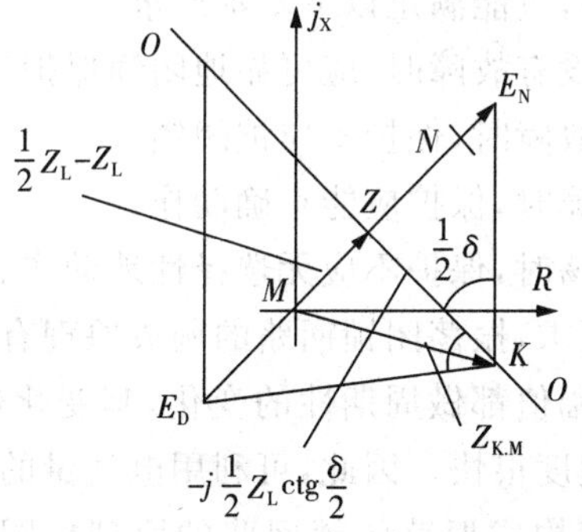

图 3－34　系统振荡时测量阻抗的变化

显然，当 $\delta=0°$时，$Z_{K.M}=\infty$；当 $\delta=180°$时，$Z_{K.M}=\frac{1}{2}Z_\Sigma-Z_M$，即为保护安装点到振荡中心 Z 点的线路阻抗。由此可见，当 δ 改变时，测量阻抗的数值和阻抗角都将发生变化，即测量阻抗端点的变化轨迹是在 Z_Σ 的垂直平分线 $\overline{OO'}$ 上移动，而垂直平分线 $\overline{OO'}$ 上任一点 K 与 M 点的连线，就是系统振荡角度为 δ 时所对应的测量阻抗。

(2)系统振荡对距离保护的影响

仍以 M 处的保护为例，其距离Ⅰ段的整定阻抗为 $0.85Z_L$，在图 3－35 中以长度 MA 表示，并在图 3－35 中画出椭圆形阻抗继电器 1、方向阻抗继电器 2 和全阻抗继电器 3 的动作特性。

当测量阻抗进入动作特性内时，阻抗继电器就会误动作。从图 3－35 可见，在整定阻抗相同的情况下，全阻抗继电器受振荡的影响最大，而椭圆形阻抗继电器所受的影响最小。由此说明，阻抗继电器的动作特性在复数阻抗平面上沿 $\overline{OO'}$ 方向所占的面积越大，受振荡的影响就越大。

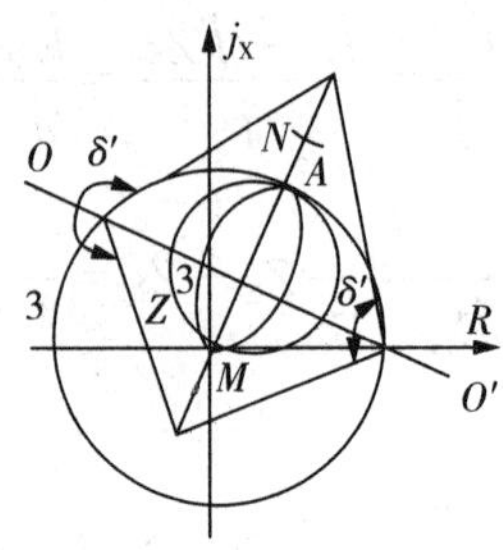

图 3－35　系统振荡对阻抗继电器工作的影响

此外,距离保护受振荡的影响还与保护安装地点有关。当保护安装处越靠近振荡中心,受振荡的影响越大,而当振荡中心在保护范围以外或位于保护的反方向时,则在系统振荡时不会误动作。另外,它还与保护的动作时间有关。对于距离Ⅲ段,由于它的动作时间较长,一般大于系统振荡周期(1～1.5s),因此可从时间上躲过系统振荡而不会误动作。但对于距离Ⅰ、Ⅱ段,由于动作时间短,则在系统振荡时有可能误动作。

3. 振荡闭锁回路

对于在振荡过程中可能误动作的距离保护,应设置专门的振荡闭锁回路,以防止系统振荡时误动作。

距离保护的振荡闭锁回路,应能满足以下基本要求:

(1)当系统只发生振荡而没有故障时,应可靠地闭锁保护。

(2)当系统发生各种类型故障时,保护不应被闭锁。

(3)在振荡过程中发生故障时,保护应能正确动作。

(4)先故障而后又发生振荡时,保护不应无选择性地动作。

根据对振荡闭锁回路的要求,振荡闭锁回路的构成原理有以下两种:

(1)振荡时电流和各电压幅值都做周期性的变化,其变化速度较慢;短路时电流是突然增大,电压突然降低,其变化速度很快。因此,可利用电气量的变化速度构成振荡闭锁回路。

如利用测量阻抗变化速度构成振荡闭锁回路的原理框图如图 3－36 所示。图中 KZ_1 为整定值较高的阻抗元件,KZ_2 为整定值较低的阻抗元件。系统发生振荡时,测量阻抗是缓慢地变为保护安装点到振荡中心处的线路阻抗;而在短路时,测量阻抗是突然变为短路阻抗。因此,根据测量阻抗变化速度的不同就可以实现振荡闭锁。

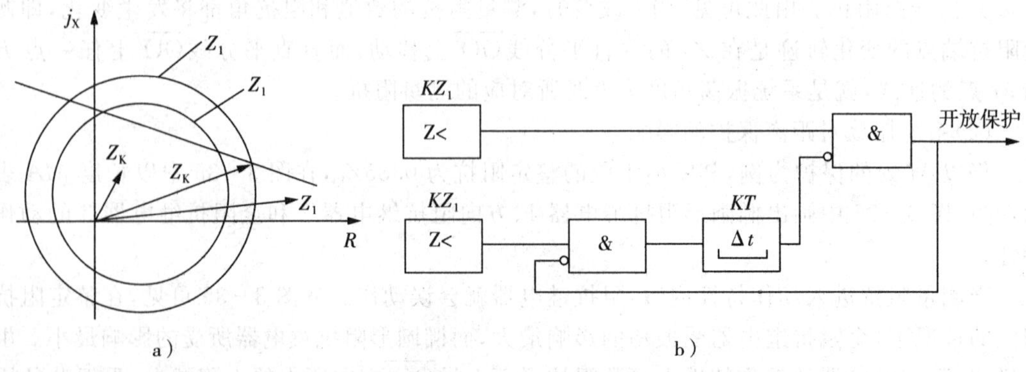

图 3－36　利用测量阻抗变化速度的不同构成振荡闭锁

a)原理示意图　b)原理框图

实质是在 KZ_1 动作后先开放一个 Δt 的延时，如果在这段时间内 KZ_2 动作，去开放保护，直到 KZ_1 返回；否则将保护闭锁。当系统振荡时，测量阻抗是先进入特性圆 Z_1，然后再进入特性圆 Z_2，而 KZ_1 与 KZ_2 的动作时间差大于 Δt，因此保护被闭锁。而当系统发生短路时，测量阻抗同时进入特性圆 Z_1 和特性圆 Z_2，则 KZ_1 与 KZ_2 动作时间差小于 Δt，故开放保护。

(2)振荡时三相完全对称，电力系统中不会出现负序分量或零序分量；而短路时，总要长期(在不对称短路过程中)或瞬间(在三相短路开始时)出现负序分量或零序分量。因此，可利用负序分量或零序分量构成振荡闭锁回路。

如利用是否出现负序和零序电流构成振荡闭锁回路的原理框图如图 3－37 所示。图中 I_2 为负序电流元件，I_0 为零序电流元，Z_{I} 为距离Ⅰ段的阻抗元件，Z_{II} 为距离Ⅱ段的阻抗元件。

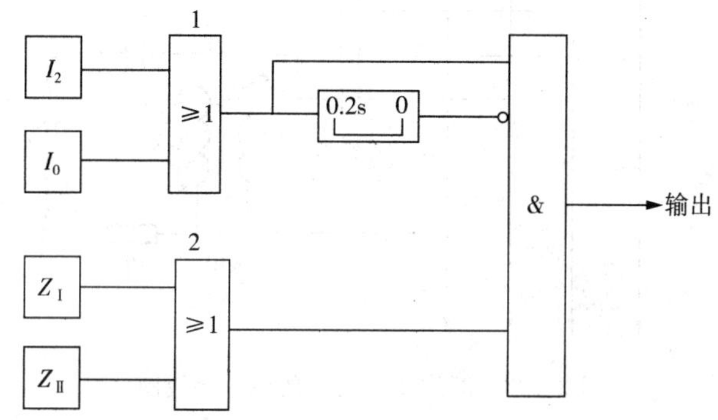

图 3－37　利用负序电流和零序电流构成的振荡闭锁的原理框图

当系统振荡时，由于没有负序和零序电流出现，负序电流元件 I_2 和零序电流元件 I_0 都不会动作，因此"与"门没有输出而将保护闭锁。当系统发生短路时，由于出现负序和零序电流(三相短路开始瞬间会出现短时的负序电流)而使 I_2 或 I_0 动作，因此"或"门 1 有输出。如果是保护范围内发生短路时，阻抗元件 Z_{I}、Z_{II} 动作，"或"门 2 也有输出，而时间元件的延时(0.2s)还没有到达，则"与"门有输出，故保护动作；如果是保护范围外发生短路时，阻抗元件 Z_{I}、Z_{II} 均不动作，则在 0.2s 后将距离保护的Ⅰ段和Ⅱ段闭锁以防止其在短路后引起的振荡过程中误动作。

四、电压回路断线对距离保护的影响

当电压互感器二次回路断线时，在负荷电流的作用下，这时的测量阻抗为零，因此距离保护将因失去电压而误动作。为此，距离保护应装设断线闭锁装置。

图 3－38 为根据零序电压磁平衡原理构成的电压回路断线闭锁装置的原理接线图。零序电压取自两个不同的的二次回路，并分别接在断线闭锁继电器 KBL 的两个线圈 W1 和 W2 上。其中，W1 经由三只相同的电容 C_A、C_B、C_C 组成的零序电压滤过器，接于电压互感器 TV 二次侧的三个相电压 $\dot{U}_a$、$\dot{U}_b$、$\dot{U}_c$ 上，W2 接于电压互感器 TV 二次侧开口三角形线圈上。

正常运行时，W1 和 W2 上的零序电压都等于零，KBL 不动作。当一次系统发生单相接地短路时，W1 和 W2 上都有零序电压，若选择参数使 W1 和 W2 上产生的磁势大小相等而

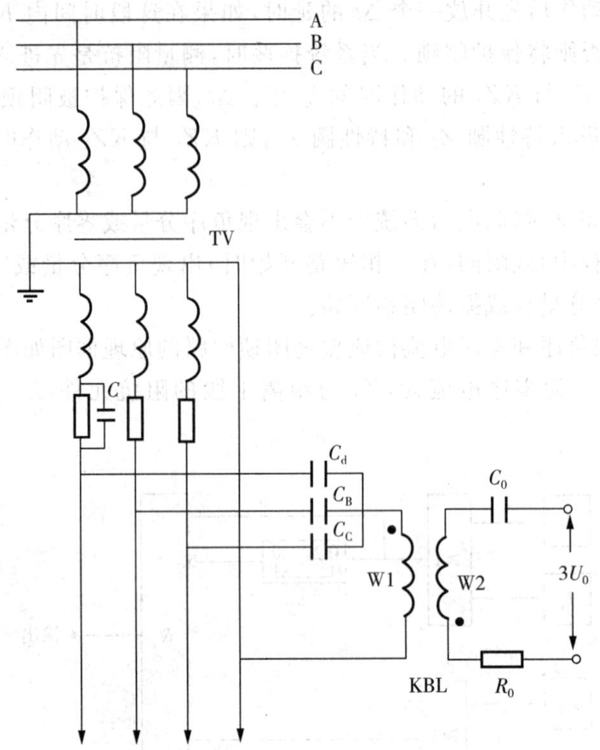

图 3-38　断线闭锁装置的原理接线图

方向相反，则 KBL 不动作。当 TV 二次侧有一相或两相断线时，则 W1 上有零序电压而 W2 上没有零序电压，则 KBL 动作，从而将保护闭锁。

当 TV 二次侧发生相间短路而熔丝没有熔断时，W1 上没有零序电压，KBL 不动作，只有熔丝熔断后 KBL 才动作。三相熔丝同时熔断时，KBL 不动作，为此在一相熔断器的两端并联一只电容 C，使此时的零序电压滤过器有一个输出，而使 KBL 能够动作。

断线闭锁继电器 KBL 的触点接于距离保护的总闭锁回路中。

拓展知识

距离保护的整定计算原则及对距离保护的评价

一、距离保护的整定原则、保护范围以及时限特性

见图 3-39 距离保护的各段保护范围及时间阶梯特性。

和电流保护一样，距离保护一般也是三段式，叫做距离Ⅰ、Ⅱ、Ⅲ段。其整定原则，也和电流保护相类似。

距离保护Ⅰ段：按本线路的 80% 进行整定（和电流速断保护一样，也是为了保证选择性，是以牺牲保护范围为代价）；动作时限为几十毫秒，或粗略说为零。

距离保护Ⅱ段：与相邻线路的距离保护Ⅰ段相配合，具体来说，其保护范围是，除了本线路全长，还要伸到相邻线路，但不能超过相邻线路距离保护Ⅰ段的范围；动作时限为高出相

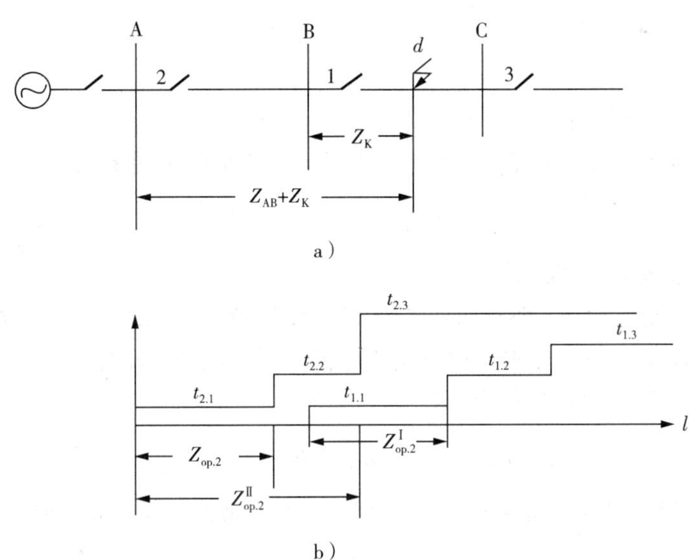

图 3-39　三段式距离保护各段保护范围及时间阶梯特性

a)网络接线　b)时限特性

邻线路距离保护Ⅰ段一个时间阶梯 0.5 秒。

距离保护Ⅲ段：躲本线路的最小负荷阻抗，具体来说，其保护范围是，本线路全长加相邻线路全长，还要伸到第Ⅲ级的线路一部分，动作时限为 1 秒以上。

从图 3-39 的时间特性可以看出，尽管它也是阶梯形特性，但是它是从电源侧开始到负荷侧，是逐渐升高的，这和过电流保护的时间阶梯特性刚好相反。这种时间特性正好是我们所需要的。

二、距离保护的整定计算原则

距离保护的整定计算，就是确定距离保护各段的动作阻抗、动作时限及灵敏度校验。现以图 3-40 中的保护 1 为例，说明三段式距离保护的整定计算原则。

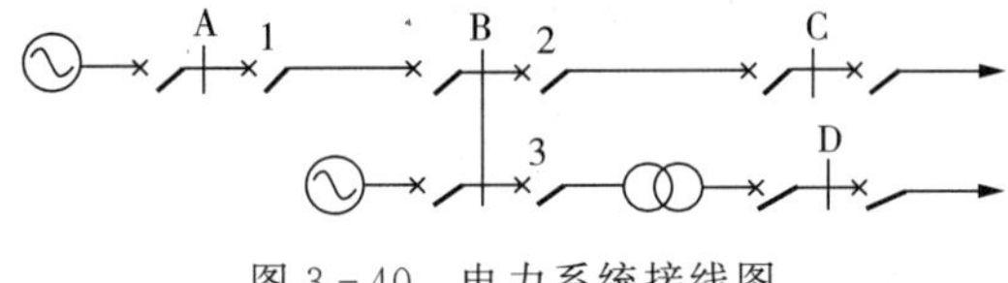

图 3-40　电力系统接线图

1. 距离Ⅰ段的整定

(1)动作阻抗

按躲过本线路末端短路整定，即

$$Z^{\mathrm{I}}_{\mathrm{op.1}}=K^{\mathrm{I}}_{\mathrm{rel}}Z_{\mathrm{AB}} \tag{3-71}$$

式中：$K^{\mathrm{I}}_{\mathrm{rel}}$为可靠系数，一般取 0.8～0.85。

可见，距离Ⅰ段的保护范围为本线路全长的 80%～85%。

(2)动作时限

若不计保护装置的固有动作时限，可认为 $t^{\mathrm{I}}_{1}=0\mathrm{s}$。

2. 距离Ⅱ段的整定

(1)动作阻抗

应按以下两个原则整定:

a. 与相邻线路距离Ⅰ段配合,并考虑分支系数对测量阻抗的影响,即

$$Z_{op.1}^{\mathrm{II}}=K_{rel}^{\mathrm{II}}(Z_{AB}+K_{br.min}Z_{op.2}^{\mathrm{I}}) \tag{3-72}$$

式中:K_{rel}^{II}为可靠系数,一般取0.8;

$K_{br.min}$为最小分支系数,即相邻线路距离Ⅰ段保护范围末端短路时,流过相邻线路的短路电流与流过本保护的短路电流实际可能的最小比值。

b. 与相邻变压器快速保护配合,即

$$Z_{op.1}^{\mathrm{II}}=K_{rel}^{\mathrm{II}}(Z_{AB}+K_{br.min}Z_{T}) \tag{3-73}$$

式中:Z_T 为变压器短路阻抗;考虑到 Z_T 的误差较大,一般取 $K_{rel}^{\mathrm{II}}=0.7$;$K_{br.min}$为实际可能的最小分支系数。

取以上两式计算结果中的较小者作为距离Ⅱ段的动作阻抗。

(2)动作时限

应比相邻距离Ⅰ段的动作时限大一个 Δt,即

$$t_1^{\mathrm{II}}=t_2^{\mathrm{I}}+\Delta t\approx 0.5\mathrm{s} \tag{3-74}$$

(3)灵敏度校验

应按本线路末端金属性短路校验,即

$$K_{sen.1}^{\mathrm{II}}=\frac{Z_{op.1}^{\mathrm{II}}}{Z_{AB}}\geqslant 1.3\sim 1.5 \tag{3-75}$$

若灵敏度不满足要求,则与相邻线路距离Ⅱ段配合,此时

$$\begin{aligned}Z_{op.1}^{\mathrm{II}}&=K_{rel}^{\mathrm{II}}(Z_{AB}+K_{br.min}Z_{op.2}^{\mathrm{II}})\\ t_1^{\mathrm{II}}&=t_2^{\mathrm{II}}+\Delta t\approx 1.0\mathrm{s}\end{aligned} \tag{3-76}$$

3. 距离Ⅲ段的整定

(1)动作阻抗

按躲过最小负荷阻抗整定。

当距离Ⅲ段采用全阻抗继电器时,则动作阻抗为

$$Z_{op.1}^{\mathrm{III}}=\frac{1}{K_{rel}^{\mathrm{III}}K_rK_{ast}}Z_{loa.min} \tag{3-77}$$

式中:K_{rel}^{III}为可靠系数,一般取1.2～1.3;

K_r 为返回系数,一般取1.1～1.15;

K_{ast}为电动机自启动系数,大于1;

$Z_{loa.min}$为最小负荷阻抗,$Z_{loa.min}=\frac{0.9U_N/\sqrt{3}}{I_{loa.max}}$,$U_N$ 为电网额定线电压,$I_{loa.max}$为本线路最大负荷电流。

当距离Ⅲ段采用方向阻抗继电器时，则动作阻抗为

$$Z_{op.1}^{Ⅲ}=\frac{1}{K_{rel}^{Ⅲ}K_{r}K_{ast}\cos(\varphi_{sen}-\varphi_{loa})}Z_{loa.min} \tag{3-78}$$

式中：φ_{sen}为方向阻抗继电器的最灵敏角，一般取为线路阻抗角；

φ_{loa}为负荷功率因数角。

(2)动作时限

按阶梯原则整定，即

$$t_{1}^{Ⅲ}=t_{2}^{Ⅲ}+\Delta t \tag{3-79}$$

(3)灵敏度校验

作近后备时，按本线路末端金属性短路校验，即

$$K_{sen.1}^{Ⅲ}=\frac{Z_{op.1}^{Ⅲ}}{Z_{AB}}\geqslant 1.5 \tag{3-80}$$

作远后备时，按相邻线路末端金属性短路校验，即

$$K_{sen.1}^{Ⅲ}=\frac{Z_{op.1}^{Ⅲ}}{Z_{AB}+K_{br.max}Z_{BC}}\geqslant 1.2 \tag{3-81}$$

4. 阻抗继电器的动作阻抗

以上动作阻抗的整定计算，都是一次动作阻抗，当换算到继电器的动作阻抗时，必须计及电压互感器与电流互感器的变比。设电压互感器的变比为n_{TV}，电流互感器的变比为n_{TA}，则一、二次动作阻抗之间的关系为

$$Z_{op.k}=\frac{n_{TA}}{n_{TV}}Z_{op} \tag{3-82}$$

式中：$Z_{op.k}$为继电器的动作阻抗，即二次动作阻抗；

Z_{op}为保护的动作阻抗，即一次动作阻抗。

【例3-1】 在图3-41所示的网络中，各线路均装有距离保护，试对其中保护1的距离Ⅰ、Ⅱ、Ⅲ段进行整定计算。已知线路AB的最大负荷电流$I_{loa.max}=350\text{A}$，功率因数$\cos\varphi_{loa}=0.9$，各线路每千米阻抗$Z_1=0.4\Omega/\text{km}$，阻抗角$\varphi_k=70°$，电动机的自启动系数$K_{ast}=1$，正常时母线最低工作电压$U_{loa.min}$取等于$0.9U_N(U_N=110\text{kV})$。

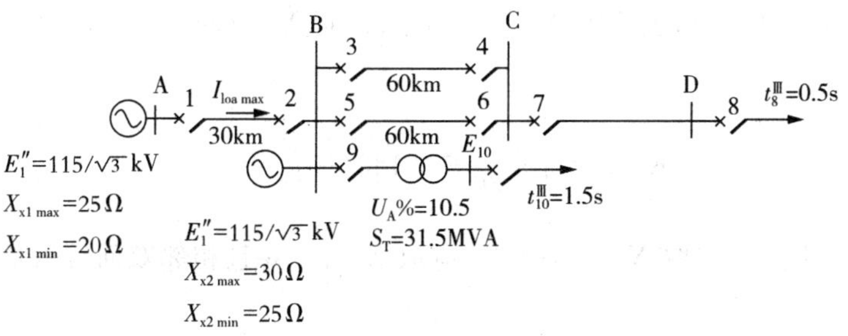

图3-41　例3-1网络接线图

解:1. 有关各元件阻抗值的计算

线路 AB 的正序阻抗:$Z_{AB}=Z_1 l_{AB}=0.4\times30=12\Omega$;

线路 BC 的正序阻抗:$Z_{BC}=Z_1 l_{BC}=0.4\times60=24\Omega$;

变压器的等值阻抗:$Z_T=\frac{U_k\%}{100}\times\frac{U_T^2}{S_T}=\frac{10.5}{100}\times\frac{115^2}{31.5}=44.1\Omega$。

2. 距离Ⅰ段的整定

(1)动作阻抗:$Z_{op.1}^{I}=K_{rel}^{I}Z_{AB}=0.85\times12=10.2\Omega$;

(2)动作时限:$t_1^{I}=0s$。

3. 距离Ⅱ段的整定

(1)动作阻抗:按下列两个条件选择。

① 与相邻线路 BC 的保护 3(或保护 5)的距离Ⅰ段配合,即

$$Z_{op.1}^{II}=K_{rel}^{II}(Z_{AB}+K_{br.min}Z_{op.3}^{I})$$

式中:$K_{rel}^{II}=0.8$。

$$Z_{op.3}^{I}=K_{rel}^{I}Z_{BC}=0.85\times24=20.4\Omega$$

式中:$K_{br.min}$为保护 3 的距离Ⅰ段保护范围短路时实际可能的最小分支系数。

求分支系数 K_{br}的等值电路如图 3-42 所示。

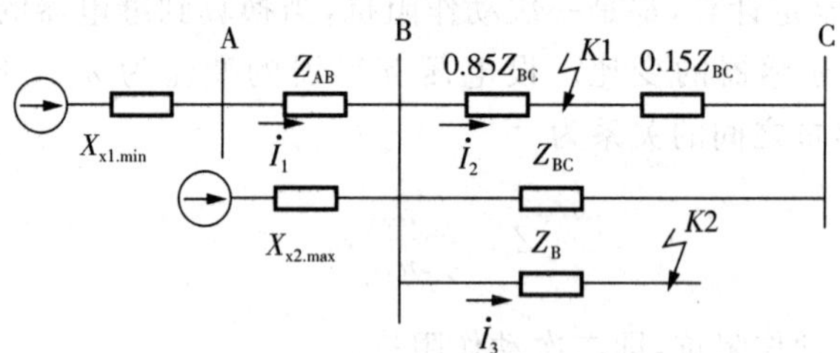

图 3-42　求分支系数的等值电路

由图 3-42 可得

$$K_{br}=\frac{I_2}{I_1}=\frac{X_{s1}+Z_{AB}+X_{s2}}{X_{s2}}\times\frac{(1+0.15)Z_{BC}}{2Z_{BC}}=\left(\frac{X_{s1}+Z_{AB}}{X_{s2}}+1\right)\times\frac{1.15}{2}$$

可见,为了求得 $K_{br.min}$,上式中 X_{s1}应取 $X_{s1.min}$,而 X_{s2}应取 $X_{s2.max}$,并且相邻双回线均投入,因而

$$K_{br.min}=\left(\frac{20+12}{30}+1\right)\times\frac{1.15}{2}=1.19$$

若求 $K_{br.max}$,则 X_{s1}应取 $X_{s1.max}$,而 X_{s2}应取 $X_{s2.min}$,并且相邻双回线取单回线运行,

则可得

$$K_{br.max}=\frac{I_2}{I_1}=\frac{X_{s1.max}+Z_{AB}+X_{s2.min}}{X_{s2.min}}=\frac{25+12+25}{25}=2.48$$

于是可得：

$$Z_{op.1}^{\mathrm{II}}=0.8\times(12+1.19\times20.4)=29.02\Omega$$

② 与相邻变压器快速保护配合（设变压器装有差动保护），即

$$Z_{op.1}^{\mathrm{II}}=K_{rel}^{\mathrm{II}}(Z_{AB}+K_{br.min}Z_{T})$$

式中：取 $K_{rel}^{\mathrm{II}}=0.7$。

$K_{br.min}$为相邻变压器出口 K2 点短路时实际可能的最小分支系数。

由图 3－42 可得

$$K_{br.min}=\frac{I_3}{I_1}=\frac{X_{s1.min}+Z_{AB}+X_{s2.max}}{X_{s2.max}}=\frac{20+12+30}{30}=2.07$$

而最大分支系数为

$$K_{br.max}=\frac{I_3}{I_1}=\frac{X_{s1.max}+Z_{AB}+X_{s2.min}}{X_{s2.min}}=\frac{25+12+25}{25}=2.48$$

于是可得，$Z_{op.1}^{\mathrm{II}}=0.7\times(12+2.07\times44.1)=72.3\Omega$，取以上两个计算结果中较小者为距离Ⅱ段的整定值，即 $Z_{op.1}^{\mathrm{II}}=29.02\Omega$。

(2)动作时限：与相邻线路 BC 的距离Ⅰ段配合，即

$$t_1^{\mathrm{II}}=t_2^{\mathrm{I}}+\Delta t=0.5\mathrm{s}$$

(3)灵敏度校验：按本线路末端短路求灵敏系数，即

$$K_{sen.1}=\frac{Z_{op.1}^{\mathrm{II}}}{Z_{AB}}=\frac{29.02}{12}=2.42>1.5\quad 满足要求。$$

4. 距离Ⅲ段整定

(1)动作阻抗：按躲过最小负荷阻抗整定。

最小负荷阻抗为　$Z_{loa.min}=\frac{0.9U_N/\sqrt{3}}{I_{loa.max}}=\frac{0.9\times110/\sqrt{3}}{0.35}=163.5\Omega$

当距离Ⅲ段采用方向阻抗继电器时，则有

$$Z_{op.1}^{\mathrm{III}}=\frac{1}{K_{rel}K_rK_{ast}\cos(\varphi_{sen}-\varphi_{loa})}Z_{loa.min}$$

$$=\frac{1}{1.2\times1.15\times1\times\cos(70^\circ-25.8^\circ)}\times163.5=165.3\Omega$$

(2)动作时限：按阶梯原则选择。

$$t_1^{\mathrm{III}}=t_8^{\mathrm{III}}+3\Delta t=0.5+3\times0.5=2.0\mathrm{s}$$

或　$t_1^{\mathrm{III}}=t_{10}^{\mathrm{III}}+2\Delta t=1.5+2\times0.5=2.5\mathrm{s}$

取其中较长者，即取 $t_1^{\mathrm{III}}=2.5\mathrm{s}$。

(3)灵敏度校验

① 本线路末端短路时的灵敏系数为

$$K_{\mathrm{sen.1}}=\frac{Z_{\mathrm{op.1}}^{\mathrm{III}}}{Z_{\mathrm{AB}}}=\frac{165.3}{12}=13.78>1.5 \quad 满足要求。$$

② 相邻线路末端短路时的灵敏系数为

$$K_{\mathrm{sen.1}}=\frac{Z_{\mathrm{op.1}}^{\mathrm{III}}}{Z_{\mathrm{AB}}+K_{\mathrm{br.max}}Z_{\mathrm{BC}}}=\frac{165.3}{12+2.48\times 24}=2.31>1.2 \quad 满足要求。$$

③ 相邻变压器出口 K2 点短路时的灵敏系数为

$$K_{\mathrm{sen.1}}=\frac{Z_{\mathrm{op.1}}^{\mathrm{III}}}{Z_{\mathrm{AB}}+K_{\mathrm{br.max}}Z_{\mathrm{T}}}=\frac{165.3}{12+2.48\times 44.1}=1.36>1.2 \quad 满足要求。$$

三、对距离保护的评价及应用范围

从对继电保护的四个基本要求来评价距离保护，可以得出如下结论：

1. 选择性

根据距离保护的工作原理可知，它可以在多电源复杂网络中保证有选择性动作。

2. 快速性

距离Ⅰ段是瞬时动作，但是只能保护线路全长 80%～85%，因而两端加起来有 30%～40%的线路长度内的故障不能从两端瞬时切除，在一端须经 0.5s 的延时才能切除。这对于 220kV 及以上电网，往往不能满足系统稳定运行的要求，而使距离保护不能作为主保护来应用。

3. 灵敏性

距离保护不但反映短路故障时电流增大，同时还反映故障时电压降低，因此灵敏性比电流、电压保护高。此外，距离Ⅰ段的保护范围不受系统运行方式变化的影响，而其他两段受到的影响也比较小，因此，保护范围比较稳定。

4. 可靠性

由于距离保护中采用了复杂的阻抗继电器和大量的辅助继电器，且受各种因素(如系统振荡、短路点的过渡电阻和电压回路断线等)的影响，需要在保护中采取各种防止或减少这些因素影响的措施，使得整套保护装置接线比较复杂。因此，距离保护的可靠性比电流保护低。

距离保护目前应用较多的是保护电网的相间短路。对于大接地电流系统中的接地故障可由简单的阶段式零序电流保护装置切除，或者采用接地距离保护，通常在 35kV 电网中，距离保护作为复杂网络相间短路的主保护；在 110kV 及以上电网中，相间短路距离保护和接地短路距离保护主要作为全线速动主保护的相间短路和接地短路的后备保护，对于不要求全线速动的高压线路，距离保护可作为线路的主保护。

【项目总结】

电网的距离保护是利用测量阻抗的大小来反应故障点到保护安装处之间的距离。因此，距离保护的灵敏度较高，其保护范围比较稳定，并且在结构复杂的高压电网中得到了广泛应用。

阻抗继电器是距离保护的核心元件。在分析圆特性阻抗继电器时，可以利用复数阻抗平面来分析阻抗继电器的动作特性；并从阻抗继电器的动作特性入手，以建立阻抗继电器的动作条件。另外，还要掌握测量阻抗、动作阻抗、整定阻抗以及精确工作电流等概念。

为正确反应故障点到保护安装处之间的距离，并且在同一点发生不同类型故障时，测量阻抗应与故障类型无关。但是，阻抗继电器无论采用哪一种接线方式都不能完全满足这一要求。因此，阻抗继电器的接线方式分为两种，一种是反应相间短路故障的接线方式，通常采用0°接线方式。另一种是反应接地短路故障的接线方式，通常采用相电压和具有$K3\dot{I}_0$补偿的相电流接线方式。

对影响阻抗继电器正确工作因素的分析，关键是明确哪些因素可以导致距离保护的不正确工作。由于影响阻抗继电器正确工作的因素较多，因此重点掌握短路点的过渡电阻、分支电流、系统振荡和电压二次回路断线对距离保护正确工作的影响及其对策。其中，系统振荡对距离保护正确工作的影响及其对策是难点。在学习系统振荡对距离保护影响时，首先要弄清楚系统振荡时测量阻抗的变化轨迹；当测量阻抗的变化轨迹穿越阻抗继电器的动作特性且在阻抗继电器的动作特性内的时间大于保护的动作时限时，则保护将误动作。根据系统振荡和短路时电气量变化的不同，可构成振荡闭锁装置，从而防止系统振荡时距离保护误动作。

此外，还要求掌握距离保护的整定计算原则，并能根据给定的简单电力网络对距离保护进行整定计算。

距离保护一般采用三段式，每一段都与三段式电流保护中的各相应段类似。因此，可运用对比或比较的方法进行学习，以便加深理解和掌握。

思考题与习题

3-1　何谓距离保护？它有什么特点？

3-2　什么是距离保护的时限特性？试画出三段式距离保护的时限特性图。

3-3　距离保护装置一般由哪几部分组成？简述各部分的作用。

3-4　试画出方向阻抗继电器的动作特性圆，并写出其幅值比较和相位比较的动作条件。

3-5　什么是测量阻抗、动作阻抗及整定阻抗？试以方向阻抗继电器为例，说明测量阻抗、动作阻抗及整定阻抗的区别及其相互间的关系。

3-6　有一方向阻抗继电器，其整定阻抗$Z_{set}=10\angle 60°\Omega$，若测量阻抗$Z_K=8.5\angle 30°\Omega$，试问该继电器能否动作？

3-7　何谓0°接线方式？为什么相间短路阻抗继电器通常采用0°接线方式？

3-8　过渡电阻对距离Ⅰ段影响大，还是对距离Ⅱ段影响大？

3-9　什么是助增电流和外汲电流？它们对阻抗继电器的工作有什么影响？

3-10　在什么情况下分支系数大于1，小于1或等于1？

3-11　电力系统发生振荡时，测量阻抗变化轨迹有什么特点？

3-12　对于全阻抗继电器、方向阻抗继电器和偏移特性阻抗继电器而言，哪一种阻抗继电器受过渡电阻影响最大？哪一种阻抗继电器受系统振荡影响最大？

3-13　网络及其参数如图3-43所示，各线路均装设三段式距离保护作为相间短路保护，各段测量元件均采用方向阻抗继电器，并已知：线路的正序阻抗 $Z_1=0.4\Omega/\text{km}$，阻抗角 $\varphi_k=65°$，线路AB、BC的最大负荷电流 $I_{loa.max}=400\text{A}$，负荷的功率因数 $\cos\varphi_{loa}=0.9$，负荷自启动系数 $K_{ast}=2$，取 $K_{rel}^{I}=K_{rel}^{II}=0.8$，$K_{rel}^{III}=1.2$，$K_r=1.15$。试对保护1进行整定计算。

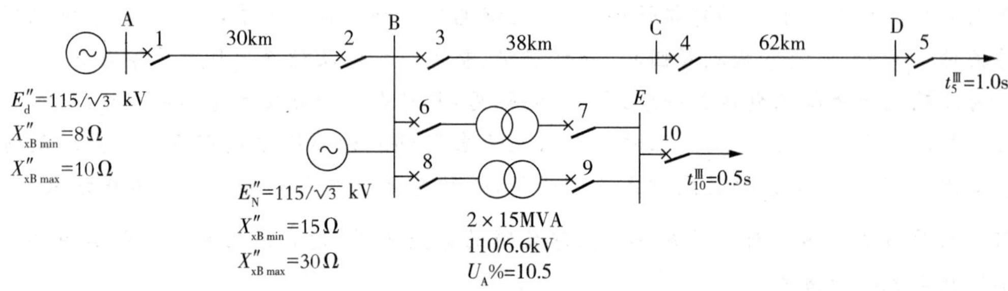

图3-43　习题3-13网络图

3-14　在如图3-44所示的网络中，各线路始端均采用0°接线方式的距离保护为相间短路保护，其网络参数如图中所示，并已知：线路的正序阻抗 $Z_1=0.4\Omega/\text{km}$，取 $K_{rel}^{I}=K_{rel}^{II}=0.8$，试求保护1的距离Ⅰ段、Ⅱ段的动作阻抗和距离Ⅱ段的动作时限并校验距离Ⅱ段的灵敏度。

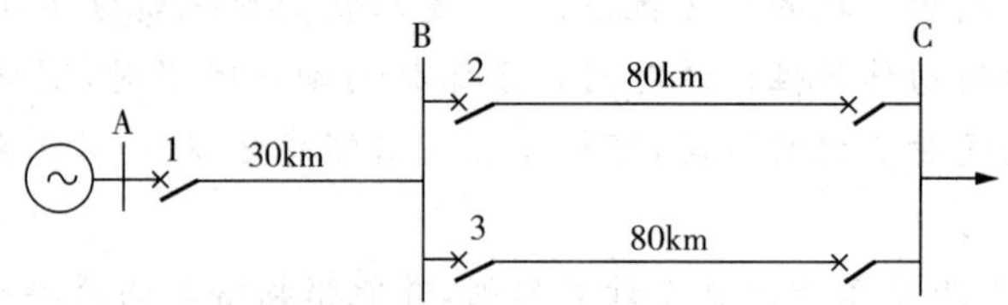

图3-44　习题3-14网络图

3-15　在如图3-45所示的网络中，线路的正序阻抗 $Z_1=0.4\Omega/\text{km}$，阻抗角 $\varphi_k=70°$；A、B变电站均装有反应相间短路的两段式距离保护，其测量元件采用方向阻抗继电器及0°接线方式。试求保护1的距离Ⅰ段和距离Ⅱ段的动作阻抗，并分析在线路AB上距A侧65km处和75km处发生金属性相间短路时，保护1的距离Ⅰ段和距离Ⅱ段的动作情况。

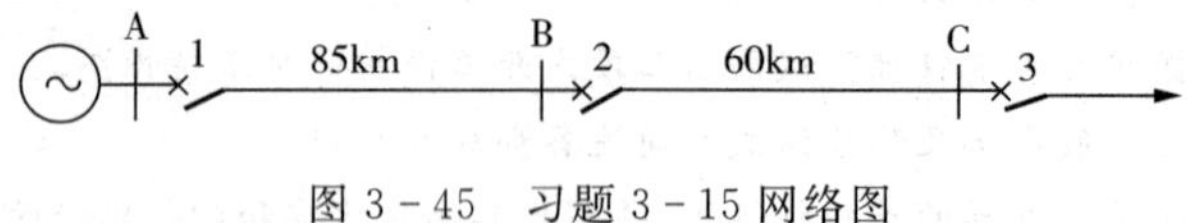

图3-45　习题3-15网络图

项目四　输电线路全线速动保护

【项目描述】

通过对线路微机保护装置(如PSL－600系列、RCS－9000系列等)中所包含各种高频保护与光纤保护的讲解和检验,使学生熟悉各种高频保护与光纤保护的原理、实现方式,具有检验各种高频保护与光纤保护特性的能力。

【学习目标】

1. 知识目标

(1)熟悉线路高频保护与光纤保护的基本配置及线路微机保护装置的基本结构;

(2)掌握线路高频保护与光纤保护的实现方式;

(3)熟悉光纤通道;

(4)了解自动重合闸;

2. 能力目标

(1)具有检验线路高频保护与光纤保护特性能力;

(2)了解检验线路纵联保护通道的常识。

【学习环境】

为完成上述学习目标要求具有与现场相似的微机保护实训场所(或微机保护一体化教室),具有微机线路保护、微机变压器保护等基本的微机保护装置,应具有微机保护装置检验调试所需的仪器仪表、工器具、相关材料等,具有可以开展一体化教学的多媒体教学设备。

任务一　高频保护

学习目标

通过对线路微机保护装置(如RCS－901、RCS－902等)所包含的线路高频保护功能进行讲解和检验,使学生在完成本任务的学习过程中达到以下三个方面的目标:

1. 知识目标

(1)掌握线路高频保护的实现方式;

(2)熟悉高频通道。

2. 能力目标

(1)会阅读线路高频保护的相关图纸；

(2)熟悉线路微机保护装置中与高频保护相关的压板、信号、端子等；

(3)熟悉并能完成线路微机保护装置检验前的准备工作，会对线路微机保护装置高频保护进行检验。

3. 态度目标

(1)不旷课，不迟到，不早退；

(2)具有团队意识协作精神；

(3)积极向上努力按时完成老师布置的各项任务；

(4)责任意识，安全意识，规范意识。

任务描述

熟悉线路微机保护装置高频保护的构成，学会对线路微机保护装置高频保护功能检验的方法、步骤等。

任务准备

1. 工作准备

√	学习阶段	工作(学习)任务	工作目标	备　注
	入题阶段	根据工作任务，分析设备现状，明确检验项目，编制检验工作安全措施及作业指导书，熟悉图纸资料	确定重点检验项目	
	准备阶段	检查并落实检验所需材料、工器具、劳动防护用品等是否齐全合格	检验所需设备材料齐全完备	
	分工阶段	班长根据工作需要和人员精神状态确定工作负责人和工作班成员，组织学习《电业安全工作规程》、现场安全措施	全体人员明确工作目标及安全措施	

2. 检验工器具、材料表

(一)检验工器具						
√	序号	名　称	规　格	单　位	数　量	备　注
	1	继电保护微机试验仪及测试线		套		
	2	万用表		块		
	3	电源盘(带漏电保护器)		个		
	4	模拟断路器		台		

（续表）

(二)备品备件						
√	序 号	名　称	规　格	单　位	数　量	备　注
	1	电源插件		个		
(三)检验材料表						
√	序 号	名　称	规　格	单　位	数　量	备　注
	1	毛刷		把		
	2	绝缘胶布		盘		
	3	电烙铁		把		
(四)图纸资料						
√	序 号	名　称				备　注
	1	与现场实际接线一致的图纸				
	2	最新定值通知单				
	3	装置资料及说明书				
	4	上次检验报告				
	5	作业指导书				
	6	检验规程				

3. 危险点分析及安全控制措施

序 号	危险点	安全控制措施
1	误走错间隔，误碰运行设备	检查在线路保护屏前后应有“在此工作”标示牌，相邻运行屏悬挂红布幔
2	工作不慎引起交、直流回路故障	工作中应使用带绝缘手柄的工具，拆动二次线时应作绝缘处理并固定，防止直流接地或短路
3	电压反送、误向运行设备通电流	试验前应断开检修设备与运行设备相关联的电流、电压回路
4	检修中的临时改动忘记恢复	二次回路、保护压板、保护定值的临时改动要做好记录，坚持“谁拆除谁恢复”的原则
5	带电插拔插件，易造成集成块损坏；频繁插拔插件，易造成插件插头松动	严禁带电插拔插件，工作时佩戴防静电手环或采取其它防静电措施。整组传动后应尽量避免插拔插件，如需插拔应检验相关回路完好

（续表）

序 号	危险点	安全控制措施
6	接、拆低压电源时人身触电	接拆电源时应在电源开关拉开的情况下两人一起工作。所使用电源应装有漏电保护器。禁止从运行设备上接取试验电源
7	越过遮栏，易发生人员触电事故	现场设专人监护，严禁跨越围栏
8	联跳回路未断开，误跳运行开关	根据被检验装置与运行设备相关联部分的实际情况，制定技术措施，防止误跳其它开关（误跳母联、分段开关，误启动失灵保护）

任务实施

1. 开工

√	序 号	内 容
	1	履行工作票、安全措施票手续并对危险点和安全注意事项交底；办理工作许可手续

2. 安全措施的执行及确认危险点

（一）检查运行人员所做的措施						
√	检查内容					
	检查所有压板位置，并做好记录					
	检查所有把手及开关位置，并作好记录					
（二）继电保护安全措施的执行						
回 路	位置及措施内容	执行√	恢复√	位置及措施内容	执行√	恢复√
电流回路						
电压回路						
联跳和失灵回路						
信号回路						
其他						
执行人员：				监护人员：		
备注：						

3. 作业流程

(三)线路高频保护检验		
序号	检验内容	√
1	高频方向保护检验	
2	高频零序方向保护检验	
3	高频距离保护检验	
(四)工作结束前检查		
序号	内　　容	√
1	现场工作结束前,工作负责人会同工作人员检查实验记录有无漏检验项目,试验结论、数据是否完整正确	
2	检查临时接线是否全部拆除,拆下的线头是否全部接好,包括接地线	
3	检查保护装置是否在正常运行状态	
4	打印装置现运行定值区定值与定值通知单逐项核对相符	
5	检查出口压板对地电位正确	

4. 竣工

√	序号	内　容	备　注
	1	检查措施是否恢复到开工前状态	
	2	全体工作班人员清扫、整理现场,清点工具及回收材料。工作负责人周密检查施工现场,是否有遗留的工具、材料	
	3	工作负责人在检修记录上详细记录本次工作所检修项目、发现的问题、试验结果和存在的问题等	
	4	经验收合格,办理工作票终结手续	

线路高频保护检验方法

高频保护以闭锁式居多,其工作原理如前所述,其简化逻辑框图如图 4－1 所示。

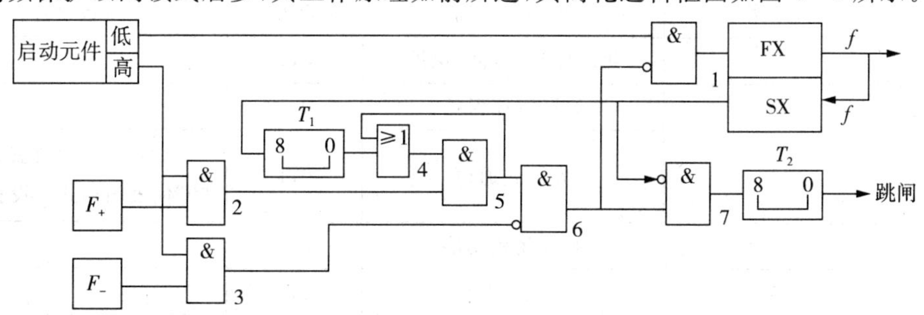

图 4－1　高频保护简化逻辑框图

高频保护的调试内容主要包括高频保护逻辑功能和通道的调试。对逻辑功能而言，主要是对高频保护的方向元件和其他辅助元件进行检验。构成高频保护的方向元件类型较多，一般包括专用方向元件(如工频变化量方向元件、能量方向元件等)、零序方向元件、负序方向元件及阻抗方向元件等。下面以闭锁式高频保护为例进行介绍。

一、试验接线及设置

将继电保护测试仪的电流输出接至线路保护电流输入端子，电压输出接至线路保护电压输入端子，另将线路保护的一副跳闸触点接到测试仪的任一开关量输入端，用于进行自动测试。典型接线如图 4-2 所示。

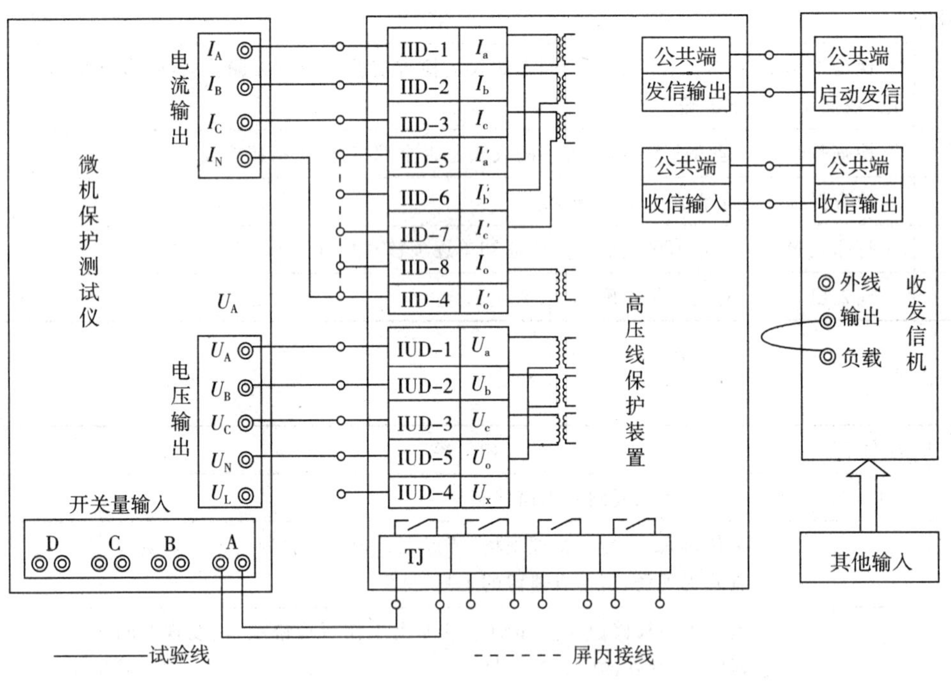

图 4-2 高频保护检验接线示意图

投入高频保护相关控制字(具体请参考各厂家的控制字说明)及高频保护或主保护功能硬连接片，标准设计中相关控制字及设置见表 4-1。

表 4-1 纵联保护控制字及设置

类 别	序 号	控制字名称	整定方式	参数设置
纵联保护控制字	1	纵联距离(方向)保护	0,1	1
	2	纵联零序保护	0,1	1
	3	允许式通道	0,1	“1”代表允许式；“0”代表闭锁式。设置为 0
	4	解除闭锁功能	0,1	0
软连接片	5	纵联保护	0,1	1

重合闸方式按照整定值要求进行设定，一般选择单重方式，退出其他保护功能连接片。

试验前应将断路器置于合闸后状态。

试验假设高频保护功能已投入，高频零序保护定值为2A，高频距离保护定值为3Ω。除了对高频主保护装置进行正确设置外，还应将收、发信机打开并置于“负载”位置，以使收发信机的信号不传送到通道上，使试验受到影响，在进行通道联调时则再置于“通道”位置。如果未配有收发信机或仅对装置调试，可将保护的发信触点接至收信触点构成自发自收。

二、高频方向保护检验

对高频方向保护的检验主要是方向元件的方向性检验。为保证纵联保护能可靠、灵敏地动作，对纵联保护的方向元件有很高的要求。对其元件的检验主要是对方向元件的灵敏性和选择性进行检验，一方面应保证在正向保护范围内故障有足够的灵敏度，另一方面保证反方向故障可靠不动作。

1. 正方向检验

正方向的检验可在手动测试模块或阻抗定值模块、整组试验模块进行。手动试验时，可分别模拟A、B、C相单相接地瞬时故障，AB、BC、CA相间瞬时故障以及正向出口三相短路故障。模拟故障前，应当输出正常额定电压一段时间，其输出时间应大于TV断线恢复时间（一般10s左右，可通过TV断线灯是否熄灭来进行判断），以使高频保护的方向元件恢复工作，模拟故障的时间为100～158ms。如果要带重合闸进行试验，则故障前时间还应当长一些，在重合闸灯亮之后进行试验。如果仅保证TV断线恢复在重合闸灯没有亮之前输出故障，则任何故障均三跳不重合。

在进行故障设置时，模拟的故障点选择是需要考虑的问题。专用的方向元件保护范围往往没有一个固定的值，如工频变化量方向元件、能量方向元件等，但其基本要求是在本线路末端故障有规程规定的足够的灵敏度。因此其故障点的短路阻抗选择可以根据本线路的全长阻抗乘上灵敏系数要求来确定。另外，由于距离保护Ⅱ段整定时对本线路有一定的灵敏度要求，往往也可以以Ⅱ段阻抗定值为参考进行设置。

另外，还应当检验方向元件正方向出口三相短路是否会失去方向性。检验方法同功率方向元件。

2. 反方向试验

设置反方向故障，故障点可设置远端和出口，以检验灵敏性和方向性。

三、高频零序方向保护检验

对高频零序方向保护的检验除了对零序方向元件的方向性检验外，还要对零序过电流元件的定值进行检验。对零序方向元件的检验要求同专用方向元件，只是其模拟的故障类型仅需考虑接地故障，不考虑相间和三相短路的情形。

1. 纵联零序电流保护零序过电流定值检验

可采用手动测试、零序电流测试模块或整组试验模块进行试验。分别模拟各种单相接地故障。一般采用恒定电流模型，短路阻抗可任意设定一个接地阻抗定值，但应当保证计算出的故障电压不超出额定电压值，以30V左右为宜。按照此方法进行设置，计算较为复杂。

对零序过电流定值采用定点测试方法，一般的故障计算中，以近似模拟A相接地短路为例，操作测试仪使A相电流输出分别为1.05倍、0.95倍零序电流定值，A相电压幅值设定为30V，B相及C相可设置为正常电压，相位为正相序，电流相位设定为滞后A相80°。故障输出时间大于该段电流保护动作时间，则 1.05 倍电流保护应可靠动作，0.95 倍应可靠不动作，然后在 1.2 倍时测量动作时间。

2. 反方向测试

模拟反方向接地故障，高频零序方向保护应可靠不动作。

四、高频距离保护检验

高频距离保护和高频方向保护主要在于测量元件的区别，对高频距离保护的检验实际是对超范围的测量阻抗元件的阻抗定值和方向性进行检验，因此对阻抗元件的测试可参照距离保护定值的测试方法进行检验。

1. 阻抗元件检验

对阻抗元件的检验可在手动测试模块或阻抗定值模块、整组试验模块进行。手动试验时，分别模拟 A、B、C 相单相接地瞬时故障，AB、BC、CA 相间瞬时故障以及正向出口三相短路故障。

故障前的参数设置与高频方向保护相同，进行高频距离保护的阻抗元件检验可参考距离保护的定值检验方法，分别对 0.95 倍、1.05 倍和 0.7 倍阻抗定值进行检验。需注意的是，一些厂家的阻抗元件的保护定值是根据线路长度及其他的方法来保证满足规程规定灵敏度，不需要单独进行整定，如需进行检验，应根据线路长度或厂家的计算方法先计算出来再按照如上方法进行检验。

另外，还应当检验阻抗元件在正方向出口三相短路时是否会失去方向性。

2. 反方向试验

设置反方向故障，故障点可设置远端和出口，以检验灵敏性和方向性。

相关知识

高频保护

一、高频保护的基本概念

在介绍纵联保护之前，除了以前规定的电流正方向仍然是从母线指向线路外，还要提出两个条件：一是两端要有电源，二是要有通信通道。

所谓输电线路纵联保护，就是用某种通信通道（简称通道）将输电线两端的保护装置纵向联结起来，将各端的电气量（电流、功率的方向等）传送到对端，将两端的电气量比较，以判断故障在本线路范围内还是范围之外，从而决定是否切断被保护线路。因此，纵联保护应该是属于第二类继电保护，理论上这种纵联保护具有绝对的选择性。

输电线的纵联保护随着所用的通道不同，也有多种形式，但是它们的基本工作原理应该是相同的，下面我们以一种用辅助导线或称导引线作为通道的纵联保护为例来说明其工作原理。

1. 高频保护的作用原理

在 220kV 及以上电网中，为了保证系统并列运行的稳定性，提高输送功率，减少故障损失，往往要求继电保护能无延时地切除线路上任一点故障，即要求继电保护能实现全线速动。由于电流保护和距离保护都是只反映线路一侧电气量的变化，因而无法实现全线速动。

为此，提出了高频保护。

高频保护是将线路两端的电气量(电流相位或功率方向)转化为40～500kHz的高频信号，然后利用输电线路本身构成高频电流通道，将高频信号传送至对端，再进行两端电气量(电流相位或功率方向)的比较，以决定保护是否应该动作。从原理看，高频保护不反应被保护线路范围以外的故障，在定值选择上也无需与下一条线路相配合，因此可实现全线速动。

高频保护由继电部分、高频收发信机和高频通道三部分构成，其构成框图如图4-3所示。

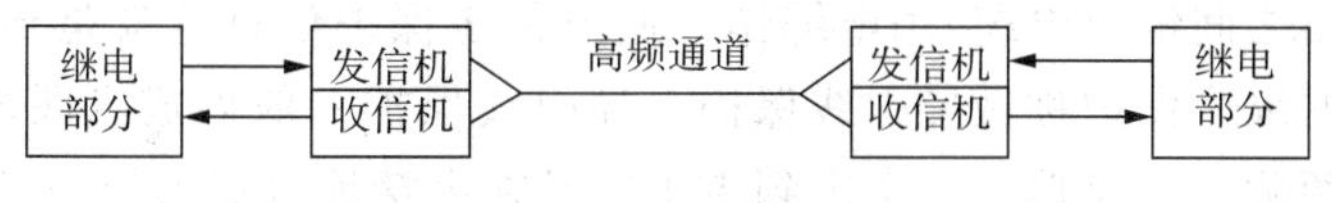

图4-3　高频保护构成框图

其中，继电部分的作用是根据被保护线路工频电气量的变化来控制高频发信机发出相应的高频信号，同时根据高频收信机所收到的高频信号判断在保护范围内是否发生故障，从而决定保护是否动作。高频收发信机的作用是发送和接收高频信号，即高频发信机将本端工频电气量转化为高频信号传送至对端，高频收信机将接收到的高频信号作用于继电部分。高频通道的作用是传输高频信号。

目前广泛采用的高频保护有：高频闭锁方向保护、高频闭锁距离保护、高频闭锁零序方向电流保护和相差动高频保护。高频闭锁方向保护是比较被保护线路两端的短路功率方向。高频闭锁距离保护和高频闭锁零序方向电流保护分别是由距离保护、零序电流保护与高频收发信机结合而构成的保护，也都是属于比较方向的高频保护。相差动高频保护是比较被保护线路两端工频电流的相位。

2. 通道类型

纵联保护既然是反应两侧电气量变化的保护，那就一定要把对侧电气量变化的信息告诉本侧，同样也应把本侧电气量变化的信息告诉对侧，以便每侧都能综合比较两侧电气量变化的信息作出是否要发跳闸命令的决定。这必然涉及到通信的问题，而通信需要通道。目前使用的通道类型有下列几种：

(1)电力线载波通道

这是目前使用较多的一种通道类型，其使用的信号频率是50～400kHz。这种频率在通信上属于高频频段范围，所以把这种通道也称做高频通道。把利用这种通道的纵联保护称做高频保护。高频频率的信号只能有线传输，所以输电线路也作为高频通道的一部份。

(2)微波通道

使用的信号频率是3000～30000MHz。这种频率在通信上属于微波频段范围，所以把这种纵联保护称做微波保护。微波频率的信号可以无线传输也可以有线传输。无线传输要在可视距离内传输，所以要建高的微波铁塔。当传输距离超过40～60kM时还需加设微波中继站。有时微波站在变电站外，增加了维护困难。虽然微波通道容量很大，不存在通道拥挤问题，但由于上述原因目前利用微波通道传送继电保护信息并没有得到很大应用。

(3)光纤通道

随着光纤通信技术的快速发展，用光纤作为继电保护通道使用得越来越多。用光纤通道做成的纵联保护有时也称做光纤保护。光纤通信容量大又不受电磁干扰，且通道与输电线路有无故障无关。近年来发展的若干根光纤制成光缆直接与架空地线做在一起，在架空线路建设的同时光缆的铺设也一起完成，使用前景十分诱人。由于光纤通信容量大因此可以利用它构成输电线路的分相纵联保护，例如分相纵联电流差动保护、分相纵联距离、方向保护等。光纤通信一般采用脉冲编码调制(PCM)方式可以进一步提高通信容量，信号以编码形式传送，其传输速率一般为64kb/S，传输距离可以达到100kM。如果用2Mb/S的传输速率，由于衰耗较大传输距离只能在70kM以下。

(4)导引线通道

在两个变电站之间铺设电缆，用电缆作为通道传送保护信息这就是导引线通道。用导引线为通道构成的纵联保护称做导引线保护。导引线保护一般做成纵联电流差动保护，在电缆中传送的是两侧的电流信息。考虑到雷击以及在大接地电流系统中发生接地故障时地中电流引起的地电位升高的影响，作为导引线的电缆也应有足够的绝缘水平，从而增大了投资。显然从技术经济角度来看用导引线通道只适用于小于十千米的短线路上。

3. 高频通道的构成

以输电线路作为传输高频信号通道，必须在输电线路上装设专用的加工设备。目前广泛应用的“导线一大地”制高频通道，如图4-4所示。现将主要组成元件的作用分述如下。

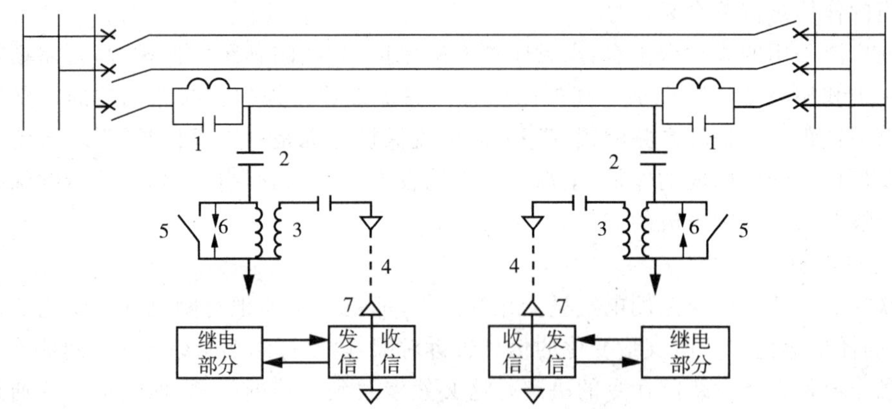

图4-4 “导线-大地”制高频通道的示意图

1一高频阻波器 2一结合电容器 3一连接滤波器 4一高频电缆
5一保护间隙 6一接地刀闸 7一高频收发信机

(1)高频阻波器

高频阻波器是由电感线圈和可调电容组成的并联谐振回路，串接在线路两端的工作相中，其谐振频率就是通道所用的载波频率。它对高频载波电流呈现很大的阻抗(约为1000Ω以上)，从而使高频电流信号被限制在被保护线路以内，而不能穿越到相邻线路中去。对于工频电流，高频阻波器所呈现的阻抗很小(约为0.04Ω)，因而不影响工频电流的传输。

(2)结合电容器

结合电容器是将高频电流耦合到高压输电线路上的连接设备，它的电容量很小，对工频电流呈现很大的阻抗，使高频收发信机与工频高压输电线路绝缘；而对高频电流呈现很小的阻抗，可使高频信号顺利通过。

(3)连接滤波器

连接滤波器是由一个可调节的空心变压器和连接至高频电缆一侧的电容器组成。它与

结合电容器共同构成一个带通滤波器，使所需频带的高频电流能顺利通过。带通滤波器在线路一侧的阻抗与线路的波阻抗相匹配，而在高频电缆一侧的阻抗与高频电缆的波阻抗相匹配。这样，就可以避免高频信号的电磁波在传送过程中发生反射，从而减少高频能量的附加衰耗。

(4)高频电缆

高频电缆是将位于室外的连接滤波器与位于主控制室内的高频收发信机连接起来。为了减少高频信号的衰耗，一般采用单芯同轴电缆。

(5)保护间隙

保护间隙与连接滤波器的一次绕组并联，用以保护高频电缆和高频收发信机免受过电压侵袭。

(6)接地刀闸

接地刀闸是在检修或调试高频收发信机和连接滤波器时，用于安全接地，以保证人身和设备的安全。

(7)高频收发信机

高频收发信机是用以发送和接收高频信号的。高频发信机部分由继电部分控制，通常是在电力系统发生故障时，继电部分启动之后它才发出信号；但有时也可以采用长期发信，故障时停信或改变信号频率的方式。由高频发信机发出的高频信号，通过高频通道输送到对端，被对端的高频收信机所接收，同时也被本端的高频收信机所接收。高频收信机接收到本端和对端所发送的高频信号，再经过比较判断后，从而决定保护是否动作跳闸。

以上所述的高频阻波器、结合电容器、连接滤波器和高频电缆等设备，统称为高压输电线路的高频加工设备，它与高压输电线路构成高频传输通道，用以传输高频信号。

4. 高频通道的工作方式

高频通道的工作方式可分为经常无高频电流方式、经常有高频电流方式及移频方式。

(1)经常无高频电流方式

所谓经常无高频电流方式是指在正常运行时，高频通道中无高频电流通过，只在线路故障时才启动发信机发信。因此，也称为故障时发信方式。这种方式的优点是发信机寿命长，对通道中其他信号干扰小。其缺点是要定期启动发信机检查通道的完好性。目前，广泛采用这种方式。

(2)经常有高频电流方式

所谓经常有高频电流方式是指在正常运行时，高频通道中就有高频电流通过。因此，也称为长期发信方式。这种方式的优点是使高频通道经常处于监视状态，可靠性高；也不需要发信机的启动部分，使得保护简化、灵敏度提高。其缺点是收发信机的使用年限减少，通道中干扰增加。可见，采用这种方式应设法解决对通道中其他信号的干扰问题。

(3)移频方式

所谓移频方式是指在正常运行时，高频发信机发出频率为 f_1 的高频电流，用以监视通道及闭锁保护。在线路发生故障时，保护装置控制发信机停止发出频率为 f_1 的高频电流，改为发出频率为 f_2 的高频电流。这种方式的优点是能经常监视通道的工作情况，提高了通道工作的可靠性，加强了保护的抗干扰能力。其缺点是投资较大。

5. 高频信号的作用

高频信号与高频电流是两个不同的概念。高频信号是指在故障时用来传送线路两端信息的。对于故障时发信方式,有高频电流,就是有高频信号。对于长期发信方式,无高频电流,就是有高频信号。按高频信号的作用可分为闭锁信号、允许信号和跳闸信号三种。

(1)闭锁信号

闭锁信号是将保护闭锁,禁止保护跳闸的高频信号。当线路内部故障时,两端不发闭锁信号,通道中无闭锁信号,保护作用于跳闸;当线路外部故障时,通道中有闭锁信号,将两端保护闭锁。因此,收不到闭锁信号是保护动作于跳闸的必要条件,其逻辑关系如图 4-5a 所示。从图 4-5a 可见,只有当本端保护动作,同时又收不到闭锁信号时,则动作于跳闸。

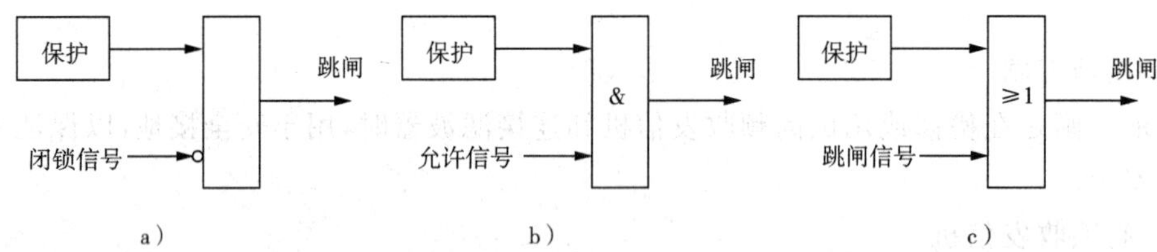

图 4-5　高频信号作用的逻辑关系图

a)闭锁信号　b)允许信号　c)跳闸信号

闭锁信号的优点是可靠性高,线路故障对传送闭锁信号无影响,所以在以输电线路作高频通道时,广泛采用这种信号方式。其缺点是要求两端保护的动作时间和灵敏度应很好地配合,因此保护结构复杂、动作速度慢。

(2)允许信号

允许信号是允许保护动作于跳闸的高频信号。只有当本端保护动作,同时又有允许信号,则动作于跳闸,其逻辑关系如图 4-5b 所示。因此,收到允许信号是保护动作于跳闸的必要条件。

允许信号的主要优点是动作速度快。在主保护双重化的情况下,可以一套用闭锁信号,另一套用允许信号。

(3)跳闸信号

跳闸信号是由线路对端发来的、直接使本端保护动作于跳闸的高频信号。不管本端保护是否启动,只要收到对端发来的跳闸信号,则动作于跳闸,其逻辑关系如图 4-5c 所示。因此,收到跳闸信号是保护动作于跳闸的充分而必要条件。

跳闸信号的优点是能从线路一端判断是否内部故障,其缺点是抗干扰能力差,因此一般用于线路变压器组上。

二、高频闭锁方向保护

1. 高频闭锁方向保护的基本原理

高频闭锁方向保护是通过高频通道间接比较被保护线路两端的功率方向,以判别是被保护线路内部故障还是外部故障。目前广泛采用的高频闭锁方向保护,是以高频通道经常无高频电流而在外部故障时发出闭锁信号的方式构成的,该闭锁信号由短路功率功率方向为负的一端发出,并被两端的收信机所接收,而把保护闭锁,因此称为高频闭锁方向保护。

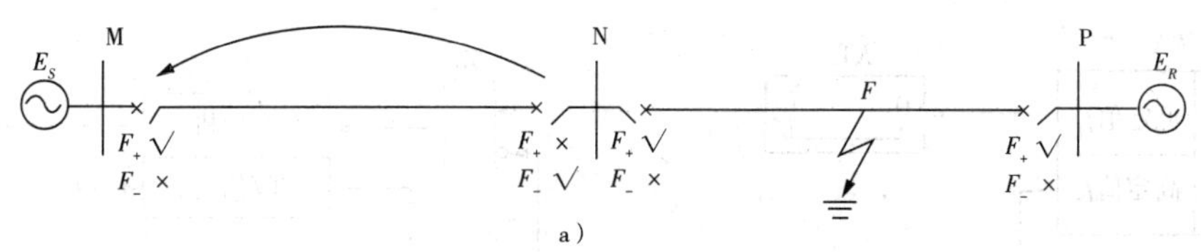

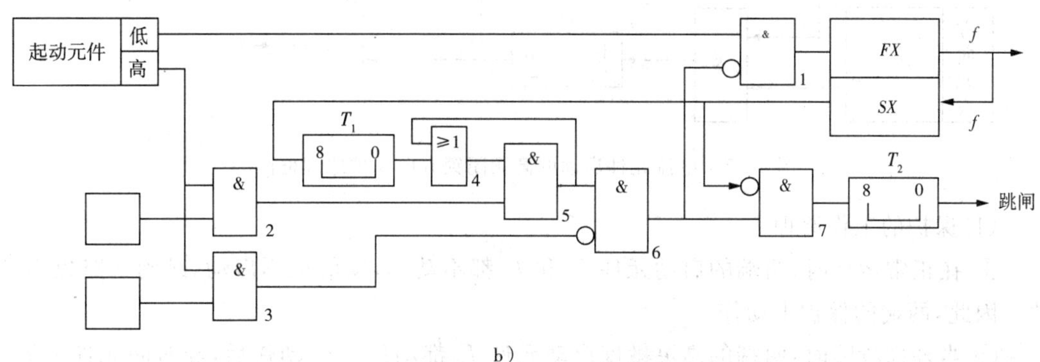

图 4-6　高频闭锁方向保护的原理框图和简略框图

a)保护原理图　b)简略原理框图

如果在输电线路每一侧都装有两个方向元件:一个是正方向方向元件 F_+,正方向短路时动作而反方向短路时不动作;另一个是反方向方向元件 F_-,反方向短路时动作而正方向短路时不动作。如果在图 4-6a 的 NP 线路上发生短路,NP 线路是故障线路,MN 线路是非故障线路。两条线路总共四侧的方向元件的动作行为也已标在图上,√表示继电器动作;×表示继电器不动作。仔细比较两侧的方向元件的动作行为可以区分故障线路与非故障线路。故障线路的特征是:两侧的 F_+ 均动作,两侧的 F_- 均不动作,这在非故障线路中是不存在的。而非故障线路的特征是:两侧中至少有一侧的 F_+ 不动作、F_- 可能动作可能不动作,这在故障线路中是不存在的。出现 F_+ 不动作、F_- 可能动作可能不动作的这一侧是近故障点的一侧。

假如采用闭锁信号,纵联方向保护的做法是:在 F_+ 不动作或者 F_- 动作的这一侧一直发高频信号,这样在非故障线路上近故障点的一侧就能一直发闭锁信号,两侧保护收到闭锁信号将保护闭锁。在故障线路上由于没有一侧是 F_+ 不动作、F_- 动作的,所以最后故障线路上没有闭锁信号,两侧保护就都能发跳闸命令。

2. 电流元件启动的高频闭锁方向保护

线路一端的半套电流元件启动的高频闭锁方向保护原理框图如图 4-7 所示,线路另一端的半套保护与此完全相同。从图 4-7 中可见,在线路每一端的半套保护中,装有两个电流启动元件 I_1 和 I_2,一个方向元件 P,两个时间元件 KT_1 和 KT_2。

图中,I_1 的灵敏度较高,用以启动发信机发出闭锁信号;I_2 的灵敏度较低,用以启动保护的跳闸回路。P 用以判别短路功率的方向。KT_1 为瞬时动作、延时返回的时间元件,其作用是在外部故障切除后,近故障点端的发信机能继续发出闭锁信号 t_1 时间,以保证远故障点端不会由于 I_2 和 P 返回慢而引起误跳闸;KT_2 为延时动作、瞬时返回的时间元件,其作用是等待对端闭锁信号的到来,以防止外部故障时,远故障点端由于未收到近故障点端的发信机传送来的闭锁信号而造成误跳闸。

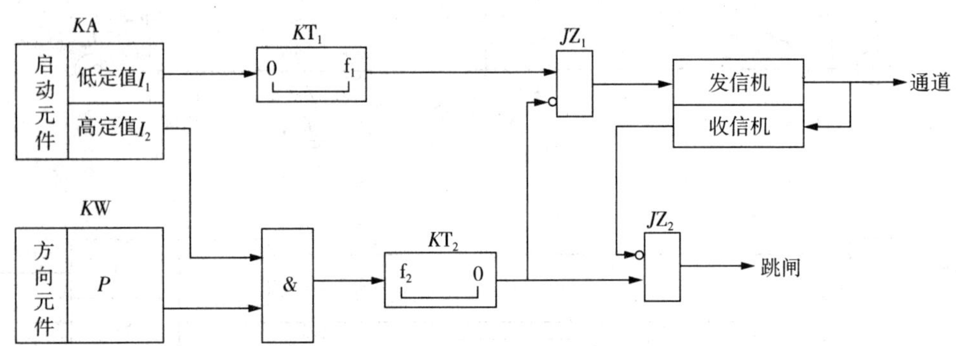

图 4-7　电流元件启动的高频闭锁方向保护原理框图

(1)保护的工作原理

① 在正常运行时,两端的启动元件 I_1 和 I_2 都不动作,发信机不启动,跳闸回路也不开放。因此,两端的保护不动作。

② 当外部故障时,两端的高灵敏度启动元件 I_1 都动作。I_1 动作后,经时间元件 KT_1、“禁止”门 JZ_1 启动发信机发出闭锁信号。同时,两端的低灵敏度启动元件 I_2 也都动作。I_2 动作后,经“与”门准备好跳闸回路。由于远故障点端的短路功率方向为正,其方向元件 P 也动作,“与”门开放,则经时间元件 KT_2 延时后,将“禁止”门 JZ_1 闭锁,使本端发信机停止发信;但近故障点端的短路功率方向为负,其方向元件 P 不动作,则“禁止”门 JZ_1 开放,使该端的发信机能继续发出闭锁信号。近故障点端所发出的闭锁信号一方面被本端的收信机接收,另一方面经过高频通道被对端的收信机接收,当两端的收信机收到闭锁信号后,将“禁止”门 JZ_2 闭锁。因此,两端的保护被闭锁。当外部故障切除且启动元件返回之后,则整套保护又恢复原状。

③ 当两端供电的线路内部故障时,两端的启动元件 I_1 和 I_2 都动作。I_1 动作后,经时间元件 KT_1、“禁止”门 JZ_1 启动发信机发出闭锁信号。I_2 动作后,经“与”门准备好跳闸回路。同时,两端的方向元件 P 也都动作,“与”门开放,经 t_2 延时后,将“禁止”门 JZ_1 闭锁,又使两端的发信机停止发出闭锁信号。由于两端的收信机收不到闭锁信号,则“禁止”门 JZ_2 开放。故两端的保护动作于跳闸,将故障线路切除。

④ 当单端供电线路内部故障时,受电端的启动元件不动作,也不发闭锁信号;送电端的启动元件和方向元件都动作。因此,送电端的保护动作于跳闸。

⑤ 若方向元件采用90°接线方式的功率方向继电器,当系统振荡且振荡中心位于保护范围内时,由于两端的功率方向都为正,则两端的保护将误动作。但采用反应负序或零序的方向元件,则不受系统振荡影响。

(2)采用两个灵敏度不同的启动元件的原因

由上述分析可见,在外部故障时保护正确动作的必要条件是靠近故障点一端的发信机必须启动。如果两端只有一个启动元件且灵敏度不相配合时,就可能发生误动作。

当外部 K 点短路且短路电流为 $95A \leqslant I_K \leqslant 105A$ 时,则 B 端的保护不启动,也不能发出闭锁信号;而 A 端的保护启动,又收不到闭锁信号,故 A 端的保护将出现误动作。

为了防止这种误动作情况的发生,可采用两个灵敏度不同的启动元件。一般选择

$$I_{op.2}=(1.6\sim2)I_{op.1} \tag{4-1}$$

用动作电流较小的启动元件（即高灵敏度的启动元件）I_1 启动发信机，而用动作电流较

例如，在图 4－8 所示的系统中，线路 AB 两端各有一个启动元件，其动作电流为 $I_{op}=100A$。由于电流互感器的误差和电流启动元件动作值的离散性，两端启动元件的实际动作电流可能不同，一般允许的误差范围是±5％。因此，A 端的实际动作电流可能为 95A，B 端的实际动作电流可能为 105A。

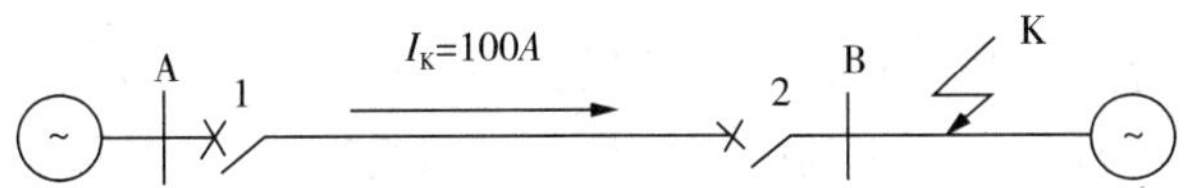

图 4－8　只用一个启动元件且灵敏度不相配合的情况

大的启动元件（即低灵敏度的启动元件）I_2 启动跳闸回路。这样，在遇到上述情况时，就可以避免误动作情况的发生。

(3)采用两个灵敏度不同的启动元件存在的缺点

① 当外部故障时，为了保证远故障点端的保护不会误动作，在跳闸回路中设置了时间元件 KT_2，以等待对端发来的闭锁信号。因此，降低了整套保护的动作速度。

② 在内部故障时，必须低灵敏度的启动元件 I_2 动作后，保护才能动作于跳闸。因此，降低了整套保护的灵敏度并使保护接线复杂。

3．*方向元件启动的高频闭锁方向保护*

方向元件启动的高频闭锁方向保护原理框图如图 4－9a 所示。图中，$P-$ 为反方向短路时动作的方向元件，用以启动发信机；$P+$ 为正方向短路时动作的方向元件，用以启动跳闸回路；P_M+、P_M- 和 P_N+、P_N- 的动作区如图 4－9b 所示。

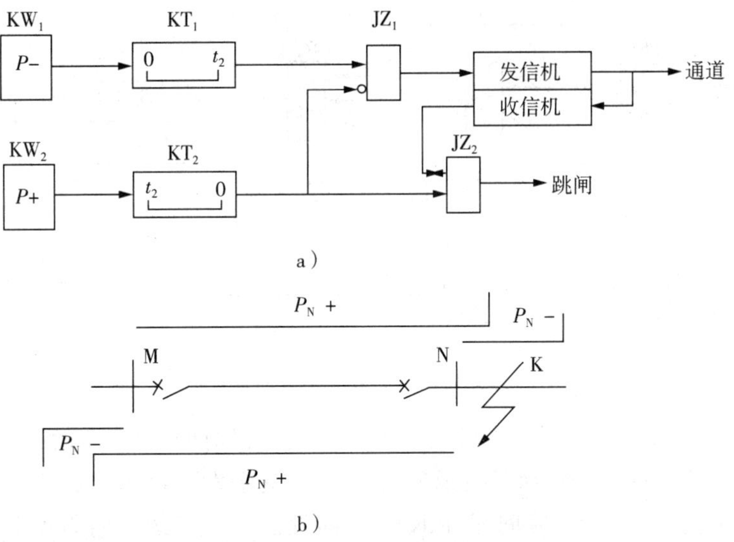

图 4－9　方向元件启动的高频闭锁方向保护

a)原理框图　b)系统图及方向元件的动作区

现将保护的工作原理说明如下：

(1)在正常运行时，两端的方向元件 P_M+、P_M- 和 P_N+、P_N- 都不动作，发信机不启动，跳闸回路也不开放。因此，两端的保护不动作。

(2)当外部(如 K 点)故障时，远故障点端(即 M 端)的正方向元件 P_M+ 动作，启动跳闸回路。近故障点端(即 N 端)的反方向元件 P_N- 动作，经时间元件 KT_1、“禁止”门 JZ_1 启动发信机。于是，两端的收信机都将收到闭锁信号，使“禁止”门 JZ_2 闭锁。故两端的保护被闭锁而不会误动。

(3)当两端供电线路内部故障时，两端的反方向元件 P_M- 和 P_N- 都不动作，发信机不启动，于是，两端的收信机都将收不到闭锁信号，使“禁止”门 JZ_2 开放。同时，两端的正方向元件 P_M+ 和 P_N+ 都动作，经 t_2 延时后，则两端的保护动作于跳闸。

(4)当单端供电线路内部故障时，由于受电端肯定不会发出闭锁信号，因此不会造成送电端的保护拒动。

方向元件启动的高频闭锁方向保护的主要优点是：构成简单，灵敏度高。目前，方向元件启动的高频闭锁方向保护广泛采用负序功率方向继电器作为方向元件，以使保护的性能更加完善。

4. 远方启动的高频闭锁方向保护

远方启动的高频闭锁方向保护原理框图如图 4-10 所示。这种启动方式只有一个电流启动元件 I，发信机既可由电流启动元件 I 启动，也可由收信机收到对端的高频信号后，经延时元件 KT_3、“或”门、“禁止”门 JZ_1 来启动。这样，在外部故障时，即使只有一端的电流启动元件 I 启动发信机，另一端也可通过高频通道接收到远方传送的高频信号将本端的发信机启动，后者的启动方式称为远方启动。

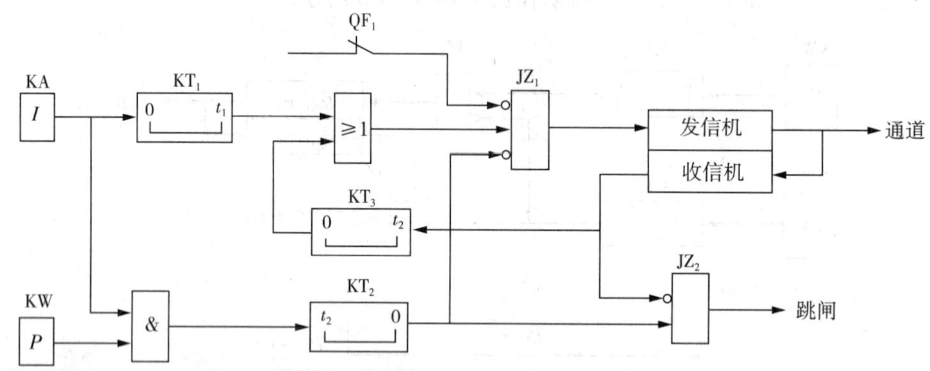

图 4-10 远方启动的高频闭锁方向保护原理框图

在两端相互远方启动后，为了使发信机固定启动一段时间，设置了时间元件 KT_3，该时间元件为瞬时动作、延时返回，而延时返回的时间 t_3 就是发信机固定启动时间。在收信机收到对端发来的高频信号后，时间元件 KT_3 立即发出一个持续时间为 t_3 的脉冲，经“或”门、“禁止”门 JZ_1，使发信机发信。经时间 t_3 后，远方启动回路就自动地断开。t_3 的时间应大于外部短路可能持续的时间，一般取 $t_3=(5\sim8)$s。这是因为在外部故障切除前，若近故障点端由远方启动的发信机停止发信，则远故障点端的保护因收不到闭锁信号而可能误动作。

远方起信的条件是：低值启动元件未启动；收信机收到对侧的高频信号，满足这两个条件后发信10s。这种启动发信不是自己低定值启动元件启动发信的，而是收到了对侧信号后启动发信的，所以叫远方起信。

现将保护的工作原理说明如下：

(1)当两端供电线路内部故障时，两端的电流启动元件 I 和方向元件 P 都动作。I 动作后，经时间元件 KT_1、"或"门、"禁止"门 JZ_1 启动发信机。本端收信机收到高频信号后，将"禁止"门 JZ_2 闭锁并使本端发信机继续发信。两端 P 动作后，经"与"门启动时间元件 KT_2，经 t_2 延时后，将"禁止"门 JZ_1 闭锁，使发信机停止发出高频信号。两端的收信机收不到高频闭锁信号，则"禁止"门 JZ_2 开放，故两端的保护动作于跳闸。

(2)当单端供电线路内部故障时，送电端发信机启动，将高频信号传送到对端并启动发信机，而受电端被远方启动后不能停信，这样就会造成送电端保护拒动。但是，在受电端的断路器已跳开时，利用该端的断路器辅助触点 QF_1 将"禁止"门 JZ_1 闭锁，使发信机不能被远方启动，则送电端的保护经 t_2 延时后动作于跳闸。

(3)当外部故障时，由于近故障点的电流启动元件 I 动作，而方向元件 P 不会动作，"与"门不开放，"禁止"门不会被闭锁，发信机能够发信，向对端传送高频信号。对端收信机收到高频信号后，将"禁止"门 JZ_2 闭锁，故两端的 JZ_1 保护不会误动作。

在外部故障时，如果近故障点的电流启动元件 I 不动作，而远故障点的电流启动元件 I 及方向元件 P 动作，在 t_2 延时内若收不到近故障点端发来的高频信号，则经 t_2 延时后，"禁止"门 JZ_1 被闭锁，发信机停止发信，"禁止"门 JZ_2 开放，于是远故障点端的保护将误动作。为了避免这种误动作情况的发生，在 t_2 延时内，必须收到对端传送的高频信号，以使"禁止"门 JZ_2 能被闭锁。因此，t_2 的延时应大于高频信号在高频通道上往返一次所需的时间，一般取 $t_2=20ms$。

三、高频闭锁距离保护

高频闭锁方向保护与三段式距离保护相配合，可构成高频闭锁距离保护。它既具有高频闭锁方向保护全线速动的功能，又具有三段式距离保护的后备功能，并能简化保护的接线。

1. 高频闭锁距离保护的组成

高频闭锁距离保护由距离保护和高频闭锁两部分组成，其原理框图如图 4－11 所示。距离保护为三段式，Ⅰ、Ⅱ、Ⅲ段都采用独立的方向阻抗继电器作为测量元件。高频闭锁部分与距离保护部分共用一个负序电流启动元件 I_2，方向判别元件与距离保护的第Ⅱ段(也可用第Ⅲ段)共用方向阻抗继电器 Z_{II}。图中的 1 和 2 端子如果与零序方向电流保护的有关部分相连，则可构成高频闭锁零序方向电流保护。

2. 高频闭锁距离保护的工作原理

当内部故障时，两端的负序电流启动元件 I_2 和测量元件 Z_{II} 都动作，经 t_2 延时后，两端的保护动作于跳闸。其高频闭锁部分的工作情况与前述的高频闭锁方向保护基本相同。如果故障发生在线路中间(60～70)％长度以内时，则线路两端的距离Ⅰ段保护(即 I_2、Z_{I}、出口继电器 KOM)也可动作于跳闸，但要受振荡闭锁回路的控制。

当外部故障时，近故障点的测量元件 Z_{II} 不动作，跳闸回路不会启动。近故障点的负序

电流启动元件 I_2 动作，启动发信机发信。两端的收信机收到闭锁信号，将跳闸回路闭锁。此时，远故障点端的距离Ⅱ段保护或距离Ⅲ段保护可以经出口继电器 KOM 动作于跳闸，以作为相邻线路的远后备保护。

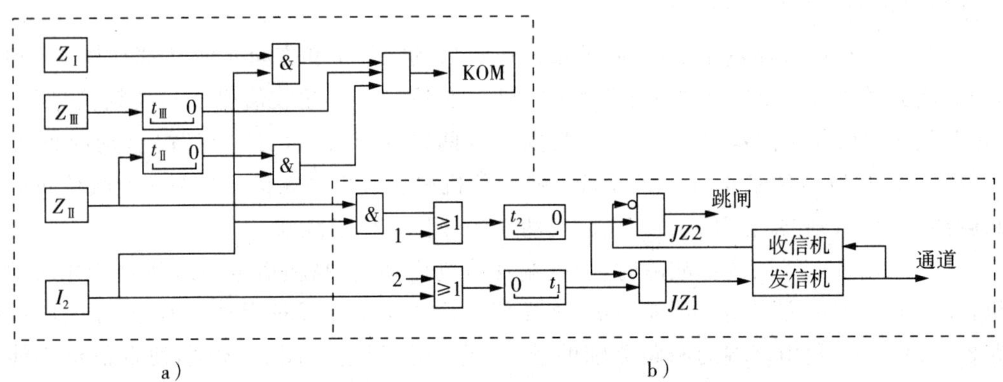

图 4－11　高频闭锁距离保护的原理框图

a)距离保护部分　b)高频闭锁部分

可见，高频闭锁距离保护是将距离保护和高频保护组合在一起而构成的。当内部故障时，它能自线路两端瞬时切除故障，而当外部故障时，其距离Ⅱ段保护或距离Ⅲ段保护仍然能起到后备保护的作用。因此，高频闭锁距离保护兼有高频保护和距离保护各自的优点。由于这种保护是将高频保护和距离保护的接线互相连接在一起，如果距离保护部分需要检修时，则高频保护部分也必须退出工作，这也是高频闭锁距离保护的主要缺点。

四、相差高频保护

1. 相差高频保护的基本工作原理

相差高频保护的基本工作原理是比较被保护线路两端电流的相位，即利用高频信号将电流的相位传送到对端去进行比较。

如图 4－12a 所示的线路 AB，假定电流的正方向由母线流向线路。当内部 K1 点故障时，在理想情况下两端电流相位相同，即相位差为 0°，如图 4－12b 所示；当外部 K2 点故障时，两端电流相位相反，即相位差为180°，如图 4－12c 所示。由此可见，根据线路两端电流之间的相位差，就可以判别是内部故障还是外部故障，从而决定保护是否动作。

为此，相差高频保护通常采用高频通道经常无电流，而在故障时发出高频信号的方式来构成。即在短路电流为正半周时，操作发信机发出高频信号，而在短路电流为负半周时，则不发出高频信号，如此不断交替进行。

如图 4－13 所示，当内部故障时，由于两端电流相位相同，两端发信机同时发出高频信号也同时停止高频信号，因此两端收信机收到的高频信号是间断的，如图 4－13a 所示。而当外部故障时，由于两端电流相位相反，两端发信机交替工作，故两端收信机收到的高频信号是连续的，如图 4－13b 所示。

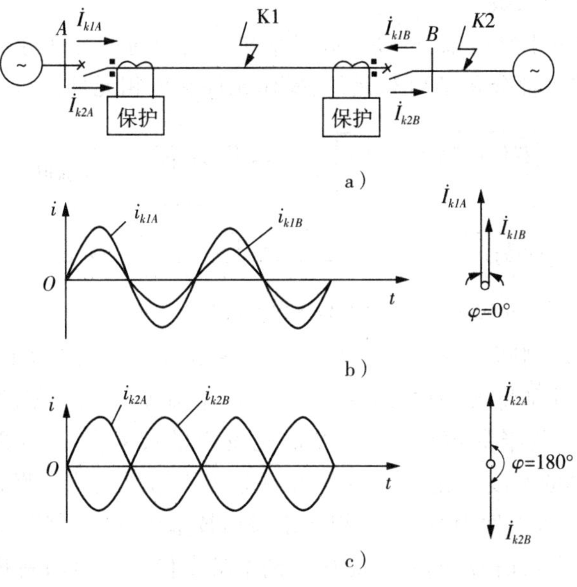

图 4-12 相差高频保护的基本工作原理

a)系统接线示意图 b)内部 K1 点故障时的电流相位 c)外部 K2 点故障时的电流相位

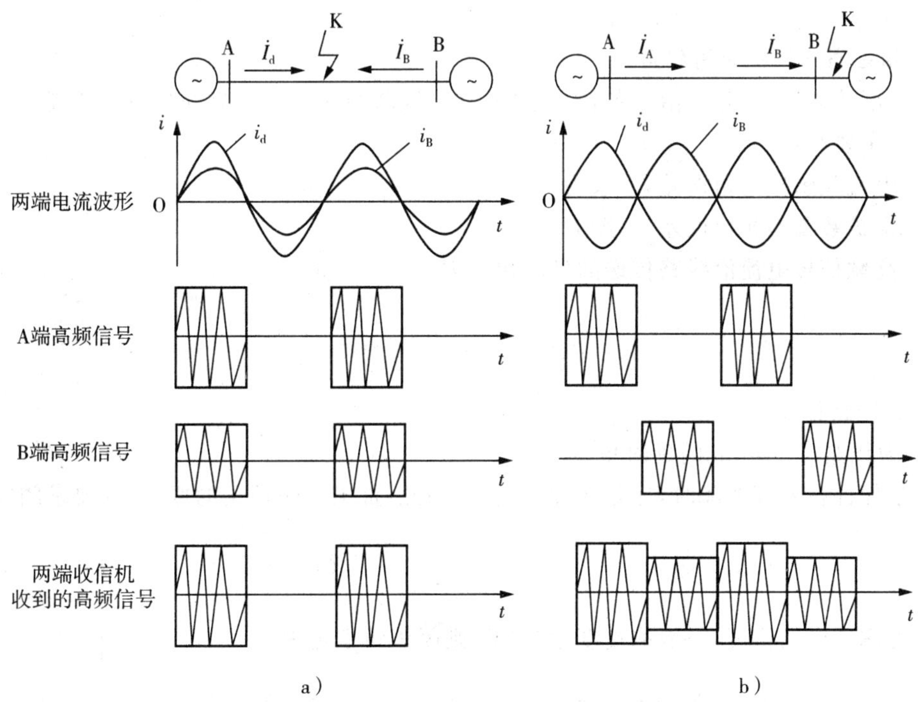

图 4-13 相差高频保护工作原理说明图

a)内部故障 b)外部故障

由以上分析可见，实际上线路两端电流相位的比较是通过收信机所收到的高频信号来进行的。当内部故障时，两端收信机收到的是间断的高频信号，则两端保护立即动作于跳闸。而当外部故障时，收信机收到的是连续的高频信号，于是将两端保护闭锁。

2. 相差高频保护的组成

相差高频保护主要由继电部分、高频收发信机和高频通道三部分组成，其构成框图如图 4－14 所示。其中，继电部分包括启动元件、操作元件和比相元件。

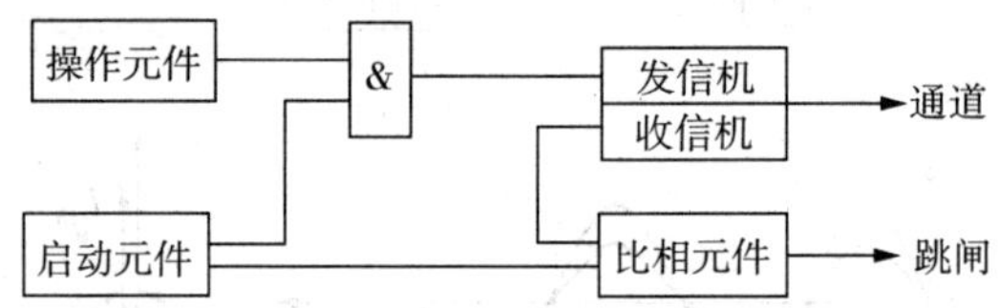

图 4－14　相差高频保护的基本构成框图

启动元件的是用以判断系统是否发生故障，只有发生故障，启动元件才启动发信机发信并开放比相。操作元件是将被保护线路的工频三相电流变换成单相的操作电压，控制发信机在工频正半周发信、负半周停信，因此发信机发出的高频信号的宽度约为工频电角度 180°，而这种高频信号的宽度变化就代表着工频电流的相位变化。操作元件对发信机的这种控制，在继电保护技术中称为“操作”，相当于通信技术中的“调制”。两端收信机既能接收到对端发信机发来的高频信号，同时也能接收到本端发信机发出的高频信号，收信机所收到的是两端高频信号的综合。比相元件是用来测量收信机所输出的高频信号的宽度。当被保护线路内部故障时，比相元件动作，使保护跳闸；而当外部故障时比相元件不动作，则保护不跳闸。

3. 相差高频保护的闭锁角

在外部故障时，实际上由于各种因素的影响，线路两端操作电流的相位差不是180°。其影响因素主要有：

(1)电流互感器的角误差，一般为 7°；

(2)保护装置的相位误差，一般为15°；

(3)高频信号电流沿线路传送的延时角 α 为

$$\alpha=\frac{1}{100}\times 6^{\circ}$$

式中：l 为线路长度；

6°为线路每 100km 的延时角。

为了保证在外部故障时，比相元件不动作，因此，提出了闭锁角的概念，并要求闭锁角 β

$$\beta>7^{\circ}+15^{\circ}+\frac{1}{100}\times 6^{\circ} \qquad (4-2)$$

再考虑一定的裕度，一般取裕度角为15°，则闭锁角整定为

$$\beta=7^{\circ}+15^{\circ}+\frac{1}{100}\times 6^{\circ}+15^{\circ}=37^{\circ}+\frac{1}{100}\times 6^{\circ} \qquad (4-3)$$

如图 4－15 所示，以线路 A 端电流为基准，假设线路两端电流 $\dot{I}_A$ 与 $\dot{I}_B$ 的相位差为 φ，则电流 $\dot{I}_B$ 只要位于闭锁角规定的区域内(带阴影部分)，比相元件不动作。

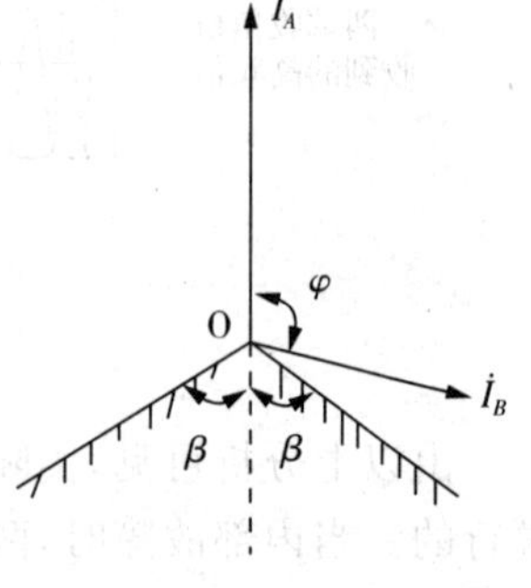

图 4－15　比相元件的闭锁角

由此可得出比相元件的动作条件为

$$|\varphi| \leqslant 180° - \beta \tag{4-4}$$

在110～220kV线路上，通常选择$\beta=60°$，则线路两端操作电流之间的相位差只要小于120°，比相元件就能动作。

任务二　光纤纵联电流差动保护

学习目标

通过对线路微机保护装置(如RCS－931、RCS－901、RCS－902等)所包含的线路光纤保护功能进行讲解和检验，使学生在完成本任务的学习过程中达到以下三个方面的目标：

1. 知识目标

(1)掌握线路光纤保护的实现方式；

(2)熟悉光纤通道。

2. 能力目标

(1)会阅读线路光纤保护的相关图纸；

(2)熟悉线路微机保护装置中与光纤保护相关的压板、信号、端子等；

(3)熟悉并能完成线路微机保护装置检验前的准备工作，会对线路微机保护装置光纤保护进行检验。

3. 态度目标

(1)不旷课，不迟到，不早退；

(2)具有团队意识协作精神；

(3)积极向上努力按时完成老师布置的各项任务；

(4)责任意识，安全意识，规范意识。

任务描述

熟悉线路光纤保护的构成，学会对线路微机保护装置光纤保护功能检验的方法、步骤等。

任务准备

1. 工作准备

√	学习阶段	工作(学习)任务	工作目标	备　注
	入题阶段	根据工作任务，分析设备现状，明确检验项目，编制检验工作安全措施及作业指导书，熟悉图纸资料	确定重点检验项目	

（续表）

√	学习阶段	工作(学习)任务	工作目标	备　注
	准备阶段	检查并落实检验所需材料、工器具、劳动防护用品等是否齐全合格	检验所需设备材料齐全完备	
	分工阶段	班长根据工作需要和人员精神状态确定工作负责人和工作班成员，组织学习《电业安全工作规程》、现场安全措施	全体人员明确工作目标及安全措施	

2. 检验工器具、材料表

(一)检验工器具

√	序 号	名　称	规　格	单　位	数　量	备　注
	1	继电保护微机试验仪及测试线		套		
	2	万用表		块		
	3	电源盘(带漏电保护器)		个		
	4	模拟断路器		台		

(二)备品备件

√	序 号	名　称	规　格	单　位	数　量	备　注
	1	电源插件		个		

(三)检验材料表

√	序 号	名　称	规　格	单　位	数　量	备　注
	1	毛刷		把		
	2	绝缘胶布		盘		
	3	电烙铁		把		

(四)图纸资料

√	序 号	名　称	备　注
	1	与现场实际接线一致的图纸	
	2	最新定值通知单	
	3	装置资料及说明书	
	4	上次检验报告	
	5	作业指导书	
	6	检验规程	

3. 危险点分析及安全控制措施

序 号	危险点	安全控制措施
1	误走错间隔,误碰运行设备	检查在线路保护屏前后应有"在此工作"标示牌,相邻运行屏悬挂红布幔
2	工作不慎引起交、直流回路故障	工作中应使用带绝缘手柄的工具,拆动二次线时应作绝缘处理并固定,防止直流接地或短路
3	电压反送、误向运行设备通电流	试验前应断开检修设备与运行设备相关联的电流、电压回路
4	检修中的临时改动忘记恢复	次回路、保护压板、保护定值的临时改动要做好记录,坚持"谁拆除谁恢复"的原则
5	带电插拔插件,易造成集成块损坏;频繁插拔插件,易造成插件插头松动	严禁带电插拔插件,工作时佩戴防静电手环或采取其它防静电措施。整组传动后应尽量避免插拔插件,如需插拔应检验相关回路完好
6	接、拆低压电源时人身触电	接拆电源时应在电源开关拉开的情况下两人一起工作。所使用电源应装有漏电保护器。禁止从运行设备上接取试验电源
7	越过遮栏,易发生人员触电事故	现场设专人监护,严禁跨越围栏
8	联跳回路未断开,误跳运行开关	根据被检验装置与运行设备相关联部分的实际情况,制定技术措施,防止误跳其它开关(误跳母联、分段开关,误启动失灵保护)

任务实施

1. 开工

√	序 号	内　容
	1	履行工作票、安全措施票手续并对危险点和安全注意事项交底;办理工作许可手续

2. 安全措施的执行及确认危险点

(一)检查运行人员所做的措施	
√	检查内容
	检查所有压板位置,并做好记录
	检查所有把手及开关位置,并作好记录

（续表）

(二)继电保护安全措施的执行						
回　路	位置及措施内容	执行√	恢复√	位置及措施内容	执行√	恢复√
电流回路						
电压回路						
联跳和失灵回路						
信号回路						
其他						
执行人员：						监护人员：
备注：						

3. 作业流程

(三)线路光纤保护检验		
序　号	检验内容	√
1	光纤纵联方向保护检验	
2	光纤纵联距离保护检验	
3	光纤电流差动保护检验	
4	光纤零序差动保护检验	
(四)工作结束前检查		
序 号	内　容	√
1	现场工作结束前，工作负责人会同工作人员检查实验记录有无漏检验项目，试验结论、数据是否完整正确	
2	检查临时接线是否全部拆除，拆下的线头是否全部接好，包括接地线	
3	检查保护装置是否在正常运行状态	
4	打印装置现运行定值区定值与定值通知单逐项核对相符	
5	检查出口压板对地电位正确	

4. 竣工

√	序　号	内　容	备　注
	1	检查措施是否恢复到开工前状态	
	2	全体工作班人员清扫、整理现场，清点工具及回收材料。工作负责人周密检查施工现场，是否有遗留的工具、材料	
	3	工作负责人在检修记录上详细记录本次工作所检修项目、发现的问题、试验结果和存在的问题等	
	4	经验收合格，办理工作票终结手续	

线路光纤保护检验方法

一、光纤纵联方向/距离保护调试与检验

光纤纵联方向保护的调试与高频保护的调试检验方法类似。一般光纤纵联保护采用允许式，因此在检验时需收到对侧允许信号才能让本侧保护动作，为此要采用光纤通道自环的方式进行检验。试验接线如图 4－16 所示，其他的设置同高频保护完全类同，这里不再赘述。

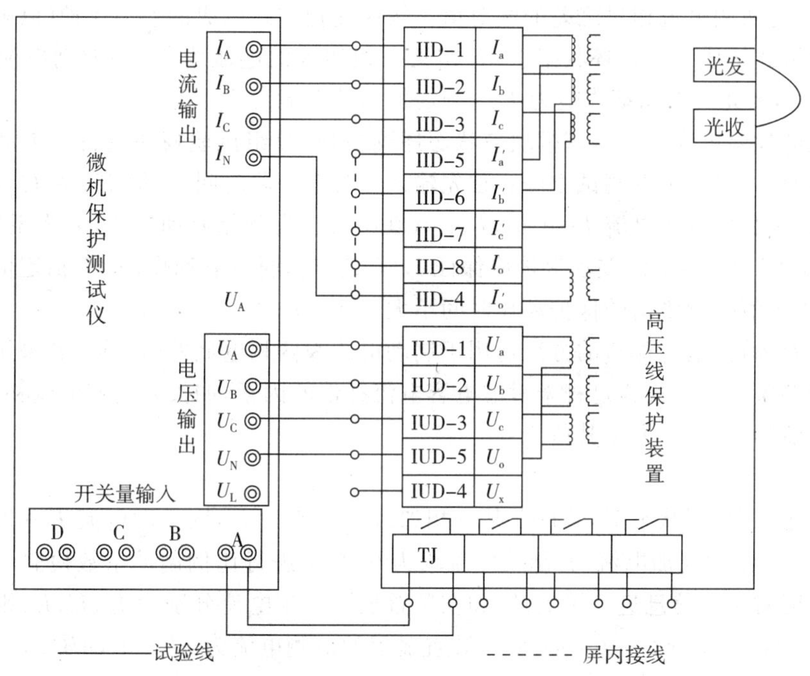

图 4－16　光纤纵联距离(方向)保护检验接线示意图

二、光纤电流差动保护调试与检验

由于原理的差异，光纤电流差动保护的调试与传统的纵联保护有很大的区别，其调试更加类似于差动保护。但由于通道原因，与一般的差动保护也有区别。光纤电流差动保护的输入信息来自不同装置采样，不同于变压器和母线差动保护的由一台装置集中采样，因此其测试方法与一般的变压器差动保护有较大区别。以下首先介绍对单个光纤差动保护的调试。

(一)试验接线及设置

对单装置的调试接线方法与光纤纵联保护相同，在设置上略有不同，主要是软件控制字或相关的硬连接片及通道设置不同。

标准设计规范中相关定值项包括纵联差动保护投入控制字、差动保护软连接片、TA 断线闭锁差动控制字、内部时钟控制字及差动动作值。

(二)电流差动保护检验

当通过一台装置进行差动保护调试时，根据前述原理，差动保护动作必须有对侧允许信号，因此需采用通道自环的方法，即将本装置采样和动作信息作为对侧信息传给本装置，从而可以进行各种差动保护逻辑功能检验。

在通道自环状态下，大多数厂家收到对侧的采样信息就是本侧的采样信息，因此可以模拟区内故障，进行差动动作值的检验，但无法进行制动系数检验。为了能够进行更多检验，一些厂家在自环时进行了处理，在本侧信息送到对侧时对相别进行处理，这样既可以进行差动动作值检验，也可以进行制动系数检验，下面分别进行介绍。

1. 差动保护动作值检验

不同原理的差动保护，其动作电流均为两侧电流相量之和的绝对值，制动电流则略有差异，一般选择为两侧电流相量之差的绝对值。按照此种方式构成的差动保护(以下所讲差动保护均以此方式构成)，在自环状态下，若在某一相加入的电流为 I_φ，则差动电流 $I_d=2I_\varphi$，制动电流为 0，因此若差动动作值为 I_{dset}，则需加入的电流为 $I_\varphi=I_{dset}/2$。

动作值的检验可在手动测试模块或状态序列模块、整组试验模块进行。手动试验或采用状态序列时，可采用定点测试方法。首先输入正常态一段时间(一般 25s 左右)，待重合闸灯亮后，在某一相加故障电流 $I=0.5mI_{dset}$。(其中，I_{dset} 为分相差动定值，m 为系数，其值分别为 0.95、1.05 及 2)，电流差动保护应保证 1.05 倍定值时可靠动作；0.95 倍定值时可靠不动作；在 2 倍定值时测量出的保护动作时间不大于 35ms。

需要注意的是，上述检验的方法适用于制动电流为两相电流差的情形，若采用其他方法可能需进行调整。上述检验过程未考虑电容电流补偿的因素，如投入电容电流补偿，则还应考虑电容电流的影响，应大予其值。

2. 比率制动系数

如前所述，在自环状态下，若仅在某一相加入的电流为 I_φ，则差动电流 $I_d=2I_\varphi$，制动电流为 0。可见无论如何加电流，其制动电流均为 0，无法进行比例制动系数检验。为此一些厂家在自环时对传送信息进行了处理，如在装置加入三相电流分别为 I_a、I_b、I_c，则装置显示的本侧电流 $mI_a=I_a$，$mI_b=I_b$，$mI_c=0$，装置显示的对侧电流为 $nI_a=I_c$，$nI_b=I_b$，$nI_c=0$。

根据如上原则可得

A 相差动电流为 $I_{da}=I_a+I_c$，A 相制动电流为 $I_{ra}=I_a-I_c$；

B 相差动电流为 $I_{db}=2I_b$，B 相制动电流为 $I_{rb}=0$；

C 相差动电流为 $I_{dc}=0$，C 相制动电流为 $I_{rc}=0$。

因此，可采用在 A、C 相通入电流的方法进行比例制动系数检验，在 B 相单独通入电流的方法检验动作值。其比例制动系数检验可参照变压器保护的检验方法。

(三)零序电流差动保护检验

零序电流差动保护的试验接线和设置与差动保护相同。

不同原理的零序差动保护其动作电流均为两侧零序电流相量之和的绝对值；制动电流略有差异，一般选择为两侧零序电流相量之差的绝对值。按照此种方式构成的零序电流差动保护(以下零序电流差动保护均以此方式构成)，在自环状态下，若仅在某一相加入的电流为 I_φ，则零序差动电流 $I_{d0}=2I_\varphi$，制动电流为 0。因此若零序差动动作值为 I_{d0set}，则需加入的电流为 $I_\varphi=I_{d0set}/2$，即与相电流差动保护的情形类似。

1. 启动值

启动值的检验可在手动测试模块或状态序列模块、整组试验模块进行。手动试验或采

用状态序列时，可采用定点测试方法。由于自环状态下，其动作情况与相电流差动保护类同，因此可参照相电流差动保护的检验方法进行检验。

2. 比例制动系数

在自环状态下，若仅在某一相加入的电流为 I_{φ}，则零序差动电流 $I_{d0}=2I_{\varphi}$，制动电流为0。因此无论如何加电流，其制动电流均为0，同样无法进行比例制动系数检验。为此一些厂家在自环时对传送信息进行了处理，若采用前述的传送方式可见：

零序差动电流为 $I_{d0}=I_a+2I_b+I_c$；零序制动电流为 $I_{r0}=I_a-I_c$。

因此，可采用在A、C相通人电流的方法进行比例制动系数检验，在B相单独通入电流的方法检验动作值。方法与相电流差动保护类似，在此不再进行赘述。

相关知识

光纤纵联电流差动保护

一、光纤纵联电流差动保护

(1)工作原理

在图4-17a所示的系统图中，设流过两侧的电流为 $\dot{I}_M$、$\dot{I}_N$ 其方向如图中箭头所示。以两侧电流的相量和作为继电器的动作电流 $I_d=|\dot{I}_M+\dot{I}_N|$，该电流有时也称作差动电流，另以两侧电流的相量差作为继电器的制动电流 $I_{\gamma}=|\dot{I}_M-\dot{I}_N|$。

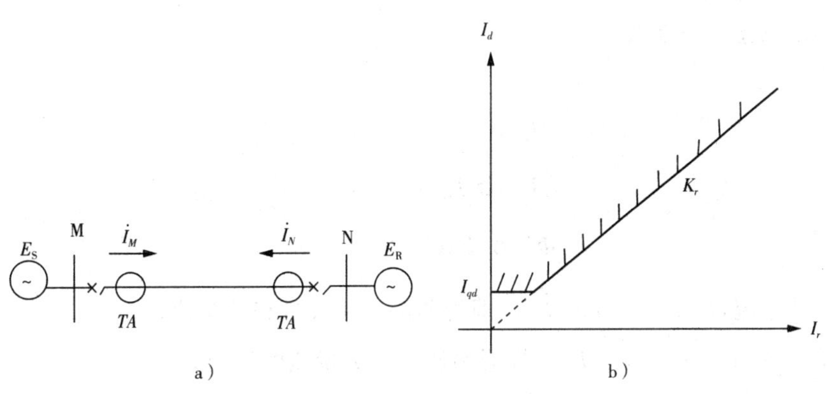

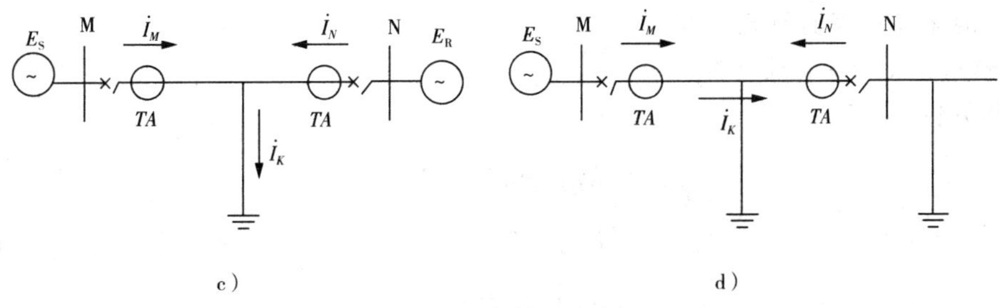

图4-17　纵联电流差动保护原理

a)系统图　b)动作特性图　c)内部短路　d)外部短路

纵联电流差动继电器的动作特性一般如图 4－17b 所示，阴影区为动作区。这种动作特性称作比率制动特性。图中 Iop 为差动继电器的启动电流，$K_\tau=I_\tau/I_\tau$ 为制动系数。4－17b 的动作特性以数学形式表述为：

$$I_d>I_qd \tag{4-5}$$

$$I_d>K_\tau I_\tau \tag{4-6}$$

当线路内部短路时，如图 4－17c 所示，两侧电流的方向与规定的正方向相同，根据接点电流定理 $\dot{I}_M+\dot{I}_N=\dot{I}_K$，故 $\dot{I}_d=|\dot{I}_M+\dot{I}_N|=\dot{I}_K$，此时动作电流等于短路点的电流 $\dot{I}_k$，动作电流很大。$\dot{I}_\tau=|\dot{I}_M-\dot{I}_N|=|\dot{I}_M+\dot{I}_N-2\dot{I}_N|=|\dot{I}_k-2\dot{I}_N|$，制动电流较小，小于短路点的电流 $\dot{I}_K$，差动继电器动作。当线路外部短路时，$\dot{I}_M$、$\dot{I}_N$ 中有一个电流相反。如图 4－17d 中，流过本线路的短路电流 $\dot{I}_k$，则 $\dot{I}_M=\dot{I}_k$、$\dot{I}_N=-\dot{I}_k$。因此动作电流 $\dot{I}_d=|\dot{I}_M+\dot{I}_N|=|\dot{I}_k-\dot{I}_k|=0$，制动电流 $\dot{I}_\gamma=|\dot{I}_M-\dot{I}_N|=2\dot{I}_k$。此时动作电流等于零，制动电流等于 2 倍的短路电流，制动电流很大，因此差动继电器不动作，所以这样的差动继电器可以区分线路外部短路（含正常运行）和线路内部短路。继电器的保护范围是两侧 TA 之间的范围。

输电线路纵联电流差动保护中所用的差动继电器的动作特性如图 4－17b 所示的比率制动特性。

从上述原理的叙述可以进一步推广得知：只要在线路内部有流出的电流，例如内部短路的短路电流、线路内部的电容电流都会形成动作电流。只要是穿越性的电流，例如外部短路时流过线路的短路电流、负荷电流都只形成制动电流而不会产生动作电流。

(2)差动继电器的分类

1. 稳态Ⅰ段相差动继电器

动作方程：

$$\begin{cases} I_{CD\Phi}>0.75\times I_{R\Phi} \\ I_{CD\Phi}>I_H \end{cases} \tag{4-7}$$

$$\Phi=A,B,C$$

式中：$I_{CD\Phi}$ 为差动电流，$I_{CD\Phi}=|\dot{I}_{M\Phi}+\dot{I}_{N\Phi}|$ 即为两侧电流矢量和的幅值；

$I_{R\Phi}$ 为制动电流，$I_{R\Phi}=|\dot{I}_{M\Phi}-\dot{I}_{N\Phi}|$ 即为两侧电流矢量差的幅值；

I_H：为“差动电流高定值”（整定值）、4 倍实测电容电流和 $\dfrac{4U_N}{Xc_1}$ 的大值；实测电容电流由正常运行时未经补偿的差流获得。

2. 稳态Ⅱ段相差动继电器

动作方程：

$$\begin{cases} I_{CD\Phi}>0.75\times I_{R\Phi} \\ I_{CD\Phi}>I_M \end{cases} \tag{4-8}$$

$$\Phi=A,B,C$$

式中：I_M 为“差动电流低定值”、1.5 倍实测电容电流和 $\dfrac{1.5U_N}{Xc1}$ 的大值；

$I_{CD\Phi}$、$I_{R\Phi}$、U_N、$Xc1$ 定义同上。

稳态Ⅱ段相差动继电器经 40ms 延时动作。

3. 变化量相差动继电器

动作方程：

$$\begin{cases}\Delta I_{CD\Phi} > 0.75 \times \Delta I_{R\Phi} \\ \Delta I_{CD\Phi} > I_H\end{cases} \tag{4-9}$$

$$\Phi = A,B,C$$

式中：$\Delta I_{CD\Phi}$ 为工频变化量差动电流，$\Delta I_{CD\Phi} = |\Delta\dot{I}_{M\Phi} + \Delta\dot{I}_{N\Phi}|$ 即为两侧电流变化量矢量和的幅值；

$\Delta I_{R\Phi}$ 为工频变化量制动电流；$\Delta I_{R\Phi} = |\Delta\dot{I}_{M\Phi} - \Delta\dot{I}_{N\Phi}|$ 即为两侧电流变化量矢量差的幅值；

I_H 为定义同上。

U_N 为额定电压；

$Xc1$：正序容抗整定值，当用于长线路时，Xc_1 为线路的实际正序容抗值；当用于短线路时，由于电容电流和 $\frac{U_N}{Xc_1}$ 都较小，差动继电器有较高的灵敏度，此时可通过适当减小 Xc_1 或抬高“差动电流高定值”来降低灵敏度。

4. 零序Ⅰ段差动继电器

对于经高过渡电阻接地故障，采用零序差动继电器具有较高的灵敏度，由零序差动继电器，通过低比率制动系数的稳态相差动元件选相，构成零序Ⅰ段差动继电器，经 100ms 延时动作。其动作方程：

$$\begin{cases}I_{CD0} > 0.75 \times I_{R0} \\ I_{CD0} > I_{QD0}\end{cases} \tag{4-10}$$

由于零序差动动作后保护并不知道是哪一相故障，所以还要有一个选相元件，由于稳态量差动本身有选相功能，稳态量差动动作的一相即为故障相，所以采用一低定值的稳态量差动元件来作为零序差动的选相元件，如下式：

$$\begin{cases}I_{CD\Phi} > 0.15 \times I_{R\Phi} \\ I_{CD\Phi} > I_{\mathrm{M}}\end{cases} \tag{4-11}$$

式中：I_{CD0} 为零序差动电流，$I_{CD0} = |\dot{I}_{M0} + \dot{I}_{N0}|$ 即为两侧零序电流相量和的幅值；

I_{R0} 为零序制动电流；$I_{R0} = |\dot{I}_{M0} - \dot{I}_{N0}|$ 即为两侧零序电流矢量差的幅值；

I_{QD0} 为零序启动电流定值；

I_L 为 I_{QD0}、0.6 倍实测电容电流和 $\frac{0.6U_N}{Xc_1}$ 的大值；

$I_{CDBC\Phi}$ 为经电容电流补偿后的相差动电流，电容电流补偿公式见式(4－12)；

$I_{RBC\Phi}$ 为相制动电流；

U_N、Xc_1 为定义同上。

零序差动继电器电容电流的补偿

对于较长的输电线路，电容电流较大，为提高经大过渡电阻故障时的灵敏度，需对每相差动电流进行电容电流补偿。电容电流补偿量由下式计算而得

$$I_{C\Phi}=\left(\frac{U_{M\Phi}-U_{M0}}{2X_{C1}}+\frac{U_{M0}}{2X_{C0}}\right)+\left(\frac{U_{N\Phi}-U_{N0}}{2X_{C1}}+\frac{U_{N0}}{2X_{C0}}\right) \tag{4-12}$$

式中：$U_{M\Phi}$、$U_{N\Phi}$、U_{M0}、U_{N0} 为本侧、对侧的相、零序电压；

X_{C1}、X_{C0} 为线路全长的正序和零序容抗；

按上式计算的相电容电流对于正常运行和区外故障都能给予较好的补偿。补偿时，从相差动电流中减去相电容电流 $I_{C\Phi}$ 即可得到 $I_{CDBC\Phi}$。

三、电流差动保护需要解决的问题

1. 电容电流的影响

输电线路，尤其是长输电线路上电容电流的影响不能忽略。表 4－2 列出了各种等级下每百公里线路的正序及零序容抗值和额定电压下的工频电容电流值。考虑了输电线路上的电容电流后，在正常运行和外部短路时 $\dot{I}_M \neq -\dot{I}_N$，因而动作电流 I_d 不再为零，该电流就是电容电流。如果纵联电流差动保护没有考虑到电容电流的影响的话在某些情况下会造成保护误动。

表 4-2　各种电压等级下每百公里线路的正序及零序容抗值和额定电压下的工频电容电流值

线路电压(kV)	正序容抗(Ω)	电容电流(A)
220	3700	34
330	2860	66
500	2590	111
750	2240	193

注：零序容抗约为正序容抗的 1.5 倍。

图 4-18 是线路空载状态运行电路图，在输电线路的 T 型等值电路中，线路的分布电容作为一个集中电容放在线路的中点。输电线路两侧的电流都以从母线流向被保护线路作为正方向。

此时差动电流：$I_d=|\dot{I}_M+\dot{I}_N|=I_C$，

制动电流为：$I_r=|\dot{I}_M-\dot{I}_N|$

此时差动电流即为电容电流，如果输电线路比较长，电压等级比较高，则电容电流比较大，而制动电流比较小，很容易引起差动保护误动。

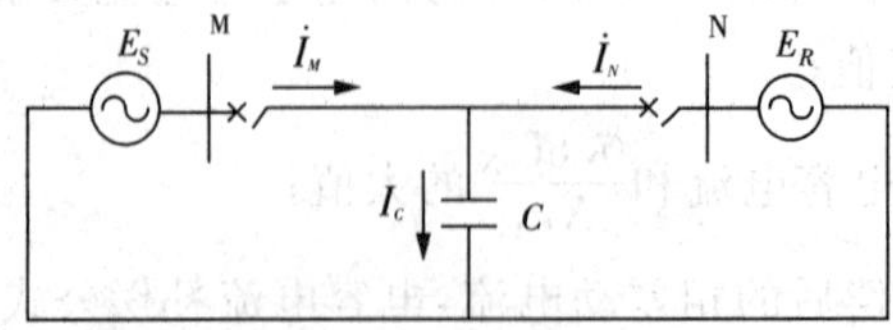

图 4-18　线路空载状态电容电流的影响

针对电容电流的影响采取的措施：

①提高差动电流启动值，如稳态量Ⅰ段和工频变化量差动启动值为 I_H，稳态Ⅱ段为 I_M，都大于电容电流，所以可以躲过电容电流，保护不会误动。

②电容电流的补偿，如零序差动的选相元件，采用电容电流的补偿方式，即保护在正常运行时根据公式 4-12 估算出电容电流的大小，再从实测的差动电流中减去电容电流后，得到的电流即为补偿后的差动电流。

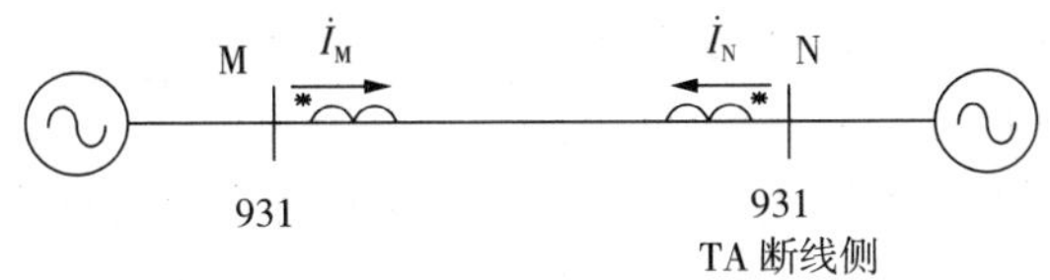

图 4-19 线路 N 侧 TA 断线

2. TA 断线的影响

如图 4-19 所示，N 侧发生 TA 断线，则差动电流和制动电流分别为：

$$I_d = |I_M + I_N| = I_M$$

$$I_r = |I_M - I_N| = I_M$$

此时满足差动方程：

$$\begin{cases} I_d > 0.75 \times I_r \\ I_d > I_H \end{cases}$$

如果不采取措施，差动保护会误动。

防止 TA 断线保护误动的措施：

为了防止 TA 断线差动保护误动，差动保护要发跳闸命令必须满足如下条件：

① 本侧启动元件启动；($\Delta I_{\Phi\Phi MAX} > 1.25\Delta I_T + \Delta I_{ZD}$ 或 $I0 > I0ZD$)

② 本侧差动继电器动作；

③ 收到对侧‘差动动作’的允许信号。

保护向对侧发允许信号条件：

① 保护启动动作；

② 差流元件动作。

这样当一侧 TA 断线，由于电流有突变或者有“零序电流”，启动元件可能启动，差动继电器也可能动作。但对侧没有断线，启动元件没有启动，不能向本侧发“差动动作”的允许信号，所以本侧不误动。

3. 一侧为弱电源的线路内部故障，防止电流差动保护拒动的措施

如图 4-20 所示，假设 N 侧是纯负荷侧，且变压器中性点不接地，则故障前后 I_N 都是 0，N 侧差动保护不启动，则 N 侧保护不能跳闸。同时由于 N 侧保护不启动，不能向 M 侧发允许信号，M 侧保护也不能跳闸。

解决措施：

除两相电流差突变量启动元件、零序电流启动元件和不对应启动元件外，931 保护再增加一个低压差流启动元件：

① 差流元件动作。

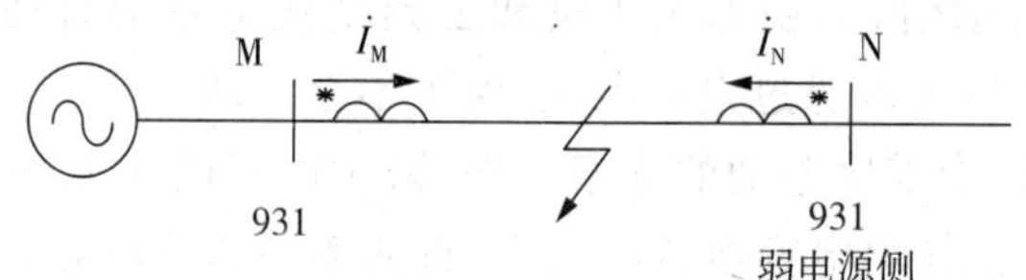

图 4-20　一侧为弱电源的线路内部故障

② 差流元件的动作相或动作相间电压 U_φ、$U_{\varphi\varphi}<0.6U_N$。

③ 收到对侧的允许信号。

这样弱电源侧保护依靠此启动元件启动，两侧保护都可以跳闸。

4. 收到三相跳闸位置继电器(TWJ)动作信号后该做些什么工作？

因为断路器三相都断开的一侧突变量电流启动元件和零序电流启动元件均未启动，低压差流启动元件由于母线电压未降低(用母线 TV)也不启动。由于启动元件均未启动，所以该侧不能向对侧发允许信号，造成另一侧纵联差动保护拒动的问题。

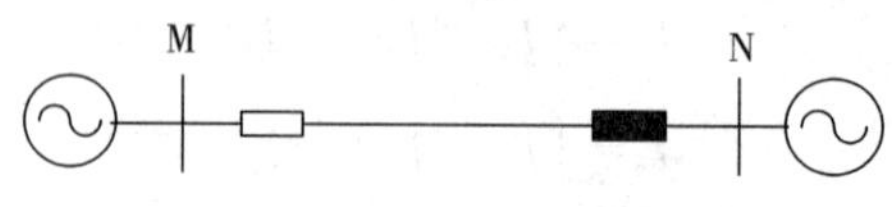

图 4-21　空充于故障线路

装置后端子有跳闸位置继电器(TWJ)的开入量端子。当保护装置检测到三相的 TWJ 都已动作的信号并且差流元件也动作后立即发"差动动作"允许信号。加了本措施后断路器三相都断开的一侧由于三相的 TWJ 都已动作并且差流元件也动作，所以可以一直向对侧提供允许信号，对侧的纵联差动保护可以跳闸。

5. 差动保护的远跳和远传

①差动保护的远跳

如图 4-22 所示故障发生在 TA 和断路器之间，这时对 931 来说是区外故障，差动保护不动作，母差保护 915 动作跳本侧开关，同时母差保护 915 发远跳信号给 M 侧 931，M 侧 931 将此信号通过光纤传送到 N 侧 931，N 侧 931 接收到该信号后根据'远跳受启动控制'控制字的整定再经(或不经)启动元件动作发三相跳闸去跳 N 侧开关。

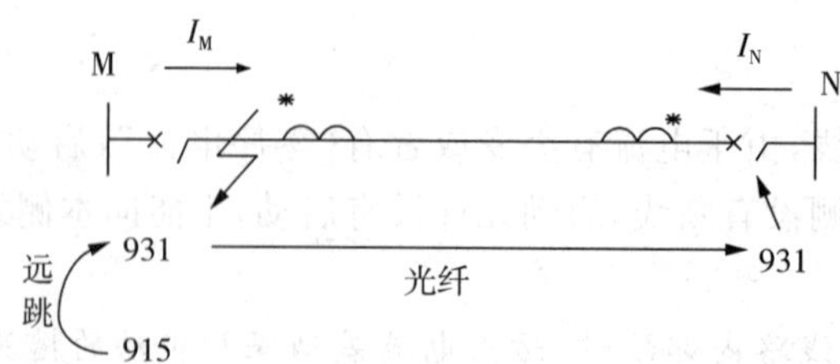

图 4-22　差动保护的远跳

如图 4-23 所示，M 侧过电压保护装置 925 判断出本侧过电压，保护动作跳本侧开关，同时发远传信号给本侧 931，本侧 931 通过光纤把信号传到对侧 931，对侧 931 收到信号后再通过硬接点把此信号传到对侧 925，对侧 925 再结合就地判据，跳 N 侧开关。

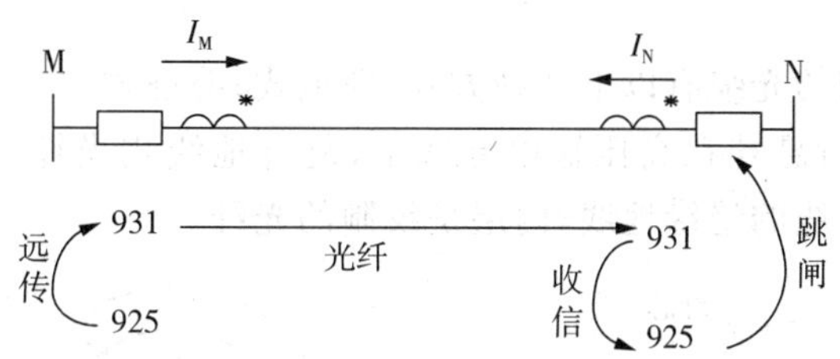

图 4-23　差动保护的远传

四、光纤通道及接口

1. 光纤简介

和其他通信方式相比，光纤通信有以下明显的优点：通信容量大；中继距离长；不受电磁干扰；资源丰富；光纤重量轻、体积小。

光也是一种电磁波，其中可见光波长在 350nm～750nm，而光纤通信所用的波长在 800～1600nm，光具有反射、折射特性，光纤通信是利用光在纤芯中的全反射原理进行传输的。

光纤的结构包括纤芯、包层、保护套，如图 4-24 所示，纤芯的折射率较高，是用来传送光信号的；包层的折射率较低，与纤芯一起形成全反射条件；保护套强度大，能承受较大冲击，保护光纤。

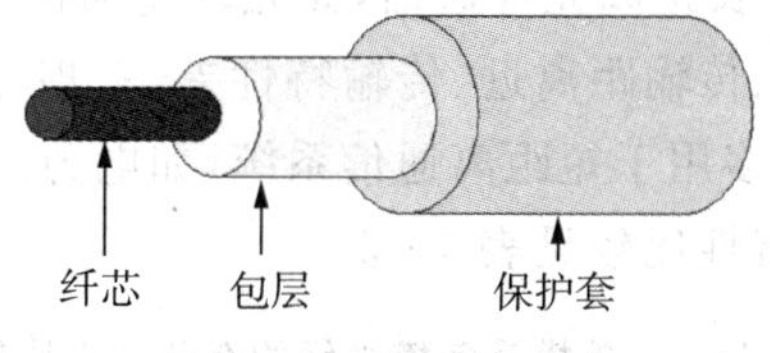

图 4-24　光纤的结构

光纤的外径一般为 125 μm（一根头发的直径平均 100 μm），单模光纤的内径为 9 μm，多模光纤的内径为 50 或 62.5 μm，如图 4-25 所示。

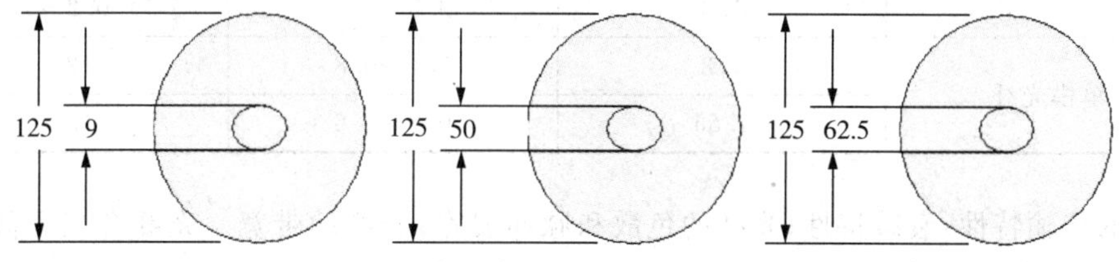

图 4-25　光纤的内外径

光纤和光缆比较与有一定的区分，作为通讯通道的光纤，其构造如图 4-26 所示，它由纤芯、包层、涂覆层和套塑四部分组成。纤芯在中心，是由高折射率的高纯度二氧化硅材料组成，主要用于传递光信号；包层是掺有杂质的二氧化硅组成，其光的折射率要比纤芯的折射率低，作用是使光信号能在纤芯中产生全反射传输，涂覆层及套塑主要是加强光纤的机械强度。

光纤在实际工程应用中，都要制作成光缆，一般的光缆有多根纤芯绞制而成的。光纤成缆时，要求有足够的机械强度，在缆中用多股钢丝来充任加固件；有时还在光缆中绞制一对或多对铜线，用作电信号传送或电源线之用，如图 4-27 所示。其光缆的纤芯数量可根据实际工程要求而定制。

一般在电网中采用的光缆有以下几种方式：埋地式；缠绕式——将光缆缠绕在高压输电导线上；悬挂式——并行悬挂在高压输电导线上；复合地线式光缆（OPGW）——外层为金属保护层作为高压输电线的绝缘地线，内层是绞制的光纤。

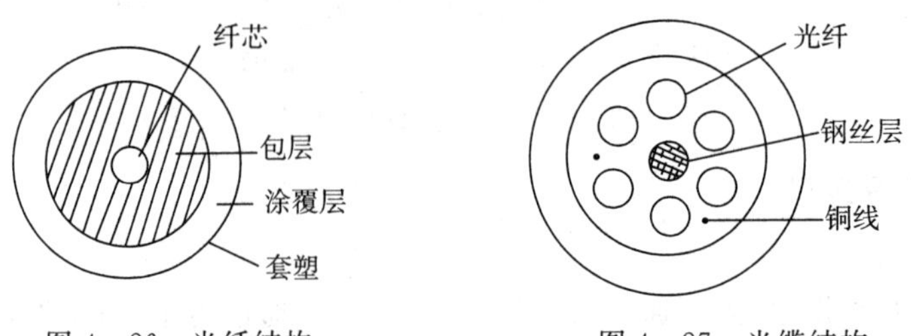

图 4-26　光纤结构　　　　图 4-27　光缆结构

光纤分类：按传输模式可分为单模、多模；按材料可分为二氧化硅（SiO_2）石英光纤、塑料光纤、多组分纤维、液芯纤维等。

单模光纤中只传输一个基模，没有模间色散，传输带宽很宽，是高速长距离光纤通信系统的理想传输媒质。

多模光纤中传输多个基模，有模间色散，传输带宽窄，是近距离光纤通信的传输媒质。

单模通信带宽大、衰耗小、传输距离远、传输特性好、一般采用激光管（LD）器件，发光功率大（mw 级），寿命长，多用于长距离光纤通信，如光纤差动保护装置等。

多模通信带宽小、衰耗大、传输距离近、传输特性差、一般采用发光二极管（LED），发光功率小（uw 级），寿命相对短，多用于短距离通信系统，如电力测控、综自的通信等。

单模及多模光纤的有关特性比较见表 4-3。

表 4-3　单模及多模光纤的有关特性比较

光纤类型	波　长（μm）	衰　耗 dB/km	带　宽（GH · km）
多模光纤	0.85	2～3	0.2～1
	1.3	0.5～1.2	0.2～1
单模光纤	1.3	0.4～0.8	20
	1.55	0.2～0.6	20

光的传输特性：衰减特性；光纤的色散和脉冲展宽；光纤的带宽。光纤有三个低衰耗传输窗口，波长分别是 850nm、1310nm、1550nm。其中多模通信一般采用 850nm、1310nm，衰耗约 1 ~4dB/km；单模通信采用 1310nm、1550nm，衰耗约 0.2 ~0.4dB/km。

对于继电保护所用的光纤，所要考虑的最重要的特性是光纤的衰耗值，而光纤的衷耗值不但与光纤的类型有关，而且还与通过的光信号波长有关。

光纤的连接不同于电线的连接，光纤的连接要考虑两根纤芯的几何位置，通常的连接方式有两种，熔接和机械连接。

熔接就是用电弧同时熔化光纤的两个端面，熔接有人工熔接（用人工熔接仪，仅用于多模光纤）和自动熔接（用自动熔接仪）两种方式。对于自动熔接，一般接头损耗可达到 0.05～0.01dB。

机械连接就是用具有专门定位光纤机械连接器来连接光纤，一般继电保护用的光纤接口端机与外界敷设的光缆连接就采用这种方式。目前，我国较通用的连接器为 FC 型，其他类型的还有 SC 型、SMA 型、ST 型等，一般连接器的损耗为 0.2dB～1dB 左右。光纤连接器的特性见表 4－4，光纤连接器的结构及安装如图 4－28 所示。

表 4－4 光纤连接器的特性

	多模连接器	单模连接器
插入损耗	≤0.3dB	≤0.5dB
重复性	≤±0.1dB	≤±0.2dB
光纤尺寸	50/125 μm	(8～10)/125 μm
使用寿命	＞2000 次插拔	＞2000 次插拔

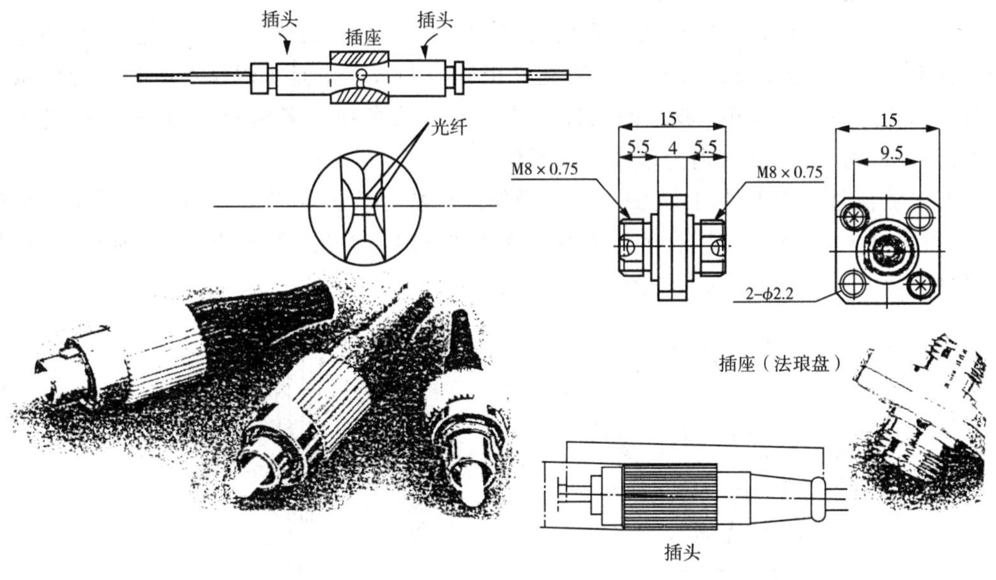

图 4－28 光纤连接器

2. 光纤通信简介

光纤通信发展史不长，但光纤通信的发展是非常迅猛的。从 1966 年"光纤之父"高锟博士首次提出光纤通信的想法，到 1970 年贝尔研究所研制出室温下可连续工作的半导体激光器，同年康宁公司制出损耗为 20dB/km 光纤，到了 1977 年芝加哥第一条 45Mb/s 的商用线路投入运行后，光纤通信的发展趋势愈加迅速，目前电力系统中主要运行的光纤通信设备的速率为 622Mb/s 和 2.5Gb/s。目前最高商用系统 10Gb/s，大容量、超高速是光纤通信的发展方向。

光纤通信和其它通信系统相似，但光纤通信有其自身的特点。和光纤通信密切相关的是同步数字系列(SDH)传输体系和自愈环网。SDH 传输网具有智能化的路由配置能力，上下电路方便，维护、监控、管理功能强等优点、光接口标准统一等优点，SDH 传输技术体制的出现是光纤通信传输网技术的一次革命，是现阶段信息高速公路的主干道。

SDH 传输系统采用世界上统一的标准传输速率等级。最基本的模块称为 STM－1，传输速率为 155.520Mb/s。SDH 各网元的光接口有严格的标准规范，有利于建立统一的通信网络。在帧结构中安排了丰富的开销比特，便于网络的运行、维护和管理。采用数字同步复用技术，简化了复接分接的实现设备，十分简便。采用数字交叉连接设备 DXC 可以对各端口速率进行可控的连接配置，对网络资源进行自动化的调度和管理，提高了网络的灵活性及对各种业务变化的适应能力。

光纤通信组网方式环形网，这是一种有很强自愈能力的网络拓扑结构，具体分为两纤单向通道保护环、两纤单向复用段保护环、两纤双向通道保护环、四纤双向复用段保护环等。

3. 光纤通讯器件

在光纤通讯系统中，必须要有光/电、电/光能量转换器件，将电信号变成光信号，在光纤中传输；并将光纤中的光波信号还原成电信号。通常将电信号变成光信号的器件称为光纤发射器件或光源，将光信号转换为电信号的器件称为光纤接收器件。

(1)光纤发送器件/光源

光源的用途是将电信号转换成为光信号，并耦合入光纤中传输。在光纤通讯中，用作光源折器件有两种：发光二极管（LED）和激光二极管（LD）；不论是 LED，或是 LD，均可做成 0.85 μm，1.3 μm 或 1.55 μm 波长的器件。若所耦合的光纤为多模光纤，则为多模光源器件；耦合的光纤为单模光纤，则为单模光源器件。

当有电流流过光源器件时，光源器件受激发射出特定波长的光束。LED 的光发射呈球幅射，发射角度大，其光信号耦合入光纤中的效率低；LD 的光发射呈直线，发射角度小，其光信号耦合入光纤中的效率高，如图 4－29 所示。

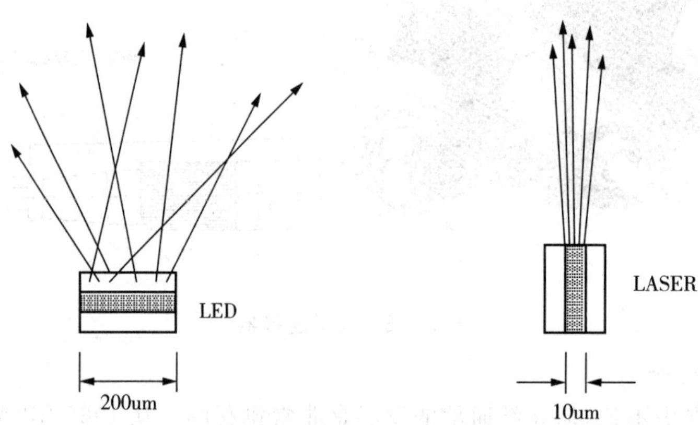

图 4－29　光源发光方式

LED 与 LD 各种性能比较见表 4－5。

表 4－5　LED 与 LD 各种性能比较

器　件	输出功率	驱动电源	频响范围	驱动电路	热稳定性	调制噪声	价　格
LED	10～100 μw	20～200mA	50MHz	简单	稳定	小	便宜
LD	2mw～20mw	＞100mA	1GHz	复杂	不稳定	大	很贵

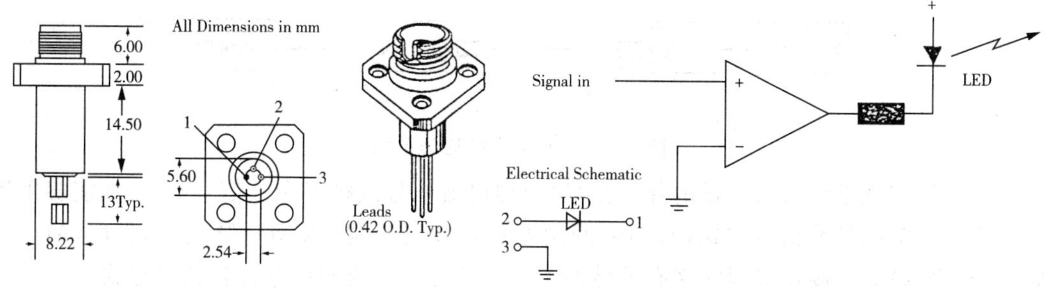

图 4-30　LED 驱动电路及外形

（2）光纤接收器件

光纤接收器件是将光纤中耦合的光信号转换为电信号。常用的光纤接受器件有两种，一是 PIN 二极管，另一是雪崩二极管（APD），两者性能见表 4-6。

表 4-6　PIN 二极管与雪崩二极管（APD）的性能比较

光接收器件	收光面积 mm_2	灵敏度 dBm	响应度 A/W	外加偏压 V	动态范围 dB	带　宽	杂　音	价　格
PIN	0.3～3	−58	0.4～0.7	10～30	60	1～2GHz	小	便宜
APD	0.8～8	−70	10～70	250～350	20	90～150MHz	大	贵

由于价格及所加偏压的选择，在继电保护应用中，一般选用 PIN 二极管。光接收器件是将所收到光信号的强弱程度反映为 PIN 管中感应电流的大小，一般接收检测回路中还要经过电流放大器放大。有的光接收器件是将 PIN 直接与前置电流放大器集在一起（PIN－FET 组件），如图 4-31 所示，其接收光信号的大小直接转换成电压信号的大小输出。

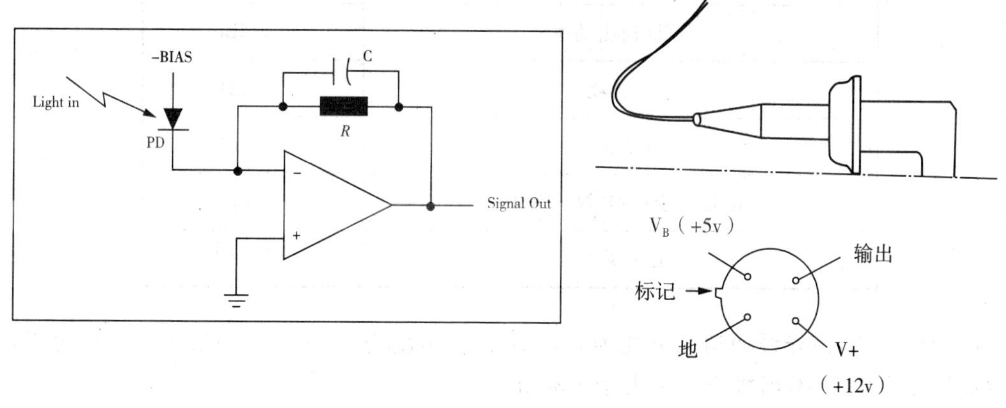

图 4-31　PIN－FET 组件

（3）基本光纤通讯系统

一个基本光纤通讯系统应用这样几个部分组成，如图 4-32 所示，发送调制、光源、光纤连接器、光纤通道、光纤接收器、接收解调；对于长线路，光纤通道中间应增设一个或多个光中继设备，由于继电保护专用光纤通道一般用于短线路，因此在实际工程，无需增设中继设备。

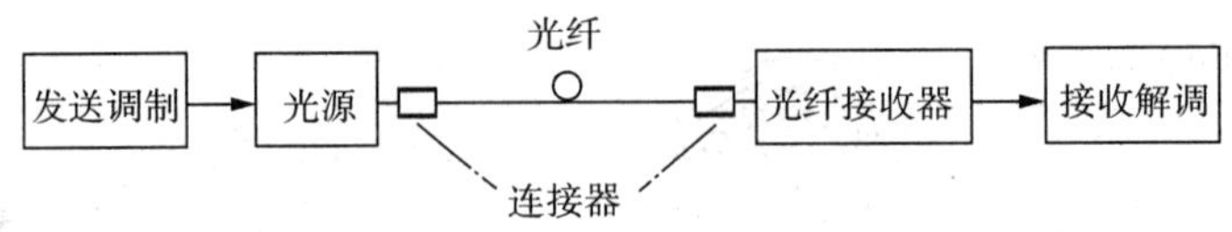

图 4-32 基本光纤通信系统

发送调制就是将所需传送的保护信号(模拟电流信号或跳闸命令信号)变换成能够采用光纤通道传输的脉冲信号方式,常用的调制方式有脉码调制(PCM)、脉宽调制(PWM)、移频键控(FSK)等。接收解调即将有关脉冲方式的信号还原成相应的保护信号形式。

在长途光纤通信系统中,每隔一段距离需设置中继器,以把经过长距离传输衰减变得很微弱并畸变的光信号进行光监测变成电信号,经放大整形再生后驱动光源,产生光信号再送入光纤传输,这就是传统的光一电一光中继器。当前,光放大器已经成熟,其增益高、输出功率大、噪声低、带宽大、码速透明,完全可以替代光一电一光中继器,正推动着光纤通信向全光通信技术发展。

对于一条光纤通道,整个通路的衰耗及接收裕度计算如下。假定一条光纤系统,LED输出功率为-20dBm(1.3 μm,单模)。PIN-FET的灵敏度-40dBm,光纤长度 5km,一般光纤拉丝成缆的长度为 2km,因此 5km 光纤就要有 2 个熔接点,并且两侧的连接器还有两个熔接点。其光纤通路的衰耗为见表 4-7

表 4-7 光纤通路的衰耗

光纤衰耗(0.4dB/km×5)	2dB
熔接点(0.2dB/个×4)	0.8dB
连接器(0.5dB/个×2)	1dB
通道总衰耗	3.8dB
LED 输出功率	-20dBm
总衰耗	3.8dB
实际接收电平	-23.8dBm
接收灵敏度(PIN-FET)	-40dBm
接收裕度	16.2dB

由计算可知,该光纤通道的衰耗为 3.8dB,接收裕度为 16.2dB。一般为了工作可靠,要求收信裕度大于 5dB,即接收电平大于-35dB。

由于目前大多数 SDH 设备只提供 E1(2048kb/s)速率的业务接口,继电保护及其它电力系统的业务也只能通过该接口连接到通信网中。对于速率更低的业务,通过在 E1 接口上外挂 PCM 设备,可以提供 64kb/s 的业务和其它低速业务。相应的通信系统更显复杂。

4. 光纤通道

光纤保护装置(光纤差动、光纤距离、光纤方向、光纤命令、光纤稳控等)内部光纤通信接口的原理框图如图 4-33,从串行通信控制器(SCC)来的数据经过光纤发送码型变换后,去

调制光发射器(LD),将连续变化的数据码流变成连续变化个光脉冲。

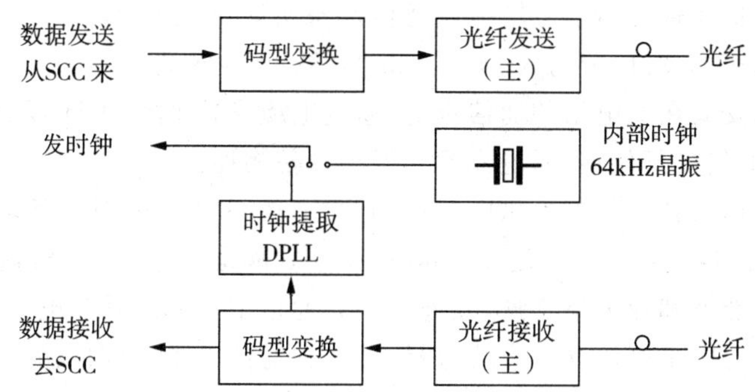

图 4-33 光纤保护装置内部光纤通信接口的原理框图

在接收时,对弱的光信号,进行放大、整形、再生成数据码流,送给串行通信控制器,供CPU 读取。

继电保护用光纤通道种类比较多,以光纤差动保护为例来描述有专用光纤(纤芯)传输通道和复用通信设备传输通道。

专用纤芯方式相对比较简单,运行的可靠性也比较高,保护动作性能能够得到保障,日常的运行维护工作量也很少,已经得到了广泛的使用,如图 4-34 所示,有条件的地区,220kV 及以下线路光纤保护多采用专用纤芯方式,目前专用纤芯工作方式完全可以运行在120kM 及以下的光缆长度上。

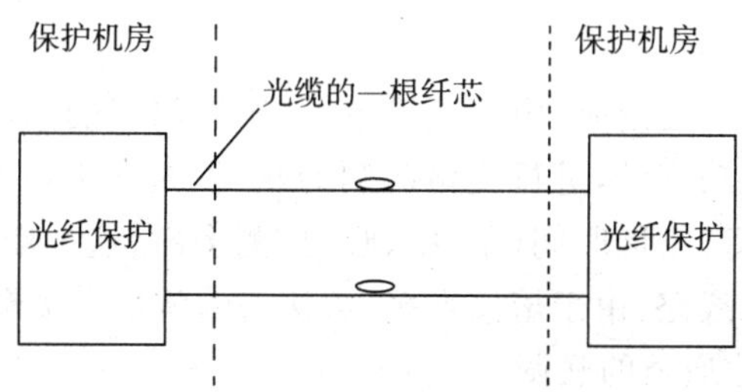

图 4-34 专用光纤(纤芯)传输通道

复用通信设备传输通道涉及的中间设备较多,通信时延也较长,运行的可靠性较低,保护动作性能不能得到保障,日常的运行维护工作量也比较大,问题查找不易,如图 4-35 所示。是以牺牲保护装置的性能,来换取通信资源的利用率的。

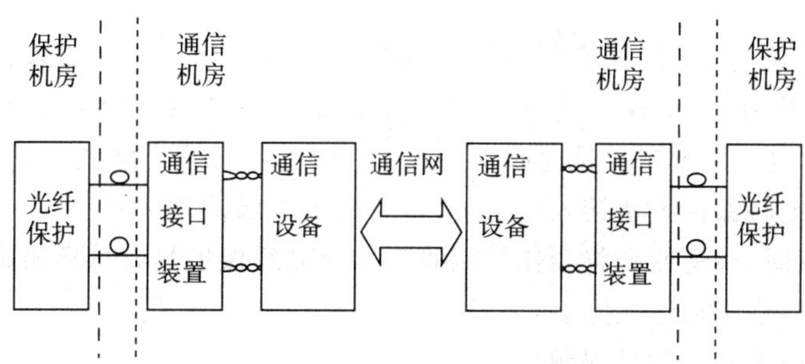

图 4-35 复用通信设备传输通道

5. 接口装置

用来完成将保护装置的光信号转换成通信设备所能接收的标准电信号，根据通信设备所能提供的电接口速率，可以分为 64kbit/s 和 2048kbit/s 两类。

接口装置同常安装在变电站的通信机房，通过电缆(64k 时使用屏蔽双绞线或 2048k 时使用同轴电缆)和通信设备相连，通过光缆和保护设备相连。

通信机房的通信设备一般只提供电接口的业务，在 G.703 中对业务端接口的物理电平有严格的定义，无论是 64kbit/s 还是 2048kbit/s 速率都是三电平信号，这样才能保证各个厂家的通信设备都能够和业务端互连、互通。而光通道中传输的是二电平码流，这就需要转换成三电平码流。二电平码流含有直流分量，信号在通信设备内部传输时，不能含有直流分量，且低频分量应尽量少，这是因为在终端机和再生中继器的靠外侧，加有脉冲变压器，对直流分量起阻碍作用，并且对低频成分衰减也较大。经通信单元将各路信号复用后，再转换成二电平光信号传传至远方。这就要求继电保护传输的数据线路码流频谱中消除长‘0’和长‘1’，并包含定时时钟信息。接收端经过变换得到时钟信息，使得接收端时钟和发送端时钟保持同步。

数字复接接口的功能：把收到的光信号变成电信号，把收到的电信号变成光信号；将接收到光的单极性(二电平)码转换成通信的双极性(三电平)码，将通信双极性码转换成光的单极性码。

6. 通道联调与常见问题

(1)光纤通道的联调

① 专用纤芯通道的联调：

光纤保护使用专用光纤通道时，由于通道单一，所以出现的问题相对较少，解决起来也较为方便。一般需要用光功率计，进行线路两侧的收、发光功率检测，并记录测试值。最好能在不同天气(晴、雨、雪等)不同时间(早、中、晚)检测多次，这样能检测出光纤熔接点存在的问题。尤其是对一些长线路，由于熔接点多，熔接点的质量直接影响线路的总衰耗。

② 复用通信设备传输通道的联调：

对于复用传输通道来讲，由于传输中间环节多，时延长，出现问题的概率也大得多。大量的通道联调问题均为此类问题。由于保护人员不熟悉通信设备，遇到此类问题时，缺乏手段和经验，很难迅速地解决问题。因此我们建议通信人员在光纤保护通道联调之前，必须先进行通道测试，以确定通道的信号传输质量。尽量减少通道联调中可能出现的问题。

在进行通道联调时，应根据实际运行的通道工况来进行测试，即若保护设备工作在 64kbit/s，则测试应在 64kbit/s 速率上进行；若保护工作在 2048kbit/s，则测试应在 2048kbit/s 速率上进行。要求测试时间至少为 24 小时，并且尽可能长。只有在线路两侧测试均无误码后，才能将保护设备接入通道，进行跨通道的保护调试。

在没有误码仪时，通道联调将会比较困难。如果光纤保护具有自环测试功能，可借助此功能进行多次测试，逐步逼近实际运行通道。

(2)通道联调中遇到的常见问题

①通信时钟的设置，在复用通信设备传输通道是，就 64kbit/s 和 2048kbit/s 两种传输速率时，保护设备的通信时钟设置是不一致的，必须参考保护厂家的说明书。

②光纤连接时，光纤接头多为 FC 型，在连接时请注意尾纤接头、法兰盘、光器件的表面清洁，如有需要可用棉球、丝绸沾无水酒精清洁。连接时注意一定要将尾纤 FC 接头的凸台对准 FC 连接器的缺口，然后将接头插到连接器里，使凸台完全卡入缺口中，用手旋紧 FC 接头的外壳。

③光纤、尾纤的盘绕与保护，尽量避免光纤弯曲、折叠，过大的曲折会使光纤的纤芯折断。在必须弯曲时，必须保证弯曲半径必须大于 3cm（直径大于 6cm），否则会增加光纤的衰减。光缆、光纤、尾纤铺放、盘绕时只能采用圆弧型弯曲，绝对不能弯折，不能使光缆、光纤、尾纤呈锐角、直角、钝角弯折。对光缆、光纤、尾纤进行固定时，必须用软质材料进行。如果用扎线扣固定时，千万不能将扎线扣拉紧。

拓展知识

互感器断线的影响及自动重合闸

一、电压及电流互感器断线的判据及对保护的处理

1. TV 断线的判别及处理

(1)TV 断线的判别

TV 断线时由于启动元件没有启动，保护还不会误动。TV 断线的判别方法必需能判别一相、两相和三相断线。它有以下几部分构成：

① 当 $\dot{U}_a+\dot{U}_b+\dot{U}_c>8V$，且启动元件不启动，延时 1.25 秒判 TV 断线。本判据用以判别 TV 二次的一相和两相断线。

② 当使用母线电压互感器时，满足 $\dot{U}_a+\dot{U}_b+\dot{U}_c<8V$，$U_1<33V$，且启动元件不动作，延时 1.25 秒判 TV 断线。本判据在使用母线电压互感器时，可检测出电压互感器的三相断线。

③ 当使用线路电压互感器时，除满足 $\dot{U}_a+\dot{U}_b+\dot{U}_c<8V$，$U_1<33V$，且启动元件不动作几个条件外，再加之满足任意一相有电流（$I_\varphi>0.08I_N$，I_N 为电流互感器二次的额定电流）或者跳闸位置继电器（TWJ）不动作的条件，延时 1.25 秒判 TV 断线。本判据在使用线路电压互感器时，可检测电压互感器的三相断线。

上述使用母线电压互感器还是使用线路电压互感器由定值单中的控制字选定。有关 TV 断线原理的分析可参阅第一章第十二节。

(2)判出 TV 断线后对保护的处理

装置判出 TV 断线后除发装置异常信号点亮面板上的 TV 断线信号灯外，在保护功能方面还作如下处理。

① 闭锁距离保护。以防在 TV 断线期间再发生区外短路时，距离保护误动。

② 保留工频变化量的快速距离Ⅰ段保护，但将工频变化量阻抗继电器的制动电压（即门槛电压）提高到 $1.5U_N$。U_N 为电压互感器二次额定电压。采取这个措施后本保护在 TV 断线下再发生区外短路时不会误动的前提下，在再发生正向近处的故障时还可发挥保护功能。

③保留纵联工频变化量方向保护。但工频变化量方向继电器内的补偿阻抗 Z_{com} 自动退出。此时工频变化量方向继电器在再发生短路时还能正确工作。退出 Z_{com} 可防止在反方向发生短路时 ΔF_{+} 元件的误动。

④ 纵联零序方向保护退出。因为保护用自产的 $3\dot{U}_0$ 电压，在 TV 断线下再发生短路时，自产的 $3\dot{U}_0$ 电压相位可能错误，造成零序方向继电器动作行为不正确。因此纵联零序方向保护应退出。

⑤ 零序电流保护的处理。TV 断线时对零序电流要作处理也是由于在 TV 断线下再发生短路时零序方向继电器的动作行为可能不正确引起的。对 RCS－901A 型保护要退出零序电流第Ⅱ段(因为它固定带方向)，保留零序电流第Ⅲ段但取消方向控制。对 RCS－901B 型保护退出零序电流第Ⅰ、Ⅱ段(因为它们固定带方向)，零序电流第Ⅲ段若原来整定是经方向控制的则退出；若原来整定是不经方向控制的则保留。零序电流第Ⅳ段保留但取消方向控制。RCS－901D 退出零序电流第Ⅱ段(因为它固定带方向)，零序反时限方向过流保留但取消方向控制。

⑥ 自动投入 TV 断线下的相电流过流和 TV 断线下的零序过流保护，这两个保护动作后用同一个 TV 断线过流时间延时跳闸。这两个保护的电流定值和时间定值在定值单中单独整定。TV 断线相过流保护由距离压板投退，TV 断线零序过流保护由零序压板投退。新投入这两个保护从某种意义上讲对 TV 断线期间退出的保护作了些补偿。

⑦ 重合闸放电，即重合闸退出。

当三相电压恢复正常后，经 10 秒延时 TV 断线信号自动复归，保护自动恢复正常。

2. TA 断线的判别与处理

(1)TA 断线的判别

当 TA 二次回路断线时或者电流的采样通道故障时，装置认为交流电流断线。此时电流的采样值将出现错误并导致出现自产的零序电流，从而对零序电流保护产生影响。此外在断线和不断线两种情况下系统发生短路时由于零序电流的相位不同将可能导致零序方向继电器在断线下发生短路时的不正确动作。因此相应的保护要采取一些措施。

交流电流断线的判别判据为(或)：①当外接的 $3I_0$ 电流小于 0.75 倍的自产 $3I_0$ 电流，或自产的 $3I_0$ 电流小于 0.75 倍的外接 $3I_0$ 电流时，延时 200ms 发 TA 断线异常信号；②当有自产的 $3I_0$ 电流而无 $3U_0$ 电压，则延时 10 秒发 TA 断线异常信号。

判据①说明是装置内部的电流采样通道出现故障，外部的 TA 回路没有断线。因为外部 TA 断线时自产的 $3I_0$ 电流与外接的 $3I_0$ 电流是相等的。判据②说明既有可能是外部 TA 断线、也有可能是装置内部的电流采样通道出现故障。

(2)判出 TA 断线后对保护的处理

保护判出交流电流断线的同时，在装置总启动元件中不进行零序电流启动元件的判别，纵联零序方向保护退出。对零序电流方向保护作如下处理：判据①判断电流断线后，将所有零序电流保护退出运行。判据②判断电流断线后，对不同型号作不同处理。对 RCS－901A，将零序流保护第Ⅲ段退出，保留零序电流保护第Ⅱ段但不经方向元件控制。对 RCS－901B 将零序电流保护第Ⅰ、Ⅱ、Ⅳ段退出，第Ⅲ段保留但不经方向元件控制。对 RCS－901D 将零序反时限方向过流保护退出，保留零序电流保护第Ⅱ段但不经方向元件控制。

二、自动重合闸

1. 自动重合闸的作用及应用

据统计，输电线路上有90%以上的故障是瞬时性的故障如雷击、鸟害等引起的故障。短路以后如果线路两侧的断路器没有跳闸，虽然引起故障的原因已消失，例如雷击已过去、电击以后的鸟也已掉下，但由于有电源往短路点提供短路电流，所以故障不会自动消失。等继电保护动作将输电线路两侧的断路器跳开后，由于没有电源提供短路电流，电弧将熄灭。原先由电弧使空气电离造成的空气中大量的正、负离子开始中和，这过程称之为去游离。等到足够的去游离时间后，空气可以恢复绝缘水平。这时如果有一个自动装置能将断路器重新合闸就可以立即恢复正常运行，显然这对保证系统安全稳定运行是十分有利的。将因故跳开的断路器按需要重新合闸的自动装置就称做自动重合闸装置。自动重合闸装置将断路器重新合闸以后，如果继电保护没有再动作跳闸，系统马上恢复正常运行状态，这样重合闸成功了。如果是永久性的故障，例如杆塔倒地、带地线合闸，或者是去游离时间不够等原因，断路器合闸以后故障依然存在，继电保护再次将断路器跳开。这样重合闸就没有成功。据统计，重合闸的成功率在80%以上。

自动重合闸的作用有如下几点：

(1)对瞬时性的故障可迅速恢复正常运行，提高了供电可靠性，减少了停电损失。

(2)对由于继电保护误动、工作人员误碰断路器的操作机构、断路器操作机构失灵等原因导致的断路器的误跳闸可用自动重合闸补救。

(3)提高系统并列运行的稳定性。重合闸成功以后系统恢复成原先的网络结构，加大了功角特性中的减速面积有利于恢复系统稳定运行。也可以说在保证稳定运行的前提下，采用重合闸后允许提高输电线路的输送容量。

当然应该看到，如果重合到永久性故障的线路上，系统将再一次受到故障的冲击，对系统的稳定运行是很不利的。但是由于输电线路上瞬时性故障的机率多得多，所以在中、高压输电线路上除某些特殊情况外普遍都使用自动重合闸装置。

2. 自动重合闸方式及动作过程

输电线路自动重合闸在使用中有如下几种方式可供选择：三相重合闸方式；单相重合闸方式；综合重合闸方式和重合闸停用方式。在110kV及以下电压等级的输电线路上由于绝大多数的断路器都是三相操作机构的断路器，三相断路器的传动机构在机械上是连在一起的，无法分相跳、合闸。所以这些电压等级中的自动重合闸采用三相重合闸方式。在220kV及以上电压等级的输电线路上，断路器一般是分相操作机构的断路器。三相断路器是独立的，因而可以进行分相跳闸。所以这些电压等级中的自动重合闸可以由用户选择重合闸的方式，以适应各种需要。在这些电压等级中的线路保护装置(RCS－901，RCS－902，RCS－931等系列装置)中的重合闸可由屏上转换开关或定值单中的控制字选择使用三重方式、单重方式、综重方式和重合闸停用几种方式。

当使用三相重合闸方式时，连保护和重合闸一起的动作过程是：对线路上发生的任何故障跳三相，重合三相，如果重合成功继续运行，如果重合于永久性故障再跳三相。

当使用单相重合闸方式(单重方式)时，连保护和重合闸一起的动作过程是：对线路上发生的单相接地短路跳单相(保护功能)，重合(重合闸功能)，如果重合成功继续运行，如果重合于永久性故障再跳三相(保护功能)。对线路上发生的相间短路跳三相(保护功能)，不再重合。

当使用综合重合闸方式时，保护和重合闸一起的动作过程是：对线路上发生的单相接地短路按单相重合闸方式工作，即由保护跳单相，重合，如果重合成功继续运行，如果重合于永久性故障再跳三相。对线路上发生的相间短路按三相重合闸方式工作，即由保护跳三相，重合三相，如果重合成功继续运行，如果重合于永久性故障再跳三相。

3. 自动重合闸的启动方式

自动重合闸的启动方式有下述两种：

1. 位置不对应启动方式。

如果跳闸位置继电器动作了（TWJ＝1），说明断路器现处于断开状态。但同时控制开关在合闸后状态，说明原先断路器是处于合闸状态的。这两个位置不对应，启动重合闸的方式称做位置不对应启动方式。用不对应方式启动重合闸后既可在线路上发生短路，保护将断路器跳开后启动重合闸，也可以在断路器“偷跳”以后启动重合闸。所谓断路器“偷跳”是指系统中没有发生过短路，也不是手动跳闸而由于某种原因例如工作人员不小心误碰了断路器的操作机构、保护装置的出口继电器接点由于撞击震动而闭合、断路器的操作机构失灵等原因造成的断路器的跳闸。发生这种“偷跳”时保护没有发出过跳闸命令，如果没有不对应启动方式就无法用重合闸来进行补救。

上述不对应启动方式具体实现起来可以有多种形式，例如“控制开关在合闸后状态”既可以用合闸后的 KK 接点来判断，也可以用重合闸是否已充满电的条件来衡量。前者很容易理解，后者判别的原理是，只有原先在正常运行状态且三相断路器都在合闸位置时重合闸才能充满电。在 RCS－900 系列保护中就用重合闸已充满电的方法来衡量。在“跳闸位置继电器动作 TWJ＝1”的条件中还可加入检查线路无电流的条件以进一步确认提高可靠性，防止由于 TWJ 继电器异常、接点粘连等使重合闸一直处于启动状态，这种方法也在RCS－900 系列保护中采用。

2. 保护启动方式

绝大多数的情况都是先由保护动作发出过跳闸命令后才需要重合闸发合闸命令的，因此重合闸可由保护来启动。当本保护装置发出单相跳闸命令且检查到该相线路无电流（一般称做单跳固定继电器 TG_{φ} 动作），或本保护装置发出三相跳闸命令且三相线路均无电流（一般称做三跳固定继电器 TG_{ABC} 动作）时启动重合闸。这是本保护启动重合闸。

4. 重合闸的前加速和后加速

(1)重合闸前加速

在图 4-36 的低压电网单侧电源线路上，如果只装有简单的电流速断和过电流两段式的电流保护。过电流保护的动作时间按阶梯型时限特性配合，这时可在 1 号保护处加一套重合闸装置，其它保护处不配重合闸装置。1 号的过电流保护在重合闸前是瞬时动作的，重合于故障线路后它的动作时限才是按阶梯时限特性配合的时限。这样无论是本线路的 K_1 点短路还是其它线路的 K_2 点短路，1 号的过电流保护动作可以瞬时切除故障。尽管这可能会造成非选择性跳闸（K_2 点短路），但故障切除很快。K_2 点短路的非选择性跳闸再用重合闸来补救。1 号断路器跳闸后由重合闸使它重合，对于绝大多数的瞬时性故障可立即恢复正常运行。如果重合于永久性故障上，1 号的过电流保护按配合的整定时间动作，可保证选择性。由于带延时的保护在重合闸前动作是瞬时的，所以这种加速方式称作重合闸前加速。

这种加速方式第一次跳闸虽然快但有可能是非选择性跳闸，例如在远处的 K_2 点短路，1 号断路器非选择性跳闸后，将造成 N、P、Q 几个变电站全部仃电。所以这种加速方式只在不重要用户的直配线路上使用。

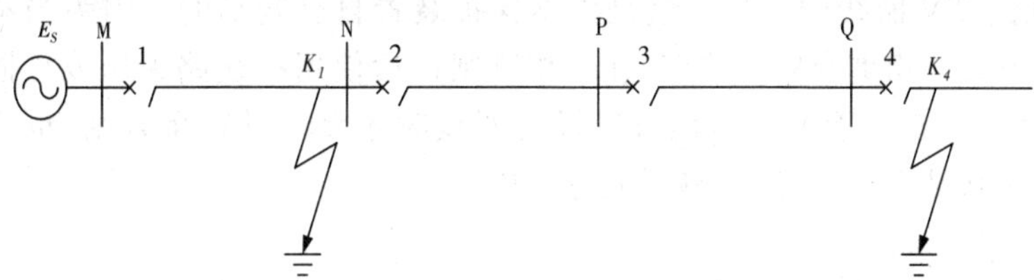

图 4－36　低压电网单侧电源线路的重合闸前加速示意图

(2)重合闸后加速

在图 4－37 中各处的多段式的保护均按整定配合的时限动作，所以对线路上的故障是有选择性的。对图 4－37 中的 K 点短路，如果 3 号保护或 3 号断路器因故拒动，故障由 1 号的Ⅱ段或Ⅲ段保护经延时切除。随后 1 号断路器重合。如果重合于永久性故障上，此时 3 号保护或 3 号断路器很可能是继续拒动，这样故障还是应该由 1 号的Ⅱ段或Ⅲ段保护来切除。既然如此，1 号的Ⅱ段或Ⅲ段保护就不必再加延时而应该瞬时跳闸，加速切除故障。由于延时段的保护是在重合闸以后才加速跳闸的，所以把它称作重合闸后加速。

重合闸后加速方式在逻辑上讲也是完全合理的，因此得到了广泛的采用重合闸后加速主要有加速零序电流保护和加速距离保护两种。加速零序电流保护可以加速零序电流保护的后备段，也可以加速定值单独整定的零序电流加速段。RCS－900 保护就是加速零序电流加速段。加速距离保护可以加速距离保护第Ⅱ段，也可以加速距离保护第Ⅲ段。但加速距离保护时要考虑是否要经振荡闭锁控制。在单相跳闸重合时或虽然是三相跳闸重合但重合后不会发生振荡时，可以加速不经振荡闭锁控制的Ⅱ段或Ⅲ段。在三相跳闸重合但重合后有可能发生振荡的情况下只能加速经振荡闭锁控制的Ⅱ段或Ⅲ段，以防止重合后系统振荡时加速的距离Ⅱ段或Ⅲ段误动。

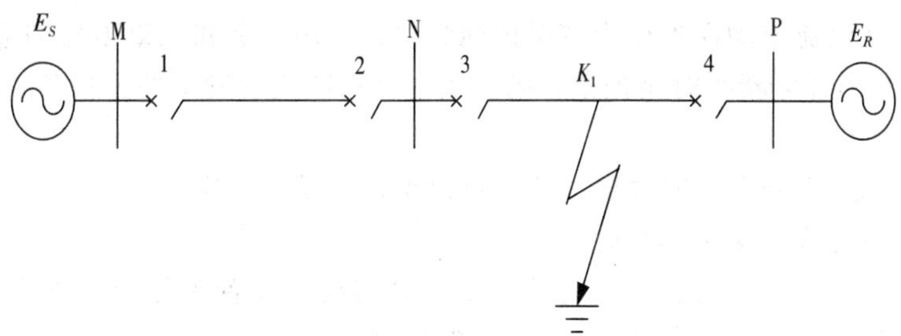

图 4－37　重合闸后加速示意图

5. 重合闸的充电与闭锁

(1)重合闸的充电

线路保护中只有满足下列条件重合闸才允许充电：

① 重合闸的压板在投入状态。

② 三相断路器的跳闸位置继电器都未动作，$TWJ_{A.B.C}=0$，三相断路器都在合闸状态。

③ 没有断路器压力低闭锁重合闸的开关量输入。如果断路器正常状态下油压或气压

高于允许值时，断路器允许重合闸，所以允许充电。

④ 没有外部的闭锁重合闸的输入。例如没有手动跳闸、没有母线保护动作输入、没有其它保护装置的闭锁重合闸继电器(BCJ)动作的输入等。

⑤ 没有线路 TV 断线的信号。这是由本保护装置自己判别的。因为当本装置重合闸采用综合重合闸或三相重合闸方式时，在三相跳闸以后使用检线路无压或检同期重合闸时要用到线路 TV。此时只有判断线路 TV 没有断线时才允许进行重合闸，也才允许重合闸充电。重合闸在满足充电条件 15 秒后充电完成。

(2)重合闸的闭锁。

在正常运行和短路故障运行状态下出现不允许重合闸的情况时，应立即放电，将计数器清零，闭锁重合闸。在 RCS－900 微机线路保护中当出现下述情况之一时应闭锁重合闸：

① 有外部闭锁重合闸的输入。例如在手动跳闸时、在母线保护动作时、断路器失灵保护动作时、远方跳闸时、在其它保护装置的闭锁重合闸继电器(BCJ)动作时作为闭重沟三(闭锁重合闸，沟通三跳)的开入量闭锁本重合闸。当另一套 RCS－900 微机线路保护中出现下述②、③两种情况时，闭锁重合闸继电器 BCJ 启动，它的接点也作为本装置的闭重沟三的开入量。

② 由软压板控制的某些闭锁重合闸条件出现时。例如相间距离第Ⅱ段、接地距离第Ⅱ段、零序电流第Ⅱ段三跳、选相无效、非全相运行期间的故障、多相故障、三相故障这些情况都有软压板由用户选择是否闭锁重合闸。如果这些软压板置“1”时，出现上述情况都三跳同时闭锁重合闸。

③ 出现一些不经过软压板控制的严重故障时，三相跳闸同时闭锁重合闸。例如零序电流保护第Ⅲ段和距离保护第Ⅲ段动作后，由于故障时间很长故障地点也有可能在相邻变压器内，所以不用重合闸。手动合闸或重合闸于故障线路上时闭锁重合闸，因为在手动合闸或重合闸瞬间同时又发生瞬时性的故障的机率是十分小的，此时的故障往往是原先就存在的永久性故障，所以应该闭锁重合闸。单相跳闸失败持续 200ms 有电流引起的三跳、单相运行持续 200ms 引起的三跳也都闭锁重合闸，因为此时可能断路器本身有故障。

④ 除用纵联电流差动保护作为主保护的装置且使用单重和三重不检的重合闸方式外，其它情况在检查出 TV 断线时闭锁重合闸。因为 TV 断线后发生的三相跳闸若需要重合无法实现检查条件。

⑤ 当重合闸发合闸命令时放电。此举可以保证只重合一次。

⑥ 使用单重方式而保护三跳时。

⑦ 本装置重合闸退出时。屏上的重合闸方式切换开关置于停用位置或定值单中重合闸投入控制字置“0”时表明本重合闸退出，立即放电。

⑧ 闭重沟三压板合上时。当需停用本线路的重合闸时该压板合上。此时本装置重合闸也放电，闭锁重合闸。同时任何故障保护都三跳。

⑨ 当闭重三跳软压板置“1”时，闭锁重合闸。此功能与闭重沟三硬压板功能相同。

⑩ 在启动元件未启动的正常运行程序中发现三相跳闸位置继电器处于动作状态，$TWJ_{A.B.C}=1$ 时。这种情况说明手动跳闸后本线路尚未投入运行。

⑪ 在启动元件启动后的故障计算程序中发现跳闸位置继电器处于动作状态，$TWJ=1$ 且无流，随后又出现有电流时。这说明双重化的另外一套保护已发出合闸命令且断路器已

合闸了，此时闭锁本套重合闸可防止二次重合。这是 RCS－900 微机线路保护适应系统要求、方便用户使用采取的一条措施。如果双重化的两套保护装置都使用 900 保护，允许两套装置的重合闸同时都投入使用，以使重合闸装置也双重化。这样做不会出现两套装置各发一次合闸命令出现事实上的二次重合的局面。因为先发合闸令的一套使断路器合闸时如果线路有电流，另一套马上闭锁重合闸不会再发合闸命令了。如果双重化的两套保护装置用一套 900 保护又用一套其它厂家的保护，而其它厂家的重合闸又没有采取判断线路合闸后马上放电的措施时，需要考虑防止二次重合的问题。这时一种方法是停用其它厂家的重合闸（但不能任何故障都三跳）或停用 900 保护中的重合闸，但这将失去重合闸双重化的功能。另一种方法是将 900 保护的重合闸动作时间整定得长一些，两套重合闸可同时都投入使用。另一套重合闸重合后 900 保护的重合闸不会再发合闸命令。

⑫ 断路器操作压力降低到允许值以下时。

拓展训练

纵联保护通道检验方法

对纵联保护的调试检验，除了对保护装置的调试检验外，更应当对纵联保护通道进行调试。保证通道的畅通，才能真正保证纵联保护的可靠工作。对通道的调试包括高频通道和光纤通道调试，以下分别进行介绍。

一、高频通道联调

高频通道的检验还包括有关载波加工设备，如高频阻波器和结合滤波器等。高频通道的联调包括通道检查、保护装置带通道检验等内容。

（一）通道检查试验

线路两侧收发信机均设置为"通道"位置，两侧收发信机和微机保护装置电源开关均合上。两侧分别进行通道检查试验（按保护屏上的通道检查试验按钮），两侧收发信机电平均正常，符合通道检查的信号逻辑。

（二）保护装置带通道试验

投入"主保护投运"连接片，退出"零序保护投运"和"距离保护投运"连接片。模拟故障前电压为额定电压，故障时间为 100～150ms。利用测试仪的"整组测试"单元进行故障量的模拟。故障电气量的设置与高频保护单端测试时相同。具体测试方法如下：

1. 闭锁式保护

（1）线路两侧收发信机和保护装置均投入正常工作，单侧（两侧分别进行）模拟区内故障，相角为灵敏角。要求模拟不少于 5 次故障，高频保护均不应动作。

（2）合上线路一侧收发信机和保护装置的直流电源开关，将线路另一侧收发信机关机。模拟 3 次区内故障，高频保护均应可靠动作。

2. 允许式保护

线路两侧收发信机和保护装置均投入正常工作。

（1）两侧同时模拟故障，其中一侧模拟反方向故障，另一侧模拟区内故障。要求模拟不少于 5 次故障，高频保护均不动作。

(2)两侧同时模拟区内故障,高频保护应能动作。

需要指出的是,通过人工的方法无法实现真正意义上的"两侧同时模拟故障",因此引用GPS全球定位系统实现带通道联调是较为可行的办法。

二、利用GPS进行纵联保护的调试

利用GPS进行纵联保护调试是利用GPS接收机在每秒、每分的整点时刻发出的时钟控制信号来控制保护试验仪器,可实现多台试验仪器的信号同步输出,从而达到同步暂态试验的目的。

(一)保护测试仪接受PPS和PPM信号的方式

1. 电脑主机直接控制电流、电压放大器方式

测试仪采用电脑主机直接控制电流、电压放大器的方式,计算机通过RS232串口与GPS接收机相连,并读取GPS输出的秒脉冲(PPS)、分脉冲(PPM)及时钟信号。

2. 上位机下位机方式

测试仪采用上位机下位机的方式,上位机为电脑主机,下位机为DSP,由DSP控制电流、电压放大器。测试仪的主机直接和GPS接收机相连接,由主机内的DSP以TTL电平的形式读取GPS输出的秒脉冲(PPS)、分脉冲(PPM)及时钟信号。

以上两种方式都采用中断查询方式捕捉GPS的PPS和PPM脉冲信号,因此中断频率决定同步误差。DSP的中断频率大大高于电脑主机的中断频率,同步精度自然也大大提高。如计算机采用5000次/s的中断频率,所以双端同步误差不会超过200 μs,相当于相移3.6°。DSP采用28000次/s的中断频率,所以双端同步误差不会超过37 μs,相当于相移0.6°,对测试的准确性不会有影响。

(二)测试方法

1. 故障回放测试

可利用测试仪的故障回放单元GPS触发功能,将线路两端录波器的录波数据(COMTRADE格式)同时进行故障回放。

利用测试仪的故障回放单元GPS触发功能,将电磁暂态计算程序计算出的线路故障数据(COMTRADE格式)同时进行故障回放。

利用测试仪的专用测试单元,如整组试验单元、状态序列单元的GPS触发功能,通过设置故障方向或定量的故障同时进行故障回放,检测保护的动作行为。

2. 测试仪模拟测试

对于方向纵联保护(如距离方向、零序方向、变化量方向)等通过通道传输方向信号的纵联保护,可通过在线路两端利用GPS同步模拟正方向、反方向、区内区外故障实现联调,可利用测试仪器的整组试验或状态序列等菜单进行测试。

三、光纤通道联调

(一)远传检验

远传功能直接将M侧装置的"远传1"或"远传2"开入信号传送至N侧的两副开出触点(远传1和远传2)上。

试验方法:在一侧装置加"远传1"开入,查看另一侧装置的"远传1"和"远传2"开出信号,触点应为闭合;再测试"远传2"应有相同结果。

（二）远跳检验

远跳功能为对侧要求跳闸的信号，当对侧有“远跳”开入时，本侧应动作出口三相跳闸且闭锁重合闸，报“远方跳闸”动作事件；对侧“远跳”开入消失后该事件返回。远跳可经控制字选择是否经本侧启动元件控制。

试验方法：在 M 侧加“远跳”开入，并整定 N 侧“收远跳受启动元件控制字”为投入或退出状态，查看 N 侧远跳的动作情况。在控制字为投入时，若在 N 侧加电流满足启动元件的启动条件，则 N 侧远跳应动作。

（三）两侧保护通道联调

通道采用专用光纤时，“专用光纤”控制字整定为“1”；采用 PCM 复用通道时，“专用光纤”控制字整定为“0”。“主机方式”控制字一侧置“1”，另一侧必须置“0”。

1. 对侧电流及差流检查

将两侧保护装置的“TA 变比系数”定值整定为“1”，在对侧加入三相对称电流，大小为 I_n，在本侧“保护状态”——“DSP 采样值”菜单中查看对侧的三相电流 I_{ar}、I_{br}、I_{cr} 及差动电流 I_{cda}、I_{cdb}、I_{cdc}，差动电流应该为 I_n。

2. 跳闸校验

（1）将 N 侧断路器置分位，M 侧加入单相电流 I_h，M 侧保护应动作，动作时间 30ms 左右。

（2）将 M 侧断路器置分位，N 侧加入单相电流 I_h，N 侧保护应动作，动作时间 30ms 左右。

试验完毕后，应注意将光纤通道恢复正常。

【项目总结】

高频保护是利用输电线路本身作为传送高频信号的通道。高频闭锁方向保护是比较被保护线路两端的功率方向，当线路两端的功率方向都为正时保护动作；若有一端为负时，则保护闭锁。

和其他通信方式相比，光纤通信有以下明显的优点：通信容量大；中继距离长；不受电磁干扰；资源丰富；光纤重量轻、体积小。

光也是一种电磁波，其中可见光波长在 350nm～750nm，而光纤通信所用的波长在 800nm～1600nm，光具有反射、折射特性，光纤通信是利用光在纤芯中的全反射原理进行传输的。

随着光纤通信技术的快速发展，用光纤作为继电保护通道使用得越来越多。用光纤通道做成的纵联保护有时也称做光纤保护。光纤通信容量大又不受电磁干扰，且通道与输电线路有无故障无关。近年来发展的若干根光纤制成光缆直接与架空地线做在一起，在架空线路建设的同时光缆的铺设也一起完成，使用前景十分诱人。在国家电力公司制定的《“防止电力生产重大事故的二十五项重点要求”继电保护实施细则》中明确提出应积极推广使用光纤通道做为纵联保护的通道方式。由于光纤通信容量大因此可以利用它构成输电线路的分相纵联保护，例如分相纵联电流差动保护、分相纵联距离、方向保护等。光纤通信一般采用脉冲编码调制（PCM）方式可以进一步提高通信容量，信号以编码形式传送，其传输速率一般为 64Kb/S，传输距离可以达到 100km。如果用 2Mb/S 的传输速率，由于衰耗较大传输距离只能在 70km 以下。

思考题与习题

4-1 什么是高频保护?

4-2 试说明"相一地"制高频通道的构成及其各元件作用。

4-3 什么是高频通道的经常无高频电流方式和经常有高频电流方式?

4-4 什么是闭锁信号、允许信号和跳闸信号? 并画出这三种高频信号与继电保护部分的逻辑关系图。

4-5 试说明高频闭锁方向保护的基本工作原理。

4-6 试画出电流元件启动的高频闭锁方向保护原理框图,并说明为什么要用两个灵敏度不同的电流启动元件。

4-7 试分析在两端供电线路内部故障时,方向元件启动的高频闭锁方向保护的工作情况。

4-8 什么叫远方启动? 它有什么作用?

4-9 何谓高频闭锁距离保护?

4-10 简述光纤纵联电流差动保护的工作原理?

4-11 光纤纵联电流差动保护需要解决的问题及其解决措施?

4-12 光纤通道有什么优点?

项目五　变压器保护

【项目描述】

通过对变压器微机保护装置(如 RCS－978、PST－1200、JY－35CZB 等)所包含的各种保护功能的讲解和检验,使学生熟悉变压器微机保护装置的硬件结构,掌握变压器主保护以及各种后备保护的实现方式,了解变压器的非电量保护以及其他电量保护的实现方式。

【学习目标】

1. 知识目标

(1)熟悉变压器保护的基本配置及变压器微机保护装置的基本结构;

(2)掌握变压器差动保护及瓦斯保护的实现方式;

(3)掌握变压器相间短路及接地短路的后备保护的实现方式;

(4)了解变压器非电量保护及其他电量保护的实现方式。

2. 能力目标

(1)具有检验变压器差动保护比率制动特性能力;

(2)具有检验变压器后备保护动作值能力;

(3)具有变压器微机保护装置运行维护能力。

【学习环境】

为了完成上述教学目标要求具有与现场相似的微机保护实训场所(或微机保护一体化教室),具有微机线路保护、微机变压器保护等基本的微机保护装置。同时应具有微机保护装置检验调试所需的仪器仪表、工器具、相关材料等。还应具有可以开展一体化教学的多媒体教学设备。

任务一　变压器非电量保护

学习目标

通过对变压器微机保护装置(如 RCS－978、PST－1200、JY－35CZB 等)所包含的变压器非电量保护功能进行讲解和检验,使学生在完成本任务的学习过程中达到以下三个方面的目标:

1. 知识目标

(1)熟悉变压器故障、变压器不正常工作状态及其保护方式;

(2)了解变压器非电量保护的种类及其作用；

(3)掌握变压器瓦斯保护的实现方式。

2. 能力目标

(1)会阅读变压器非电量保护的相关图纸；

(2)熟悉变压器微机保护装置中与非电量保护相关的压板、信号、端子等；

(3)熟悉并能完成变压器微机保护装置检验前的准备工作，会对变压器微机保护装置非电量保护进行检验。

3. 态度目标

(1)不旷课，不迟到，不早退；

(2)具有团队意识协作精神；

(3)积极向上努力按时完成老师布置的各项任务；

(4)责任意识，安全意识，规范意识。

任务描述

熟悉变压器微机保护装置非电量保护的构成，学会对变压器微机保护装置非电量保护功能检验的方法、步骤等。

任务准备

1. 工作准备

学习阶段	工作(学习)任务	工作目标
入题阶段	根据工作任务，分析设备现状，明确检验项目，编制检验工作安全措施及作业指导书，熟悉图纸资料	确定重点检验项目
准备阶段	检查并落实检验所需材料、工器具、劳动防护用品等是否齐全合格	检验所需设备材料齐全完备
分工阶段	班长根据工作需要和人员精神状态确定工作负责人和工作班成员，组织学习《电业安全工作规程》、现场安全措施	全体人员明确工作目标及安全措施

2. 检验工器具、材料表

(一)检验工器具						
√	序号	名称	规格	单位	数量	备注
	1	继电保护微机试验仪及测试线		套		
	2	万用表		块		
	3	电源盘(带漏电保护器)		个		
	4	模拟断路器		台		

（续表）

(二)备品备件						
√	序号	名　称	规　格	单　位	数　量	备　注
	1	电源插件		个		

(三)检验材料表						
√	序号	名　称	规　格	单　位	数　量	备　注
	1	毛刷		把		
	2	绝缘胶布		盘		
	3	电烙铁		把		

(四)图纸资料			
√	序号	名　称	备　注
	1	与现场实际接线一致的图纸	
	2	最新定值通知单	
	3	装置资料及说明书	
	4	上次检验报告	
	5	作业指导书	
	6	检验规程	

3. 危险点分析及安全控制措施

序号	危险点	安全控制措施
1	误走错间隔，误碰运行设备	检查在主变保护屏前后应有“在此工作”标示牌，相邻运行屏悬挂红布幔
2	工作不慎引起交、直流回路故障	工作中应使用带绝缘手柄的工具，拆动二次线时应作绝缘处理并固定，防止直流接地或短路
3	电压反送、误向运行设备通电流	试验前应断开检修设备与运行设备相关联的电流、电压回路
4	检修中的临时改动忘记恢复	二次回路、保护压板、保护定值的临时改动要做好记录，坚持“谁拆除谁恢复”的原则
5	带电插拔插件，易造成集成块损坏；频繁插拔插件，易造成插件插头松动	严禁带电插拔插件，工作时佩戴防静电手环或采取其它防静电措施。整组传动后应尽量避免插拔插件，如需插拔应检验相关回路完好

（续表）

序 号	危险点	安全控制措施
6	接、拆低压电源时人身触电	接拆电源时应在电源开关拉开的情况下两人一起工作。所使用电源应装有漏电保护器。禁止从运行设备上接取试验电源
7	越过遮栏，易发生人员触电事故	现场设专人监护，严禁跨越围栏
8	联跳回路未断开，误跳运行开关	根据被检验装置与运行设备相关联部分的实际情况，制定技术措施，防止误跳其它开关（误跳母联、分段开关，误启动失灵保护）

任务实施

1．开工

√	序 号	内　容
	1	履行工作票、安全措施票手续并对危险点和安全注意事项交底；办理工作许可手续

2．安全措施的执行及确认危险点

<table>
<tr><td colspan="7">（一）检查运行人员所做的措施</td></tr>
<tr><td>√</td><td colspan="6">检查内容</td></tr>
<tr><td></td><td colspan="6">检查所有压板位置，并作好记录</td></tr>
<tr><td></td><td colspan="6">检查所有把手及开关位置，并作好记录</td></tr>
<tr><td colspan="7">（二）继电保护安全措施的执行</td></tr>
<tr><td>回　路</td><td>位置及措施内容</td><td>执行√</td><td>恢复√</td><td>位置及措施内容</td><td>执行√</td><td>恢复√</td></tr>
<tr><td rowspan="2">电流回路</td><td></td><td></td><td></td><td></td><td></td><td></td></tr>
<tr><td></td><td></td><td></td><td></td><td></td><td></td></tr>
<tr><td rowspan="2">电压回路</td><td></td><td></td><td></td><td></td><td></td><td></td></tr>
<tr><td></td><td></td><td></td><td></td><td></td><td></td></tr>
<tr><td>联跳和失灵回路</td><td></td><td></td><td></td><td></td><td></td><td></td></tr>
<tr><td>信号回路</td><td></td><td></td><td></td><td></td><td></td><td></td></tr>
<tr><td>其他</td><td></td><td></td><td></td><td></td><td></td><td></td></tr>
<tr><td colspan="4">执行人员：</td><td colspan="3">监护人员：</td></tr>
<tr><td colspan="7">备注：</td></tr>
</table>

3. 作业流程

(三)非电量保护检验		
序号	检验内容	
1	有载重瓦斯	
2	本体重瓦斯	
3	有载轻瓦斯	
4	本体轻瓦斯	
5	油温过高	
6	通风故障	
7	其他非电量保护	
(四)工作结束前检查		
序 号	内　容	√
1	现场工作结束前,工作负责人会同工作人员检查实验记录有无漏检验项目,试验结论、数据是否完整正确	
2	检查临时接线是否全部拆除,拆下的线头是否全部接好,包括接地线	
3	检查保护装置是否在正常运行状态	
4	打印装置现运行定值区定值与定值通知单逐项核对相符	
5	检查出口压板对地电位正确	

4. 竣工

√	序　号	内　容	备　注
	1	检查措施是否恢复到开工前状态	
	2	全体工作班人员清扫、整理现场,清点工具及回收材料。工作负责人周密检查施工现场,是否有遗留的工具、材料	
	3	工作负责人在检修记录上详细记录本次工作所检修项目、发现的问题、试验结果和存在的问题等	
	4	经验收合格,办理工作票终结手续	

变压器非电量保护检验方法

由于微机保护实训室中只有二次设备,没有相应的一次设备,因此变压器非电量保护的检验采用简易的方法,即短接各项变压器非电量保护动作触点,检查相应非电量保护动作指示灯是否变为红色。

1. 通电初步检验

保护装置通电后,会进行全面自检。自检通过后,运行灯点亮。显示相应的高、中、低压测断路器是处于分闸状态还是处于合闸状态。

面板上各信号灯的具体含义如下：

“有载重瓦斯”灯为红色，表示装置有载重瓦斯保护动作。

“本体重瓦斯”灯为红色，表示装置本体重瓦斯保护动作。

“有载轻瓦斯”灯为红色，表示装置有载轻瓦斯保护动作。

“本体轻瓦斯”灯为红色，表示装置本体轻瓦斯保护动作。

“油温过高”灯为红色，表示装置油温过高保护动作。

“通风故障”灯为红色，表示装置通风故障保护动作。

其他非电量保护信号灯相同。

2. 非电量保护检验

查看相应微机保护装置图纸，短接“有载重瓦斯”、“本体重瓦斯”、“有载轻瓦斯”、“本体轻瓦斯”、“油温过高”、“通风故障”及其他非电量保护相应动作触点，检查相应非电量保护动作指示灯是否变为红色。

相关知识

变压器非电量保护

一、电力变压器的故障、不正常工作状态及其保护方式

为升高或降低电压，电力系统中广泛使用电力变压器。它的故障将对供电可靠性和系统安全运行带来严重影响。它的不正常工作状态将会威胁变压器绝缘或造成变压器过热，从而缩短变压器的使用寿命。因此应根据变压器的容量和重要程度装设性能优良、动作可靠的继电保护装置。

1. 变压器故障

变压器故障分为油箱内故障和油箱外故障。油箱内故障，主要有绕组的相间短路、接地短路和匝间短路等。油箱内故障产生的高温电弧，不仅会损坏绝缘、烧毁铁心，而且由于绝缘材料和变压器油受热分解产生大量气体，有可能引起变压器油箱爆炸。油箱外故障，主要有套管和引出线上的相间短路及接地短路。

2. 变压器不正常工作状态

变压器不正常工作状态，主要有外部短路引起的过电流、过负荷、油箱漏油引起的油位下降、冷却系统故障、变压器油温升高、外部接地短路引起中性点过电压、绕组过电压或频率降低引起过励磁等。

3. 变压器保护方式

变压器保护分为电量保护和非电量保护。反应变压器故障的保护动作于跳闸，反应变压器不正常工作状态的保护动作于信号。

对于上述故障和不正常工作状态，变压器应装设如下保护：

(1)非电量保护。反应变压器的油、气、温度等非电气量的变化。

(2)纵差保护或电流速断保护。反应变压器绕组和引出线的相间短路、中性点直接接地侧绕组和引出线的接地短路。

(3)相间短路后备保护。反应外部相间短路引起的过电流和作为瓦斯保护、纵差保护或电流速断保护的后备保护。例如:过电流保护、低电压启动的过电流保护、复合电压启动的过电流保护、负序过电流保护等。

(4)零序保护。用于反应变压器高压侧(或中压侧),以及外部元件的接地短路。变压器中性点直接接地运行,应装设零序电流保护;变压器中性点可能接地或不接地运行时,应装设零序电流、电压保护。

(5)过负荷保护。反应变压器过负荷。

(6)过励磁保护。反应 500KV 及以上变压器过励磁。

二、变压器非电量保护

利用变压器的油、气、温度等非电气量构成的变压器保护称为非电量保护。变压器非电量保护主要有:瓦斯保护、压力保护、温度保护、油位保护及冷却器全停保护等。非电量保护根据现场需要动作于跳闸或发信。

1. 瓦斯保护

油浸式变压器是利用变压器油作为绝缘和冷却介质的,变压器油箱内部故障产生的电弧或内部某些部件发热时,使绝缘材料和变压器油分解产生气体(含有瓦斯成分)。利用气体上升、油面下降和气体压力构成的保护装置,称为瓦斯保护。瓦斯保护包括本体瓦斯保护、有载调压开关瓦斯保护。

瓦斯保护分为轻瓦斯和重瓦斯。轻瓦斯主要反应变压器内部轻微故障和变压器漏油,动作于信号。重瓦斯主要反应变压器内部严重故障,动作于跳闸。

瓦斯保护在变压器油箱内部故障时,有着其他保护所不具备的优点。如变压器绕组匝间短路所产生的电流值可能不足以使其他保护动作,而瓦斯保护能够灵敏动作发出信号或跳闸。瓦斯保护动作迅速,灵敏度高。但它不能反应油箱外的引出线和套管上的任何故障,因此必须与变压器纵差保护(或电流速断保护)配合,共同作为变压器的主保护。

瓦斯保护的主要元件是瓦斯继电器。瓦斯继电器安装在变压器油箱与油枕之间的连通管道中,如图 5-1 所示。为了保证变压器油箱内故障时产生的气体顺利进入气体继电器和油枕,防止空气泡积存在变压器顶盖下面,变压器安装时应有一些倾斜,变压器顶盖与水平面之间应有 1%～1.5%的坡度,连接管道与水平面之间应有 2%～4%的坡度。

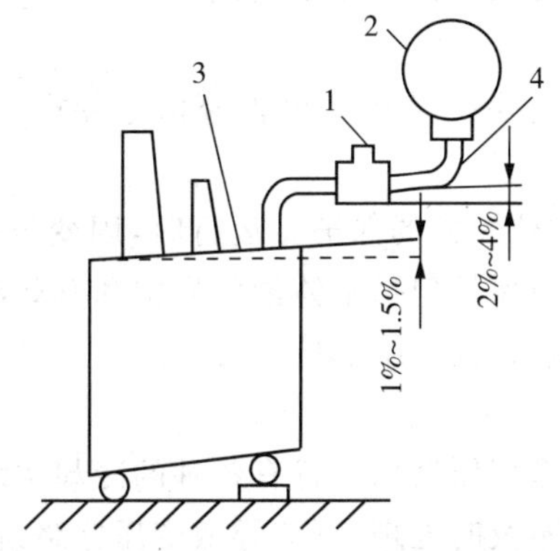

图 5-1　瓦斯继电器安装示意图

1—瓦斯继电器　2—油枕　3—变压器顶盖　4—连接管道

瓦斯保护动作原理如图 5－2 所示。瓦斯继电器的上触点为轻瓦斯保护，动作后发轻瓦斯信号；瓦斯继电器的下触点为重瓦斯保护，动作后发重瓦斯信号并根据保护压板投退情况进行出口跳闸，切除变压器。

瓦斯保护动作后，应从瓦斯继电器上部排气口收集气体。根据气体数量、颜色、化学成分、可燃性等，判断保护动作的原因和故障的性质。

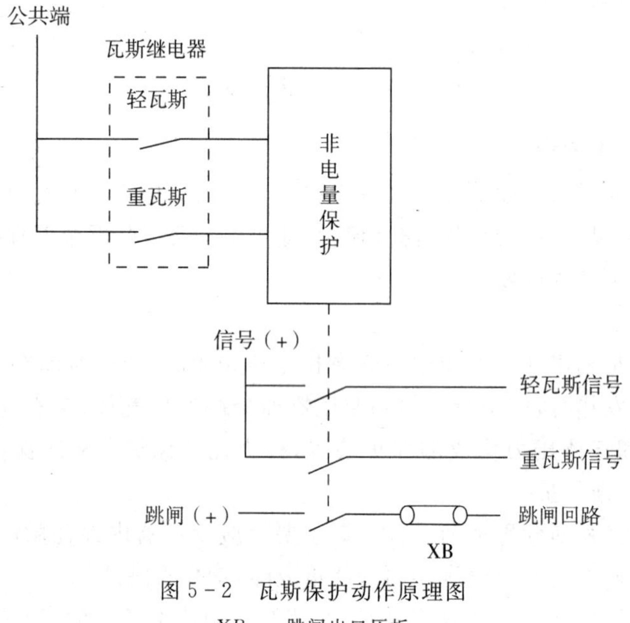

图 5－2　瓦斯保护动作原理图

XB——跳闸出口压板

2. 压力保护

压力保护也是变压器油箱内部故障的主保护，含压力释放和压力突变保护。其作用原理与重瓦斯保护基本相同，但它是反应变压器油的压力的。

压力继电器又称压力开关，由弹簧和触点构成。置于变压器本体油箱上部。

当变压器内部故障时，温度升高，油膨胀压力增高，弹簧动作带动继电器动接点，使接点闭合，切除变压器。

对于压力保护应防误动，可按相关反措条例执行。

3. 温度及油位保护

当变压器温度升高时，温度保护动作发出告警信号并投入启动变压器的备用冷却器。包括油温和绕组温度保护。

油位保护是反映油箱内油位异常的保护。运行时，因变压器漏油或其他原因使油位降低时动作，发出告警信号。油位保护包括本体油位异常和有载油位异常，每组油位异常又包括油位高和油位低两组信号接点，任一组油位异常接点导通时均发出告警信号。

4. 冷却器全停保护

为提高传输能力，对于大型变压器均配置有各种的冷却系统。在运行中，若冷却系统全停，变压器的温度将升高。若不及时处理，可能导致变压器绕组绝缘损坏。

冷却器全停保护，是在变压器运行中冷却器全停时动作。其动作后应立即发出告警信号，并经长延时切除变压器。

冷却器全停保护的逻辑框图如图 5－3 所示。

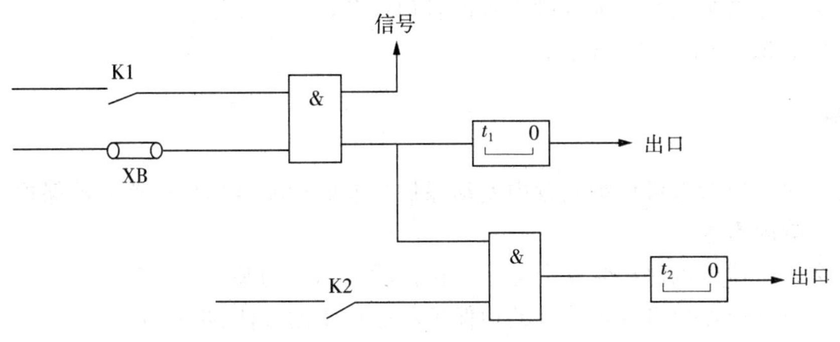

图 5－3 冷却器全停保护

式中：$K1$ 为冷却器全停接点，冷却器全停后闭合；

XB 为保护投入压板，当变压器带负荷运行时投入；

$K2$ 为变压器温度接点。

变压器带负荷运行时，压板由运行人员投入。若冷却器全停，$K1$ 接点闭合，发出告警信号，同时启动 t_1 延时元件开始计时，经长延时 t_1 后去切除变压器。

若冷却器全停之后，伴随有变压器温度超温，$K2$ 接点闭合，经短延时 t_2 去切除变压器。

在某些保护装置中，冷却器全停保护中的投入压板 XB，用变压器各侧隔离刀闸的辅助接点串联起来代替。这种保护构成方式的缺点是回路复杂，动作可靠性降低。其原因是：当某一对辅助接点接触不良时，该保护将被解除。

任务二 变压器差动保护

学习目标

通过对变压器微机保护装置（如 RCS－978、PST－1200、JY－35CZB 等）所包含的变压器差动保护功能进行讲解和检验，使学生在完成本任务的学习过程中达到以下三个方面的目标：

1. 知识目标

(1)了解变压器差动保护的种类及其作用；

(2)熟悉变压器差动保护的接线及影响因素；

(3)掌握变压器差动保护的实现方式。

2. 能力目标

(1)会阅读变压器差动保护的相关图纸；

(2)熟悉变压器微机保护装置中与差动保护相关的压板、信号、端子等；

(3)熟悉并能完成变压器微机保护装置检验前的准备工作，会对变压器微机保护装置差动保护进行检验。

3. 态度目标

(1)不旷课，不迟到，不早退；

(2)具有团队意识协作精神；

(3)积极向上努力按时完成老师布置的各项任务；

(4)责任意识,安全意识,规范意识。

任务描述

(1)通过对变压器微机保护装置中差动保护功能的检验掌握变压器差动保护的作用、原理、接线及影响因素等。

(2)学会变压器微机保护装置中与差动保护功能相关的基本计算和操作。

(3)学会对变压器微机保护装置差动保护功能检验的方法、步骤等。

任务准备

1. 工作准备

√	学习阶段	工作(学习)任务	工作目标	备　注
	入题阶段	根据工作任务,分析设备现状,明确检验项目,编制检验工作安全措施及作业指导书,熟悉图纸资料及上一次的定检报告	确定重点检验项目	
	准备阶段	检查并落实检验所需材料、工器具、劳动防护用品等是否齐全合格	检验所需设备材料齐全完备	
	分工阶段	班长根据工作需要和人员精神状态确定工作负责人和工作班成员,组织学习《电业安全工作规程》、现场安全措施和本标准作业指导书	全体人员明确工作目标及安全措施	

2. 检验工器具、材料表

(一)检验工器具						
√	序号	名　称	规　格	单　位	数　量	备　注
	1	继电保护微机试验仪及测试线		套		
	2	万用表		块		
	3	电源盘(带漏电保护器)		个		
	4	模拟断路器		台		
(二)备品备件						
√	序号	名　称	规　格	单　位	数　量	备　注
	1	电源插件		个		

（续表）

(三)检验材料表						
√	序号	名　称	规　格	单　位	数　量	备　注
	1	毛刷		把		
	2	绝缘胶布		盘		
	3	电烙铁		把	1	

(四)图纸资料			
√	序号	名　称	备　注
	1	与现场实际接线一致的图纸	
	2	最新定值通知单	
	3	装置资料及说明书	
	4	上次检验报告	
	5	作业指导书	
	6	检验规程	

3. 危险点分析及安全控制措施

序号	危险点	安全控制措施
1	误走错间隔，误碰运行设备	检查在主变保护屏前后应有“在此工作”标示牌，相邻运行屏悬挂红布幔
2	工作不慎引起交、直流回路故障	工作中应使用带绝缘手柄的工具，拆动二次线时应作绝缘处理并固定，防止直流接地或短路
3	电压反送、误向运行设备通电流	试验前应断开检修设备与运行设备相关联的电流、电压回路
4	检修中的临时改动忘记恢复	二次回路、保护压板、保护定值的临时改动要做好记录，坚持“谁拆除谁恢复”的原则
5	带电插拔插件，易造成集成块损坏；频繁插拔插件，易造成插件插头松动	严禁带电插拔插件，工作时佩戴防静电手环或采取其它防静电措施。整组传动后应尽量避免插拔插件，如需插拔应检验相关回路完好
6	接、拆低压电源时人身触电	接拆电源时应在电源开关拉开的情况下两人一起工作。所使用电源应装有漏电保护器。禁止从运行设备上接取试验电源
7	越过遮栏，易发生人员触电事故	现场设专人监护，严禁跨越围栏
8	联跳回路未断开，误跳运行开关	根据被检验装置与运行设备相关联部分的实际情况，制定技术措施，防止误跳其它开关（误跳母联、分段开关，误启动失灵保护）

任务实施

1. 开工

√	序号	内容
	1	履行工作票、安全措施票手续并对危险点和安全注意事项交底；办理工作许可手续

2. 安全措施的执行及确认危险点

<table>
<tr><td colspan="7">(一)检查运行人员所做的措施</td></tr>
<tr><td>√</td><td colspan="6">检查内容</td></tr>
<tr><td></td><td colspan="6">检查所有压板位置，并做好记录</td></tr>
<tr><td></td><td colspan="6">检查所有把手及开关位置，并作好记录</td></tr>
<tr><td colspan="7">(二)继电保护安全措施的执行</td></tr>
<tr><td>回　路</td><td>位置及措施内容</td><td>执行√</td><td>恢复√</td><td>位置及措施内容</td><td>执行√</td><td>恢复√</td></tr>
<tr><td rowspan="2">电流回路</td><td></td><td></td><td></td><td></td><td></td><td></td></tr>
<tr><td></td><td></td><td></td><td></td><td></td><td></td></tr>
<tr><td rowspan="2">电压回路</td><td></td><td></td><td></td><td></td><td></td><td></td></tr>
<tr><td></td><td></td><td></td><td></td><td></td><td></td></tr>
<tr><td>联跳和失灵回路</td><td></td><td></td><td></td><td></td><td></td><td></td></tr>
<tr><td>信号回路</td><td></td><td></td><td></td><td></td><td></td><td></td></tr>
<tr><td>其他</td><td></td><td></td><td></td><td></td><td></td><td></td></tr>
<tr><td colspan="7">执行人员：　　　　　　　　　　　　　　　　　　　　监护人员：</td></tr>
<tr><td colspan="7">备注：</td></tr>
</table>

3. 作业流程

<table>
<tr><td colspan="3">(三)差动保护检验</td></tr>
<tr><td>序号</td><td>检验内容</td><td>√</td></tr>
<tr><td>1</td><td>差动最小动作电流的测定</td><td></td></tr>
<tr><td>2</td><td>比率制动特性测试</td><td></td></tr>
<tr><td>3</td><td>差动速断检验</td><td></td></tr>
<tr><td>4</td><td>谐波制动特性试验</td><td></td></tr>
</table>

(续表)

(四)工作结束前检查		
序号	内容	√
1	现场工作结束前,工作负责人会同工作人员检查实验记录有无漏检验项目,试验结论、数据是否完整正确	
2	检查临时接线是否全部拆除,拆下的线头是否全部接好,包括接地线	
3	检查保护装置是否在正常运行状态	
4	打印装置现运行定值区定值与定值通知单逐项核对相符	
5	检查出口压板对地电位正确	

4. 竣工

√	序号	内容	备注
	1	检查措施是否恢复到开工前状态	
	2	全体工作班人员清扫、整理现场,清点工具及回收材料。工作负责人周密检查施工现场,是否有遗留的工具、材料	
	3	工作负责人在检修记录上详细记录本次工作所检修项目、发现的问题、试验结果和存在的问题等	
	4	经验收合格,办理工作票终结手续	

变压器差动保护检验方法

变压器差动保护的主要逻辑功能的测试方法,包括差动保护启动值、比率制动系数、谐波制动、差动速断、零序差动保护等。

一、比率制动差动保护测试

比率制动差动保护的测试主要包括比率制动差动保护的启动值、比率制动系数及谐波制动系数检验。由于微机保护利用软件构成数字化的比例制动差动元件,因此其比率制动系数和谐波制动系数一般都是很准确的,而且一些保护其原理本身就存在模糊动作区和一些缓冲区(如采样值差动保护)等,因此在现场调试过程中,一般仅对比率制动差动保护的启动值进行检验。但通过比率制动差动保护的特性检验,一方面可加深对差动保护性能的了解(尤其是新类型的保护设备),另一方面间接地对其相关的参数也进行了检验,如TA变比、绕组接线方式设置、是否消除零序电流、接线系数考虑等。因为如果这些参数错误,将无法得到正确的测试结果。

(一)试验接线及设置

检验差动保护的试验接线方式因为测试项目不同可以有多种,如果需要做比率制动特性检验,采用有六相电流输出的测试仪将会使调试检验更加方便。以下仍以常用的普通三相电流测试仪为例进行说明。

将继电保护测试仪的电流输出接至变压器保护电流输入端子，将变压器保护的某侧出口跳闸触点接到测试仪的任一开关量输入端，用于进行自动测试及测量保护动作时间。差动保护试验接线可不加入电压，如图 5-4 所示。

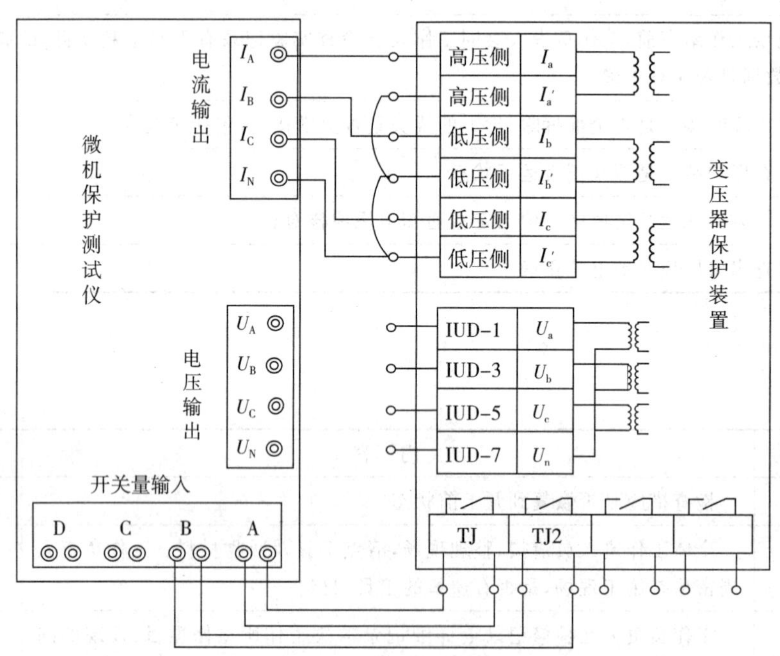

图 5-4　差动保护试验接线示意图

根据下达的定值整定要调试的差动保护，尤其应注意额定电压、额定电流、TA 变比及容量、TA 绕组接线方式。投入差动保护功能连接片，退出其他功能连接片。

试验前可打印或记录差动保护定值，试验假设变压器差动保护的相关系统参数见表 5-1。

表 5-1　差动保护检验系统参数表

项目名称	各侧系数		
	高压侧(H)	中压侧(M)	低压侧(L)
额定容量 S_N	180MVA	180MVA	180MVA
额定电压 U_k	220kV	121kV	38.5kV
一次绕组	Y	Y	△
TA 变比 K_{TA}	1600/5	1200/5	3000/5
TA 接线	Y	Y	Y
TA 二次电流(A)	$\frac{S_N}{\sqrt{3}U_H n_H}=1.476$	$\frac{S_N}{\sqrt{3}U_M n_M}=3.578$	$\frac{S_N}{\sqrt{3}U_L n_L}=4.5$
平衡系数高压侧为基准	1	$K_{ph}=1.476/3.578=0.413$	$K_{ph}=1.476/4.5=0.328$

所调试的变压器保护的特性为传统的比例差动元件，三折线特性，采用在 Y 侧内转角方式，固定以高压侧为基准侧，制动电流为各侧电流绝对值之和除以 2。启动值为 0.6A，第一段比率制动系数为 0.5，第二段为 0.7，第一拐点电流为 1.18A，第二拐点电流为 4.428A。

二次谐波制动比为0.15。

(二)差动启动电流定值检验

差动保护启动值是变压器差动保护动作的最小差流值，它的大小决定差动保护灵敏度的高低。进行差动保护启动值的检验可采用单相法和三相法，另外在不同侧加入电流，其测试结果也不同，一般采用在基准侧加单相电流的试验方法。

在基准侧采用单相电流进行检验，如果在Y侧内转角，则由于采用了如前所述的两相电流差方式转角，因此存在$\sqrt{3}$的系数。不同厂家对此处理方式不同，一般厂家会在软件内部除以这个系数，这样在进行单相试验时，其差流会缩小$\sqrt{3}$，因此试验的差动启动值结果会比定值大$\sqrt{3}$。如果另外在其他侧或基准侧平衡系数不为1，则应当考虑平衡系数，其试验结果应在启动定值的基础上除以平衡系数。在△侧试验只需考虑平衡系数的问题，不需要考虑$\sqrt{3}$系数。如在Y侧采用三相电流方法进行测试，则测试结果比采用单相法小$\sqrt{3}$。如果厂家对$\sqrt{3}$系数处理方式相反，则上述试验结果也相反。

对于在△侧进行转角方式构成的差动保护，试验时，只在△侧考虑系数问题；在Y侧进行测试时，虽然不考虑$\sqrt{3}$系数，但为了保证零序电流的平衡，在原理上对接地的Y侧进行消除零序电流处理，因此试验时其结果应考虑零序电流的影响，加单相电流，差流减少1/3，加三相对称电流或两相相位相反的电流则无零序电流。

1. 定点测试

采用定点测试可选用测试仪的手动测试模块(或任意测试模块)、状态序列模块进行试验。手动试验时，操作测试仪使某相电流输出分别为启动值的1.05倍、0.95倍，输出时间大于差动保护固有动作时间。则1.05倍差动保护应可靠动作；0.95倍应可靠不动作。在1.2倍时测量动作时间。其中，应根据采用不同的前述试验方法考虑$\sqrt{3}$系数和平衡系数。

本例中，如在高压侧加单相电流，其试验结果值应为$0.6\times\sqrt{3}$，$1.05\times0.6\times\sqrt{3}$可靠动作，$0.95\times0.6\times\sqrt{3}$可靠不动作；如采用对称三相电流，则$1.05\times0.6$应可靠动作，$0.95\times0.6$可靠不动作；如在中压侧试验，加单相电流，其试验结果值应为$0.6\times\sqrt{3}/0.413$，$1.05\times0.6\times\sqrt{3}/0.413$可靠动作，$0.95\times0.6\times\sqrt{3}/0.413$可靠不动作；如采用对称三相电流，则应$1.05\times0.6/0.413$可靠动作，$0.95\times0.6/0.413$可靠不动作；如在低压侧进行试验，无论加单相或三相对称电流，其试验结果值应为$0.6/0.328$，$1.05\times0.6/0.328$可靠动作，$0.95\times0.6/0.328$可靠不动作。

2. 专用模块测试

微机型测试仪一般都有专用模块用于进行差动保护各种试验，其中也包括差动保护启动值、特性曲线、谐波测试等。对采用差动专用模块进行测试将在后面比率制动特性进行详细叙述。

3. 递变测试

对传统的差动继电器可采用如电流继电器的递变方式进行测试。

(三)比率制动特性检验

不同原理的差动保护，其比率制动特性有差异，如前所述，差动保护主要在于制动电流选择不同，但其基本测试方法相同。试验一般选择在某两侧进行，如高压和中压侧或高压和低压侧，选择合适的电流使差流平衡，然后变化某侧电流的幅值或相位，使动作电流增大，制动电流不变或者动作电流变化大于制动电流，直到差动保护动作，记录下第一个点。再如法炮制记录第二个点，可计算出比率制动系数。

测试的第一步是进行差流平衡，差流平衡主要考虑差动保护的转角方式及平衡系数。对于在Y侧进行转角的差动保护，如在Y侧和Y侧之间进行试验，只需在对应侧加相位相反的电流，考虑平衡系数即可；如在Y侧和△侧进行试验，则不仅要考虑平衡系数，还应考虑在△侧的非试验相加入补偿电流进行平衡。非试验相为试验相的超前相，如进行A相差动试验，需在△侧的C相加入补偿电流；进行B相试验，需在△侧的A相加入补偿电流；进行C相试验，需在△侧的B相加入补偿电流。补偿的目的是使非试验相的差流也平衡，避免影响试验。而对于在△侧进行转角的差动保护，也有类似的问题，只是补偿相变成了Y侧的滞后相，平衡系数的考虑与前者相类似。差流是否平衡可以通过装置面板进行查看。图5-4为A相比率差动保护检验接线图。

电流平衡后，可通过变化相关电流使差动保护动作，找到第一个制动点。电流变化可通过变化电流大小或相位进行。变化电流大小时，往往差动电流和制动电流同时变化，除非制动电流为固定电流，因此找到第一点后还需进行折算。如果想进行定点测试，则只能进行较复杂的计算。变化电流相位可以固定制动电流，因为大多数的差动保护制动电流考虑幅值，相对简单。比率制动特性的试验实质相当于模拟区外故障时，变化侧TA的幅值误差增大到何种程度会误动，或者TA变化的角度误差增大到何种程度会误动。

1. 制动系数测试

对比率制动特性的制动系数测试可选取制动点跨度较大的两个点进行测试，这样准确度相对较高。

(1)变化电流大小测试。在本例中，如采用Y侧和△侧进行测试，采用变化电流幅值的方式进行测试，第一个点测试数据见表5-2，表中第一组数据为平衡设定的值，第二组为试验结果。

表5-2 测试数据表

通入电流位置	相别	平衡 I(A)	平衡 φ(°)	动作 I(A)	动作 φ(°)
加入Y高压侧电流	A相(固定)I_H	$\sqrt{3}$	0	$\sqrt{3}$	0
加入△低压侧电流	A相(变动)I_L	3.05	180	5.09	180
	C相(固定)	3.05	0	3.05	0

对应第一个测试点的动作电流和制动电流分别为：

动作电流　$I_{d1}=5.09\times0.328-\sqrt{3}/\sqrt{3}=0.67$；

制动电流　$I_{r1}=(5.09\times0.328+\sqrt{3}/\sqrt{3})/2=1.335>1.18$(第一个拐点值)；

TA电流变化误差　$(5.09-3.05)/3.05=0.668$。

第二个点的测试数据见表5-3。

表 5-3　测试数据表

通入电流位置	相　别	平衡 I(A)	平衡 φ(°)	动作 I(A)	动作 φ(°)
加入 Y 高压侧电流	A 相(固定)I_H	$3\times\sqrt{3}$	0	$3\times\sqrt{3}$	0
加入△低压侧电流	A 相(变动)I_L	9.15	180	15.3	180
	C 相(固定)	9.15	0	9.15	0

对应第二个测试点的动作电流和制动电流分别为：

动作电流　$I_{d1}=15.3\times0.328-3\times\sqrt{3}/\sqrt{3}=0.67$；

制动电流　$I_{r1}=(15.3\times0.328+3\times\sqrt{3}/\sqrt{3})/2=4<4.428$(第二个拐点值)；

则比率制动系数　$K_r=(I_{d2}-I_{d1})/(I_{r2}-I_{r1})=0.505$；

TA 电流变化误差　(15.3－9.15)/9.15＝0.672。

可见比率制动系数精度较高，在比率制动系数为 0.5 时，其允许的电流变化误差为 67%。

需要注意的是，应当确保所测试的点在比率制动特陛区域内。如选择的测试点的制动电流为 1A，:则小于第一个拐点；或者制动电流为 6A，大于第二个拐点，试验就到第二折线了。

另外也可以采用选择一个平衡点，然后降低某相电流的变化方式。这种方式相当于模拟区外故障时，一侧 TA 由于饱和而电流减小的情形。

(2)变化电流相位测试。在本例中，如采用 Y 侧和△侧进行测试，采用变化电流相位的方式进行测试。第一个点测试数据见表 5-4，其中第一组数据为平衡设定的值，第二组为试验结果。

表 5-4　测试数据表

通入电流位置	相　别	平衡 I(A)	平衡 φ(°)	动作 I(A)	动作 φ(°)
加入 Y 高压侧电流	A 相(固定)I_H	$1.3\times\sqrt{3}$	0	$1.3\times\sqrt{3}$	0
加入△低压侧电流	A 相(变动)I_L	3.963	180	3.963	151
	C 相(固定)	3.963	0	3.963	0

对应第一个测试点的动作电流和制动电流分别为：

动作电流　$I_{d1}=2\times1.3\times\cos(151/2)$；

制动电流　$I_{r1}=2\times1.3/2=1.3>1.18$(第一个拐点值)。

第二个点的测试数据见表 5-5。

表 5-5　测试数据表

通入电流位置	相　别	平衡 I(A)	平衡 φ(°)	动作 I(A)	动作 φ(°)
加入 Y 高压侧电流	A 相(固定)I_H	$2\times\sqrt{3}$	0	$2\times\sqrt{3}$	0
加入△低压侧电流	A 相(变动)I_L	6.098	180	6.098	151
	C 相(固定)	6.098	0	6.098	0

对应第二个测试点的动作电流和制动电流分别为：

动作电流　$I_{d1}=2\times2\times\cos(151/2)=0.25035$；

制动电流　$I_{r1}=2\times2/2=2<4.28$(第二个拐点值)；

则比率制动系数　$K_r=(I_{d2}-I_{d1})/(I_{r2}-I_{r1})=2\cos(151/2)=0.5007$。

可见,采用电流相位的变化方式可固定制动电流。如果采用先电流平衡的方式,则由平行四边形的角度关系可得到其理论的边界角度为 2arccos(0.5/2),与试验结果非常接近。根据此试验也可以看出;其允许的 TA 角度误差为30°左右,因为错误接线等方式则可能导致误动。

2. 专用模块测试

现在的微机型继电保护测试仪可自动进行变压器比率制动特性曲线的搜索或进行定点测试,测试的基本方法其实同上述手动测试过程类似,只是利用软件进行自动测试而已。因为基本调试原理类似,所以在测试中依然应当考虑平衡系数及补偿接线等问题,测试软件才能正确工作。

采用变压器的比例制动特性曲线的搜索方式时,如果选取的步长较短,则搜索时间会很长,且出口继电器要不停动作。因此一般推荐采用定点测试方法,即设定好差动继电器的特性参数等,选择几个典型的点进行测试验证就可以了。如果接线正确、设置正确,检验的点会正确动作。进行定点测试时需要设置相关的参数见表 5-6。

表 5-6　定点测试参数表

参数名称	选　项	输入说明
TA 极性	内部故障极性或外部故障极性为正	如果差动保护所有 TA 极性均指向变压器,则选择内部故障极性为正。对于一些发电机变压器组保护,则可能因无法兼顾而采用外部故障极性为正
平衡系数	对平衡系数进行设置,有自动计算和手动输入方式两种	平衡系数的自动计算方法和保护装置的算法类似,需要容量、额定电压、TA 变比、接线方式。推荐采用自己计算手动输入方式,再由自动计算进行验证
相位补偿	TA 转角方式在 Y 侧还是△侧,采用外部转角还是内部软件转角	根据装置差动保护原理进行设置
制动电流选择	选择保护装置采用的制动电流类型	根据所测试的差动元件进行选择,一般测试仪内置了常见的一些类型,如果列表没有,则可能无法进行自动测试或测试结果不正确
时间控制	测试最长时间、保持时间、间隔时间	每次测试最长时间大于差动继电器动作时间即可,保持时间应确保测试仪能够采集到动作信号,间隔时间应确保差动继电器返回
整定参数	启动值、差动速断值、谐波制动系数、整定时间等	根据装置定值设置
特性定义	可设置多个拐点值,设置制动电流定义	如果有多个拐点,按照装置定义设置,制动电流一般为 I_r,如采用复式差动可选择 I_r-I_d

正确设置好上述参数后,测试仪将给出差动测试特性图,可在图上选择需测试的点。在

进行测试前，还需进行正确接线。如前所述，进行差动保护测试时在不同侧进行测试、采用不同转角方式，其接线亦不同。测试仪如想进行自动测试，也需进行正确接线和定义，请务必按照厂家的接线定义方式进行接线，否则得到的将是错误结果。例如，如果测试仪定义 I_a 输出为高压侧电流，I_b 为低压侧试验相电流，I_c 为补偿电流，如果将 I_a 和 I_b 交换则会导致错误结果，因为装置已经按照 I_a 为高压侧进行处理。采用手动方式则不需要受此限制，只要知道自己如何定义即可。

需要注意的是，得到特性图上的点往往只显示归算到某一侧的差动电流和制动电流，但测试仪如何加入试验电流和补偿电流往往不清楚，可通过测试仪的录波回放进行查看，或通过保护的录波图进行查看。

3. 递变测试

可利用电流继电器的递变方式对前述制动系数进行自动设置。初始状态设置为平衡状态，选择变化电流终值(可估计一个值)，设置好测试步长及保持时间即可进行自动测试。由于差动继电器只与电流有关，因此借用电流继电器的递变测试方式是一个很好的选择。

(四)谐波制动检验

变压器差动保护涌流识别方法很多，常用的方法之一是谐波制动，再辅以其他方式。不同谐波制动装置也有不同的构成原理，其基本试验方法相同。在某一侧采用单相或三相电流的方式使差动继电器处于动作区，然后叠加二次谐波电流。当二次谐波电流与基波电流比值为定值 1.05 倍时，差动继电器不动作；谐波制动比值为 0.95 倍时则可靠动作。可采用谐波制动模块或差动继电器专用测试模块进行测试。

(五)TA 断线闭锁功能检验

差动保护配有 TA 断线告警及闭锁功能，在发生 TA 断线时，一方面发出告警信号，另一方面根据控制字选择决定是否闭锁差动。不同装置的 TA 断线告警或闭锁逻辑可能略有差异，其处理方法也略有不同，通过该项试验可检验保护在 TA 断线情况下的行为，了解装置的处理方法。

进行试验时，可首先在某两侧施加额定电流大小的平衡电流，如果采用有六相电流输出的测试仪，则采用同时在某两侧加入三相对称电流的方式试验更方便些；如果采用仅有三相电流输出的测试仪，则可采用如前所述的平衡方法进行设置。该项试验可利用状态序列进行测试，一般可设置三个状态进行较为真实的模拟。

第一态为平衡态，可采用按键触发或时间控制，检查装置采样是否正确，差流是否平衡。

第二态，设置平衡后的电流，可将某一侧电流的一相、两相或三相均设为 0，以模拟某侧断相，检验告警信号是否发出。由于差动启动值往往躲过 TA 断线时的最大电流，一些装置也采取措施避免在正常情况下由于 TA 断线导致动作，所以应当不动作。第二态可采用时间或按键触发控制，但必须确保 TA 断线信号发出。

第三态，可适当增大其他未断线侧的电流，且除断线相外其他相仍然平衡，以模拟区外故障时差流变化，或者也可以模拟区内故障的变化。如果闭锁控制字投入，差动保护不动作；如果闭锁控制字不投入，差动保护则会动作。

需要注意的是，上述试验是模拟理想的完全断线的情况，对于其他情况造成的如外部 AB 相短接等情形则无法进行模拟，此时可采用在平衡状态下短接测试仪的某两相进行模拟，不同装置的试验结果可能会有差异。如多点接地等造成的 TA 电流异常则 TA 断线闭锁很难判断，因此在变压器二次电流回路工作应当格外小心，误碰或者误接线仍可能造成差动保护误动。

二、差动速断保护测试

差动速断保护的检验方法同前述比率制动差动保护的测试方法中启动值检验方法相同。在采用测试仪的自动定点测试中，可在差动速断区边界附近选择几个点进行检验。需注意的是，在谐波制动系数检验中，也可以将差动电流增大到差动速断区，此时应不受谐波制动控制。另外，在前述 TA 断线试验中，如电流增大到差动速断区，则差动保护仍然应可靠动作，不受 TA 断线闭锁控制字影响。

变压器差动保护

对于容量较大的变压器，纵差保护是必不可少的主保护，它可以反应变压器绕组、套管及引出线的各种故障，与瓦斯保护相配合作为变压器的主保护。

一、变压器差动保护原理

变压器差动保护原理是通过比较变压器各侧电流的大小和相位而构成的保护。图 5 - 5 为其单相原理接线图，两侧电流互感器 TA_1 和 TA_2 之间的区域为差动保护的保护范围。$\dot{I}_1$、$\dot{I}_2$ 分别为变压器一次侧和二次侧的一次电流，$\dot{I}'_1$、$\dot{I}'_2$ 为相应的电流互感器二次电流。正常运行和区外故障时，如图 5 - 5a 所示，流入差动继电器 KD 的差动电流为 $\dot{I}_r=\dot{I}'_1-\dot{I}'_2$，适当选择两侧电流互感器的变比和接线方式，可使 $\dot{I}'_1=\dot{I}'_2$，既 $\dot{I}_r=0$，差动继电器不动作。区内故障时，如图 5 - 5b 所示，流入差动继电器 KD 的差动电流为 $\dot{I}_r=\dot{I}'_1+\dot{I}'_2$，此时 $\dot{I}_r$ 较大，可以使纵差动保护动作，切除故障变压器。纵差动保护的动作判据为 $I_r \geqslant I_{set}$，I_{set} 为纵差动保护的动作电流，I_r 为差动电流的有效值。

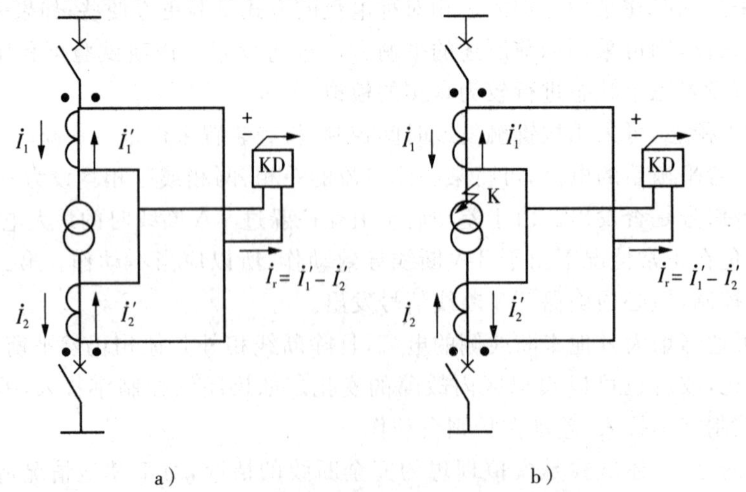

a）　　　　b）

图 5 - 5　双绕组变压器纵差动保护原理接线图

a)正常运行及区外故障　b)区内故障

电力系统中常采用三绕组变压器。三绕组变压器的纵差保护与双绕组变压器的纵差保护的原理是相同的。图 5－6 为三绕组变压器纵差保护单相原理接线图。

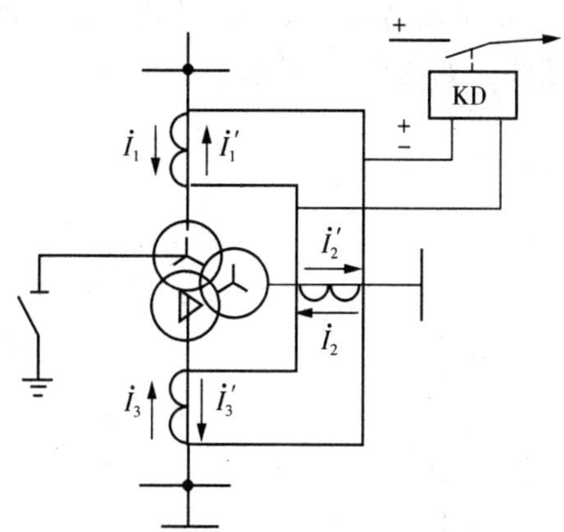

图 5－6　三绕组变压器纵差动保护单相示意图

二、变压器差动保护应注意的问题

为使差动保护动作正确，应注意以下几点：

(1) YNd 接线的变压器，正常运行及外部故障时，由于两侧电流之间存在相位差而产生差流。为保证纵差保护不误动，必须进行相位平衡。

(2) 由于变压器各侧额定电流不等，选择各侧差动 TA 变比不等，还必须对各侧差动计算电流进行幅值平衡。

(3) YNd 接线的变压器，YN 侧区外发生不对称接地故障时，零序电流仅在变压器 YN 侧流通，YN 侧差动 TA 零序二次电流即为差动电流，为保证差动保护不误动，差动电流计算值中应扣除相应的零序电流分量。

(4) 从理论上讲，正常运行时流入变压器的电流等于流出变压器的电流（折算值）。但由于变压器各侧额定电压不等，一次电流不同，各侧差动 TA 特性不同产生的误差；有载调压变比变化产生的误差；变压器励磁电流产生的误差等；这将使差动回路的不平衡电流增加，一般在整定计算时留有适当的裕度，以免差动保护误动。

三、差动保护的相位平衡

在电力系统中，YNd 接线的变压器高压侧绕组为 YN 形连接，低压侧绕组为 d 形连接，前者接大电流系统（中性点接地系统），后者接小电流系统（中性点不接地系统）。YNd 接线的变压器在电力系统应用最为普遍，所以，以下主要分析 YNd11 接线变压器的相位平衡。

对于 YNd11 接线的变压器，低压侧（d 侧）三相电流 $\dot{I}_{a1}$、$\dot{I}_{b1}$、$\dot{I}_{c1}$ 分别超前高压侧（YN 侧）三相电流 $\dot{I}_{A1}$、$\dot{I}_{B1}$、$\dot{I}_{C1}$ 30°；若二次侧电流不进行相位平衡，则在正常运行时就有较大的不平衡电流，假定两侧二次电流大小相等，则差流为 0.52 倍的二次电流。

对于微机型纵差动保护，一种方法是按常规纵差动保护接线，通过电流互感器二次接线进行相位平衡，称为“外转角”方式；另一种方法是变压器各侧电流互感器二次接线同为星形接法，利用微机保护软件计算的灵活性，直接由软件进行相位平衡，称为“内转角”方式。内转角的计算方法又可分为星形侧向三角形侧（Y→d）平衡的算法及三角形侧向星形侧（d→

Y)平衡的算法两种。

1. 通过电流互感器二次接线进行相位平衡(外转角)

变压器两侧电流的相位平衡可以通过 TA 二次接线实现。即在 YN 侧 TA 二次接成 d 接线,d 侧 TA 二次接成 Y 接线。如图 5-7 所示。

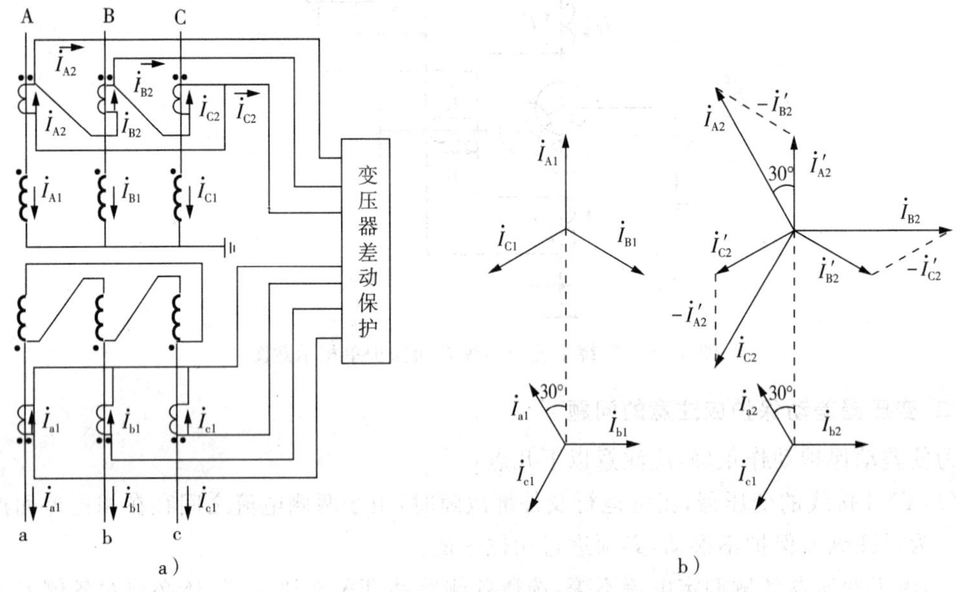

图 5-7 YNd11 接线变压器外转角相位平衡

a)接线图 b)相量图

由图可见,d 侧一次电流在相位上超前 YN 侧一次电流30°,YN 侧二次电流 $\dot{I}_{A2}$、$\dot{I}_{B2}$、$\dot{I}_{C2}$ 在相位上超前一次电流 $\dot{I}_{A1}$、$\dot{I}_{B1}$、$\dot{I}_{C1}$ 30°,d 侧二次电流 $\dot{I}_{a2}$、$\dot{I}_{b2}$、$\dot{I}_{c2}$ 与一次电流 $\dot{I}_{a1}$、$\dot{I}_{b1}$、$\dot{I}_{c1}$ 相位一致,这样使得 YN 侧和 d 侧二次电流均超前于 YN 侧一次电流30°。由于二次电流在送入差动继电器前相位已经得到平衡,因此称为外转角。需要注意的是 YN 侧的二次电流大小幅值增大了$\sqrt{3}$倍。

2. 用保护内部算法进行相位平衡(内转角)

微机型变压器保护各侧的 TA 二次均接成 Y 形,利用软件进行相位平衡,由于相位平衡在装置内部进行,因此称为内转角。

(1)星形侧向三角形侧(Y→d)相位平衡(YN 侧内转角)

YN 侧内转角原理接线图及相量图如图 5-8 所示。

以 d 侧二次电流为基准,YN 侧内转角相位平衡算法如下:

YN 侧

$$\dot{I}'_{A2}=(\dot{I}_{A2}-\dot{I}_{B2})/\sqrt{3}$$

$$\dot{I}'_{B2}=(\dot{I}_{B2}-\dot{I}_{C2})/\sqrt{3}$$

$$\dot{I}'_{C2}=(\dot{I}_{C2}-\dot{I}_{A2})/\sqrt{3}$$

d 侧

$$\dot{I}'_{a2}=\dot{I}_{a2}$$

$$\dot{I}'_{b2}=\dot{I}_{b2}$$

$$\dot{I}'_{c2}=\dot{I}_{c2}$$

式中：$\dot{I}_{A2}$、$\dot{I}_{B2}$、$\dot{I}_{C2}$为 YN 侧 TA 二次电流；

$\dot{I}'_{A2}$、$\dot{I}'_{B2}$、$\dot{I}'_{C2}$为 YN 侧平衡后的各相电流；

$\dot{I}_{a2}$、$\dot{I}_{b2}$、$\dot{I}_{c2}$为 d 侧 TA 二次电流；

$\dot{I}'_{a2}$、$\dot{I}'_{b2}$、$\dot{I}'_{c2}$为 d 侧平衡后的各相电流。

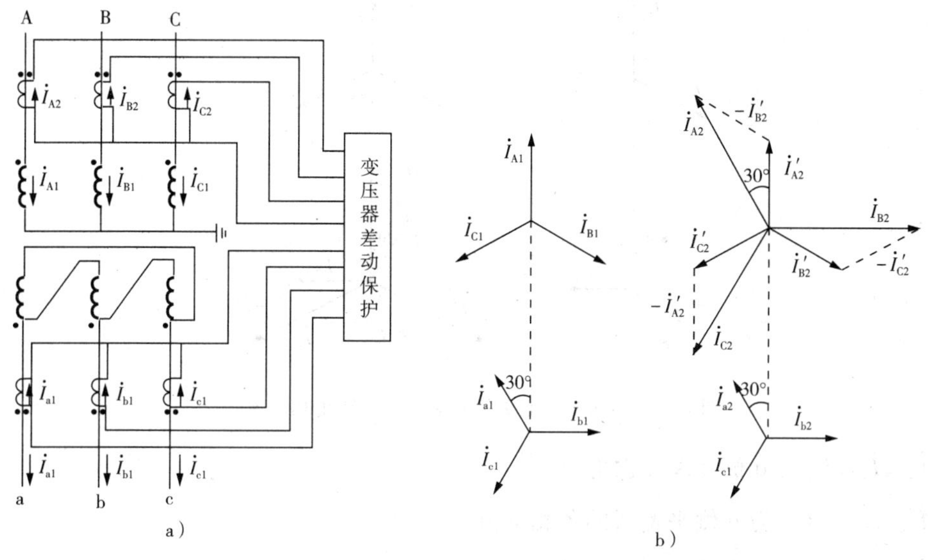

图 5-8　YNd11 接线变压器 Y 侧内转角相位平衡

a)接线图　　b)相量图

经过软件平衡后，差动回路两侧电流之间的相位一致。同理，对于三绕组变压器，若采用 YNynd11 接线方式，YN 及 yn 侧的相位平衡方法都是相同的。

需要指出的是，YN 侧进行内转角与采用改变 TA 接线进行移相的方式是完全等效的。同 YN 侧外转角一样，采用二相电流差之后已经虑掉了 YN 侧不对称接地时的零序电流，d 侧出线(线电流)中也无零序电流，不会造成 YN 侧区外不对称接地故障时因零序电流引起的差动保护误动。

若是其他连接组别的变压器其相位平衡的方法类似，只是选取不同相别电流的相量差而已。

(2)三角形侧向星形侧(d→Y)相位平衡(d 侧内转角)

原理接线如图 5-8a 所示。d 侧内转角相量图如图 5-9 所示。

以 YN 侧二次电流为基准，d 侧内转角相位平衡算法如下：

d 侧

$$\dot{I}'_{a2}=(\dot{I}_{a2}-\dot{I}_{c2})/\sqrt{3}$$

$$\dot{I}'_{b2}=(\dot{I}_{b2}-\dot{I}_{a2})/\sqrt{3}$$

$$\dot{I}'_{c2}=(\dot{I}_{c2}-\dot{I}_{b2})/\sqrt{3}$$

YN 侧

$$\dot{I}'_{A2}=\dot{I}_{A2}-\dot{I}_{0}$$

$$\dot{I}'_{B2}=\dot{I}_{B2}-\dot{I}_{0}$$

$$\dot{I}'_{C2}=\dot{I}_{C2}-\dot{I}_{0}$$

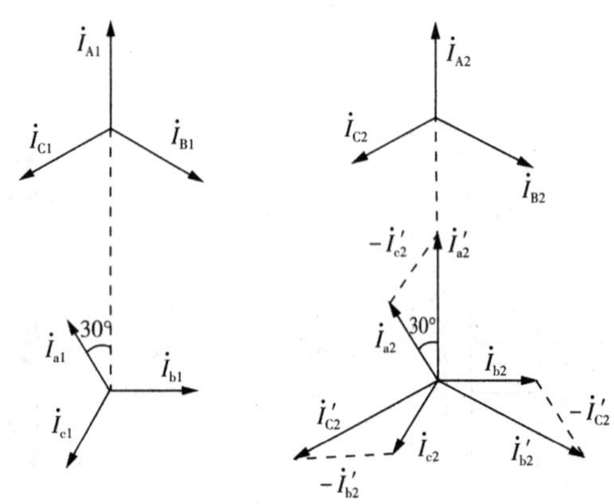

图 5-9　YNd11 接线变压器 d 侧内转角相位平衡

式中：$\dot{I}_{a2}$、$\dot{I}_{b2}$、$\dot{I}_{c2}$为 d 侧 TA 二次电流；

$\dot{I}'_{a2}$、$\dot{I}'_{b2}$、$\dot{I}'_{c2}$为 d 侧平衡后的各相电流。

$\dot{I}_{A2}$、$\dot{I}_{B2}$、$\dot{I}_{C2}$为 YN 侧 TA 二次电流；

$\dot{I}'_{A2}$、$\dot{I}'_{B2}$、$\dot{I}'_{C2}$为 YN 侧平衡后的各相电流；

$\dot{I}_{0}$为星形侧零序二次电流。

经过软件平衡后，差动回路两侧电流之间的相位一致。同理，对于三绕组变压器，若采用 YNynd11 接线方式，d 侧二次电流的软件算法都是相同的。

对于 YNd 接线的变压器，当 YN 侧线路上发生不对称接地故障（对变压器纵差保护而言是区外故障）时，YN 侧二次有零序电流，而低压侧绕组为 d 连接，d 侧二次无零序电流。若不采取相应的措施，在变压器 YN 侧系统发生不对称接地故障时，可能使纵差保护动作而误切除变压器。所以 YN 侧平衡后的各相电流必须减去零序电流。零序电流可采用自产零序电流，即

$$\dot{I}_{0}=\frac{1}{3}(\dot{I}_{A2}+\dot{I}_{B2}+\dot{I}_{C2})。$$

应当指出，对于其他接线为 YNd 的变压器，在其纵差保护装置中，应采取虑去高压侧零序电流的措施，以防高压侧系统中接地短路时差动保护误动。其他 YNd 或 Dyn 连接组别的变压器平衡方法类似，只是在 d 侧选择相别不同的两个二次电流，同时 YN 或 yn 侧也必

须去掉零序电流。

在 d 侧进行相位平衡，可以构成励磁涌流判据的分相制动。在变压器空投于故障时，故障相涌流很小，故障相的电流表现为故障特征，非故障相电流表现为励磁涌流特征。如果保护装置的励磁涌流闭锁判据采用分相制动，非故障相不会延误故障相差动保护的动作，当变压器空投于故障时快速跳开各侧断路器。

四、差动保护的幅值平衡

差动保护进行了相位平衡后，由于变压器各侧一次电流不等，实际选用的 TA 变比不能完全满足各侧二次电流相等的要求，即在正常运行时，无法满足差流等于零的要求。微机型变压器保护装置采用在软件上进行幅值平衡，即引入一个系数，该系数称为平衡系数。将一侧电流作为基准，另一侧电流乘以该侧的平衡系数，以满足在正常运行和外部故障时差流等于零（实际为尽可能小）的要求。

根据变压器的容量、连接组别、各侧电压及各侧差动 TA 的变比，可以计算出差动两侧之间的平衡系数。

设变压器的额定容量为 S_N，连接组别为 YNd11，两侧的额定电压分别为 U_{1NY} 及 U_{1Nd}，两侧差动 TA 的变比分别为 n_{TAY} 及 n_{TAd}，计算差动元件两侧之间的平衡系数 K。

1. 外转角（由差动 TA 接线方式移相）

变压器两侧差动 TA 额定二次电流 I_{2NY} 及 I_{2Nd} 分别为

$$I_{2NY}=\sqrt{3}\frac{S_N}{\sqrt{3}U_{1NY}n_{TAY}}=\frac{S_N}{U_{1NY}n_{TAY}},I_{2Nd}=\frac{S_N}{\sqrt{3}U_{1Nd}n_{TAd}}$$

若以变压器低压侧（d 侧）为基准侧，使 $K_h I_{2NY}=I_{2Nd}$，则高压侧（Y 侧）平衡系数 K_h 为

$$K_h=\frac{I_{2Nd}}{I_{2NY}}=\frac{U_{1NY}n_{TAY}}{\sqrt{3}U_{1Nd}n_{TAd}}$$

2. 内转角（由软件算法移相）

变压器两侧差动 TA 额定二次电流 I_{2NY} 及 I_{2Nd} 分别为

$$I_{2NY}=\frac{S_N}{\sqrt{3}U_{1NY}n_{TAY}},I_{2Nd}=\frac{S_N}{\sqrt{3}U_{1Nd}n_{TAd}}$$

每相差动元件两侧的计算电流为：高压侧：$I'_{2NY}=I_{2NY}$，低压侧：$I'_{2Nd}=I_{2Nd}$。若以变压器低压侧（d 侧）为基准侧，使 $K_h I'_{2NY}=I'_{2Nd}$，则高压侧（Y 侧）平衡系数 K_h 为

$$K_h=\frac{U_{1NY}n_{TAY}}{U_{1Nd}n_{TAd}}$$

若以变压器低压侧（Y 侧）为基准侧，使 $K_l I'_{2Nd}=I'_{2NY}$，则低压侧（d 侧）平衡系数 K_l 为

$$K_l=\frac{U_{1Nd}n_{TAd}}{U_{1NY}n_{TAY}}$$

不同厂家的保护装置平衡系数计算方法有所差异，但基本原理相同。一般需要选择一个基准侧，然后计算各侧的一次额定电流，根据实际变比计算二次电流，然后将各侧折算到基准侧，计算出相对于基准侧的平衡系数。微机型差动保护的平衡系数均由装置自动进行

计算，并进行幅值平衡。尽管如此，在差动保护装置调试时，还必须掌握其计算方法，才能正确检验和判断装置动作是否正确。

以 PST－1200 和 RCS－978E 为例介绍各侧平衡系数的计算。计算结果见表 5－7。

表 5－7　平衡系数的计算

项目名称	各侧平衡系数计算		
	高压侧(h)	中压侧(m)	低压侧(l)
额定容量 S_N(MVA)	150	150	150
额定电压 U_N(kV)	220	121	35
绕组连接方式	YN	y	d
TA 变比 n_{TA}	600/5＝120	1600/5＝320	3000/5＝600
TA 接线方式	Y	Y	Y
TA 二次电流(A)	$\frac{S_e}{\sqrt{3}U_h n_h}=3.28$	$\frac{S_e}{\sqrt{3}U_m n_m}=2.237$	$\frac{S_e}{\sqrt{3}U_l n_l}=4.124$
PST－1200 平衡系数 (高压侧为基准)	1	$K_m=\frac{3.28}{2.237}=1.466$	$K_l=\frac{3.28}{4.124}=0.795$
RCS－978E 平衡系数 (二次电流最小侧为基准)	$K_h=\frac{2.237}{3.28}\times 1.843=1.257$	$K_b=\frac{4.124}{2.237}=1.843$ $K_m=K_b=1.843$	$K_l=\frac{2.237}{4.124}\times 1.843=1$
PST－1200 平衡后二次额定电流(A)	$I_{2Nh}=1\times 3.28=3.28$	$I_{2Nm}=2.237\times 1.466=3.279$	$I_{2Nl}=4.124\times 0.795=3.278$
RCS－978E 平衡后二次额定电流(A)	$I_{2Nh}=3.28\times 1.257=4.123$	$I_{2Nm}=2.237\times 1.843=4.123$	$I_{2Nl}=4.124\times 1=4.124$

RCS 系列的变压器保护装置各侧平衡系数计算公式为

$$K=\frac{I_{2N\min}}{I_{2N}}K_b$$

式中：I_{2N} 为变压器计算侧二次额定电流；

$I_{2N\min}$ 为变压器各侧二次额定电流值中最小值；

$K_b=\dfrac{I_{2N\max}}{I_{2N\min}}$为最大二次额定电流与最小二次额定电流的比值；

$I_{2N\max}$为变压器各侧二次额定电流值中最大值。若最大二次额定电流与最小二次额定电流的比值小于4，则取放大倍数最小的一侧的平衡系数为1，其他侧依次放大；若最大二次额定电流与最小二次额定电流的比值大于4，则取放大倍数最大的一侧的平衡系数为4，其他侧依次减小。

从表5-7可以看出经过幅值平衡后所有各侧的二次电流均相同了。表中平衡系数的计算考虑了采用两相电流差进行相位平衡时已除以$\sqrt{3}$。

五、变压器差动保护比率制动特性

1. 比率制动式差动保护的概念

若差动保护动作电流是固定值，就必须按躲过区外故障差动回路最大不平衡电流来整定，定值就高，图5-10中需大于I_{cd2}，差动保护不能灵敏动作。反之若考虑区内故障差动保护能灵敏动作，就必须降低差动保护定值，图5-10中I_{cd1}，但此时区外故障时差动保护就可能误动。

所谓比率制动式差动保护，其动作电流是随外部短路电流按比例增大，即能保证外部短路不误动，又能保证内部故障有较高的灵敏度。

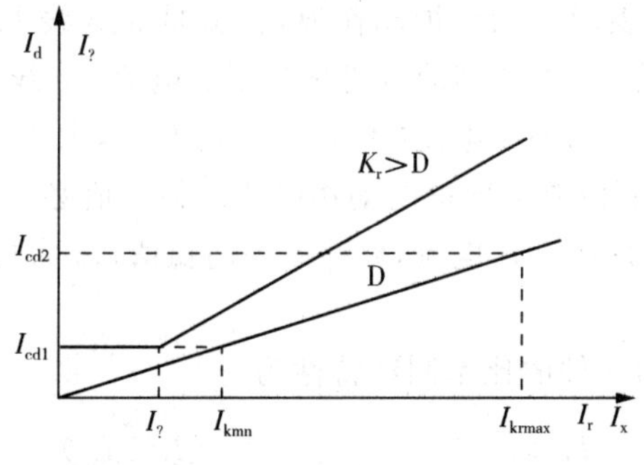

图5-10　比率制动特性

2. 和差式比率制动的差动保护原理

在图5-11中，如果以流入变压器的电流方向作为参考正方向，即流入为正，流出为负。那么差动电流I_d为

$$I_d=|\dot{I}_h+\dot{I}_l|$$

为了使区外故障时获得最大制动作用，区内故障时制动作用最小，则制动电流I_r为

$$I_r=\frac{|\dot{I}_h-\dot{I}_l|}{2}$$

上式中$\dot{I}_h$、$\dot{I}_r$分别为高低压二次电流。

由以上两式可见(不计差动回路中的不平衡电流)：

区外故障(k_1)点时，$\dot{I}_h=-\dot{I}_l$，$I_d=0$最小，$I_r=I_h=I_l$最大，差动保护可靠不误动。

区内故障(k_2)点时，$\dot{I}_h=\dot{I}_l$，$I_d=2I_h=2I_l$最大，$I_r=0$最小，差动保护灵敏动作。

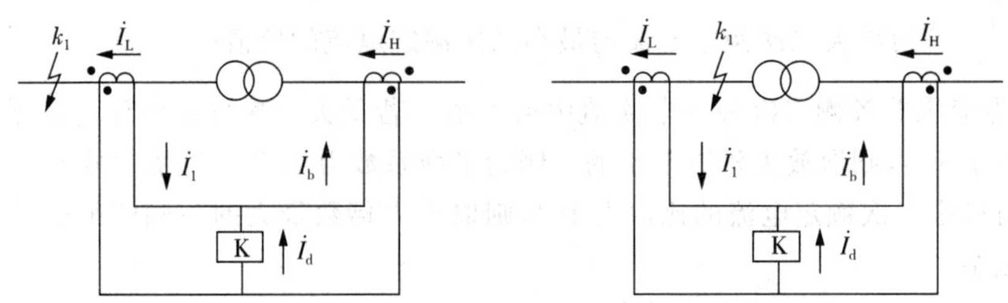

图 5－11　和差式比率制动的差动保护原理

在微机型变压器保护装置中，差流的计算方法基本相同，而制动电流的计算方法有所不同，例如采用高低压侧 TA 二次电流的最大值作为制动电流，即 $I_r = \max\{|\dot{I}_h|, |\dot{I}_l|\}$。

3. 比率制动特性

由于电流互感器特性存在差异（尤其电流互感器饱和时），以及有载调压使变压器变比发生变化等产生不平衡电流 I_{unb}，另外内部电流补偿计算存在一定误差，在正常运行时差动回路中仍有少量的不平衡电流。其值等于这两部分之和。区内故障时 I_d 最大，I_r 为最小，一般不为零，也就是区内故障时仍带有一定的制动量，即使这样差动保护的灵敏度仍然很高。

以差动电流 I_d 为纵轴，制动电流 I_r 为横轴，微机型差动保护的二折线比率制动特性曲线如图 5－12 所示，a、b 线表示差动保护动作值，也就是 a、b 线上方为动作区，下方为制动区。a、b 线的交点称为拐点，该点的制动电流称为拐点电流。c 线表示区内故障时的差动电流，d 线表示表示区外故障时的差动电流（不平衡电流 I_{unb}），由于正常运行时差动回路存在不平衡电流，为防止误动，所以差动保护的动作电流的整定值必须大于正常运行时的最大不平衡电流。I_{dst} 为差动元件最小动作电流，也称差动门槛值；I_{r0} 为拐点电流，即开始有制动作用时的最小制动电流。

由图 5－12 可见，差动元件的比率制动特性为

$$I_d \geqslant I_{dst} \qquad (I_r \leqslant I_{r0})$$

$$I_d \geqslant I_{dst} + K(I_r - I_{r0}) \qquad (I_r > I_{r0})$$

式中：K 为比率制动系数。

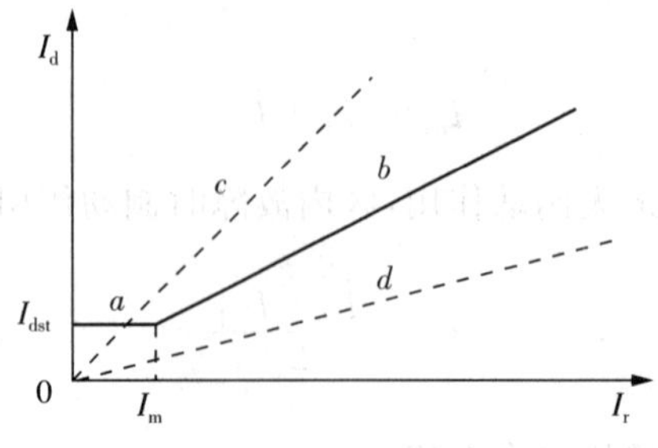

图 5－12　比率制动特性曲线

影响比率制动动作特性的因素有三个，即差动门槛值、拐点电流和比率制动系数。

(1)差动门槛值提高。使差动保护动作区域缩小，降低了保护的灵敏度，但使缓冲区域增加，躲区外故障不平衡电流的能力增加，保护误动可能性降低。反之，若降低差动门槛值，

躲区外故障不平衡电流的能力降低，但增加了保护的灵敏度。

(2)拐点电流增加。使差动保护动作区域增加，增加了保护的灵敏度，但使缓冲区域减少，躲区外故障不平衡电流的能力减弱，保护误动可能性增大。反之，若降低拐点电流，降低了保护的灵敏度，但躲区外故障不平衡电流的能力增加。

(3)比率制动系数 K 值增加。使差动保护动作区域减少，降低了保护的灵敏度，但使缓冲区域增加，躲区外故障不平衡电流的能力相应增加，保护误动可能性降低。反之，若降低 K 值，躲区外故障不平衡电流的能力降低，保护误动的可能性加大，但增加了保护的灵敏度。

4. 三折线比率制动特性

微机型差动保护广泛采用的三折线比率制动特性，如图 5-13 所示。

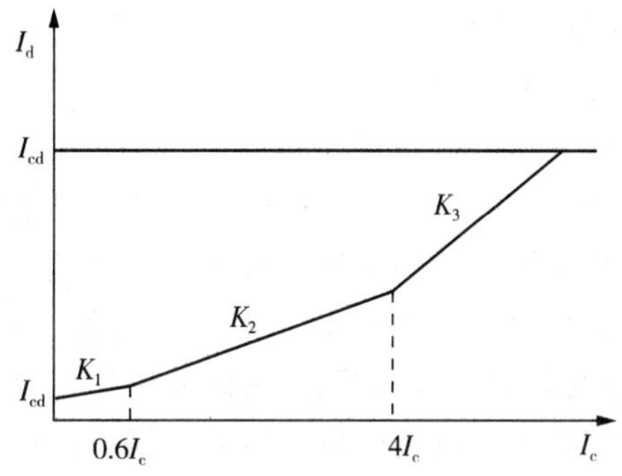

图 5-13 三折线比率制动特性

特性曲线有二个拐点，拐点电流分别为 I_{r0}、I_{r1}，其大小由保护装置软件设定。如 CSC—326G 保护装置中，I_{r0} 设定为 $0.6I_e$(二次额定电流)；I_{r1} 设定为 $4I_e$。比率制动系数设定为 $K_1=0.2$，$K_2=0.5$，$K_3=0.7$。

在图 5-13 中，当装置计算得到差动电流 I_d 和制动电流 I_r 所对应的工作点位于三折线的上方(动作区)，差动元件动作。

其动作方程为

$$I_d > K_1 I_r + I_{cd} \qquad (I_r \leqslant 0.6I_e)$$

$$I_d > K_2(I_r - 0.6I_e) + 0.12I_e + I_{cd} \qquad (0.6I_e \leqslant I_r \leqslant 4I_e)$$

$$I_d > K_3(I_r - 4I_e) + K_2 \times 3.4I_e + 0.12I_e + I_{cd} \quad (I_r > 4I_e)$$

$$I_r = \frac{1}{2}\sum_{i=1}^{m} |\dot{I}_i|$$

$$I_d = \left|\sum_{i=1}^{m} \dot{I}_i\right|$$

式中：$\dot{I}_i \cdots \dot{I}_m$ 为变压器各侧二次电流；

I_{cd} 为稳态比率差动启动定值。

六、励磁涌流闭锁元件

1. 励磁涌流及对保护的影响

正常运行时变压器的励磁电流很小，通常只有为(3%～6%)I_N(变压器额定电流)或更小，所以差动回路中的不平衡电流也很小。外部短路时，由于系统电压降低，励磁电流也不大，差动回路中的不平衡电流也较小。但在变压器进行空载合闸或外部短路故障切除电压突然增加时，就会出现很大的励磁电流，这种暂态过程中的变压器励磁电流就称为励磁涌流。励磁涌流的最大值可达额定电流的 4～10 倍。

励磁涌流具有如下特点：

(1)包含有很大成分的非周期分量，约占基波的 60%～80%，涌流偏向时间轴的一侧。

(2)包含有大量的高次谐波，以二次谐波为主，约占基波 30%～40%以上。

(3)波形具有间断角，且间断角很大，通常大于60°。

(4)在一个周期内正半波与负半波不对称。

(5)在同一时刻三相涌流之和近似等于零。

(6)励磁涌流幅值大且是衰减的。衰减的速度与合闸回路电阻、变压器绕组中的等效电阻及电感有关。对于中、小型变压器的励磁涌流最大可达额定电流的 10 倍以上，且衰减较快；对于大型变压器一般不超过额定电流的 4.5 倍，但衰减慢，时间较长。

励磁涌流对变压器本身没有多大影响，但因励磁涌流仅在变压器一侧流通，进入差动回路形成了很大的不平衡电流，如不采取措施将会使差动保护误动。在微机差动保护装置中，通过涌流闭锁元件来防止误动，即当涌流判别元件识别出差动电流是励磁涌流产生时，将差动保护闭锁。

2. 二次谐波制动

在变压器纵差保护中，对差电流进行励磁涌流特征的判别。在工程中得到应用的有二次谐波、波形对称原理和波形间断角比较原理，目前主要应用二次谐波、波形对称原理来判别励磁涌流。当判别是励磁涌流引起的差流时，将差动保护闭锁。下面主要讨论二次谐波制动原理。

二次谐波制动比 $K_{2\omega}$是指，若在差动电流中，含有基波分量电流 $I_{1\omega}$和二次谐波分量电流 $I_{2\omega}$，将二次谐波分量电流 $I_{2\omega}$与基波分量电流 $I_{1\omega}$的比值称为二次谐波制动比 $K_{2\omega}$，即

$$K_{2\omega}=\frac{I_{2\omega}}{I_{1\omega}}$$

当二次谐波制动比 $K_{2\omega}$大于整定值 $K_{2\omega\cdot set}$ 时闭锁差动保护，反之小于整定值 $K_{2\omega\cdot set}$ 时开放差动保护。即满足以下条件时，将差动保护闭锁。

$$K_{2\omega}>K_{2\omega\cdot set}$$

或

$$I_{2\omega}>K_{2\omega\cdot set}I_{1\omega}$$

式中：$K_{2\omega\cdot set}$ 为二次谐波制动比的整定值，通常取 15%。

七、差动速断元件

由于变压器纵差保护设置了涌流闭锁元件，采用二次谐波及波形对称原理判据，若判断

为励磁涌流引起的差流时，会将差动保护闭锁。一般情况下，比率制动的差动保护作为变压器的主保护已满足要求了。但当变压器内部发生严重短路故障时，由于短路电流很大，TA严重饱和使交流暂态传变严重恶化，TA二次电流的波形将发生畸变，含有大量的高次谐波分量。若采用涌流判据来判断此时差流产生的的原因，一是需要时间，使差动保护延缓动作而不能迅速切除故障。二是若涌流判别元件误判成差流是励磁涌流产生的，闭锁差动保护，将造成变压器严重损坏的后果。

为克服上述缺点，差动保护都配置了差动速断元件。差动速断没有制动量，差动速断元件只反应差流的有效值，不管差流的波形是否畸变及谐波分量的大小，只要差流的有效值超过整定值，将迅速动作，跳开变压器各侧断路器，把变压器从电网上切除。差动速断动作一般在半个周期内实现。而决定动作的测量过程在四分之一周期内完成，此时TA还未严重饱和，能实现快速正确切除故障。

差动速断动作判据 $I_d > I_{sd}$

式中：I_{sd}为差动速断整定值。

差动速断元件的整定值应按躲过变压器励磁涌流来确定，即

$$I_{sd} = KI_n$$

式中：K为系数，一般取2～8；

I_n为变压器差动TA二次额定电流。

八、差流越限告警

正常情况下，监视各相差流异常，延时5S发出告警信号。差流越限告警判据如下：

$$I_{d\Phi} > K_{yx} I_{cd}$$

式中：$I_{d\Phi}$为各相差动电流；

K_{yx}为装置内部固定的系数（取0.3）；

I_{cd}为差动保护启动电流定值。

九、TA断线闭锁元件

为确保差动保护的动作灵敏度，采用比率制动特性的差动元件的启动电流很小。当差动元件某侧TA二次的一相或两相断线时，差动电流就是断线相上的负荷电流，差动保护可能误动。所以在微机型变压器差动保护中，均设置有TA断线闭锁元件。在变压器运行时，一旦出现差动TA二次回路断线，立即发出信号并根据需要将差动保护闭锁。

1. TA断线闭锁元件的原理。

正常运行时，判断TA断线，是通过检查所有相别的电流中有一相或两相无流且存在差流，即判为TA断线。

在变压器正常运行时，理想情况下，TA二次三相电流之和应等于零。即

$$3\dot{I}_0 = \dot{I}_a + \dot{I}_b + \dot{I}_c = 0$$

若TA二次回路中一相断线时，如C相断线，则

$$3\dot{I}_0 = \dot{I}_a + \dot{I}_b \neq 0$$

根据以上原理提出以下TA二次回路断线闭锁判据：

$$|\dot{I}_a+\dot{I}_b+\dot{I}_c+3\dot{I}_0|>\varepsilon_1$$

$$|3\dot{I}_0|\leqslant\varepsilon_2$$

式中：ε_1、ε_2 为门槛值，可根据不平衡差流的大小确定；

$3\dot{I}_0$ 为零序电流，TA 二次值；

$\dot{I}_a$、$\dot{I}_b$、$\dot{I}_c$ 为分别为 TA 二次 a、b、c 三相电流。

满足以上两式判为 TA 断线，发告警信号，同时根据需要将差动保护闭锁。显然当差动保护用的 TA 发生一相或两相断线时，都可以满足以上两式。如果在变压器内部或外部发生短路故障时，不可能同时满足以上两个条件。

这种判别 TA 断线的方法的缺点是还需要引入另一个 TA 的 $3\dot{I}_0$。

目前，在微机型保护装置中，也可以根据电流变化情况、变化趋势及电流值大小来判断 TA 断线。当测量出只有变压器一侧的电流发生了变化，且变化趋势是电流由大向小变化、而电流值小于额定电流时，被判为电流变化侧的 TA 断线。当变压器各侧电流均发生变化，且电流变化趋势是由小向大变化，而变化后电流的幅值又大于额定电流，则说明电流的变化是由故障引起的。

在有电流突变时，判据如下：

(1)发生突变后电流减小(发生短路故障时电流增大)。

(2)本侧三相电流中有一相或两相无流，且另一侧三相电流无变化。

满足以上条件时判为 TA 二次回路断线。TA 二次断线后，发出告警信号，并可选择闭锁或不闭锁差动保护出口。

2. TA 断线闭锁还采用差动保护是否启动来区别对待 TA 回路异常

如果启动元件未启动，当任一相差流大于 TA 报警差流定值，经长延时发出差流异常报警信号，此时不闭锁差动保护。如果启动元件已经启动，若出现任一侧任一相间电压有变化量；或任一侧出现负序分量；或任一侧任一相电流比启动前增加三种情况，说明系统中有故障，开放差动保护。如果启动元件已经启动，但没出现以上三种情况经延时发报警信号并根据需要闭锁差动保护。

3. 关于 TA 断线闭锁元件的说明

众所周知，运行中的 TA 二次回路不能开路。如果 TA 二次回路开路，将在开路点的两侧产生很高的电压，危及人身及二次设备的安全。另外，在开路点可能产生电弧，烧坏接线及端子，甚至引起火灾。

因此 GB/T14285－2006《继电保护和安全自动装置技术规程》规定在 TA 断线时允许差动保护跳闸，在 TA 断线时为保证人身及设备安全可不闭锁差动保护。即使设置 TA 断线闭锁差动保护，在 TA 回路异常信号出现时应及时处理，因为在轻负荷下 TA 断线差流较小，保护往往也未启动，差动保护不会动作，但在负荷增大或外部故障时将引起误动，所以务必重视 TA 回路异常信号的处理和检验。

运行实践表明，变压器的容量越大、TA 变比越大，TA 二次回路开路的危害越严重。因此，对于大容量的变压器，由于 TA 的变比很大，TA 断线闭锁元件只发报警信号而不闭锁差动保护。当差动保护 TA 二次开路时，差动保护动作切除变压器，以防止人身伤害及设备

损坏的事故。

同时需要提醒的是，在检修中误将差动保护的 TA 二次回路短接或误碰，造成差动的 TA 二次回路分流，可能造成差动保护误动，需要做好相关的安全措施。

十、过励磁闭锁元件

运行中的变压器，当电网电压升高或频率下降时，将引起励磁电流的增加，即变压器过励磁。由于励磁电流增加，使变压器纵差保护中的不平衡电流增加，将导致纵差保护误动。

造成变压器过励磁的原因，由变压器的运行原理可知，运行中的变压器，如不计漏阻抗上压降时，铁芯中的磁感应强度 B_m 与外加电压 U 的大小成正比，与电网频率 f 成反比。即

$$U=4.44fNB_mS$$

式中：N 为变压器一次绕组匝数；

S 为铁芯截面。

由上式可得，变压器铁芯中的磁感应强度 B_m 为

$$B_m=\frac{U}{4.44fNS}=K(U/f)$$

式中：$K=1/4.44NS$ 为变压器的结构系数，对已制造好的变压器为一常数。

由上式可见，变压器铁芯中的磁感应强度 B_m 决定于 U/f。当电网电压升高或频率下降时，将引起磁感应强度 B_m 增加。

电力变压器一般铁芯采用冷轧硅钢片叠成，其饱和磁感应强度为 1.9～2.0T。变压器额定运行时，铁芯中的额定磁感应强度 $B_N=(1.7\sim1.8)T$，两者已很接近。所以当电压与频率比值 U/f 增加时，工作磁感应强度 B 增加，铁芯中主磁通 Φ_m 增加。而主磁通 Φ_m 是由励磁电流 i_μ 产生的，由磁化曲线可知，励磁电流 i_μ 增大。特别是铁芯饱和后，将导致励磁电流急剧增加，这就是变压器过励磁的原因。

由于变压器过励磁时，励磁电流 i_μ 是非正弦波形，而呈尖顶波形，除基波分量外，还有高次谐波分量，虽然过励磁电流波形严重非正弦，但波形对称不含有非周期分量和偶次谐波分量，可见过励磁时励磁电流与空载合闸时的励磁涌流有着本质的区别，因此励磁涌流的判据（二次谐波、波形对称原理）不能用来作为过励磁的判据。

由于过励磁时谐波分量主要以三次谐波电流 $i_{\mu3}$ 和五次谐波电流 $i_{\mu5}$ 为主。但因变压器内部短路故障 TA 饱和时同样会出现三次谐波，因此不宜用三次谐波电流 $i_{\mu3}$ 来判别过励磁，应采用五次谐波电流 $i_{\mu5}$ 来判别过励磁，以克服过励磁对纵差保护的影响。

通常采用五次谐波制动比 $K_{5\omega}$ 来衡量五次谐波电流的制动能力。所谓五次谐波制动比 $K_{5\omega}$，是指差动电流中的五次谐波分量 $I_{5\omega}$ 与基波分量 $I_{1\omega}$ 的比值，即

$$K_{5\omega}=\frac{I_{5\omega}}{I_{1\omega}}$$

当五次谐波制动比 $K_{5\omega}$ 大于整定值 K_5 时闭锁差动保护，反之小于整定值 K_5 时开放差动保护。即满足下式时，将差动保护闭锁。

$$K_{5\omega}>K_5$$

或 $I_{5\omega}>K_5 I_{1\omega}$

与二次谐波制动比 K_2 相似，五次谐波制动比的定值 K_5 越大，差动保护躲变压器过励磁的能力越差；反之，五次谐波制动比 K_5 越小，差动保护躲变压器过励磁的能力越强。通常取五次谐波制动比 K_5 为 0.3。

过励磁倍数过高，不再闭锁差动保护。因为此时正比于 B_m^2（B_m 为磁感应强度）的铁耗和正比于 I^2（I 为电流）的铜耗及漏磁通在油箱壁及金属构架中产生的涡流损耗大大增加。这些损耗转变成热量，使变压器温度迅速升高，造成变压器严重过热。此时开放差动保护，把变压器从电网上切除。

十一、TA 饱和识别元件

由于 TA 的容量、测量范围、负荷性质及价格等多种原因，变压器差动保护各侧（尤其是低压侧）的差动 TA 不易选择到合适的变比与特性，这样可能会造成在变压器发生区外短路时 TA 饱和及暂态特性不一致，引起差动保护误动。这种情况在低压侧短路时最易出现。因此比率制动的差动保护应设置 TA 饱和识别元件。

TA 饱和识别元件可利用二次电流中的二次和三次谐波分量来判别 TA 是否饱和，其表达式为

$$I_{\varphi 2}>K_{\varphi 2} I_{\varphi 1}$$

$$I_{\varphi 3}>K_{\varphi 3} I_{\varphi 1}$$

式中：$I_{\varphi 2}$、$I_{\varphi 3}$ 为 TA 二次电流中的二次、三次谐波分量；

$I_{\varphi 1}$ 为 TA 二次电流中的基波谐波分量；

$K_{\varphi 2}$、$K_{\varphi 3}$ 为二、三次谐波系数。

运行中当某相出现差流，如满足上式时，则认为该相差流是 TA 饱和引起的，闭锁差动保护。

十二、变压器差动保护逻辑框图

变压器的比率差动保护，由分相差动元件、涌流闭锁元件、差动速断元件、过励磁闭锁元件及 TA 断线判别元件等构成。涌流闭锁方式可采用二次谐波比最大相（或门）闭锁方式或采用分相闭锁。逻辑框图如图 5－14、5－15、5－16 所示。

涌流或门闭锁方式，是指在三相涌流闭锁元件中，只要有一相满足闭锁条件，立即将三相差动元件全部闭锁。而涌流分相闭锁方式，是指某相的涌流闭锁元件只对本相的差动元件有闭锁作用，而对其他相无闭锁作用。分相闭锁方式的优点是：如果空投变压器时发生内部故障，保护能迅速而可靠动作并切除变压器，而或门闭锁方式的差动保护，则有可能拒动或延缓动作。

由于变压器空投时，三相励磁涌流是不相同的，即各相励磁涌流的波形、幅值及二次谐波的含量是不相同的。变压器空载合闸时的录波表明，在某些条件下，三相涌流之中的某一相可能不满足闭锁条件。此时，若采用或门闭锁的纵差保护，空投变压器时不易误动。而采用分相闭锁方式的差动保护，空投变压器时容易误动。

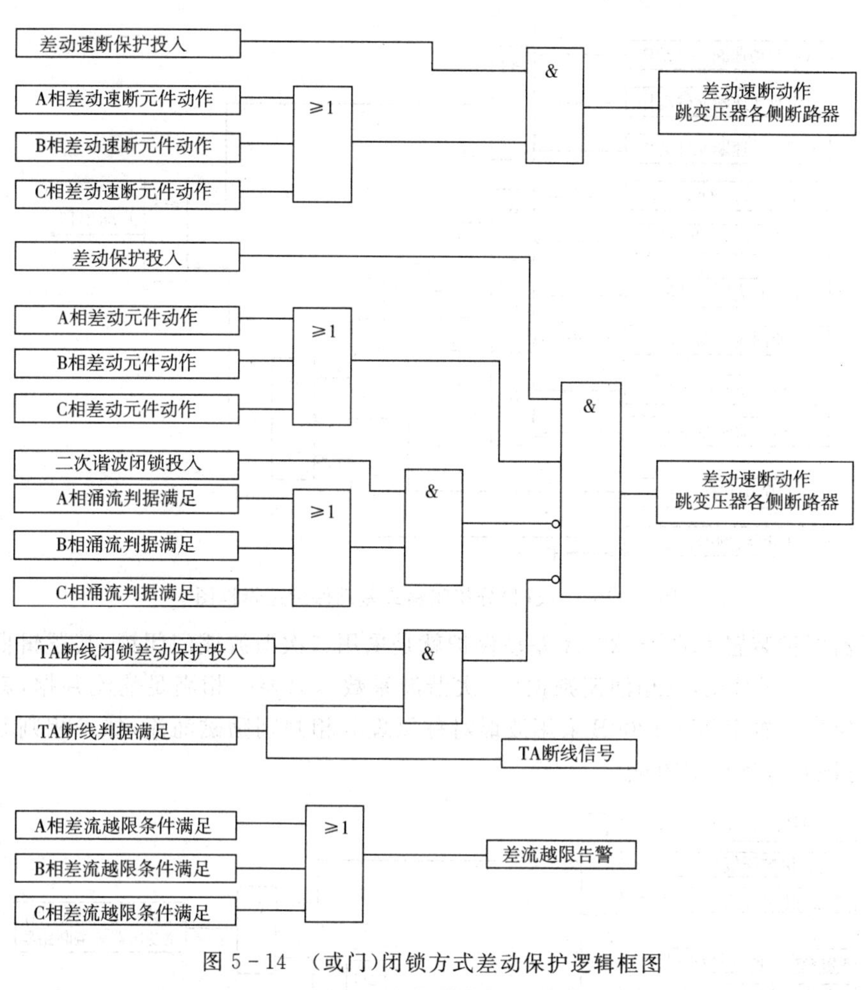

图 5－14　(或门)闭锁方式差动保护逻辑框图

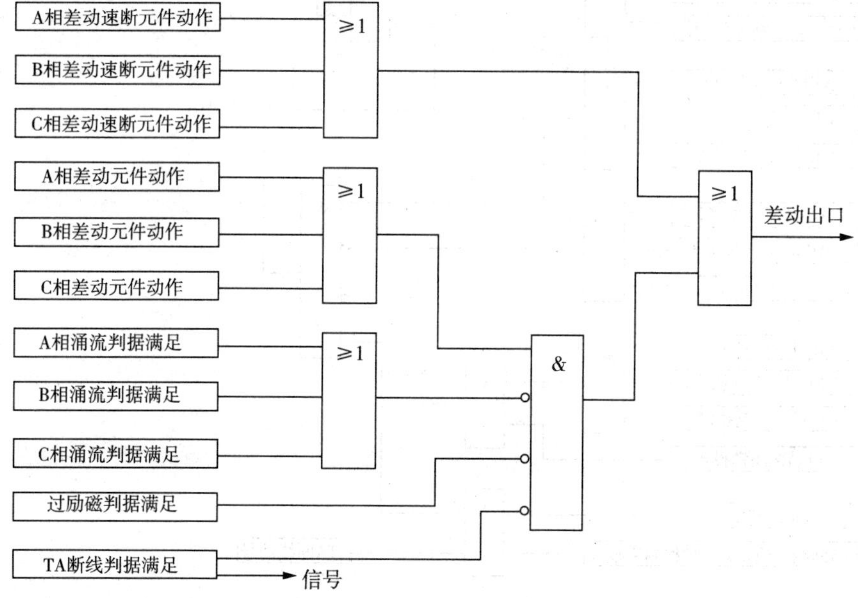

图 5－15　(或门)闭锁方式差动保护逻辑框图

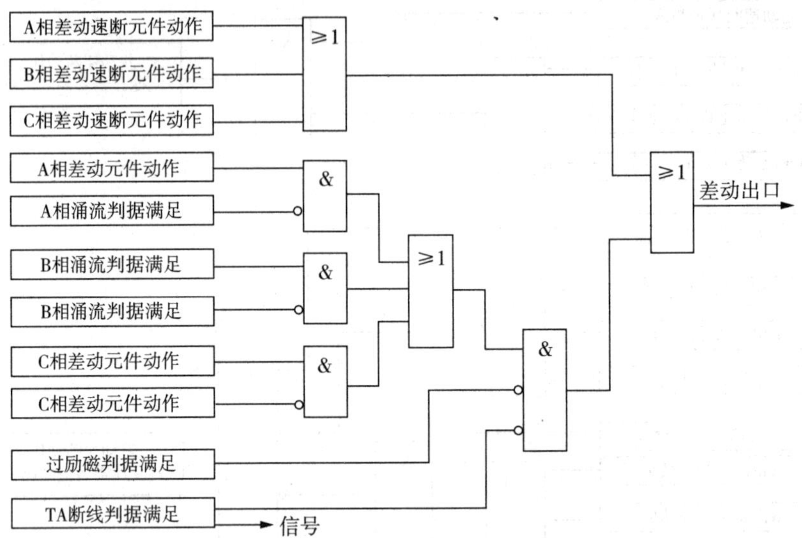

图 5-16 （或门）分相闭锁式差动保护逻辑框图

变压器保护装置 PST－1200A 差动保护就是采用二次谐波或门闭锁，其逻辑框图如图 5-17 所示。由图可见，三相涌流判据（二次谐波系数），只要一相满足涌流判据，就闭锁差动保护。保护装置 PST－1200B 采用波形对称原理分相判别励磁涌流，如一相判断波形不对称，就将该相差动保护闭锁。

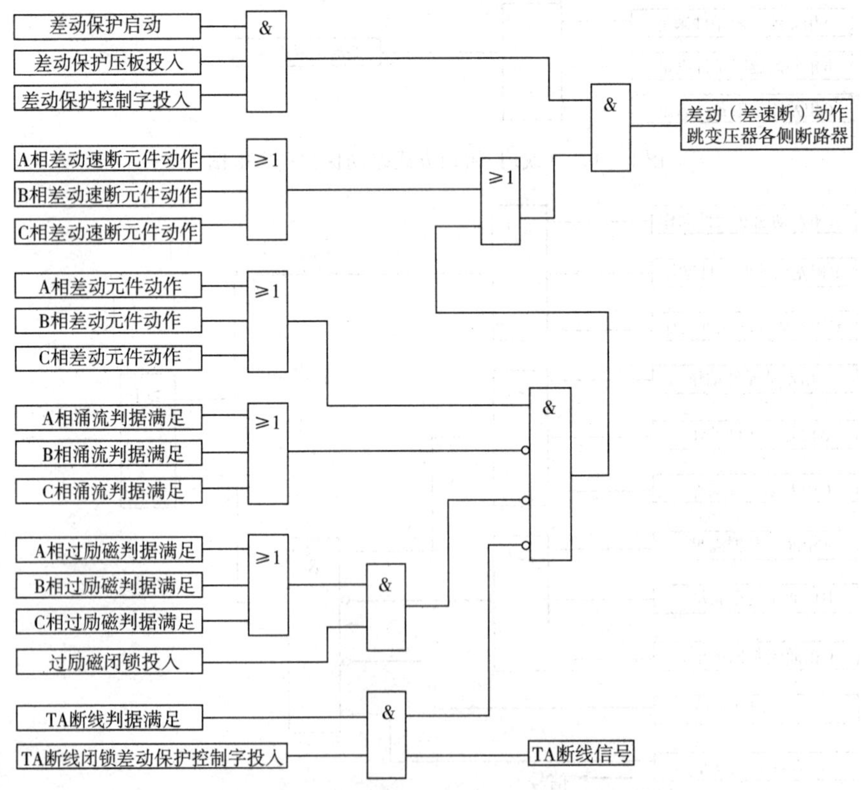

图 5-17 （或门）PST－1200A 差动保护逻辑框图

十三、其他差动保护

1. 工频变化量比率制动特性的差动保护

由于变压器的负荷电流是穿越性的，因此当发生内部短路故障时负荷电流总起制动作用。为提高灵敏度，特别是匝间短路故障时的灵敏度，应将负荷电流从制动电流中去除。因而可采用故障分量的比率制动特性，即工频变化量比率制动特性，如图 5－18 所示，其中 $\Delta I_{dst}=0.2I_n$ 称为固定门槛值、$K_1=0.6$、$K_2=0.75$ 为固定值，由软件设定。工频变化量比率制动特性可表示为：

$$\Delta I_d>1.25\Delta I_{dh}+0.2I_n$$

$$\Delta I_d>0.6\Delta I_r \qquad (\Delta I_r\leqslant 2I_n)$$

$$\Delta I_d>0.75\Delta I_r-0.3I_n \qquad (\Delta I_r>2I_n)$$

式中：ΔI_{dh} 为浮动门槛，随着工频变化量动作电流的增加而自动提高，取 1.25 倍可以使门槛值始终高于不平衡输出，保证在系统振荡或频率偏移时保护不误动；

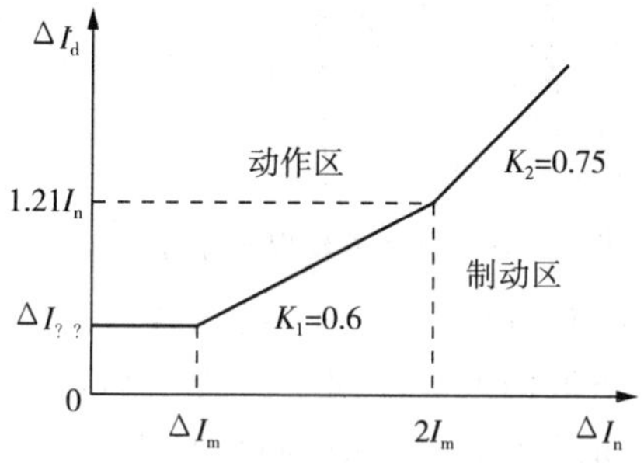

图 5－18　工频变化量比率制动特性

$\Delta I_d=|\Delta\dot{I}_1+\Delta\dot{I}_2+\Delta\dot{I}_3+\cdots+\Delta\dot{I}_n|$——工频变化量动作电流，是变压器各侧相电流故障分量的相量和；

$\Delta I_r=\max\{|\Delta\dot{I}_1|+|\Delta\dot{I}_2|+|\Delta\dot{I}_3|+\cdots+|\Delta\dot{I}_n|\}$——工频变化量制动电流，是变压器各侧相电流故障分量的标量和（绝对值和）的最大值，取最大相制动电流有利于防止非故障相误动。

工频变化量比率制动的差动保护按相叛别，当满足上述条件时，工频变化量比率制动的差动保护动作，经过涌流叛别元件、过励磁元件后出口。由于工频变化量比率制动系数可取较高数值，其本身的特性就决定了区外故障时，抗 TA 暂态和稳态饱和的能力较强。

2. 分侧差动保护

（1）构成原理及特点

分侧差动保护是将变压器 Y 侧绕组作为被保护对象，在每相绕组两端（自耦变压器用三端）设置电流互感器而实现分相的分侧差动保护。其原理接线如图 5－19 所示。显然分相的差动保护要求每相绕组的中性点引出到箱体外，以便装设差动 TA。目前大容量的自耦变压器都是单相式的，高、中及公共绕组都是引出到箱体外，便于构成分相差动保护。

在图 5－19 中，TA1、TA2 为分侧差动两侧 TA；KDA、KDB、KDC 为差动元件。

该分侧差动保护所用的电流是同一支路的电流，它们之间没有电磁耦合关系。因此这种保护的最大优点是不受变压器励磁电流、励磁涌流、带负荷调压及过激磁的影响。与变压器纵差保护相比，其构成简单，不需要涌流闭锁元件、差动速断元件及过励磁闭锁元件。

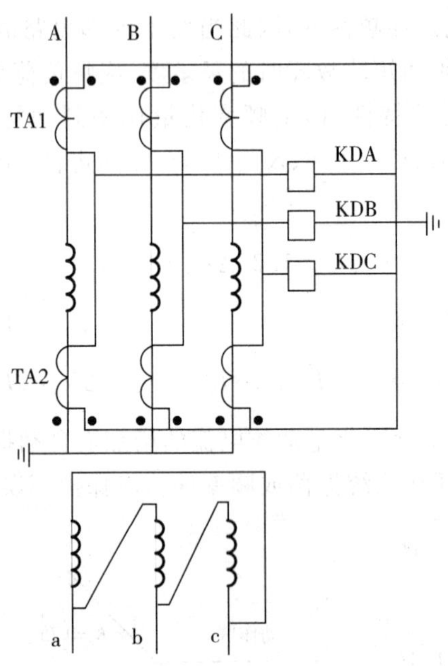

图 5-19　分侧差动保护原理接线图

分侧差动保护的另一个优点是由于带负荷调压在差动回路中不产生不平衡电流；且由于两端 TA 中流过同一电流，可取同型号及同变比的 TA，不平衡电流较小，因此动作电流可以整定较低，所以对于 Y 侧的各种故障(除匝间短路外)比纵差保护灵敏度高。

对于变压器发生匝间短路(不接地)故障时，无论发生在 Y 侧还是 d 侧，Y 侧电源都会提供短路电流。如果 Y 侧中性点接地，还会出现零序电流。但对于只差接变压器一侧同相绕组的分侧差动保护来说，上述短路电流或零序电流是一个穿越性电流，所以分侧差动保护不能保护匝间短路，这是它的一个缺点。但对发生匝间短路并接地的故障时，分侧差动保护仍有保护作用。

在三相自耦变压器上，分别在高压输出端、中压输出端及公共绕组侧设置 TA。可构成分相的分侧差动保护，作为 Y 侧(除匝间短路外)各种短路故障的保护。以一相(C 相)差动为例，其原理接线如图 5-20 所示。

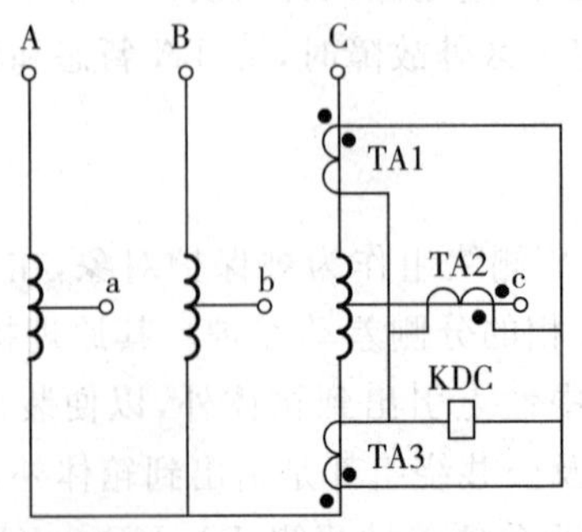

图 5-20　三相自耦变压器分侧差动保护原理接线图

(2)逻辑框图

以图 5 - 19 所示的分侧差动保护为例,其逻辑框图如图 5 - 21 所示。图中,$\dot{I}_A$、$\dot{I}_B$、$\dot{I}_C$分别为变压器绕组首端侧差动 TA1 二次 A、B、C 三相电流;$\dot{I}_{AN}$、$\dot{I}_{BN}$、$\dot{I}_{CN}$分别为变压器绕组末端侧差动 TA2 二次 A、B、C 三相电流.

由图可见,三相分相差动元件中,只要有一相动作,便立即将变压器从电网上切除。

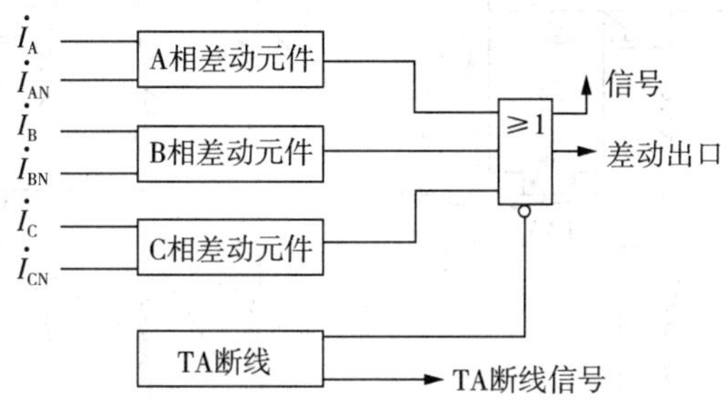

图 5 - 21 变压器分侧差动保护逻辑框图

(3)分侧差动元件的动作特性

变压器分侧差动元件的动作特性与纵差元件的动作特性相似。不同的是整定值。以差动电流 I_d 为纵轴,制动电流 I_r 为横轴,分侧差动保护的二折线比率制动特性曲线如图 5 - 22 所示。

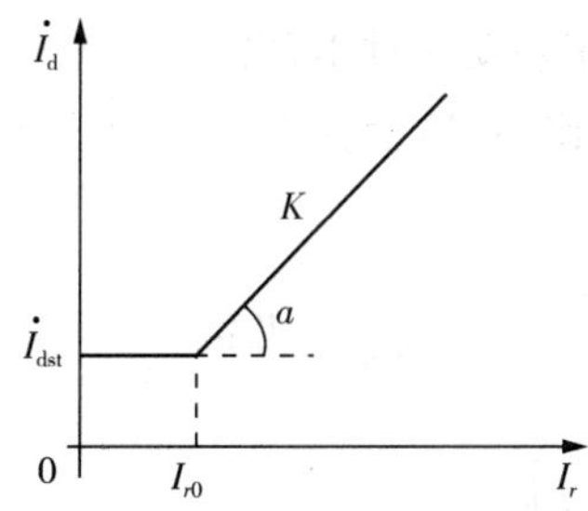

图 5 - 22 分侧差动元件的动作特性

图中 I_{dst} 为差动元件最小动作电流,也称差动门槛值;I_{r0} 为拐点电流;K 为比率制动系数。

其动作方程为:

$$I_d \geqslant I_{dst} \qquad (I_r \leqslant I_{r0})$$

$$I_d \geqslant I_{dst} + K(I_r - I_{r0}) \qquad (I_r > I_{r0})$$

式中:$I_d = |\dot{I}_\varphi + \dot{I}_{\varphi N}|$;$I_r = |\dot{I}_\varphi - \dot{I}_{\varphi N}|$或 $I_r = \max\{|\dot{I}_\varphi|, |\dot{I}_{\varphi N}|\}$;

$\dot{I}_\varphi$ 为变压器绕组首端侧 TA 二次 a、b、c 相电流;

$\dot{I}_{\varphi N}$ 为变压器绕组末端侧 TA 二次 a、b、c 相电流。

3. 零序差动保护

(1)构成原理及特点

分侧差动保护是用变压器 Y 侧绕组两端(自耦变压器用三端)的相电流构成差动保护

的。如果用 Y 侧绕组两端(自耦变压器用三端)的零序电流就构成了零序纵差保护。连接组别为 YNd11 的变压器,零序纵差保护接线如图 5－23 所示。

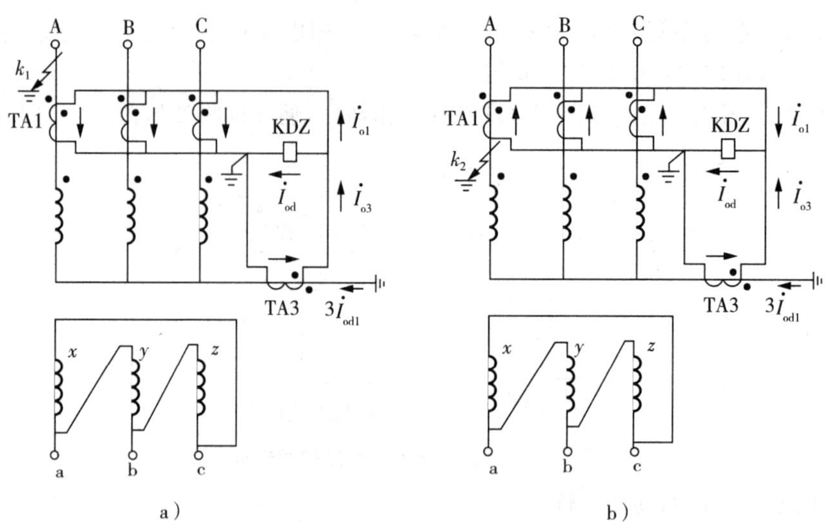

图 5－23　YNd11 变压器零序纵差保护接线及工作原理

a)区外 k_1 点接地　　b)区内 k_2 点接地

保护区外故障,如图 5－23a 中 k_1 点发生短路故障时,零序差动元件中的零序差动电流 $\dot{I}_{0d}$ 为 $\dot{I}_{0d}=\dot{I}_{01}+\dot{I}_{03}=0$,于是零序差动元件 KDZ 不会动作。

事实上由于 TA1 与 TA3 变比不等,会存在不平衡零序差流,故应进行电流平衡调整,令电流平衡系数 K_{ph0} 为

$$K_{ph0}=\frac{n_{TA3}}{n_{TA1}}$$

于是进入差动元件的电流 $\dot{I}_{0d}$ 为

$$\dot{I}_{0d}=\dot{I}_{01}+K_{ph0}\dot{I}_{03}=0$$

可见,进行电流平衡后零序差动元件中的零序差动电流 $\dot{I}_{0d}$ 为零,在区外发生不对称接地故障时,零序差动元件 KDZ 不会动作。

保护区内故障,如图 5－23b 中 k_2 点发生短路故障时,零序差动元件中的零序差动电流 $\dot{I}_{0d}$ 为 $\dot{I}_{0d}=\dot{I}_{01}+K_{ph0}\dot{I}_{03}$ 为接地点的零序电流,零序差动元件 KDZ 可靠动作。需要指出的是,中性点侧的零序电流,微机保护装置一般采用自产零序电流。

图 5－24 为自耦变压器零序差动保护接线及原理图。高、中侧零序电流都由自产得到。公共绕组侧也采用自产零序电流,而不是采用接地中性线上 TA 的零序电流,这样可以避免该零序 TA 极性不易校验的问题。若中压测、公共绕组侧的电流平衡系数为

$$K_{ph02}=\frac{n_{TA2}}{n_{TA1}};\qquad K_{ph03}=\frac{n_{TA3}}{n_{TA1}}$$

式中:n_{TA1}、n_{TA2}、n_{TA3} 为 TA1、TA2、TA3 的变比。

由此可得进入零序差动元件的电流 $\dot{I}_{0d}$ 为

$$\dot{I}_{0d}=\dot{I}_{01}+K_{ph2}\dot{I}_{02}+K_{ph3}\dot{I}_{03}$$

当区外发生短路故障时，零序差动元件的电流 $\dot{I}_{0d}=0$，KDZ 不动作；当区内发生短路故障时，$\dot{I}_{0d}=\dot{I}_{01}+K_{ph2}\dot{I}_{02}+K_{ph3}\dot{I}_{03}$ 为接地点的零序电流，零序差动元件 KDZ 可靠动作。

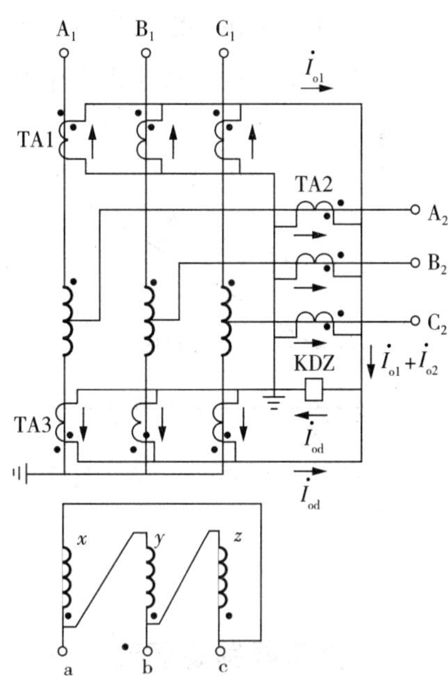

图 5－24　自耦变压器零序差动保护接线及原理

由以上分析可知，零序差动保护可用来保护变压器 Y 形绕组侧的区内接地短路故障。同样与分侧差动一样，由于零序差动保护所用的电流是同一支路的电流，它们之间没有电磁耦合关系，因此不受变压器励磁电流、励磁涌流、带负荷调压及过激磁的影响，不需要涌流闭锁元件、差动速断元件及过励磁闭锁元件。

对于变压器发生匝间短路（不接地）故障时，零序差动保护不能起到保护作用。

零序差动保护主要应用在大容量超高压三绕组自耦变压器中。对 220～500kV 的变压器而言，大电流系统侧容易发生单相接地故障，所以变压器零差保护是变压器大电流系统侧内部接地故障的主保护。需要指出的是，为了防止区外故障时零差保护误动，中性点零差 TA 的变比不宜过小，以防故障时该 TA 饱和。同时各侧零差 TA 最好取同型号及同变比的。

（2）零序差动元件的动作特性

图 5－25 为零序差动比率制动特性，其中 I_{0d} 为零序差动电流；I_{0dset} 为零序差动元件的最小动作电流；I_{0r} 为零序差动元件的制动电流；I_{0r0} 为零序差动比率制动特性的拐点电流，当 $I_{0d}<0.5I_n$ 时，I_{0r0} 为 $0.5I_n$；当 $I_{0d}>0.5I_n$ 时，I_{0r0} 自动由 $0.5I_n$ 变为 I_n，I_n 为本侧二次电流的额定值；K_0 为比率制动系数，一般可取 0.5。当 $I_{0d}<0.5I_n$ 时，零序比率制动特性的表达式为

$$I_{0d}>I_{0dset}\qquad (I_{0r}<0.5I_n)$$

$$I_{0d} > I_{0dset} + K_0(I_{0r} - 0.5I_n) \qquad (I_{0r} \geq 0.5I_n)$$

当 $I_{0d} > 0.5I_n$ 时，零序比率制动特性的表达式为

$$I_{0d} > I_{0dset} \qquad (I_{0r} < I_n)$$

$$I_{0d} > I_{0dset} + K_0(I_{0r} - I_n) \qquad (I_{0r} \geq I_n)$$

式中，零序差动电流 $I_{0d} = |\dot{I}_{01} + \dot{I}_{02} + \dot{I}_{03}|$，制动电流 $I_{0r} = \max\{|\dot{I}_{01}|, |\dot{I}_{02}|, |\dot{I}_{03}|\}$。

需要注意的是，式中的 $\dot{I}_{02}$、$\dot{I}_{03}$ 是经平衡调整后流入零序差动元件的零序电流。

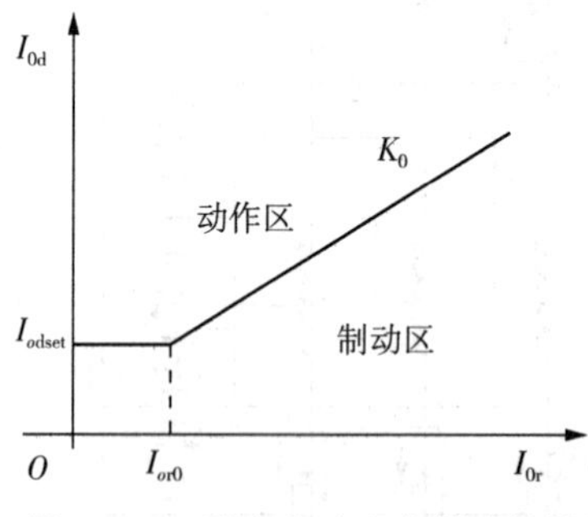

图 5-25 零序差动比率制动特性

拓展知识

变压器励磁涌流

一、变压器励磁涌流产生的原因

当变压器空载投入或外部故障切除后电压恢复时，变压器电压从零或很小的数值突然上升到运行电压。在这个电压上升的暂态过程中，变压器可能会严重饱和，产生很大的暂态励磁电流，称为励磁涌流。励磁涌流的最大值可达额定电流的 4－8 倍。

在稳定运行时，铁心中的磁通应滞后于电压 90°，如图 5-26 所示。如果在空载合闸初瞬时（$t=0$ 时）正好电压瞬时值 $u=0$，初相角 $\alpha=0$，此时，铁心中的磁通应为负最大值 $-\Phi_m$。但是由于铁心中的磁通不能突变，因此将出现一个非周期分量的磁通 φ_{np}，其幅值为 $+\Phi_m$。这样经过半个周期以后，铁心中的磁通就达到 $2\Phi_m$，如果铁心中原来还存在剩余磁通 φ_{res}，则总磁通 $\varphi_{com} = 2\Phi_m + \varphi_{res}$，如图 5-26b 所示。这时变压器铁心严重饱和，励磁电流 I_μ 将剧烈增大。I_μ 中包含有大量的非周期分量和高次谐波分量，如图 5-26d 所示。显然，若正好在电压瞬时值为最大时合闸就不会出现励磁涌流，对三相变压器而言，无论何时瞬间合闸，至少有两相要出现程度不同的励磁涌流。励磁涌流的大小和衰减时间与外加电压的相位、铁心中剩磁的大小与方向、电源容量的大小、回路阻抗以及变压器容量有关。大型变压器励磁涌流的倍数较中、小型变压器的励磁涌流倍数小。表 5-8 为励磁涌流中的谐波分量，由此可知励磁涌流具有如下特点：

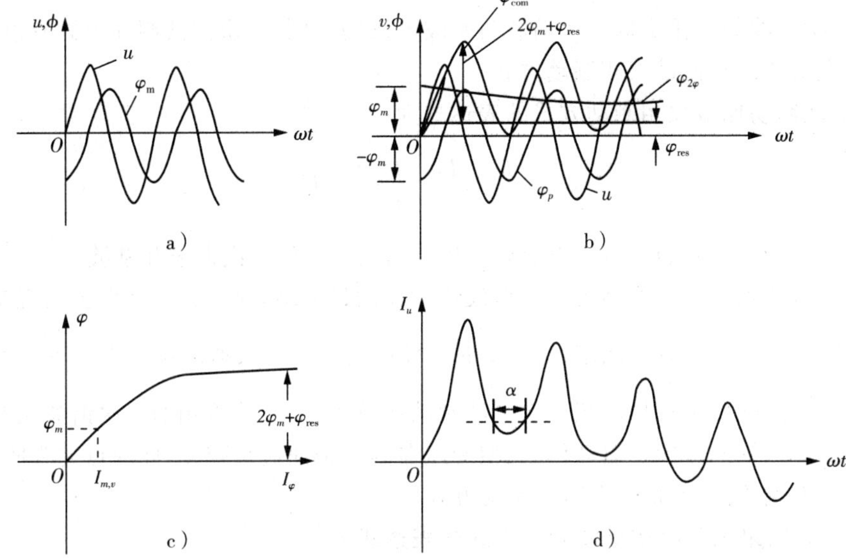

图 5－26　变压器励磁涌流的产生及电流变化曲线

a)稳态时电压与磁通关系　b)$t=0$，在 $u=0$ 瞬间空载合闸时电压与磁通关系

c)变压器铁心的磁化曲线　d)励磁涌流 I_μ 电流波形

表 5－8　励磁涌流中谐波分量

励磁涌流(％)	例 1	例 2	例 3	例 4
基波	100	100	100	100
二次谐波	36	31	50	23
三次谐波	7	6.9	9.4	10
四次谐波	9	6.2	5.4	—
五次谐波	5	—	—	—
直流	66	80	62	73

(1)包含有很大成分的非周期分量，约占基波的 60％～80％，涌流偏向时间轴的一侧。

(2)包含有大量的高次谐波，以二次谐波为主，约占基波 30％～40％以上。

(3)波形具有间断角。

可以采取下列措施防止励磁涌流的影响：

(1)采用具有速饱和铁心的差动继电器。

(2)利用二次谐波制动

(3)比较波形间断角鉴别内部故障和励磁涌流。

二、躲励磁涌流的措施

在变压器纵差保护中，在工程中经常应用的判别差流是否具有励磁涌流特征的方法有：二次谐波、波形对称原理和波形间断角比较三种原理，目前主要应用二次谐波、波形对称原理来判别励磁涌流。当判定是励磁涌流引起的差流时，将差动保护闭锁。

躲励磁涌流的措施主要有以下几种：

1. 二次谐波制动原理

根据二次谐波制动比所取二次谐波与基波电流的不同，二次谐波制动方式有以下几种。

(1)二次谐波制动比最大相制动方式

二次谐波制动比最大相制动方式的表达式为

$$\max\left\{\frac{I_{da2}}{I_{da1}},\frac{I_{db2}}{I_{db1}},\frac{I_{dc2}}{I_{dc1}}\right\}>K_2$$

式中：I_{da2}、I_{db2}、I_{dc2}和 I_{da1}、I_{db1}、I_{dc1}分别为三相差动电流中的二次谐波和基波。

可以看出，这种方式是取满足二次谐波制动比的最大值，对三相差动保护实现制动。由于在三相励磁涌流中，总有一相满足$\frac{I_{d\varphi2}}{I_{d\varphi1}}>K_2$，对励磁涌流的识别比较可靠。不足的是带有故障的变压器合闸时，尽管故障相二次谐波制动比较小，但非故障相的二次谐波比对故障相也实现制动，导致纵差保护延迟动作，大型变压器因励磁涌流衰减慢，此缺点尤为明显。

(2)基波差流 I_{d1} 最大相二次谐波制动方式

基波差流 I_{d1}最大相二次谐波制动方式的表达式为

$$\frac{I_{d2}}{\max\{I_{da1},I_{db1},I_{dc1}\}}>K_2$$

即用基波差流 I_{d1} 最大相差动电流中的二次谐波 I_{d2} 与基波 I_{d1} 的比值构成二次谐波制动。由于利用了三相差流中基波的大小对二次谐波制动比的影响，改善了基波差流 I_{d1}，最大相在变压器带故障合闸时，差动保护动作延时的不足。但在变压器三相励磁涌流中，可能出现其他两相励磁涌流中二次谐波较低，并且基波电流最大相不能反映该相二次谐波制动比$\frac{I_{d\varphi2}}{I_{d\varphi1}}$最大，因此有时不能正确识别励磁涌流，空投变压器易造成纵差保护误动。

(3)综合相制动方式

综合相制动方式是采用三相差流中二次谐波的最大值与基波最大值之比构成二次谐波制动。其表达式为

$$\frac{\max\{I_{da2},I_{db2},I_{dc2}\}}{\max\{I_{da1},I_{db1},I_{dc1}\}}>K_2$$

综合相制动方式在识别励磁涌流时，既考虑了三相差动电流中最大基波电流对二次谐波制动比的影响，又考虑了三相差动电流中最大二次谐波电流对二次谐波制动比的影响，因此可较好识别励磁涌流；同时，当带有故障的变压器合闸时，能迅速切除。

综合相制动方式较好地结合了二次谐波制动比最大相制动方式和基波差流最大相二次谐波制动方式的优点，同时也弥补了两者的不足。

(4)分相制动方式

分相制动方式是指本相二次谐波制动比对本相差动保护实现制动，取三相差流中二次谐波的最大值与该相基波之比构成制动。其表达式为

$$\frac{\max\{I_{da2},I_{db2},I_{dc2}\}}{I_{d\varphi1}}>K_2$$

分相制动方式由于取三相差流中二次谐波的最大值来计算制动比，所以识别励磁涌流

性能较好，当带有故障变压器合闸时，故障相差流基波 $I_{d\varphi1}$ 增大，二次谐波制动比减小，开放本相差动保护将故障切除。但应注意，当故障并不十分严重，$I_{d\varphi1}$ 较小且非故障相差流中二次谐波含量较大时，故障相差动保护不开放，从而不能将带有故障的变压器从电网上切除。

2. 间断角识别原理

变压器内部故障时，故障电流波形无间断或间断角很小；而变压器空投时，励磁涌流的波形是间断的，具有很大的间断角。按间断角原理构成的纵差保护，就是根据差动电流波形间断角的大小来区分差动电流是由内部故障还是励磁涌流引起的。

如图 5－27 所示为短路电流和励磁涌流波形，由 5－27a 可见，短路电流的波形是连续的，正、负半周波宽 θ_w 为180°，波形间断角 θ_j 为 0°。由图 5－27b 可见，对称性涌流波形出现不连续间断，在最严重情况下，波宽 $\theta_{w.\max}$ 为120°，波形间断角 $\theta_{j.\min}$ 为50°。由图 5－27c 可见，非对称性涌流波形同样出现不连续间断，且波形偏向时间轴一侧，在最严重情况下，波宽 $\theta_{w.\max}$ 为155.4°，波形间断角 $\theta_{j.\min}$ 为80°。

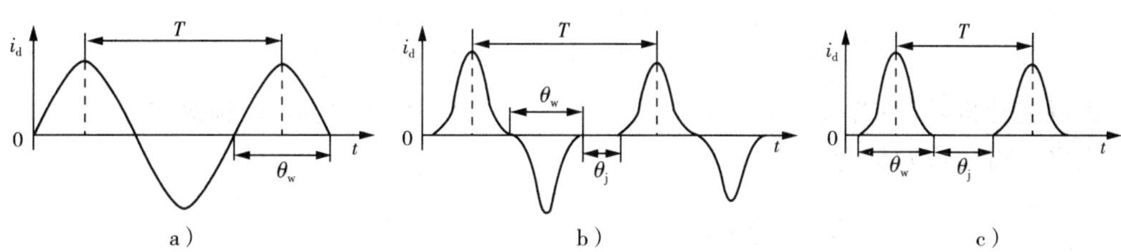

图 5－27　短路电流和励磁涌流波形

a)短路电流波形　b)对称性涌流波形　c)非对称性涌流波形

显然，检测差动回路电流波形的 θ_w 和 θ_j 可判别出是短路电流还是励磁涌流。当差动元件的启动电流 $I_{d.set}$ 为定值时，整定的闭锁角 $\theta_{j.set}$ 越小，空投变压器时，差动元件越不容易误动。反之，闭锁角整定值 $\theta_{j.set}$ 越大，躲励磁涌流的能力越小。通常整定值取 $\theta_{w.set}=140°$、$\theta_{j.set}=65°$，即 $\theta_j>65°$、$\theta_w<140°$。有一个条件满足时，判为励磁涌流，闭锁纵差保护；当 $\theta_j\leqslant 65°$、$\theta_w\geqslant 140°$二个条件同时满足时，判为内部故障时的短路电流，开放纵差保护。

可见，根据以上两个励磁涌流判据，对于非对称性励磁涌流，能够可靠闭锁纵差保护。对于对称性励磁涌流，虽然 $\theta_{j.\min}=50.8°<65°$，但 $\theta_w=120°<140°$，同样能够可靠闭锁纵差保护。

3. 波形对称原理

在微机型变压器纵差保护中，采用波形对称算法，判断差流波形是否对称，将励磁涌流与故障电流区分开来。如图 5－28 所示为短路电流和励磁涌流波形。

图 5－28 中，i_t 为某一时刻 t 的电流，$i_{(t+T/2)}$ 为某一时刻 t 起延时半个周期的电流。首先分析在波形对称与不对称情况下，i_t 与 $i_{(t+T/2)}$ 的大小关系。

由图 5－28a 可见，内部短路时波形对称。如果在某一时刻 t 的电流 $i_t>0$，则经过半周($T/2$) 的电流 $i_{(t+T/2)}<0$，计算 $|i_t-i_{(t+T/2)}|$ 数值较大，而 $|i_t+i_{(t+T/2)}|$ 较小。即：$|i_t-i_{(t+T/2)}|>|i_t+i_{(t+t/2)}|$。

由图 5－28b 可见，空载合闸时非对称性励磁涌流，如果在某一时刻 t 的电流 $i_t>0$，则经过半周($T/2$)的电流 $i_{(t+T/2)}>0$，计算 $|i_t-i_{(t+T/2)}|$ 数值较小，而 $|i_t+i_{(t+T/2)}|$ 较大。即：$|i_t-i_{(t+T/2)}|<|i_t+i_{(t+t/2)}|$。

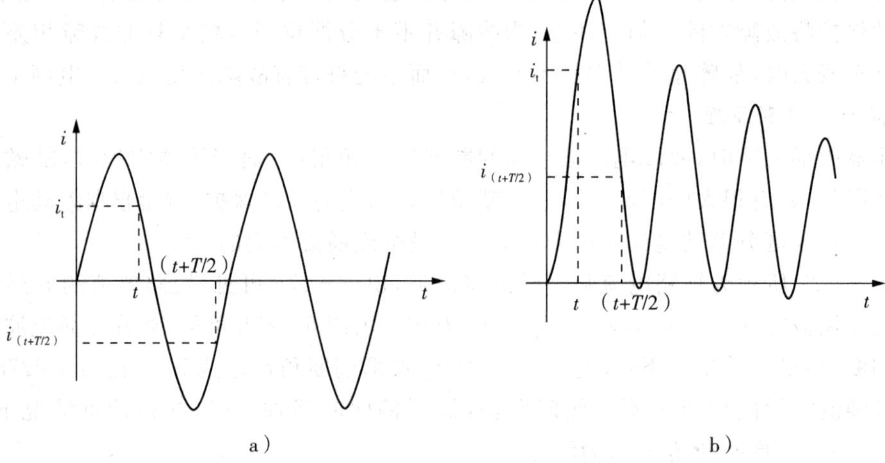

图 5－28 短路电流和励磁涌流波形

a)对称短路电流波形 b)非对称性励磁涌流波形

由以上分析可得：若$|i_t-i_{(t+T/2)}|<|i_t+i_{(t+t/2)}|$，判为励磁涌流，闭锁纵差保护。反之可得动作判据为

$$K|i_t-i_{(t+T/2)}|>|i_t+i_{(t+t/2)}|$$

式中：K 为设定常数，也称波形不对称系数，一般可取 $K=0.5$。

通常用 i_t、$i_{(t+T/2)}$两个电流和、差的半周或全周积分值 S_+、S_- 作为动作判据，即

$$KS_->S_+$$

满足以上条件认为是波形对称的，是区内故障产生的差流，开放差动保护；不满足条件认为是励磁涌流引起的差流，闭锁差动保护。

任务三 变压器相间短路的后备保护

学习目标

通过对变压器微机保护装置（如 RCS－978、PST－1200、JY－35CZB 等）所包含的变压器相间短路后备保护功能进行讲解和检验，使学生在完成本任务的学习过程中达到以下三个方面的目标：

1．知识目标

（1）了解变压器相间短路后备保护的种类及其作用；

（2）熟悉变压器相间短路后备保护的接线及影响因素；

（3）掌握变压器相间短路后备保护的实现方式。

2．能力目标

（1）会阅读变压器相间短路后备保护的相关图纸；

(2)熟悉变压器微机保护装置中与相间短路后备保护相关的压板、信号、端子等;

(3)熟悉并能完成变压器微机保护装置检验前的准备工作,会对变压器微机保护装置相间短路后备保护进行检验。

3. 态度目标

(1)不旷课,不迟到,不早退。

(2)具有团队意识协作精神。

(3)积极向上努力按时完成老师布置的各项任务。

(4)责任意识,安全意识,规范意识。

任务描述

(1)通过对变压器微机保护装置中相间短路后备保护功能的检验掌握变压器相间短路后备保护的作用、原理、接线及影响因素等。

(2)学会变压器微机保护装置中与相间短路后备保护功能相关的基本计算和操作。

(3)学会对变压器微机保护装置相间短路后备保护功能检验的方法、步骤等。

任务准备

1. 工作准备

√	学习阶段	工作(学习)任务	工作目标	备注
	入题阶段	根据工作任务,分析设备现状,明确检验项目,编制检验工作安全措施及作业指导书,熟悉图纸资料及上一次的定检报告	确定重点检验项目	
	准备阶段	检查并落实检验所需材料、工器具、劳动防护用品等是否齐全合格	检验所需设备材料齐全完备	
	分工阶段	班长根据工作需要和人员精神状态确定工作负责人和工作班成员,组织学习《电业安全工作规程》、现场安全措施和本标准作业指导书	全体人员明确工作目标及安全措施	

2. 检验工器具、材料表

(一)检验工器具						
√	序号	名称	规格	单位	数量	备注
	1	继电保护微机试验仪及测试线		套		
	2	万用表		块		
	3	电源盘(带漏电保护器)		个		
	4	模拟断路器		台		

（续表）

(二)备品备件						
√	序 号	名 称	规 格	单 位	数 量	备 注
	1	电源插件		个		
(三)检验材料表						
√	序 号	名 称	规 格	单 位	数 量	备 注
	1	毛刷		把		
	2	绝缘胶布		盘		
	3	电烙铁		把		

(四)图纸资料			
√	序 号	名 称	备 注
	1	与现场实际接线一致的图纸	
	2	最新定值通知单	
	3	装置资料及说明书	
	4	上次检验报告	
	5	作业指导书	
	6	检验规程	

3. 危险点分析及安全控制措施

序 号	危险点	安全控制措施
1	误走错间隔，误碰运行设备	检查在主变保护屏前后应有“在此工作”标示牌，相邻运行屏悬挂红布幔
2	工作不慎引起交、直流回路故障	工作中应使用带绝缘手柄的工具，拆动二次线时应作绝缘处理并固定，防止直流接地或短路
3	电压反送、误向运行设备通电流	试验前应断开检修设备与运行设备相关联的电流、电压回路
4	检修中的临时改动忘记恢复	二次回路、保护压板、保护定值的临时改动要做好记录，坚持“谁拆除谁恢复”的原则
5	带电插拔插件，易造成集成块损坏；频繁插拔插件，易造成插件插头松动	严禁带电插拔插件，工作时佩戴防静电手环或采取其它防静电措施。整组传动后应尽量避免插拔插件，如需插拔应检验相关回路完好

（续表）

序 号	危险点	安全控制措施
6	接、拆低压电源时人身触电	接拆电源时应在电源开关拉开的情况下两人一起工作。所使用电源应装有漏电保护器。禁止从运行设备上接取试验电源
7	越过遮栏，易发生人员触电事故	现场设专人监护，严禁跨越围栏
8	联跳回路未断开，误跳运行开关	根据被检验装置与运行设备相关联部分的实际情况，制定技术措施，防止误跳其它开关（误跳母联、分段开关，误启动失灵保护）

任务实施

1. 开工

√	序号	内　容
	1	履行工作票、安全措施票手续并对危险点和安全注意事项交底；办理工作许可手续

2. 安全措施的执行及确认危险点

<table>
<tr><td colspan="7">（一）检查运行人员所做的措施</td></tr>
<tr><td>√</td><td colspan="6">检查内容</td></tr>
<tr><td></td><td colspan="6">检查所有压板位置，并做好记录</td></tr>
<tr><td></td><td colspan="6">检查所有把手及开关位置，并作好记录</td></tr>
<tr><td colspan="7">（二）继电保护安全措施的执行</td></tr>
<tr><td>回　路</td><td>位置及措施内容</td><td>执行√</td><td>恢复√</td><td>位置及措施内容</td><td>执行√</td><td>恢复√</td></tr>
<tr><td rowspan="2">电流回路</td><td></td><td></td><td></td><td></td><td></td><td></td></tr>
<tr><td></td><td></td><td></td><td></td><td></td><td></td></tr>
<tr><td rowspan="2">电压回路</td><td></td><td></td><td></td><td></td><td></td><td></td></tr>
<tr><td></td><td></td><td></td><td></td><td></td><td></td></tr>
<tr><td>联跳和失灵回路</td><td></td><td></td><td></td><td></td><td></td><td></td></tr>
<tr><td>信号回路</td><td></td><td></td><td></td><td></td><td></td><td></td></tr>
<tr><td>其他</td><td></td><td></td><td></td><td></td><td></td><td></td></tr>
<tr><td colspan="4">执行人员：</td><td colspan="3">监护人员：</td></tr>
<tr><td colspan="7">备注：</td></tr>
</table>

3. 作业流程

(三)微机保护装置硬件性能及软件性能检验		
序号	检验内容	√
1	过电流元件检验	
2	复压元件检验	
3	方向元件检验	
4	跳闸逻辑检验	
(四)工作结束前检查		
序 号	内　容	√
1	现场工作结束前,工作负责人会同工作人员检查实验记录有无漏检验项目,试验结论、数据是否完整正确	
2	检查临时接线是否全部拆除,拆下的线头是否全部接好,包括接地线	
3	检查保护装置是否在正常运行状态	
4	打印装置现运行定值区定值与定值通知单逐项核对相符	
5	检查出口压板对地电位正确	

4. 竣工

√	序　号	内　容	备　注
	1	检查措施是否恢复到开工前状态	
	2	全体工作班人员清扫、整理现场,清点工具及回收材料。工作负责人周密检查施工现场,是否有遗留的工具、材料	
	3	工作负责人在检修记录上详细记录本次工作所检修项目、发现的问题、试验结果和存在的问题等	
	4	经验收合格,办理工作票终结手续	

变压器相间短路后备保护检验方法

复压方向过电流保护的检验包括过电流元件、复压元件及方向元件。另外还应当对复压方向过电流保护的跳闸逻辑进行检验。对复压过电流保护的检验调试可参照此进行。以下以高压侧复压方向过电流保护为例进行说明,其他侧可参照此方法进行。

(一)试验接线及设置

将继电保护测试仪的电流输出接至变压器保护高压侧电流输入端子,电压输出接至变压器保护对应侧电压输入端子,另将变压器保护的跳高压侧的一副跳闸触点 TJ1 接到测试仪的任一开关量输入端,用于进行自动测试。如果还想测跳母联或分段断路器时间,可引入其对应的跳闸触点 TJ2;如果需测全跳的,还需引入跳中低压侧一副触点,则试验可同时测量多个跳闸时间。试验接线如图 5－29 所示。

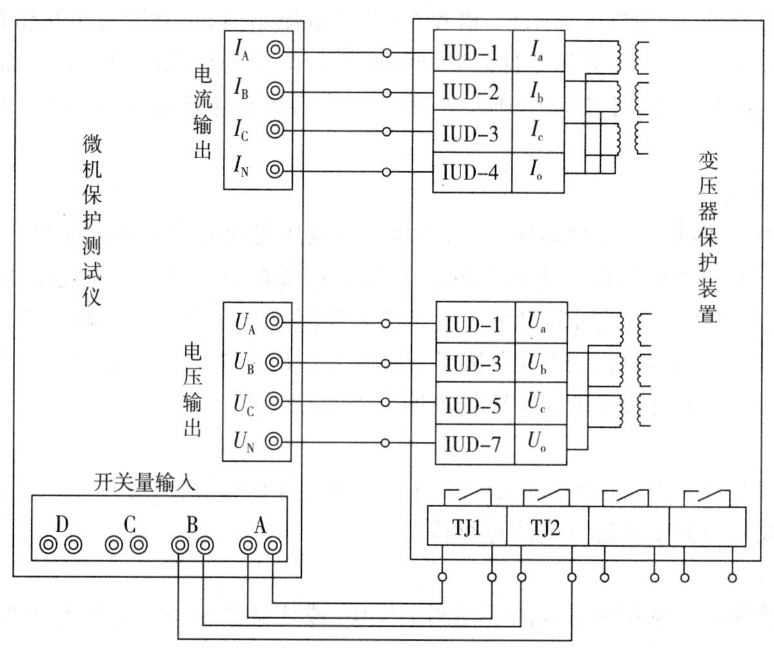

图 5-29 复压方向过电流保护试验接线示意图

投入需测试的复压方向过电流保护控制字，按照定值投入方向元件及指向，投入复压功能，投入复压方向过电流保护功能硬连接片。

试验前可打印或记录复压方向过电流保护定值，试验假设高压侧复压方向过电流保护投入Ⅰ段，Ⅰ段方向元件控制字投入，采用90°接线，且方向元件最大灵敏角为45°，方向指向系统，过电流保护定值为 5A，动作时间 $t_1=0.5$s 跳母联，$t_2=1$s 跳本侧。低电压闭锁值为70V，负序电压闭锁值为 4V。

由于微机型复压方向过电流保护的各构成元件为与关系，因此不能单独对某一个元件像常规继电器一样进行检验。只能通过对整个保护功能检验，在满足其他元件均动作的情形下对某一元件进行检验。以下分别进行介绍。

(二)过电流元件检验

过电流元件的检验可采用定点测试或递变方式进行。

1. 定点测试

采用定点测试可选用测试仪的手动测试模块(或任意测试模块)、状态序列模块或整组试验模块进行试验。如前所述，对电流元件进行检验，应在满足复压元件及方向元件的基础上进行检验。手动试验时，可采用降低某一相电压或同时降低三相电压的方式来满足负序或低电压的动作条件，设置某一相的电流在动作区内。如本例进行 A 相电流元件检验，如设置 BC 线间电压角度为 0°，则可将 A 相电流相位设置为180°，保证可以动作即可，然后操作测试仪使 A 相电流输出分别为 5.25A(1.05 倍)、4.75A(0.95 倍)定值，输出时间大于该段最长出口动作时间(可设置为 1.5s)，则 1.05 倍电流保护应可靠动作，0.95 倍应可靠不动作，然后在 1.2 倍时测量动作时间。通过此种方式，以整组动作的方式间接检验电流元件。

也可以利用测试仪自带的短路计算模块进行测试，这种方法更符合故障特征。如可模拟 AB 相间短路，由于方向指向系统，因此设置故障方向为反方向(指向变压器为正方向)。

采用固定电流模型，分别设置为 1.05 倍和 0.95 倍电流定值，短路阻抗可尽量设置低些，电压由软件自动计算，可满足复压条件。其结果和手动测试的结果应当一致。需注意触发时间应采用固定时间 1.5s，不能采用开入量翻转方式，否则只能测量出 t_1 动作时间，而不能测量出 t_2。

2. 递变测试

如果需准确测试电流元件动作值，可在递变的复压闭锁递变菜单进行测试。电压、电流相位的设置同手动测试的设置方法相同。变化变量选择 A 相电流，变化前电流可选择为 4.5A，这样略小于 5A，测试时间更短一些。变化终值可选择为 5.5A，略大于 5A 即可。如果搜索不到，说明电流元件已经不合格了。步长变化时间应大于最长动作时间，可选择为 1.5s。变化步长一般可选择为 0.1A，精度即可以满足要求。

（三）复压元件检验

与过电流元件类似，复合电压元件的动作行为也只有靠复压（方向）过电流整组动作来判断。可采用定点测试或递变方式进行检验。

1. 定点测试

采用定点测试可选用测试仪的手动测试模块（或任意测试模块）、状态序列模块及整组测试模块进行试验。进行测试时，首先应当满足电流元件和功率方向元件动作，角度设置方法如前所述，A 相电流设置为 6A，保证电流元件可靠动作即可。

需注意，当电流保护投入 TV 断线检测时，在进行测试时应当先加入正常电压，到 TV 断线消失以后再进行低电压定值检验，以避免因 TV 断线而导致低电压元件退出。也可以将 TV 断线检查功能临时退出。

（1）低电压元件。由于低电压元件和负序过电压元件是或的关系，所以校验低电压元件时应让负序过电压元件不动作。通过加入三相对称正序电压的方式满足无负序电压。手动试验时，在满足其他动作条件基础上，操作测试仪使电压输出正序对称电压，相间电压值为 73.5V（1.05 倍）、66.5V（0.95 倍）。分别进行检验，1.05 倍时保护不动作，0.95 倍可靠动作。

也可以利用测试仪自带的短路计算模块进行测试。如可模拟三相短路，由于方向指向系统，因此设置故障方向为反方向（指向变压器为正方向），采用固定电压模型更方便些。分别设置为 1.05 倍和 0.95 倍定值电压，短路阻抗可尽量设置低些，则电流由软件自动计算，应满足电流大于过电流元件定值。其结果和手动测试的结果应当一致。如采用固定电流模型，则电流可设定为 6A，短路阻抗设置为 1.05 倍和 0.95 倍的电压除以设定的短路电流所得阻抗值，电压为 1.05 倍定值和 0.95 倍定值了，相对较麻烦一些。因此，进行低电压检验用手动方式更方便一些。

（2）负序电压元件。检验负序电压元件时，如保证低电压元件不动作，只能采用单相降压法进行负序过电压元件校验。并且如果单相降压后，相间电压低到整定值以下，低电压元件动作的话，则应将 U_{1zd} 定值适当改小，让其不动作。加入三相正序电压 $U_B=U_C=57V$，$U_A=57-3\times0.95U_{2zd}$（$U_{2zd}$ 为负序相电压定值），$\dot{U}_A$ 超前 $\dot{U}_B$ 120°，$\dot{U}_B$ 超前 $\dot{U}_C$ 120°。如本例，加入 $U_B=U_C=57V$，$U_A=45.6V$，$I_A=6A$，$\dot{I}_A$ 超前 $\dot{U}_{BC}$ 180°，0.95 倍 U_2 定值可靠不动作；降 $U_A=44.4V$，1.05 倍 U_2 定值可靠动作。

注：对于 $U_B=U_C=57V$、$U_A=57-3\times0.95U_{2zd}$、$\dot{U}_A$ 超前 $\dot{U}_B$ 120°、$\dot{U}_B$ 超前 $\dot{U}_C$ 120°，这三个不对称电压相量中的负序电压分量为 $|\dot{U}_{A2}|=\frac{1}{3}(\dot{U}_A+a^2\dot{U}_B+a\dot{U}_C)=0.9\dot{U}_{2zd}$，相量图如图 5－30 所示。

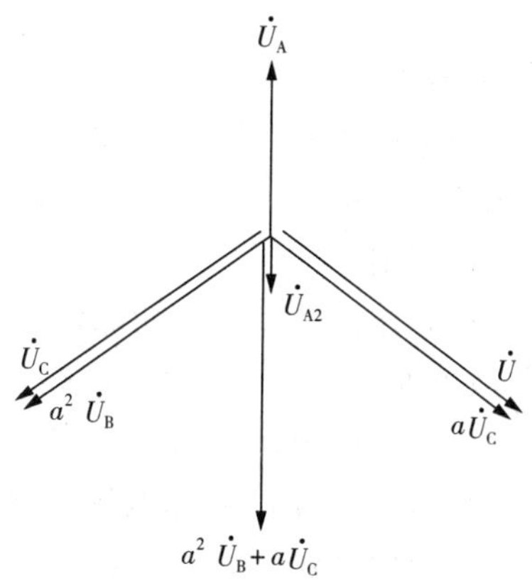

图 5－30　三相不对称电压中的负序分量相量图

2. 递变测试

上述测试也可在递变的电压测试模块进行检验，自动完成对定值的准确搜索。电流大小和相位的设置与手动测试方法相同，设置好相关的自动变化参数即可进行自动搜索。对低电压测试，可按表 5－9 进行设置，其中电压变化选择幅值变化，且为三相电压同时变化。

表 5－9　参数测试表

初始状态	变化步长	步长变化时间	终点状态	变化方式
75V(线电压)	1V	1.5s	65V(线电压)	始一终

如进行负序电压搜索，变量可选择为 U_A，初始电压可选择为 50V，终值电压选择为 40V。

(四)方向元件检验

方向元件的测试可以在电流元件测试基础上进行，同样先设置使电流及复压元件动作，对电压或电流的相位进行变化来检验边界。可采用定点或递变的方式进行测试。变压器的功率方向元件和馈线保护的方向元件同为90°接线，只是其方向可整定为正向和反向，其测试方法和馈线的方向元件边界测试方向相同，这里不再赘述。

(五)跳闸逻辑检验

本项试验可用整组动作来校验。加入的电压满足复合电压定值，加入电流电压夹角落人相间方向元件的动作区，引入跳闸出口触点测取保护动作时间。也可以直接用短路计算功能进行模拟。试验出的跳闸逻辑应该和定值相对应。对于选跳断路器的保护，不仅校验其对该断路器跳闸的可靠性，还要校验其不跳其他断路器的安全性。例如：复压方向过电流Ⅰ段跳高压侧，则试验时可将三侧断路器合上(或者用测试仪开入端子同时监视各侧断路器跳闸出口触点),并用万用表在端子排上监视高压侧分段或母联断路器跳闸回路(前提是该端子上到高压侧分段或母联断路器跳闸回路的二次电缆芯已经解开并包扎完好),加入电流电压量让复压方向过电流Ⅰ段动作,结果应是:仅高压侧断路器跳闸,其他侧断路器不跳闸(或者仅高压侧断路器跳闸出口触点接通,其他侧断路器跳闸出口触点不接通),分段或母联断路器跳闸回路也不接通。

(六)复合电压(TV 检修压板)检验

变压器保护的复合电压可采用本侧或其他侧电压以或门方式构成,可以解决在变压器另外一侧发生故障时本侧复压元件的灵敏度可能不够的问题。同时,在本侧的 TV 断线或检修时可采用其他侧复合电压进行判别。

不同装置的复合电压或 TV 检修连接片投入的功能定义有差异,但其基本作用均如前所述,在状态序列菜单进行操作较方便些。如进行 TV 断线复合电压逻辑功能检验,应投入 TV 断线检查逻辑功能,同时投入中压侧或低压侧的复合电压控制字及连接片。以高压侧为例,第一态应将电压加至中压或低压侧,输出对称电压,如果装置需负荷电流才能报 TV 断线,可加入较小的电流,待 TV 断线信号发出后进入第二态。第二态按照前述复压元件的设置方法进行检验,其他侧复压元件开放则保护应可靠动作,复合元件闭锁则保护应可靠不动作。

(七)记忆电压检验

一些方向元件具有记忆功能,即出口三相短路不会失去方向性,可在状态序列进行检验。可设置两个状态进行检验。

状态一:设置为正常态,电压为三相对称电压,电流可不设置。时间可大于 TV 断线时间,如退出 TV 断线可设为 1s,确保装置有故障前电压。

状态二:三相短路模拟,电流大于过电流定值,相位在动作区(与故障前的电压相比较),电压可设置为 0,时间应大于出口动作时间,保护应可靠动作;电流相位在非动作区,应可靠不动作。

相关知识

变压器相间短路的后备保护

为反应变压器外部相间故障而引起的变压器绕组过电流,以及在变压器内部故障时,作为差动保护和瓦斯保护的后备,变压器应装设过电流保护。过电流保护即作为变压器内部短路时的近后备保护又作为外部短路时下一级保护或断路器失灵的后备保护。当变压器所接母线无专用母线保护时,也作为该母线的主要保护。根据变压器容量、地位及性能和系统短路电流水平的不同,实现保护的方式有:过电流保护、低电压启动的过电流保护、复合电压启动的过电流保护、负序过电流保护以及阻抗保护等。

复合电压闭锁的过电流保护广泛用于 110kV 的变压器保护;复合电压闭锁的方向过电流保护广泛应用 220kV 及以上电压等级的变压器保护;在 330kV 及以上电压等级的变压器高(中)压侧需配置阻抗保护,作为本侧母线故障和变压器绕组故障的后备保护,阻抗元件采用具有偏移圆动作特性的相间、接地阻抗元件,用于保护相间和接地故障。

一、复合电压闭锁(方向)过电流保护

1. 复合电压闭锁元件

复合电压闭锁元件是由正序低电压和负序过电压元件按“或”逻辑构成。在微机保护中，由接入装置的三个相电压(线电压)来获得低电压元件，并由算法获得自产负序电压元件。为提高保护的灵敏度，三相电压可以取自负荷侧。

系统发生不对称短路时，将出现较大的负序电压，负序过电压元件将动作，一方面开放过电流保护，过电流元件动作后经设定的时限动作于跳闸；另一方面使低电压元件数据清零，低电压元件动作。在特殊的对称性三相短路情况下，短路瞬间不出现负序电压或出现负序电压但小于负序电压元件动作值，这时只能等电压降低到低电压元件的动作值，复合电压闭锁元件动作，开放过流保护。复合电压元件动作条件如下。

(1)任一个相间电压满足

$$\mathrm{Min}(U_{ab},U_{bc},U_{ca})<U_{\varphi\varphi\mathrm{set}}$$

式中：$U_{\varphi\varphi\mathrm{set}}$为低电压(线电压)定值。

(2)负序电压 U_2 满足

$$U_2>U_{2\mathrm{set}}$$

式中：$U_{2\mathrm{set}}$为负序电压定值。

2. 过电流元件

由接入装置的三相电流来获得过电流元件，三相电流一般取自电源侧。过电流元件的动作条件为

$$I_{\varphi}>I_{\mathrm{set}}$$

式中：I_{φ} 为 I_{A}，I_{B}，I_{C} 任一电流；

I_{set}为电流元件整定值。

3. 功率方向判别元件

首先介绍传统的功率方向继电器基本原理：

功率方向继电器的作用是判别功率的方向。正方向故障，功率从母线流向线路时就动作；反方向故障，功率从线路流向母线时不动作。

下面以图 5-31 为例说明功率方向继电器的原理。

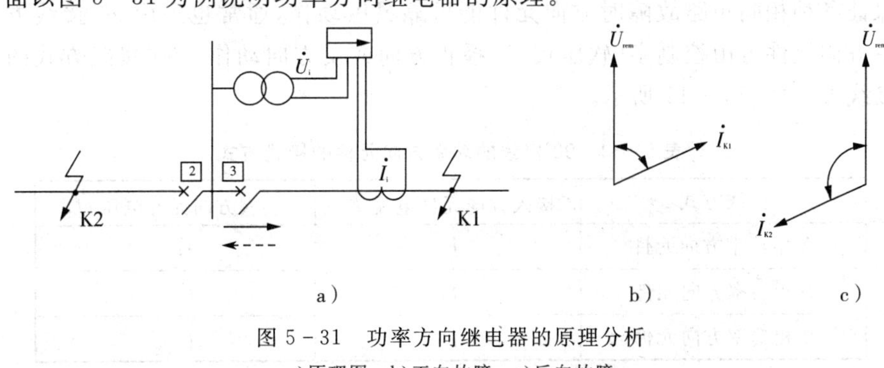

图 5-31　功率方向继电器的原理分析

a)原理图　b)正向故障　c)反向故障

如 a 图所示。对保护 3 而言，正向故障即 K_1 点短路时，由于短路阻抗呈感性，短路电流 $\dot{I}_{K1}$ 滞后母线残压 $\dot{U}_{rem}$ 为 0°～90°，$P=UI\cos\varphi>0$，$|\varphi|=\arg|\frac{\dot{U}_{rem}}{\dot{I}K_1}|<90°$，相量图如 b 图所示。

反向故障时，由于电流反向，短路电流 $\dot{I}_{K2}$ 超前母线残压 $\dot{U}_{rem}$ 为 90°～180°，$P=UI\cos\varphi<0$，$|\varphi|=\arg|\frac{\dot{U}_{rem}}{\dot{I}K_2}|>90°$，相量图如 c 图所示。

因此，有功功率的正负，或母线残压与短路电流的相位差的大小可以判断故障的方向，功率方向继电器就是依据此原理做成的。

功率方向继电器的接线方式，是指在三相系统中继电器电压及电流的接入方式。对接线方式的要求是：

(1)应能正确反应故障的方向。即正方向短路时，继电器应动作，反方向短路时应不动作。

(2)正方向故障时应使继电器尽量灵敏地工作。

为了满足上述要求，在相间短路保护中，接线方式广泛采用 90°接线方式如下表 5-10 所示。

表 5-10　功率方向继电器的 90°接线方式

功率方向继电器	$\dot{I}_g$	$\dot{U}_g$
KW_1	$\dot{I}_A$	$\dot{U}_{BC}$
KW_2	$\dot{I}_B$	$\dot{U}_{CA}$
KW_3	$\dot{I}_C$	$\dot{U}_{AB}$

所谓 90°接线方式是指系统三相对称，$\cos\varphi=1$ 时，加入继电器的电流 $\dot{I}_g$ 超前电压 $\dot{U}_g$ 90°。

其次介绍 90°接线的功率方向元件的基本原理：

功率方向元件的电压、电流取自本侧的电压和电流。对于传统的相间短路功率方向继电器，采用的是 90°接线方式。同样微机保护中方向元件所接人的电压、电流也称为接线方式。为保证各种相间短路故障时方向元件能可靠灵敏动作，通常也采用 90°接线方式。微机保护中方向元件可由控制字(软压板)选择正方向或反方向动作。90°接线方式的功率方向元件接线方式如表 5-11 所示。

表 5-11　90°接线的功率方向元件的接线方式

接线方式	接入方向元件电流 $\dot{I}_g$	接入方向元件电压 $\dot{U}_g$
A 相功率方向元件	$\dot{I}_A$	$\dot{U}_{BC}$
B 相功率方向元件	$\dot{I}_B$	$\dot{U}_{CA}$
C 相功率方向元件	$\dot{I}_C$	$\dot{U}_{AB}$

在图 5 - 32 中，先在水平方向作出 $\dot{U}_g$ 相量，超前 α 角度方向再作 $\dot{U}_g e^{j\alpha}$ 相量，垂直于 $\dot{U}_g e^{j\alpha}$ 相量的直线 ab 的阴影线侧为正方向短路时 $\dot{I}_g$ 的动作区，即 $\dot{I}_g$ 落在这一区域功率方向元件动作，当 $\dot{I}_g$ 与 $\dot{U}_g e^{j\alpha}$ 方向一致时，功率方向元件最灵敏。

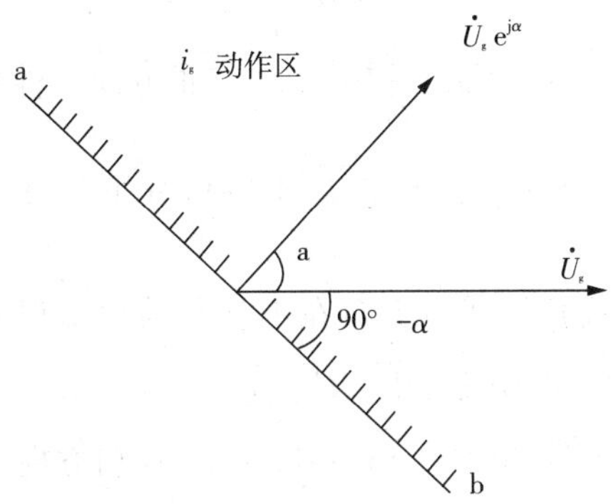

图 5 - 32　90°接线功率方向元件的动作特性

正方向功率方向元件的动作方程为

$$-90° < \arg \frac{\dot{I}_g}{\dot{U}_g e^{j\alpha}} < 90°（正方向元件）$$

通常称 α 为 90°接线的功率方向元件的内角，一般为30°或45°。显然当 $\dot{I}_g$ 超前 $\dot{U}_g$ 的角度正好为 α 时，正方向元件动作最灵敏。如设 $\dot{I}_g$ 滞后 $\dot{U}_g$ 的角度 $\alpha>0$，$\dot{I}_g$ 超前 $\dot{U}_g$ 的角度 $\alpha<0$。则最大灵敏角 $\varphi_{sen}=-\alpha$。在 $\dot{I}_g$ 超前 $\dot{U}_g$ 的角度为30°或45°，正方向元件动作最灵敏。

在分析短路后功率方向元件动作行为时，只要画出加在功率方向元件上的电压、电流的相量，就可确定电流的动作区域。若最大灵敏角为－30°，在 $\dot{U}_g$ 相量滞后60（即90°－30°＝60°）的方向上画出一条如图 5 - 26 中的 ab 直线，就是动作的边界线，ab 线靠 $\dot{U}_g$ 一侧就是电流的动作区（阴影区）。即 $\dot{I}_g$ 在滞后 $\dot{U}_g$ 60°致 $\dot{I}_g$ 超前 $\dot{U}_g$ 120°区域内，正方向元件动作。

反方向功率方向元件实现反方向保护，动作区域与正方向元件相反。反方向功率方向元件的动作方程为

$$90° < \arg \frac{\dot{I}_g}{\dot{U}_g e^{j\alpha}} < 270°（反方向元件）$$

如果内角 α 仍取30°或45°，反方向元件的最大灵敏角为150°或135°，即电流 $\dot{I}_g$ 在滞后电压 $\dot{U}_g$ 150°或135°时，反方向元件动作最灵敏。若最大灵敏角为150°，则 $\dot{I}_g$ 滞后 $\dot{U}_g$ 的角度 φ_K 在（$60° < \varphi_K < 240°$）区域内反方向元件动作。

在保护装置中，由控制字来设定过流保护的方向。接入保护的 TA 极性，将正极性端设定在母线侧。当控制字为“1”时，表示方向指向系统（母线），最大灵敏角为150°或135°；当控制字为“0”时，表示方向指向变压器，最大灵敏角为－30°或－45°；

最后介绍 0°接线的功率方向元件的基本原理：

在微机型复合电压闭锁的方向过电流保护中，方向元件也有采用以同名相的正序电压

与相电流作相位比较，即 0°接线方式。用于保护正方向短路故障的方向元件，其最大灵敏角取45°。动作方程为

$$-90°<\arg\frac{\dot{I}_{\varphi}e^{j45°}}{\dot{U}_{\varphi1}}<90°\text{(正方向元件)}$$

或

$$-135°<\arg\frac{\dot{I}_{\varphi}}{\dot{U}_{\varphi1}}<45°\quad\text{(正方向元件)}$$

式中：,φ 分别为 A、B、C 相。当 $\dot{U}_{\varphi1}$ 超前于 $\dot{I}_{\varphi}$ 45°时，分子与分母同相，方向元件动作最灵敏。所以最大灵敏角为45°。

设系统内的正、负序阻抗角相等为75°，在不计负荷电流时，正方向 BC 两相金属性短路，相量图如图 5-33a 所示。图中 $\dot{E}_A$、$\dot{E}_B$、$\dot{E}_C$ 为三相电动势。

直线 1 超前于相量 $\dot{U}_{B1}$ 45°(即90°−45°=45°)，为 B 相方向元件电流的动作边界线，直线的下侧(向着 $\dot{U}_{B1}$ 的一侧)是电流的动作区(阴影区)。从图中可见保护安装处的 $\dot{U}_{B1}$ 超前 $\dot{I}_B$ 45°，所以 B 相方向元件最灵敏。

直线 2 超前于相量 $\dot{U}_{C1}$ 45°(即90°−45°=45°)，为 C 相方向元件电流的动作边界线，直线的左侧(向着 $\dot{U}_{C1}$ 的一侧)是电流的动作区(阴影区)。从图中可见保护安装处的 $\dot{U}_{C1}$ 超前 $\dot{I}_C$ 105°，尽管不在最大灵敏角的方向上，C 相方向元件也能动作。

如果是经电阻短路，$\dot{U}_{B1}$ 超前 $\dot{I}_B$ 的角度虽略有减少，虽然 $\dot{I}_B$ 不在最大灵敏角方向上，但 B 相方向元件仍能较灵敏动作。$\dot{U}_{C1}$ 超前 $\dot{I}_C$ 的角度也略有减少且靠近最大灵敏角方向，所以 C 相方向元件趋向于更灵敏动作。

正方向三相短路时，三个方向元件动作行为相同。以 A 相方向元件为例，其正方向三相金属性短路的相量图如图 5-33b 所示。超前于 $\dot{U}_{A1}$ 相量45°(即90°−45°=45°)的直线 1 为 A 相方向元件的电流动作边界线，直线右上方(向着 $\dot{U}_{A1}$ 的一侧)，是 A 相方向元件的电流动作区(阴影区)。从图中可见保护安装处的 $\dot{U}_{A1}$ 超前 $\dot{I}_A$ 75°，A 相方向元件虽不在最大灵敏角的方向上，但也能较灵敏地动作。

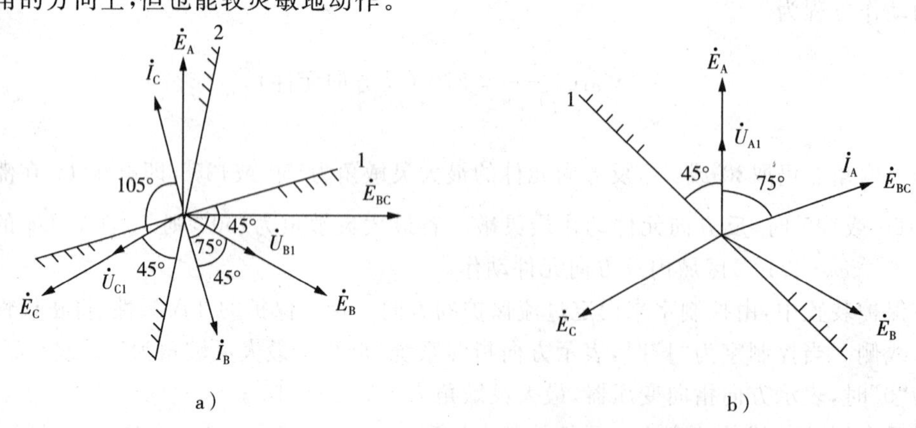

图 5-33 相间短路故障时的相量关系

a)正方向 BC 相间短路　　b)正方向三相短路

反方向短路时，图 5 - 27 中电流方向相反，短路电流落在不动作区，方向元件不会动作。

反方向的方向元件用于反方向的短路保护。其动作区是正方向元件的不动作区，动作方程为

$$90°<\arg\frac{\dot{I}_{\varphi}e^{j45°}}{\dot{U}_{\varphi1}}<270°(\text{正方向元件})$$

或
$$45°<\arg\frac{\dot{I}_{\varphi}}{\dot{U}_{\varphi1}}<225°(\text{正方向元件})$$

可见，当 $\dot{I}_{\varphi}$ 超前 $\dot{U}_{\varphi1}$ 135°时，反方向元件动作最灵敏。或者说当 $\dot{U}_{\varphi1}$ 超前于 $\dot{I}_{\varphi}$ 225°时反方向元件动作最灵敏，所以最大灵敏角为225°。

需要注意的是，在正、反方向出口发生三相金属性短路故障时，由于 $\dot{U}_{\varphi1}$ 为零，方向元件将无法进行相位比较，造成在正方向出口三相短路时可能拒动，出现死区；反方向出口三相短路时可能误动。因此对电压 $\dot{U}_{\varphi1}$ 应具备“记忆”功能，从而保证功率方向元件能正确判断故障方向，消除功率方向元件死区。

在保护装置中，由控制字来设定过流保护的方向。接入保护装置的 TA 极性，将正极性端设定在母线侧。当控制字设定为“1”时，表示方向指向系统(母线)，最大灵敏角为225°；当控制字设定为“0”时，表示方向指向变压器，最大灵敏角为45°。

4. TV 断线和电压退出对复合电压闭锁(方向)过电流保护的影响

由于功率方向元件、复合电压元件都要用到电压量，所以 TV 断线将对该保护产生影响。因此复压闭锁(方向)过流保护应采取如下措施：

对 110kV 及以下的变压器以 CSC326 保护装置为例，介绍 TV 断线和电压退出对复合电压闭锁(方向)过电流保护的影响

保护装置控制字提供两种选择，控制字设定为“1”时表示“TV 断线后方向和复压不满足”；当控制字设定为“0”时表示“TV 断线后方向和复压满足”。

(1)当方向元件所取侧发生 TV 断线时，如果控制字为“0”，则认为是正方向；如果控制字为“1”，则认为是反方向。

(2)当某侧 TV 断线时，则退出本侧保护的复压元件，复压闭锁过流保护仍然可以通过其他侧的复合电压来启动。因此某侧 TV 断线不会影响其他侧的复合电压来启动过流保护。

(3)装置还设有“电压投入压板”，当某侧 TV 检修时退出该压板，此时退出该侧的复压元件和方向元件，该侧复压闭锁(方向)过流保护变成复压闭锁过流保护(复压取自其他侧)。

(4)如果各侧电压压板都退出或者通过控制字不选取任一侧的复压，侧复压条件自动满足，复压闭锁(方向)过流保护变为纯过流保护。

对 220kV 及以上的变压器低压测固定不带方向，复合电压元件正常时取自本侧的复合电压。若判断出低压侧 TV 断线时，在发 TV 断线告警信号，同时将复合电压元件退出，保护不经复压元件闭锁。高、中压侧正常时功率方向元件采用本侧的电压，复合电压元件由各侧复合电压“或”逻辑构成。若判断出高、中压侧 TV 断线时，在发 TV 断线告警信号，同时该侧复压元件采用其他侧复合电压，并将方向元件退出。

关于 TV 断线的判别可用以下两个判据：

(1)判定 TV 三相断线。启动元件未启动，正序电压＜30V，且任一相电流＞$0.04I_N$(断路器合位)，延时 10s 报该侧母线 TV 异常。

(2)判定 TV 一相或二相断线。启动元件未启动，负序电压＞8V，延时 10s 报该侧母线 TV 异常。

5. 复合电压闭锁(方向)过电流保护动作逻辑框图

复合电压闭锁过电流保护动作逻辑框图如图 5-34 所示。

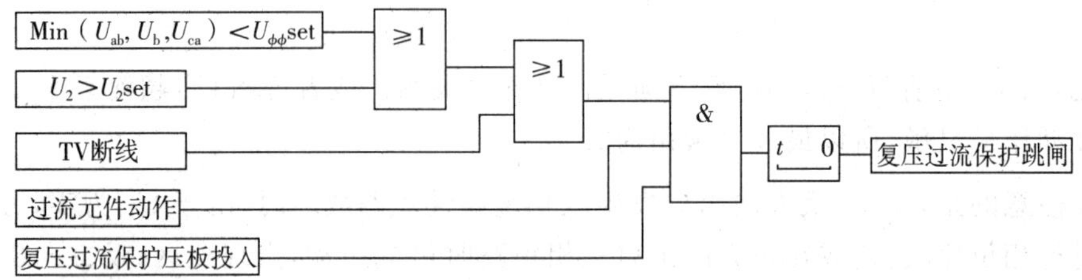

图 5-34　复合电压闭锁过电流保护动作逻辑框图(控制字为 0 时)

由图 5-34 可见，当复压过电流压板投入、过流元件动作、低电压或负序电压任一条件满足时，经整定时限 t 复压过流保护动作出口跳开设定的断路器。在控制字为 0 时表示“TV 断线后方向和复压满足”，只要复压过电流压板投入、过流元件动作、复压过流保护动作出口跳开设定的断路器。

复合电压方向过电流保护动作逻辑框图如图 5-35 所示。

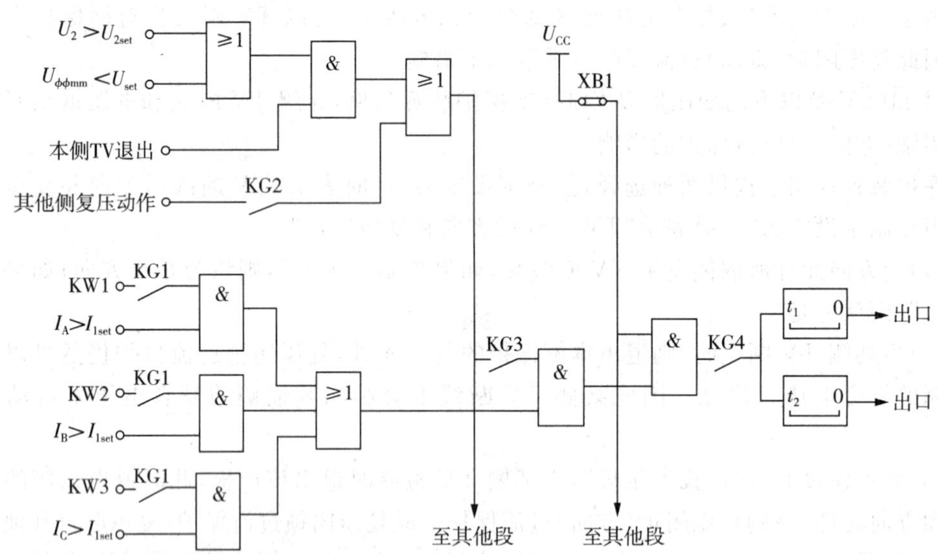

图 5-35　复合电压(方向)过电流保护动作逻辑框图(Ⅰ段)

图 5-35 中只画出Ⅰ段，其他段类似，最后一段不设方向元件。U_2 为保护安装侧母线上负序电压，U_{2set} 为负序整定电压，$U_{\varphi\varphi\min}$ 为母线上最低相间电压，KW1、KW2、KW3 保护安装侧 A、B、C 相的功率方向元件，I_A、I_B、I_C 为保护安装侧变压器三相电流，I_{1set} 为Ⅰ段电流定值，由图 5-29 可以看出，负序电压 U_2 与相间低电压 $U_{\varphi\varphi\min}$ 构成“或”关系，各相的电流元件和该相的方向元件构成“与”关系。

KG1 为控制字，KG1 设为“1”时方向元件投入，KG1 设为“0”时方向元件退出。

KG2 为其他侧复合电压的控制字，KG2 设为“1”时，其他侧复合电压闭锁该侧方向电流保护，KG2 设为“0”时其他侧复合电压闭锁退出。引入其他侧复合电压的作用是提高复合电压元件的灵敏度 KG3 为复合电压的控制字，KG3 设为“1”时，复合电压起闭锁作用，KG3 设为“0”时，复合电压不起闭锁作用。KG4 为保护段投、退的控制字，KG4 设为“1”时，该段保护投入，KG4 设为“0”时，该段保护退出。XB1 为保护段投、退压板。

可见，①当 KG1 为“1”、KG3 为“1”时，为复合电压闭锁的方向过电流保护。②当 KG1 为“0”、KG3 为“1”时，为复合电压闭锁的过电流保护。③当 KG1 为“1”、KG3 为“0”时，为方向过电流保护。④当 KG1 为“0”、KG3 为“0”时，为过电流保护。

二、变压器各侧复合电压闭锁(方向)过电流保护的配置

1. 变压器相间短路后备保护的配置原则

变压器相间短路后备保护的配置与被保护变压器电气主接线方式及各侧电源情况有关，当外部短路时应只跳开近故障点的变压器断路器，使变压器其余侧继续运行。

(1)对于双绕组变压器，相间短路后备保护应装于主电源侧，根据主接线情况可以带一段或两段时限，以较短时限跳开母联或者分段断路器，以便缩小故障影响范围，以较长时限跳开各侧断路器。

(2)对于三绕组变压器一侧断路器跳开后，另外两侧还能够继续运行。所以三绕组变压器的相间短路后备保护在作为相邻元件的后备时，应该有选择的只跳开近故障点一侧的断路器，保证另外两侧继续运行，尽可能的缩小故障影响范围；而作为变压器内部故障的后备时，应该跳开三侧断路器，使变压器退出运行。例如，图 5-36 中的 K_1 点故障时，应只跳开断路器 QF_3；K_2 点故障时，则将 QF_1、QF_2、QF_3 全部跳开。为此，通常需要在变压器的两侧或三侧都装设过电流保护(或复合电压启动过电流保护等)，各侧保护之间要相互配合。保护的配置与变压器主接线方式及其各侧电源情况等因素有关。现结合图 5-36，以下面两种情况为例说明其配置原则。图中 t'_1、t'_2、t'_3 分别表示各侧母线后备保护的动作时限。定义 t_T 作为跳开变压器三侧断路器 QF_1、QF_2、QF_3 的时限。

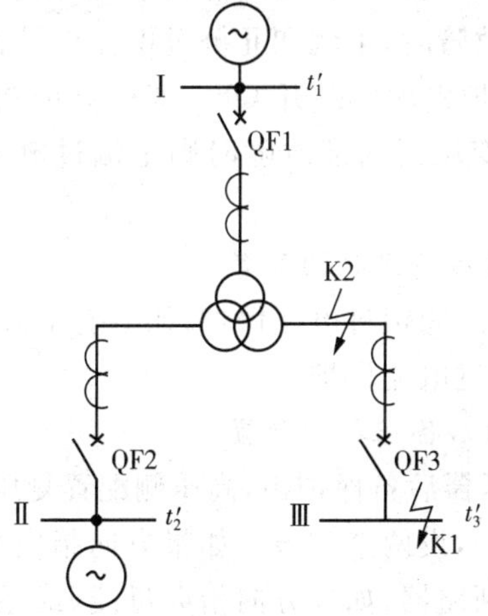

图 5-36　三绕组变压器过电流保护配置说明图

①单侧电源的三绕组变压器

可以只装设两套过电流保护，一套装在电源侧，另一套装在负荷侧(如图中的Ⅲ侧)。负荷侧的过电流保护只作为母线Ⅲ保护的后备，动作后只跳开断路器 QF_3，动作时限应该与母线Ⅲ保护的动作时限相配合，即 $t_3=t'_3+\Delta t$，其中 Δt 为一个时限级差。电源侧的过电流保护作为变压器主保护和母线Ⅱ保护的后备。为了满足外部故障时尽可能缩小故障影响范围的要求，电源侧的过电流保护采用两个时间元件，以较小的时限 t_1 跳开断路器 QF_2，以较长的时限 t_T 跳开三侧断路器 QF_1、QF_2、QF_3。对于 t_1，若 $t_1<t_3$，在母线Ⅲ故障时，电源侧的过电流保护仍会无选择性的跳开 QF_2，因此应该与 t'_2 和 t_3 中的较大者进行配合，即取 $t_1=\max(t'_2,t_3)+\Delta t$。这样，母线Ⅲ故障时保护的动作时间最快，母线Ⅱ故障时其次，变压器内部故障时保护的动作时间最慢。母线Ⅱ和母线Ⅲ故障时流过负荷侧过电流保护的电流是不一样的。为了提高外部故障时保护的灵敏度，负荷侧过电流保护应该装设在容量较小的一侧，对于降压变压器通常是低压侧。若电源侧过电流保护作为母线Ⅱ的后备保护灵敏度不够时，则应该在三侧绕组中都装设过电流保护。两个负荷侧的保护只作为本侧母线保护的后备。电源侧保护则兼作为变压器主保护的后备，只需要一个时间元件。三者动作时间的配合原则相同。

②多侧电源的三绕组变压器

设图 5－30 中的Ⅱ侧也带有电源，这时应该在三侧分别装设过电流保护作为本侧母线保护的后备保护，主电源侧的过电流保护兼作变压器主保护的后备保护。主电源一般指升压变压器的低压侧、降压变压器的高压侧、联络变压器的大电源侧。假设Ⅰ侧为主电源侧。Ⅱ侧和Ⅲ侧过电流保护的动作时限分别取 $t_2=t'_2+\Delta t$、$t_3=t'_3+\Delta t$，Ⅱ侧的过电流保护还增设一个方向元件，方向指向母线Ⅱ。Ⅰ侧的过电流保护也增设一个方向指向母线的方向元件，并设置两个动作时限，短时限取 $t_1=t'_1+\Delta t$，过电流元件和方向元件同时启动时，经短时限跳开断路器 QF_1；长时限取 $t_T=\max(t_1,t_2,t_3)+\Delta t$，过电流元件启动，但方向元件不启动时经长时限跳开变压器三侧断路器。

下面说明各种故障情况下保护的动作情况：母线Ⅲ故障时，虽然三侧保护的电流元件都启动，但Ⅰ侧和Ⅱ侧的方向元件不会启动，又因 $t_3<t_T$，Ⅲ侧过电流保护先动作跳开 QF_3，使Ⅰ侧和Ⅱ侧继续运行；母线Ⅱ故障时，Ⅰ侧和Ⅱ侧过电流保护都启动，但Ⅰ侧的方向元件不启动，因 $t_2<t_T$，Ⅱ侧过电流保护先动作跳开 QF_2，变压器仍能运行；同理，母线Ⅰ故障时只跳开 QF_1，变压器也能运行。变压器内部故障时则Ⅰ侧过电流保护经时限 t_T 跳开三侧断路器。

2. 小电流接地系统变压器后备保护的配置

配置两段或三段式复合电压闭锁过电流保护，如果变压器两侧及以上接有电源，则采用两段式或三段式复合电压闭锁过电流保护。

3. 大电流接地系统变压器后备保护的配置

在 220kV 电压等级的变压器后备保护中，高压侧配置复压闭锁方向过流保护。保护分为二段，第一段带方向(可设定)，设两个时限。如果方向指向变压器，第一时限跳中压侧母联断路器，第二时限跳中压侧断路器；如果方向指向母线(或系统)，第一时限跳高压侧母联断路器，第二时限跳高压侧断路器。第二段不带方向，延时跳开各侧断路器。

中压侧配置复压闭锁方向过流保护，设三时限。第一、二时限带方向，方向可整定。如

果方向指向变压器，第一时限跳高压侧母联断路器，第二时限跳高压侧断路器；如果方向指向母线（或系统），第一时限跳中压侧母联断路器，第二时限跳中压侧断路器，第三时限不带方向，延时跳开变压器各侧断路器。中压侧还配置了限时速断过流保护，延时跳开本侧断路器。

低压侧各分支上配置有过流保护，设二时限，第一时限跳开本侧分支分段断路器，第二时限跳开本侧分支断路器。低压侧各分支上还配置有复压过流保护，不带方向，设三时限，第一时限跳开本侧分支分段断路器，第二时限跳开本侧分支断路器，第三时限跳开变压器各侧断路器。

拓展知识

变压器非全相运行保护及断路器失灵保护

一、变压器非全相运行保护

对于220kV及以上电压等级的断路器，大多数为分相操作的断路器。在运行中突然一相跳闸，误操作或机械方面的原因，使断路器三相不能同时合闸，从而出现断路器的非全相运行。

非全相运行时，必然会出现负序和零序电流以及相应的负序电压和零序电压。当高压侧断路器非全相运行时，对于发电机变压器组，发电机要流过负序电流，靠发电机反时限负序电流来进行保护，对发电机起到保护作用，但动作时间相对较长；对于降压变压器或联络变压器只能借助变压器的后备保护来反映，同样动作时间较长。过长的保护动作时间，将导致变压器相应线路保护因负序、零序分量的出现而误动作，使故障范围扩大，危及系统稳定运行。因此，对于系统中大容量的电力变压器，当220kV及以上电压侧的断路器为分相操作时，应装设非全相运行保护。

非全相运行保护由断路器非全相判别回路和负序电流（或零序电流）启动，其逻辑框图如图5－37所示。图中$QF1_A$、$QF1_B$、$QF1_C$为A相、B相、C相断路器的辅助触点。

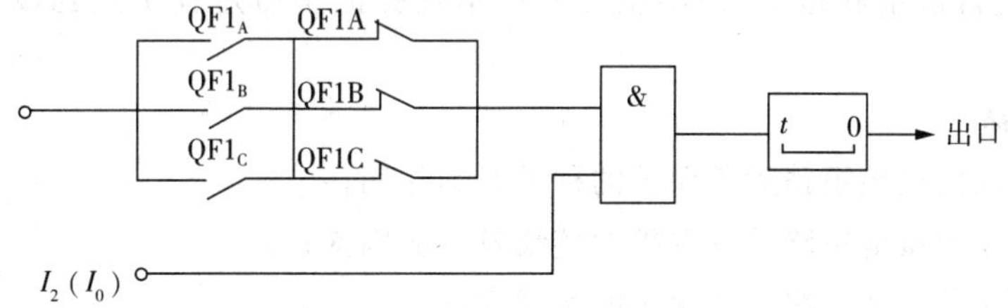

图5－37 非全相运行保护原理图

二、断路器失灵保护

断路器失灵保护又称后备接线，是指当系统发生故障时，故障元件的保护动作，而且断路器操作机构失灵拒绝跳闸时，通过故障元件的保护作用于同一母线所有有电源的相邻元件断路器使之跳闸切除故障的接线。这种保护能以较短的时限切除同一发电厂或变电所内其他有关的断路器，以便尽快地把停电范围限制到最小。

断路器失灵保护逻辑框图如图5－38所示。由图可见，失灵保护由“断路器三相位置不对应”(不考虑断路器三相同时拒动。若断路器三相联动,则该判据不用)、“负序电流、零序电流或相电流动作”、“变压器电气量保护动作”(如是线路断路器,则是线路保护动作),以上三个条件同时满足,启动失灵保护,经 t_1 延时解除母线差动保护分路出口的复合电压闭锁,以免变压器低压侧短路故障(或较长线路末端故障)时,高压侧母线上的复合电压灵敏度不足而造成失灵保护拒动,导致事故扩大;启动后经 t_2+t_3 后跳母联断路器,经 t_2+t_4 后跳失灵断路器母线上的其他断路器。

为了使断路器失灵保护起到应有的作用,对于瓦斯保护等其他非电量保护与电气量保护出口跳闸回路必须分开,非电量保护和不能快速返回的电气量保护不能接入断路器失灵保护启动回路。此外断路器失灵保护的相电流判别元件的动作时间均不应大于 20ms。

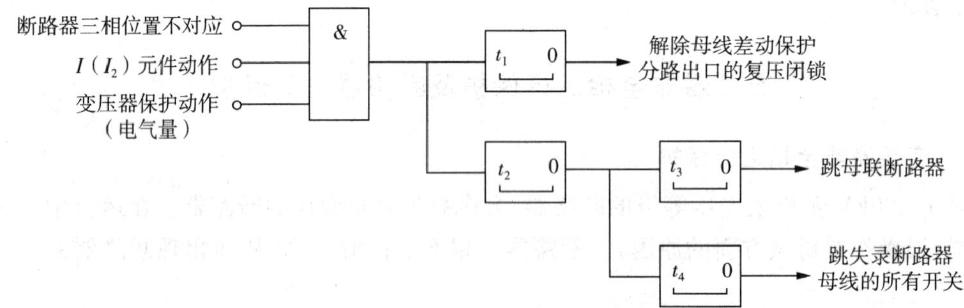

图 5-38　断路器失灵保护逻辑框图

任务四　变压器接地短路的后备保护

学习目标

通过对变压器微机保护装置(如 RCS－978、PST－1200 等)所包含的变压器接地短路后备保护功能进行讲解和检验,使学生在完成本任务的学习过程中达到以下三个方面的目标:

1. 知识目标

(1)了解变压器接地短路后备保护的种类及其作用;

(2)熟悉变压器接地短路后备保护的接线及影响因素;

(3)掌握变压器接地短路后备保护的实现方式。

2. 能力目标

(1)会阅读变压器接地短路后备保护的相关图纸;

(2)熟悉变压器微机保护装置中与接地短路后备保护相关的压板、信号、端子等;

(3)熟悉并能完成变压器微机保护装置检验前的准备工作,会对变压器微机保护装置接地短路后备保护进行检验。

3. 态度目标

(1)不旷课,不迟到,不早退;

(2)具有团队意识协作精神；

(3)积极向上努力按时完成老师布置的各项任务；

(4)责任意识，安全意识，规范意识。

任务描述

(1)通过对变压器微机保护装置中接地短路后备保护功能的检验掌握变压器接地短路后备保护的作用、原理、接线及影响因素等。

(2)学会变压器微机保护装置中与接地短路后备保护功能相关的基本计算和操作。

(3)学会对变压器微机保护装置接地短路后备保护功能检验的方法、步骤等。

任务准备

1. 工作准备

√	学习阶段	工作(学习)任务	工作目标	备　注
	入题阶段	根据工作任务，分析设备现状，明确检验项目，编制检验工作安全措施及作业指导书，熟悉图纸资料及上一次的定检报告	确定重点检验项目	
	准备阶段	检查并落实检验所需材料、工器具、劳动防护用品等是否齐全合格	检验所需设备材料齐全完备	
	分工阶段	班长根据工作需要和人员精神状态确定工作负责人和工作班成员，组织学习《电业安全工作规程》、现场安全措施和本标准作业指导书	全体人员明确工作目标及安全措施	

2. 检验工器具、材料表

(一)检验工器具						
√	序号	名　称	规　格	单　位	数　量	备　注
	1	继电保护微机试验仪及测试线		套		
	2	万用表		块		
	3	电源盘(带漏电保护器)		个		
	4	模拟断路器		台		
(二)备品备件						
√	序号	名　称	规　格	单　位	数　量	备　注
	1	电源插件		个		

（续表）

（三）检验材料表						
√	序 号	名 称	规 格	单 位	数 量	备 注
	1	毛刷		把		
	2	绝缘胶布		盘		
	3	电烙铁		把		

（四）图纸资料			
√	序 号	名 称	备 注
	1	与现场实际接线一致的图纸	
	2	最新定值通知单	
	3	装置资料及说明书	
	4	上次检验报告	
	5	作业指导书	
	6	检验规程	

3．危险点分析及安全控制措施

序 号	危险点	安全控制措施
1	误走错间隔，误碰运行设备	检查在主变保护屏前后应有“在此工作”标示牌，相邻运行屏悬挂红布幔
2	工作不慎引起交、直流回路故障	工作中应使用带绝缘手柄的工具，拆动二次线时应作绝缘处理并固定，防止直流接地或短路
3	电压反送、误向运行设备通电流	试验前应断开检修设备与运行设备相关联的电流、电压回路
4	检修中的临时改动忘记恢复	二次回路、保护压板、保护定值的临时改动要做好记录，坚持“谁拆除谁恢复”的原则
5	带电插拔插件，易造成集成块损坏；频繁插拔插件，易造成插件插头松动	严禁带电插拔插件，工作时佩戴防静电手环或采取其它防静电措施。整组传动后应尽量避免插拔插件，如需插拔应检验相关回路完好
6	接、拆低压电源时人身触电	接拆电源时应在电源开关拉开的情况下两人一起工作。所使用电源应装有漏电保护器。禁止从运行设备上接取试验电源
7	越过遮栏，易发生人员触电事故	现场设专人监护，严禁跨越围栏
8	联跳回路未断开，误跳运行开关	根据被检验装置与运行设备相关联部分的实际情况，制定技术措施，防止误跳其它开关（误跳母联、分段开关，误启动失灵保护）

任务实施

1. 开工

√	序号	内　容
	1	履行工作票、安全措施票手续并对危险点和安全注意事项交底；办理工作许可手续

2. 安全措施的执行及确认危险点

(一)检查运行人员所做的措施	
√	检查内容
	检查所有压板位置，并做好记录
	检查所有把手及开关位置，并作好记录

(二)继电保护安全措施的执行						
回　路	位置及措施内容	执行√	恢复√	位置及措施内容	执行√	恢复√
电流回路						
电压回路						
联跳和失灵回路						
信号回路						
其他						
执行人员：						监护人员：
备注：						

3. 作业流程

(三)变压器接地短路后备保护检验		
序号	检验内容	√
1	零序过电流元件检验	
2	零序方向元件检验	
3	零序电压闭锁功能检验	
4	跳闸逻辑检验	
5	间隙保护过电流元件检验	
6	间隙零序过电压保护检验	

（续表）

(四)工作结束前检查		
序 号	内　容	√
1	现场工作结束前，工作负责人会同工作人员检查实验记录有无漏检验项目，试验结论、数据是否完整正确	
2	检查临时接线是否全部拆除，拆下的线头是否全部接好，包括接地线	
3	检查保护装置是否在正常运行状态	
4	打印装置现运行定值区定值与定值通知单逐项核对相符	
5	检查出口压板对地电位正确	

4. 竣工

√	序　号	内　容	备　注
	1	检查措施是否恢复到开工前状态	
	2	全体工作班人员清扫、整理现场，清点工具及回收材料。工作负责人周密检查施工现场，是否有遗留的工具、材料	
	3	工作负责人在检修记录上详细记录本次工作所检修项目、发现的问题、试验结果和存在的问题等	
	4	经验收合格，办理工作票终结手续	

变压器接地短路后备保护检验方法

一、零序方向过电流保护检验

零序方向过电流保护的检验包括零序过电流元件、及零序方向元件，还应当对零序方向过电流保护的跳闸逻辑进行检验。对零序过电流保护的检验调试可参照此进行。以下以高压侧零序方向过电流保护为例进行说明，中压侧可参照此方法进行。

(一)试验接线及设置

将继电保护测试仪的A相电流输出接至变压器保护高压侧电流输入端子，B相电流输出接至高压侧零序电流输入端子；A相电压输出接至变压器保护高压侧电压输入端子，B相电压输出接至高压侧零序电压输入端子。另将变压器保护的跳高压侧的一副跳闸触点TJ1接到测试仪的任一开关量输入端，用于进行自动测试。如果还想测跳母联或分段断路器跳闸时间，可引入其对应的跳闸触点TJ2；如果需测全跳变压器各侧的跳闸时间，还需引入跳中低压侧一副触点，则试验可同时测量多个跳闸时间。试验接线如图5－39所示。

投入需测试的零序方向过电流保护控制字，按照定值投入方向元件及指向投入零序方向过电流保护功能硬连接片。

试验前可打印或记录零序方向过电流保护定值。试验假设高压侧零序方向过电流保护投入Ⅰ段，Ⅰ段方向元件控制字投入，且方向元件最大灵敏角为－110°，方向指向系统，零序过电流保护定值为4A，动作时间$t_1=0.5$s跳母联，$t_2=1$s跳本侧。零序电压闭锁值为6V，

零序电压功能投入。方向判别采用自产零序电流和自产零序电压,零序过电流元件采用外接零序电流。

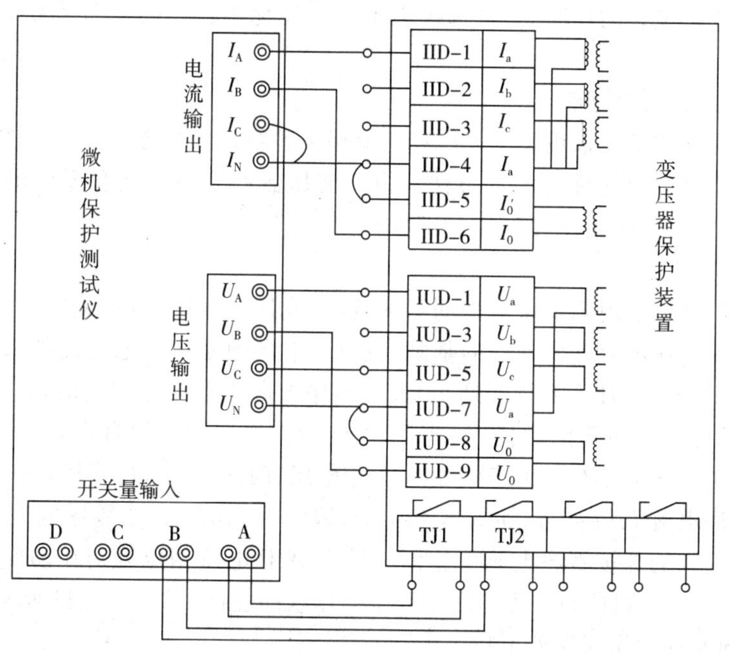

图 5-39　零序方向过电流保护测试接线示意图

由于微机型零序方向过电流保护的各构成元件为与关系,因此不能单独对某一个元件像常规继电器一样进行检验,只能通过对整个保护功能检验,在满足其他的元件均动作的情形下对某一元件进行检验。以下分别进行介绍。

(二)零序过电流元件检验

零序过电流元件的检验可采用定点测试或递变方式进行测试。

1. 定点测试

采用定点测试可选用测试仪的手动测试模块(或任意测试模块)、状态序列模块或整组试验模块进行试验。如前所述,对零序电流元件进行检验,应在满足方向元件的基础上进行检验。手动试验时,方向元件的满足由自产零序电压决定,因此应满足 A 相电压(自产 $3U_0$)和 A 相电流(自产 $3I_0$)的相位在动作区内,本例可设置 $U_a=10$V,相位 0°,$I_a=3A$,$\dot{I}_a$ 相位滞后 $\dot{U}_a$ 75°(最灵敏处)。外接零序电压 U_b 大于 6V 即可,可设置为 10V,然后操作测试仪使 B 相电流(外接零序电流)输出分别为 4.2A(1.05 倍定值)、3.8A(0.95 倍定值),输出时间大于该段最长出口动作时间(可设置为 1.5s)。则 1.05 倍电流保护应可靠动作,0.95 倍应可靠不动作。

如利用测试仪自带的短路计算模块进行测试,如果所有零序电流和零序电压均采用自产,可利用单相接地的短路计算模块进行测试。如果既有外接又有自产,则只能采用串接故障相电流至外接零序电流通道,并接故障相电压至外接零序电压通道的方式,这里不再详细叙述。

2. 递变测试

如果需准确测试零序电流元件动作值,可在递变的电流递变菜单进行测试。电流、电压设置参数同手动测试的设置方法相同。变化变量选择B相电流(外接零序电流通道),变化前电流可选择为3.5A,这样略小于4A,测试时间更短一些。变化终值可选择为4.5A。步长变化时间应大于最长动作时间,可选择为1.5s。变化步长一般可选择为0.1A,精度就可以满足要求。

(三)零序方向元件检验

零序方向元件的检验采用零序方向过电流保护整组试验的方法。其动作边界的测试方法可参照前述零序方向元件的测试方法。由于变压器的零序电流和零序电压的选择较灵活,因此与线路零序方向元件有一些小的差异。

1. 定点测试

采用定点测试可选用测试仪的手动测试模块(或任意测试模块)或状态序列进行检验。定点测试在保证零序电流元件动作的基础上进行,本例的零序过电流元件采用外接零序通道,因此设置B相电流(加入到外接通道)大于零序方向过电流保护定值,如5A。设置外接零序电压U_B大于零序电压闭锁值,如8V。方向元件本例均采用自产,因此固定接入零序方向元件的自产零序电压U_A(由于仅加入A相电压,因此$U_A=3U_0$)大小和幅值均不变,使接入的自产零序电流I_A(由于仅加入A相电流,因此$I_A=3I_0$)大于零序电流元件门槛值,一般可设定为与输入的外接零序电流值相同。设定A相电流相位分别在动作特性曲线的边界1和边界2的±2°,则在动作边界附近处于动作区的应该可靠动作,制动区的应可靠不动作,可检验方向元件动作区误差不超过±2°。

如以检验边界1为例,参数设置见表5-12(I_b、I_c均为0),示意图见图5-40,此时保护应可靠不动作。

表5-12 动作边界1参数设置表

相 别	幅 值	相 位
I_A	5A	107°
U_A	8V	-90°
I_B	5A	0°
U_B	8V	0°

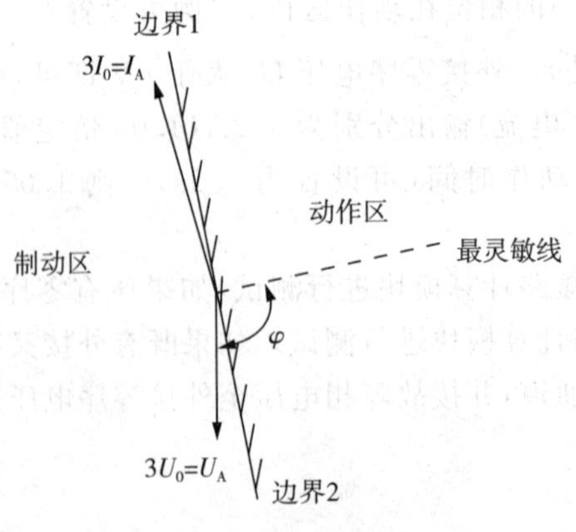

图5-40 示意图

当改变 $\dot{I}_A$ 相位为103°时，零序方向元件处于边界 1 的动作区应可靠动作。同理，检验边界 2。

2. 递变搜索测试

如果需准确测试零序电流方向元件边界，可在递变的方向元件测试菜单进行测试。详细测试方法请参考复压方向过电流保护的测试。

(四)零序电压闭锁功能检验

在零序方向过电流保护的基础上进行测试，如在 1.05 倍零序过电流保护定值检验的基础上使外接零序电压 U_B 设置为 0，即外接零序电压为 0，则零序方向过电流保护不动作。

(五)跳闸逻辑检验

零序方向过电流保护的跳闸逻辑检验同复压方向过电流保护，请参考复压方向过电流保护的跳闸逻辑试验方法。

二、间隙保护检验

间隙保护的检验包括间隙过电流元件、间隙过电压元件。

(一)试验接线及设置

将继电保护测试仪的一相电流输出(如 A 相电流)接至变压器保护高压侧间隙电流输入端子，一相电压输出(如 A 相电压)接至变压器保护零序电压输入端子，另将变压器保护的跳高压侧的一副跳闸触点 TJ1 接到测试仪的任一开关量输入端，用于进行自动测试。试验接线如图 5 - 41 所示。

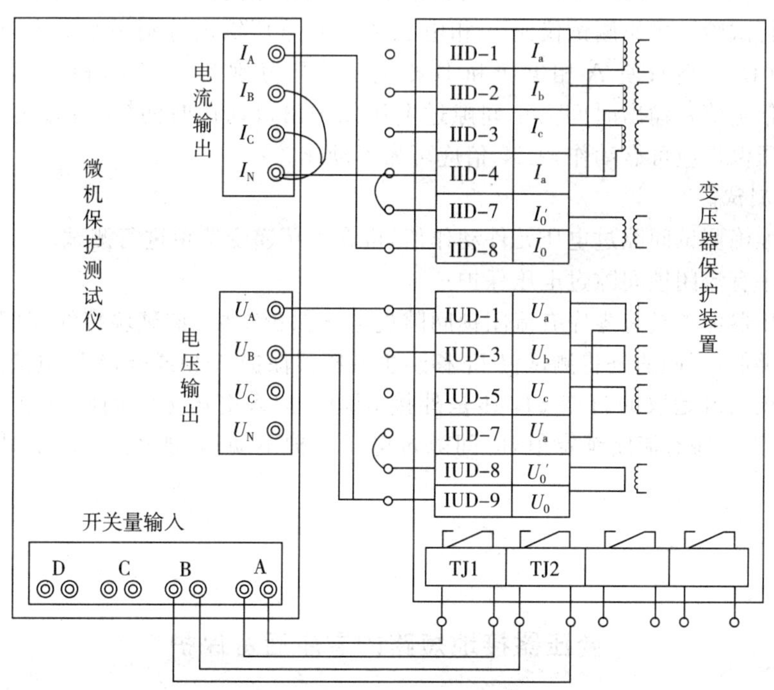

图 5 - 41　间隙保护测试接线示意图

投入需测试的间隙保护控制字，投入间隙保护功能硬连接片。

试验前可打印或记录间隙保护定值，试验假设高压侧间隙保护投入，间隙过电流保护定值为 5A,零序过电压保护动作定值为 180V,动作时间 $t=0.5$s。

间隙过电流保护和零序过电压保护一般相对独立,二者任一元件动作,经过动作延时跳变压器各侧。

(二)间隙过电流元件检验

间隙过电流元件的检验可采用定点测试或递变方式进行。

1. 定点测试

采用定点测试可选用测试仪的手动测试模块(或任意测试模块)、状态序列模块或整组试验模块进行试验。操作测试仪使 A 相电流输出分别为 5.25A(1.05 倍定值)、4.75A(0.95 倍定值),输出时间大于间隙过电流保护出口动作时间(可设置为 1s),则 1.05 倍间隙电流保护应可靠动作,0.95 倍应可靠不动作。

2. 递变测试

如果需准确测试间隙电流元件动作值,可在电流递变菜单进行测试。

(三)间隙零序过电压保护

间隙零序过电压元件的检验可采用定点测试或递变方式进行。由于实际零序过电压保护定值为 180V,其值较高,测试仪单相电压一般最高为 120V,因此可采用输出两相电压,利用相间电压最高可到 240V 的特点进行测试。如测试条件不具备,仅对逻辑进行检验,则可采用临时修改定值的方式。

1. 定点测试

采用定点测试可选用测试仪的手动测试模块(或任意测试模块)、状态序列模块或整组试验模块进行试验。操作测试仪使 A 相电压和 B 相电压输出分别为 94.5V,相位相反,则 U_{AB} 为 189V(1.05 倍);使 A 相电压和 B 相电压输出分别为 85.5V,相位相反,则 U_{AB} 为 171V(0.95 倍定值),输出时间大于间隙过电压保护出口动作时间(可设置为 1s),则 1.05 倍间隙过电压保护应可靠动作,0.95 倍应可靠不动作。

2. 递变测试。

如果需准确测试间隙过电压元件动作值,可在电压递变菜单进行测试。

(四)零序有流闭锁间隙过电压保护

一些变压器保护具有零序有流闭锁间隙过电压保护功能,该试验接线同间隙过电压保护试验接线类似,不同的是将测试仪 I_A 移到主变压器保护 A 相或外接 I_0 电流通道(查阅说明书确定闭锁电流是取的自产 $3I_0$ 还是外接 $3I_0$)。加入电压大于间隙过电压定值,加入 $1.05I_{0zd}$(I_{0zd} 为零序有流闭锁定值)时间隙过电压保护不动作;加入 $0.95I_{0zd}$ 时间隙过电压保护动作。

相关知识

变压器接地短路的零序后备保护

在电力系统中,接地短路是最常见的故障形式。中性点直接接地系统变压器,一般要求在变压器上装设接地短路保护,作为变压器主保护和相邻元件接地短路保护的后备保护。

系统接地短路时,母线将出现零序电压,零序电流的大小和分布与系统中变压器中性点接地的数目和位置有关。变压器接地短路的后备保护通常就是反应这些电气量构成的。

通常对只有一台变压器的升压变电站，变压器都采用中性点接地运行方式。对有多台变压器并联运行的变电站，则采用一部分变压器中性点接地运行，另一部分变压器中性点不接地运行的方式。这样可以保证电网在各种运行方式下，变压器中性点接地的数目和位置尽量不变，保持零序保护的动作范围稳定，且有足够的灵敏度。

中性点直接接地系统变压器中性点绝缘水平都是分级绝缘的。对500KV变压器，中性点绝缘水平较低为38KV，其中性点必须接地运行。对500KV以下的分级绝缘变压器，其中性点可以直接接地运行，也可以在系统中不失去中性点接地的条件下不接地运行。

一、中性点直接接地变压器的零序电流保护

图5-42为中性点直接接地双绕组变压器零序电流保护原理接线图。

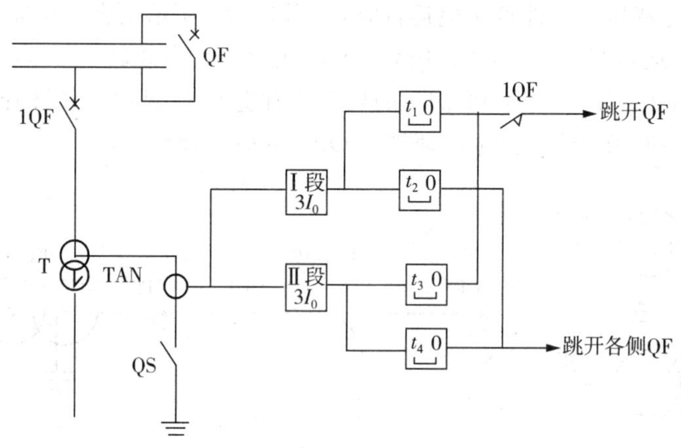

图5-42　中性点直接接地运行的变压器零序电流保护原理接线图

保护用零序电流互感器TAN，接在变压器中性点引出线上，其一次额定电流通常选为高压侧额定电流的(1/4～1/3)。为缩小接地故障的影响范围及提高后备保护的快速性，零序过电流保护通常采用两段式，每段可设两个时限。零序电流保护Ⅰ段与相邻元件零序电流保护Ⅰ段相配合，即作为变压器及母线接地故障的后备保护，其动作电流与引出线零序电流保护Ⅰ段在灵敏系数上配合整定，以较短时限 t_1 作用于跳开母联断路器QF(或分段断路器)；以较长时限 t_2 作用于跳开变压器。零序电流保护Ⅱ段与相邻元件零序电流保护后备段相配合，即作为引出线接地故障的后备保护，其动作电流和时限与相邻元件零序电流保护的后备段相配合，以较短时限 t_3 作用于跳开母联断路器QF(或分段断路器)；以较长时限 t_4 作用于跳开变压器。一般 $t_1=0.5\sim1\text{s}$，$t_2=t_1+\Delta t$，t_3 应比相邻元件零序电流保护后备段最大时限长一个 Δt，$t_4=t_3+\Delta t$。

为防止断路器1QF在断开状态下，在变压器高压侧发生接地短路时误将母联断路器QF跳闸，故在 t_1 和 t_3 出口回路中串接1QF常开辅助触点将保护闭锁。

对于一般变压器，零序电流保护接于变压器中性点电流互感器回路中，虽然也可接于各侧零序电流虑过器回路，但其保护范围不如接于中性点处的电流互感器上好；对于自耦变压器，零序电流保护必须接于各侧的零序电流虑过器回路中。

对于双绕组变压器，只在高压侧装设接地保护；对于两个中性点接地的三绕组变压器和有三个电压等级的自耦变压器，应在两侧分别装设接地保护。

对单侧中性点接地变压器(包括兼有两侧系统为中性点接地系统，但变压器为一侧中性

点接地)的零序电流保护,其零序Ⅰ段动作后跳母联断路器;其零序Ⅱ段动作后跳变压器两侧断路器;对三绕组变压器,若不是双母线运行,零序Ⅱ段保护还可有两个时限,以较短时限跳本侧断路器,以较长时限跳主变压器三侧断路器。若是双母线运行,也需要有选择性地跳开母联断路器、变压器本侧断路器和各侧断路器。

对有两侧中性点直接接地的三个电压等级的变压器,其零序Ⅰ段一般可与线路零序电流保护的非全相一段相配合(必要时可带有方向),动作后以较短时限跳母联断路器,以较长时限跳本侧断路器;其零序Ⅱ段(根据配合需要可带方向或不带方向)可与线路零序电流保护最后一段相配合,有选择性地跳开母联断路器、变压器本侧断路器和各侧断路器。

二、中性点可能接地或不接地变压器的零序保护

当变电站部分变压器中性点接地运行时,如图 5-43 所示两台变压器并列运行,其中变压器 T_1 中性点接地运行,变压器 T_2 中性点不接地运行。当线路上 K 点发生单相接地时,有零序电流流过 QF_1、QF_3、QF_4 和 QF_5 的四套零序过电流保护。按选择性要求应满足 $t_1>t_3$,即应由 QF_3 和 QF_4 的两套保护动作于 QF_3 和 QF_4 跳闸。

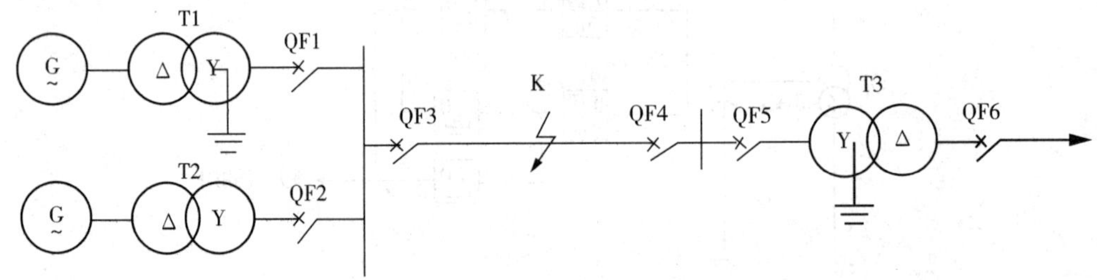

图 5-43 两台升压变压器并列运行,T1 中性点接地运行的系统图

若因某种原因造成 QF_3 拒绝跳闸,则应由 QF_1 的保护动作于 QF_1 跳闸。当 QF_1 和 QF_4 跳闸后,系统成为中性点不接地系统,而且 T_2 仍带着接地故障继续运行。T_2 的中性点对地电压将升高为相电压,两非接地相的对地电压将升高$\sqrt{3}$倍,如果在接地故障点处出现间歇性电弧过电压,则对变电器 T_2 的绝缘危害更大。如果 T_2 为全绝缘变压器,可利用在其中性点不接地运行时出现的零序电压,实现零序过电压保护,作用于断开 QF_2。如果 T_2 是分级绝缘变压器,则不允许上述情况出现,必须在切除变压器 T_1 之前,先将变压器 T_2 切除。

因此,对于中性点有两种运行方式的变压器,需要装设两套相互配合的接地保护装置:零序过电流保护——用于中性点接地运行方式;零序过电压保护——用于中性点不接地运行方式。并且还要按下列原则构成保护:对于分级绝缘变压器,当中性点不装设放电间隙时,应先切除中性点不接地运行的变压器,后切除中性点接地运行的变压器;对于全绝缘变压器。应先切除中性点接地运行的变压器,后切除中性点不接地运行的变压器。

1. 全绝缘变压器

如图 5-44 所示,全绝缘变压器应装设零序过电流保护作为变压器中性点直接接地运行时的接地保护。当系统发生单相接地故障时,中性点直接接地运行的变压器在其零序过电流保护的作用下跳闸后,系统失去中性点变为中性点不接地系统带单相接地故障运行,对于全绝缘变压器其绝缘不会受到影响,但此时产生的零序过电压对中性点直接接地系统的其他电力设备的绝缘将构成威胁,因此,需装设零序电压保护将中性点不接地的变压器

切除。

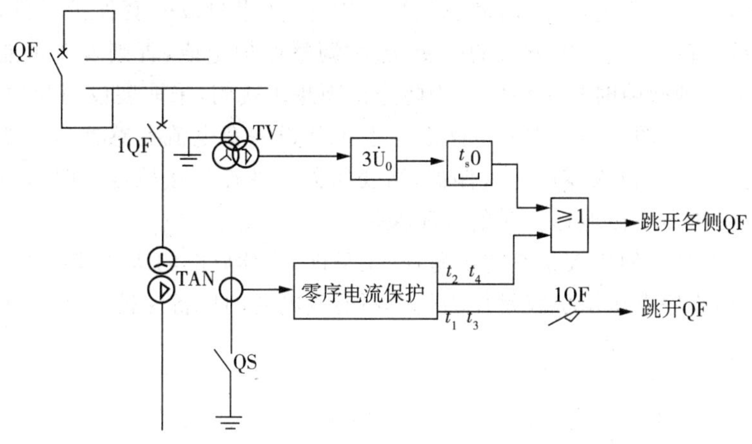

图 5-44　全绝缘变压器零序电流保护原理框图

当系统发生单相接地且失去接地中性点时，零序过电压保护经 0.3～0.5s 时限动作于断开变压器各侧断路器。其延时作用是避免在部分变压器中性点接地的情况下，系统中发生单相接地时暂态过程的影响。保护的动作电压要躲过在部分中性点接地的系统中发生单相接地时，保护安装处可能出现的最大零序电压；同时要在发生单相接地且失去接地中性点时有足够的灵敏度。因此，零序过电压保护仅在系统中发生单相接地短路，且中性点接地的变压器已全部断开之后才可能动作。这样，保护的动作时限不需要与系统中其他接地保护的动作时限相配合，因而动作时限可以整定的很小。

2. 分级绝缘变压器

(1)中性点只装设放电间隙或同时装设避雷器和放电间隙的变压器

220KV 及其以上电压等级的大型变压器，为了降低造价，高压绕组采用分级绝缘，中性点绝缘水平比较低，在单相接地故障且失去中性点接地时，其绝缘将受到破坏。为此可以在变压器中性点装设放电间隙，放电间隙一端接变压器中性点，另一端接地。有球形、棒形、羊角形等多种形式。放电电压一般整定较高，约等于变压器额定相电压，只有当系统发生接地故障时，中性点直接接地变压器全部跳闸后，而带电源的中性点不接地变压器仍留在故障电网中，电网零序电压升高到接近额定相电压，危及变压器绝缘情况下，当间隙上的电压超过动作电压时迅速放电，形成中性点对地的短路，从而保护了变压器中性点的绝缘。由于放电间隙不允许长时间通过放电电流，所以就需要通过间隙零序电流保护，将变压器从故障电网中切除。

这种情况按规定应装设零序电流保护作为变压器中性点直接接地运行时的保护，并增设一套反应间隙放电电流的零序电流保护和一套零序电压保护作为变压器不接地运行的保护。

由于正常运行时，放电间隙回路无电流，所以零序电流动作值可以设定的较低，如 100A 或更小一些。因为放电间隙在电网接地故障时不会轻易放电，如间隙零序电流元件持续动作，说明电网中确实出现了足以危害变压器绝缘的工频过电压。保护动作的时限也允许较短，一般为 0.5s 左右。可见间隙零序电流保护是保护变压器绝缘不受工频过电压破坏的主保护。

变压器的零序电流保护与放电间隙零序电流保护具有完全不同的定值，前置动作电流大，时间也较长，后者动作电流小，时间也较短。因此，如果只设一套保护元件，兼作两套保护使用，就需要随着中性点接地方式的改变，随时调整保护定值，否则就有可能由于定值不配合而造成电网接地故障时越级跳闸。为防止出现越级跳闸，采取装设两套独立保护，同时配置两套电流互感器(图 5－45 中放电间隙 2 上再装设一套电流互感器)，当变压器中性点接地运行时(QS 合上)，投入零序电流保护，当变压器中性点不接地运行时(QS 断开)，投入间隙保护，作为变压器不接地运行时的零序保护。

因为放电间隙是一种比较粗糙的设施，气象条件、连续放电的次数都可能出现该动作而不能动作的情况，零序电压保护就是作为间隙不能放电时的后备保护。其原理框图如图 5－45 所示。

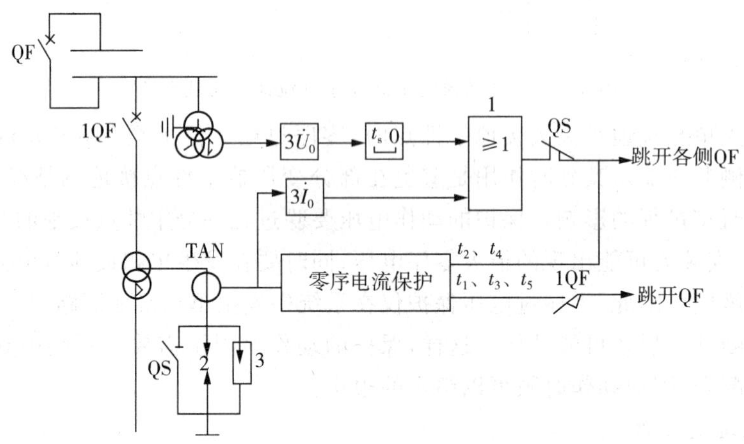

图 5－45　中性点装有放电间隙的分级绝缘变压器的零序保护原理框图

1—逻辑或门；2—放电间隙；3—避雷器

当系统发生单相接地短路时，中性点接地运行的变压器由其零序电流保护动作于切除。若此时高压母线上已没有中性点接地的变压器时，中性点将发生过电压，导致放电间隙击穿。中性点不接地运行的变压器将由反应间隙放电电流的零序电流保护瞬时动作切除变压器，如果中性点过电压值不足以使放电间隙击穿，则可由零序电压元件延时 $t_5=0.3\sim0.5\text{s}$ 将中性点不接地运行的变压器切除。

(2)中性点不装设放电间隙的变压器

分级绝缘变压器，其中性点绝缘的耐压强度较低，中性点不装设放电间隙时，对冲击过电压，用避雷器保护变压器中性点绝缘，当单相接地且系统中失去中性点时，在弧光接地引起的工频过电压作用下，避雷器有可能损坏，故仍不能保证变压器中性点绝缘的安全。为防止中性点绝缘在工频过电压下损坏，不允许在无接地中性点的情况下带接地故障点运行。因此，当发生接地故障时，应先切除中性点不接地运行的变压器，然后切除中性点接地运行的变压器。图 5－46 所示为具有三级延时的零序电流和零序电压保护原理框图。

图中仅画出变压器 1T 的接地保护，变压器 2T 的接地保护与变压器 1T 相同。保护由零序电流元件 $3\dot{I}_0$ 和零序电压元件 $3\dot{U}_0$ 构成保护的启动元件。保护具有三级延时 t_1、t_2、t_3。延时 t_1 应按比相邻线路零序电流保护后备段最长时限长一个阶梯时限 Δt，作用于跳开分段断路器或母联断路器；$t_2=t_1+\Delta t$，作用于跳开中性点不接地变压器；$t_3=t_2+\Delta t$，作用于跳开

中性点接地的变压器。

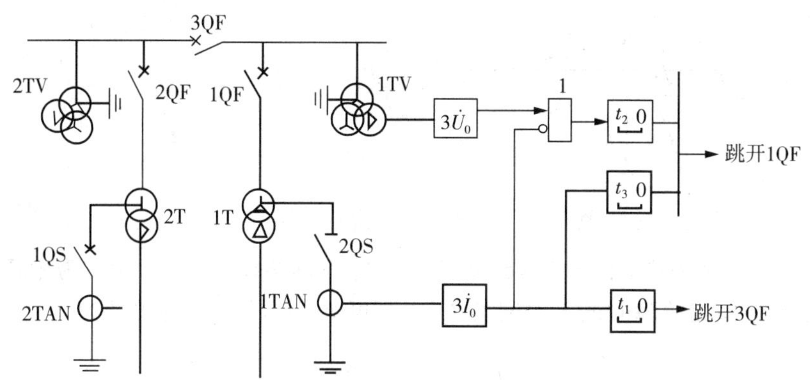

图 5-46 具有三级延时的零序电流和零序电压保护原理框图

1—禁止门；$3\dot{U}_0$—零序电压启动元件；$3\dot{I}_0$—零序电流启动元件

对于中性点接地的变压器，当系统发生接地故障时，零序电流元件 $3\dot{I}_0$ 启动，经 t_1 延时跳开 3QF(分段断路器或母联断路器)，同时禁止门 1 将零序电压元件 $3\dot{U}_0$ 启动回路断开。若中性点不接地变压器以 t_2 延时切除后，故障仍然存在，则保护经 t_3 延时跳开本变压器。

对于中性点不接地的变压器，当系统发生接地故障时，零序电流元件 $3\dot{I}_0$ 不启动，禁止门 1 开放。零序电压元件 $3\dot{U}_0$ 启动，经禁止门 1 启动时间元件 $2KT$，延时 t_2 跳开本变压器，由于 $t_2<t_3$，故先跳开中性点不接地变压器。

三、零序方向元件

对于中性点直接接地电网中的变压器，应装设零序电流(方向)保护，作为变压器主保护的后备保护及相邻元件的(包括母线)接地故障的后备保护。

普通三绕组变压器高、中压侧同时接地运行时，任一侧发生接地故障时，在高、中压侧都会有零序电流流通，要使变压器两侧的零序电流保护配合，就需要零序方向元件。对于三绕组自耦变压器，高、中压侧除电的直接联系外，两侧共用一个接地，在任一侧发生接地故障时，高、中压侧都会有零序电流流通。同样需要零序方向元件使使变压器两侧的零序电流保护配合。但是，对于普通三绕组变压器，由于低压绕组通常为三角形连接，在零序等值电路中相当于短路，如果变压器低压绕组的等值电抗等于零，则高压侧(中压侧)发生接地故障时，中压侧(高压侧)就没有零序电流流通，变压器两侧的零序电流保护就不存在配合问题无需设零序方向元件。显然，只要三绕组变压器低压绕组的等值电抗不为零，就需要设零序方向元件。

因此，只有在低压绕组等值电抗不等于零且高、中压侧中性点均接地的三绕组变压器及自耦变压器的零序电流保护中，才设置零序方向元件。当然，YNd 接线的双绕组变压器的零序电流保护就不需要零序方向元件。

高、中压侧中性点均接地的三绕组变压器如图 5-47 所示。设高压侧系统 1 的零序等值电抗为 Z_{H0}，中压侧系统 2 的零序等值电抗为 Z_{M0}。

下面讨论装设在变压器高压侧零序电流保护中零序方向元件的 $\dot{I}_{H0}$ 与 $\dot{U}_{H0}$ 的相位关系。其中 $\dot{I}_{H0}$ 的正方向从本侧母线(H)指向变压器，即 TA 的正极性在母线侧，$\dot{U}_{H0}$ 的正方向由母线(H)对地。

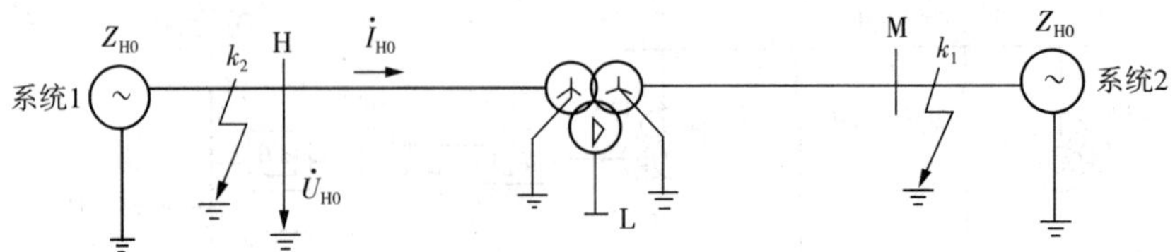

图 5-47 高、中压侧中性点均接地的三绕组变压器及系统

如图 5-48 所示为高、中压侧接地短路时的零序网络图。图 5-48a 为中压侧母线 M 处 k_1 点发生接地短路故障时的零序网络图，由图可见，$\dot{U}_{H0}$ 与 $\dot{I}_{H0}$ 的关系为

$$\dot{U}_{H0} = -\dot{I}_{H0} Z_{H0}$$

如果零序方向元件正方向(动作方向)指向变压器，此时就相当于在保护正方向上发生了接地故障，上式表明了该零序方向元件的相位关系。应当指出，在变压器内部接地短路时，$\dot{U}_{H0}$ 与 $\dot{I}_{H0}$ 的相位关系相同。

正方向指向变压器时的零序方向元件的动作方程为

$$-90° < \arg \frac{3\dot{U}_0}{3\dot{I}_0 e^{j(\varphi_{M0}+180°)}} < 90°(\text{动作方向指向变压器})$$

如果零序阻抗角 φ_{M0} 为75°，由上式可得最大灵敏角为255°，也就是−105°。

图 5-48b 为高压侧母线 H 处 k_2 点发生接地短路故障时的零序网络图，如果 $\dot{I}_{H0}$ 的正方向仍是母线流向变压器，则由图可见 $\dot{U}_{H0}$ 与 $\dot{I}_{H0}$ 的关系为

$$\dot{U}_{H0} = \dot{I}_{H0}\left[Z_{T1} + \frac{(Z_{T2}+Z_{M0})Z_{T3}}{Z_{T2}+Z_{M0}+Z_{T3}}\right]$$

如果零序方向元件正方向(动作方向)指向本侧系统，此时就相当于在保护正方向上发生了接地故障，上式表明了该零序方向元件的相位关系。

正方向指向本侧系统(母线)时的零序方向元件的动作方程为

$$-90° < \arg \frac{3\dot{U}_0}{3\dot{I}_0 e^{j\varphi_{M0}}} < 90°(\text{动作方向指向本侧系统})$$

如果零序阻抗角 φ_{M0} 为75°，由上式可得最大灵敏角为75°。

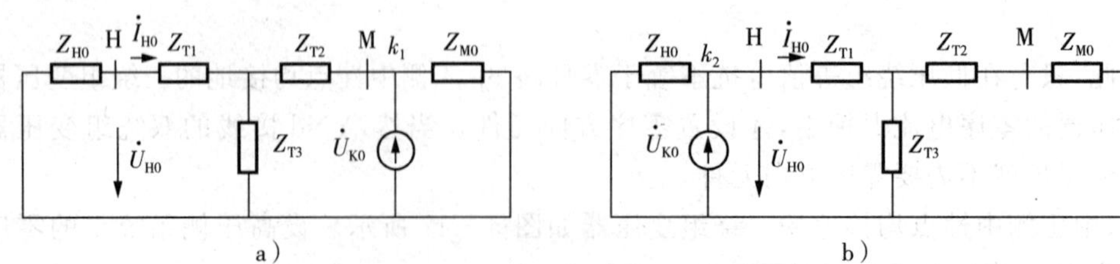

图 5-48 高、中压侧接地短路时的零序网络图

a)中压侧母线 M 处 k_1 点接地时　b)高压侧母线 H 处 k_2 点接地时

在微机变压器保护装置中，是由控制字来设定零序方向元件的指向的。当控制字为“1”时，方向指向系统（母线），最大灵敏角为75°。当控制字为“0”时，方向指向变压器，最大灵敏角为－105°。还需要注意的是，方向元件所用的零序电压为自产零序电压，若采用自产零序电流时，TA 的正极性端在母线侧；若采用中性点零序电流时，TA 的正极性端在变压器侧。

四、变压器高、中压侧零序电流方向和零序电压保护的配置

330kV 及以上电压等级变压器高压侧的零序方向保护为二段式，第一段带方向，方向固定指向系统（本侧母线），经延时跳开本侧断路器；第二段不带方向，经延时跳开变压器各侧断路器。高压侧有“零序过流Ⅰ段”、“零序过流Ⅱ段”两个控制字选择投退，当控制字为“1”时相应保护投入，当控制字为“0”时相应保护退出。

中压侧的零序方向保护为二段式，第一段带方向，方向固定指向系统（本侧母线）。设有三个时限，第一时限跳开分段断路器，第二时限跳开母联断路器，第三时限跳开本侧断路器。第二段不带方向，经延时跳开变压器各侧断路器。中压侧有“零序过流Ⅰ段 1 时限”、“零序过流Ⅰ段 2 时限”、“零序过流Ⅰ段 3 时限”及“零序过流Ⅱ段”四个控制字选择投退，当控制字为“1”时相应保护投入，当控制字为“0”时相应保护退出。

220kV 电压等级变压器高压侧的零序方向保护为二段式，第一段带方向，方向可整定，设有两个时限。如果方向指向变压器，第一时限跳开中压侧母联断路器，第二时限跳开中压侧断路器；如果方向指向系统（本侧母线），第一时限跳开高压侧母联断路器，第二时限跳开高压侧断路器。第二段不带方向，经延时跳开变压器各侧断路器。高压侧设有“零序过流Ⅰ段方向指向母线”控制字，当控制字为“1”时方向指向系统（母线），当控制字为“0”时方向指向变压器。高压侧还设有“零序过流Ⅰ段 1 时限”、“零序过流Ⅰ段 2 时限”及“零序过流Ⅱ段”三个控制字选择投退，当控制字为“1”时相应保护投入，当控制字为“0”时相应保护退出。

中压侧的零序方向保护为二段式，第一段带方向，方向可整定，设有两个时限。如果方向指向变压器，第一时限跳开高压侧母联断路器，第二时限跳开高压侧断路器；如果方向指向系统（本侧母线），第一时限跳开中压侧母联断路器，第二时限跳开中压侧断路器。第二段不带方向，经延时跳开变压器各侧断路器。中压侧设有“零序过流Ⅰ段方向指向母线”控制字，当控制字为“1”时方向指向系统（母线），当控制字为“0”时方向指向变压器。中压侧还设有“零序过流Ⅰ段 1 时限”、“零序过流Ⅰ段 2 时限”及“零序过流Ⅱ段”三个控制字选择投退，当控制字为“1”时相应保护投入，当控制字为“0”时相应保护退出。

五、TV 断线、本侧电压退出对零序电流方向保护的影响

TV 断线将影响零序电流方向元件动作的正确性，因此当判断出 TV 断线后，在发告警信号的同时，本侧的零序电流方向保护退出零序方向元件，此时为零序电流保护。在这种情况下发生反方向接地故障时保护动作是允许的。这样保护装置不需要再设置“TV 断线保护投退原则”控制字来选择零序方向元件的投退。

当本侧 TV 检修或旁路代路为切换 TV 时，为保证本侧零序电流方向元件动作的正确性，需将本侧的“电压投/退”置于退出位置，此时零序电流方向保护退出零序方向元件，成为零序电流保护。

六、零序（接地）保护逻辑框图

变压器零序（接地）保护是分侧装设的，应装设在变压器中性点接地一侧，所以对于

YNd 接线的双绕组变压器，装设在 YN 侧；对于 YNynd 接线的三绕组变压器，YN 及 yn 侧均应装设；对于自耦变压器，在高压侧和中压侧均应装设。

如图 5-49 所示为变压器零序（接地）保护逻辑框图。KAZ_1、KAZ_2 为Ⅰ段、Ⅱ段零序电流元件，用于测量零序电流。KWZ 为零序方向元件，为了避免 $3\dot{U}_0$、$3\dot{I}_0$ 引入时的极性错误，采用自产 $3\dot{U}_0$ 及自产 $3\dot{I}_0$ 作为零序方向元件的输入量。KVZ 为零序电压闭锁元件，采用 TV 开口三角形的零序电压作为输入量，由图 5-49 可见，KAZ_1、KAZ_2、KWZ、KVZ 构成了变压器中性点接地运行时的零序电流方向保护。作为零序电流测量元件，输入的零序电流可通过控制字选择自产或外接的 $3\dot{I}_0$。

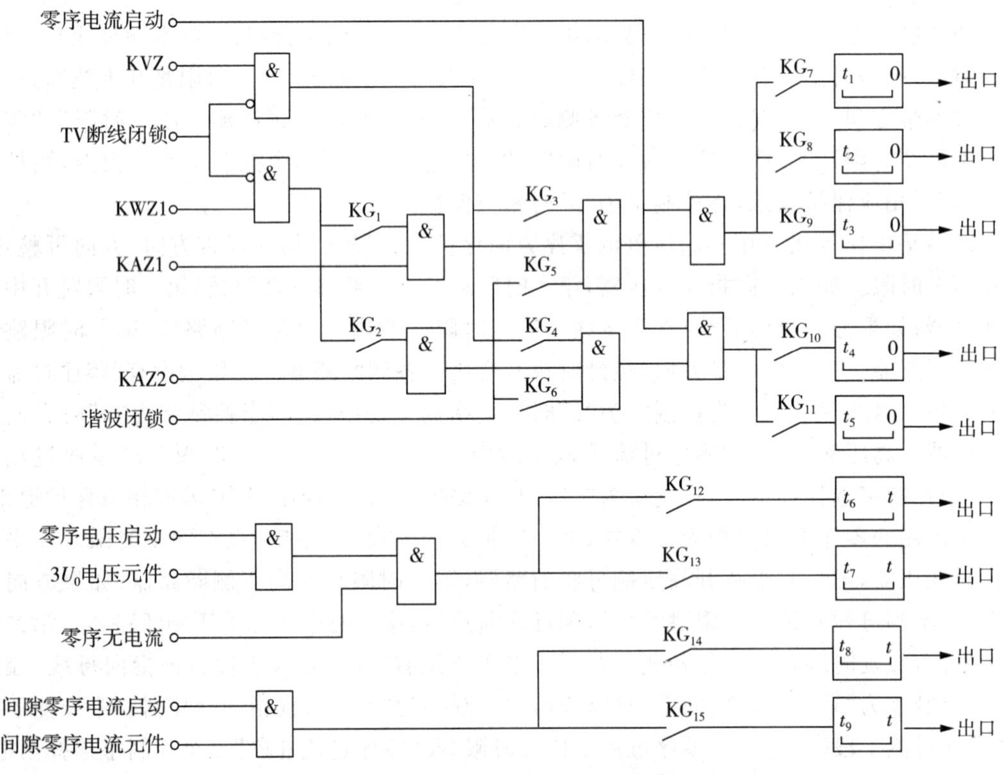

图 5-49　变压器零序（接地）保护逻辑框图

KG_1、KG_2 方向元件控制字，当控制字为"1"时方向元件投入，当控制字为"0"时方向元件退出。KG_3、KG_4 为零序电流Ⅰ段、Ⅱ段是否经零序电压闭锁的控制字，KG_5、KG_6 为零序电流Ⅰ段、Ⅱ段是否经谐波闭锁的控制字，KG_7～KG_{11} 为零序电流Ⅰ段、Ⅱ段带动作时限的控制字。由图 5-38 可见，通过控制字可构成零序电流保护，也可构成零序电流方向保护。并且各段可以获得不同的动作时限。

零序电流启动可采用变压器中性点回路的零序电流，启动值应躲过正常运行时的最大不平衡电流。零序电压闭锁元件的动作电压应躲过正常运行时开口三角的最大不平衡电压，一般取 3～5V。为防止变压器励磁涌流对零序电流保护的影响，采用谐波闭锁措施，利用励磁涌流中的二次谐波及其偶次谐波来实现制动闭锁，当谐波含量超过一定比例时，闭锁零序电流方向保护。

当变压器中性点不接地运行时，采用零序过电压元件（$3\dot{U}_0$）和间隙零序电流元件来构成变压器的零序保护。图 5－49 中，KG_{12}～KG_{15} 为零序过电压、间隙零序电流带动作时限的控制字。考虑到变压器中性点的保护间隙击穿放电过程中，会出现间隙零序电流和零序过电压交替出现，带一定的时限 t 返回可保证间隙零序电流和零序电压保护的可靠性。

拓展知识

变压器阻抗保护及过励磁保护

一、变压器阻抗保护

《变压器、高压并联电抗器和母线保护及辅助装置标准化设计规范》中规定，在 330kV 及以上电压等级的变压器高（中）压侧需配置阻抗保护，作为本侧母线故障和变压器绕组故障的后备保护。阻抗元件采用具有偏移圆动作特性的相间、接地阻抗元件，用于保护相间和接地故障。

（一）阻抗元件的构成及特性

相间阻抗元件采用 0°接线方式，接地阻抗元件采用带零序补偿的接线方式，见下式

$$Z_{\varphi\varphi}=\frac{\dot{U}_{\varphi\varphi}}{\dot{I}_{\varphi\varphi}}$$

$$Z_{\varphi}=\frac{\dot{U}_{\varphi}}{\dot{I}_{\varphi}+K3\dot{I}_{0}}$$

式中：$\varphi\varphi$ 为 AB、BC、CA；

φ 为 A、B、C。

相间阻抗元件以电压形式表达的动作方程为

$$90°<\arg\frac{\dot{U}_{\varphi\varphi}-\dot{I}_{\varphi\varphi}Z_{p}}{\dot{U}_{\varphi\varphi}+\dot{I}_{\varphi\varphi}Z_{n}}<270°$$

接地阻抗元件以电压形式表达的动作方程为

$$90°<\arg\frac{\dot{U}_{\varphi}-(\dot{I}_{\varphi}+K3\dot{I}_{0})Z_{p}}{\dot{U}_{\varphi}+(\dot{I}_{\varphi}+K3\dot{I}_{0})Z_{n}}<270°$$

式中：Z_p 为正方向整定阻抗；

Z_n 为反方向整定阻抗。

阻抗元件的动作特性是偏移圆特性，最大灵敏角为80°。其动作特性如图 5－50 所示。

（二）阻抗保护的配置

在 330kV 及以上电压等级的变压器，在高压侧（YN 接线）、中压侧（YN 接线）需配置带偏移特性的阻抗保护。高压侧的阻抗保护设置一段两时限，第一时限跳本侧断路器，第二时限跳变压器各侧断路器。中压侧的阻抗保护设置一段三时限，第一时限跳开本侧分段和母联，第二时限跳开本侧断路器，第三时限跳开变压器各侧断路器。

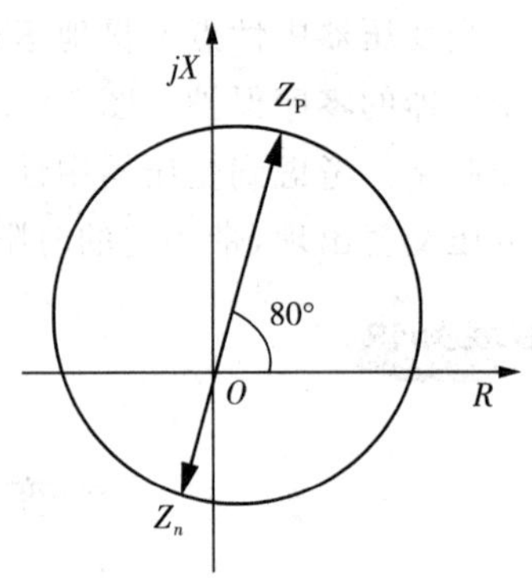

图 5-50　阻抗元件的动作特性

由于偏移圆动作特性的阻抗元件，其正反方向两侧短路都有保护范围，若所用 TA 的正极性端在母线侧，则偏移圆动作特性的正方向指向变压器，反方向指向母线(系统)。安装在高(中)压侧的阻抗元件，当方向指向变压器时，整定阻抗保护范围要求不伸出中(高)压侧和低压侧的母线。作为变压器内部绕组短路故障的后备。而当阻抗元件方向指向母线(系统)时，整定阻抗按照与线路保护配合整定，作为系统短路故障的后备。

(三)TV 断线及系统振荡对阻抗保护的影响及措施

为防止 TV 断线及系统振荡对阻抗元件的工作带来影响，可采用相间电流工频变化量和负序电流作为启动元件，启动元件启动后开放 500ms，期间若阻抗元件动作则继续保持。在 TV 断线时由于启动元件不启动，阻抗保护不会误动。启动元件动作方程为

$$\Delta I > 1.25\Delta I_t + I_{th}$$

$$I_2 > 0.2I_n$$

式中：ΔI_t 为浮动门槛，随着变化量输出增加而自动提高，取 1.25 倍可使门槛电流始终高于不平衡输出，保证在系统频率偏移和系统振荡情况下不误启动；

I_{th} 为固定门槛；

I_2 为负序电流，大于 $0.2I_n$ 时启动元件动作。

为了防止在 TV 断线期间发生区外短路时阻抗保护的误动，在判断出 TV 断线以后，将阻抗保护自动退出。此时可通过整定控制字选择是否投入一段过流保护作为后备保护。若"阻抗退出投入过流保护"控制字为"1"时，表示在 TV 断线时退出阻抗保护，投入一段过流保护，动作后跳变压器各侧断路器；若"阻抗退出投入过流保护"控制字为"0"时，表示在 TV 断线时退出阻抗保护，不投入过流保护。

当本侧 TV 检修或旁路代路未切换 TV 时，为避免阻抗保护的误动作，需投入"本侧电压退出"压板或整定控制字，自动退出阻抗保护。并可通过整定控制字选择投入过流保护作为后备保护。

(四)振荡闭锁

在变压器保护中采用的阻抗保护，如果其动作时间在 1.5s 以上时，可以用时限躲过振荡的影响，就不必经振荡闭锁控制。否则，阻抗保护应该受振荡闭锁控制，在系统振荡时闭锁阻抗保护。保护装置中设有整定控制字，当"阻抗保护经振荡闭锁投入"控制字为"0"时，阻抗保护不经振荡闭锁；当控制字整定为"1"时，阻抗保护经过振荡闭锁。

阻抗元件的振荡闭锁分为以下三个部分：

1. 在启动元件动作起始 160ms 以内

其动作条件是，启动元件开放瞬间，若按躲过变压器最大负荷整定的正序过流元件不动作或动作时间不到 10ms，将振荡闭锁开放 160ms。如果该元件在系统正常运行情况下突然发生故障时，立即开放 160ms。当系统振荡时，正序过流元件动作，随后再发生故障，振荡闭锁元件被闭锁。另外，当区外故障或操作后 160ms 再发生故障时，该元件也被闭锁。

2. 不对称故障开放元件

系统振荡且区内发生不对称故障时，振荡闭锁回路应开放。开放的条件为

$$|I_0|+|I_2|>m|I_1|$$

式中：m 为某一固定常数，其值根据最不利的系统条件下，即振荡又区外故障时振荡闭锁不开放为条件来确定，并留有一定的裕度；

I_1、I_2、I_0 为正序、负序和零序电流。

采用不对称故障开放元件，保证了在系统已经发生振荡的情况下，发生区内不对称故障时瞬时开放振荡闭锁以迅速切除故障，振荡又区外故障时则可靠闭锁保护而不误动。

3. 对称故障开放元件

在启动元件开放 160ms 后或在系统振荡过程中区内发生三相短路故障，则上述两项措施都不能开放振荡闭锁，所以在保护装置中设置专门的判别元件，测量系统振荡中心电压 U_{OS}。即

$$U_{OS}=U_1\cos\varphi_1$$

式中：U_1 为正序电压；

φ_1 为正序电流与正序电压之间的夹角。

当满足 $-0.03U_N<U_{OS}<0.08U_N$ 时，延时开放 150ms；当满足 $-0.1U_N<U_{OS}<0.25U_N$ 时，延时开放 500ms。

(五)阻抗保护逻辑框图

综合以上分析，可得变压器阻抗保护逻辑框图，如图 5-51 所示。

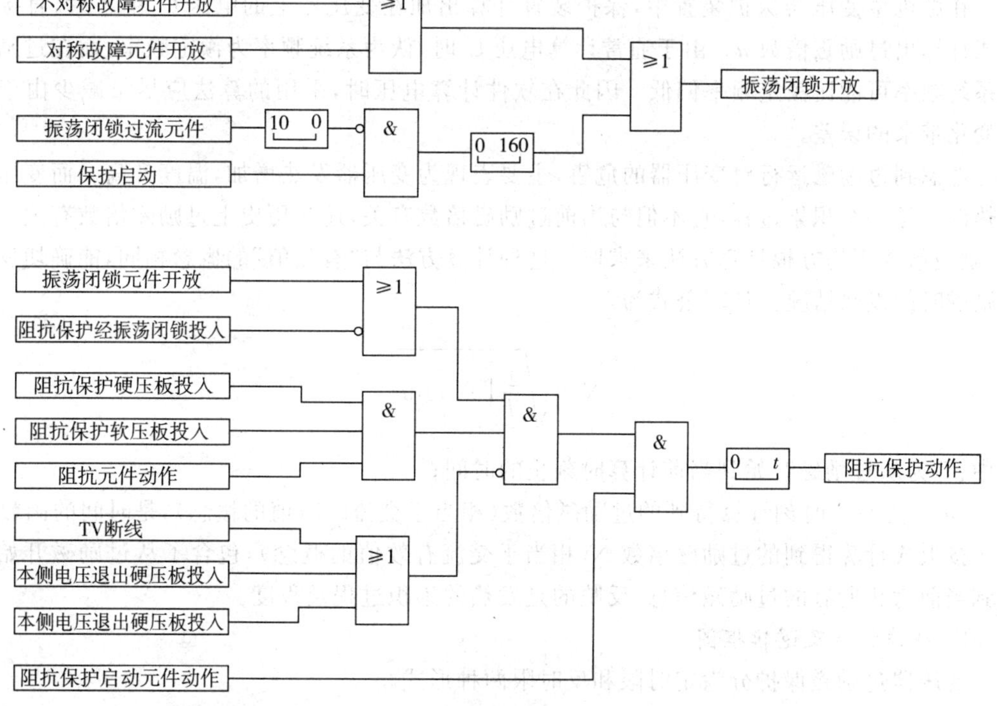

图 5-51 阻抗保护逻辑框图

二、变压器过励磁保护

运行中的变压器由于电压升高或者频率降低，将会使变压器处在过励磁运行状态，此时变压器铁芯饱和，励磁电流急剧增加，波形发生畸变，产生高次谐波，从而使变压器铁芯损耗增大，温度升高。另外，铁芯饱和之后，漏磁通增大，在导线、油箱壁及其他构件中产生涡流，引起局部过热。严重时造成铁芯变形及损伤介质绝缘。因此，为保证大型、超高压变压器的安全运行，设置变压器过励磁保护是十分必要的。

标准化设计规定，在 330kV 及以上变压器的高压侧，220kV 变压器的高压侧与中压侧应配置过励磁保护。

1. 过励磁保护的原理

在变压器差动保护中过励磁闭锁元件部分，已经讲述了变压器过励磁运行的原因，这里不再重复。在变压器过励磁保护中，采用一个重要的物理量，称为过励磁倍数 n，它等于变压器运行时铁芯中的实际磁密 B 与额定工作磁密 B_e 之比，即

$$n=\frac{B}{B_e}=\frac{U/U_e}{f/f_e}=\frac{U_*}{f_*}$$

式中：U、f 为变压器运行时的实际电压和频率；

U_e、f_e 为变压器的额定电压和额定频率；

U_*、f_* 为变压器运行时电压和频率的标幺值。

通过计算 n 值，可知变压器运行的状态，额定运行时，$n=1$；过励磁时，$n>1$。n 值越大，过励磁倍数越高，对变压器的危害越严重。

2. 测量过励磁倍数的原理

在微机型变压器保护装置中，保护装置计算出加在变压器上的电压 U 和 f 后，直接用上式计算出过励磁倍数 n。由于通常计算电压 U 时，认为系统频率为额定频率，而在过励磁时系统频率可能比额定频率偏低。因此在软件计算电压时，采用的算法应尽量减少由于频率变化带来的误差。

考虑到过励磁运行对变压器的危害，主要表现为变压器发热增加，温度升高。而变压器发热温升是一个积累过程，它不但与当前过励磁倍数有关，还与历史上过励磁倍数有关。所以，励磁倍数用均方根计算方法来求取。这种计算方法与“有效值”的概念相同，能确切反映过励磁时的发热情况。计算公式为

$$N=\sqrt{\frac{1}{T}\int_0^T n^2(t)\,\mathrm{d}t}$$

式中：T 为从过励磁开始到当前计算时刻止的时间；

$n(t)$ 为每一时刻计算得到的过励磁倍数（相当于交流瞬时值的概念），是时间的函数。

按上式计算得到的过励磁倍数 N（相当于交流有效值的概念），包含了从过励磁开始一直到当前为止所有的过励磁信息，反映的是发热的累积过程及程度。

3. 动作特性及逻辑框图

变压器过励磁保护分为定时限和反时限两种形式。

(1)动作方程

动作方程如下

$$n \geqslant n_{setL}$$

$$n \geqslant n_{seth}$$

式中:n 为过励磁倍数;

n_{setL} 为过励磁倍数低定值,定时限保护的启动值,应按躲过正常运行时变压器铁芯中出现的最大工作磁密来整定。

其中II段为告警信号,一般告警定值取1.1,延时4s;I段为定时限过励磁跳闸,一般定时限元件动作过励磁倍数取变压器额定励磁的1.15～1.2倍,其动作延时可取6～9s。n_{seth} 为过励磁倍数高定值,反时限部分启动值。反时限保护动作后,跳开变压器各侧断路器,将变压器从电网上切除。

(2)反时限部分的动作特性

实际运行的变压器过励磁越严重,发热越多,允许运行的时间越短;反之,变压器过励磁较轻时,允许运行的时间较长,显然是一个反时限特性。所以保护采用反时限特性与之相适应,即过励磁倍数越大时,保护动作跳闸的时间越短;反之,过励磁倍数越小时,保护动作跳闸的时间越长。

过励磁反时限保护动作特性方程之一为

$$t = 0.8 + \frac{0.18K_t}{(M-1)^2}$$

式中:t 为保护动作时限;

K_t 为整定的时间倍率(1～63);

M 为启动倍率,$M = \frac{n}{n_{seth}}$,即等于过励磁倍数与反时限部分过励磁倍数之比。

过励磁反时限保护动作特性方程之二为

$$t = 10^{-K_1 n + K_2}$$

式中:t 为保护动作时限;

n 为过励磁倍数;

K_1、K_2 为待定常数。

图5-52所示为反时限过励磁保护动作特性曲线,按与制造厂给出的允许过励磁特性曲线相配合的原则来整定。图中,n_{seth} 为反时限过励磁保护启动值;t_{max} 为反时限过励磁保护动作最大时限。过励磁倍数 n 的整定值一般在1.0～1.5之间,最大延时可为3000s。

众所周知,并网运行的变压器的频率决定于电网的频率,除发生电网解列、瓦解等严重事故外,电网频率大幅度下降的可能性很小,因此,变压器的过励磁主要由过电压所致。表5-13给出了电压与允许时间的关系。

表5-13 反时限过激磁保护的定值

过电压倍数	1.1	1.15	1.2	1.25	1.3	1.35	1.4
允许持续时间(s)	t_1	t_2	t_3	t_4	t_5	t_6	t_7

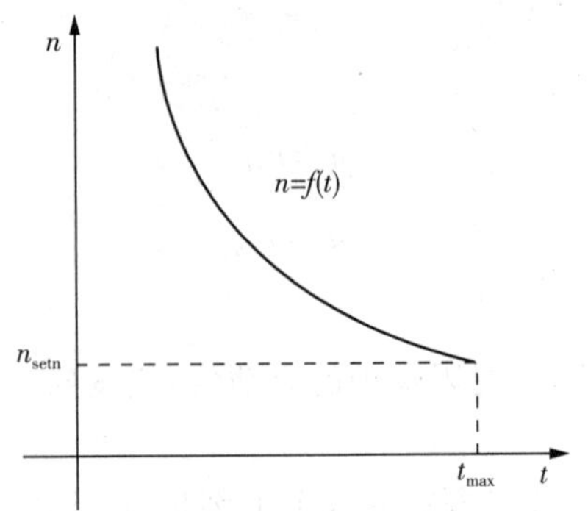

图 5－52　反时限过励磁保护动作特性曲线

反时限过励磁保护定值的整定，是通过曲线拟合的方式来实现的，固定反时限过励磁Ⅰ段的过励磁倍数为 1.1，以 0.05 的级差递增，一般取 7 个点进行定值整定。

(3)逻辑框图

微机型过励磁保护的动作逻辑框图如图 5－53 所示。由图可以看出，当变压器电压升高或频率降低时，若测量出的过励磁倍数大于过励磁告警定值且过励磁告警投入时，经延时 t_{II} 发信号；若测量出的过励磁倍数大于过励磁保护定时限定值时，定时限Ⅰ段动作，定时限过励磁保护动作跳闸；严重过励磁时，则过励磁保护反时限动作，经与过励磁倍数相对应的延时，将变压器从电网上切除。

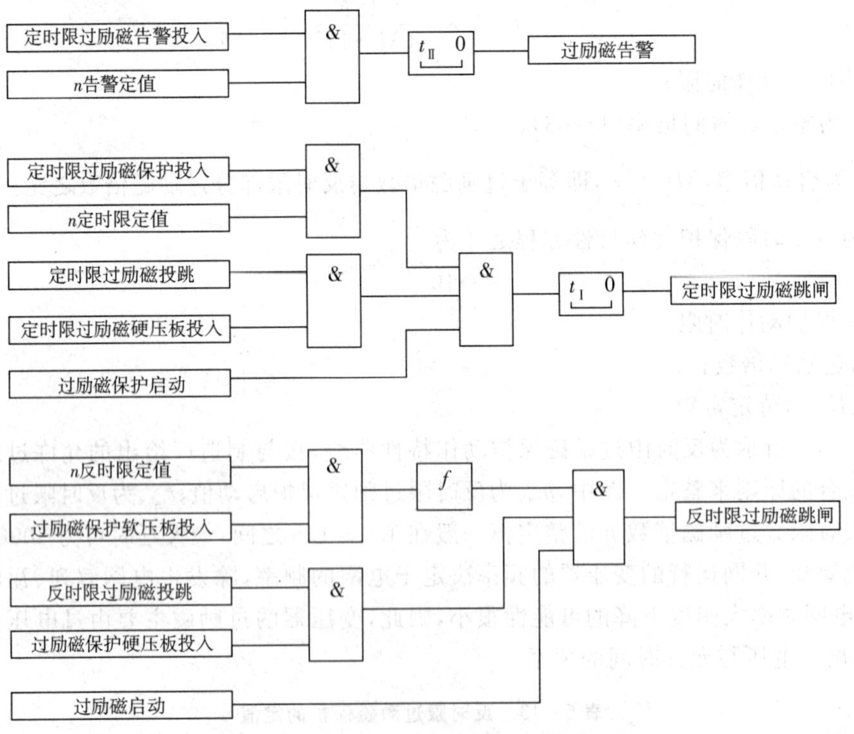

图 5－53　微机型过励磁保护逻辑框图

【项目总结】

变压器故障分为油箱内故障和油箱外故障。油箱内故障，主要有绕组的相间短路、接地短路和匝间短路等。油箱外故障，主要有套管和引出线上的相间短路及接地短路。

变压器不正常工作状态，主要有外部短路引起的过电流、过负荷、油箱漏油引起的油位下降、冷却系统故障、变压器油温升高、外部接地短路引起中性点过电压、绕组过电压或频率降低引起过励磁等。

变压器保护分为电量保护和非电量保护。反应变压器故障的保护动作于跳闸，反应变压器不正常工作状态的保护动作于信号。变压器的保护主要有：瓦斯保护、纵差保护、电流速断保护、相间短路的后备保护、零序保护、过负荷保护等。

瓦斯保护主要反应油箱内故障，分为轻瓦斯和重瓦斯。轻瓦斯主要反应变压器内部轻微故障和变压器漏油，动作于信号。重瓦斯主要反应变压器内部严重故障，动作于跳闸。

变压器纵差保护可以反应变压器绕组、套管及引出线的各种故障，与瓦斯保护相配合作为变压器的主保护。变压器纵差保护的原理与线路纵差保护和发电机纵差保护的原理是相同的，但其产生不平衡电流的原因比线路纵差保护和发电机纵差保护的不平衡电流要多，主要有：变压器两侧绕组接线方式不同产生的不平衡电流（可以采用相位补偿法消除）、电流互感器计算变比与实际变比不同产生的不平衡电流（对于数字式变压器纵差保护装置，可以通过计算实现补偿。对于电磁式变压器纵差动保护装置，可以采用中间变流器进行补偿）、变压器调压产生的不平衡电流（可以在整定计算时考虑躲过）、电流互感器传变误差产生的不平衡电流（应选用高饱和倍数差动保护专用的D级电流互感器，尽可能使两侧电流互感器的型号、性能和磁化曲线相同；在外部短路最大短路电流下按10%误差曲线校验互感器二次负荷）、变压器正常运行时励磁电流产生的不平衡电流（正常运行时励磁电流一般不会超过额定电流的2%—5%，对纵差保护的影响可以忽略不计）、变压器励磁涌流产生的不平衡电流（可以采用具有速饱和铁心的差动继电器，或利用二次谐波制动的方法，也可以采用比较波形间断角鉴别内部故障和励磁涌流的方法来减小励磁涌流的影响）。

变压器电流速断保护（本书没有具体介绍）具有接线简单，动作迅速等优点，能瞬时切除变压器电源侧引出线和套管，以及变压器内部部分线圈的故障。它的缺点是不能保护电力变压器的整个范围，当系统容量较小时，保护范围较小，灵敏度较难满足要求；在无电源的一侧，套管到断路器一段故障不能反应，要靠相间短路的后备保护，切除故障的时间较长，对系统安全运行不利；但变压器的电流速断保护与瓦斯保护，相间短路的后备保护配合较好，因此广泛应用于小容量变压器的保护中。

为反应变压器外部故障而引起的变压器绕组过电流，以及在变压器内部故障时，作为差动保护和瓦斯保护的后备，变压器应装设过电流保护。过电流保护即作为变压器内部短路时的近后备保护又作为外部短路时下一级保护或断路器失灵的后备保护。当变压器所接母线无专用母线保护时，也作为该母线的主要保护。根据变压器容量、地位及性能和系统短路电流水平的不同，实现保护的方式有：过电流保护、低电压启动的过电流保护、复合电压启动的过电流保护、负序过电流保护以及阻抗保护等。

在电力系统中，接地短路是最常见的故障形式。中性点直接接地系统变压器，一般要求在变压器上装设接地短路保护，作为变压器主保护和相邻元件接地短路保护的后备保护。

系统接地短路时,母线将出现零序电压,零序电流的大小和分布与系统中变压器中性点接地的数目和位置有关。变压器接地短路的后备保护通常就是反应这些电气量构成的。对于中性点直接接地变压器主要装设零序电流保护;对于中性点有两种运行方式的变压器,需要装设两套相互配合的接地保护装置:零序过电流保护——用于中性点接地运行方式;零序过电压保护——用于中性点不接地运行方式。并且还要按下列原则构成保护:对于分级绝缘变压器,其中性点绝缘的耐压强度较低,中性点不装设放电间隙时,对冲击过电压,用避雷器保护变压器中性点绝缘,当单相接地且系统中失去中性点时,在弧光接地引起的工频过电压作用下,避雷器有可能损坏,故仍不能保证变压器中性点绝缘的安全。为防止中性点绝缘在工频过电压下损坏,不允许在无接地中性点的情况下带接地故障点运行。因此,当发生接地故障时,应先切除中性点不接地运行的变压器,然后切除中性点接地运行的变压器。当中性点只装设放电间隙或同时装设避雷器和放电间隙的变压器,当系统发生单相接地短路时,中性点接地运行的变压器由其零序电流保护动作于切除。若此时高压母线上已没有中性点接地的变压器时,中性点将发生过电压,导致放电间隙击穿。中性点不接地运行的变压器将由反应间隙放电电流的零序电流保护瞬时动作切除变压器,如果中性点过电压值不足以使放电间隙击穿,则可由零序电压元件延时 $t_5=0.3\sim0.5\text{s}$ 将中性点不接地运行的变压器切除。对于全绝缘变压器。应先切除中性点接地运行的变压器,后切除中性点不接地运行的变压器。

思考题与习题

5-1 变压器主要有哪些故障、不正常运行状态?变压器主要装设哪些保护?

5-2 试述变压器瓦斯保护的基本原理?在安装瓦斯继电器时应注意哪些问题?

5-3 在变压器纵差保护中,产生不平衡电流的原因有哪些?减小不平衡电流的措施有哪些?

5-4 什么是变压器的励磁涌流?它有哪些特点?

5-5 三绕组变压器相间短路后备保护的配置原则是什么?

5-6 多台变压器并列运行时,全绝缘变压器和分级绝缘变压器对接地保护的要求有何不同?

项目六　发电机保护

【项目描述】

通过对发电机微机保护装置(如 RCS－985 等)所包含的各种保护功能的讲解和检验，使学生熟悉发电机微机保护装置的硬件结构，掌握发电机主保护以及各种后备保护的实现方式。

【学习目标】

1. 知识目标

(1)熟悉发电机保护的基本配置及发电机微机保护装置的基本结构；

(2)掌握发电机纵差保护的实现方式；

(3)掌握发电机定子绕组单相接地保护的实现方式；

(4)掌握发电机定子绕组匝间短路保护的实现方式；

(5)掌握发电机励磁回路接地保护的实现方式；

(6)了解发电机后备保护的实现方式。

2. 能力目标

(1)具有检验发电机差动保护比率制动特性能力；

(2)具有检验发电机后备保护特性能力；

(3)具有发电机微机保护装置运行维护能力。

【学习环境】

为了完成上述教学目标要求具有与现场相似的微机保护实训场所(或微机保护一体化教室)，具有微机发电机保护等基本的微机保护装置。同时应具有微机保护装置检验调试所需的仪器仪表、工器具、相关材料等。还应具有可以开展一体化教学的多媒体教学设备。

任务一　发电机纵差保护

学习目标

通过对发电机微机保护装置(如 RCS－985 等)所包含的发电机纵差保护功能进行讲解和检验，使学生在完成本任务的学习过程中达到以下 3 个方面的目标：

1. 知识目标

(1)熟悉发电机故障、发电机不正常工作状态及其保护方式;

(2)了解发电机纵差保护的种类及其作用;

(3)掌握发电机纵差保护的实现方式;

(4)熟悉发电机纵差保护的接线及影响因素。

2. 能力目标

(1)会阅读发电机纵差保护的相关图纸;

(2)熟悉发电机微机保护装置中与纵差保护相关的压板、信号、端子等;

(3)熟悉并能完成发电机微机保护装置检验前的准备工作,会对发电机微机保护装置纵差保护进行检验。

3. 态度目标

(1)不旷课,不迟到,不早退;

(2)具有团队意识协作精神;

(3)积极向上努力按时完成老师布置的各项任务;

(4)责任意识,安全意识,规范意识。

任务描述

熟悉发电机微机保护的构成,学会对发电机微机保护装置纵差保护功能检验的方法、步骤等。

任务准备

1. 工作准备

√	学习阶段	工作(学习)任务	工作目标	备　注
	入题阶段	根据工作任务,分析设备现状,明确检验项目,编制检验工作安全措施及作业指导书,熟悉图纸资料	确定重点检验项目	
	准备阶段	检查并落实检验所需材料、工器具、劳动防护用品等是否齐全合格	检验所需设备材料齐全完备	
	分工阶段	班长根据工作需要和人员精神状态确定工作负责人和工作班成员,组织学习《公司电业安全工作规程》、现场安全措施	全体人员明确工作目标及安全措施	

2. 检验工器具、材料表

(一)检验工器具						
√	序号	名 称	规 格	单 位	数 量	备 注
	1	继电保护微机试验仪及测试线		套		
	2	万用表		块		
	3	电源盘(带漏电保护器)		个		
	4	模拟断路器		台		
(二)备品备件						
√	序号	名 称	规 格	单 位	数 量	备 注
	1	电源插件		个		
(三)检验材料表						
√	序号	名 称	规 格	单 位	数 量	备 注
	1	毛刷		把		
	2	绝缘胶布		盘		
	3	电烙铁		把	1	
(四)图纸资料						
√	序号	名 称				备 注
	1	与现场实际接线一致的图纸				
	2	最新定值通知单				
	3	装置资料及说明书				
	4	上次检验报告				
	5	作业指导书				
	6	检验规程				

3. 危险点分析及安全控制措施

序号	危险点	安全控制措施
1	误走错间隔,误碰运行设备	检查在发电机保护屏前后应有“在此工作”标示牌,相邻运行屏悬挂红白警告带
2	工作不慎引起交、直流回路故障	工作中应使用带绝缘手柄的工具,拆动二次线时应作绝缘处理并固定,防止直流接地或短路
3	电压反送、误向运行设备通电流	试验前应断开检修设备与运行设备相关联的电流、电压回路
4	检修中的临时改动忘记恢复	二次回路、保护压板、保护定值的临时改动要做好记录,坚持“谁拆除谁恢复”的原则

（续表）

序号	危险点	安全控制措施
5	带电插拔插件，易造成集成块损坏；频繁插拔插件，易造成插件插头松动	严禁带电插拔插件，工作时佩戴防静电手环或采取其他防静电措施。整组传动后应尽量避免插拔插件，如需插拔应检验相关回路完好
6	接、拆低压电源时人身触电	接拆电源时应在电源开关拉开的情况下两人一起工作。所使用电源应装有漏电保护器。禁止从运行设备上接取试验电源
7	越过遮栏，易发生人员触电事故	现场设专人监护，严禁跨越围栏
8	联跳回路未断开，误跳运行开关	根据被检验装置与运行设备相关联部分的实际情况，制定技术措施，防止误跳其他开关（误跳母联、分段开关，误启动失灵保护）

任务实施

1．开工

√	序号	内　容
	1	履行工作票、安全措施票手续并对危险点和安全注意事项交底；办理工作许可手续

2．安全措施的执行及确认危险点

（一）检查运行人员所做的措施	
√	检查内容
	检查所有压板位置，并做好记录
	检查所有把手及开关位置，并做好记录

（二）继电保护安全措施的执行

回路	位置及措施内容	执行√	恢复√	位置及措施内容	执行√	恢复√
电流回路						
电压回路						
合闸和跳闸回路						

（续表）

信号回路						
其他						
执行人员：				监护人员：		
备注：						

3. 作业流程

（三）发电机纵差保护检验		
序号	检验内容	√
1	比率差动试验	
2	发电机工频变化量差动试验	
3	发电机差动速断检验	
4	TA 断线闭锁试验	
（四）工作结束前检查		
序号	内　容	√
1	现场工作结束前，工作负责人会同工作人员检查实验记录有无漏检验项目，试验结论、数据是否完整正确	
2	检查临时接线是否全部拆除，拆下的线头是否全部接好，包括接地线	
3	检查保护装置是否在正常运行状态	
4	打印装置现运行定值区定值与定值通知单逐项核对相符	
5	检查出口压板对地电位正确	

4. 竣工

√	序号	内　容	备注
	1	检查措施是否恢复到开工前状态	
	2	全体工作班人员清扫、整理现场，清点工具及回收材料。工作负责人周密检查施工现场，是否有遗留的工具、材料	
	3	工作负责人在检修记录上详细记录本次工作所检修项目、发现的问题、试验结果和存在的问题等	
	4	经验收合格，办理工作票终结手续	

RCS－985 发电机纵差动保护装置检验方法

分别从发电机机端和发电机中性点引入三相电流实现纵差动保护，如图 6－1 所示。并将差动保护、差动速断保护、差动跳发电机硬压板投入，其他硬压板退出。

（一）调试接线示意图如下：

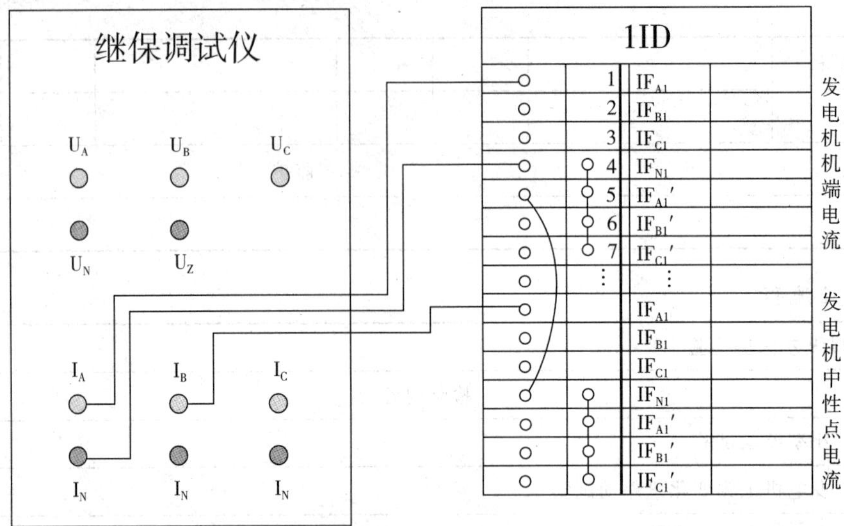

图 6-1　发电机差动保护调试示意图

(二)调试步骤如下：

保护功能试验

(1)试验准备

①装置参数整定

定值区号一般整定为 0，如需两套定值切换，可以分别在 0，1 区号下整定，根据运行方式人工切换。

装置编号可以按发电机编号整定。

定值修改一般整定为“本地修改”。

②系统参数整定

发电机(有功、功率因数)、励磁变容量按相应的铭牌参数整定。电压等级按实际工作电压整定。发电机容量按相应的铭牌参数整定。电压等级按实际工作电压整定。

a. 对于发电机机端 TV 变比如：$\frac{22K}{\sqrt{3}}/\frac{100V}{\sqrt{3}}/\frac{100V}{3}$，可以整定：机端 TV 原边为 12.702kV，机端 TV 副边为 57.74V，机端 TV 零序副边为 33.33V；也可整定：机端 TV 原边为 22kV，机端 TV 副边为 100V，机端 TV 零序副边为 57.74V。

b. 对于 TA 变比，一般装置内部配置的小电流互感器与 TA 二次额定值相同，均为 1A 或 5A。如对于高压侧 TA 变比为 25000/1，则系统定值 TA 原边整定 25000A，副边整定 1A。

c. 对于发电机转子电流额定值和分流器二次值，可以直接输入分流器一次、二次额定参数。

d. 保护计算定值不需人工计算整定，只需将系统参数全部输入装置，保护装置自动计算出各侧二次额定电压、二次额定电流，自动形成差动各侧平衡系数。

③内部参数整定

一般出厂时按工程需要设置，也可由现场服务人员调试时根据工程需要设置。

a. 主接线整定

发电机:发电机接线。

发电机,励磁变:发电机带励磁变。

备用:未定义。

b. TA 极性选择

电流通道 6	电流通道 5	电流通道 4	电流通道 3	电流通道 2	电流通道 1

根据需要配置相应的 TA 极性。选择“0”,表示按说明书所示定义极性输入,选择“1”表示与说明书定义极性相反输入。

c. 交流通道定义

序　号	电流量名称	定值范围	备　注
1	发电机后备 TA 定义	1—6 三相电流通道	定值范围外未定义
2	发电机功率 TA 定义	1—6 三相电流通道	定值范围外未定义
3	逆功率是否测量 TA	否,是	
4	机端零序电压是否自产	否,是	

具体工程在在设计图纸上会表明该工程所用的具体的通道。

d. 其他控制字整定

管理板录波方式:启动或跳闸;

管理板调试方式:DSP2 或 DSP1;

管理板录波长度:4S 或 8S;

启动显示突发报文:否或是。

④保护定值整定

按要求整定相应保护的定值单。

⑤跳闸矩阵整定

⑥试验压板投入

(2)接点检查

试验中报警信号接点,跳闸信号接点,跳闸出口接点,其他输出接点检查。

(3)差动保护试验

①定值整定

a. 保护总控制字“差动保护投入”置 1;

b. 投入差动保护压板;

c. 比率差动启动定值:<u>　$0.5I_e$　</u>,起始斜率:<u>　0.1　</u>,最大斜率:<u>　0.7　</u>,速断定值:<u>　$6I_e$　</u>;

d. 整定差动跳闸矩阵定值;

e. 按照试验要求整定“差动速断投入”、“比率差动投入”、“发电机工频变化量比率差动”、“TA 断线闭锁比率差动”控制字；

②比率差动试验

“比率差动投入”置 1，从两侧加入电流试验。

发电机比率差动试验：（额定电流 I_e＝ 0.84 A）

序号	机端电流		中性点二次电流		制动电流 Ie	差电流 Ie	计算值 Ie
	A	Ie	A	Ie			
1							
2							
3							
4							
5							
6							
7							

③发电机工频变化量差动试验

启动电流定值：I_{cdqd}；试验值：__________。

④差动速断试验

发电机差动速断定值一般不小于 4Ie。

定值：__________ I_e；试验值：__________。

⑤TA 断线闭锁试验

“发电机比率差动投入”、“TA 断线闭锁比率差动”均置 1。

两侧均加额定电流，调平衡，断开任意一相电流，装置发“发电机差动 TA 断线”信号并闭锁发电机比率差动，但不闭锁差动速断。

“发电机比率差动投入”置 1、“TA 断线闭锁比率差动”置 0。

两侧均加上额定电流，调平衡，断开任意一相电流，发电机比率差动动作并发“发电机差动 TA 断线”信号。

退掉电流，按屏上复归按钮才能清除“发电机差动 TA 断线”信号。

相关知识

一、发电机的故障、不正常工作状态及其保护方式

发电机是电力系统中十分重要和贵重的设备，发电机的安全运行直接影响电力系统的安全。发电机由于结构复杂，在运行中可能发生故障和不正常工作状态，会对发电机造成危害。同时系统故障也可能损坏发电机，特别是现代的大中型发电机的单机容量大，对系统影响大，损坏后的修复工作复杂且工期长，所以对继电保护提出了更高的要求。因此，在考虑大机组继电保护的总体配置时，比较强调最大限度地保证机组安全和最大限度地缩小故障破坏范围，尽可能避免不必要的突然停机，对某些异常工况采用自动处理装置，特别要避免保护装置误动和拒动。这样，不仅要求有可靠性、灵敏性、选择性和快速性好的保护装置，还

要求在继电保护的总体配置上尽量做到完善、合理,避免繁琐、复杂。

1. 发电机可能发生的故障及其相应的保护

(1)发电机定子绕组相间短路

定子绕组相间短路是危害发电机安全运行最严重的一种故障,短路点产生的电弧不但会损坏绝缘,严重的会烧坏发电机,甚至引起火灾。应装设纵差动保护。

(2)定子绕组匝间短路

大型发电机的定子绕组多为双分支或多分支并联,同槽同相的线棒数占相当大比例。在运行中由于电磁力引起的振动使绝缘磨损,发生一相匝间短路的可能性还是存在的,一旦定子绕组匝间短路会产生很大的环流,引起故障处温度升高,使绝缘老化,甚至击穿绝缘发展为单相接地或相间短路。应装设匝间短路保护。

(3)发电机定子绕组单相接地

定子绕组单相接地是发电机易发生的一种故障。单相接地后,其电容电流流过故障点的定子铁芯,当此电流较大或持续时间较长时,会损坏铁芯局部和绕组绝缘,甚至进一步引起匝间短路或相间短路。因此,应采取措施限制接地点的电流并装设灵敏的反映全部绕组任一点接地故障的100%定子绕组单相接地保护。

(4)发电机转子绕组一点接地和两点接地

转子绕组一点接地,是比较常见的故障形式,由于没有构成通路,对发电机没有直接危害,但若再发生另一点接地,就造成两点接地,则转子绕组一部分被短接,不但会烧毁转子绕组和转子,而且由于励磁回路短路会破坏磁路的对称性,造成磁势不平衡而引起机组剧烈振动,产生严重后果。因此,应装设转子绕组一点接地保护和两点接地保护。

(5)发电机失磁

由于转子绕组断线、励磁回路故障或灭磁开关误动等原因,将造成转子失磁,这时,发电机将从系统中吸取大量无功功率,使系统电压降低,并有可能破坏系统的稳定运行。失磁故障不仅对发电机造成危害,而且对电力系统安全也会造成严重影响,因此,应装设失磁保护。

2. 发电机的不正常工作状态及其相应的保护

(1)由于外部短路等原因引起的过电流,应装设过电流保护,作为外部短路和内部短路的后备保护。对于50MW及以上的发电机,应装设负序过电流保护。

(2)由于负荷超过发电机额定值,或负序电流超过发电机长期允许值所造成的对称或不对称过负荷。针对对称过负荷,应装设只接于一相的过负荷信号保护;针对不对称过负荷,一般在50MW及以上发电机应装设负序过负荷保护。

(3)发电机突然甩负荷引起过电压,特别是水轮发电机,因其调速系统惯性大和中间再热式大型汽轮发电机功频调节器的调节过程比较缓慢,在突然甩负荷时,转速急剧上升从而引起过电压。因此,在水轮发电机和大型汽轮发电机上应装设过电压保护。

(4)当汽轮机主气门突然关闭而发电机断路器未断开时,发电机变为从系统吸收有功而过渡到电动机运行状态,对汽轮机叶片特别是尾叶,可能过热而损坏。因此,应装设逆功率保护。

为了消除发电机故障,其保护动作跳开发电机断路器的同时,还应作用于自动灭磁开关,断开发电机励磁电流,以使定子回路不再产生电势供给短路电流。

二、发电机纵差保护

发电机的纵差保护，反应发电机定子绕组及其引出线的相间短路，是发电机的主要保护。其应能快速而灵敏地切除保护范围内部所发生的发电机内部相间短路故障，同时在正常运行以及外部故障时，又应保证动作的选择性和可靠性。

保护装置的测量元件如能同时反应被保护设备两端的电量，就能正确判断保护范围区内和区外的故障。因此用比较被保护设备各端电流大小和相位差的方法而构成的纵联差动保护，获得广泛应用。它的特点是灵敏度高、动作时间端、可靠性高。目前发电机纵差保护广泛采用的有比率制动式和标积制动式两种原理。

1. 比率制动式发电机纵差动保护原理

所谓比率制动特性，即使保护的动作电流随着外部故障穿越性电流的增大而自动增大，因而保证内部故障时保护具有足够的灵敏度。

图 6－2 为整流型比率制动式纵差保护的单相原理接线图。

图中以一相为例，规定一次电流 $\dot{I}_1$、$\dot{I}_2$ 以流入发电机为正方向。当正常运行以及发电机保护区外发生短路故障时，$\dot{I}_1$ 与 $\dot{I}_2$ 反相，即有 $\dot{I}_1+\dot{I}_2=0$，流入差动元件的差动电流 $I_d=\dot{I}_1+\dot{I}_2\approx 0$（实际不为 0，称为不平衡电流 $I_d=\dot{I}'_1+\dot{I}'_2\approx 0$），差动元件不会动作。当发生发电机内部短路故障时，$\dot{I}_1$ 与 $\dot{I}_2$ 同相，即有 $\dot{I}_1+\dot{I}_2=\dot{I}_K$，流入差动元件的差动电流较大，当该差动电流超过整定值时，差动元件判断为发生了发电机内部故障而作用于跳闸。

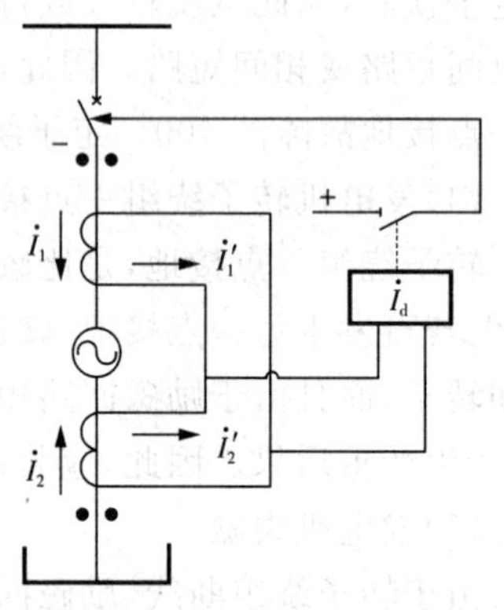

图 6－2　发电机纵差保护原理图

发电机正常运行时，不平衡电流很小，当发生区外短路时，由于短路电流的作用，电流互感器的误差增大，再加上短路电流中非周期分量的影响，不平衡电流增大。为防止差动保护在区外短路时误动，差动元件的动作电流 I_d 应躲过区外短路时产生的最大不平衡电流，这样差动元件的动作电流将比较大，降低了内部故障时保护的灵敏度，甚至有可能在发电机内部短路时拒动。为了解决这一矛盾，考虑到不平衡电流随着流过电流互感器电流的增加而增加的因素，提出了比率制动式纵联差动保护，使差动保护动作值随着外部短路电流的增大而自动增大。

设 $I_d=\dot{I}'_1+\dot{I}'_2\approx 0$，$I_{res}=|(\dot{I}'_1+\dot{I}'_2)/2|$，比率制动式差动保护的动作方程为

$$\begin{cases} I_d \geqslant I_{d.\min} & (I_{res}\leqslant I_{res.\min}) \\ I_d \geqslant I_{d.\min}+K(I_{res}-I_{res.\min}) & (I_{res}>I_{res.\min}) \end{cases} \tag{6-1}$$

式中：I_d 为差动短路或称动作电流；

I_{res} 为制动电流；

$I_{res.\min}$ 为最小制动电流或称拐点电流；

$I_{d.\min}$ 为最小动作电流或称启动电流；

K 为制动特性直线的斜率。

式(6－1)对应的比率制动特性如图6－3所示。由式(6－1)可以看出，它在动作方程中引入了启动电流和拐点电流，制动线BC一般已不再经过原点，从而能够更好地拟合电流互感器的误差特性，进一步提高差动保护的灵敏度。

根据比率制动特性曲线分析，当发电机正常运行或区外较远的地方发生短路时，差动电流接近为零，差动保护不会误动；而在发电机区内发生短路故障时，$\dot{I}_1$与$\dot{I}_2$相位接近相同，差动电流明显增大，减小了制动量，从而可灵敏动作。当发电机内部轻微故障时，虽然有负荷电流制动，但制动量比较小，保护一般也能可靠动作。

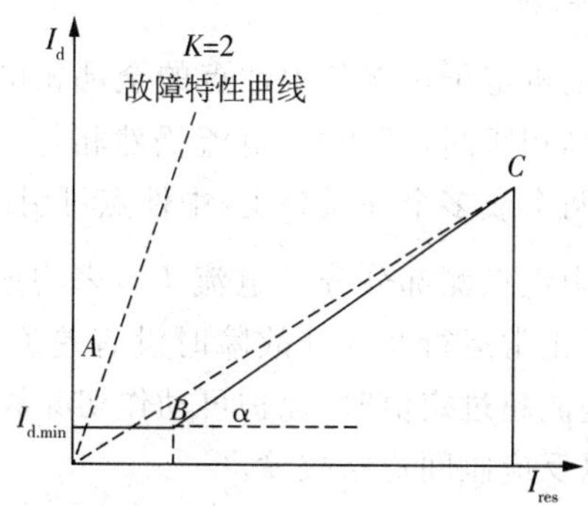

图6－3　发电机纵差动保护比率制动特性

比率制动式差动保护是在传统差动保护原理的基础上逐步完善起来的。它有如下几个优点：①灵敏度高；②在区外发生短路或切除短路故障时躲不平衡电流能力强；③可靠性高。缺点是：不能反应发电机内部匝间短路故障。

2. 标积制动式发电机纵差动保护

当发生区外故障电流互感器严重饱和时，比率制动原理的纵差动保护可能误动作。为防止这种误动作，利用标积制动原理构成纵差动保护，而且在内部故障时具有更高的灵敏度。

标积制动是比率制动原理的另一种表达形式。仍以图6－2所示电流流入发电机为正方向说明标积制动式纵差动保护的工作原理。根据图6－1所示电流参考正方向，标积制动式纵差动的动作量为$|\dot{I}_1+\dot{I}_2|^2$，制动量由两侧二次电流的标积$|\dot{I}_1||\dot{I}_2|\cos\varphi$决定。其动作判据为

$$|\dot{I}_1+\dot{I}_2|^2 \geqslant -K_{res}|\dot{I}_1||\dot{I}_2|\cos\varphi \quad (6-2)$$

式中：φ为电流$\dot{I}_1$与$\dot{I}_2$的相位差角；

K_{res}为标积制动系数电流。

标积制动式差动保护动作量和比率制动式的基本相同，其差别就在于制动量。理想情况下，区外短路时，$\varphi=180°$，即$\dot{I}_1=-\dot{I}_2=\dot{I}$，$\cos\varphi=-1$，动作量为零，而制动量达最大值$K_{res}I^2$，保护可靠不动作，标积制动式和比率制动式有相同的可靠性。区内短路时，$\varphi\approx 0$，$\cos\varphi\approx 1$，制动量为负，负值的制动量即为动作量，即此时动作量为$(I_1+I_2)^2+K_{res}I_1I_2$，制动量为零，大大地提高了保护动作的灵敏度。特别地，当发电机单机送电或空载运行时发生区内故障，因机端电流$\dot{I}_1=0$，制动量为零，动作量为I_2^2，保护仍能灵敏动作。而比率制动式差

动保护在这种情况下会有较大的制动量，降低了保护的灵敏度。

标积制动式差动保护在理论上可以从比率制动式推得。但由于在同等内部故障的条件下，标积制动式差动保护的动作量和制动量的差异要远比比率制动式的大，因此灵敏度更高。

由此可见，标积制动式纵差动保护的灵敏度较高，作为发电机保护有利于减小保护死区，其原理较比率制动式差动保护复杂，但在微机保护中是很容易实现的。在比率制动差动保护不能满足灵敏度要求的情况下可以考虑采用标积制动式纵差动保护。

3. 发电机不完全纵差动保护

一般纵差动保护引入发电机定子机端和中性点的全部相电流 $\dot{I}_1$ 和 $\dot{I}_2$ 构成差动，成为完全差动。在定子绕组发生同相匝间短路时两电流仍然相等，保护将不能动作。而通常大型发电机每相定子绕组均为两个或多个并联分支，中性点可引出多个分支，如图 6-4 所示。在这种情况下若引入发电机中性点侧部分分支电流 $\dot{I}'_2$，来构成纵差动保护，适当地选择电流互感器的变比，也可以保证正常运行及区外故障时没有差流。而在发生发电机相间与匝间短路时均会形成差流，当差流超过定值时，保护可动作切除故障。这种纵差动保护被称为不完全纵差动保护，同时可以反应匝间短路故障。

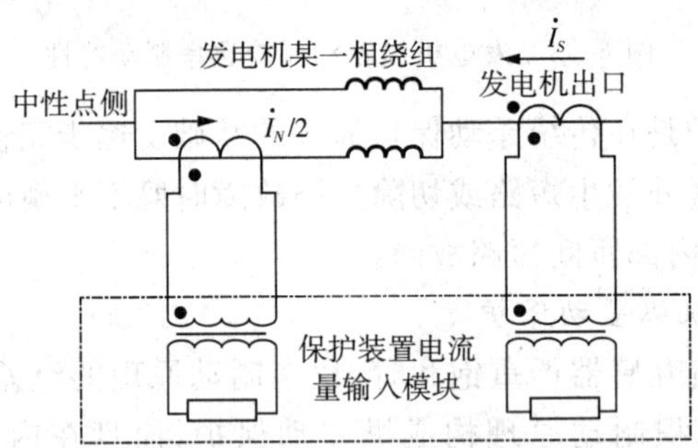

图 6-4 发电机不完全纵差动保护交流接入回路示意图

4. 发电机纵差动保护的动作逻辑

分别从发电机机端和发电机中性点引入三相电流实现纵差动保护。其动作逻辑有两种方式，即循环闭锁方式和单相差动方式。

(1)单相差动方式动作逻辑

任一相差动保护动作即出口跳闸。这种方式另外配有 TA 断线检测功能。在 TA 断线时瞬时闭锁差动保护，且延时发 TA 断线信号。单相差动方式保护跳闸出口逻辑如图 6-5 所示。

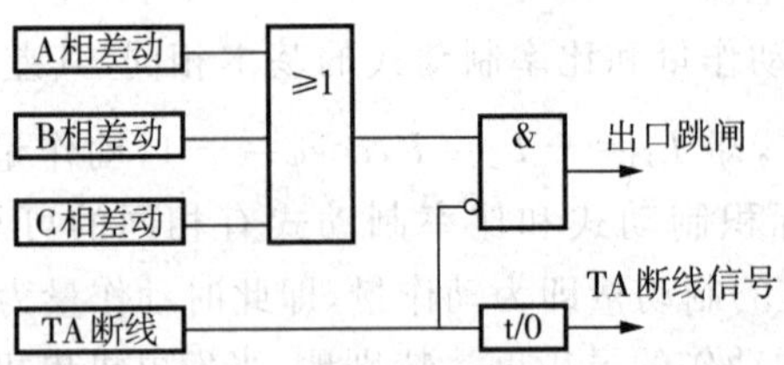

图 6-5 单相式差动方式保护跳闸出口逻辑

(2)循环闭锁方式动作逻辑

由于发电机中性点为非直接接地，当发电机区内发生相间短路时，会有两相或三相的差动元件同时动作。根据这一特点，在保护跳闸逻辑设计时可以作相应的考虑，当两相或两相以上差动元件动作时，可判断为发电机内部发生短路故障；而仅有一相差动元件动作时，则判断为 TA 断线。循环闭锁方式保护跳闸出口逻辑如图 6-6 所示。

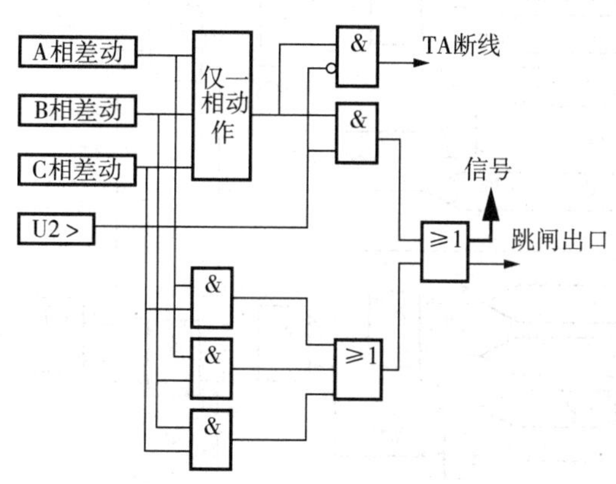

图 6-6　循环闭锁方式保护跳闸出口逻辑

为了反应发生一点在区内而另外一点在区外的异地两点接地(此时仅有一相差动元件动作)引起的短路故障，当有一相差动元件动作且同时有负序电压时也判定为发电机内部短路故障。若仅有一相差动元件动作，而无负序电压时，认为是 TA 断线。这种动作逻辑的特点是单相 TA 断线不会误动，因此可省去专用的 TA 断线闭锁环节，且保护安全可靠。

(3)发电机比率差动保护动作逻辑实例

如图 6-7 所示为 RCS－985 发电机比率差动保护的动作逻辑。为防止在区外故障时 TA 的暂态与稳态饱和可能引起的稳态比率差动保护误动作，装置采用各侧相电流的波形判别作为 TA 饱和的判据。故障发生时，保护装置先判断出是区内当某故障还是区外故障；如为区外故障，投入 TA 饱和闭锁判据；相差动电流有关的任意一个电流满足相应条件即认为此相差流为 TA 饱和引起，闭锁比率差动保护。

为避免区内严重故障时 TA 饱和等因素引起的比率差动延时动作，装置设有一高比例和高启动值的高值比率差动保护，利用其比率制动特性抗区外故障时 TA 的暂态和稳态饱和，而在区内故障 TA 饱和时能可靠正确动作。高值比率差动的各相关参数均由装置内部设定。

设有差动速断保护，当任一相差动电流大于差动速断整定值时瞬时动作于出口。

设有带比率制动的差动异常报警功能，开放式瞬时 TA 断线、短路闭锁功能。通过“TA 断线闭锁差动控制字”整定选择，瞬时 TA 断线和短路判别动作后只发报警信号或闭锁全部差动保护。当“TA 断线闭锁比率差动控制字”整定为“1”时，闭锁比率差动保护。

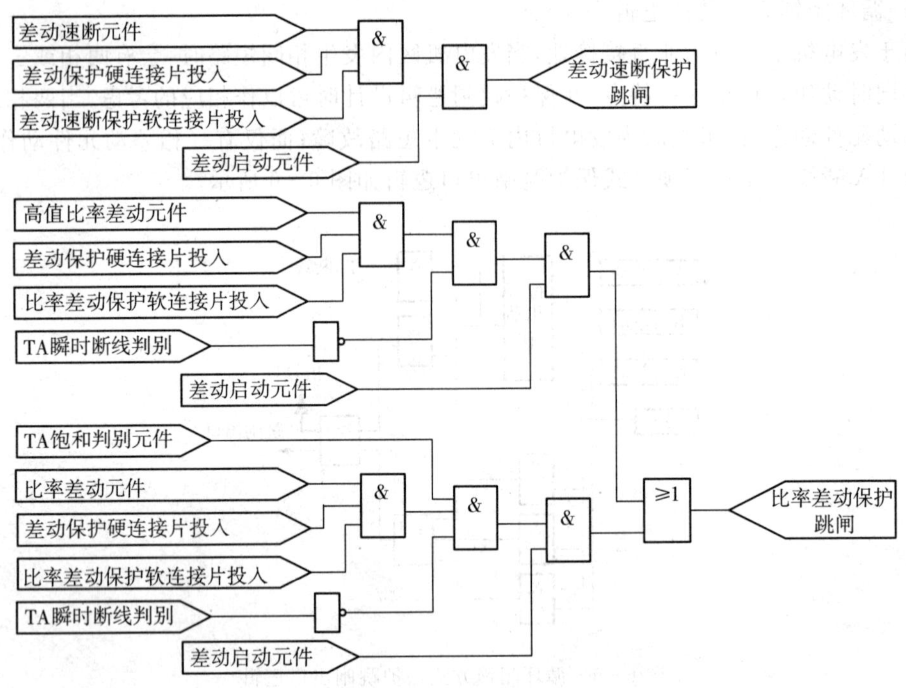

图 6-7　*RCS*－985 发电机比率差动保护的动作逻辑框图

任务二　发电机定子绕组单相接地保护

学习目标

通过对发电机微机保护装置(如 RCS－985 等)所包含的发电机定子绕组单相接地保护功能进行讲解和检验,使学生在完成本任务的学习过程中达到以下三个方面的目标:

1. 知识目标

(1)了解发电机定子绕组单相接地保护的种类及其作用;

(2)掌握发电机定子绕组单相接地保护的实现方式;

(3)熟悉发电机定子绕组单相接地保护的接线及影响因素。

2. 能力目标

(1)会阅读发电机定子绕组单相接地保护的相关图纸;

(2)熟悉发电机微机保护装置中与定子绕组单相接地保护相关的压板、信号、端子等;

(3)熟悉并能完成发电机微机保护装置检验前的准备工作,会对发电机微机保护装置定子绕组单相接地保护进行检验。

3. 态度目标

(1)不旷课,不迟到,不早退;

(2)具有团队意识协作精神；

(3)积极向上努力按时完成老师布置的各项任务；

(4)责任意识，安全意识，规范意识。

任务描述

(1)通过对发电机微机保护中定子绕组单相接地保护功能的检验掌握发电机定子绕组单相接地保护的作用、原理、接线及影响因素。

(1)学会对发电机微机保护装置定子绕组单相接地保护功能检验的方法、步骤等。

任务准备

1. 工作准备

√	学习阶段	工作(学习)任务	工作目标	备　注
	入题阶段	根据工作任务，分析设备现状，明确检验项目，编制检验工作安全措施及作业指导书，熟悉图纸资料	确定重点检验项目	
	准备阶段	检查并落实检验所需材料、工器具、劳动防护用品等是否齐全合格	检验所需设备材料齐全完备	
	分工阶段	班长根据工作需要和人员精神状态确定工作负责人和工作班成员，组织学习《电业安全工作规程》、现场安全措施	全体人员明确工作目标及安全措施	

2. 检验工器具、材料表

(一)检验工器具						
√	序号	名　称	规　格	单　位	数　量	备　注
	1	继电保护微机试验仪及测试线		套		
	2	万用表		块		
	3	电源盘(带漏电保护器)		个		
	4	模拟断路器		台		
(二)备品备件						
√	序号	名　称	规　格	单　位	数　量	备　注
	1	电源插件		个		

（续表）

(三)检验材料表						
√	序号	名　称	规　格	单　位	数　量	备　注
	1	毛刷		把		
	2	绝缘胶布		盘		
	3	电烙铁		把		

(四)图纸资料			
√	序号	名　称	备　注
	1	与现场实际接线一致的图纸	
	2	最新定值通知单	
	3	装置资料及说明书	
	4	上次检验报告	
	5	作业指导书	
	6	检验规程	

3．危险点分析及安全控制措施

序号	危险点	安全控制措施
1	误走错间隔，误碰运行设备	检查在发电机保护屏前后应有“在此工作”标示牌，相邻运行屏悬挂红白警告带
2	工作不慎引起交、直流回路故障	工作中应使用带绝缘手柄的工具，拆动二次线时应作绝缘处理并固定，防止直流接地或短路
3	电压反送、误向运行设备通电流	试验前应断开检修设备与运行设备相关联的电流、电压回路
4	检修中的临时改动忘记恢复	二次回路、保护压板、保护定值的临时改动要做好记录，坚持“谁拆除谁恢复”的原则
5	带电插拔插件，易造成集成块损坏；频繁插拔插件，易造成插件插头松动	禁带电插拔插件，工作时佩戴防静电手环或采取其他防静电措施。整组传动后应尽量避免插拔插件，如需插拔应检验相关回路完好
6	接、拆低压电源时人身触电	接拆电源时应在电源开关拉开的情况下两人一起工作。所使用电源应装有漏电保护器。禁止从运行设备上接取试验电源
7	越过遮栏，易发生人员触电事故	现场设专人监护，严禁跨越围栏
8	联跳回路未断开，误跳运行开关	根据被检验装置与运行设备相关联部分的实际情况，制定技术措施，防止误跳其他开关(误跳母联、分段开关，误启动失灵保护)

任务实施

1. 开工

√	序号	内　容
	1	履行工作票、安全措施票手续并对危险点和安全注意事项交底；办理工作许可手续

2. 安全措施的执行及确认危险点

(一)检查运行人员所做的措施	
√	检查内容
	检查所有压板位置，并做好记录
	检查所有把手及开关位置，并做好记录

(二)继电保护安全措施的执行						
回路	位置及措施内容	执行√	恢复√	位置及措施内容	执行√	恢复√
电流回路						
电压回路						
合闸和跳闸回路						
信号回路						
其他						
执行人员：				监护人员：		
备注：						

3. 作业流程

(三)发电机定子绕组单相接地保护检验		
序号	检验内容	√
1	95%定子接地保护定值整定	
2	95%发电机定子接地保护试验	
3	100%定子接地定值整定	
4	定子三次谐波零序电压保护试验	
5	发电机定子接地相关 TV 断线判别	

（续表）

(四)工作结束前检查		
序号	内　容	√
1	现场工作结束前，工作负责人会同工作人员检查实验记录有无漏检验项目，试验结论、数据是否完整正确	
2	检查临时接线是否全部拆除，拆下的线头是否全部接好，包括接地线	
3	检查保护装置是否在正常运行状态	
4	打印装置现运行定值区定值与定值通知单逐项核对相符	
5	检查出口压板对地电位正确	

4. 竣工

√	序号	内　容	备　注
	1	检查措施是否恢复到开工前状态	
	2	全体工作班人员清扫、整理现场，清点工具及回收材料。工作负责人周密检查施工现场，是否有遗留的工具、材料	
	3	工作负责人在检修记录上详细记录本次工作所检修项目、发现的问题、试验结果和存在的问题等	
	4	经验收合格，办理工作票终结手续	

RCS－985 发电机定子绕组单相接地保护检验方法

1. 基波零序电压定子绕组接地保护调试接线示意图

调试接线示意图如图 6－8 所示。

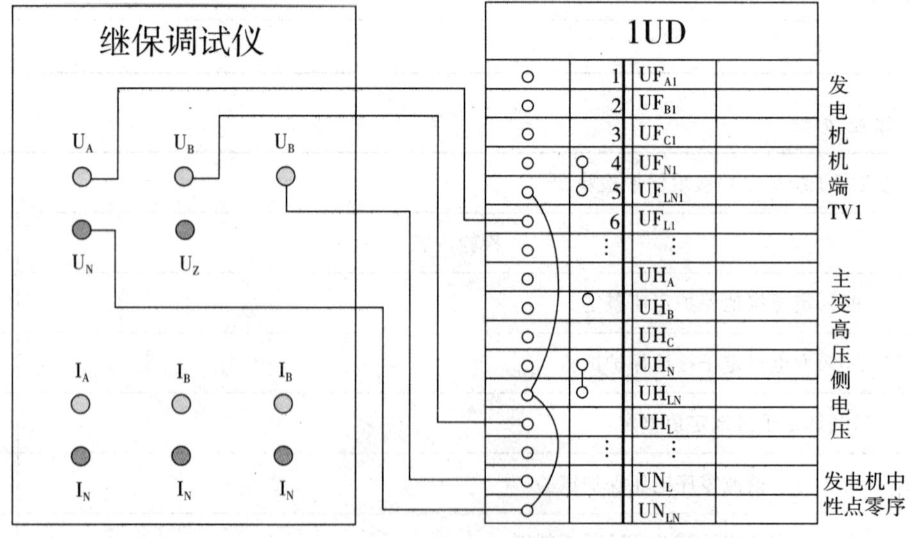

图 6－8　发电机定子接地基波零序电压保护调试示意图

2. 发电机三次谐波电压比率调试接线示意图

调试接线示意图如图 6－9 所示，调试仪输出三相正序电压至机端 TV1 端子，每相电压 $U>30V$，在 U_A 上叠加三次谐波电压，并于机端零序电压端子，U_Z 输出三次谐波电压至发电机中性点零序电压端子，固定三相电压的基波，设定 U_A 的不同的三次谐波电压值，减小 U_Z 输出三次谐波电压至保护动作，测得相应的动作值。

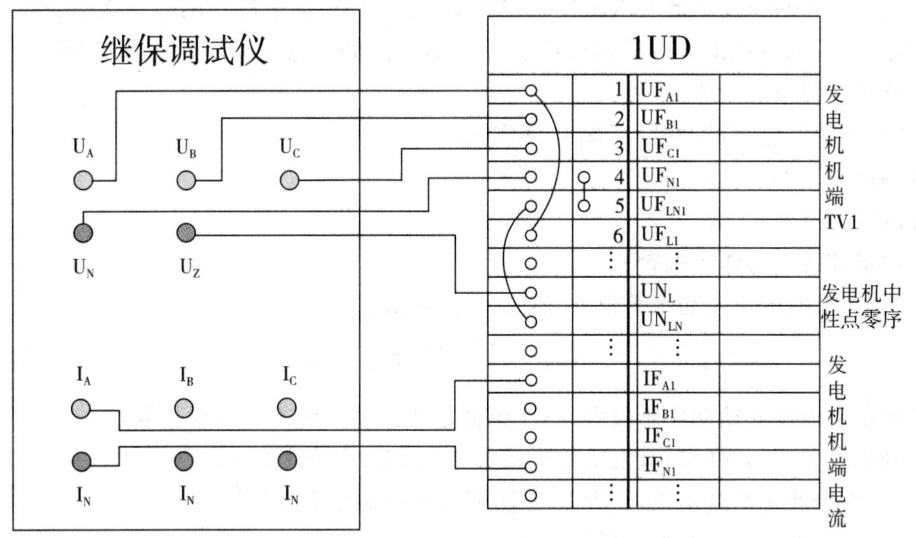

图 6－9　发电机定子接地三次谐波电压保护调试示意图

3. 调试步骤如下：

(1)95％定子接地定值整定

①保护总控制字“定子接地保护投入”置 1；

②投入发电机 95％定子接地保护投跳压板；

③基波零序电压定值 $U_{0zd}=10V$，零序电压高定值 $U_{0zdh}=22V$，零序电压保护延时 1.5S；

④整定跳闸矩阵定值；

⑤“零序电压报警段投入”置 1，报警段动作判据：

中性点零序电压 $U_{N0}>U_{0zd}$；

⑥“零序电压保护跳闸投入”置 1，灵敏跳闸段动作判据：

中性点零序电压 $U_{N0}>U_{0zd}$，

机端零序电压 $U_{S0}>U'_{0zd}$，闭锁定值 U'_{0zd} 不需整定，保护装置根据系统参数中机端、中性点 TV 的变比自动转换。

⑦高定值段动作判据：$U_{N0}>U_{0zdh}$。

(2)95％定子接地保护试验

基波零序电压定子接地保护，动作于报警时，不需通过压板控制，也不需经主变高压侧零序电压闭锁；

基波零序电压定子接地保护，动作于跳闸，需经压板控制；

灵敏段出口需经主变高压侧、机端零序电压闭锁；

高定值段不需经主变高压侧、机端零序电压闭锁；

发电机机端零序电压可以选择自产或外接输入，在内部配置定值中通过控制字投退。

(3)100%定子接地定值整定

①保护总控制字“定子接地保护投入”置1；

②投入发电机100%定子接地保护投跳压板；

③发电机并网前三次谐波电压比率定值 $K_{3\omega pzd}=2.5$，发电机并网后三次谐波电压比率定值 $K_{3\omega 1zd}=2.0$，三次谐波电压差动定值为0.3，三次谐波电压保护延时为1.5S；

④整定跳闸矩阵定值；

⑤“三次谐波比率报警投入”置1，动作判据：

并网前：$K_{3\omega}>K_{3\omega pzd}$；

并网后：$K_{3\omega}>K_{3\omega 1zd}$。

三次谐波比率动作于报警；

⑥“三次谐波电压差动报警投入”置1，动作判据：

$$|U_{S3}-K_{3\omega t}\times U_{N3}|>K_{3\omega 2zd}\times U_{N3}$$

三次谐波电压差动动作于报警，三次谐波电压差动报警需经压板投入，

本判据在发变组并网后且发电机电流大于 $0.2Ie$ 时延时投入；

⑦“三次谐波比率跳闸投入”置1，三次谐波比率动作于跳闸。

(4)定子三次谐波零序电压保护试验

①定子三次谐波电压比率判据

辅助判据：机端正序电压大于 $0.5U_N$，机端三次谐波电压值大于0.3V。

模拟发变组并网前断路器位置接点输入，机端加入正序电压大于 $0.5U_N$，机端、中性点零序电压回路分别加入三次谐波电压，使三次谐波电压比率判据动作。

模拟发变组并网后断路器位置接点输入，机端加入正序电压大于 $0.5U_N$，机端、中性点零序电压回路分别加入三次谐波电压，使三次谐波电压比率判据动作。

动作于报警时，不需通过压板控制。

②定子三次谐波电压差动判据

辅助判据：机端正序电压大于 $0.85U_N$，机端三次谐波电压值大于0.3V，发变组并网且发电机负荷电流大于 $0.2I_e$，小于 $1.2I_e$。

模拟发变组并网后断路器位置接点输入，机端加入正序电压大于 $0.85U_N$，发电机电流回路加入大于 $0.2I_e$ 的额定电流，机端、中性点零序电压回路分别加入三次谐波电压，使三次谐波差电压为0，延时10S，三次谐波电压差动判据投入，减小中性点三次谐波电压，使三次谐波电压判据动作。

TV1一次断线闭锁三次谐波差动保护。

(5)发电机机端电压切换

保护总控制字“电压平衡功能投入”置1；从机端两组TV加入对称相等电压，断开任一组TV的一相、两相或三相，均延时0.2S发相应TV断线信号并启动切换。

(6)发电机定子接地相关TV断线判别

①发电机中性点、机端开口三角TV断线报警

投入定子接地保护，从机端 TV1 电压回路加入正序电压，当正序电压大于 $0.85U_N$ 时，TV1 开口三角零序电压或中性点零序电压三次谐波分量小于 0.10V，延时 10S 发 TV1 开口三角零序 TV 或中性点零序 TV 断线报警信号。

②TV1 一次断线闭锁判据

TV2 负序电压　$3U_2'<1V$；

TV1 负序电压　$3U_2>8V$；

TV1 自产零序电压　$3U_0>8V$；

TV1 开口三角零序电压 $U_0>8V$。

投入定子接地保护，延时 100mS 发 TV1 一次断线报警信号，并闭锁三次谐波电压差动定子接地保护。

从机端 TV2 电压回路（匝间保护专用）加入正序电压，当正序电压大于 $0.85U_N$ 时，开口三角零序电压三次谐波分量小于 0.10V，延时 10S 发开口三角 TV 断线报警信号。

一次断线闭锁判据·

判据 1：TV1 负序电压　$3U_2<U_{2\_set1}$ 或 TV2 负序电压　$3U_2'<U_{2\_set2}$；

且 TV2 开口三角零序电压　$3U_0'>U_{zozd}$（动作定值）。

判据 2：　$U_{AB}-U_{ab}>5V$、$U_{BC}-U_{bc}>5V$、$U_{CA}-U_{ca}>5V$，且 TV2 开口三角零序电压；

$3U_0'>U_{zozd}$（动作定值）；

U_{AB}、U_{BC}、U_{CA} 为 TV1 相间电压，U_{ab}、U_{bc}、U_{ca} 为 TV2 相间电压。

满足判据 1 或判据 2 延时 40ms 发 TV2 一次断线报警信号，并闭锁纵向零序电压匝间保护。TV 回路恢复正常，按复归清除闭锁信号。

相关知识

发电机定子绕组单相接地保护

一、发电机定子绕组单相接地的特点

为了安全起见，发电机的外壳、铁芯都要接地。所以只要发电机定子绕组与铁芯间绝缘在某一点上遭到破坏，就可能发生单相接地故障，流过故障点的发电机电压系统对地的电容电流所产生的电弧将灼伤铁芯；如在靠近出线端发生接地故障，由于发电机中性点对地电压升高，将使中性点附近绝缘水平降低的部分发生闪络，从而引起两点接地故障，发电机遭受严重损坏。发电机的定子绕组的单相接地故障是发电机的常见故障之一。

长期运行的实践表明，发生定子绕组单相接地故障的主要原因是，高速旋转的发电机，特别是大型发电机的振动，造成机械损伤而接地；对于水内冷的发电机，由于漏水致使定子绕组接地。

发电机定子绕组单相接故障时的主要危害有两点：

(1)接地电流会产生电弧，烧伤铁芯，使定子绕组铁芯叠片烧结在一起，造成检修困难。

(2)接地电流会破坏绕组绝缘，扩大事故，若一点接地而未及时发现，很有可能发展成绕组的匝间或相间短路故障，严重损伤发电机。

定子绕组单相接地时，对发电机的损坏程度与故障电流的大小及持续时间有关。当发

电机单相接地故障电流(不考虑消弧线圈的补偿作用)大于允许值时，应装设有选择性的接地保护装置。

发电机单相接地时，接地电流允许值见表 6-1。

表 6-1　发电机定子绕组单相接地时接地电流允许值

发电机额定电压(kV)	发电机额定容量(MW)	接地电流允许值(A)
6.3	≤50	4
10.5	50～100	3
13.8～15.75	125～200	2*
18～20	300	1

注：对氢冷发电机接地电流允许值为 2.5A。

发电机定子绕组中性点一般不直接接地，而是通过高阻(接地变压器)接地、消弧线圈接地或不接地。

大型发电机由于造价昂贵、结构复杂、检修困难，且容量的增大使得其接地故障电流也随之增大，为了防止故障电流烧坏铁芯，有的装设了消弧线圈，通过消弧线圈的电感电流与接地电容电流的相互抵消，把定子绕组单相接地电容电流限制在规定的允许值之内。

发电机中性点采用高阻接地方式(即中性点经配电变压器接地，配电变压器的二次侧接小电阻)的主要目的是限制发电机单相接地时的暂态过电压，防止暂态过电压破坏定子绕组绝缘，但另一方面也人为地增大了故障电流。因此采用这种接地方式的发电机定子绕组接地保护应选择尽快跳闸。

对于中小型发电机，由于中性点附近绕组电位不高，单相接地可能性小，故允许定子接地保护有一定的死区。对于大型机组，因其在系统中的地位重要，结构复杂，修复困难，尤其是采用水内冷的机组，中性点附近绕组漏水造成单相接地可能性大，因此对大中型发电机定子绕组单相接地保护应满足以下两个基本要求：

(1)绕组有 100%的保护范围。

(2)在绕组内发生经过渡电阻接地故障时，保护应有足够灵敏度。

二、发电机定子绕组单相接地的保护

1. 反应基波零序电压的接地保护

(1)原理

设在发电机内部 A 相距中性点 α 处(由故障点到中性点绕组匝数占全相绕组匝数的百分数)，k 点发生定子绕组接地，如图 6-10a。

每相对地电压为

$$\left.\begin{aligned}\dot{U}_A&=(1-\alpha)\dot{E}_A\\ \dot{U}_B&=\dot{E}_B-\alpha\dot{E}_A\\ \dot{U}_B&=\dot{E}_B-\alpha\dot{E}_A\end{aligned}\right\}\qquad(6-3)$$

机端零序电压为

$$\dot{U}_{K0}=\frac{1}{3}(\dot{U}_A+\dot{U}_B+\dot{U}_C)=-\alpha\dot{E}_A$$

故障点零序电压为

$$\dot{U}_{K0(\alpha)}=\frac{1}{3}(\dot{U}_{KA(\alpha)}+\dot{U}_{KB(\alpha)}+\dot{U}_{KC(\alpha)})=\frac{1}{3}(0+\alpha\dot{E}_B+\alpha\dot{E}_A+\alpha\dot{E}_C-\alpha\dot{E}_A)=-\alpha\dot{E}_A \tag{6-4}$$

由式(6－4)可见故障点零序电压与 α 成正比，故障点离中性点越远，零序电压越高。当 $\alpha=1$，即机端接地时，$\dot{U}_{K0(\alpha)}=-\dot{E}_A$。而当 $\alpha=0$，即中性点处接地时，$\dot{U}_{K0(\alpha)}=0$。$\dot{U}_{K0(\alpha)}$ 与 α 的关系曲线如图 6－10b 所示。

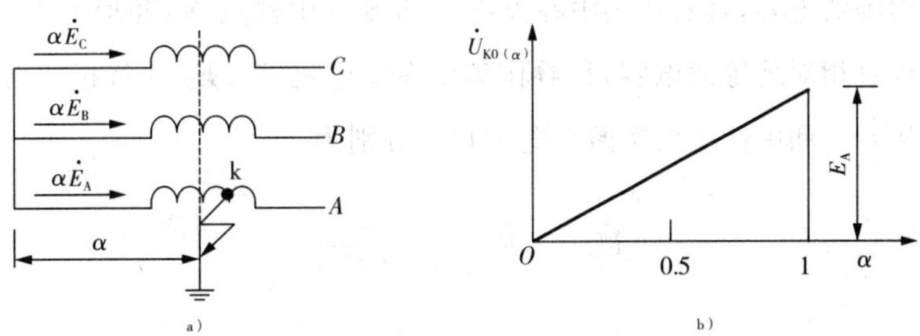

图 6－10　反应基波零序电压的接地关系

a)发电机内部单相接地机端电压；b)零序电压随 α 变化关系

(2)保护的构成

反应零序电压接地保护的原理接线如图 6－11 所示。零序电压可取自发电机机端 TV 的开口三角绕组或中性点 TV 二次侧。当保护动作于跳闸且零序电压取自发电机机端 TV 开口三角绕组时需要有 TV 一次侧断线的闭锁措施。

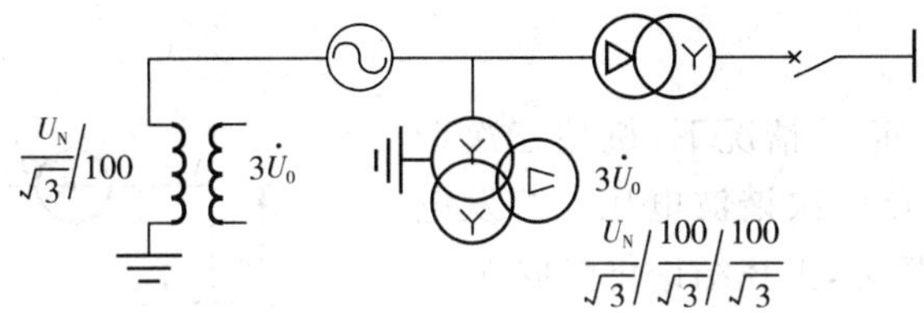

图 6－11　发电机单相接地保护原理接线图

保护的动作电压应躲过正常运行时开口三角形侧的不平衡电压。产生零序电压不平衡输出的因素主要有发电机的三次谐波电动势、机端三相 TV 各相间的变比误差(主要是 TV 一次绕组对开口三角绕组之间的变比误差)、发电机电压系统中三相对地绝缘不一致及主变压器高压侧接地时，通过变压器高、低压绕组间电容耦合到机端的零序电压。

由图 6－10b 可知，故障点离中性点越近零序电压越低。当零序电压小于电压继电器的动作电压时，保护不动作，因此该保护存在死区。死区大小与保护定值的大小有关。为了减小死区，可采取下列措施降低保护定值，提高保护灵敏度：

①加装三次谐波过滤器。

②高压侧中性点直接接地电网中，利用保护延时躲过高压侧接地故障。

③高压侧中性点直接接地电网中，利用高压侧接地出现的零序电压闭锁或者制动发电

机接地保护。

采用上述措施后，接地保护只需按躲过不平衡电压整定，其保护范围可达到 95%，但在中性点附近仍有 5%的死区。保护动作于发信号。

2. 反应三次谐波电压构成的发电机定子接地保护

(1)发电机中三次谐波电压的分布

由于发电机气隙磁通密度的非正弦分布和铁磁饱和的影响，在发电机定子绕组中感应的电动势中除基波之外，还含有一定分量的高次谐波，其中主要是三次谐波，三次谐波值一般不超过基波 10%。现在讨论三次谐波电压保护的原理。

①正常运行时定子绕组中三次谐波电压分布

正常运行时，中性点绝缘的发电机三次谐波等值电路分布如图 6-12 所示。图中 C_G 为发电机每相对地等效电容，且看作集中在发电机端 S 和中性点 N，并均为 $1/2C_G$。C_S 为机端其他连接元件每相对地等效电容，且看作集中在发电机端。$\dot{E}_3$ 为每相三次谐波电压，机端三次谐波电压 $\dot{U}_{S.3}$ 和中性点三次谐波电压 $\dot{U}_{N.3}$ 分别为

$$\dot{U}_{S..3}=\dot{E}_3\frac{C_G}{2(C_G+C_S)} \tag{6-5}$$

$$\dot{U}_{N..3}=\dot{E}_3\frac{C_G+2C_S}{2(C_G+C_S)} \tag{6-6}$$

$\dot{U}_{S..3}$ 与 $\dot{U}_{N.3}$ 比值为

$$\frac{U_{S..3}}{U_{N..3}}=\frac{C_G}{C_G+2C_S} \tag{6-7}$$

即 $U_{s.3}<U_{N.3}$

由式(6-7)可见，正常情况下，机端三次谐波电压总是小于中性点三次谐波电压。若发电机中性点经消弧线圈接地，上述结论仍然成立。

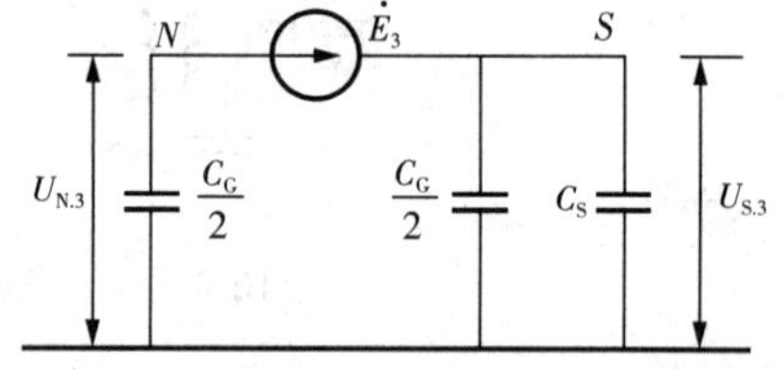

图 6-12　正常运行时，发电机三次谐波电动势和对地电容的等值电路图

(2)定子绕组单相接地时三次谐波电压的分布

设发电机定子绕组距中性点 α 处发生金属性单相接地，发电机三次谐波电势和对地电容等值电路图如图 6-13 所示。无论发电机中性点是否接有消弧线圈，恒有 $\dot{U}_{N..3}=\alpha\dot{E}_3$、$\dot{U}_{S..3}=(1-\alpha)\dot{E}_3$。且其比值为

$$\frac{U_{S..3}}{U_{N..3}}=\frac{1-\alpha}{\alpha} \tag{6-8}$$

当 $\alpha<50\%$ 时，$U_{S..3}>U_{N..3}$；

当 $\alpha>50\%$ 时，$U_{S..3}<U_{N..3}$。

$U_{S..3}$ 与 $U_{N..3}$ 随 α 变化的关系如图 6-14 所示。

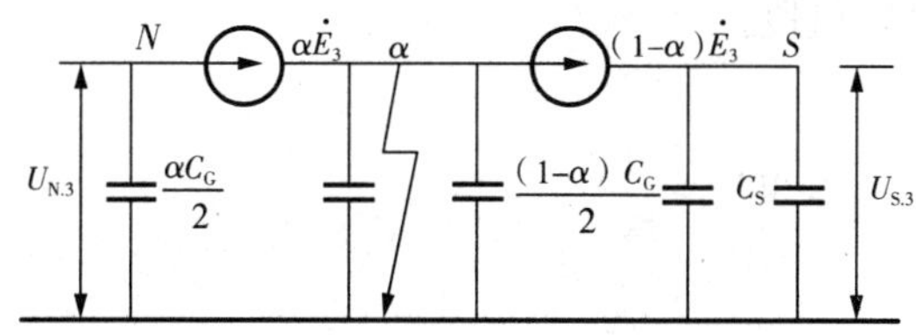

图 6-13 定子绕组单相接地时，发电机三次谐波电动势和对地电容的等值电路图

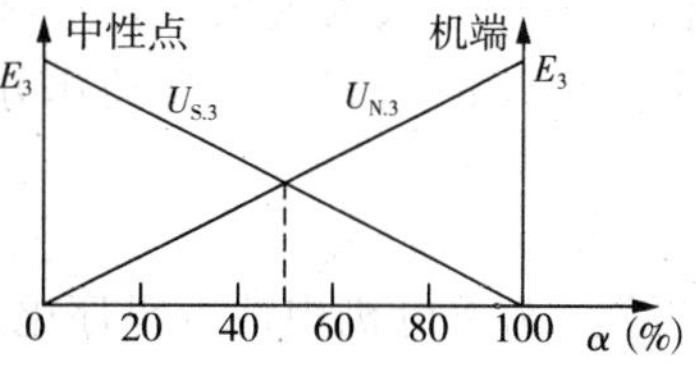

图 6-14 中性点电压 $U_{N..3}$ 和机端电压 $U_{S..3}$ 随故障点 α 变化关系

综上所述，正常情况下，$U_{S..3}<U_{N..3}$；定子绕组单相接地时，$\alpha<50\%$ 的范围内，$U_{S..3}>U_{N..3}$。故可利用 $U_{S..3}$ 作为动作量，利用 $U_{N..3}$ 作为制动量，构成接地保护，其保护动作范围在 $\alpha=0\sim0.5$ 内，且越靠近中性点保护越灵敏。

(2)保护装置的构成

反应三次谐波电压比值的定子绕组接地保护的动作判据为

$$\left|\frac{U_{S..3}}{U_{N..3}}\right|>\beta \tag{6-9}$$

式中：β 为整定比值。

需要指出，发电机中性点不接地或经消弧线圈接地与发电机经配电变压器高阻接地，两者的整定比值 β 是有区别的。

目前广泛采用的发电机定子100%接地保护装置由两段构成，一段(简称基波部分)保护定子绕组的5%～100%，采用基波零序电压原理构成。利用发电机机端基波零序电压作为动作量，用延时或变压器高压侧接地保护的闭锁来躲过因高压侧接地故障而引起定子接地保护误动，构成95%的单相接地保护，并且当故障点越靠近中性点时，保护的灵敏性就越高。另一段(简称三次谐波部分)保护定子绕组的0～20%，利用发电机机端三次谐波电压作为动作量，发电机中性点的三次谐波电压作为制动量，且当故障点越靠近发电机机端时，保护的灵敏性就越高。

3. RCS－985发电机100%定子接地保护动作逻辑实例

微机型发电机保护均设有100%定子绕组接地保护功能，RCS－985发电机100%定子接地保护其保护原理一次接线如图6-15所示。

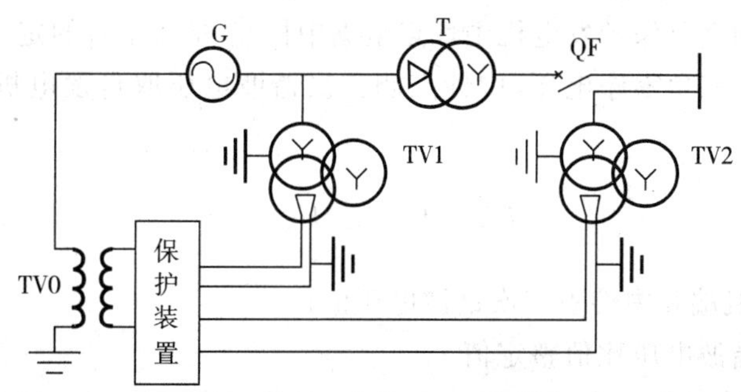

图 6-15 发电机100%定子绕组接地保护一次接线示意图

基波定子接地保护

取发电机中性点零序电压，经数字滤波器滤除三次谐波电压分量，基波零序电压保护设

两段定值，其中一段为灵敏段，另一段为高定值段。

灵敏段动作于信号时，其动作方程为

$$3U_{N..0} > 3U_{0.e} \qquad (6-10)$$

式中：$3U_{N..0}$为发电机中性点零序电压；

$3U_{0.e}$为灵敏段零序电压定值。

灵敏段动作于跳闸时还需满足发电机机端TV1开口三角零序电压辅助判据闭锁

$$3U_{S.0} > 3U_{0.L}n_{TV.N}/n_{TV.1} \qquad (6-11)$$

式中：$3U_{S.0}$为发电机机端TV1开口三角零序电压；

$n_{TV.N}$，$/n_{TV.1}$为发电机中性点零序电压TV0变比及发电机机端开口三角TV1变比。

高定值段动作方程为

$$3U_{N.0} > 3U_{0.h} \qquad (6-12)$$

式中：$3U_{0.h}$为高定值段零序电压定值。

保护动作于信号或跳闸均不需要经过机端零序电压辅助判据闭锁。

如图6-16所示为发电机基波零序电压定子绕组接地保护逻辑框图。

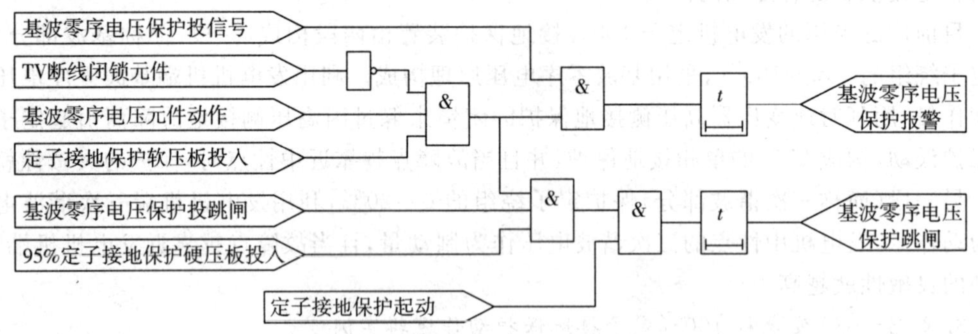

图6-16 RCS—985发电机基波零序电压定子绕组接地保护动作逻辑框图

(1)三次谐波定子接地保护

三次谐波电压判据只保护发电机中性点至据中性点25%左右的定子接地，机端三次谐波电压取自机端开口三角零序电压，中性点侧三次谐波电压取自发电机中性点TV。三次谐波动作方程

$$U_{S.3\omega}/U_{N.3\omega} > K_{3\omega.set} \qquad (6-13)$$

式中：$U_{S.3\omega}$、$U_{N.3\omega}$为机端和中性点三次谐波电压值；

$K_{3\omega.set}$为三次谐波电压比值整定值。

机组并网前后，机组等值容抗有较大的变化，因此三次谐波电压比率关系也随之变化。该装置在机组并网前后各设一段定值，随机组出口断路器位置接点变化自动切换。

图6-17所示为发电机三次谐波电压定子绕组接地保护逻辑框图。由图可见，该保护可只投信号，在TV断线闭锁元件输出为“0”、三次谐波元件动作、定子接地保护软压板投入

三种条件同时满足的情况下经延时发告警信号；只有在100%定子接地保护硬压板投入并三次谐波电压保护投跳闸的情况下才能经延时实现保护跳闸。

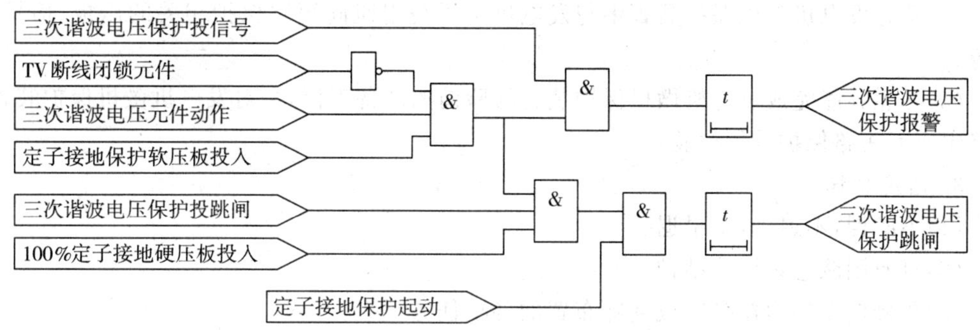

图6－17 RCS－985发电机三次谐波电压定子绕组接地保护动作逻辑框图

由于基波零序电压取自发电机中性点电压、机端开口三角零序电压，TV断线时会导致保护拒动。因此在发电机中性点、机端开口三角TV断线时需发报警信号，在发电机中性点TV断线时闭锁三次谐波电压保护

(2)三次谐波电压差动定子接地保护

该保护原理是比较发电机机端三次谐波电压与发电机中性点端三次谐波电压之相量差，当定子绕组靠中性点侧发生单相接地时，机端三次谐波电压较大，因此差动判据为

$$|\dot{U}_{S.3\omega}-K_t\dot{U}_{N.3\omega}|>K_{rel}U_{N.3\omega} \qquad (6-14)$$

式中：$\dot{U}_{S.3\omega}$、$\dot{U}_{N.3\omega}$为机端和中性点三次谐波电压相量；

K_t为自动跟踪调整系数；

K_{rel}为可靠系数。

本判据在机组并网且负荷电流大于$0.2I_e$(发电机额定电流)时自动投入。

三次谐波电压差动判据动作于信号。

任务三 发电机定子绕组匝间短路保护

学习目标

通过对发电机微机保护装置(如RCS－985等)所包含的发电机定子绕组匝间短路保护功能进行讲解和检验，使学生在完成本任务的学习过程中达到以下三个方面的目标：

1. 知识目标

(1)了解发电机定子绕组匝间短路保护的种类及其作用；

(2)掌握发电机定子绕组匝间短路保护的实现方式；

(3)熟悉发电机定子绕组匝间短路保护的接线及影响因素。

2. 能力目标

(1)会阅读发电机定子绕组匝间短路的相关图纸；

(2)熟悉发电机微机保护装置中与发电机定子绕组匝间短路保护相关的压板、信号、端子等；

(3)熟悉并能完成发电机微机保护装置检验前的准备工作，会对发电机微机保护装置定子绕组匝间短路保护进行检验。

3. 态度目标

(1)不旷课，不迟到，不早退。

(2)具有团队意识协作精神。

(3)积极向上努力按时完成老师布置的各项任务。

(4)责任意识，安全意识，规范意识。

任务描述

(1)通过对发电机微机保护中发电机定子绕组匝间短路保护功能的检验掌握发电机定子绕组匝间短路保护的作用、原理、接线及影响因素。

(2)学会对发电机微机保护装置发电机定子绕组匝间短路保护功能检验的方法、步骤等。

任务准备

1. 工作准备

√	学习阶段	工作(学习)任务	工作目标	备　注
	入题阶段	根据工作任务，分析设备现状，明确检验项目，编制检验工作安全措施及作业指导书，熟悉图纸资料	确定重点检验项目	
	准备阶段	检查并落实检验所需材料、工器具、劳动防护用品等是否齐全合格	检验所需设备材料齐全完备	
	分工阶段	班长根据工作需要和人员精神状态确定工作负责人和工作班成员，组织学习《公司电业安全工作规程》、现场安全措施	全体人员明确工作目标及安全措施	

2. 检验工器具、材料表

(一)检验工器具						
√	序号	名　称	规　格	单　位	数　量	备　注
	1	继电保护微机试验仪及测试线		套		
	2	万用表		块		
	3	电源盘(带漏电保护器)		个		

（续表）

√	序号	名　称	规　格	单　位	数　量	备　注
	4	模拟断路器		台		
（二）备品备件						
√	序号	名　称	规　格	单　位	数　量	备　注
	1	电源插件		个		
（三）检验材料表						
√	序号	名　称	规　格	单　位	数　量	备　注
	1	毛刷		把		
	2	绝缘胶布		盘		
	3	电烙铁		把		
（四）图纸资料						
√	序号	名　称				备　注
	1	与现场实际接线一致的图纸				
	2	最新定值通知单				
	3	装置资料及说明书				
	4	上次检验报告				
	5	作业指导书				
	6	检验规程				

3. 危险点分析及安全控制措施

序号	危险点	安全控制措施
1	误走错间隔，误碰运行设备	检查在发电机保护屏前后应有“在此工作”标示牌，相邻运行屏悬挂红白警告带
2	工作不慎引起交、直流回路故障	工作中应使用带绝缘手柄的工具，拆动二次线时应作绝缘处理并固定，防止直流接地或短路
3	电压反送、误向运行设备通电流	试验前应断开检修设备与运行设备相关联的电流、电压回路
4	检修中的临时改动忘记恢复	二次回路、保护压板、保护定值的临时改动要做好记录，坚持“谁拆除谁恢复”的原则
5	带电插拔插件，易造成集成块损坏；频繁插拔插件，易造成插件插头松动	严禁带电插拔插件，工作时佩戴防静电手环或采取其他防静电措施。整组传动后应尽量避免插拔插件，如需插拔应检验相关回路完好
6	接、拆低压电源时人身触电	接拆电源时应在电源开关拉开的情况下两人一起工作。所使用电源应装有漏电保护器。禁止从运行设备上接取试验电源

（续表）

7	越过遮栏，易发生人员触电事故	现场设专人监护，严禁跨越围栏
8	联跳回路未断开，误跳运行开关	根据被检验装置与运行设备相关联部分的实际情况，制定技术措施，防止误跳其他开关（误跳母联、分段开关，误启动失灵保护）

任务实施

1. 开工

√	序号	内　容
	1	履行工作票、安全措施票手续并对危险点和安全注意事项交底；办理工作许可手续

2. 安全措施的执行及确认危险点

（一）检查运行人员所做的措施	
√	检查内容
	检查所有压板位置，并做好记录
	检查所有把手及开关位置，并做好记录

（二）继电保护安全措施的执行						
回路	位置及措施内容	执行√	恢复√	位置及措施内容	执行√	恢复√
电流回路						
电压回路						
合闸和跳闸回路						
信号回路						
其他						
执行人员：				监护人员：		
备注：						

3. 作业流程

（三）发电机定子绕组匝间短路保护检验		
序号	检验内容	√
1	高灵敏横差定值整定	

（续表）

2	横差保护试验	
3	匝间保护定值整定	
4	匝间保护试验	
5	工频变化量保护试验	
（四）工作结束前检查		
序号	内　容	√
1	现场工作结束前，工作负责人会同工作人员检查实验记录有无漏检验项目，试验结论、数据是否完整正确	
2	检查临时接线是否全部拆除，拆下的线头是否全部接好，包括接地线	
3	检查保护装置是否在正常运行状态	
4	打印装置现运行定值区定值与定值通知单逐项核对相符	
5	检查出口压板对地电位正确	

4．竣工

√	序号	内　容	备注
	1	检查措施是否恢复到开工前状态	
	2	全体工作班人员清扫、整理现场，清点工具及回收材料。工作负责人周密检查施工现场，是否有遗留的工具、材料	
	3	工作负责人在检修记录上详细记录本次工作所检修项目、发现的问题、试验结果和存在的问题等	
	4	经验收合格，办理工作票终结手续	

RCS－985 发电机定子绕组匝间短路保护检验方法

一、示意图及调试步骤

横差保护调试接线示意图可参考纵差保护。纵向零序电压匝间保护调试接线如图 6－18 所示，工频变化量匝间保护调试接线如图 6－19 所示。调试步骤如下：

1．高灵敏横差定值整定

（1）保护总控制字“发电机匝间保护投入”置 1；

（2）投入发电机匝间保护压板；

（3）灵敏段定值 $I_{hczd}=1.5A$，高定值段 9A，横差相电流制动系数 K 固定为 1，转子一点接地后自动延时 0.5S；

匝间保护方程：$I_d > I_{hczd} \times [1+K\times(I_{MAX}-I_e)/I_e]$；

(4)整定跳闸矩阵定值；

(5)按照试验要求整定“横差保护投入”、“横差保护高定值投入”。

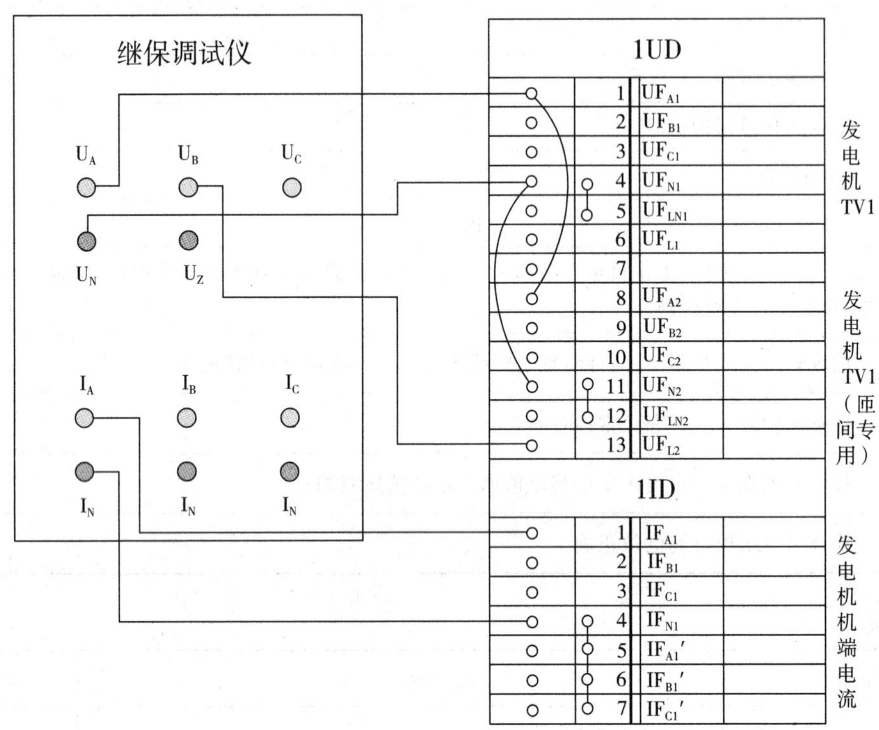

图 6－18　纵向零序电压匝间保护调试示意图

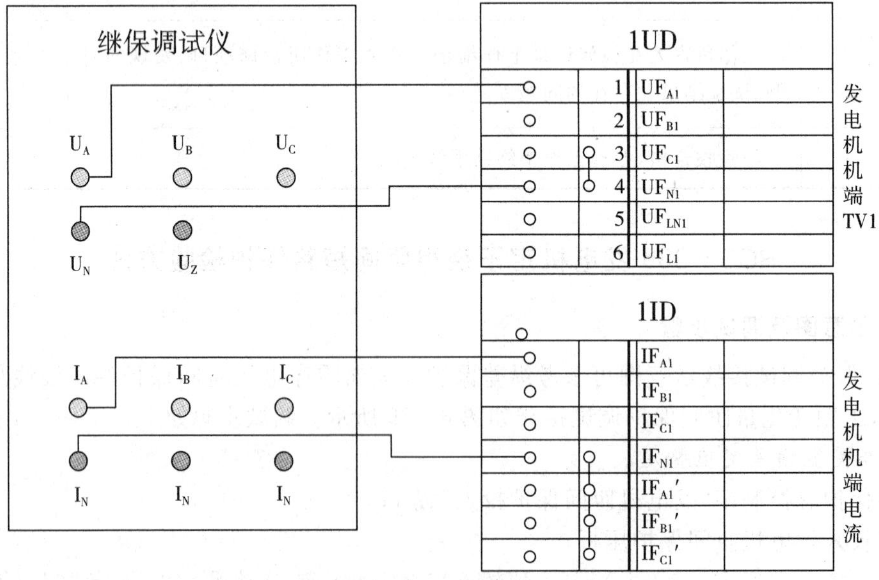

图 6－19　工频变化量匝间保护调试示意图

2. 横差试验

电流制动取发电机机端最大相电流。从横差电流回路加入动作电流试验。

横差保护试验值

序 号	发电机电流(A)	最大相电流(A)	动作横差电流(A)	动作电流计算值(A)
1				
2				
3				
4				
5				
6				

横差保护高定值段__________ A。

延时定值试验,转子一点接地发报警信号后,加入 1.2 倍的动作量,保护延时出口,测得延时__________ S。

3. 匝间保护定值整定

(1)保护总控制字“发电机匝间保护投入”置 1

(2)投入发电机匝间保护压板;

(3)灵敏段定值 3V,高定值段 10V,纵向零序电压制动系数 $K=1.5$(有的版本固定为2),延时 0.2S,

匝间保护灵敏段方程:$U_{zo}>[1+K_{zo}\times I_m/I_e]\times U_{zozd}$

$$I_m=3\times I_2 \qquad I_{MAX}<I_e$$

$$I_m=(I_{MAX}-I_e)+3\times I_2 \qquad I_{MAX}\geqslant I_e$$

式中 U_{zozd} 为零序电压定值,I_{MAX} 为发电机机端最大相电流,I_2 为发电机机端负序电流,I_e 为发电机额定电流,K_{zo} 为制动系数,制动系数受工频变化量负序功率方向影响,方向满足条件,纵向零序电压不经相电流制动,只需大于定值,延时动作于出口;发生区外故障,工频变化量负序方向不满足,纵向零序电压保护判据仍经电流制动,制动系数为 2,保护被制动。

高定值段经负序功率方向闭锁,发生区外故障保护不动作;

DBG 显示中“负序功率方向“标志显示,工频变化量匝间方向条件满足时为 1。

(4)整定跳闸矩阵定值;

(5)按照试验要求整定“零序电压投入”、“零序电压高定值段投入”。

4. 匝间保护试验

电流制动取发电机机端。

匝间保护试验值

序 号	发电机电流(A)	最大相电流(A)	负序电流 3I2(A)	动作电压(V)	电压计算值(V)
1					
2					

（续表）

3					
4					
5					
6					

延时定值试验，加入 1.2 倍的动作量，保护延时出口，测得延时____ S。

5. 工频变化量保护试验

(1)保护总控制字“发电机匝间保护投入”置 1；

(2)投入发电机匝间保护压板；

整定控制字“工频变化量保护投入”为“1”，如果匝间保护压板不投，保护只投报警；如果匝间保护压板、跳闸控制字投入，保护动作于跳闸。延时定值 0.5s。（和纵向零序电压保护共用延时定值）

工频变化量匝间方向保护直接取机端电压，机端电流和中性点电流，动作定值无需整定。

突加负序电压、负序电流，灵敏角为 78°\u12290X 负序工频变化量功率、负序工频变化量电压、负序工频变化量电流三个判据同时满足，保护置方向标志；保护经负序电压、负序电流展宽后经延时动作。

工频变化量匝间方向建议只投信号，延时定值建议不小于 0.2s，一般整定 0.5s。

相关知识

发电机定子绕组匝间短路保护

在大容量的发电机中，由于额定电流很大，其每相绕组有两个或两个以上并联支路，每个支路的匝间或支路之间发生的短路称为匝间短路故障。在发生匝间短路时，短路匝内的电流很大，会使局部绕组和铁芯遭到严重损伤。而在发电机引出端上电流变化并不显著，因而一般纵差保护不能起保护作用。当出现同一相匝间短路后，如不及时处理，有可能发展成相间故障，造成发电机严重损坏，因此，在发电机上应该装设定子绕组的匝间短路保护。除此之外，发电机定子绕组还可能发生开焊事故，对此类事故，纵差保护也不能反应，如依靠带延时的负序电流等后备保护切除定子绕组开焊故障，可能扩大事故的范围，故只能利用匝间短路的保护来反应。

发电机定子绕组发生匝间短路时，其电流、电压将发生如下变化：

(1)定子绕组中产生了正序、负序和零序电流；

(2)发电机端有零序电压和负序电压；

(3)转子回路中产生二次谐波。

一、单元件横差电流保护

单元件横差保护适用于具有多分支的定子绕组，且有两个或两个以上中性点引出端子的发电机，能反应定子绕组匝间短路、分支线棒开焊及机内绕组相间短路。

横差电流保护的输入电流，为发电机两个中性点连线上的单个电流互感器二次电流。。原理如图 6－20 所示。

正常运行及外部故障时，中性点连接线上只存在不平衡电流，当发电机发生匝间短路，各绕组中的电动势就不再相等，在中性点连线上将引起故障环流，中性点连线中会有电流流过。利用测量这种环流可构成反应匝间短路故障的单元件横差动保护。

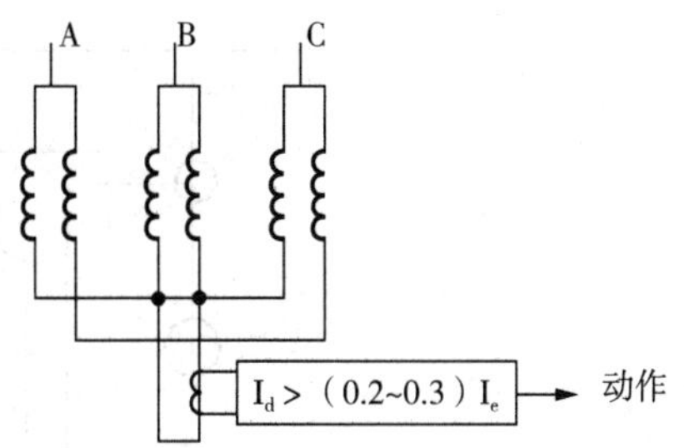

图 6－20　单元件横差保护的原理接线

正常运行及外部故障时，中性点连线上主要存在由发电机电动势中高次谐波产生的不平衡电流，其中以三次谐波幅值最大。横差保护元件的动作电流必须要大于最大不平衡电流。为减小不平衡电流的影响，降低动作电流，提高保护灵敏度，横差保护中应滤除三次谐波。

横差保护的动作电流，根据运行经验一般取为发电机额定电流的 20％～30％，即

$$I_{op}=(0.2\sim0.3)I_e \tag{6-15}$$

保护用电流互感器按满足动稳定要求选择，其变比一般按发电机额定电流的 25％选择，即

$$n_{TA}=0.25I_e/5 \tag{6-16}$$

这种保护的灵敏度是较高的，但是当单相分支匝间短路的 α 较小时，即短接的匝数较少时。或同相两分支间匝间短路，且 $a_1=a_2$，或 a_1 与 a_2 差别较小时，保护在切除故障时有一定的死区。横差电流保护接线简单，动作可靠，同时能反应定子绕组分支开焊故障，因而得到广泛应用。

二、纵向零序电压的匝间短路保护

大容量的发电机，由于一些技术上和经济上的考虑，发电机中性点侧常常只引出三个端子，更大的机组甚至只引出一个中性点，这就无法装设横差电流保护。因此大型机组通常采用反应零序电压的匝间短路保护。

发电机正常运行时，机端不出现基波零序电压。相间短路时，也不会出现零序电压。单相接地故障时，接地故障相对地电压为零，而中性点对地电压上升为相电压，因此三相对中性点电压仍然对称，不出现零序电压。当发电机定子绕组发生匝间短路或开焊时，机端三相电压对发电机中性点出现不对称，从而产生所谓纵向零序电压。利用反应纵向零序电压可构成匝间短路保护。反应纵向零序电压的匝间短路保护如图 6－21 所示。

为了在机端测量该零序电压，装设专用电压互感器 TVN1，TVN1 原边线圈中性点与发电机中性点直接连接，并与地绝缘，因此，该电压互感器二次绕组不能用来测量相对地电压。。当发电机定子绕组单相接地时，虽然发电机定子绕组三相绕组对地出现零序电压，但由于发电机中性点不直接接地，其定子三相对中性点 N 仍保持对称，因此一次侧与发电机三相绕组并联的电压互感器开口三角绕组无零序电压输出。

TVN1 开口三角形侧接入零序电压部分(包括三次谐波过滤器和零序过电压继电器)，

三次谐波过滤器用于减小发电机正常运行时固有三次谐波对保护的影响。零序电压继电器的动作电压应躲过正常运行和外部故障时三次谐波过滤器输出的最大不平衡电压。

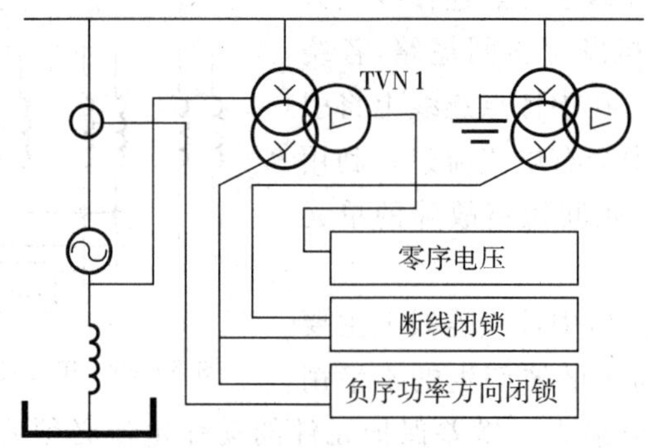

图 6-21　反应纵向零序电压匝间短路保护的原理接线图

为了提高保护灵敏度，利用负序功率方向元件可正确区分匝间短路和区外短路，负序功率方向采取外部故障时闭锁保护的措施。这样，零序电压继电器的动作电压只需按躲过正常运行时的不平衡电压整定。当三次谐波滤过器的过滤比大于 80 时，保护的动作电压可取额定电压的 0.03～0.04 倍。

为防止电压互感器回路断线时造成保护误动作，因此需要装设电压回路断线闭锁装置。断线闭锁元件是利用比较专用的电压互感器 TVN1 和机端测量电压互感器 TV2 的二次正序电压原理工作的。正常运行时，TV1 和 TV2 二次正序电压相等，断线闭锁元件不动作。当任一电压互感器断线时，其正序电压低于另一正常电压互感器的正序电压，断线闭锁元件动作，闭锁保护装置。

反应纵向零序电压的匝间短路保护，原理简单，灵敏度较高，适于中性点只有 3 个引出端的发电机匝间短路保护。

三、RCS－985 发电机纵向零序电压的匝间短路保护动作逻辑实例

1. 发电机高灵敏横差保护出口逻辑

RCS－985 保护中单元件横差保护采用高定值段度横差保护（相当于传统单元件横差保护）和灵敏段横差保护。高灵敏横差保护采用相电流比率制动，相电流比率制动横差保护能保证外部故障时不误动，内部故障时灵敏动作。其动作方程为

$$\begin{cases} I_d \geqslant I_{hczd} & I_{MAX} \leqslant I_e \text{ 时} \\ I_d \geqslant \left(1+K_{hczd}\dfrac{I_{MAX}-I_e}{I_{ezd}}\right)\times I_{hczd} & I_{MAX} > I_e \text{ 时} \end{cases} \tag{6-17}$$

式中：I_d 为横差电流；

I_{hczd}为横差电流定值；

I_{MAX}为机端三相电流中最大相电流；

I_e 为发电机额定电流；

K_{hczd}为制动系数；

由于采用了相电流比率制动，横差电流定值只需按躲过正常运行时不平衡电流整定，比传统单元件横差保护定值大为减少，因而提高了发电机内部匝间短路时保护的灵敏度。对于其他正常运行情况下横差不平衡电流的增大，横差电流保护具有浮动门槛的功能。

高灵敏横差保护动作于跳闸出口。考虑到在发电机转子绕组两点接地时发电机气隙磁场畸变可能使保护误动，故在转子一点接地后，使横差保护带一短延时动作。RCS－985 单元件横差保护的动作逻辑如图 6－22 所示。

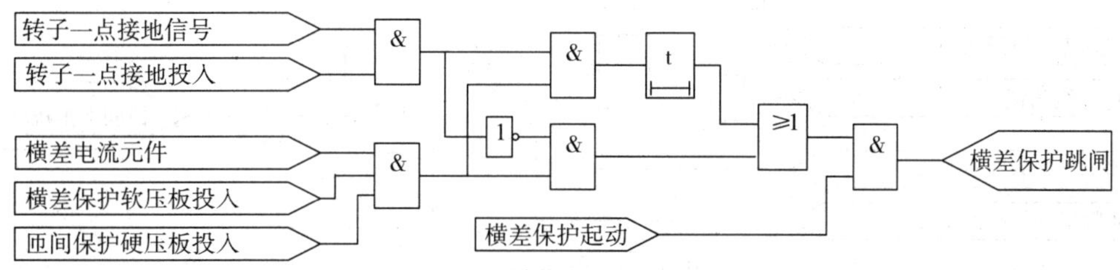

图 6－22 RCS－985 发电机横差保护的动作逻辑框图

2. 纵向零序电压保护出口逻辑

(1)高定值段匝间保护，按躲过区外故障最大不平衡电压整定，经工频变化量负序功率方向闭锁；

(2)灵敏度匝间保护。装置采用电流比率制动的纵向零序电压保护原理，其动作方程为：

$$U_{z0} > (1 + K_{z0} \times I_m / I_e) \times U_{z0zd}$$

$$I_m = 3 \times I_2 \qquad I_{MAX} < I_e \text{ 时} \tag{6-18}$$

$$I_m = (I_{MAX} - I_e) + 3 \times I_2 \qquad I_{MAX} \geqslant I_e \text{ 时}$$

式中：U_{z0}为零序电压测量值；

U_{z0zd}为零序电压定值；

I_{MAX}为机端三相电流中最大相电流；

I_m 为制动电流；

I_2 为发电机机端负序电流；

I_e 为发电机额定电流；

K_{z0}为制动系数，制动系数受工频变化量负序功率方向影响。

电流比率制动原理匝间保护能保证外部故障时不误动，内部故障时灵敏动作。由于采用了电流比率制动的判据，零序电压定值只需按躲过正常运行时不平衡电压流整定，因此提高了发电机内部匝间短路时保护的灵敏度。

对于其他正常运行情况下纵向零序电压不平衡值的增大，纵向零序电压保护具有浮动门槛的功能。

匝间保护一般经延时(0.1s～0.2s)出口。

RCS－985 纵向零序电压保护的动作逻辑如图 6－23 所示。

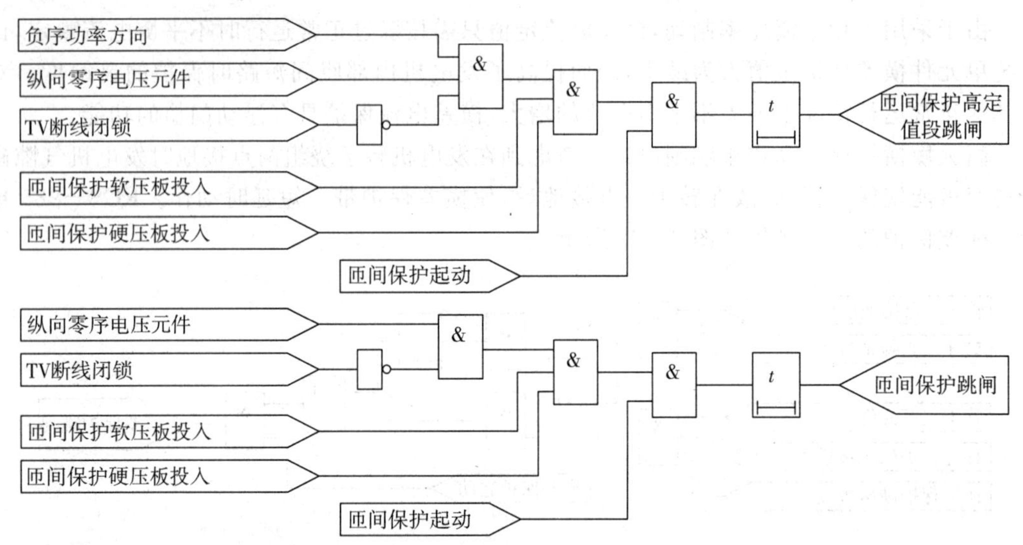

图 6-23 RCS－985 发电机纵向零序电压保护的动作逻辑框图

3. 工频变化量匝间保护出口逻辑

对于机端没有匝间保护专用电压互感器，无法实现纵向零序电压保护功能的，可以用工频变化量匝间方向保护，直接取机端电压、机端电流，动作定值无需整定。其判据：

$$\Delta F=\mathrm{Re}(\Delta \dot{U}_2\times\Delta \dot{I}_2\times e^{j\varphi})>\varepsilon+1.25\times \mathrm{d}F$$

$$\Delta U>0.5\mathrm{V}+1.25\mathrm{d}u$$

$$\Delta I>0.02I_n+1.25\mathrm{d}i$$

负序工频变化量功率、负序工频变化量电压、负序工频变化量电流三个判据同时满足，保护置方向标志，方向灵敏角为 78°，负序电压＞0.5V，负序电流＞0.1A 同时满足，延时动作于出口或报警，延时定值为零序电压延时定值。

工频变化量匝间方向保护建议只投信号，延时定值建议不小于 0.2S，一般整定为 0.5S。RCS－985 工频变化量匝间保护的动作逻辑如图 6-24 所示。

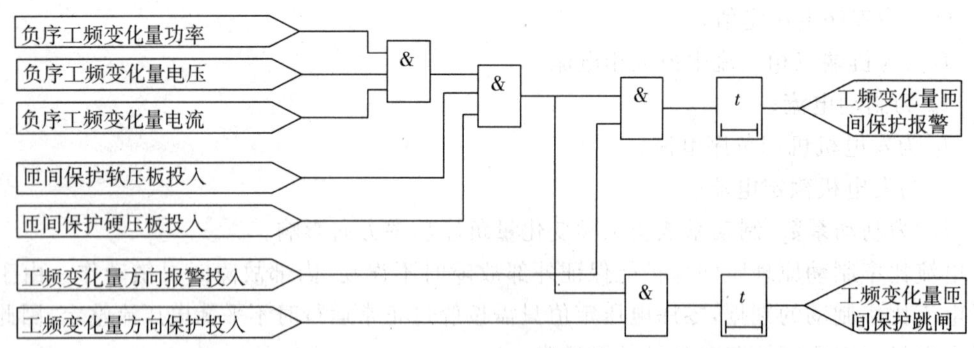

图 6-24 RCS－985 发电机工频变化量匝间保护的动作逻辑框图

“工频变化量方向”与“纵向零序电压匝间保护”配合，即“零序电压经工频变化量方向闭锁”控制字投入时，内部故障时，工频变化量匝间保护动作即延时发信号，同时零序电压匝间保护不经电流闭锁，可提高灵敏度；外部故障时，工频变化量方向不动作，零序电压匝间保护

则经电流闭锁。

任务四　发电机励磁回路接地保护

学习目标

通过对发电机微机保护装置(如 RCS－985 等)所包含的发电机励磁回路接地保护功能进行讲解和检验,使学生在完成本任务的学习过程中达到以下三个方面的目标:

1. 知识目标

(1)了解发电机励磁回路接地保护的种类及其作用;

(2)掌握发电机励磁回路接地地保护的实现方式;

(3)熟悉发电机励磁回路接地保护的接线及影响因素。

2. 能力目标

(1)会阅读发电机励磁回路接地保护的相关图纸;

(2)熟悉发电机微机保护装置中与发电机励磁回路接地保护相关的压板、信号、端子等;

(3)熟悉并能完成发电机微机保护装置检验前的准备工作,会对发电机微机保护装置发电机励磁回路接地保护进行检验。

3. 态度目标

(1)不旷课,不迟到,不早退;

(2)具有团队意识协作精神;

(3)积极向上努力按时完成老师布置的各项任务;

(4)责任意识,安全意识,规范意识。

任务描述

(1)通过对发电机微机保护中发电机励磁回路接地保护功能的检验掌握发电机励磁回路接地保护的作用、原理、接线及影响因素。

(2)学会对发电机微机保护装置发电机励磁回路接地保护功能检验的方法、步骤等。

任务准备

1. 工作准备

√	学习阶段	工作(学习)任务	工作目标	备注
	入题阶段	根据工作任务,分析设备现状,明确检验项目,编制检验工作安全措施及作业指导书,熟悉图纸资料	确定重点检验项目	

（续表）

	准备阶段	检查并落实检验所需材料、工器具、劳动防护用品等是否齐全合格	检验所需设备材料齐全完备	
	分工阶段	班长根据工作需要和人员精神状态确定工作负责人和工作班成员，组织学习《公司电业安全工作规程》、现场安全措施	全体人员明确工作目标及安全措施	

2. 检验工器具、材料表

(一)检验工器具						
√	序号	名　称	规　格	单　位	数　量	备　注
	1	继电保护微机试验仪及测试线		套		
	2	万用表		块		
	3	电源盘(带漏电保护器)		个		
	4	模拟断路器		台		
(二)备品备件						
√	序号	名　称	规　格	单　位	数　量	备　注
	1	电源插件		个		
(三)检验材料表						
√	序号	名　称	规　格	单　位	数　量	备　注
	1	毛刷		把		
	2	绝缘胶布		盘		
	3	电烙铁		把		

(四)图纸资料			
√	序号	名　称	备　注
	1	与现场实际接线一致的图纸	
	2	最新定值通知单	
	3	装置资料及说明书	
	4	上次检验报告	
	5	作业指导书	
	6	检验规程	

3. 危险点分析及安全控制措施

序号	危险点	安全控制措施
1	误走错间隔，误碰运行设备	检查在发电机保护屏前后应有“在此工作”标示牌，相邻运行屏悬挂红白警告带
2	工作不慎引起交、直流回路故障	工作中应使用带绝缘手柄的工具，拆动二次线时应作绝缘处理并固定，防止直流接地或短路
3	电压反送、误向运行设备通电流	试验前应断开检修设备与运行设备相关联的电流、电压回路
4	检修中的临时改动忘记恢复	二次回路、保护压板、保护定值的临时改动要做好记录，坚持“谁拆除谁恢复”的原则
5	带电插拔插件，易造成集成块损坏；频繁插拔插件，易造成插件插头松动	严禁带电插拔插件，工作时佩戴防静电手环或采取其他防静电措施。整组传动后应尽量避免插拔插件，如需插拔应检验相关回路完好
6	接、拆低压电源时人身触电	接拆电源时应在电源开关拉开的情况下两人一起工作。所使用电源应装有漏电保护器。禁止从运行设备上接取试验电源
7	越过遮栏，易发生人员触电事故	现场设专人监护，严禁跨越围栏
8	联跳回路未断开，误跳运行开关	根据被检验装置与运行设备相关联部分的实际情况，制定技术措施，防止误跳其他开关（误跳母联、分段开关，误启动失灵保护）

任务实施

1. 开工

√	序号	内　容
	1	履行工作票、安全措施票手续并对危险点和安全注意事项交底；办理工作许可手续

2. 安全措施的执行及确认危险点

（一）检查运行人员所做的措施						
√	检查内容					
	检查所有压板位置，并做好记录					
	检查所有把手及开关位置，并做好记录					
（二）继电保护安全措施的执行						
回路	位置及措施内容	执行√	恢复√	位置及措施内容	执行√	恢复√

（续表）

电流回路						
电压回路						
合闸和跳闸回路						
信号回路						
其他						
执行人员：				监护人员：		
备注：						

3．作业流程

（三）发电机励磁回路接地保护检验		
序号	检验内容	√
1	转子一点接地定值整定	
2	转子二点接地定值整定	
3	转子一点接地试验	
4	转子二点接地试验	

（四）工作结束前检查		
序号	内　容	√
1	现场工作结束前，工作负责人会同工作人员检查实验记录有无漏检验项目，试验结论、数据是否完整正确	
2	检查临时接线是否全部拆除，拆下的线头是否全部接好，包括接地线	
3	检查保护装置是否在正常运行状态	
4	打印装置现运行定值区定值与定值通知单逐项核对相符	
5	检查出口压板对地电位正确	

4．竣工

√	序号	内　容	备注
	1	检查措施是否恢复到开工前状态	
	2	全体工作班人员清扫、整理现场，清点工具及回收材料。工作负责人周密检查施工现场，是否有遗留的工具、材料	
	3	工作负责人在检修记录上详细记录本次工作所检修项目、发现的问题、试验结果和存在的问题等	
	4	经验收合格，办理工作票终结手续	

RCS－985发电机励磁回路接地保护检验方法

一、调试接线：

从相应屏端子外加直流电压(严防直流高电压误加入交流电压回路)。

二、调试步骤如下：

1. 转子一点接地定值整定

(1)保护总控制字"转子接地保护投入"置1；

(2)投入发电机转子一点接地保护压板；

(3)一点接地信号段定值40kΩ,一点接地定值20kΩ,一点接地保护延时0.5S；

(4)整定转子接地保护跳闸矩阵定值；

(5)"转子一点接地灵敏段投入"置1,动作于报警；

(6)"转子一点接地信号投入"置1,动作于报警；

(7)"转子一点接地跳闸投入"置1,按跳闸矩阵动作于出口。

2. 转子二点接地定值整定

(1)保护总控制字"转子接地保护投入"置1；

(2)投入发电机转子两点接地保护压板；

(3)两点接地二次谐波电压定值0.4V,两点接地保护延时0.5S；

(4)整定转子接地保护跳闸矩阵定值；

(5)"转子两点接地保护投入"置1,动作于出口；

(6)"两点接地二次谐波电压投入"置1,两点接地保护出口经定子侧二次谐波电压闭锁。

3. 转子一点接地试验

合上转子电压输入开关,从屏端子上外加直流电压220V,将试验端子与电压正端短接,测得试验值__________kΩ,将试验端子与电压负端短接,测得试验值__________kΩ,有条件情况下应使用电阻箱测试保护动作值。

4. 转子二点接地试验

转子一点接地保护,动作于报警时,不需通过压板控制。而动作于跳闸,需经压板控制。

从屏端子外加直流电压220V,将试验端子与电压正端短接,测得试验值______kΩ,转子一点接地保护发出报警信号,延时30S后,装置发出转子两点接地保护投入信号,将大轴输入端与电压负端(或正端)短接,保护延时动作于出口。

从屏端子外加直流电压220V,将试验端子与电压正端短接,测得试验值______kΩ,转子一点接地保护发出报警信号,延时15S左右后,装置发出转子两点接地保护投入信号,在发电机TV1加二次谐波负序电压__________V,将大轴输入端与电压负端短接,保护延时动作于出口。

转子两点接地保护不采用自动投入方式,建议在一点接地稳定后手动经压板投入;转子接地保护运行只能投入一套,转子电压不能同时进入两套保护。

在装置上电重启时,转子电压输入闸刀需处于断开状态,装置"运行"灯亮后合上一套装置的转子电压输入闸刀。

相关知识

发电机励磁回路接地保护

一、励磁回路一点接地保护

发电机正常运转时，励磁回路与地之间有一定的绝缘电阻和分布电容。当励磁绕组绝缘严重下降或损坏时，会引起励磁回路绕组的匝间短路和接地故障，最常见的是励磁回路一点接地故障。发生励磁回路一点接地故障时，由于没有形成接地电流通路，所以对发电机运行没有直接影响。但是发生一点接地故障后，励磁回路对地电压将升高，在某些条件下会诱发第二点接地，励磁回路发生两点接地故障将严重损坏发电机。因此，发电机必须装设灵敏的励磁回路一点接地保护，保护作用于信号。

1. 绝缘检查装置

励磁回路绝缘检查装置原理如图 6－25 所示。正常运行时，电压表 V1，V2 的读数相等。当励磁回路对地绝缘水平下降时，V1 与 V2 的读数不相等。

值得注意的是，在励磁绕组中点接地时，V1 与 V2 的读数也相等，因此该检测装置有死区。

2. 切换采样式发电机励磁回路一点接地保护

切换采样式转子一点接地保护是利用轮流对不同采样点分别进行独立采样测量的原理构成的，微机型转子一点接地保护切换采样原理如图 6－26。图中 S1、S2 是两个由微机控制的电子开关，保护工作时按一定的时钟脉冲频率轮流开关，二者交替开、合。

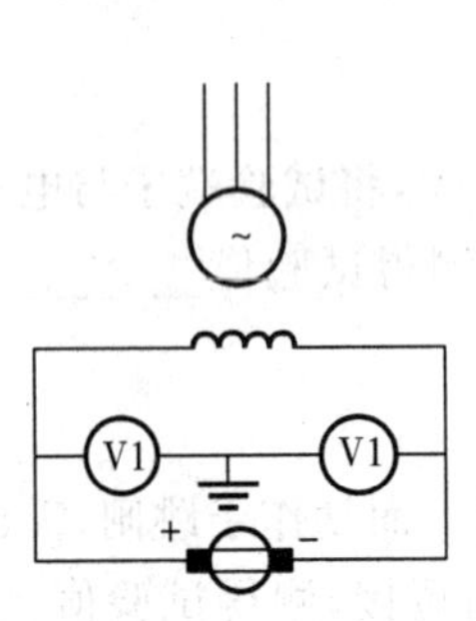

图 6－25　励磁回路绝缘检查装置原理

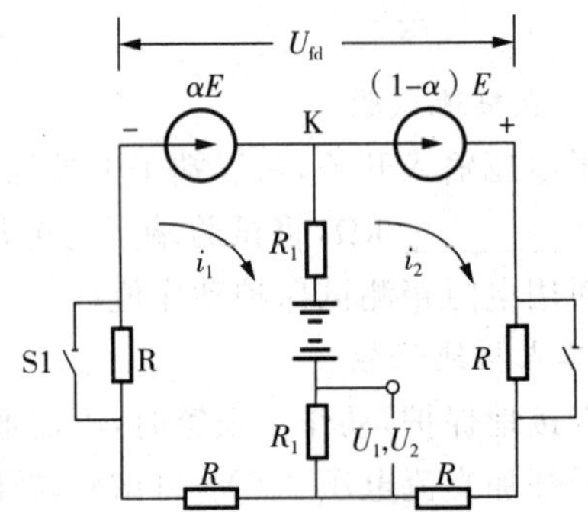

图 6－26　转子一点接地保护切换采样原理图

如发电机转子绕组在 k 点经过渡电阻 R_g 接地，负极至接地点 k 的绕组匝数与总匝数之比为 α。U_{fd} 为励磁电压，则转子负极与 k 点之间的励磁电压为 αU_{fd}，k 点与转子正极之间的电压为 $(1-\alpha)U_{fd}$。保护装置中的四个分压电阻的电阻值为 R。R_1 为测量电阻，保护装置通过测量不同状态 R_1 两端的电压可计算出接地电阻 R_g 的大小和 α 值。

在 S_1 闭合，S_2 断开时，由采样回路可知

$$U_1=\frac{(3\alpha-1)U_{fd1}}{2R+3R_g+3R_1}R_1 \tag{6-19}$$

在在 $S1$ 断开闭合，$S2$ 闭合断开时，可得

$$U_2=\frac{(3\alpha-2)U_{fd2}}{2R+3R_g+3R_1}R_1 \tag{6-20}$$

考虑到因励磁电压的波动可能使两次采样时刻测量的励磁电压不等，为此在计算中引入系数 $K=U_{fd1}/U_{fd2}$。令 $\Delta U=U_1-KU_2$，并将式(6-19)、(6-20)代人得

$$\Delta U=\frac{U_{fd1}}{2R+3R_g+3R_1}R_1 \tag{6-21}$$

由(6-21)得

$$R_g=\frac{U_{fd1}}{3\Delta U}-R_1-\frac{2}{3}R \tag{6-22}$$

$$\alpha=\frac{U_1}{3\Delta U}+\frac{1}{3} \tag{6-23}$$

将计算得出的 R_g 与整定值比较来判断转子绕组的接地程度。

切换采样原理构成的转子绕组一点接地保护具有灵敏度高、误差小、动作无死区的特点，且其动作特性不受励磁电压波动及转子绕组对地电容的影响，灵敏度不因故障点位置的变化而变化；同时在启、停机时也能够保护，并且原理简单、调试方便、易于实现。目前，大型机组的国产微机型发电机保护广泛采用。

二、励磁回路两点接地保护

励磁回路发生两点接地故障，其后果是：

①由于故障点流过相当大的短路电流，将产生电弧，因而会烧伤转子本体；

②由于部分绕组被短接，励磁电流增加，可能因过热而烧伤励磁绕组；

③部分励磁绕组被短接，造成转子磁场发生畸变，力矩不平衡，致使机组振动；

④接地电流可能使汽轮机轴系和汽缸磁化。

因此，励磁回路发生两点接地会造成严重后果，必须装设励磁回路两点接地保护。

励磁回路两点接地保护装置的方式有：直流电桥方式、测量定子二次谐波电压方式。两点接地保护动作于跳闸。

1. 直流电桥式励磁回路两点接地保护原理接线如图 6-27 所示

在发现发电机励磁回路一点接地后，将发电机励磁回路两点接地保护投入运行。当发电机励磁回路两点接地时，该保护经延时动作于停机。

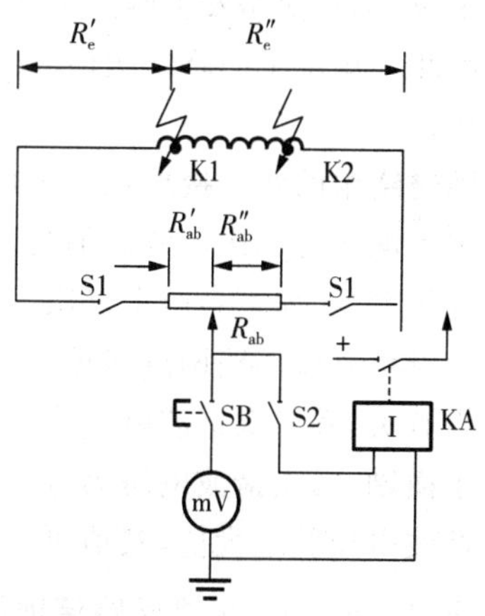

图 6-27　直流电桥式励磁回路两点接地保护原理接线

励磁回路的直流电阻 R_e 和附加电阻 R_{ab} 构成直流电桥的四臂（R'_{ab}、R''_{ab}、R''_e、R'_e）。毫伏表和电流继电器 KA 接于 R_{ab} 的滑动端与地之间，即电桥的对角线上。当励磁回路 K1 点发生接地后，投入刀闸 S1 并按下按钮 SB，调节 R_{ab} 的滑动触点，使毫伏表指示为

零，此时电桥平衡，即

$$\frac{R'_e}{R''_e}=\frac{R'_{ab}}{R''_{ab}} \tag{6-24}$$

然后松开 SB，合上 S2，接入电流继电器 KA，保护投入工作。

当励磁回路第二点发生接地时，R''_e 被短接一部分，电桥平衡遭到破坏，电流继电器中有电流通过，若电流大于继电器的动作电流，继电器动作，断开发电机。

由电桥原理构成的励磁回路两点接地保护有下列缺点：

若第二个故障点 K2 点离第一个故障点 K1 点较远，则保护的灵敏度较好；反之，若 K2 点离 K1 点很近，通过继电器的电流小于继电器动作电流，保护将拒动，因此保护存在死区，死区范围在 10%左右。

若第一个接地点 K1 点发生在转子绕组的正极或负极端，则因电桥失去作用，不论第二点接地发生在何处，保护装置将拒动，死区达 100%。

由于两点接地保护只能在转子绕组一点接地后投入，所以对于发生两点同时接地，或者第一点接地后紧接着发生第二点接地的故障，保护均不能反应。

上述两点接地保护装置虽然有这些缺点，但是接线简单，价格便宜，因此在中、小型发电机上仍然得到广泛应用。

目前，采用直流电桥原理构成的集成电路励磁回路两点接地保护，在大型发电机上得到广泛应用。

2. 利用定子回路二次谐波电压构成的励磁回路两点接地保护

采用电桥原理构成的励磁回路两点接地保护不能反应励磁绕组的匝间短路，且只有在发生稳定金属性第一点接地故障时，保护装置才能投入。当发电机励磁绕组发生两点接地或匝间短路故障时，发电机定子与转子之间气隙中磁通的对称性遭到破坏，因此产生了偶次谐波气隙磁通，并在定子绕组中感应电势中出现相应的偶次谐波分量。利用定子回路二次谐波电压构成的励磁回路两点接地保护，是以定子电量的保护作为动作判据，因为对两极发电机来说，励磁回路发生两点接地故障时，二次谐波分量最为显著。

因此利用定子回路二次谐波电压构成的励磁回路两点接地保护具有高灵敏度并能经常投入运行。

励磁绕组的两个接地点很少可能完全对称于横轴，因而在两点接地故障的同时常伴随产生定子电压的二次谐波。但是，如果两个接地点恰好完全对称于横轴，则不论接地故障包括的绕组多少，均不会产生二次谐波电势。

发电机励磁回路两点接地时，二次谐波电压的大小与短路绕组的空间位置与短路匝数的多少有关，其二次谐波电压一般在额定电压的 0.6%～0.8%范围内变化。若两个故障点对称于横轴，二次谐波电压为零，保护将不动作。若一个极的励磁绕组全部短路时，将出现二次谐波电压的最大值，其值可达基波电压的 10%左右。

三、RCS－985 励磁回路接地保护动作逻辑实例

1. 转子一点接地保护

转子一点接地反应发电机转子对大轴绝缘定值的下降。一点接地设有两段动作值，灵

敏段动作于报警，普通段可动作于信号也可动作于跳闸。RCS—985 转子一点接地保护动作逻辑图如图 6-28 所示。

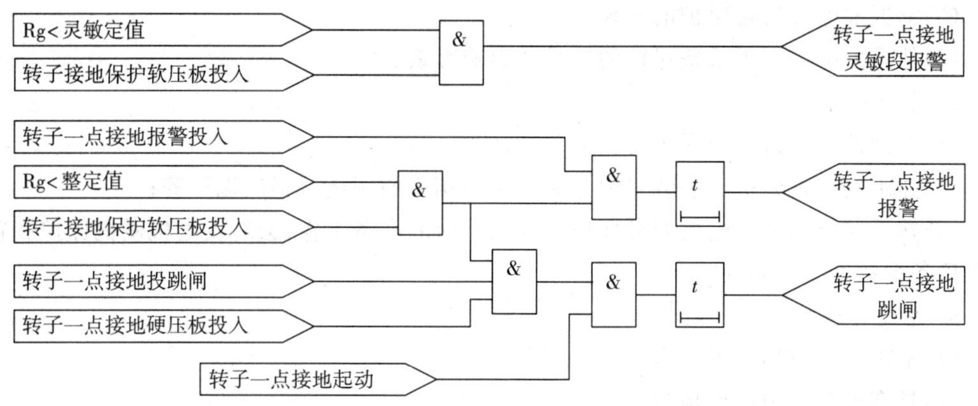

图 6-28　RCS—985 发电机转子一点接地保护动作逻辑框图

2. 转子两点接地保护

若转子一点接地保护动作于报警，当转子接地电阻 R_g 小于普通段整定值，转子一点接地保护动作后，经延时自动投入转子两点接地保护，当接地位置 α 改变达一定值时判为转子两点接地，动作于跳闸。

为提高转子两点接地保护的可靠性，转子两点接地保护可经控制字选择"经定子侧二次谐波电压闭锁"。RCS—985 转子两点接地保护动作逻辑图如图 6-29。

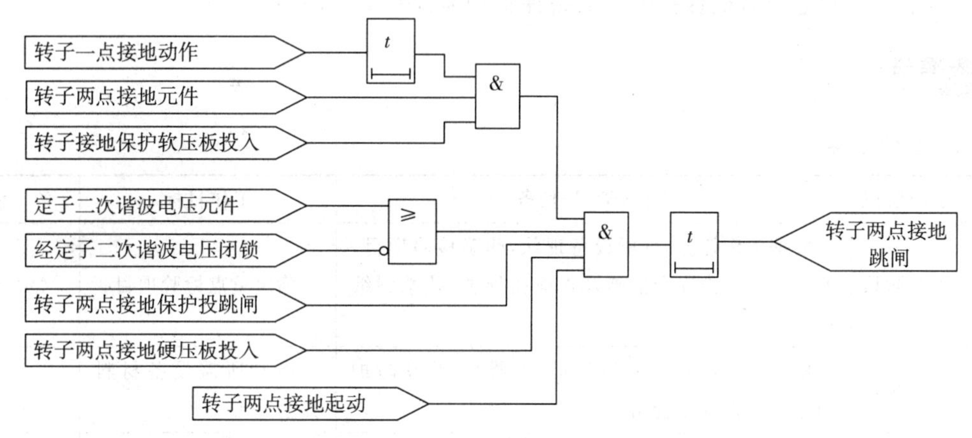

图 6-29　RCS—985 发电机转子两点接地保护动作逻辑框图

任务五　发电机后备保护

学习目标

通过对发电机微机保护装置（如 RCS—985 等）所包含的发电机后备保护功能进行讲解和检验，使学生在完成本任务的学习过程中达到以下 3 个方面的目标：

1. 知识目标

(1)了解发电机后备保护的种类及其作用;

(2)掌握发电机后备保护的实现方式;

(3)熟悉发电机定子后备保护的接线及影响因素。

2. 能力目标

(1)会阅读发电机后备保护的相关图纸;

(2)熟悉发电机微机保护装置中与纵差保护相关的压板、信号、端子等;

(3)熟悉并能完成发电机微机保护装置检验前的准备工作,会对发电机微机保护装置发电机后备保护进行检验。

3. 态度目标

(1)不旷课,不迟到,不早退;

(2)具有团队意识协作精神;

(3)积极向上努力按时完成老师布置的各项任务;

(4)责任意识,安全意识,规范意识。

任务描述

(1)通过对发电机微机保护中后备保护功能的检验掌握发电机后备保护的作用、原理、接线及影响因素。

(2)学会对发电机微机保护装置后备保护功能检验的方法、步骤等。

任务准备

1. 工作准备

√	学习阶段	工作(学习)任务	工作目标	备　注
	入题阶段	根据工作任务,分析设备现状,明确检验项目,编制检验工作安全措施及作业指导书,熟悉图纸资料	确定重点检验项目	
	准备阶段	检查并落实检验所需材料、工器具、劳动防护用品等是否齐全合格	检验所需设备材料齐全完备	
	分工阶段	班长根据工作需要和人员精神状态确定工作负责人和工作班成员,组织学习《公司电业安全工作规程》、现场安全措施	全体人员明确工作目标及安全措施	

2. 检验工器具、材料表

(一)检验工器具						
√	序号	名　称	规　格	单　位	数　量	备　注
	1	继电保护微机试验仪及测试线		套		

（续表）

	2	万用表		块		
	3	电源盘(带漏电保护器)		个		
	4	模拟断路器		台		
(二)备品备件						
√	序号	名　称	规　格	单　位	数　量	备　注
	1	电源插件		个		
(三)检验材料表						
√	序号	名　称	规　格	单　位	数　量	备　注
	1	毛刷		把		
	2	绝缘胶布		盘		
	3	电烙铁		把		
(四)图纸资料						
√	序号	名　称				备　注
	1	与现场实际接线一致的图纸				
	2	最新定值通知单				
	3	装置资料及说明书				
	4	上次检验报告				
	5	作业指导书				
	6	检验规程				

3. 危险点分析及安全控制措施

序号	危险点	安全控制措施
1	误走错间隔,误碰运行设备	检查在发电机保护屏前后应有“在此工作”标示牌,相邻运行屏悬挂红白警告带
2	工作不慎引起交、直流回路故障	工作中应使用带绝缘手柄的工具,拆动二次线时应作绝缘处理并固定,防止直流接地或短路
3	电压反送、误向运行设备通电流	试验前应断开检修设备与运行设备相关联的电流、电压回路
4	检修中的临时改动忘记恢复	二次回路、保护压板、保护定值的临时改动要做好记录,坚持“谁拆除谁恢复”的原则
5	带电插拔插件,易造成集成块损坏;频繁插拔插件,易造成插件插头松动	严禁带电插拔插件,工作时佩戴防静电手环或采取其他防静电措施。整组传动后应尽量避免插拔插件,如需插拔应检验相关回路完好

（续表）

6	接、拆低压电源时人身触电	接拆电源时应在电源开关拉开的情况下两人一起工作。所使用电源应装有漏电保护器。禁止从运行设备上接取试验电源
7	越过遮栏，易发生人员触电事故	现场设专人监护，严禁跨越围栏
8	联跳回路未断开，误跳运行开关	根据被检验装置与运行设备相关联部分的实际情况，制定技术措施，防止误跳其他开关（误跳母联、分段开关，误启动失灵保护）

任务实施

1．开工

√	序号	内容
	1	履行工作票、安全措施票手续并对危险点和安全注意事项交底；办理工作许可手续

2．安全措施的执行及确认危险点

（一）检查运行人员所做的措施	
√	检查内容
	检查所有压板位置，并做好记录
	检查所有把手及开关位置，并做好记录

（二）继电保护安全措施的执行						
回路	位置及措施内容	执行√	恢复√	位置及措施内容	执行√	恢复√
电流回路						
电压回路						
合闸和跳闸回路						
信号回路						
其他						
执行人员：				监护人员：		
备注：						

3. 作业流程

(三)发电机后备保护检验		
序号	检验内容	√
1	复合电压过流保护定值整定	
2	复合电压过流保护试验	
3	阻抗保护定值整定	
4	阻抗保护试验	
(四)送电前检查		
序号	内　容	√
1	现场工作结束前,工作负责人会同工作人员检查实验记录有无漏检验项目,试验结论、数据是否完整正确	
2	检查临时接线是否全部拆除,拆下的线头是否全部接好,包括接地线	
3	检查保护装置是否在正常运行状态	
4	打印装置现运行定值区定值与定值通知单逐项核对相符	
5	检查出口压板对地电位正确	

4. 竣工

√	序号	内　容	备注
	1	检查措施是否恢复到开工前状态	
	2	全体工作班人员清扫、整理现场,清点工具及回收材料。工作负责人周密检查施工现场,是否有遗留的工具、材料	
	3	工作负责人在检修记录上详细记录本次工作所检修项目、发现的问题、试验结果和存在的问题等	
	4	经验收合格,办理工作票终结手续	

RCS－985发电机后备保护检验方法

一、调试接线

保护取发电机机端电压TV1、机端电流TA2和中性点电流

二、调试步骤

1. 复合电压过流保护定值整定

(1)保护总控制字"发电机相间后备保护投入"置1;

(2)投入发电机相间后备保护投入压板;

(3)负序电压U_2定值6V,相间低电压U定值70V,过流Ⅰ段定值4.2A,过流Ⅱ段定值5A。

(4)整定过流Ⅰ段跳闸控制字,过流Ⅱ段控制字;

(5)根据需要整定“I段经复合电压闭锁”、“Ⅱ段经复合电压闭锁”控制字;

(6)由于发电机侧两组TV自动切换,不考虑两组TV同时断线。

“TV断线保护投退原则”置0时,如机端TV断线时,复合电压判据自动满足,该保护变成纯过流保护;控制字置1,机端TV断线时,该侧TV的复合电压判据不满足,闭锁经复合电压闭锁的保护段。

(7)“自并励发电机”控制字置1时,过流保护启动后,电流带记忆功能。建议投入电流记忆功能的同时投入经复压闭锁,不推荐不经复压闭锁而单独投入电流记忆功能。

(8)“电流判别输出”置1时,机端最大电流大于电流判别定值时动作于机端过流输出接点,一常开一常闭两对接点。

2. 复合电压过流保护试验

保护取发电机后备电流,后备电流通道在内部配置定值中可以灵活整定。

过流I段试验值________A,过流I段延时________S;

过流Ⅱ段试验值________A,过流Ⅱ段延时________S;

负序电压定值________V,低电压定值________V;

电流记忆功能:过流试验值________A,过流延时________S;

TV断线投退原则:______________;

电流判别输出:电流定值________A,接点输出________。

3. 阻抗保护定值整定

(1)保护总控制字“发电机相间后备保护投入”置1;

(2)投入发电机相间后备保护投入压板

(3)阻抗I段正向定值13.9Ω,阻抗I段反向定值18Ω,阻抗I段延时4.5S,阻抗Ⅱ段正向定值13.9Ω,阻抗Ⅱ段反向定值18Ω,阻抗Ⅱ段延时5S,。

(4)整定阻抗I段跳闸控制字,阻抗Ⅱ段控制字。

4. 阻抗保护试验

发电机相间阻抗保护取发电机机端电压TV1、发电机后备电流,灵敏角固定为78°,阻抗元件方向指向系统。阻抗元件经相电流突变量和负序电流启动。

阻抗I段试验值______Ω;

阻抗Ⅱ段试验值______Ω;

TV1断线延时0.2S切换至TV2,阻抗保护不受影响。

电压平衡功能:机端TV1消失,自动切换到机端TV2。

相关知识

发电机后备保护

发电机的后备保护用作内部短路主保护及外部短路的后备保护。发电机后备保护可采用相间阻抗保护、低电压启动的过电流保护、复合电压启动的过电流保护或负序电流加单相低电压启动的过电流保护。

一、相间阻抗保护

下面以RCS－985发电机相间阻抗保护为例。在发电机机端配置相间阻抗保护,作为

发电机相间故障的后备保护，电压量取发电机机端相电压，电流取自发电机中性点电流或发电机后备电流通道相间电流。

保护第Ⅰ、Ⅱ段均可通过整定值选择采用方向阻抗圆、偏移阻抗圆或全阻抗圆。当某段阻抗反向定值整定为零时，选择方向阻抗圆；当某段阻抗正向定值大于反向定值时，选择偏移阻抗圆；当某段阻抗正向定值与反向定值整定为相等时，选择全阻抗圆。阻抗元件灵敏角 $\varphi m=78°$，阻抗保护的方向指向由整定值整定实现，一般正方向指向发电机外。阻抗元件的动作特性如图 6-30 所示。

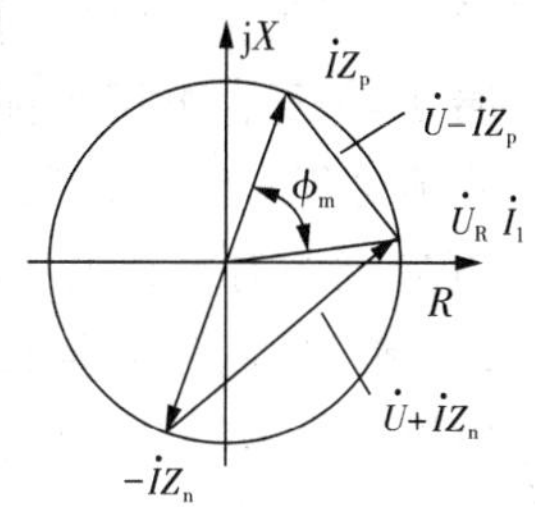

图 6-30 阻抗元件的动作特性

图中：I 为相间电流，U 为对应相间电压，Zn 为阻抗反向整定值，Zp 为阻抗正向整定值。阻抗元件的比相方程为：

$$90°<\mathrm{Arg}\frac{\dot{U}-\dot{I}\ Z_p}{\dot{U}-\dot{I}\ Z_n}<270° \tag{6-25}$$

阻抗保护的启动元件采用相间电流工频变化量启动或负序电流元件启动，开放 500ms，期间若阻抗元件动作则保持。工频变化量启动元件的动作方程为：

$$\Delta I>1.25\Delta I_t+I_{th} \tag{6-26}$$

式中：ΔI_t 为浮动门槛，随着变化量输出增大而逐步自动提高。取 1.25 倍可保证门槛电压始终略高于不平衡输出，保证在系统振荡和频率偏移情况下，保护不误动。I_{th} 为固定门槛。当相间电流的工频变化量大于 0.2In 时，启动元件动作。

RCS—985 发电机相间阻抗保护逻辑框图如图 6-31 所示。机端 TV 断线闭锁阻抗保护。

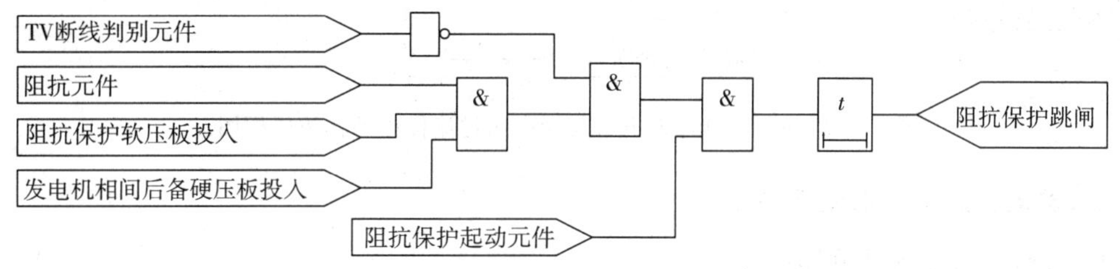

图 6-31 RCS—985 发电机阻抗保护动作逻辑框图

二、复合电压启动的过电流保护

RCS—985 发电机复合电压过流保护设两段定值各一段延时，第Ⅰ段动作于跳母联开关或其他开关，复合电压过流Ⅱ动作于跳机。

(1)复合电压元件：复合电压元件由相间低电压和负序电压或门构成，有两个控制字(即过流Ⅰ段经复压闭锁，过流Ⅱ段经复压闭锁)来控制过流Ⅰ段和过流Ⅱ段经复合电压闭锁。当过流经复合电压闭锁控制字为"1"时，表示本段过流保护经过复合电压闭锁。

(2)电流记忆功能：对于自并励发电机，在短路故障后电流衰减变小，故障电流在过流保护动作出口前可能已小于过流定值，因此，复合电压过流保护启动后，过流元件需带记忆功能，使保护能可靠动作出口。控制字“自并励发电机”在保护装置用于自并励发电机时置“1”。对于自并励发电机，过流保护必须经复合电压闭锁。

(3)经高压侧复合电压闭锁：控制字“经高压侧复合电压闭锁”置“1”，过流保护不但经发电机机端 TV1 复合电压闭锁，而且还经主变高压侧复合电压闭锁，只要有一侧复合电压条件成立就满足复合电压判据。

(4)TV 断线对复合电压闭锁过流的影响：装置设有整定控制字(即 TV 断线保护投退原则)来控制 TV 断线时复合电压元件的动作行为。当装置判断出本侧 TV 断线时，若“TV 断线保护投退原则”控制字为“1”时，表示复合电压元件不满足条件；若“TV 断线保护投退原则”控制字为“0”时，表示复合电压元件满足条件，这样复合电压闭锁过流保护就变为纯过流保护。

RCS－985 发电机复合电压过流保护动作逻辑框图如图 6－32 所示。

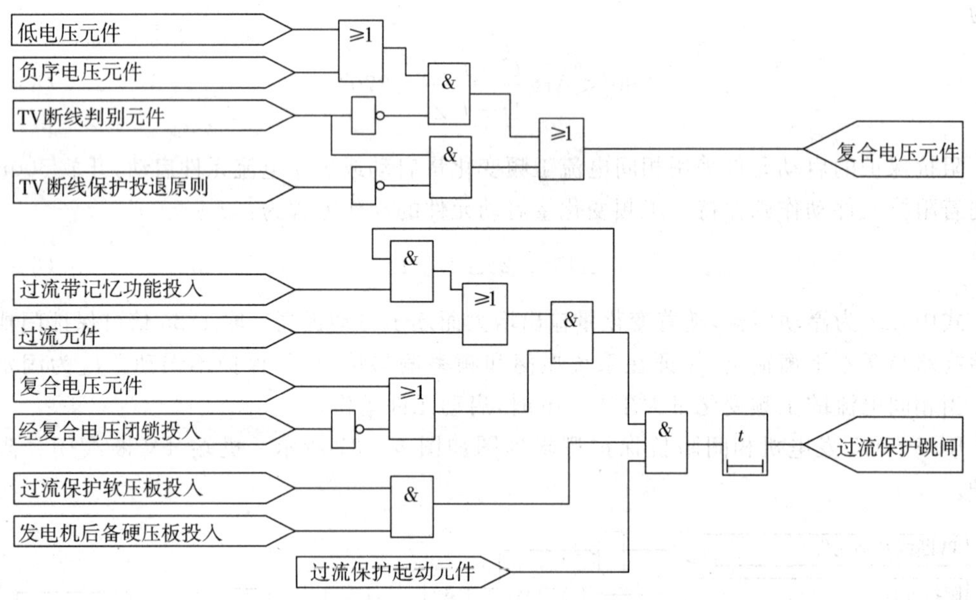

图 6－32 RCS－985 发电机复合电压过流保护动作逻辑框图

三、发电机定子过电流保护

1. 发电机定子过负荷保护

发电机定时限过负荷保护的整定值 I_{zd} 按发电机额定电流 I_{NG} 的 1.24 倍整定，即

$$I_{zd}=1.24I_{NG} \tag{6-27}$$

保护的动作时限比发电机过电流保护的动作时限大一时限级差，一般整定为 10s 左右。这样整定是为了防止外部短路时过负荷保护动作。

下面以 RCS－985 保护为例。定子过负荷保护反应发电机定子绕组的平均发热状况。保护动作量同时取发电机机端、中性点定子电流。该保护配置两段定时限定子过负荷保护。定子过负荷定时限Ⅰ段动作于跳闸，定时限Ⅱ段设两段延时，分别动作于跳闸和信号。

RCS－985 发电机定子过负荷保护动作逻辑框图如图 6－33 所示。

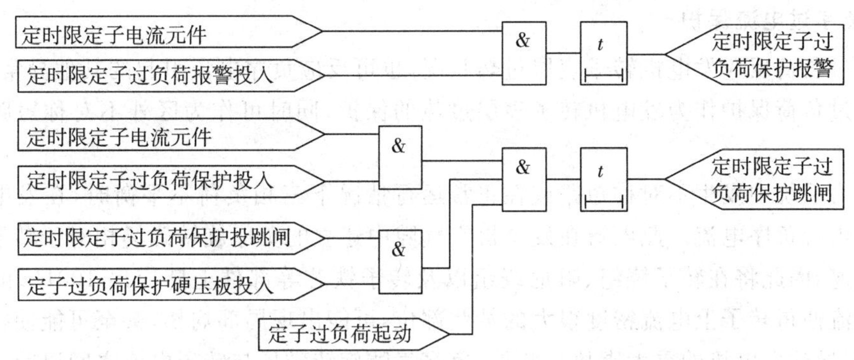

图 6-33　RCS—985 发电机定子过负荷保护动作逻辑框图

2. 反时限定子过负荷保护

(1)定子绕组过负荷保护

发电机定子绕组通过的电流和允许电流的持续时间成反时限关系，因此，大型发电机的过负荷保护，应尽量采用反时限特性的保护，为了正确反映定子绕组的温升情况，保护装置应采用三相式，动作于跳闸。

下面以 RCS—985 保护为例。

反时限保护由三部分组成：①下限启动；②反时限部分；③上限定时限部分。上限定时限部分设最小动作时间定值。

当定子电流超过下限整定值 I_{szd}时，反时限部分启动，并进行累积。反时限保护热积累值大于热积累值定值保护发出跳闸信号。反时限保护，模拟发电机的发热过程，并模拟散热。当定子电流大于下限电流定值时，发电机开始热积累，如定子电流小于额定电流时，热积累值通过散热慢慢减小。

反时限保护动作方程

$$[(I/I_{s.zd})^2-(K_{sr.zd})^2]\times t\geqslant K_{S.zd} \tag{6-28}$$

式中：$K_{S.zd}$为定子绕组热容量系数；

$K_{sr.zd}$为发电机散热效应系数；

$I_{s.zd}$为反时限启动电流。

反时限保护很好地配合了发电机的发热与散热过程，满足了发电机热积累超过 $K_{sr.zd}$才动作的需要，同时在电流值达到上限标准时，也不会速断跳闸，满足了与主保护的配合。

反时限逻辑框图如图 6-34 所示。

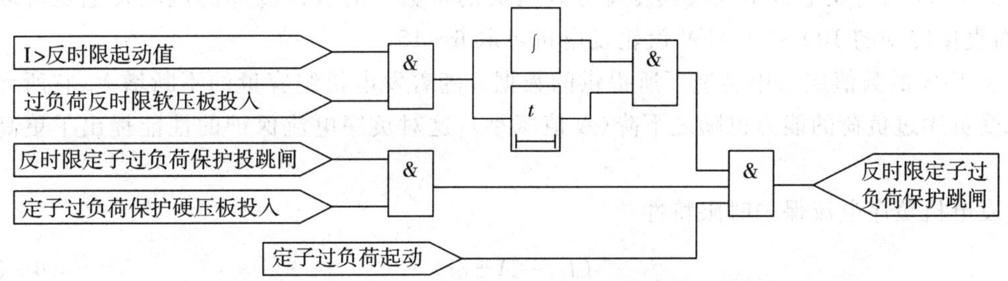

图 6-34　RCS—985 发电机反时限定子过负荷保护逻辑框图

四、负序过电流保护

负序过负荷反应发电机转子表层过热状况，也可反应负序电流引起的其他异常，所以发电机负序过负荷保护作为发电机转子表层过热的保护，同时可作为区外不对称短路的后备保护。

当电力系统中发生不对称短路或在正常运行情况下三相负荷不平衡时，在发电机定子绕组中将出现负序电流。此电流在发电机空气隙中建立的负序旋转磁场相对于转子为2倍的同步转速，因此将在转子绕组、阻尼绕组以及转子铁芯等部件上感应出100Hz的倍频电流。该电流使得转子上电流密度很大的某些部位，可能出现局部灼伤，甚至可能使护环受热松脱，从而导致发电机的重大事故。此外，负序气隙旋转磁场与转子电流之间以及正序气隙旋转磁场与定子负序电流之间所产生的100Hz交变电磁转矩，将同时作用在转子大轴和定子机座上，从而引起100Hz的振动，威胁发电机安全。

1. 定时限负序过负荷保护

以RCS－985保护为例。定时限负序过负荷保护配置一段跳闸、一段信号。

其保护逻辑框图如图6-35所示。

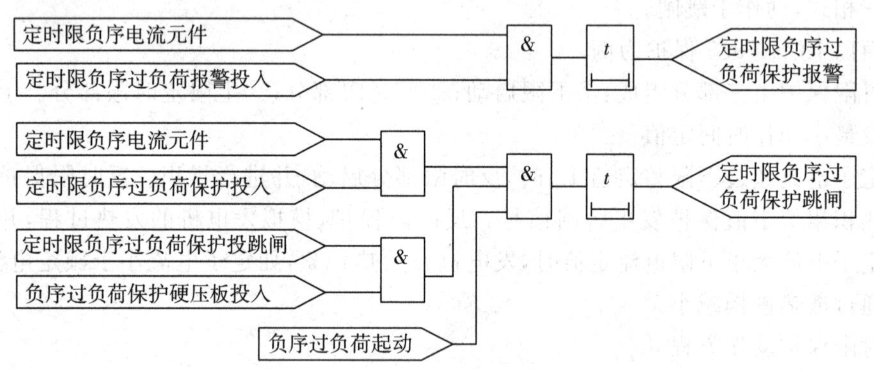

图6-35　RCS－985发电机负序过负荷保护逻辑框图

2. 反时限负序过负荷保护

反时限特性是指电流大时动作时限短，而电流小时动作时限长的一种时限特性。

负序电流使转子发热，其发热量正比于负序电流的平方与所持续时间的乘积。转子过热所容许的负序电流 I_2 和时间 t 的关系可表示为

$$I_2^2 t = A \tag{6-29}$$

式中：A 为与发电机型式及其冷却方式有关的常数。对表面冷却的汽轮发电机可取为30，对直接冷却的100～300MW汽轮发电机可取6～15。

关于 A 的数值应采用制造厂所提供的数据。随着发电机组容量的不断增大，它所允许的承受负序过负荷的能力也随之下降（A值减小），这对负序电流保护的性能提出了更高的要求。

发电机负序电流保护时限特性

$$(I_2^2 t = A + \alpha t) \tag{6-30}$$

式中：α 为与转子温升特性、温度裕度等因数有关的常数。

发电机负序电流保护时限特性（$I_2^2t=A+\alpha t$）与允许负序电流曲线（$I_2^2t=A$）的配合如图 6－36 所示。图中，虚线为保护的时限特性，实线为允许负序电流曲线。

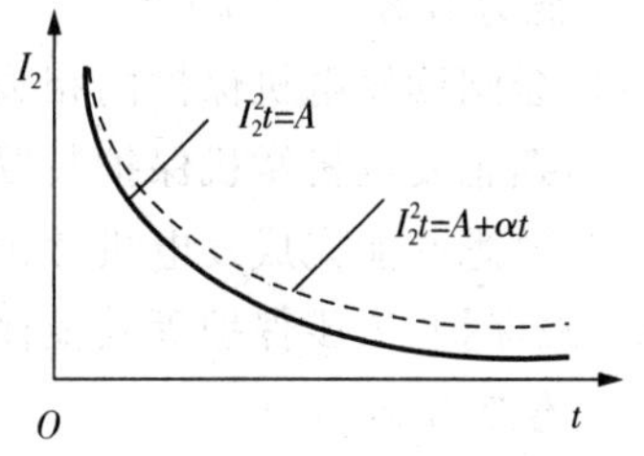

图 6－36　保护的跳闸特性与负序电流曲线的配合

由图可见，发电机负序电流保护的时限特性具有反时限特性，保护动作时间随负序电流的增大而减少，较好地与发电机承受负序电流的能力相匹配，这样既可以充分利用发电机承受负序电流的能力，避免在发电机还没有达到危险状态的情况下被切除，又能防止发电机损坏。发电机允许负序电流曲线 $I_2^2t=A$ 是在绝热的条件下给出的，实际上考虑转子的散热条件后，对于同一时间内所允许的负序电流值要比 $I_2^2t=A$ 的计算值略高一些，因此在保护动作特性中引入了后面的一项 αt。

反时限负序电流取自发电机中性点三相电流，这样可以兼作发电机并网前的内部短路故障的后备保护。

发电机反时限负序过负荷保护逻辑图如图 6－37 所示。

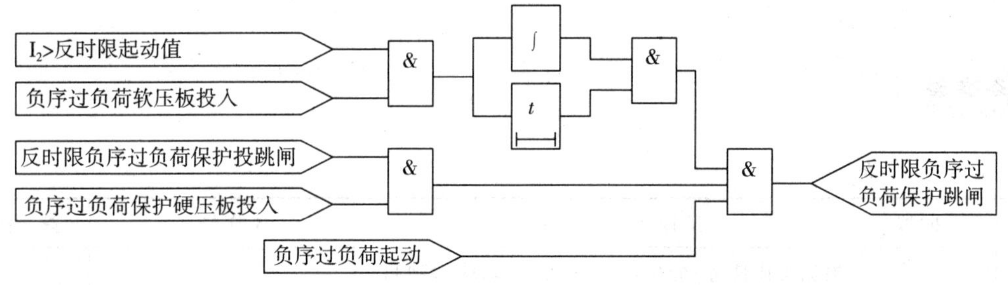

图 6－37　RCS－985 发电机反时限负序过负荷保护逻辑框图

任务六　发电机其他保护

学习目标

通过对发电机微机保护装置（如 RCS－985 等）所包含的发电机其他保护功能进行讲解和检验，使学生在完成本任务的学习过程中达到以下三个方面的目标：

1. 知识目标

（1）了解发电机其他保护的种类及其作用；

（2）掌握发电机失磁保护、失步保护等其他保护的实现方式；

（3）熟悉发电机失磁保护、失步保护等其他保护的接线及影响因素。

2. 能力目标

(1)会阅读发电机保护的相关图纸;

(2)熟悉发电机微机保护装置中与失磁、失步等其他保护相关的压板、信号、端子等;

(3)熟悉并能完成发电机微机保护装置检验前的准备工作,会对发电机微机保护装置发电机失磁保护、失步保护等其他保护进行检验。

3. 态度目标

(1)不旷课,不迟到,不早退;

(2)具有团队意识协作精神;

(3)积极向上努力按时完成老师布置的各项任务;

(4)责任意识,安全意识,规范意识。

任务描述

(1)通过对发电机微机保护中失磁保护、失步保护等保护功能的检验掌握发电机其他保护的作用、原理、接线及影响因素。

(2)学会对发电机微机保护装置中失磁保护、失步保护等其他保护功能检验的方法、步骤等。

任务准备

1. 工作准备

√	学习阶段	工作(学习)任务	工作目标	备　注
	入题阶段	根据工作任务,分析设备现状,明确检验项目,编制检验工作安全措施及作业指导书,熟悉图纸资料	确定重点检验项目	
	准备阶段	检查并落实检验所需材料、工器具、劳动防护用品等是否齐全合格	检验所需设备材料齐全完备	
	分工阶段	班长根据工作需要和人员精神状态确定工作负责人和工作班成员,组织学习《国家电网公司电业安全工作规程》、现场安全措施	全体人员明确工作目标及安全措施	

2. 检验工器具、材料表

(一)检验工器具						
√	序号	名　称	规　格	单　位	数　量	备　注
	1	继电保护微机试验仪及测试线		套		
	2	万用表		块		
	3	电源盘(带漏电保护器)		个		
	4	模拟断路器		台		

（续表）

（二）备品备件						
√	序号	名 称	规 格	单 位	数 量	备 注
	1	电源插件		个		

（三）检验材料表						
√	序号	名 称	规 格	单 位	数 量	备 注
	1	毛刷		把		
	2	绝缘胶布		盘		
	3	电烙铁		把		

（四）图纸资料			
√	序号	名 称	备 注
	1	与现场实际接线一致的图纸	
	2	最新定值通知单	
	3	装置资料及说明书	
	4	上次检验报告	
	5	作业指导书	
	6	检验规程	

3．危险点分析及安全控制措施

序号	危险点	安全控制措施
1	误走错间隔，误碰运行设备	检查在发电机保护屏前后应有“在此工作”标示牌，相邻运行屏悬挂红白警告带
2	工作不慎引起交、直流回路故障	工作中应使用带绝缘手柄的工具，拆动二次线时应作绝缘处理并固定，防止直流接地或短路
3	电压反送、误向运行设备通电流	试验前应断开检修设备与运行设备相关联的电流、电压回路
4	检修中的临时改动忘记恢复	二次回路、保护压板、保护定值的临时改动要做好记录，坚持“谁拆除谁恢复”的原则
5	带电插拔插件，易造成集成块损坏；频繁插拔插件，易造成插件插头松动	严禁带电插拔插件，工作时佩戴防静电手环或采取其他防静电措施。整组传动后应尽量避免插拔插件，如需插拔应检验相关回路完好

（续表）

6	接、拆低压电源时人身触电	接拆电源时应在电源开关拉开的情况下两人一起工作。所使用电源应装有漏电保护器。禁止从运行设备上接取试验电源
7	越过遮栏，易发生人员触电事故	现场设专人监护，严禁跨越围栏
8	联跳回路未断开，误跳运行开关	根据被检验装置与运行设备相关联部分的实际情况，制定技术措施，防止误跳其他开关（误跳母联、分段开关，误启动失灵保护）

任务实施

1. 开工

√	序　号	内　容
	1	履行工作票、安全措施票手续并对危险点和安全注意事项交底；办理工作许可手续

2. 安全措施的执行及确认危险点

<table>
<tr><td colspan="7">（一）检查运行人员所做的措施</td></tr>
<tr><td>√</td><td colspan="6">检查内容</td></tr>
<tr><td></td><td colspan="6">检查所有压板位置，并做好记录</td></tr>
<tr><td></td><td colspan="6">检查所有把手及开关位置，并做好记录</td></tr>
<tr><td colspan="7">（二）继电保护安全措施的执行</td></tr>
<tr><td>回　路</td><td>位置及措施内容</td><td>执行√</td><td>恢复√</td><td>位置及措施内容</td><td>执行√</td><td>恢复√</td></tr>
<tr><td rowspan="2">电流回路</td><td></td><td></td><td></td><td></td><td></td><td></td></tr>
<tr><td></td><td></td><td></td><td></td><td></td><td></td></tr>
<tr><td rowspan="2">电压回路</td><td></td><td></td><td></td><td></td><td></td><td></td></tr>
<tr><td></td><td></td><td></td><td></td><td></td><td></td></tr>
<tr><td>合闸和跳闸回路</td><td></td><td></td><td></td><td></td><td></td><td></td></tr>
<tr><td>信号回路</td><td></td><td></td><td></td><td></td><td></td><td></td></tr>
<tr><td>其他</td><td></td><td></td><td></td><td></td><td></td><td></td></tr>
<tr><td colspan="4">执行人员：</td><td colspan="3">监护人员：</td></tr>
<tr><td colspan="7">备注：</td></tr>
</table>

3. 作业流程

(三)发电机其他保护检验		
序号	检验内容	√
1	失磁保护试验	
2	失步保护试验	
3	电压保护试验	
4	过励磁保护	
5	逆功率保护试验	
6	频率保护试验	
7	启停机保护试验	
8	误上电保护试验	
(四)工作结束前检查		
序号	内 容	√
1	现场工作结束前,工作负责人会同工作人员检查实验记录有无漏检验项目,试验结论、数据是否完整正确	
2	检查临时接线是否全部拆除,拆下的线头是否全部接好,包括接地线	
3	检查保护装置是否在正常运行状态	
4	打印装置现运行定值区定值与定值通知单逐项核对相符	
5	检查出口压板对地电位正确	

4. 竣工

√	序号	内 容	备 注
	1	检查措施是否恢复到开工前状态	
	2	全体工作班人员清扫、整理现场,清点工具及回收材料。工作负责人周密检查施工现场,是否有遗留的工具、材料	
	3	工作负责人在检修记录上详细记录本次工作所检修项目、发现的问题、试验结果和存在的问题等	
	4	经验收合格,办理工作票终结手续	

RCS－985 发电机失磁等其他保护检验方法

一、发电机失磁保护校验调试

1. 失磁保护阻抗采用发电机机端 TV1 正序电压、发电机机端正序电流来计算调试接线示意图如图 6－38 所示。

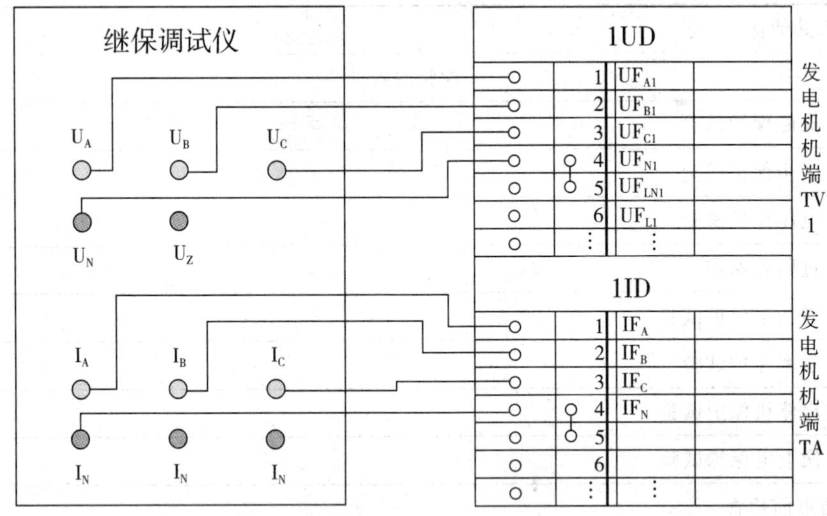

图 6-38　发电机失磁保护调试接线

2. 调试步骤

(1)失磁保护定值整定

①保护总控制字"发电机失磁保护投入"置 1；

②投入屏上"发电机失磁保护"硬压板；

③定子阻抗判据：失磁保护阻抗 1(上端)定值 $Z=2.18\Omega$，失磁保护阻抗 2(下端)定值 $Z=31.4\Omega$，无功功率反向定值 $Q=10\%$。整定"阻抗圆选择"控制字选择静稳阻抗圆或异步阻抗圆，整定"无功反向判据投入"控制字；

④转子电压判据：转子低电压定值 $U=33.9\text{V}$，转子空载电压定值 $U=113\text{V}$，转子低电压判据系数定值 $K_{XS}=1.46$；

⑤母线电压判据：可以选择主变高压侧母线电压或者机端电压，低电压定值 $U=85\text{V}$，整定"低电压判据选择"，控制字选择机端电压或母线电压；

⑥减出力判据：减出力功率定值 $P=50\%$；

⑦失磁保护Ⅰ段延时 0.5S，动作于减出力，整定控制字"I 段阻抗判据投入"、"I 段转子电压判据投入"、"I 段减出力判据投入"、"I 段信号投入"，整定失磁保护Ⅰ段跳闸控制字；

⑧失磁保护Ⅱ段延时 0.5S，判母线电压动作于出口，整定控制字"Ⅱ段母线电压低判据投入"、"Ⅱ段阻抗判据投入"、"Ⅱ段转子电压判据投入"，整定失磁保护Ⅱ段跳闸控制字。

⑨失磁保护Ⅲ段延时 1S，动作于出口或信号，整定控制字"Ⅲ段阻抗判据投入"、"Ⅲ段转子电压判据投入"，整定失磁保护Ⅲ段跳闸控制字。

如果延时定值小于等于 50S，装置动作时间报文和实际延时定值一致；如果延时大于 50S，考虑临界状况失磁轨迹可能在阻抗园内外来回变化影响报文计时，所以此时动作时间报文显示为 0。

(2)失磁保护阻抗判据试验

失磁保护阻抗采用发电机机端 TV1 正序电压、发电机后备正序电流来计算。

辅助判据：正序电压 $U_1>6V$，负序电压 $U_2<6V$，电流大于 $0.1I_{ezd}$。

无功反向判据：采用发电机机端电压，发电机功率电流计算。

做失磁阻抗圆自动测试时，建议测试仪固定电流为 4A，和现场实际额定电流基本吻合。

(3)失磁保护转子判据试验

①辅助判据 1：正序电压 $U_1>6V$，负序电压 $U_2<4V$，发电机在正常运行状态；

②辅助判据 2：高压侧断路器在合闸位置，发电机负荷电流大于 $0.1I_e$ 延时 1s。

(4)失磁保护Ⅰ段动作于信号或减出力试验

减出力采用有功功率判据：$P>P_{zd}$

功率采用发电机机端电压、计算功率采用的电流来计算。

整定控制字"I 段阻抗判据投入"、"I 段减出力判据投入"，该段保护其他判据退出，延时整定为 0S。

(5)失磁保护Ⅱ段经母线电压低动作于跳闸。

(6)失磁保护Ⅲ段长延时动作于跳闸。

二、发电机失步保护调试

1. 调试接线

失步保护阻抗采用发电机机端 TV1 正序电压、发电机机端正序电流来计算。交流量的通入方法与失磁保护调试相同。

2. 调试步骤

(1)失步保护定值整定

①保护总控制字"发电机失步保护投入"置 1；

②投入屏上"发电机失步保护"硬压板；

③定子阻抗判据：失步保护阻抗定值 $Z_A=2.9\Omega$，失步保护阻抗定值 $Z_B=3.43\Omega$，主变阻抗定值 2.049Ω。灵敏角定值 80°；透视内角定值 120°；

④振荡中心在发变组区外时滑极定值 8 次，振荡中心在发变组区内外时滑极定值 2 次，跳闸允许过流定值 24A；

⑤整定失步保护跳闸矩阵定值。

⑥失步保护控制字"区外失步动作于信号"、"区外失步动作于跳闸"、"区内失步动作于信号"、"区内失步动作于跳闸"、"失步报警功能投入"控制字。

(2)失步保护判据试验

动作于信号时，不需投入屏上硬压板。失步保护阻抗采用发电机机端正序电压、中性点正序电流流来计算。发电机变压器组断路器跳闸允许电流取主变高压侧电流。

三、发电机电压保护调试

1. 调试接线

电压保护取发电机机端相间电压。过电压保护取三个相电压。在试验时需同时加三相电压于发电机 TV_1 输入端子。

2. 调试步骤

(1)发电机电压保护定值整定

①保护总控制字"发电机电压保护投入"置 1；

②投入屏上“发电机电压保护”硬压板；

③过电压Ⅰ段电压定值 130V，过电压Ⅰ段延时 0.5S，过电压Ⅱ段电压定值 120V，过电压Ⅱ段延时 2s，低电压定值 80V，低电压Ⅰ段延时 0.5S；

④整定各段保护跳闸控制字。

(2)过电压保护试验

电压保护取发电机机端相间电压，过电压保护取三个相间电压。

(3)低电压保护试验

低电压保护为三个相间电压均低时才动作。

辅助判据：发电机相电流大于 0.2A。

四、发电机过励磁保护调试

1. 调试接线

发电机过励磁保护取发电机机端电压及其频率计算。发电机过励磁保护调试接线示意图如图 6-39 所示。

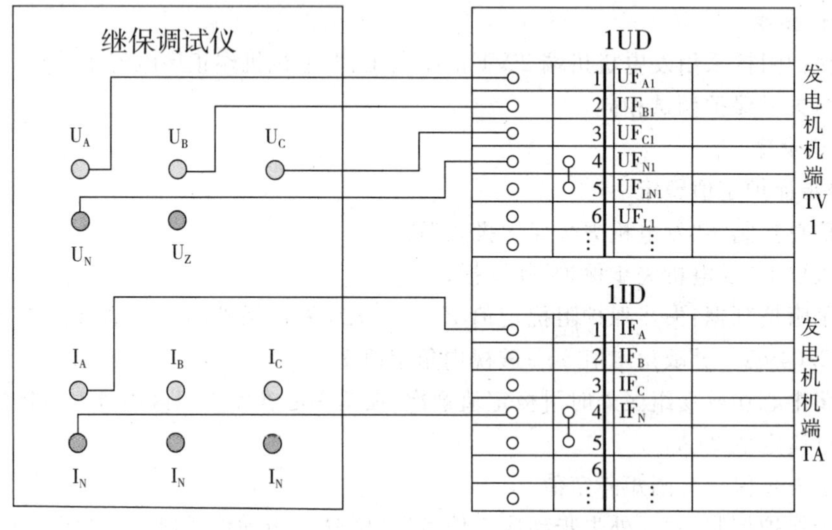

图 6-39　发电机过励磁保护调试接线

2. 调试步骤

(1)定时限过励磁定值整定

①保护总控制字“过励磁保护投入”置 1；

②投入屏上“过励磁保护”硬压板；

③过励磁Ⅰ段定值 1.3，过励磁Ⅰ段延时 0.5s，过励磁Ⅰ段跳闸控制字；

④过励磁Ⅱ段定值 1.25，过励磁Ⅱ段延时 5s，过励磁Ⅱ段跳闸控制字；

⑤过励磁信号段定值 1.1，过励磁信号段延时 9S。

(2)定时限过励磁保护试验

(3)反时限过励磁定值整定

①保护总控制字“过励磁保护投入”置 1；

②投入屏上“过励磁保护”硬压板；

③整定反时限过励磁保护定值(见下表)

序号	名称	U/F 定值	整定延时(S)
1	反时限上限	1.50	1
2	反时限定值Ⅰ	1.45	2
3	反时限定值Ⅱ	1.40	5
4	反时限定值Ⅲ	1.30	15
5	反时限定值Ⅳ	1.25	30
6	反时限定值Ⅴ	1.20	100
7	反时限定值Ⅵ	1.15	300
8	反时限下限	1.10	1000

④整定反时限过励磁跳闸控制字；

(4)反时限过励磁保护试验

①过励磁倍数精度试验；

序号	输入正序电压(V)	频率(Hz)	U/F 计算值	U/F 显示	误差
1	57.735	50.00	1.000		
2	63.508	50.00	1.100		
3	63.508	45.83	1.200		
4	69.282	46.15	1.300		
5	75.000	46.39	1.400		

②过励磁反时限试验；

注意：过励磁反时限保护每次试验下一点前，需短时退出屏上“投过励磁”硬压板，使“过励磁反时限”百分比累计清零。

五、发电机功率保护调试

1. 调试接线

发电机功率保护计算多取自发电机机端 TV_1 电压、机端 TA 电流。调试接线示意图如图 6-40 所示。

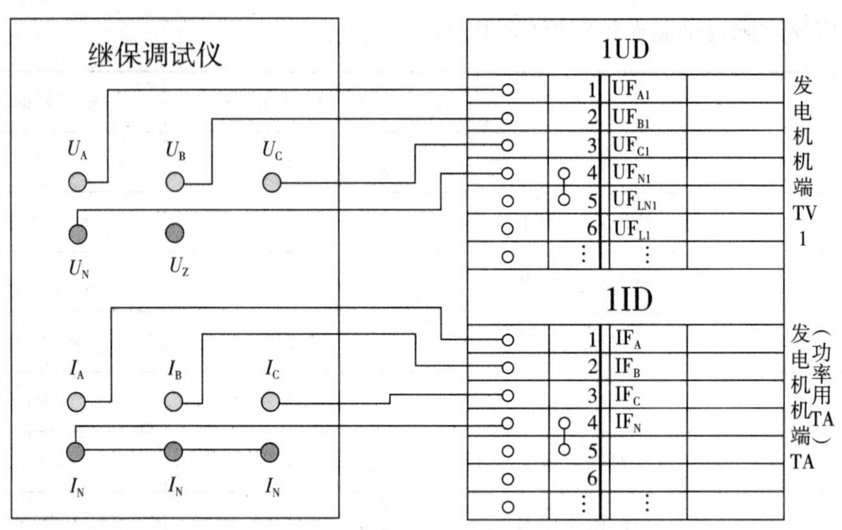

图 6-40　发电机功率保护调试接线

2. 调试步骤

(1)发电机逆功率保护定值整定

①保护总控制字"发电机逆功率保护投入"置 1；

②投入屏上"逆功率保护"硬压板；

③逆功率定值 1%，逆功率延时 15S，逆功率跳闸控制字；

④过励磁Ⅱ段定值 1.25，过励磁Ⅱ段延时 5s，过励磁Ⅱ段跳闸控制字；

⑤过励磁信号段定值 1.1，过励磁信号段延时 9s。

(2)逆功率变换辅助判据：发电机机端正序电压大于 6V。

(3)发电机低功率保护调试

①整定低功率保护定值 20%，低功率延时 10M，低功率保护跳闸控制字；

(4)发电机程序逆功率保护调试

①整定程序逆功率保护定值 0.8%，程序逆功率延时 1s，程序逆功率保护跳闸控制字；

六、发电机频率保护调试

1. 调试接线

频率保护采用发电机机端 TV_1 正序电压、发电机机端正序电流。

2. 调试步骤

(1)发电机频率保护定值整定

①保护总控制字"发电机频率保护投入"置 1；

②投入屏上"发电机频率保护"硬压板；

③按下表整定频率保护定值

序　号	名　称	频率定值(Hz)	延　时
1	低频Ⅰ段	49.5	300M
2	低频Ⅱ段	49	100M
3	低频Ⅲ段	48	300s
4	低频Ⅳ段	47.5	10s
5	过频Ⅰ段	51	2M
6	过频Ⅱ段	51.5	15s

④整定低频保护跳闸控制字、过频保护跳闸控制字；

(2)发电机频率保护试验

低频保护辅助条件：处于并网后状态，发电机机端相电流大于 $0.06I_e$，低频Ⅰ、Ⅱ段带累计功能。

过频保护不需位置接点、负荷电流闭锁，计时均不带累计。

七、发电机启停机保护调试

1. 调试接线

启停机保护采用频率指发电机机端电压频率，加三相电压或单相电压均可。发电机差流和定子接地零序电压启停机保护的调试参见前面所述发电机差动和发电机定子接地基波零序电压的调试方法。

2. 调试步骤

(1)发电机启停机保护定值整定

①保护总控制字"发电机启停机保护投入"置 1；

②投入屏上"发电机启停机保护"硬压板；

③整定频率闭锁定值 45Hz；

④变压器差流定值 $0.5I_z$，高厂变差流定值 $0.5I_z$，发电机差流定值 $0.3I_z$，；裂相差流定值 $0.5I_z$，励磁变差流定值 $0.5I_z$，跳闸控制字；

⑤定子接地零序电压定值 $U=10$V，延时定值 1s，跳闸控制字选；

⑥按需要选择某一功能投入；

⑦"低频闭锁投入"置 1，当频率低于定值时，启停机保护自动投入。

(2)启停机保护试验

辅助判据：机组处于并网前状态，即主变高压侧出口断路器为跳位或发电机出口断路器为跳位。

八、发电机误上电保护调试接线示意图

1. 调试接线示意图如图 6-41 所示

2. 调试步骤

(1)发电机启停机保护定值整定

①保护总控制字"发电机误上电保护投入"置 1；

②投入屏上"误上电保护"硬压板；

③整定误合闸电流定值4.5A，误合闸频率闭锁定值45Hz，断路器跳闸允许电流定值28A，误合闸延时定值0.1s；

④整定“低频闭锁投入”、“断路器位置接点闭锁投入”、“断路器跳闸闭锁功能投入”控制字，并整定跳闸矩阵定值；

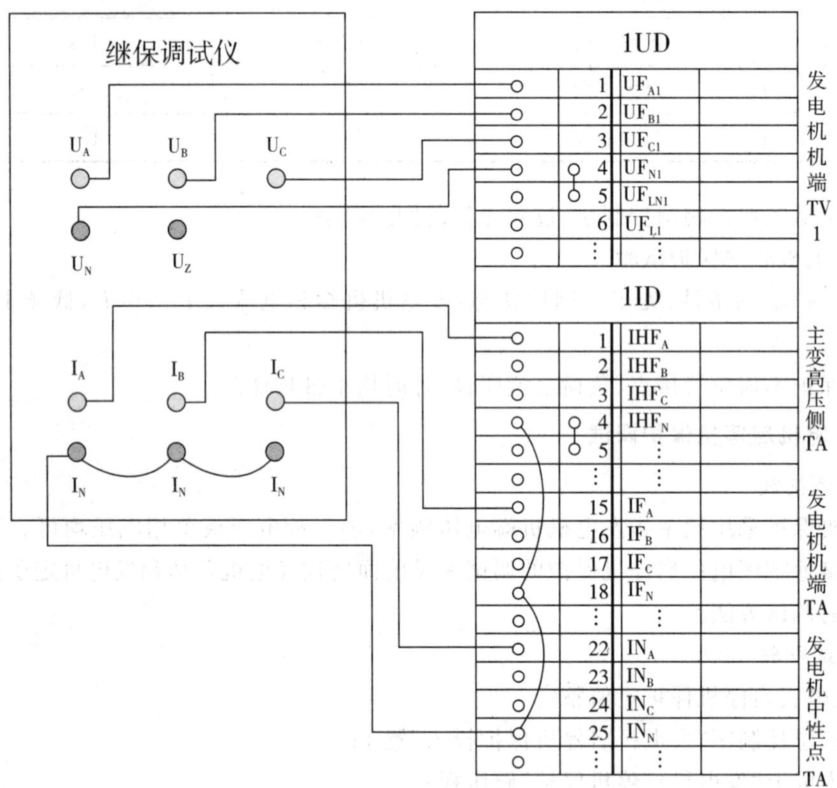

图6-41　发电机误上电保护调试接线

(2)误上电保护试验

整定“低频闭锁投入”、“断路器位置接点闭锁投入”、“断路器跳闸闭锁功能投入”置1。

本功能主要是用作在主变高压侧开关发生非同期并网的时候，由于流过主变高压侧开关的电流会很大，可能会超过开关的遮断电流的能力，故需要暂时不跳主变高压侧开关，先跳灭磁开关等其他断路器，等主变高压侧电流降落到开关遮断能力范围之内再跳主变高压侧。

误上电Ⅰ段保护：跳其他出口开关

误上电Ⅱ段保护：对应跳所有开关。

相关知识

发电机其他保护

发电机除前面介绍的保护类型外，有些大型发电机还具有以下几种保护。

一、发电机失磁保护

（一）发电机失磁运行及后果

发电机失磁一般是指发电机的励磁电流异常下降超过了静态稳定极限所允许的程度或励磁电流完全消失的故障。前者称为部分失磁或低励故障，后者则称为完全失磁。造成低励故障的原因通常是由于转子绕组故障、励磁机（励磁变）故障；励磁系统有些整流元件损坏或自动调节系统不正确动作及操作上的错误。完全失磁通常是由于自动灭磁开关误跳闸，励磁调节器整流装置中自动开关误跳闸，励磁绕组断线或端口短路励磁机（励磁变）交流电源消失等。

当发电机完全失去励磁时，励磁电流将逐渐衰减至零。由于发电机的感应电动势E_d随着励磁电流的减小而减小，因此，其电磁转矩也将小于原动机的转矩，因而引起转子加速，使发电机的功角δ增大，当δ超过稳定极限角时，发电机与系统失去同步。在发电机超过同步转速后，转子回路中将感应出频率为$f_g \sim f_s$（其中f_g为对应发电机转速的频率，f_s为系统的频率）的电流，此电流产生异步转矩。当异步转矩与原动机转矩达到新的平衡时，即进入稳定的异步运行。

当发电机失磁进入异步运行时，将对发电机和电力系统产生以下影响：

（1）需要从电力系统中吸收很大的无功功率以建立发电机的磁场。所需无功功率的大小，主要取决于发电机的参数（X_1、X_2、X_{ad}）以及实际运行时的转差率。假设失磁前发电机向系统送出无功功率Q_1，而在失磁后从系统吸收无功功率Q_2。则系统中将出现Q_1+Q_2的无功功率缺额。失磁前带的有功功率越大，失磁后转差就越大，所吸收的无功功率也就越大，因此，在重负荷下失磁进入异步运行后，如不采取措施，发电机将因过电流使定子过热。

（2）由于从电力系统中吸收无功功率将引起电力系统的电压下降，如果电力系统的容量较小或无功功率储备不足，则可能使失磁发电机的机端电压、升压变压器高压侧的母线电压或其邻近的电压低于允许值，从而破坏了负荷与各电源间的稳定运行，甚至可能因电压崩溃而使系统瓦解。

（3）失去励磁后，发电机转速超过同步转速，在转子回路中将感应出频率为$f_g \sim f_s$的交流电流，即差频电流。差频电流在转子回路中产生的损耗如果超出允许值，将使转子过热。特别是直接冷却的大型机组，其热容量的裕度相对较低，转子更易过热。而流过转子表层的差频电流还可能使转子本体与槽楔、护环的接触面上发生严重的局部过热。

（4）对于直接冷却的大型汽轮发电机，其平均异步转矩的最大值较小，惯性常数也相对较小，转子在纵轴和横轴方向呈现较明显的不对称，使得在重负荷下失磁后，这种发电机的转矩、有功功率要发生周期性摆动。这种情况下，将有很大的电磁转矩周期性地作用在发电机轴系上，并通过定子传到机座上，引起机组振动，直接威胁机组的安全。

（5）低励磁或失磁运行时，定子端部漏磁增加，将使端部和边段铁芯过热。实际上，这一情况通常是限制发电机失磁运行能力的主要条件。

为了保证发电机和电力系统的安全运行，在发电机特别是大型发电机上，应装设失磁保护。对于不允许失磁后继续运行的发电机，失磁保护应动作于跳闸。当发电机允许失磁运行时，保护可作用于信号，失磁后首先采取切换励磁、自动减载等自动控制措施，并检查造成失磁的原因以尽快予以消除使机组恢复正常运行。如果在发电机允许的时间内，不能消除造成失磁的原因，则由失磁保护或由人员操作停机。

（二）发电机失磁后机端测量阻抗的变化规律

发电机失磁后或在失磁发展的过程中，机端测量阻抗要发生变化。发电机失磁后，其机端测量阻抗的变化情况如图 6－42 所示。发电机正常运行时，其机端测量阻抗位于阻抗复平面第一象限的 a 点。失磁后其机端测量阻抗沿等有功圆向第四象限变化。临界失步时达到等无功阻抗圆的 b 点。异步运行后，Z 便进入异步边界阻抗圆，稳定在 c 点附近，如图 6－43 所示。

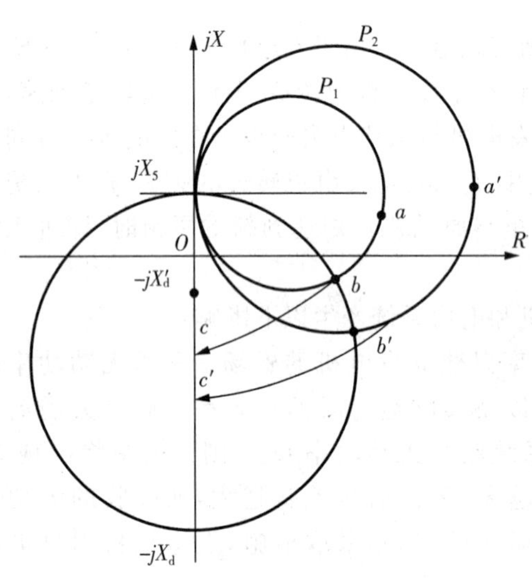

图 6－42　发电机失磁后机端测量阻抗变化轨迹

图 6－43　异步边界阻抗圆

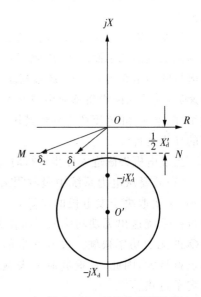

（三）发电机失磁保护动作逻辑实例

完整的失磁保护通常由发电机机端测量阻抗判据、转子低电压判据、变压器高压侧低电压判据、定子过电流判据构成。

下面以 RCS－985 发电机失磁保护为例。

1. 失磁保护判据

(1)高压侧母线低电压判据。

三相同时低电压判据为：$U<U_{zd}$，TV 断线时闭锁本判据，并发出 TV 断线信号。

(2)定子侧阻抗判据。

静稳边界圆或异步阻抗圆动作方程为：

$$270^\circ \geqslant \mathrm{Arg}\frac{Z+jX_B}{Z-jX_A} \geqslant 90^\circ$$

式中：X_A 为静稳边界圆，可按系统阻抗整定，异步阻抗圆，$X_A=0.5X'_d$；

X_B 为隐极机一般取 $X_d+0.5X'_d$；凸极机一般取 $0.5(X_d+X_q)+0.5X'_d$。

对于阻抗判据可以与无功反向判据 Q_{zd} 相结合：

$$Q<-Q_{zd}$$

对于静稳阻抗继电器，特性如图 6－44 所示，图中阴影部分为动作区。

对于异步阻抗继电器，特性如图 6－45 所示。

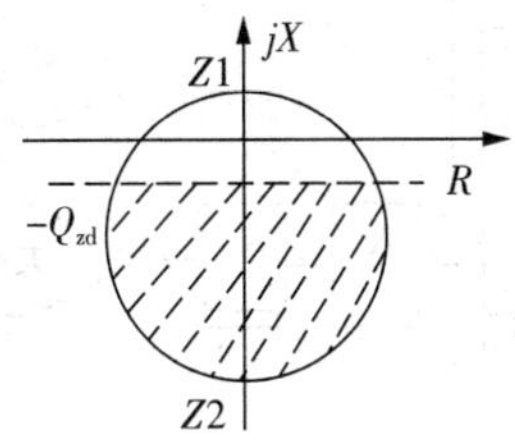

图 6－44　失磁保护阻抗图

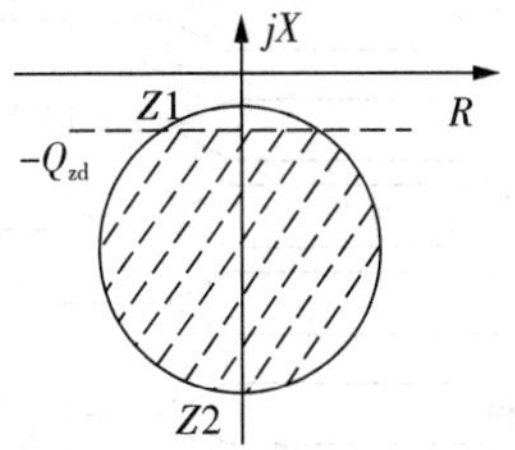

图 6－45　失磁保护阻抗图

阻抗继电器辅助判据：

①正序电压 $U_1 \geqslant 6V$

②负序电压 $U_2 < 0.1U_n$（发电机额定电压）

③发电机电流 $\geqslant 0.1I_e$（发电机额定电流）

(3)转子侧判据。

①转子低电压判据：$Ur < U_{rlzd}$

②发电机的变励磁电压判据

$$Ur < K_{rlzd} \times X_{dz} \times (P - P_t) \times U_{fo}$$

式中：$X_{dz} = X_d + X_s$，X_d 为发电机同步电抗标幺值，X_s 为系统联系电抗标幺值；

P 为发电机输出功率标幺值；

P_t 为发电机凸极功率幅值标幺值；

对于汽轮发电机 $P_t = 0$；

对于水轮发电机 $P_t = 0.5 \times (1/X_{qz} - 1/X_{dz})$；

U_{fo} 为发电机励磁空载额定电压有名值；

U_{fo} 为可靠系数。

(4)减出力判据

减出力采用有功功率判据：$P > P_{zd}$

失磁导致发电机失步后，发电机输出功率在一定范围内波动，P 取一个振荡周期内的平均值。

2. 失磁保护逻辑框图

RCS－985 发电机保护设有四段失磁保护功能，失磁保护Ⅰ段动作于减出力，Ⅱ段经母线电压低动作于跳闸，Ⅲ段可动作于信号或切换备用励磁等，Ⅳ段经较长延时动作于跳闸。

图 6－46 失磁保护Ⅰ段逻辑框图。失磁保护Ⅰ段投入，发电机失磁时，降低原动机出力使发电机输出功率减至整定值。

图 6－47 失磁保护Ⅱ段逻辑框图。失磁保护Ⅱ段投入，发电机失磁时，主变高压侧母线电压低于整定值，保护延时动作于跳闸。

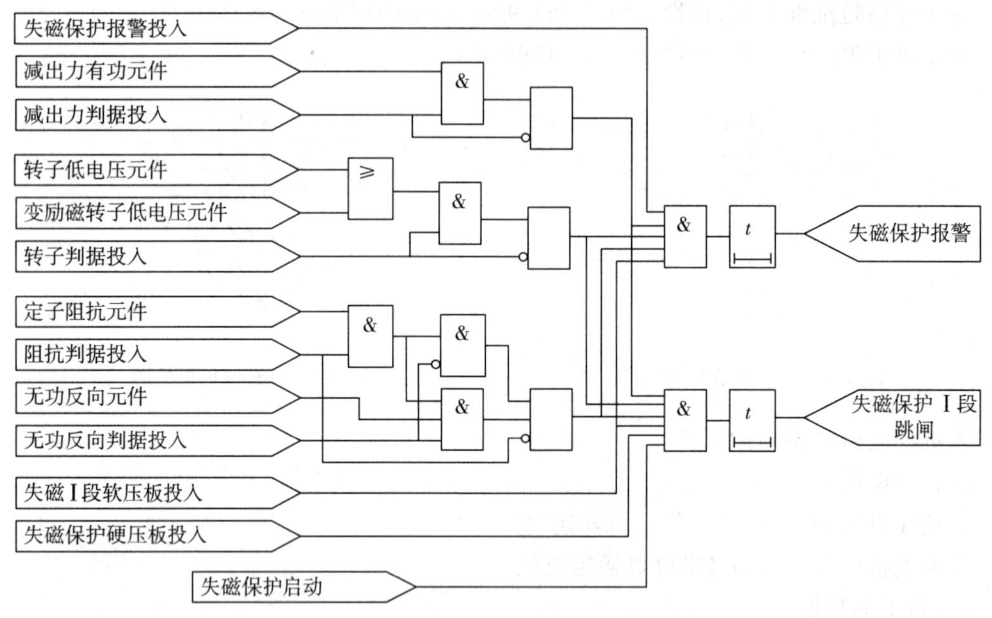

图 6-46　RCS－985 发电机失磁保护Ⅰ段动作逻辑框图

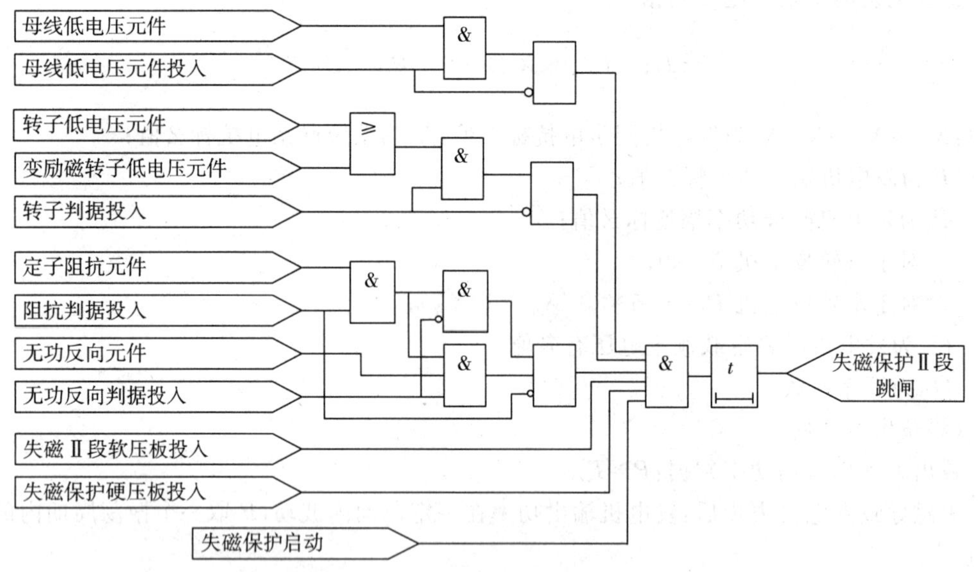

图 6-47　RCS－985 发电机失磁保护Ⅱ段动作逻辑框图

图 6-48 失磁保护Ⅲ段逻辑框图。失磁保护Ⅲ段可动作于报警，也可动作于切换备用励磁或跳闸

二、失步保护

当电力系统发生诸如负荷突变、短路等破坏能量平衡的事故时，往往会引起不稳定振荡，使一台或多台同步电机失去同步，进而使电网中两个或更多的部分不再运行于同步状态，这就是所谓的失步。失步就是同步机的励磁仍然维持着的非同步运行。这种状态表现

为有功和无功功率的强烈摆动。

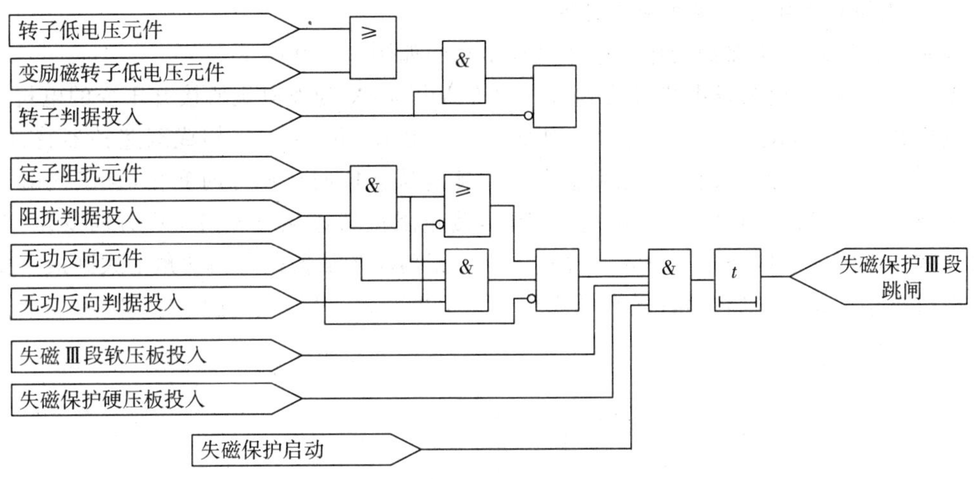

图 6-48　RCS—985 发电机失磁保护Ⅲ段动作逻辑框图

1. 失步将带来的危害有：

(1)对于大机组和超高压电力系统，发电机装有快速响应的自动调整励磁装置，并与升压变压器组组成单元接线。由于输电网的扩大，系统的等效阻抗值下降，发电机和变压器的阻抗值相对增加，因此振荡中心常落在发电机机端或升压变压器的范围以内。由于振荡中心落在机端附近，使振荡过程对机组的危害加重。机炉的辅机都由接在机端的厂用变压器供电，机端电压周期性地严重下降，将使厂用机械的稳定性遭到破坏，甚至使一些重要电动机制动，导致停机、停炉。

(2)振荡过程中，当发电机电动势与系统等效电动势的夹角为 180°时，振荡电流的幅值将接近机端短路时流过的短路电流的幅值。如此大的电流反复出现有可能使定子绕组端部受到机械损伤。

(3)由于大机组热容量相对下降，对振荡电流引起的热效应的持续时间也有限制，因为时间过长有可能导致发电机定子绕组过热损坏。

(4)振荡过程常伴随短路及网络操作过程，短路、切除及重合闸操作都可能引发汽轮发电机轴系扭转振荡，甚至造成严重事故。

(5)在短路伴随振荡的情况下，定子绕组端部先遭受短路电流产生的应力，相继又承受振荡电路产生的应力，使定子绕组端部出现机械损伤的可能性增加。

一般中小机组不装设失步保护。当系统振荡时，由运行人员判断，利用人工增加励磁电流，增加或减少原动机出力，局部解列等方法来处理。对大型机组，这样处理不能保证机组安全，需装设反映振荡过程的专门的失步保护。

基于失步对大型汽轮发电机的危害，我国行业标准规定，对失步运行，300MW 及以上的发电机，宜装设失步保护。失步保护主要以测量阻抗的变化轨迹作为判据，通常采用双遮挡器和三阻抗元件两种原理。对失步保护判据的要求：能区分短路故障和振荡过程；能区分稳定振荡和失步振荡；能区分加速失步或减速失步；能控制发电机失步跳闸的滑极次数。在短路故障、系统稳定振荡、电压回路断线等情况下保护不应动作。保护通常动作于信号，当振荡中心位于发电机变压器组内部，失步运行时间超过整定值或电流振荡次数超过规定值时，保护还应动作于解列。

2. 双遮挡器原理失步保护动作特性。

双遮挡器原理失步保护动作特性及过程示意图如图 6 - 49 所示。

图 6 - 49 中 X_B 设为发电机母线到系统的等值电抗，X_t 为发电机所接升压变的电抗，X_A 为发电机暂态电抗，R_1、R_2、R_3、R_4 为电阻整定值。由 R_1、R_2、R_3、R_4 构成双遮挡器特性，发电机失步后，如果是加速失步，机端测量阻抗缓慢地从＋R 向－R 方向变化，且依次由 0 区→Ⅰ区→Ⅱ区→Ⅲ区→Ⅳ区穿过；减速失步时，测量阻抗轨迹从－R 向＋R 方向变化，且依次由 0 区→Ⅰ区→Ⅱ区→Ⅲ区→Ⅳ区穿过。当 δ 振荡功角从振荡初始功角增大到最大振荡功角后再减小到振荡初始功角（也有可能从 0°～360°变化一周），如此反复一次为一个振荡周期，

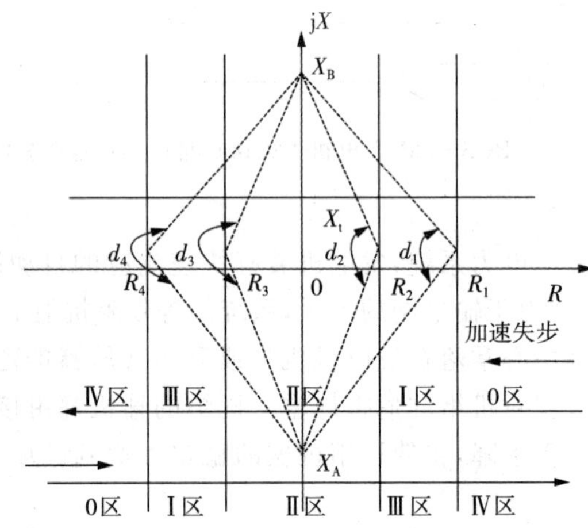

图 6 - 49　双遮挡器原理失步保护动作特性及过程示意图

也称为一次“滑极”。因此，当测量阻抗依次穿过五个区后，失步保护将记录滑极一次，滑极次数累计达到整定值时，发出跳闸命令。如果是稳定振荡，δ 小于 180°，机端测量阻抗依次由 0 区进入Ⅰ区、Ⅱ区后又缓慢退出，而不进入Ⅲ区、Ⅳ区，保护不记录滑极。通过整定阻抗轨迹在 0 区、Ⅰ区、Ⅱ区、Ⅲ区、Ⅳ区的停留时间 t_1、t_2、t_3、t_4，保护可以区分短路故障或振荡。短路故障时，测量阻抗快速直接进入Ⅰ区或Ⅱ区，停留时间小于 t_1、t_2。振荡时，测量阻抗依次穿过Ⅰ区和Ⅱ区，且停留时间大于 t_1、t_2。X_t 定值用来区分振荡中心是否落在发电机变压器组内部，若振荡轨迹在 X_t 与发电机电抗 X_A 之间，保护确认为振荡中心在区内，发跳闸命令。若振荡轨迹在 X_t 与系统电抗 X_B 之间，保护确认为振荡中心在区外，只发加速或减命令。加速失步信号或减速失步信号作用于降低或提高原动机出力，若在加速或减速信号发出后，没能使振荡平息，进行失步周期记数，当失步周期累计达一定值，失步保护出口跳闸。

3. 三阻抗元件原理失步保护动作特性

三阻抗元件原理失步保护动作特性及过程图如图 6 - 50 所示。

三阻抗元件原理失步保护动作过程与双遮挡器原理失步保护的过程基本相似。图 6 - 50 中 1 是透镜特性，它把阻抗平面分成透镜内的部分 I 和透镜外的部分 O；2 是遮挡器特性，它把阻抗平面分成左半部分 L 和右半部分 R。两种特性的结合，把阻抗分为四个区

OR、IR、IL、OL。3 是电抗线特性，它把动作区一分为二，电抗线以下 D 为Ⅰ段，电抗线以上 U 为Ⅱ段。当阻抗轨迹缓慢顺序地穿过 OR、IR、IL、OL 四个区间时，并在每个区停留时间大于一时限，保护判定为加速失步，发出加速失步信号，并记录滑极一次；同样，当阻抗轨迹缓慢顺序地穿过 OL、IL、IR、OR 四个区间时，并在每个区停留时间大于一时限，保护判定为减速失步，发出减速失步信号，并记录滑极一次；当记录的滑极次数达到整定值时，保护动作发跳闸信号。当阻抗轨迹位于电抗线以上是，振荡中心位于发变组以外，保护只发信号。系统稳定振荡时，阻抗轨迹进入透镜内并不穿越遮挡线，而是又从进入方向退出。系统发生短路故障时，阻抗轨迹快速进入透镜内，并且不按顺序穿越。

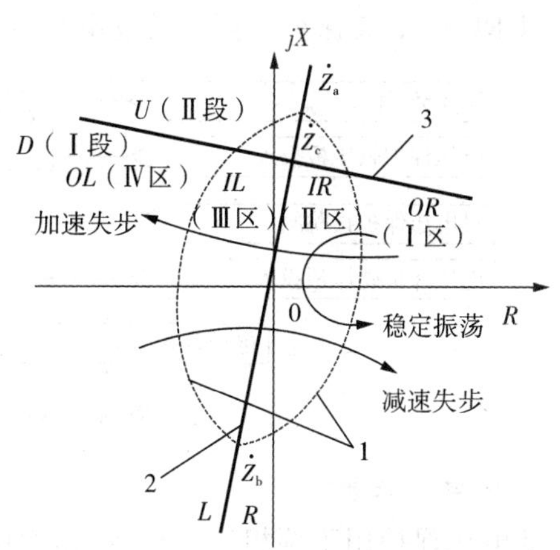

图 6-50 三阻抗元件原理失步保护动作特性及过程图

4. 失步保护逻辑框图

以 RCS－985 保护为例，其失步保护逻辑框图如图 6-51 所示。

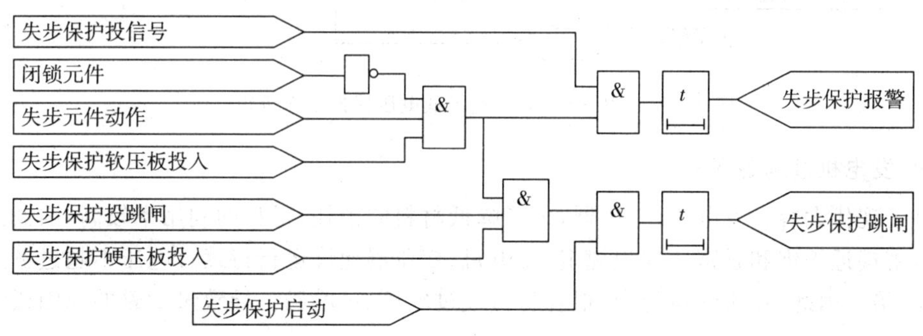

图 6-51 RCS－985 发电机失步保护动作逻辑框图

三、发电机电压保护

1. 过电压保护

对于中小型汽轮发电机，一般都不装设过电压保护，但是，对于 200MW 以上的大型发电机定子电压等级较高，相对绝缘裕度较低，并且在运行实践中，经常出现过电压的现象。

在正常运行中，尽管汽轮发电机的调速系统和自动励磁调节装置都投人运行，但当满负荷下突然甩负荷时，电枢反应突然消失，由于调速系统和自动励磁调节装置都存在有惯性，转速仍然上升，励磁电流不能突变，使得发电机电压在短时间内能达到额定电压的 1.3～1.5 倍，持续时间达几秒之久。如果这时自动励磁调节装置在退出位置，当甩负荷时，过电压持续时间将更长。

发电机主绝缘工频耐压试验一般为 1.3 倍额定电压且持续 60s，而实际运行中出现的过电压值和持续时间往往超过这个数值，因此，这将对发电机主绝缘构成威胁。由于这些原因，大型发电机国内外无例外地都装设过电压保护。

以 RCS－985 保护为例。其发电机过电压保护逻辑框图如图 6－52 所示。

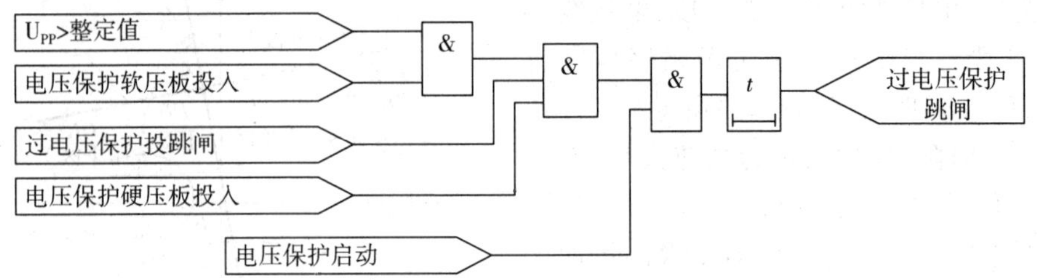

图 6－52　RCS－985 发电机过电压保护动作逻辑框图

2. 低电压保护

低电压保护用于调相运行机组，作为调相失压保护。它反应三相相间电压的降低。以 RCS－985 保护为例。其发电机低电压保护逻辑框图如图 6－53 所示。

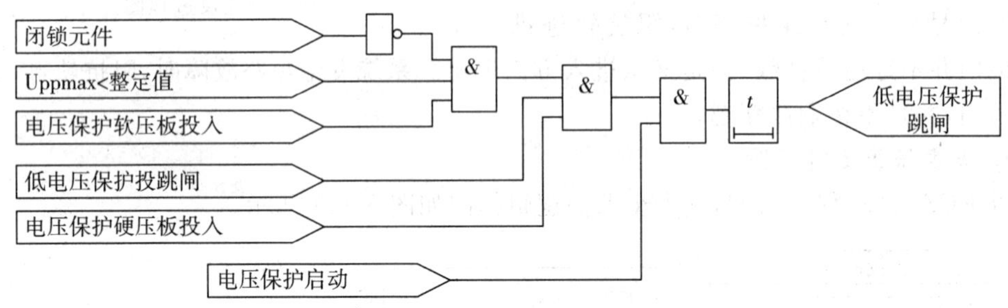

图 6－53　RCS－985 发电机低电压保护动作逻辑框图

四、发电机过励磁保护

对于现代大容量发电机、变压器，为了降低材料的消耗，材料的利用率较高，因而其额定工作磁密接近于饱和磁密。规程规定，发电机、变压器允许运行持续过电压不超过额定电压的 1.05 倍。因此，在实际运行中，很容易造成过电压、过励磁。导致过励磁的原因通常有以下几种：

(1)电力系统甩负荷或发电机自励磁可能引起过电压。

(2)超高压长线上电抗器的切除引起过电压。

(3)由于发电机多数采用静态励磁系统，因而在发电机与系统解列后，励磁系统的误调或失灵也可能引起过电压。

(4)并列或停机过程中的误操作也可能引起过励磁。

(5)由于发生铁磁谐振引起过电压，从而使变压器过励磁。

(6)由于系统故障频率大幅度降低，从而造成变压器励磁电流增加。

发电机过励磁倍数与电压成正比，与频率成反比。所以当电压频率比大于 1(电压标么值与频率标么值的比值)时，也要遭受过励磁的危害。危害之一是铁芯饱和谐波磁密增强，使附加损耗增大，引起局部过热。另一个危害是使定子铁芯背部漏磁场增强，导致局部过热。

过励磁保护可按发电机过励磁特性来整定，可采用定时限和反时限两种。

1．定时限过励磁保护

定时限过励磁保护配置一段跳闸、一段信号。

过励磁倍数可表示为：

$$n=U_{*}/f_{*}$$

式中：U_{*}、f_{*}分别为电压标么值与频率标标值。

RCS－985发电机定时限过励磁保护逻辑框图如图6－54所示。

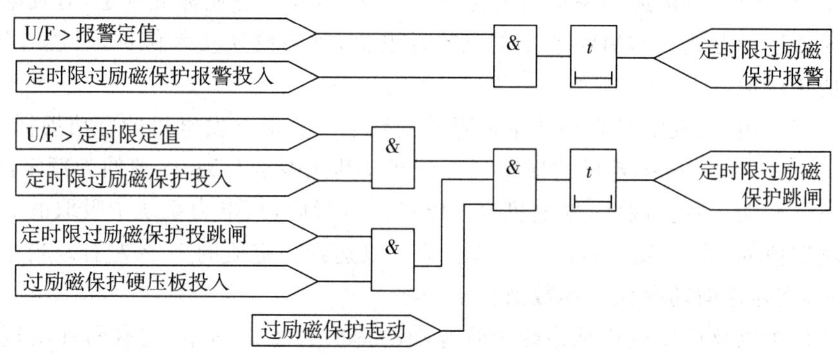

图6－54　RCS－985发电机定时限过励磁保护动作逻辑框图

2．反时限过励磁保护

n的反时限允许特性曲线如图6－55所示，反时限过励磁通过对给定的反时限动作特性曲线进行线性化处理，在计算得到过励磁倍数后，采用分段线性插值求出对应的动作时间，实现反时限。反时限过励磁保护具有累积和散热功能。

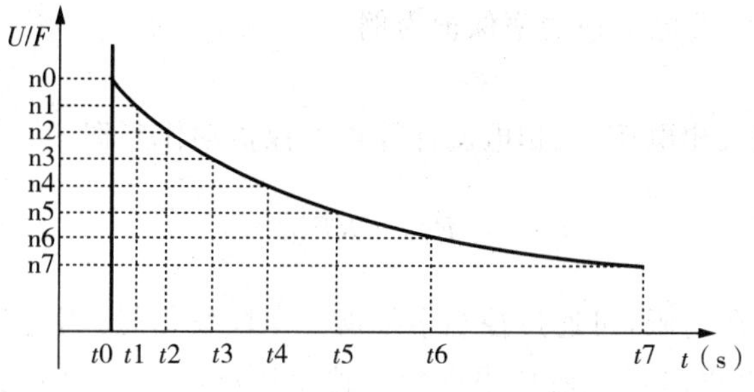

图6－55　反时限过励磁曲线示意图

以RCS－985发电机励磁绕组反定时限过负荷保护为例，其逻辑框图如图6－56所示。

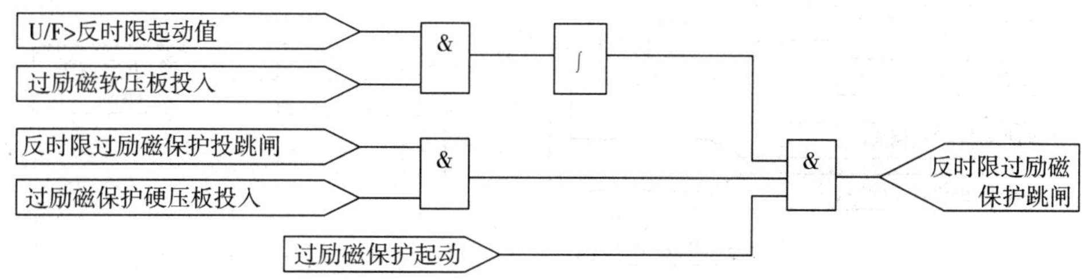

图6－56　RCS－985发电机反时限过励磁保护逻辑框图

五、发电机逆功率保护

汽轮机运行中由于各种原因关闭主气门而发电机并未与系统解列时，发电机将从电力系统吸收能量变为同步电动机运行。在这种异常工况下，对发电机并无危害，但汽轮机在其主气门关闭后，转子和叶片的旋转会引起风损。由风损造成的热量不能被带走，汽轮机叶片将过热以致损坏。发电机变电动机运行时，燃气轮机可能有齿轮损坏问题。因此发电机组不允许在这种状况下长期运行。

为了及时发现发电机逆功率运行的异常工作状况，我国行业标准规定，对发电机变电动机运行的异常运行方式，200MW 以上的汽轮发电机，宜装设逆功率保护，对燃气轮发电机，应装设逆功率保护。

当主气门关闭后，发电机有功功率下降并变到某一负值。发电机的有功损耗，一般约为额定值的 1%～1.5%，而汽轮机的损耗与真空度及其他因素有关，一般约为额定值的 3%～4%，有些还要稍大一些。因此，发电机变为电动机运行后，从电力系统中吸取的有功功率稳态值约为额定值的 4%～5.5%，而最大暂态值可以达到额定值的 10%左右。当主气门有一定的泄漏时，实际逆向功率比上述数值要小一些。

逆功率保护以反应发电机从系统吸收有功功率的大小而动作，它有两种实现方法。其一是反应逆功率大小的逆功率保护，在发电机并为电动机运行时逆功率保护动作跳开主断路器。另外一种是习惯上称为程序跳闸的逆功率保护。发电机在过负荷、过励磁、失磁等各种异常运行保护动作后需要程序跳闸时，程序跳闸的逆功率保护动作出口，先关闭汽轮机的主气门，然后由程序逆功率保护经主气门触点闭锁跳开发变组的主断路器。在发电机组停机时，可利用该保护的程序跳闸功能，先将汽轮机中的剩余功率向系统送完后再跳闸，从而更能保证汽轮机的安全。

下面以 RCS－985 发电机逆功率保护为例。

1. 逆功率保护

发电机功率采用三相电压、三相电流计算得到保护动作判据

$$P \leqslant -RP_{ZD}$$

逆功率保护设两段时限，可通过控制字投退。Ⅰ段发信号，固定延时为 10s。Ⅱ段定值可整定，延时动作于停机出口。逆功率保护定值范围(0.05%～10%)S_n，S_n 为发电机视在功率。延时范围 0.1～600s。装置还设有一段低功率保护，经控制字整定可选择低功率保护或过功率保护，动作于跳闸。逆功率保护出口逻辑框图如图 6－57 所示。

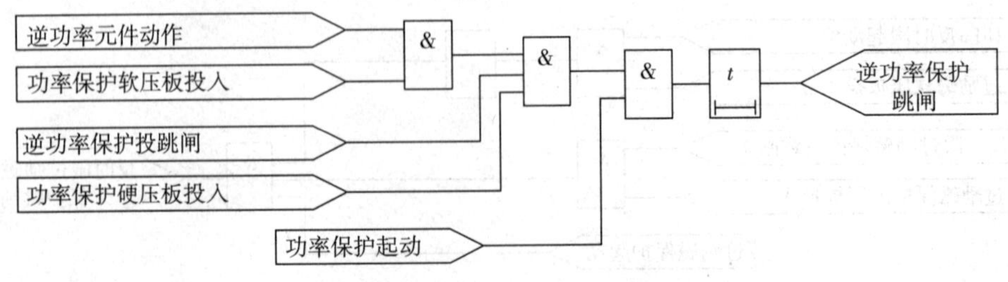

图 6－57　RCS－985 发电机逆功率保护逻辑框图

2. 程序逆功率保护

程序逆功率保护动作后，保护先关闭主气门，由程序逆功率保护经主气门接点和发变组高压侧断路器位置接点闭锁，延时动作于跳闸。程序逆功率保护定值范围(0.05%～10%) S_n，S_n为发电机视在功率。逆功率保护出口逻辑框图如图6-58所示。

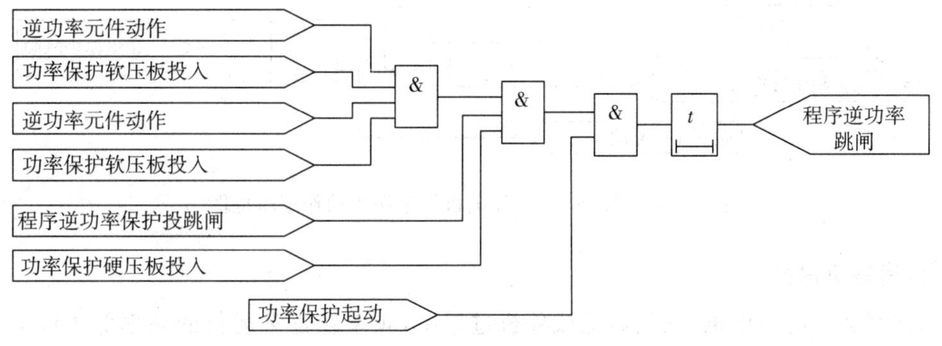

图6-58 RCS－985发电机程序逆功率保护逻辑框图

六、发电机频率保护

发电机输出的有功功率和频率成正比。当频率低于额定值时，发电机输出的有功功率也随之降低。在低频运行时，发电机如果发生过负荷，将会导致发电机的热损伤。但是限制汽轮发电机低频运行的决定因素是汽轮机而不是发电机。只要在额定视在容量(千伏安)和额定电压的105%以内，并在汽轮机的允许超频率限值内运行，发电机就不会有热损伤的问题。

汽轮机各节叶片都有一共振频率，当发电机运行频率升高或降低到接近或等于共振频率时，汽轮机的叶片将发生谐振，叶片承受很大的谐振应力，使材料疲劳，达到材料不允许的限度时，叶片或拉金就要断裂，造成严重事故。材料的疲劳是一个不可逆的积累过程，因此汽轮机制造厂都给出在规定的频率下允许的累计运行时间。极端的低频运行还会威胁厂用电的安全。

从对汽轮机叶片及其拉金影响的积累作用方面看，频率升高对汽轮机的安全也是有危害的。但由于一般汽轮机允许的超速范围较小，通过各机组的调速系统或功频调节系统或切除部分机组等措施，可以迅速使频率恢复到额定值。且频率升高大多在轻负载或空载时发生，此时汽轮机叶片和拉金所承受的应力，要比满载时小得多。

我国行业标准规定，对低于额定频率带负荷运行的异常运行状况下，300MW及以上汽轮发电机应装设低频保护。

为保护汽轮机安全，规定大型汽轮发电机运行中允许其频率变化的范围为48.5～50.5Hz，累计超过允许范围的运行时间和每次持续运行时间达到定值，频率异常保护将动作于信号或跳闸。

以RCS－985发电机频率保护为例，其逻辑框图如图6-59所示。

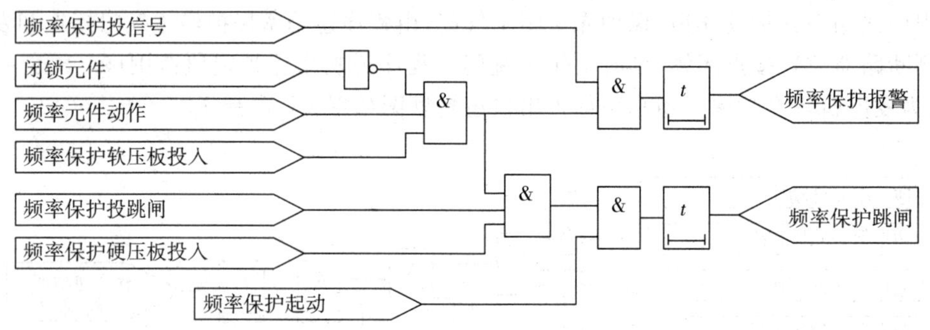

图 6-59　RCS—985 发电机频率保护动作逻辑框图

七、启停机保护

未并网运行的发电机，在其启动或停机过程中，频率较正常运行的频率低了许多，因此谐波制动的保护元件如谐波制动式变压器差动保护、100%定子接地保护、负序电流保护等可能会误动或举动。因此要求装设在低频率工况下能正常工作的反映定子相间或接地故障的保护，称为启停机保护。

以 RCS—985 发电机启停机保护为例，对于发电机配置有发电机差流和定子接地零序电压启停机保护。启停机辅助判据：机组处于并网前状态，即主变高压侧出口断路器为跳位。

RCS—985 发电机启停机保护逻辑框图如图 6-60 所示。

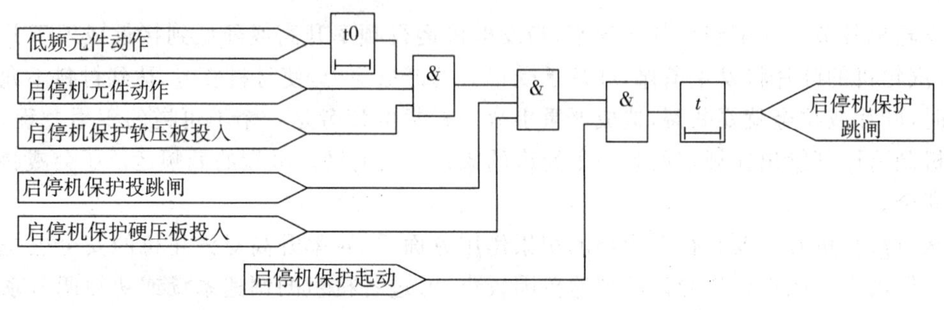

图 6-60　RCS—985 发电机启停机保护逻辑框图

八、误上电保护

发电机误上电的可能有两种情况：第一种是发电机在盘车时，或升速过程中(未加励磁)主断路器误合闸；第二种是非同期合闸。在第一种情况下，同步发电机相当于正在启动的超大容量异步电动机，此时，由系统向发电机定子绕组倒送大电流，定子中出现的三相电流产生与系统频率相对应的旋转磁场，该磁场的旋转速度与转子的旋转速度存在较大差异，定子旋转磁场将切割转子绕组，造成转子过热损伤。在第二种情况下，发电机非同期合闸，将产生很大的冲击电流及转矩，可能损坏发电机及引起系统振荡。

为了大型发电机的安全，通常要求装设误上电保护，该保护一般在发电机并网后自动退

出运行，解列后自动投入。误上电保护的判据设计既要考虑开关量的变化（如励磁开关状态）又要考虑电气量的变化。电气量的判据主要有频率、阻抗、负序电流等判据。

误上电保护主要以频率量作为动作判据，而该电气量依赖于电压量而存在，因此既要考虑电压互感器断线时保护不能误动，又要在发电机投入系统后自动退出保护。

1. RCS—985 发电机误上电保护构成原理

(1)发电机盘车时时误上电

发电机盘车时，未加励磁，断路器误合，造成发电机异步启动。采用两组 TV 均低电压延时 t_1 投入，如电压恢复，延时 t_2（与低频闭锁判据配合）退出。

(2)发电机启停过程中低频误上电

该过程中发电机已加励磁，但频率低于定值，断路器误合。采用低频判据延时 t_3 投入，频率判据延时 t_4 返回，其时间应保证跳闸过程的完成。

(3)发电机启停过程中高频误上电

该过程中发电机已加励磁，但频率高于定值，断路器误合或者断路器非同期合闸。采用断路器位置接点，经控制字可以投退。判据延时 t_3 投入（考虑断路器分闸时间），延时 t_4 返回，其时间应保证跳闸过程的完成。

当发电机非同期合闸时，如果发电机断路器两侧电势相差 180°左右，非同期合闸电流太大，跳闸易造成断路器损坏，此时闭锁跳断路器出口，先跳开灭磁开关，当断路器电流小于定值时再动作于跳出口开关。

2. RCS—985 发电机误上电保护逻辑框图

RCS—985 发电机误上电保护逻辑框图如图 6-61 所示。

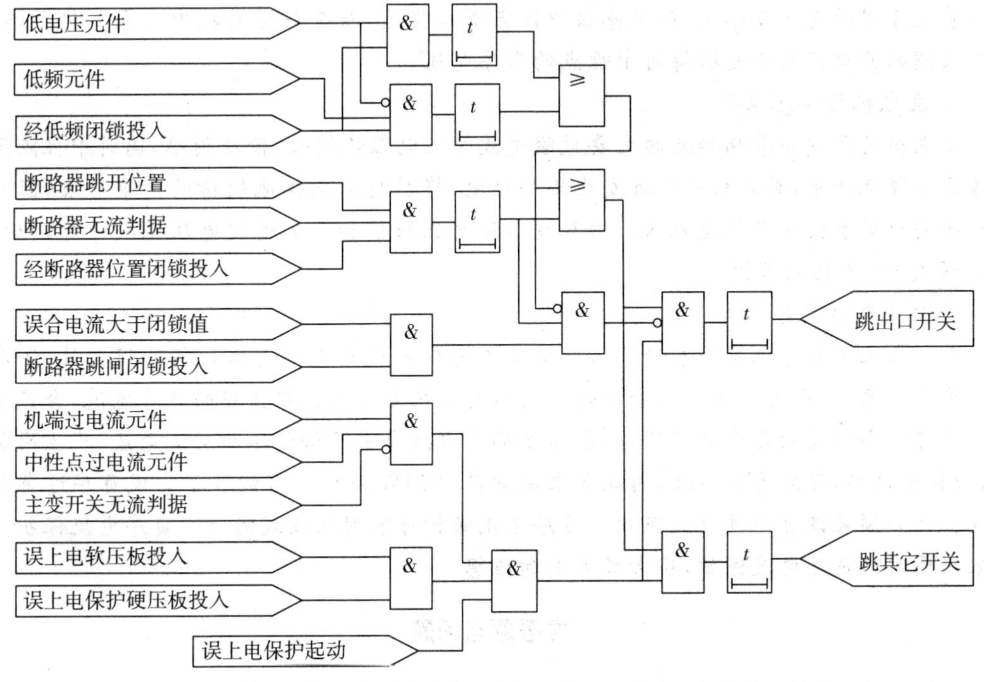

图 6-61　RCS—985 发电机误上电保护动作逻辑框图

【学习情境总结】

发电机保护与变压器保护的基本原理相似，只是除装设纵差保护、接地保护、过流保护外，还装设定子匝间短路保护、转子接地保护及负序电流保护、失磁保护等。发电机—变压器组在电力系统中广泛使用，其保护方式和发电机、变压器保护有许多共同之处。本章学习时应注意以下问题。

1. 发电机的纵差保护

由于发电机在中性点附近短路时短路电流很小，因此差动保护的动作电流越大，保护的死区就越大。而如果故障只能由后备保护来切除，对大型机组而言会带来灾难性后果。所以，大型机组目前大都采用比率制动式差动保护。比率制动式差动保护由于在内部故障时，制动电流大大小于外部故障时的制动电流，而内部故障时，动作电流远远大于外部故障时的动作电流（在不同情况下制动量和动作量都是变量），这样，保护既满足了选择性，又满足了灵敏性。

2. 发电机的匝间短路保护

反应发电机匝间短路的横差保护接线简单，动作可靠，同时能反应定子绕组分支开焊等故障。但这种保护只能用于每相有并联分支，且每一分支在中性点都有引出线的发电机上。对于容量为200MW及以上的发电机，由于其结构紧凑，中性点侧只能引出三个端子，就无法装设横差保护。这时往往采用反应零序电压的匝间短路保护。要特别注意的是反应零序电压的匝间短路保护是以中性点为参考电位，反应机端三相对中性点的零序电压，因而此零序电压在单相接地时是不出现的（单相接地时，机端三相对中性点是对称的，所以不存在对中性点的零序电压），只在匝间短路时出现（匝间短路时，机端三相对中性点是不对称的，所以出现对中性点的零序电压），同时为了取得机端三相对发电机中性点的零序电压需在发电机端装设专用的电压互感器，此互感器中性点不能接地，而是与发电机中性点直接相连，从其二次侧的开口三角形处取得对中性点的零序电压。

3. 发电机的接地保护

发电机定子绕组单相接地的主要危险是故障点电弧烧铁心，检修困难，同时中性点附近绝缘能力降低严重，再在机端附近发生单相接地，将引起两点接地短路的严重后果，因此大型机组要求定子接地保护无死区。由基波零序电压保护和3次谐波电压保护一起，即可构成双频式100%接地保护。

4. 发电机的负序电流保护

发电机采用负序电流保护除了可以提高不对称短路的灵敏度作后备作用之外，还有一个更重要的原因：即为了防止转子过热。因为发电机定子绕组中出现的负序电流，会产生与转子旋转方向相反的负序旋转磁场，在转子部件中感应出两倍频率的交流电流，产生附加损耗，使转子过热，导致重大事故，因此要求容量在50MW及以上可能经常出现负序过负荷的发电机上必须装设负序过电流保护。负序电流保护可采用两段式定时限负序电流保护。也可采用反时限负序电流保护，后者效果更加理想。

思考题与习题

6-1 说明发电机应配置哪些短路保护及接地保护，各保护反应哪些故障？

6-2 写出发电机比率制动差动原理的表达式。

6-3　试分析不完全差动保护的特点和不足。

6-4　简述发电机定子单相接地保护的重要性。

6-5　何为100%发电机定子绕组接地保护，简述反应基波零序电压和三次谐波电压构成的发电机定子100%接地保护的基本原理。

6-6　试简述发电机的匝间短路保护几个方案的基本原理、保护的特点及适用范围。

6-7　试述励磁回路两点接地保护基本原理。

项目七 母线保护

【项目描述】

通过对母线微机保护装置(如 RCS—915AB、BP—2B、WMZ—41A、CSC—150 等)所包含的各种保护功能的讲解和检验,使学生熟悉母线微机保护装置的硬件结构,掌握几种常用的母线保护的实现方式。

【学习目标】

1. 知识目标

(1)了解母线故障及其保护方式;

(2)掌握母线完全电流差动保护的基本原理;

(3)熟悉电流比相式母线保护的基本原理;

(4)熟悉双母线同时运行时元件固定连接的电流差动保护的工作原理;

(5)熟悉母联电流相位比较式差动保护的基本原理;

(6)熟悉断路器失灵保护的基本原理。

2. 能力目标

(1)具有检验母线电流差动保护能力;

(2)具有检验母线断路器失灵保护能力;

(3)具有母线微机保护装置运行维护能力。

【学习环境】

为了完成上述教学目标,要求具有与现场相似的微机保护实训场所(或微机保护一体化教室),具有微机线路保护、微机母线保护等基本的微机保护装置。同时应具有微机保护装置检验调试所需的仪器仪表、工器具、相关材料等,可以开展一体化教学的多媒体教学设备。

任务一 母线电流差动保护

学习目标

通过对母线微机保护装置(如 RCS—915 系列、BP—2B、WMZ—41A、CSC—150 等)所

包含的母线电流差动保护功能进行讲解和检验，使学生在完成本任务的学习过程中达到以下三个方面的目标：

1. 知识目标

(1)熟悉母线故障类型其母线故障的保护方式；

(2)掌握母线电流差动保护的工作原理；

(3)熟悉元件固定的电流差动保护的工作原理。

2. 能力目标

(1)会阅读母线电流差动保护的相关图纸；

(2)熟悉母线微机保护装置中与电流差动保护相关的压板、信号、端子等；

(3)熟悉并能完成母线微机保护装置检验前的准备工作，会对母线微机保护装置电流差动保护进行检验。

3. 态度目标

(1)不旷课，不迟到，不早退；

(2)具有团队意识协作精神；

(3)积极向上努力按时完成老师布置的各项任务；

(4)责任意识，安全意识，规范意识。

任务描述

(1)通过对母线微机保护装置中电流差动保护功能的检验，掌握母线电流差动保护的作用、原理、接线及影响因素等。

(2)学会母线微机保护装置中与电流差动保护功能相关的基本计算和操作。

(3)学会对母线微机保护装置电流差动保护功能检验的方法、步骤等。

任务准备

1. 工作准备

√	学习阶段	工作(学习)任务	工作目标	备　注
	入题阶段	根据工作任务，分析设备现状，明确检验项目，编制检验工作安全措施及作业指导书，熟悉图纸资料及上一次的定检报告	确定重点检验项目	
	准备阶段	检查并落实检验所需材料、工器具、劳动防护用品等是否齐全合格	检验所需设备材料齐全完备	
	分工阶段	班长根据工作需要和人员精神状态确定工作负责人和工作班成员，组织学习《公司电业安全工作规程》、现场安全措施和本标准作业指导书	全体人员明确工作目标及安全措施	

2. 检验工器具、材料表

√	序　号	名　称	规　格	单　位	数　量	备　注
(一)检验工器具						
	1	继电保护微机试验仪及测试线		套		
	2	万用表		块		
	3	电源盘(带漏电保护器)		个		
	4	模拟断路器		台		
(二)备品备件						
√	序　号	名　称	规　格	单　位	数　量	备　注
	1	电源插件		个		
(三)检验材料表						
√	序　号	名　称	规　格	单　位	数　量	备　注
	1	毛刷		把		
	2	绝缘胶布		盘		
	3	电烙铁		把		

(四)图纸资料

√	序　号	名　称	备　注
	1	与现场实际接线一致的图纸	
	2	最新定值通知单	
	3	装置资料及说明书	
	4	上次检验报告	
	5	作业指导书	
	6	检验规程	

3. 危险点分析及安全控制措施

序号	危险点	安全控制措施
1	误走错间隔,误碰运行设备	检查在母线保护屏前后应有“在此工作”标示牌,相邻运行屏悬挂红布幔
2	工作不慎引起交、直流回路故障	工作中应使用带绝缘手柄的工具,拆动二次线时应作绝缘处理并固定,防止直流接地或短路
3	电压反送、误向运行设备通电流	试验前应断开检修设备与运行设备相关联的电流、电压回路

（续表）

4	拆动二次接线，有可能造成二次交、直流电压回路短路、接地，联跳回路误跳运行设备	二次回路、保护压板、保护定值的临时改动要做好记录，坚持“谁拆除谁恢复”的原则
5	带电插拔插件，易造成集成块损坏；频繁插拔插件，易造成插件插头松动	严禁带电插拔插件，工作时佩戴防静电手环或采取其他防静电措施。整组传动后应尽量避免插拔插件，如需插拔应检验相关回路完好
6	接、拆低压电源时人身触电	接拆电源时应在电源开关拉开的情况下两人一起工作。所使用电源应装有漏电保护器。禁止从运行设备上接取试验电源
7	越过遮栏，易发生人员触电事故	现场设专人监护，严禁跨越围栏
8	联跳回路未断开，误跳运行开关	根据被检验装置与运行设备相关联部分的实际情况，制定技术措施，防止误跳其他开关（误跳母联、分段开关，误启动失灵保护）

任务实施

1. 开工

√	序号	内　容
	1	履行工作票、安全措施票手续并对危险点和安全注意事项交底；办理工作许可手续

2. 安全措施的执行及确认危险点

（一）检查运行人员所做的措施	
√	检查内容
	检查所有压板位置，并做好记录
	检查所有把手及开关位置，并做好记录

（二）继电保护安全措施的执行

回路	位置及措施内容	执行√	恢复√	位置及措施内容	执行√	恢复√
电流回路						
电压回路						
直流回路						
信号回路						

（续表）

压板原始状态						
执行人员：				监护人员：		
备注：						

3. 作业流程

(三)母线差动保护检验		
序号	检验内容	√
1	区内故障和区外故障母差保护动作检验	
2	稳态比率差动启动电流及比例差动系数的校验	
3	电压闭锁元件校验	
4	母联带旁路动作校验	
5	母联死区校验	
(四)工作结束前检查		
序号	内　容	√
1	现场工作结束前，工作负责人会同工作人员检查实验记录有无漏检验项目，试验结论、数据是否完整正确	
2	检查临时接线是否全部拆除，拆下的线头是否全部接好，包括接地线	
3	检查保护装置是否在正常运行状态	
4	打印装置现运行定值区定值与定值通知单逐项核对相符	
5	检查出口压板对地电位正确	

4. 竣工

√	序号	内　容	备　注
	1	检查措施是否恢复到开工前状态	
	2	全体工作班人员清扫、整理现场，清点工具及回收材料。工作负责人周密检查施工现场，是否有遗留的工具、材料	
	3	工作负责人在检修记录上详细记录本次工作所检修项目、发现的问题、试验结果和存在的问题等	
	4	经验收合格，办理工作票终结手续	

母线电流差动保护的检验方法

母线电流差动保护的主要逻辑功能的测试方法，包括模拟区内故障和区外故障，判断保护动作的情况，学习稳态比率差动校验的方法，检验母联带路方式校验，以及母联开关处于死区故障的处理方法。

一、试验接线及设置

检验母线电流差动保护的试验接线方式因测试项目不同可以有多种接线方式，一般以常用的普通三相电流测试仪为例进行说明。将继电保护测试仪的电流输出接至母线电流差动保护电流输入端子，将继电保护测试仪的电压输出接至母线电流差动保护电压输入端子，将母线电流差动保护的出口跳闸触点接到测试仪的任一开关量输入端，用于进行自动测试及测量保护动作时间。以下测试以专用母联的双母线接线方式为例，其接线示意图如图 7－1 所示。根据背板端子图，正确接入交流电压和电流回路，引出装置动作触点，来监视保护动作行为，测试保护动作情况。

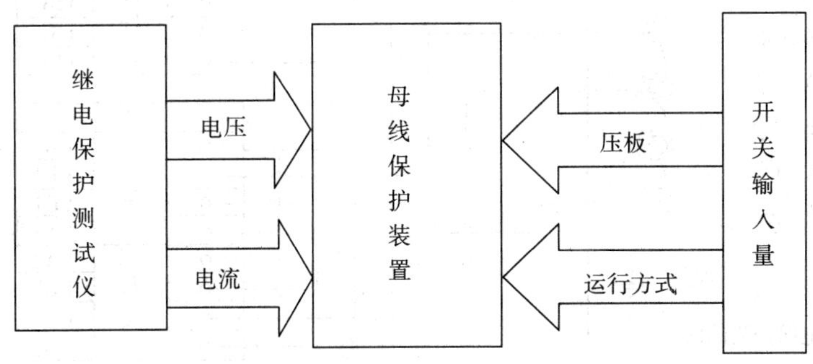

图 7－1　母差保护检验接线示意图

二、区外故障模拟

1. 设置故障

将元件 1 的 I 母刀闸位置及元件 2 的 II 母刀闸位置接点短接，将元件 2TA 与母联 TA 同极性串联，再与元件 1TA 反极性串联，在保证母线保护电压闭锁开放的条件下，模拟母线区外故障，以 A 相为例，试验接线如图 7－2 所示。

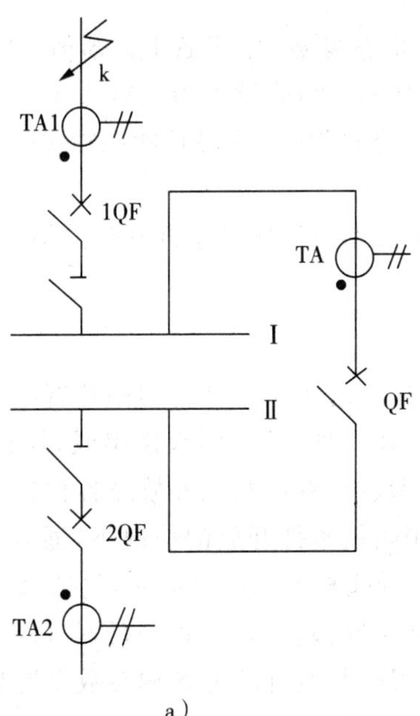

a）

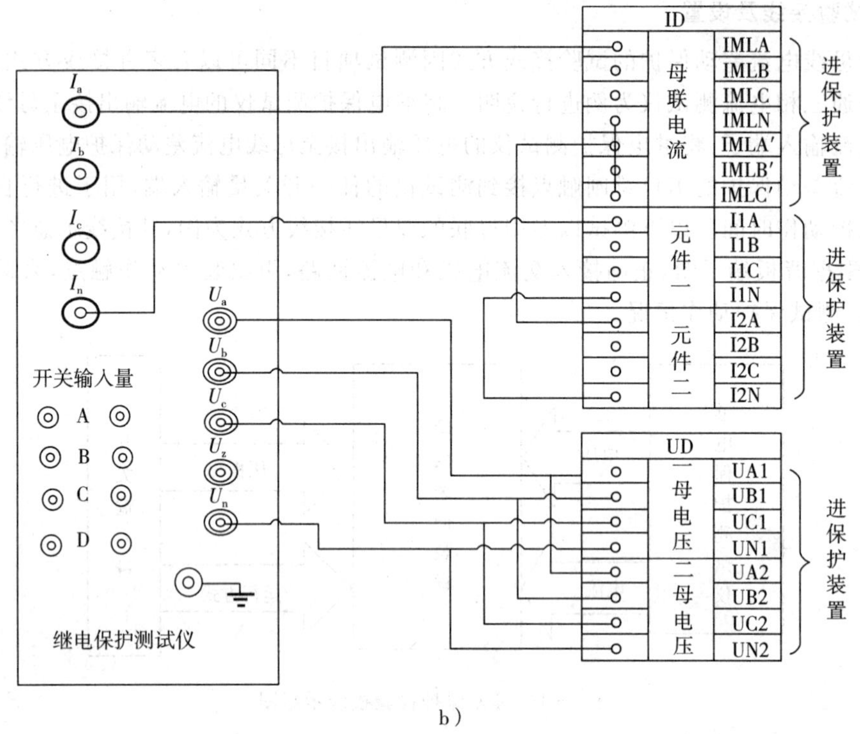

b)

图 7－2　模拟母线区外故障

a)双母线区外故障示意图;b)模拟母线区外故障测试接线

2. 选择状态序列测试模块

设置状态一即故障前状态,“状态参数”中设置幅值均为 57.74V 的三相对称电压,三相电流均为零,频率为 50HZ。保证“触发条件”中设置最长状态输出时间为 20S,目的是有足够时间使装置回复到正常态。

设置状态二即故障状态,“状态参数”中设置 U_A 幅值 20V(满足复合电压元件动作),U_B、U_C 幅值均为 57.74V 的电压;I_A 幅值设置为 8A(大于差动动作电流高值),I_B、I_C 幅值均设为零,频率为 50HZ。“触发条件”中设置最长状态输出时间为 200mS。进入测试状态。

3. 试验结果

通过测试可以看出,在保证母差电压闭锁条件开放的情况下,通入大于差流启动高定值的电流,母线差动保护不应动作。

三、区内故障模拟

短接元件 1 的 I 母刀闸位置及元件 2 的 II 母刀闸位置接点。

(1)将元件 1TA、母联 TA 和元件 2TA 同极性串联,模拟 I 母线内部故障。仍然以 A 相为例分析。测试过程及各种参数设置可与区外故障各相参数设置相同。

测试结果,在保证母差电压闭锁条件开放的情况下,通入大于差流启动高定值的电流,母线差动保护应动作,跳开与 I 母线相连的所有单元,包括母联。

(2)将元件 1TA 和元件 2TA 同极性串联,再与母联 TA 反极性串联,模拟 II 母线内部故障。测试过程及各种参数设置可与区外故障各相参数设置相同。

测试结果,在保证母差电压闭锁条件开放的情况下,通入大于差流启动高定值的电流,

母线差动保护应动作，跳开与II母线相连的所有单元，包括母联。

(3)投入单母压板及投单母控制字或模拟某一单元刀闸双跨。重复上述一种区内故障，母线差动保护应动作并切除两母线上所有的连接元件。

母线区内故障，母差保护动作行为应该正确、可靠，其误差应小于±5%。在大于2倍整定电流，小于0.5倍整定电压下，保护整租动作时间不大于15ms。

四、稳态比率差动校验

1. 差动启动电流高值 I_{Hcd} 门坎值校验

测试方法：任选母线上一个保护单元通入一相电流，A相电流从0.85倍整定值起，缓慢增加到差动出口动作时读取动作电流值。依此类推，可对B、C相电流进行校核。

选择试验仪的手动试验测试模块，注意电流变化步长的设置及满足电压闭锁元件的可靠开放。

在“测试窗”中设置 U_A 幅值40V(满足复合电压元件动作)，U_B、U_C 幅值均为57.74V的电压；I_A 幅值设置为6A(0.85倍差动动作电流高值)，I_B、I_C 相幅值均设为零；频率为50HZ。变量选择 I_A，变化步长设置为0.2A。进入试验。增大 I_A，当保护动作时，应停止增加，并记录此时的电流值 I_A，则 $I_{Hcd}=I_A$。

2. 差动启动电流低值 I_{Lcd} 门坎值校验

差动启动电流低值在差动启动电流高值动作，且有元件跳闸时自动投入；投入后只有在差流小于差动启动电流低值时，差流启动元件才返回。

调试时可用实验仪产生的一个电流序列(将该电流仅加载在某一支路上)，先使得差流大于高定值，在差动保护动作后再使得差流小于高值大于低值，此时差动元件不应返回(具体表现为保护跳闸接点继续导通)。若起始状态差动电流仅达到低值但未达到高值，则差流启动元件根本不能动作。

测试过程：设置状态一(故障前状态)“状态参数”中设置幅值均为57.74V的三相对称电压，三相电流均为零，频率为50HZ。“触发条件”中设置最长状态输出时间为20S，目的是保证有足够时间使装置回复到正常态。设置状态二(故障1状态)“状态参数”中设置 U_A 幅值20V(满足复合电压元件动作)，U_B、U_C 幅值均为57.74V的电压；I_A 幅值设置为8A(大于差动动作电流高值)，I_B、I_C 幅值均设为零；频率为50HZ。“触发条件”中设置最长状态输出时间为50mS。设置状态三(故障2状态)“状态参数”中设置 U_A 幅值20V(满足复合电压元件动作)，U_B、U_C 幅值均为57.74V的电压；I_A 幅值设置为5.5A(大于差动动作电流低值)，I_B、I_C 幅值均设为零；频率为50HZ。“触发条件”中设置最长状态输出时间为150mS。进入测试。

测试结果：保护跳闸接点应继续导通，故障结束。

3. 比率制动系数高值 K_H 校验(TWJ=0)

测试方法：短接元件1及元件2的I母刀闸位置接点。向元件1TA和元件2TA加入方向相反、大小可调的电流。一般用实验仪A相接 I_1，B相接 I_2。在 I_1 与 I_2 的A相电流回路上，同时加入方向相反、数值相同两路电流。一相电流固定，另一相电流慢慢增大，差动保护动作时分别读取此时 I_1、I_2 电流值。可计算出

$$I_{cd}=|I_1-I_2|, I_{zd}=(|I_1|+|I_2|)$$

则
$$K=I_{cd}/I_{zd}。$$

测试过程：选择试验仪的手动试验测试模块，在“测试窗”中设置 U_A 幅值 40V（满足复合电压元件动作），U_B、U_C 幅值均为 57.74V 的电压；I_A 幅值设置为 2A，相位设置为 0°，I_B 幅值设置为 2A，相位设置为 180°，I_C 幅值均设为零；频率为 50HZ。变量选择 I_B，变化步长设置为 0.2A。进入测试，增大 I_B，当保护动作时，记录此时的电流值 I_a 与 I_b，则有

$$I_{cd}=|I_1-I_2|=|I_a-I_b|$$

$$I_{zd}=|I_1|+|I_2|$$

$$K_H=|I_1-I_2|/(|I_1|+|I_2|)=|I_a-I_b|/(|I_a|+|I_b|)$$

重复上述测试过程，多选取几组由此可绘制出在分列运行时大差差动保护动作特性曲线，如图 7-3 所示。

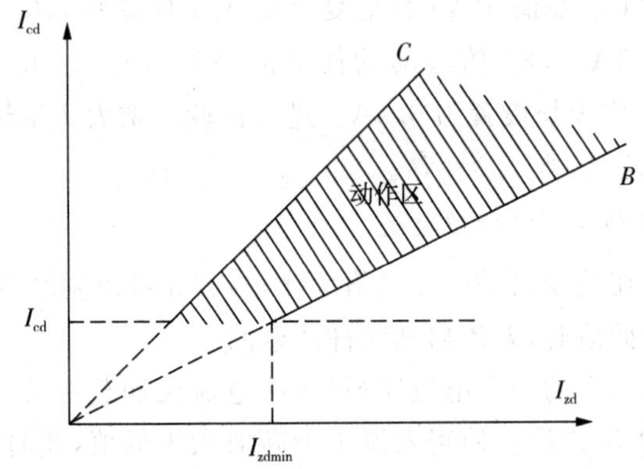

图 7-3　稳态比率差动保护动作特性

4. 比率制动系数低值 K_L 校验、母联在分位（TWJ=1）

测试方法：参考制动系数高值试验，只要让大差比率系数低值动作而小差比率系数高值不动作，即注意在满足差动方程后仍要保持故障持续时间大于 250ms。差动保护动作时间大于 250ms。

五、电压闭锁元件

电压闭锁元件的判据为

$$U_P \leqslant U_{bs}$$

$$3U_0 \geqslant U_{0bs}$$

$$U_2 \geqslant U_{2bs}$$

其中 U_P 为相电压 $3U_0$，为三倍零序电压（自产），U_2 为负序相电压，U_{bs}、U_{0bs}、U_{2bs} 分别为相电压、零序电压、负序电压闭锁定值。以上三个判据任一个动作时，电压闭锁元件开放。当用于中性点不接地系统时，将“投中性点不接地系统”控制字投入，此时电压闭锁元件为 $U_l \leqslant U_{bs}$ 和 $U_2 \geqslant U_{2bs}$，其中 U_l 为线电压。

保护在动作于故障母线跳闸时必须经相应的母线电压闭锁元件闭锁。在满足比率差动元

件动作的条件下，分别检验保护的各电压闭锁元件。各元件动作值的误差应在±5%以内。

以母联在合位，I母故障为例进行试验，试验接线如图7－4所示。

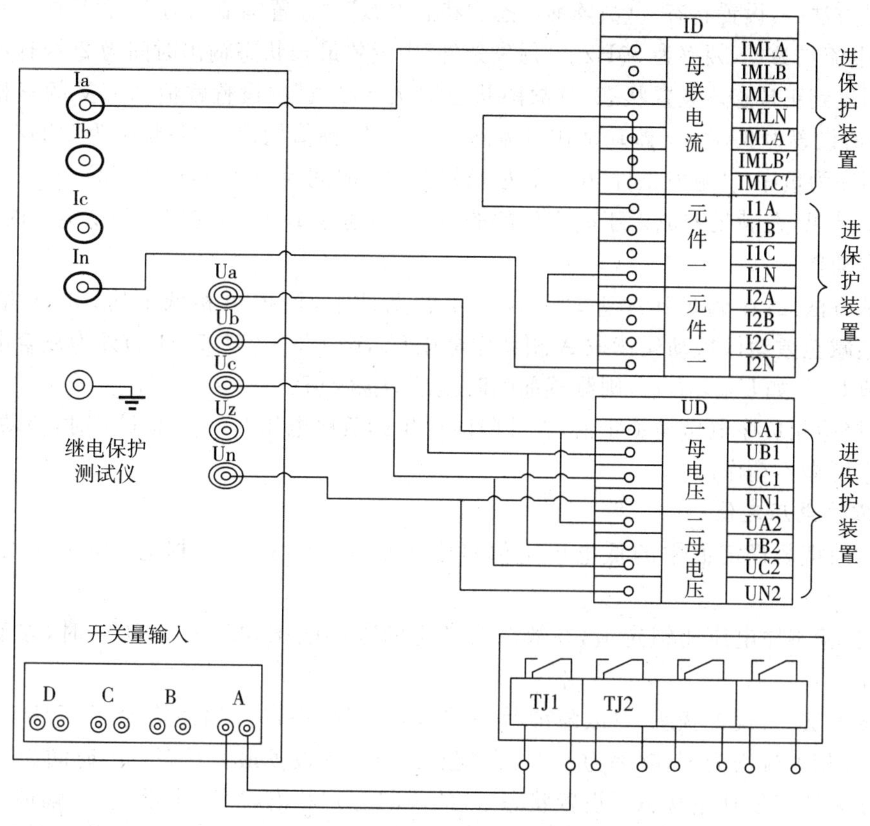

图7－4　I母线短路故障接线

1. 相低电压定值

选择试验仪的状态序列菜单。

(1)校验相低电压定值，在故障电压$U_1=0.95U_{bs}$时，差动保护应可靠动作。

测试步骤：设置状态一(故障前状态)“状态参数”中设置幅值均为57.74V的三相对称电压，三相电流均为零，频率为50HZ。“触发条件”中设置最长状态输出时间为20S，有足够时间使装置回复到正常态。设置状态二(故障状态)“状态参数”中设置U_A幅值28.5V，U_B、U_C幅值均为57.74V的电压；I_A幅值设置为8A(大于差动动作电流高值)，I_B、I_C幅值均设为零；频率为50HZ。“触发条件”中设置最长状态输出时间为200mS。进入测试。

测试结果，在满足差流大于高定值的情况下，通入0.95倍的相正序低电压时，母线差动保护应动作。

(2)校验相低电压定值，在故障电压$U_1=1.05U_{bs}$时，差动保护应可靠不动作。

测试方法及步骤同上，只是要把状态二中的故障电压设置为31.5V即可。

2. 负序相电压定值

测试前把装置定值中的低电压定值整定到最小值2V，把零序电压定值整定到最大值57V。

校验相负序电压闭锁定值，在故障时产生的负序电压 $U_2=1.05U_{2bs}$时，差动保护应可靠动作。

测试方法一：设置状态一（故障前状态）“状态参数”中设置幅值均为 57.74V 的三相对称电压，三相电流均为零，频率为 50HZ。“触发条件”中设置最长状态输出时间为 20s，有足够时间使装置回复到正常态。设置状态二（故障状态）“状态参数”中设置幅值 3.15V 的三相对称电压；I_A 幅值设置为 8A（大于差动动作电流高值），I_B、I_C 幅值均设为零；频率为 50HZ。注意所加电压相序为负序。“触发条件”中设置最长状态输出时间为 200ms，进入试验。

测试结果，在满足差流大于高定值的的情况下，通入 1.05 倍的相负序低电压时，母线差动保护应动作。

测试方法二：在满足比率差动元件动作的条件下，模拟单相低电压，如 A 相电压从 57.7V 递减至差动保护动作读取 A 相动作电压 U_d，则 $1/3\times(57.7-U_d)$ 即为复合电压的负序电压值 U_2。如 $U_{2bs}\geqslant U_{0bs}$，则测试前临时提高 U_{0bs}定值。

（2）校验相负序电压闭锁定值，在故障时产生的负序电压 $U_2=0.95U_{2bs}$时，差动保护应可靠不动作。

3. 零序电压定值

测试前把装置定值中的低电压定值整定到最小 2V，把负序相电压定值整定到最大值 57V。

（1）校验零序电压闭锁定值，在故障时产生的零序电压 $3U_0=1.05U_{2bs}$时，差动保护应可靠动作。

测试方法一：设置状态一（故障前状态）“状态参数”中设置幅值均为 57.74V 的三相对称电压，三相电流均为零，频率为 50HZ。“触发条件”中设置最长状态输出时间为 20s，有足够时间使装置回复到正常态。设置状态二（故障状态）“状态参数”中设置 U_A幅值为 8.4V，$U_B=U_C=0V$；I_A 幅值设置为 8A（大于差动动作电流高值），I_B、I_C 幅值均设为零；频率为 50HZ。“触发条件”中设置最长状态输出时间为 200mS. 进入测试。

测试结果，在满足差流大于高定值的的情况下，通入 1.05 倍的零序电压时，母线差动保护应动作。

测试方法二：在满足比率差动元件动作的条件下，模拟单相低电压，如 A 相电压从 57.7V 递减至差动保护动作，读取 A 相动作电压 U_d，则（U_d）即为复合电压的零序电压值 $3U_0$。如 $U_{0bs}\geqslant U_{2bs}$，测试前临时提高 U_{2bs}定值。

校验零序电压闭锁定值，在故障时产生的零序电压 $3U_0=0.95U_{2bs}$时，差动保护应可靠不动作。

六、母联带旁路方式校验

将“投母联兼旁路主接线”控制字整定为 1，投入母联带旁路压板，短接元件 1 的 I 母刀闸位置和 I 母带路开入。检验接线及测试步骤可参考母线区内外故障。

（1）校验母联 I 母带旁路时的差流情况：

①将元件 1TA 和母联 TA 反极性串联通入电流，装置差流采样值均为零。

②将元件 1TA 和母联 TA 同极性串联通入电流，装置大差及 I 母小差电流均为两倍试验电流。

③投入带路 TA 极性负压板，将元件 1TA 和母联 TA 同极性串联通入电流，装置差流

采样值均为零。

④投入带路 TA 极性负压板，将元件 1TA 和母联 TA 反极性串联通入电流，装置大差及 I 母小差电流均为两倍试验电流。

(2)按类似测试方法检验母联 II 母带旁路时的差流情况。

七、母联死区保护

若母联开关和母联 TA 之间发生故障，断路器侧母线跳开后故障仍然存在，正好处于 TA 侧母线小差的死区，为提高保护动作速度，专设了母联死区保护。

1. 母联开关处于合位时的死区故障

短接元件 1 的 I 母刀闸位置及元件 2 的 II 母刀闸位置接点，将母联跳闸接点接至母联跳位开入。测试接线如图 7－4 所示。

测试过程：选择试验仪的状态序列测试模块设置状态一(故障前状态)“状态参数”中设置幅值均为 57.74V 的三相对称电压，三相电流均为零，频率为 50HZ。“触发条件”中设置最长状态输出时间为 20S，有足够时间使装置回复到正常态。设置状态二(故障状态)“状态参数”中设置 U_A 幅值 20V(满足复合电压元件动作)，U_B、U_C 幅值均为 57.74V 的电压；I_A 幅值设置为 8A(大于差动动作电流高值)，I_B、I_C 相幅值均设为零；频率为 50HZ。“触发条件”中设置最长状态输出时间为 500ms(大于死区保护动作时间)。进入测试。

测试结果，在保证母差电压闭锁条件开放的情况下，通入大于差流启动高定值的电流，母线差动保护应动作跳 II 母线，经 Tsq 时间，死区保护动作跳 I 母线。

2. 母联开关处于跳位时的死区故障

为防止母联在跳位时发生死区故障将母线全切除，当两母线都有电压且母联在跳位时母联电流不计入小差。母联 TWJ 为三相常开接点(母联开关处跳闸位置时接点闭合)串联。短接元件 1 的 I 母刀闸位置及元件 2 的 II 母刀闸位置接点。测试方法和前面的方法类似。

相关知识

母线保护

一、母线故障

母线是电能集中和分配的重要场所，是发电厂和变电所的重要组成元件之一。在发电厂和变电所，母线连接元件较多，一旦母线发生故障，将使接于母线的所有元件被迫切除，造成大面积用户停电，众多电气设备损毁，破坏电力系统稳定运行。在电力系统枢纽变电所上发生故障时，还可能导致电力系统瓦解的严重后果。

运行实践表明，母线故障的原因主要有：母线绝缘子和断路器套管的老化、污秽引起的闪络接地故障，装于母线上的电压互感器和装在母线和断路器之间的电流互感器的故障，母线隔离开关和空气断路器的支持绝缘子损坏，雷击造成的短路故障，运行人员带地线合隔离开关等。

母线故障的类型主要有单相接地故障，两相接地短路故障以及三相短路故障。两相短路故障的几率较少。

1. 母线保护的基本要求

与其他设备保护相比，对母线保护的要求更严格。

(1)高度的安全性和可靠性。母线保护误动将造成严重的后果,母线保护误动,将造成电力系统大面积停电,母线保护拒动,可能造成设备的损毁以及电力系统的瓦解等严重后果。

(2)选择性强、动作速度快。母线保护不仅要能区分区内故障和区外故障,还要判断故障具体发生的位置。母线对于电力系统的稳定运行极为重要,需尽早发现母线故障并快速切除故障。

2. 母线保护装设的基本原则

发电厂和变电所的母线是电力系统中的一个重要组成元件,当母线上发生故障时,如果保护动作迟缓,将会导致电力系统的稳定性遭到破坏,从而使事故扩大。因此母线必须选择合适的保护方式。母线故障的保护方式有两种:一种是利用供电元件的保护兼母线故障的保护,另一种是采用专用母线保护。

(1)利用其他供电元件的保护装置来切除母线故障

当母线上发生故障时,将使连接在故障母线上的所有元件在修复故障母线期间,或转换到另一组无故障的母线上运行以前被迫停电。一般说来,不采用专门的母线保护,而利用供电元件的保护装置就可以把母线故障切除。如图 7-5 所示,利用发电机过流保护、利用变压器过流保护、利用供电线路的Ⅱ、Ⅲ段保护使断路器跳闸予以切除。

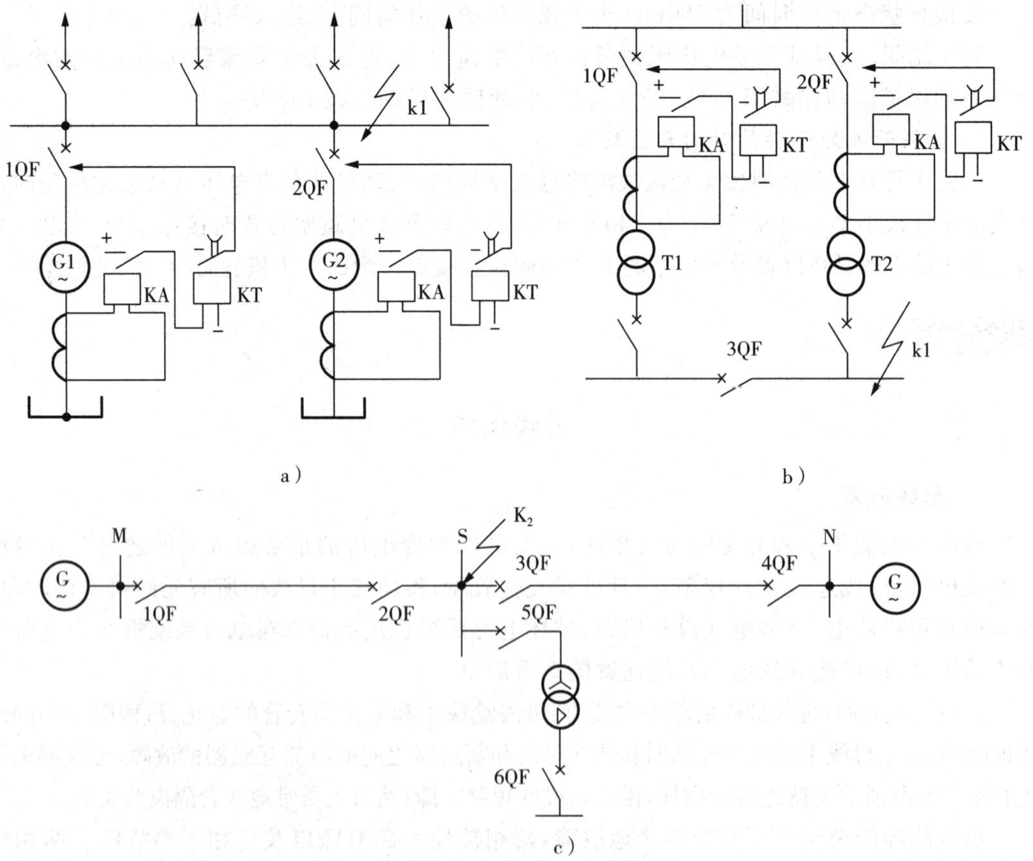

a)

b)

c)

图 7-5　利用供电元件保护装置切除母线故障

a)利用发电机过流保护;b)利用变压器过流保护;c)利用供电线路的Ⅱ、Ⅲ段保护

利用供电元件的保护来切除母线故障，不需另外装设保护，简单、经济，但故障切除的时间一般较长。

(2)专用母线保护

在电力系统中枢纽变电所的母线上故障时，还可能引起系统稳定的破坏，造成严重的后果。当双母线同时运行或母线分段单母线时，供电元件的保护装置则不能保证有选择性地切除故障母线，因此应装设专门的母线保护，具体情况如下：

①在 110kV 及以上的双母线和分段单母线上，为保证有选择性地切除任一组(或段)母线上所发生的故障，而另一组(或段)无故障的母线仍能继续进行，应装设专门的母线保。

②110kV 及以上的单母线，重要发电厂的 35kV 母线或高压侧为 110kV 及以上的重要降压变电所的 35kV 母线，按照装设全线速动保护的要求必须快速切除母线上的故障时，应装设专用的母线保护。为满足速动性和选择性的要求，母线保护都是按差动原理构成的。所以不管母线上元件有多少，实现差动保护的基本原则仍是适用的，即：

a. 在正常运行以及母线范围以外故障时，在母线上所有连接元件中，流入的电流和流出的电流相等。

b. 当母线上发生故障时，所有与电源连接元件都向故障点供给短路电流，而在供电给负荷的连接元件中电流等于零，因此，母线中的总电流等于差动电流。

c. 如从每个连接元件中电流的相位来看，则在正常运行以及外部故障时，至少有一个元件中的电流相位和其余元件中的电流相位是相反的，具体地说，就是电流流入的元件和电流流出的元件这两者的相位相反。而当母线故障时，除电流等于零的元件以外，其他元件中的电流则是同相位的。

3. 母差保护的分类

母线保护是保证电网安全稳定运行的重要系统设备，它的安全性、可靠性、灵敏性和快速性对保证整个区域电网的安全具有决定性的意义。在母线保护中，最主要的就是母差保护。就其作用原理而言，所有的母差保护均是反映母线上连接单元 TA 二次电流的相量和。同时保证母线上故障母差保护动作，母线外故障，母差保护应该可靠不动。

按照母线差动保护装置差电流回路输入阻抗的大小，可将其分为低阻抗母线差动保护、中阻抗母线差动保护、高阻抗母线差动保护。

目前母线保护中均使用为低阻抗母线差动保护，也叫电流型母线差动保护。根据动作条件，电流型母线差动保护可分为母联电流比相式母线差动保护、电流相位比较式母线差动保护、电流差动式母线差动保护。迄今为止，经各发、供电单位多年电网运行经验总结，普遍认为就适应母线运行方式、故障类型、过渡电阻等方面而言，无疑是按分相电流差动原理构成的电流差动式母差保护效果最佳。

四、母线电流差动保护

1. 母线电流差动保护的作用原理

母线电流差动保护的原理接线如图 7-6 所示。在母线的所有连接元件上装设具有相同的变比和特性的电流互感器。所有电流互感器的二次绕组极性相同的端子相互连接，然后接入差动电流继电器。对于中性点直接接地系统母线保护采用三相式接线，对于中性点非直接接地系统母线保护一般采用两相式接线。

母线正常运行或其保护范围外部故障时，流入母线的电流和流出母线的电流之和等于零

（差动电流为零），而母线内部故障时流入和流出母线电流之和不在为零（差动电流不为零）等于故障点的全部短路电流。基于这种前提，差动保护可以正确的区分区内故障和区外故障。

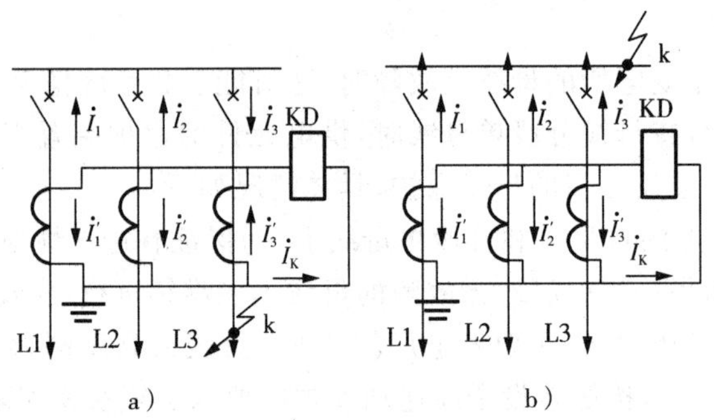

图 7－6　母线电流差动保护原理接线图

a）外部故障时的电流分布；b）内部故障时的电流分布

目前，国内应用的微机型母线差动保护，多数采用比率制动式电流差动保护，其动作方程为

$$\left|\sum_{j=1}^{n}\dot{I}_j\right| \geqslant I_{op.o} \tag{7-1}$$

$$\left|\sum_{j=1}^{n}\dot{I}_j\right| - K\sum_{j=1}^{n}\left|\dot{I}_j\right| \geqslant 0 \tag{7-2}$$

其中$\dot{I}_j$为第j条支路中的电流；K为比率制动系数；$I_{op.o}$为差动元件的初始动作电流。

从式（7－1）可以看出，保护的动作条件是由不平衡差动电流决定的。从式（7－2）可以看出，保护的动作条件是由母线上所有元件的差动电流和制动电流的比率决定的。综上所述，装置的动作条件是由上述两个判据与门输出，提高的而保护的可靠性。其动作特性为具有两段折线式的比率制动的曲线如图 7－7 所示。图 7－7 中i_{cd}为差动电流，i_{zd}为制动电流，K为制动系数。

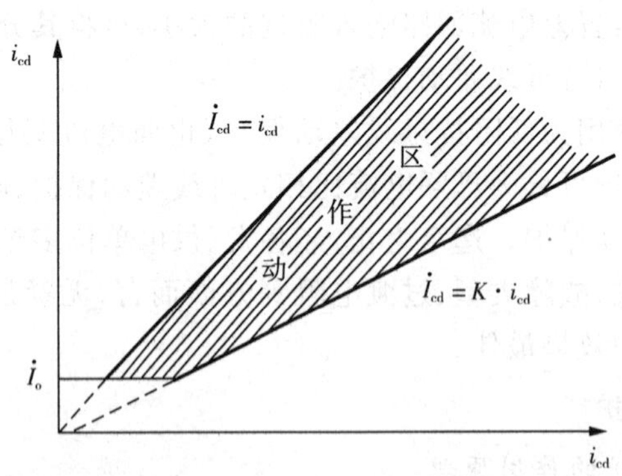

图 7－7　比率制动式电流差动保护动作曲线

2．母线差动保护的逻辑框图

母线差动保护的逻辑框图如图 7－8 所示。大差元件与母线小差元件各有特点，大差元件用于检查母线故障，大差的差动保护涵盖了各段母线，大多数情况下不受运行方式控制；小差元件选择出故障所在的哪段或者哪条母线，受运行方式的控制，具有选择性。

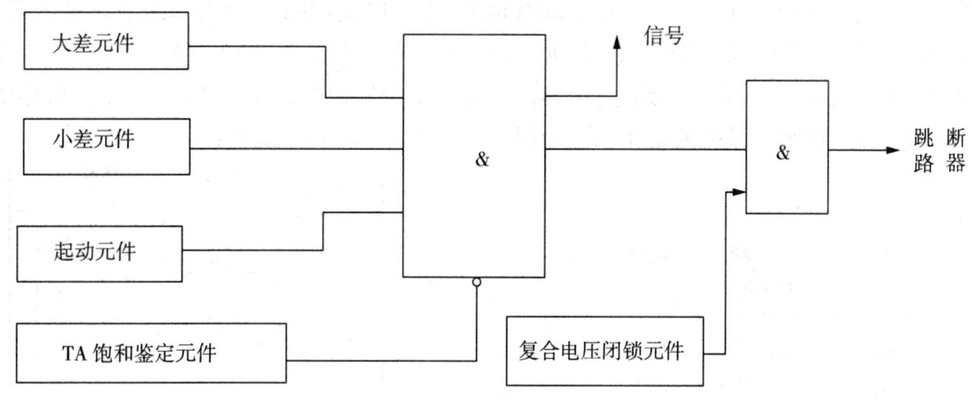

图 7-8　双母线或者单母线分段母差保护逻辑框图(以一相为例)

从图 7-8 可以看出,双母线正常运行时,若大差元件、小差元件和启动元件同时动作,母差保护出口继电器才动作;同时,只有复合电压闭锁元件也动作,保护才能去跳各断路器。TA 饱和鉴定元件检测出差动电流越限是由于区外故障 TA 饱和时造成的,母线差动保护不应动作,而应该立即闭锁母差保护,当转入区内故障时,应立即开放母差保护。

3. TA 饱和鉴别

为防止母线保护在母线近端发生区外故障时,由于 TA 严重饱和形成的差动电流而引起母线保护误动作,根据 TA 饱和发生后二次电流波形的特点,装置设置了 TA 饱和检测元件。

在系统发生故障瞬间,无论一次电流有多大,TA 不可能立即饱和。从故障发生到 TA 饱和至少经 1/4 周波的时间,在此期间 TA 能正确传变一次电流。

TA 饱和后,二次电流波形出现畸变、缺损,但当一次电流过零点附近时,饱和 TA 二次侧将出现一个线性传变区,即其二次电流能正确反应一次电流。

TA 是否饱和的判别可以采用同步识别法。同步识别法是判别“故障发生”与“差流越限”是否同步发生。若“故障发生”与“差流越限”同时出现,则认为“差流越限”是由母线区内故障引起。此时差动保护在 5ms 以内,发出“动作指令”并记忆下来,快速切除故障。若判别到“故障发生”与“差流越限”不是同时出现,而是“故障发生”在前而后出现“差流越限”,则认为“差流越限”是由母线区外故障 TA 饱和所引起。此时将母差保护闭锁一个周波,然后在下一周波内重复上述判别。若仍是区外故障,则在随后的每个周波内判别一次,直到区外故障消失;若发展成了区内故障,则经判定后发出跳闸命令。

五、双母线同时运行时母线保护的实现

为了提高供电的可靠性,在发电厂以及重要变电所的高压母线上,一般采用双母线同时运行的方式,并且将供电和受电元件(约各占 1/2)分别接在每组母线上。这样当任一组母线上故障后,要求母线保护具有选择地切除故障母线,缩小停电范围。因此,双母线同时运行时,要求母线保护具有选择故障母线的能力。

1. 双母线同时运行时,元件固定连接的电流差动保护

如图 7-9 所示为双母线同时运行时元件固定连接的电流差动保护单相原理接线图。图 7-9所示母线保护由三组差动保护组成。第一组由电流互感器 TA1、TA2、TA6 及差动继电器 1KD 组成,1KD 为 I 组母线故障选择元件。1KD 动作后,作用于断路器 1QF、2QF 跳闸。第

二组由电流互感器 TA3、TA4、TA5 及差动继电器 2KD 组成，2KD 为Ⅱ组母线故障选择元件。2KD 动作后，作用于断路器 3QF、4QF 跳闸。第三组由电流互感器 TA1、TA2、TA3、TA4 及差动继电器 3KD 组成，反应两组母线上的故障，并作为整个保护的启动元件，3KD 动作后作用于母联断路器 5QF 跳闸。保护的动作情况用图 7-10、7-11、7-12 说明：

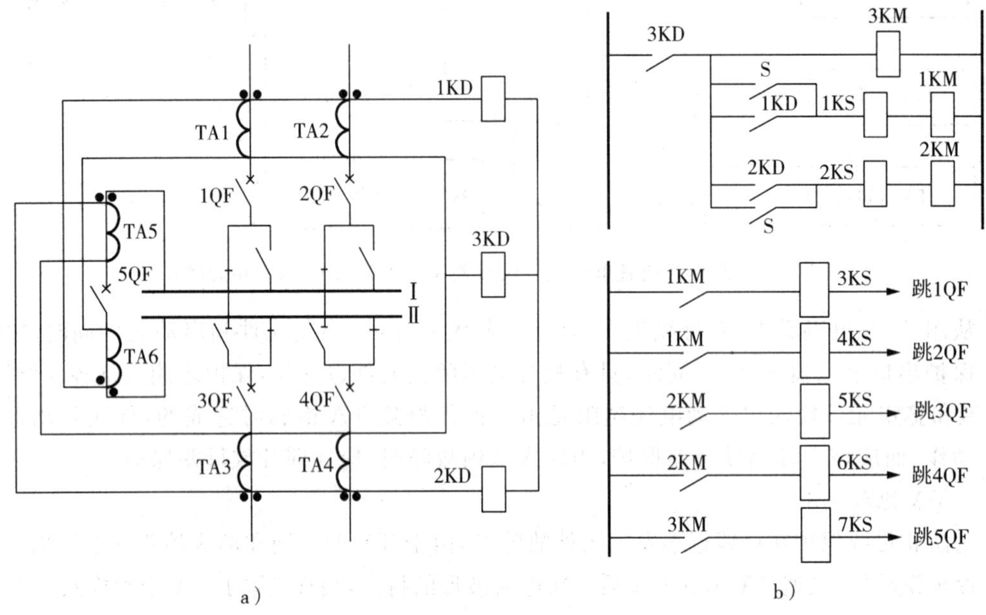

图 7-9　双母线同时运行时元件固定连接的电流差动保护单相原理接线图

a)交流回路；b)直流回路

(1)当元件固定连接方式下外部短路时，流经继电器 1KD、2KD、3KD 的电流均为不平衡电流，保护装置已从定值上躲过，故保护不会误动作，如图 7-10 所示。元件固定连接且Ⅰ组母线故障时，1KD、3KD 通过短路点全部短路电流而启动，并作用于 1QF、2QF 及 5QF 跳闸，切除故障母线(Ⅰ组)。如图 7-11 所示。

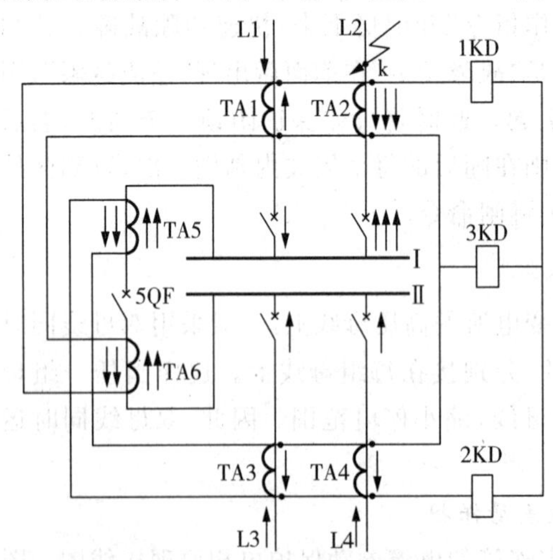

图 7-10　元件固定连接的双母线完全电流差动保护外部故障时的电流分布

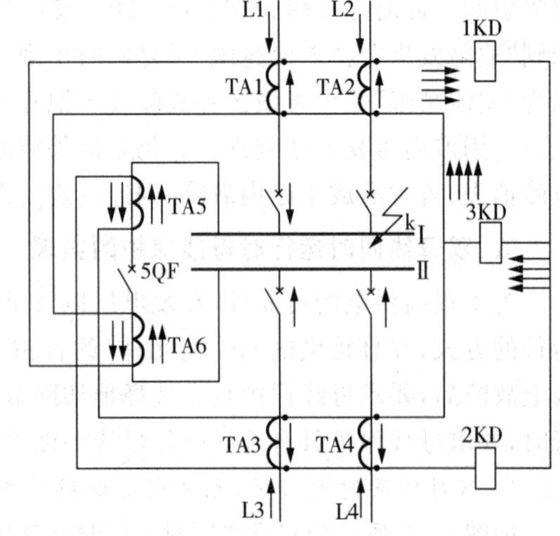

图 7-11　元件固定连接双母线完全电流差动保护

(2)当元件固定连接破坏后(例如Ⅰ组母线上一个元件倒换到Ⅱ组母线上运行),发生外部短路时,启动元件中3KD中流过不平衡电流,因此,保护不会误动作,如图7－12所示。若Ⅰ组母线短路,1KD、2KD、3KD都通过短路电流,它们都能启动,因此,两组母线上所有断路器将跳闸,保护动作失去选择性。

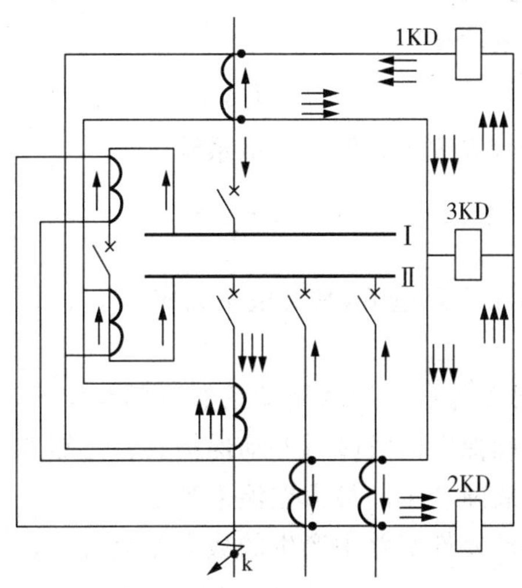

图7－12　固定连接破坏后外部故障电流分布

综上所述,当母线按照固定连接方式运行时,保护装置将有选择地切除一组故障母线,而另一组母线可以继续运行。当固定连接方式破坏时,任一母线故障时,保护将失去选择性,同时切除两条母线。因此,从保护角度来看,应尽量保证元件固定连接的运行方式不被破坏,这就限制了母线运行的灵活性,这是该保护的主要缺点。

2. 双母线同时运行的母联相位差动保护

这种保护是在具有固定连接元件的母线电流差动保护的基础上改进的成果,他克服了保护缺乏灵活性的缺点,适用于母线连接元件运行方式经常改变的母线保护。保护装置的原理是利用比较母联中的电流与总的差动电流的相位作为故障母线的选择元件。这是因为当Ⅰ母线上故障时,流过母线的电流是由Ⅱ母线流向Ⅰ母线,当Ⅱ母线上故障时,流过母线的电流是由Ⅰ母线流向Ⅱ母线,此时,母联电流的相位变化了180°,而总的差动电流是反应母线故障的总电流,其相位是不变的。因此,利用这两个电流的相位比较,就可以选择出故障母线。,基于这种原理,只要母线上有故障,不管母线上元件的连接方式如何,只要母联有电流流过,就能够保证正确动作。母联相位差动保护对母线上的元件不需要固定的连接方式,这就是它的主要优点。

六、差动继电器动作电流的整定

对于母线差动保护的整定计算,应合理地确定差动元件以及复合电压闭锁元件的整定值。

1. 动作电流 $I_{op.o}$

差动继电器的动作电流按以下条件计算,并选择其中较大的一个为整定值。

(1)躲过外部短路时的最大不平衡电流。当所有电流互感器均按10%误差曲线选择,且差动继电器采用具有速饱和铁心的继电器时,其动作电流 $I_{op.o}$ 按下式计算

$$I_{op.o}=K_{rel}I_{unb.max}=K_{rel}\times 0.1I_{K.max}/n_{TA}$$

式中：K_{rel}为可靠系数，取 1.3；

$I_{K.max}$为保护范围外短路时，流过差动保护电流互感器的最大短路电流；

n_{TA}为母线保护用电流互感器变比。

(2)按躲过最大负荷电流计算

$$I_{op.o}=K_{rel}I_{L.max}/n_{TA}$$

在保护范围内部故障时，应按下式校验灵敏系数

$$K_{sen}=\frac{I_{K.min}}{I_{op}}$$

式中：$I_{K.min}$为母线故障时最小短路电流；其灵敏系数应不小于 2

2. 比率制动系数 S

具有比率制动特性的母差保护的比率制动系数 S 的整定，应按照能可靠躲区外故障产生的最大差流来整定，同时确保区内故障时差动保护具备足够的灵敏度。

(1)按照能可靠躲区外故障产生的最大差流来整定

母线区外故障时，在差动元件回路中产生的最大差流为

$$I_{unb.max}=(K_{er}+K_2+K_3)I_{k.max}$$

其中 $I_{unb.max}$为最大不平衡电流；K_{er}为 TA 的 10%误差，取 0.1；K_2 为保护装置通道传输机调整误差，取 0.1；K_3 为区外故障瞬间由于各侧 TA 暂态特性差异产生的误差，取 0.1；$I_{k.max}$为区外故障的最大短路电流。

即 $I_{unb.max}=0.3I_{k.max}$

比率制动系数有

$$S=K_{rel}\frac{I_{unb.max}}{I_{k.max}}$$

式中：K_{rel}为可靠系数，取 0.15－0.2

(2)按确保动作灵敏度来整定

当母线出现故障时，其最小故障电流应大于母差保护启动电流的 2 倍以上，当满足上述条件时，有

$$S=\frac{1}{K_{sen}}$$

式中：K_{sen}为动作灵敏度系数，取 1.5－2.0.

3. 复合电压闭锁

(1)低电压元件的整定电压 U_{op}

在母差保护中，低电压闭锁元件的动作电压，应该按照躲正常运行时母线 TV 二次的最低电压来整定。一般规定电力系统对用户供电电压的变化范围是±5%，实际上，母线电压可能下降到 90%～85%的额定电压 U_N 下运行。同时考虑到母线 TV 的变比误差 2%～3%，母线低电压保护动作电压为

$$U_{op}=(0.75-0.8)U_N$$

在母线上发生三相短路时，母线电压将严重下降，此时电压元件可以正确动作。

(2)负序电压元件的动作电压 U_{2op}

负序电压闭锁元件的动作电压，应该按照躲正常运行时母线 TV 二次的最大负序电压来整定。即

$$U_{2op}=K_{rel}U_{2max}$$

其中：K_{rel}为可靠系数，一般取 1.3～1.5；

U_{2max}为正常运行时母线 TV 二次侧的最大负序电压，即 $U_{2max}=U_{2TV}+U_{2Smax}$（$U_{2TV}$取(2%～3%)$U_N$，$U_{2smax}$取 1.1×4%$U_N$）。

(3)零序电压元件的动作电压 $3U_{0.op}$

零序电压的动作电压与负序电压的动作电压是相同的。

七、母差保护死区问题

在各种类型的母线差动保护中，存在一个共同的问题，就是保护死区问题。对于双母线的母差保护，当故障发生在母联断路器和母联 TA 之间时，母线保护的大差出现差流，跳开母联断路器，故障点对于 II 母属于区外故障，II 母小差不会动作，而故障点对于 I 母则属于区内故障，虽然母联断路器已经跳开，但母联 CT 仍然可以感受到故障电流，即 I 母小差会动作跳 I 母线上所有间隔断路器，且大差差流也仍然存在。实际上故障点并没有被真正切除掉，这就是母联死区故障。一般把母联断路器与母联 TA 之间这一段范围称为死区。

为了避免死区故障的发生，确保电力系统的稳定性，在微机母线保护装置中一般设置有专用的死区保护，用于快速切除母联断路器与母联 TA 之间的故障，即当：大差以及 I 母小差动作跳 I 母线后，大差及 I 母小差均不返回，则死区保护逻辑启动直接跳 II 母线所有断路器。反过来，当大差以及 II 母小差动作跳 II 母线后，大差及 II 母小差均不返回，则死区保护逻辑启动直接跳 I 母线所有断路器。死区保护逻辑框图如图 7－13 所示。

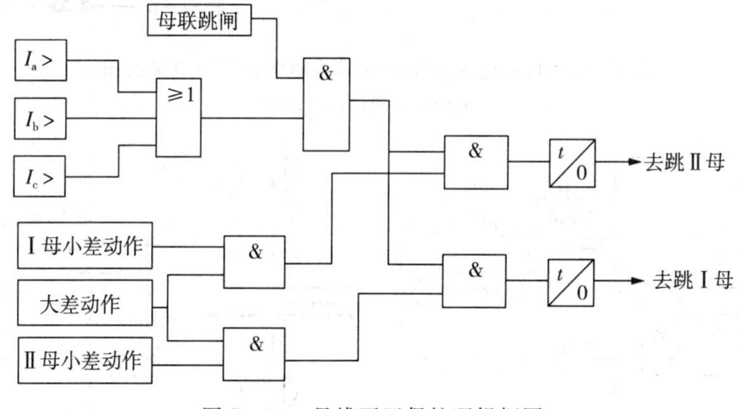

图 7－13　母线死区保护逻辑框图

拓展知识

母联电流相位比较式差动保护

一、母联电流相位比较式差动保护

对于母线连接元件经常变化的母线，也可以采用母联电流相位比较式差动保护。

母联电流相位比较式差动保护的基本原理是利用比较总差动电流与母联断路器回路的电流的相位，作为故障母线的选择元件。母联电流相位比较式差动保护的原理接线图见图7－14。

这种保护解决了固定连接方式破坏时，固定连接的母线差动保护无选择性的问题。它不受元件连接方式的影响。总差电流是反应母线故障的总电流，其相位是不变的，而流过母联回路的电流，则随故障点的位置相差180°。当第Ⅰ组母线上故障时，流过母联中的电流是由母线Ⅱ流向母线Ⅰ，其电流分布如图7－15所示。当第Ⅱ组母线上故障时，流过母联中电流是由母线Ⅰ流向母线Ⅱ，其电流分布如图7－16所示。在这两种故障情况下，母联电流的相位相差180°，因此，利用这两个电流的相位比较，可以选出故障母线。

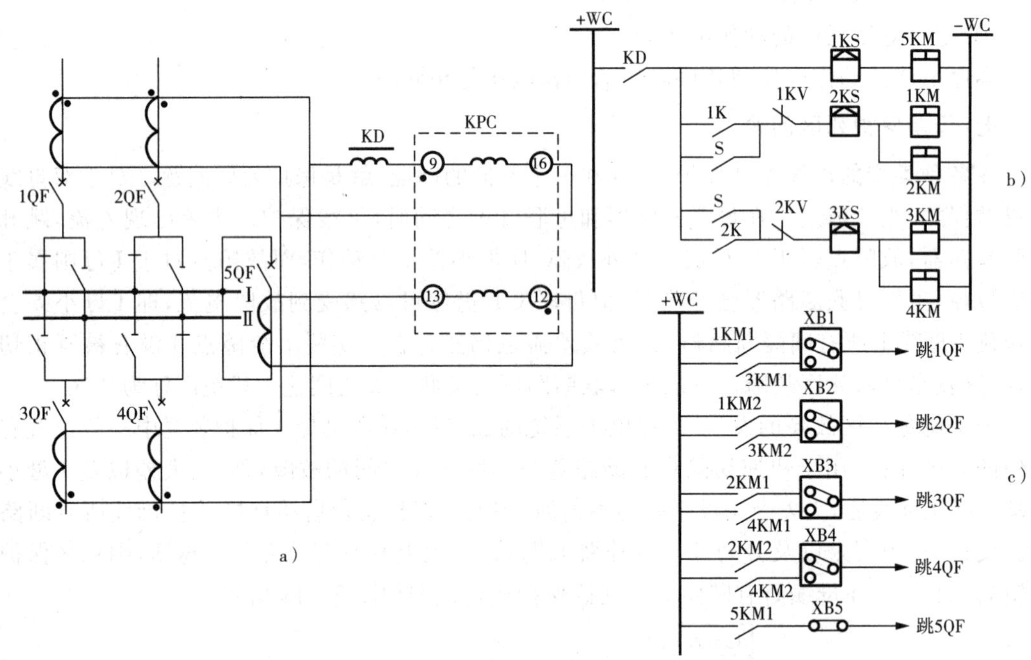

图7－14 母联电流相位比较式差动保护的原理接线图

a)交流电流回路；b)直流回路；c)跳闸回路

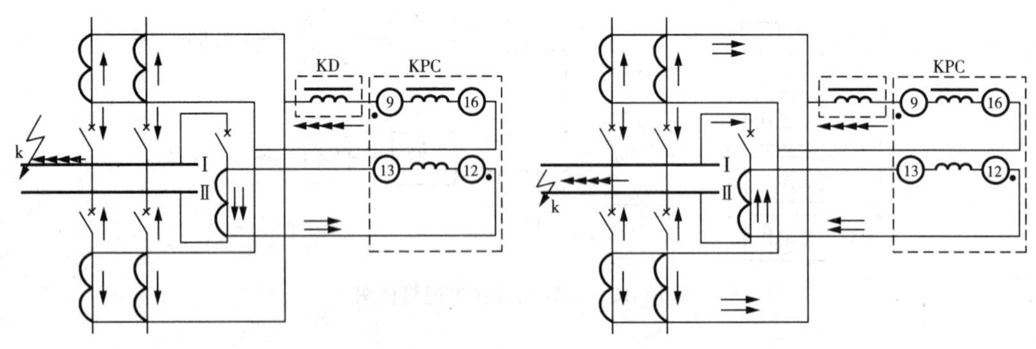

图7－15 Ⅰ母线故障时电流分布　　图7－16 Ⅱ母线故障时的电流分布

(1)保护的工作原理是基于相位比较，而与幅值无关，不需要考虑不平衡电流都问题，提高了保护的灵敏性。

(2)当连接在母线上的电流互感器型号不同时或者变比不一致时，仍然可以采用该保护，放宽了保护的使用条件。

任务二　断路器失灵保护

学习目标

通过对母线微机保护装置(如RCS－915AB、BP－2B、WMZ－41A、CSC－150等)所包含的各种保护功能的讲解和检验,掌握断路器失灵保护的原理、装置组成以及实现方式。通过完成本任务的学习过程中达到以下三个方面的目标:

1. 知识目标

(1)了解断路器失灵原因以及影响;

(2)熟悉断路器失灵保护的构成原则及技术条件;

(3)掌握断路器失灵保护的工作原理以及实现方式。

2. 能力目标

(1)会阅读断路器失灵保护的相关图纸;

(2)熟悉断路器失灵保护的相关的压板、信号、端子等;

(3)熟悉并能完成断路器失灵保护装置检验前的准备工作,并进行检验。

3. 态度目标

(1)不旷课,不迟到,不早退;

(2)具有团队意识协作精神;

(3)积极向上努力按时完成老师布置的各项任务;

(4)责任意识,安全意识,规范意识。

任务描述

(1)通过对断路器失灵保护功能的检验,掌握断路器失灵保护的作用、原理、接线及影响因素等;

(2)学会断路器失灵保护的构成原则;

(3)学会对断路器失灵保护功能检验的方法、步骤等。

任务准备

1. 工作准备

√	学习阶段	工作(学习)任务	工作目标	备　注
	入题阶段	根据工作任务,分析设备现状,明确检验项目,编制检验工作安全措施及作业指导书,熟悉图纸资料及上一次的定检报告	确定重点检验项目	
	准备阶段	检查并落实检验所需材料、工器具、劳动防护用品等是否齐全合格	检验所需设备材料齐全完备	

（续表）

	分工阶段	班长根据工作需要和人员精神状态确定工作负责人和工作班成员，组织学习《公司电业安全工作规程》、现场安全措施和本标准作业指导书	全体人员明确工作目标及安全措施	

2. 检验工器具、材料表

（一）检验工器具						
√	序　号	名　称	规　格	单　位	数　量	备　注
	1	继电保护微机试验仪及测试线		套		
	2	万用表		块		
	3	电源盘(带漏电保护器)		个		
	4	模拟断路器		台		
（二）备品备件						
√	序　号	名　称	规　格	单　位	数　量	备　注
	1	电源插件		个	若干	
（三）检验材料表						
√	序　号	名　称	规　格	单　位	数　量	备　注
	1	毛刷		把		
	2	绝缘胶布		盘		
	3	电烙铁		把		

（四）图纸资料			
√	序　号	名　称	备　注
	1	与现场实际接线一致的图纸	
	2	最新定值通知单	
	3	装置资料及说明书	
	4	上次检验报告	
	5	作业指导书	
	6	检验规程	

3. 危险点分析及安全控制措施

序号	危险点	安全控制措施
1	误走错间隔，误碰运行设备	检查在母线保护屏前后应有“在此工作”标示牌，相邻运行屏悬挂红布幔

（续表）

2	工作不慎引起交、直流回路故障	工作中应使用带绝缘手柄的工具，拆动二次线时应作绝缘处理并固定，防止直流接地或短路
3	电压反送、误向运行设备通电流	试验前应断开检修设备与运行设备相关联的电流、电压回路
4	拆动二次接线，有可能造成二次交、直流电压回路短路、接地，联跳回路误跳运行设备	二次回路、保护压板、保护定值的临时改动要做好记录，坚持“谁拆除谁恢复”的原则
5	带电插拔插件，易造成集成块损坏；频繁插拔插件，易造成插件插头松动	严禁带电插拔插件，工作时佩戴防静电手环或采取其他防静电措施。整组传动后应尽量避免插拔插件，如需插拔应检验相关回路完好
6	接、拆低压电源时人身触电	接拆电源时应在电源开关拉开的情况下两人一起工作。所使用电源应装有漏电保护器。禁止从运行设备上接取试验电源
7	越过遮栏，易发生人员触电事故	现场设专人监护，严禁跨越围栏
8	联跳回路未断开，误跳运行开关	根据被检验装置与运行设备相关联部分的实际情况，制定技术措施，防止误跳其他开关（误跳母联、分段开关，误启动失灵保护）

任务实施

1. 开工

√	序号	内容
	1	履行工作票、安全措施票手续并对危险点和安全注意事项交底；办理工作许可手续

2. 安全措施的执行及确认危险点

（一）检查运行人员所做的措施	
√	检查内容
	检查所有压板位置，并做好记录
	检查所有把手及开关位置，并做好记录

（二）继电保护安全措施的执行

回路	位置及措施内容	执行√	恢复√	位置及措施内容	执行√	恢复√
电流回路						

电压回路						
直流回路						
信号回路						
压板原始状态						
执行人员：				监护人员：		
备注：						

3. 作业流程

(三)断路器失灵保护检验		
序 号	检验内容	√
1	分相跳闸接点的启动方式和三相跳闸接点的启动方式	
2	检验保护的电压闭锁元件中相电压、负序和零序电压定值	
(四)工作结束前检查		
序 号	内 容	√
1	现场工作结束前，工作负责人会同工作人员检查实验记录有无漏检验项目，试验结论、数据是否完整正确	
2	检查临时接线是否全部拆除，拆下的线头是否全部接好，包括接地线	
3	检查保护装置是否在正常运行状态	
4	打印装置现运行定值区定值与定值通知单逐项核对相符	
5	检查出口压板对地电位正确	

4. 竣工

√	序 号	内 容	备 注
	1	检查措施是否恢复到开工前状态	
	2	全体工作班人员清扫、整理现场，清点工具及回收材料。工作负责人周密检查施工现场，是否有遗留的工具、材料	
	3	工作负责人在检修记录上详细记录本次工作所检修项目、发现的问题、试验结果和存在的问题等	
	4	经验收合格，办理工作票终结手续	

断路器失灵保护的检验方法

当系统发生故障时，保护装置动作并会发出了跳闸指令，但故障设备的断路器拒绝动作，称为断路器失灵保护。断路器失灵保护又称为后备保护，是防止因断路器拒动而扩大事

故的一项重要措施。断路器失灵保护的检验主要是断路器不同启动方式下的跳闸情况，以及相关定值的整定。

一、试验接线及设置

将继电保护测试仪的电流输出接至失灵保护装置的电流输入端子，电压输出接至母线电压输入端子，另将断路器失灵保护的一副跳闸触点 TJ1 接到测试仪的任一开关量输入端，用于进行自动测试。图 7－17 为失灵保护跳闸测试接线示意图。测试前，投入断路器失灵保护压板及投失灵保护控制字，并保证失灵保护电压闭锁条件开放。

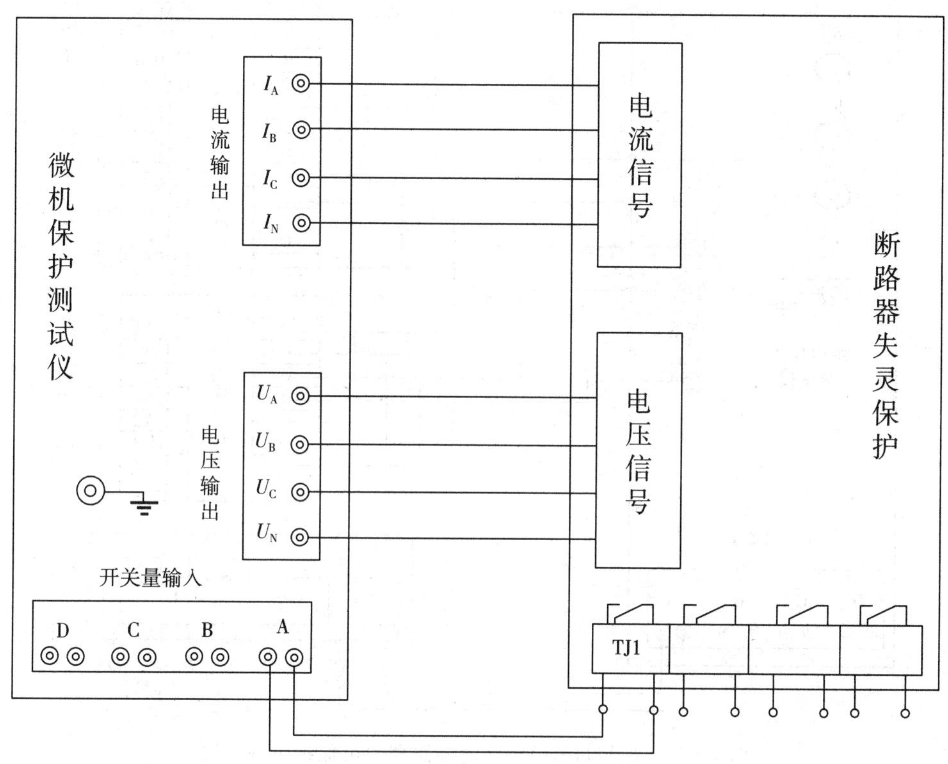

图 7－17　失灵保护跳闸测试接线示意图

二、测试过程

(1)分相跳闸接点的启动方式。短接任一分相跳闸接点，并在对应元件的对应相别 TA 中通入大于失灵相电流定值的电流，若整定了经零序和负序电流闭锁，则还应保证对应元件中通入的零序和负序电流大于相应的零序和负序电流整定值，失灵保护动作。失灵保护启动后经跟跳延时再次动作于该线路断路器，经跳母联延时动作于母联，经失灵延时切除该元件所在母线的各个连接元件。

(2)三相跳闸接点的启动方式。短接任一三相跳闸接点，并在对应元件的任一相 TA 中通入大于失灵相电流定值的电流若整定了经零序和负序电流闭锁，则还应保证对应元件中通入的零序和负序电流大于相应的零序和负序电流整定值，失灵保护动作。失灵保护启动后经跟跳延时再次动作于该线路断路器，经跳母联延时动作于母联，经失灵延时切除该元件所在母线的各个连接元件。

(3)在满足电压闭锁元件动作的条件下，分别检验失灵保护的相电流、负序和零序电流定值，误差应在±5%以内。

以下以双母线运行条件下为例分析，如图7-18所示。当Ⅰ母线内部故障时，向母差发跳令后，经整定延时母差电流仍然大于失灵保护电流定值时，失灵保护经母线电压闭锁后切除母线上所有连接元件。

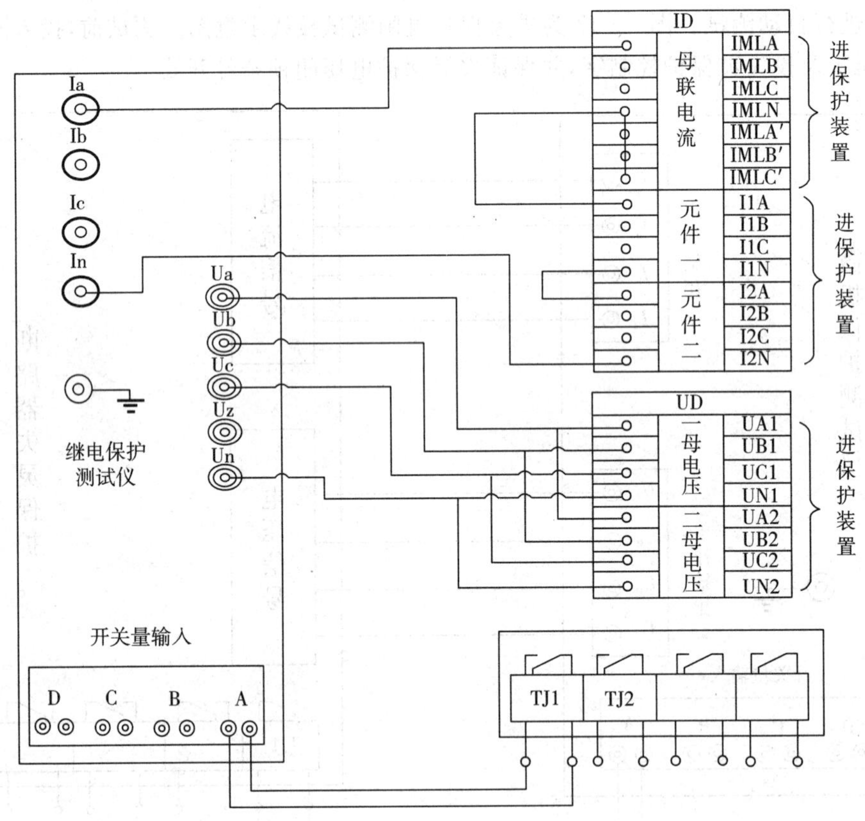

图7-18　模拟母线Ⅰ故障时断路器失灵保护跳闸接线

如果希望通过外部保护启动本装置的失灵保护，应将系统参数中的“投外部启动失灵”控制字置，装置检测到“外部启动失灵”开入后，经整定延时母差电流仍然大于失灵电流定值时，失灵保护经两母线电压闭锁后切除两母线上所有连接元件。

(4)在满足失灵电流元件动作的条件下，分别检验保护的电压闭锁元件中相电压、负序和零序电压定值，误差应在±5%以内。试验方法可参考上述3步测试过程。

(5)将试验支路的不经电压闭锁控制字投入，重复上述试验，失灵保护电压闭锁条件不开放，同时短接解除失灵电压闭锁接点(不能超过1s)，失灵保护应能动作。

相关知识

断路器失灵保护

断路器失灵保护又称后备接线，是指当系统发生故障时，故障元件的保护动作，而且断

路器操作机构失灵拒绝跳闸时，通过故障元件的保护作用于同一母线所有有电源的相邻元件断路器使之跳闸切除故障的接线。这种保护能以较短的时限切除同一发电厂或变电所内其他有关的断路器，以便尽快地把停电范围限制到最小。

然而，电力系统正常运行时，有时会出现某个元件发生故障，该元件的继电保护动作发出跳闸脉冲之后，断路器却拒绝动作（即断路器失灵）的情况。这种情况可能导致扩大事故范围、烧毁设备，甚至破坏系统的稳定运行。虽然，用相邻元件保护作远后备是最简单、合理的后备方式，既可作保护拒动时的后备，又可作断路器拒动时的后备。但是，这种后备方式在高压电网中由于各电源支路的助增电流和汲出电流的作用，使后备保护的灵敏度得不到满足，动作时间也较长。因此，对于比较重要的高压电力系统，应装设断路器失灵保护。

一、断路器失灵

1. 断路器失灵的原因

运行经验表明，发生断路器失灵故障的原因很多，主要有：断路器跳闸线圈断线、断路器操作机构故障、空气断路器的气压降低或者液压式断路器的液压降低、直流电源消失以及操作回路故障等，其中发生最多的是液压或者气压降低，操作回路出现故障以及直流电源消失。

2. 断路器失灵的影响

（1）设备损毁或者引起着火。例如变压器出口短路而保护动作后断路器拒绝跳闸，将严重损毁变压器，甚至造成变压器起火。

（2）扩大停电范围，造成巨大的经济损失。

（3）可能使电力系统瓦解。当断路器失灵故障时，要靠相邻元件的后备保护切除故障，扩大了停电范围，另外由于故障切除时间过长，影响了形同运行的稳定性，也可能使系统瓦解。

二、断路器失灵保护

1. 对失灵保护的技术要求

（1）对双母线接线的失灵保护，当变压器保护启动失灵保护时，应有解除电压闭锁的输入回路。这是因为，当变压器内部或低压侧故障时，失灵保护中的低电压和负序电压的灵敏度可能不够，造成不能开放跳闸回路，跳不开母线上的其他断路器。因此，《国家电网公司十八项电网重大反事故措施（试行）》中明确要求，变压器启动失灵保护要解除复合电压闭锁。

（2）失灵保护跳闸时，应同时启动断路器的两组跳闸线圈。

（3）对用于 3/2 接线的失灵保护，在保护动作之后，以较短的延时，再次给故障开关一次跳闸脉冲，以较长的延时跳相邻开关。

（4）失灵保护动作后，应给线路纵联保护发出允许或闭锁信号，以便使对侧开关跳闸。

2. 断路器失灵保护的工作原理

失灵保护的设置形式与一次系统的接线形式有关。在双母线接线形式的厂、站，只设置一套失灵保护，母线上连接的任何一个元件（线路或变压器）的保护装置动作跳闸的同时，均启动失灵保护。失灵保护根据故障开关所在的位置，动作后切除相应母线上的其他开关。在 3/2 接线的厂、站中，失灵保护是按断路器设置的，当保护动作跳闸，断路器跳不开时，故障开关本身的失灵保护启动，如果故障开关是中间开关，则跳开相邻的两个边开关。如果是边开关故障，则一方面跳开中间开关，另一方面，启动所在母线的母差保护动作，跳开所在母线上的其他开关。

按《国家电网公司十八项电网重大反事故措施（试行）》要求，双母线的失灵保护与母差保护相同，为防止正常运行时保护误动，应设置复合电压闭锁。在发电厂或变电站，无论一次系统是哪种接线形式，均只设置一套失灵保护。断路器失灵保护通常在断路器确有可能拒动的220kV及以上的电网（以及个别重要的110kV电网）中装设。

断路器失灵保护的构成原理如图7-19所示。

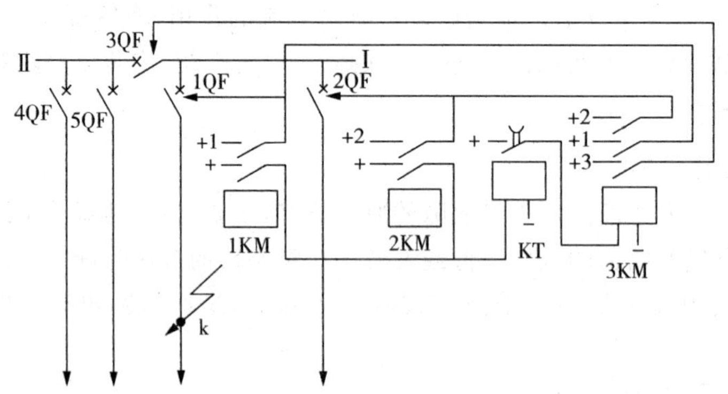

图7-19　断路器失灵保护的构成原理图

图7-19中1KM、2KM为连接在单母线分段Ⅰ段的元件保护的出口继电器。这些继电器动作时，一方面使本身的断路器跳闸，另一方面启动断路器失灵保护的公用时间继电器KT。时间继电器的延时整定得大于故障元件断路器的跳闸时间与保护装置返回时间之和。因此，断路器失灵保护在故障元件保护正常跳闸时不会动作跳闸，而是在故障切除后自动返回。只有在故障元件的断路器拒动时，才由时间继电器KT启动出口继电器3KM，使接在Ⅰ段母线上所有有电源的断路器跳闸，从而代替故障处拒动的断路器切除故障（如图中k点故障），起到了断路器lQF拒动时后备保护的作用。

3. 断路器失灵保护的逻辑框图

断路器失灵保护由四个部分组成：启动回路、失灵判别元件、动作延时元件以及复合电压闭锁元件。图7-20所示是双母线断路器失灵保护的逻辑框图。

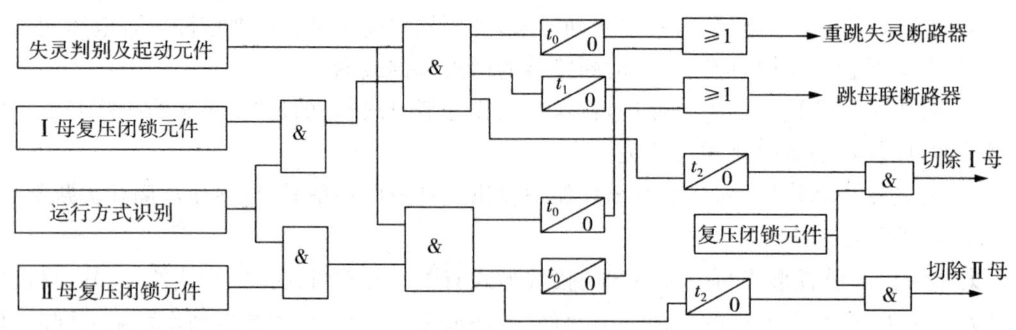

图7-20　所示是双母线断路器失灵保护的逻辑框图

（1）失灵启动及判别元件。失灵启动及判别元件由电流启动元件、保护出口动作触点及

断路器辅助触点构成。

由于断路器失灵保护动作时要切除一段母线上所有连接元件的断路器，而且保护接线中是将所有断路器的操作回路连接在一起，因此，保护的接线必须保证动作的可靠性，以免保护误动作造成严重事故。为此，为提高保护动作的可靠性，要求启动元件同时具备下述两个条件才能启动。

①故障元件保护的出口继电器动作后不返回。

②在故障元件的被保护范围内仍存在故障即失灵判别元件启动。

当母线上连接的元件较多时，一般采用检查故障母线电压的方式以确定故障仍然没有切除；当连接元件较少或一套保护动作于几个断路器（如采用多角形接线时）以及采用单相合闸时，一般采用检查通过每个或每相断路器的故障电流的方式，作为判别断路器拒动且故障仍未消除之用。

(2)复合电压闭锁元件。复合电压闭锁元件的作用是防止失灵保护误动作，其动作判据为

$$U_p \leqslant U_{op}$$

$$3U_0 \geqslant U_{0op}$$

$$U_p \geqslant U_{2op}$$

式中：U_p 为母线 TV 二次相电压；

$3U_0$ 为零序电压（二次值）；

U_2 为负序电压（二次值）；

U_{op}、U_{0op}、U_{2op}为相电压元件、零序电压元件、以及负序电压元件的动作整定值。在小电流系统中，断路器失灵保护采用的复合电压闭锁元件中，设有零序电压判据。

上述三个判据中只要有一个满足动作条件，复合电压闭锁元件就动作，双母线的复合电压闭锁元件有两套，分别用于两条母线所接元件的断路器失灵判据及跳闸回路闭锁。

(3)运行方式的识别。运行方式识别回路用于确定失灵断路器接在哪条母线上，从而决定失灵保护该将哪条母线切除。

(4)动作延时。根据失灵保护的动作要求，其失灵保护延时有两个：一个是以 0.3s 的延时跳母联断路器，一个是以 0.5s 的延时切除失灵断路器所接母线上的所有元件。

三、断路器失灵保护的整定

1. 相电流元件的动作电流 I_{op}的值

相电流元件的动作电流 I_{op}的值，应按照躲过长线空充电时的电容电流来整定，同时，应该保证在线路末端单相接地时，其动作系数大于等于 1.3，并尽可能躲过正常运行时的负载电流。

2. 时间元件的各段延时

失灵保护动作时间，应该保证选择性的条件下尽可能地缩短，一般第一级动作时间以及第二级的动作时间按下式计算

$$t_1 = t_0 + t_b + \Delta t_1$$

$$t_2 = t_1 + \Delta t$$

式中：t_1、t_2 为失灵保护第一级以及第二级的动作延时；

t_0 为断路器的跳闸时间，一般取 0.03～0.05s；

t_b 为保护动作返回时间，一般取 0.02～0.03s；

Δt_1 为时间裕度，取 0.1～0.3s；

Δt 为时间级差，取 0.15～0.2s。

对于双母线接线或者单母线分段：t_1 取 0.3s，跳母联或者分段断路器；t_2 取 0.5s，跳与失灵断路器接在同一条母线上的所有断路器。

对于 3/2 断路器接线方式：t_1 取 0.15s，跳失灵断路器三相；经 0.3s 跳与失灵断路器相连接或者接在同一条母线上的所有断路器，还要启动远方跳闸装置，跳线路对侧断路器。

3. 零序电流 $3I_0$ 元件及负序电流 I_2 元件动作值整定

根据《反措》要求，在变压器的断路器失灵启动回路中，除了相电流元件之外，还采用了零序电流元件和负序电流元件，对于他们动作电流的整定，应该保证在各种运行方式下，使元件具备足够的动作灵敏度。

拓展知识

母联失灵保护

当母线区内故障，母线保护或者其他相关保护动作，向母联发跳令后，母联断路器的出口继电器触点闭合，但是经整定延时母联电流仍然大于母联失灵电流定值，即判断为母联断路器失灵。启动母联失灵保护，经两母线电压闭锁后切除两母线上所有连接元件。通常情况下，只有母差保护和母联充电保护才启动母联失灵保护。当投入"投母联过流启动母联失灵"控制字时，母联过流保护也可以启动母联失灵保护。如果希望通过外部保护启动本装置的母联失灵保护，应将系统参数中的"投外部启动母联失灵"控制字置 1。装置检测到"外部启动母联失灵"开入后，经整定延时母联电流仍然大于母联失灵电流定值时，母联失灵保护经两母线电压闭锁后切除两母线上所有连接元件。母联失灵保护逻辑框图如图 7－21 所示。

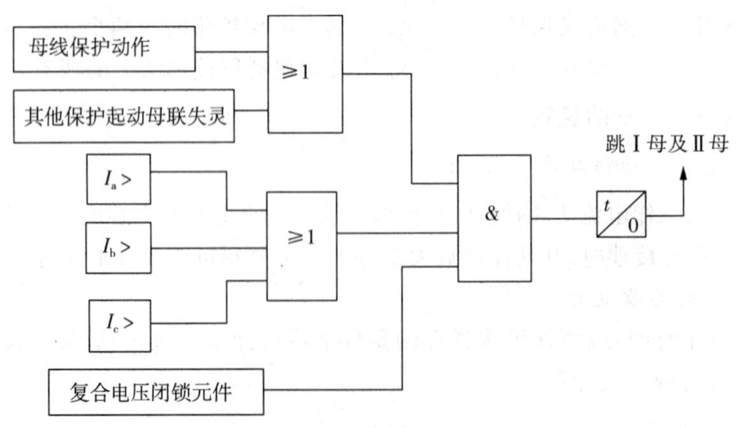

图 7－21　母联失灵保护逻辑框图

【项目总结】

1. 母线保护的两种方式

一是借用供电元件的保护，兼作母线保护，简单经济，但往往切除母线故障时间长。因此当利用此保护不能满足要求时，就应选择第二种方式，即专用的母线保护。

2. 母线电流型差动保护的原理

母线上通常连接有多个供电和受电元件。在正常运行和外部故障时，流入母线的电流与流出母线的电流是相等的，而母线故障时，所有与电源相连的元件电流均流向故障点。因此根据这个特点，可构成母线的完全电流差动保护。

3. 电流型差动保护的检验

(1)模拟母线区外故障。通入大于差流启动高定值的电流，并保证母差电压闭锁条件开放，保护不应动作。

(2)模拟母线区内故障。通入大于差流启动高定值的电流，并保证母差电压闭锁条件开放，保护应动作。

(3)稳态比率差动启动电流及比例差动系数的校验。

(4)电压闭锁元件校验。

(5)母联带旁路动作校验。

(6)母联死区校验。对于双母线的母差保护，当故障发生在母联断路器和母联 TA 之间时，母线保护切除故障，即母联断路器与母联 TA 之间这一段范围称为母差保护的死区。

4. 双母线同时运行时母线保护的实现

(1)元件固定连接的母线完全电流差动保护

保护由启动元件和选择元件组成，实际上是由三个完全差动回路构成。启动元件是双母线的完全电流差动。用来判别在母线上是否出现故障，且改变固定连接方式不会改变其完全电流差动的性质。选择元件分别是各母线的完全电流差动，用来选择故障母线。但当固定连接方式破坏后，选择元件不能正确选择故障母线，任一母线故障将无选择地将两条母线切除。因此这种保护限制了系统调度的灵活性，这是该保护的最大弱点。

(2)双母线同时运行的母联相位差动保护

保护装置的原理是利用比较母联中的电流与总的差动电流的相位作为故障母线的选择元件。母联相位差动保护对母线上的元件不需要固定的连接方式，这就是它的主要优点。

5. 母联电流相位比较式差动保护原理

母联电流相位比较式差动保护的基本原理是利用比较总差动电流与母联断路器回路的电流的相位，作为故障母线的选择元件。适用于母线连接元件经常变化的母线保护。

6. 断路器失灵保护

断路器失灵保护与一次系统的设置形式有关。断路器失灵保护由四个部分组成：启动回路、失灵判别元件、动作延时元件以及复合电压闭锁元件。

思考题与习题

7-1　母线保护的方式有哪些?

7-2　简述母线保护的装设原则。

7-3　简述单母线完全电流差动保护的工作原理。

7-4　双母线保护方式有哪些？

7-5　电流比相式母线差动保护的原理及特点是什么？

7-6　双母线差动保护如何选择故障母线？

7-7　简述元件固定连接的双母线完全电流差动保护的工作原理。

7-8　何谓断路器失灵保护？在什么情况下要安装断路器失灵保护？断路器失灵保护的动作判据和动作时间如何确定？

7-9　何谓母线的完全电流差动保护？

项目八　二次接线技术

【项目描述】

通过对本项目的学习，熟悉发电厂、变电站操作电源，掌握操作电源及其作用，了解各种操作电源系统的基本工作情况；熟悉高压断路器操作机构的型式，了解断路器控制回路各组成部分的功能、结构，能对照电路图说明断路器手动跳合闸、自动跳合闸的工作过程，熟悉发电厂、变电站中央信号系统。

【学习目标】

1. 知识目标

(1)熟悉操作电源及其作用、分类；

(2)了解蓄电池的分类及特点、容量；

(3)了解各种操作电源的基本构成和工作情况；

(4)了解断路器的控制方式；

(5)掌握断路器控制回路的基本任务；

(6)熟悉断路器控制回路的组成；

(7)了解断路器的“跳跃”和防跳回路的基本工作原理；

(8)了解信号回路的作用、分类和构成。

2. 能力目标

(1)了解蓄电池直流电源系统的运行方式；

(2)掌握查找直流接地点的方法与注意事项；

(3)掌握 LW2—Z 型控制开关的使用；

(4)能看懂控制开关触点通断符号图；

(5)能对照电路图说明断路器手动跳合闸、自动跳合闸的工作过程；

(6)了解对中央信号系统回路的基本要求；

(7)懂得根据中央信号系统的信号判断事故或异常的设备及其性质。

【学习环境】

为完成上述学习目标，要求具有与现场相似的微机保护实训场所(或微机保护一体化教室)，具有微机线路保护、微机变压器保护等基本的微机保护装置，具有二次接线实训室，具有操作电源柜、高压开关柜、中央信号屏等，具有二次设备检验调试所需的仪器仪表、工器具、相关材料等，具有可以开展一体化教学的多媒体教学设备。

任务一　发电厂、变电站操作电源

学习目标

通过对发电厂、变电站各种操作电源讲解和操作，使学生在完成本任务的学习过程中达到以下三个方面的目标：

1. 知识目标

(1)熟悉操作电源及其作用、分类；

(2)了解蓄电池的分类及特点、容量；

(3)了解各种操作电源的基本构成和工作情况；

(4)了解蓄电池直流电源系统的运行方式；

(5)掌握查找直流接地点的方法与注意事项。

2. 能力目标

(1)具有发电厂、变电站直流屏二次接线识图能力；

(2)具有发电厂、变电站直流屏操作能力。

3. 态度目标

(1)不旷课，不迟到，不早退；

(2)具有团队意识协作精神；

(3)积极向上努力按时完成老师布置的各项任务；

(4)责任意识，安全意识，规范意识。

任务描述

看懂发电厂、变电站直流屏的相关图纸，熟悉直流屏的外观结构，掌握直流屏的操作。比较实训室内的硅整流电容储能式操作电源与交流不间断电源之间的优缺点。

任务准备

1. 工作准备

学习阶段	工作(学习)任务	工作目标
入题阶段	明确学习任务目标及主要学习内容	明确任务
	介绍常见的二次设备电源	获取相关基础知识
准备阶段	划分小组，规划任务，制订工作计划；围绕学习目标准备考察学习的议题	明确工作计划、目的

分工阶段	在实训室参观操作电源装置（直流屏）和直流负荷，了解操作电源的型式和基本组成，每组分工	获取直观感性认识
	分组观察实训室内的各种操作电源装置比较各种操作电源装置的区别，讨论其特点	获取各种操作电源操作方法

2. 主要设备

序号	名　　称	数　量
1	硅整流电容储能整流装置	1 套
2	交流不间断电源装置	1 套
3	蓄电池直流操作电源装置	1 套
4	高压开关柜	4 台

任务实施

(1)参观实训室内的操作电源装置及直流负荷；
(2)熟悉操作电源装置的基本构成；
(3)对照图纸、设备分析各种操作电源装置基本工作过程；
(4)分组进行各种操作电源的基本操作。

相关知识

发电厂、变电站操作电源

一、发电厂、变电站操作电源概述

供给继电保护装置、自动装置、信号装置、断路器控制等二次回路及事故照明的电源，统称操作电源。

1. 操作电源的作用和要求

操作电源的主要作用是：在正常运行时，对断路器的控制回路、信号设备、自动装置等设备供电；在一次电路故障时，对继电保护、信号设备、断路器控制等回路供电，以保证它们能可靠地动作；在交流自用电源中断时，对事故照明、直流油泵等事故保安负荷供电。

操作电源可采用交流电源，也可采用直流电源，目前一般采用直流操作电源。操作电源必须充分可靠，且应具有独立性。对操作电源有以下要求：

①供电可靠，应尽可能保持对交流电网的独立性，避免因交流电网故障影响操作电源的正常供电；

②设备投资小、占地面积小；

③使用寿命长、维护工作量小。

2. 操作电源系统的分类

操作电源直流系统的电压等级较多，一般强电回路采用 110V 或 220V，弱电回路采用 24V 或 48V。目前，常见的操作电源主要有以下几类：

(1)交流操作电源

交流操作电源直接使用交流电源，分为“电流源”和“电压源”两种。如图 8-1 所示即为采用 GL 系列过电流继电器的“电流源”型交流操作电源。正常时，过电流继电器 GL 不动作，其动合触点断开，跳闸线圈 YT 中无电流通过。当被保护区域发生短路故障时，过电流继电器 GL 启动，其动合触点闭合，动断触点断开，于是电流互感器 TA 的二次线圈与继电器 GL 的电流线圈和跳闸线圈 YT 组成串联回路，TA 二次回路流过电流使断路器跳闸。

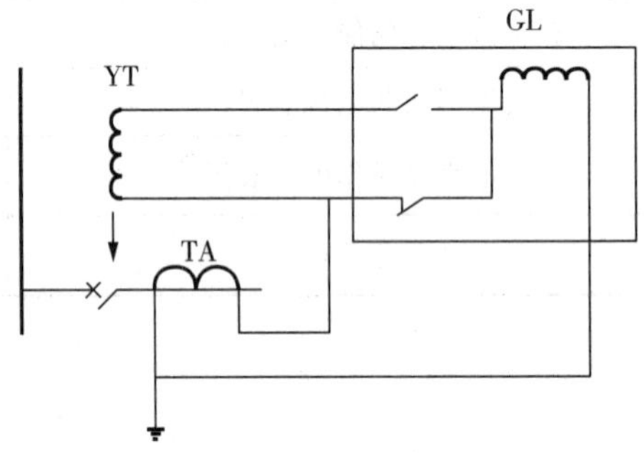

图 8-1 电流源型交流操作电源

这种利用电流互感器供给的操作电源，只是用作事故跳闸时的跳闸电流。如果要进行合闸操作，则必须具有直流或其他交流操作电源。例如采用弹簧操作机构操作断路器合闸时，必须先采用直流电源或其他交流电源作为弹簧的储能电源，如果没有储能所需电源，则须手动储能，十分不便。

(2)直流操作电源

直流操作电源主要指蓄电池组直流操作电源，是一种独立电源。蓄电池是一种化学电源，它能把电能转变为化学能并储存起来，使用时再把化学能转换为电能供给负载，其变换过程是可逆的。当蓄电池由于放电而出现电压和容量不足时，可以用适当的反向电流通入蓄电池，使蓄电池重新充电。充电就是将电能转化为化学能并储存起来。蓄电池的充电放电过程，可以重复循环，所以蓄电池又称为二次电池。

(3)整流操作电源

整流操作电源的基本过程是将交流电源整流后以直流电源的形式供给负载使用，主要包括硅整流电容储能操作电源与复式整流操作电源。整流操作电源在中小型变电站中有一定应用。

(4)交流不间断电源(UPS)

交流不间断电源(UPS)在正常、异常和供电中断等情况下，均能向负载提供安全、可靠、稳定、不间断、不受倒闸操作影响的交流电源。目前，它已成为发电厂和变电站计算机、监控仪表、信息处理系统等重要负荷不可缺少的供电装置。

3. 操作负荷的分类

发电厂和变电站的直流负荷，按其用电特性可分为经常负荷、事故负荷和冲击负荷。

(1)经常负荷

经常负荷是指在正常运行时带电的负荷，包括经常带电的继电器、信号灯、直流照明、自

动装置、远动装置等，以及经常由逆变电源供电的计算机、巡回检测装置等。

(2)事故负荷

事故负荷是指当发电厂或变电站失去交流电源后，应由直流系统供电的负荷，包括事故照明和以直流系统作为备用电源的、正常由厂用交流电源供电的事故保安负荷。

(3)冲击负荷

冲击负荷是指短时所承受的冲击电流，如断路器的合闸电流等。

二、蓄电池组直流电源系统

1. 蓄电池介绍

蓄电池是一种可以重复使用的化学电源，它能把电能转变为化学能并储存起来，使用时再把化学能转换为电能供给负载，其变换过程是可逆的。

发电厂和变电站中的蓄电池组是由多个蓄电池相互串联而成的，串联的个数取决于直流系统的工作电压。常用的蓄电池有酸性蓄电池和碱性蓄电池两种，目前多用酸性蓄电池。

(1)酸性蓄电池

酸性蓄电池就是铅酸蓄电池，电解液为27%～37%的硫酸水溶液，正极为二氧化铅(P_bO_2)，负极为铅(P_b)。

酸性蓄电池的端电压较高(2.15V)，冲击放电电流较大，适用于断路器跳合闸的冲击负载，寿命短，充电时可能逸出有害的硫酸气体。为克服酸性蓄电池的这些缺点，目前已生产出各种性能优良、使用安全的酸性蓄电池，如防酸隔爆式、消氢式，以及目前得到广泛应用的阀控式全密封酸性蓄电池。

全密封酸性蓄电池在正常使用时保持气密和液密状态，硫酸和氢气、氧气不会外泄。当内部压力超过设定值时，安全阀自动开启，释放气体。等内部气压降低后安全阀自动闭合，同时防止外部空气进入蓄电池内部，保持密封状态。蓄电池在正常使用寿命期间，无需补加电解液。

(2)碱性蓄电池

碱性蓄电池的电解液为氢氧化钾或氢氧化钠，根据极板的有效物质，碱性电池可分为铁镍蓄电池、镉镍蓄电池和锌银蓄电池等，目前在发电厂和变电站中多用镉镍蓄电池。

与酸性蓄电池相比，碱性蓄电池具有体积小、占地面积少、无酸气腐蚀、机械强度高、工作电压平稳、使用寿命长(15～25年)等优点，但价格较贵，应用受到一定限制。

(3)蓄电池的电势与容量

①蓄电池的电势。蓄电池的电势就是外部电路断开时蓄电池的端电压。它主要与电解液的比重和温度有关，温度在5～25℃范围内变化时对电势影响很小，可以近似地用经验公式表示，即

$$E=0.85+d$$

式中：E为蓄电池的电势，V；

d为渗入极板内的电解液的比重，g/cm^3。

如常用的固定型铅酸蓄电池充电完毕后，电解液的比重是1.21g/cm^3，则其电势约为

$$E=0.85+1.21=2.06(\text{V})$$

②蓄电池的容量。蓄电池的容量表示蓄电池的蓄电能力，充足电的蓄电池放电到某一最小允许电压(称为终止电压)时所放出的电量即为该蓄电池的容量。当蓄电池以恒定电流

值放电时，其容量可用下式求得，即

$$Q=I_{fd}t_{fd}$$

式中：Q 为蓄电池的容量，Ah；

I_{fd}为放电电流值，A；

t_{fd}为放电时间，h。

一般以电解液温度为 25℃时、10h 放电率的容量作为蓄电池的额定容量。

如放电电流不是恒定值，其容量等于各段放电电流值与该段放电时间乘积之和。蓄电池的容量主要受放电率和电解液的比重和温度影响较大。

2. 蓄电池组直流系统的运行方式

蓄电池组直流系统由充电设备、蓄电池组、浮充电设备和相关的开关及测量仪表组成，一般采用单母线或单母线分段的接线方式。蓄电池组的运行方式有两种：充电-放电方式和浮充电方式，下面结合这两种方式介绍蓄电池组直流系统。

(1)充电-放电方式

按充电-放电方式工作的蓄电池组直流系统，其简化电路如图 8-2 所示。直流母线电

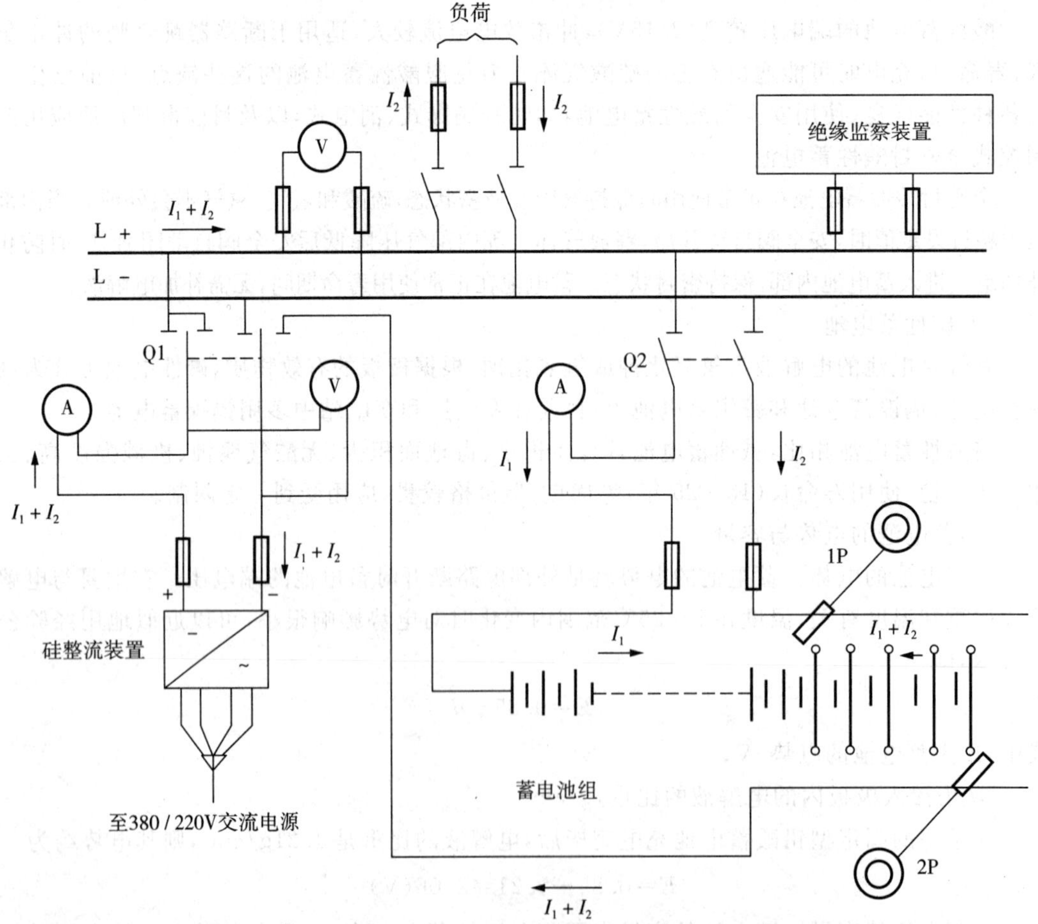

图 8-2 按充电—放电方式工作的蓄电池组简化电路图

压为110V或220V。正常工作时，充电用的硅整流装置与蓄电池之间断开，由蓄电池组向负荷供电，蓄电池放电运行。为了保证在事故情况下蓄电池组能可靠地工作，必须在任何时候都留有一定的容量，不可使蓄电池完全放电。通常放电到容量的60%～70%时，便应停止放电，进行充电。

在给蓄电池充电时，充电整流装置除向蓄电池组充电外，同时还供给经常性的直流负荷用电。蓄电池组在充电和放电过程中，每个蓄电池端电压的变化范围很大。放电时，每个蓄电池端电压由2V下降到1.75～1.8V；充电时，则由2.1V升高到2.6～2.7V。为了维持直流母线电压基本稳定，在充电和放电过程中必须进行调整。通常采用端电池调节器，利用改变接入调节蓄电池的数目的方法来维持母线电压的稳定。为此，将全部蓄电池分为两部分，一部分是固定不变的基本电池，另一部分是可调的端电池。在充电一放电过程中，借助于减少或增加端电池的数目以达到维持母线电压基本稳定的目的。

(2)浮充电方式

按浮充电方式工作时，充电设备与蓄电池组并联供电，充电设备除了给直流母线上经常性负荷供电外，同时以很小的电流向蓄电池组浮充电，用以补偿蓄电池自放电，使蓄电池处于满充电状态。蓄电池组主要承担短时的冲击负荷，如断路器的合闸电流。在交流系统发生故障时，蓄电池组转入放电状态，承担全部直流负荷；交流电源恢复后，充电整流器给蓄电池组充好电再转入浮充电状态。这种连续浮充电方式，又称为全浮充电方式。

全浮充电时蓄电池处于满充电状态，每个蓄电池外加电压应为2.15V。为维持直流电压母线电压不变，不能使所有的蓄电池都投入浮充电，必须切除一部分端电池。参加浮充电蓄电池的数目，由母线额定电压和浮充电时每个蓄电池的外加电压决定。不参加浮充电的蓄电池，自放电得不到补偿，极板上硫酸铅大量沉积，导致极板硫化，影响寿命。为此，对有端电池的蓄电池组，必须采取防止端电池硫化的措施。目前多采用在端电池上单独加装一台小容量的浮充电整流器，经常单独对未参加浮充电的端电池进行浮充电，如图8-3所示。

此外，为避免由于控制浮充电流不准确，造成硫酸沉淀在极板上，影响蓄电池的输出容量和降低使用寿命，一般规定每三个月进行一次核对性放电。

采用全浮充电方式运行，不仅可以减少维护的工作量，而且可以提高直流系统的工作可靠性，蓄电池的使用寿命较充电一放电方式可延长1～2倍，所以全浮充电方式曾在发电厂和变电站得到广泛应用。

3. 全密封免维护酸性蓄电池直流系统

开口式铅酸蓄电池和镉镍碱性蓄电池都存在维护复杂、寿命短的特点。全密封免维护酸性蓄电池的出现是蓄电池技术上的一个飞跃。这种蓄电池的主要特点是“密封免维护”，这种免维护、寿命长的蓄电池和先进可靠的充电线路构成的直流系统装置能满足多种场合的需要。

(1)工作原理

全密封免维护酸性蓄电池直流系统的类型很多，现简要说明其基本工作原理：

如图8-4所示为全密封免维护酸性蓄电池直流系统原理框图。输入三相交流电源经整流模块隔离降压、整流滤波后，输出较平滑的直流电，除供给蓄电池组充电电流和瞬时合闸电流外，同时降压供给各工作回路正常负荷电流。当输入交流电源中断时，蓄电池向负荷供电，保证一定时间内直流系统不断电，交流电源恢复时，整流模块自动启动，向负荷供电，同时对蓄电池进行恢复充电。

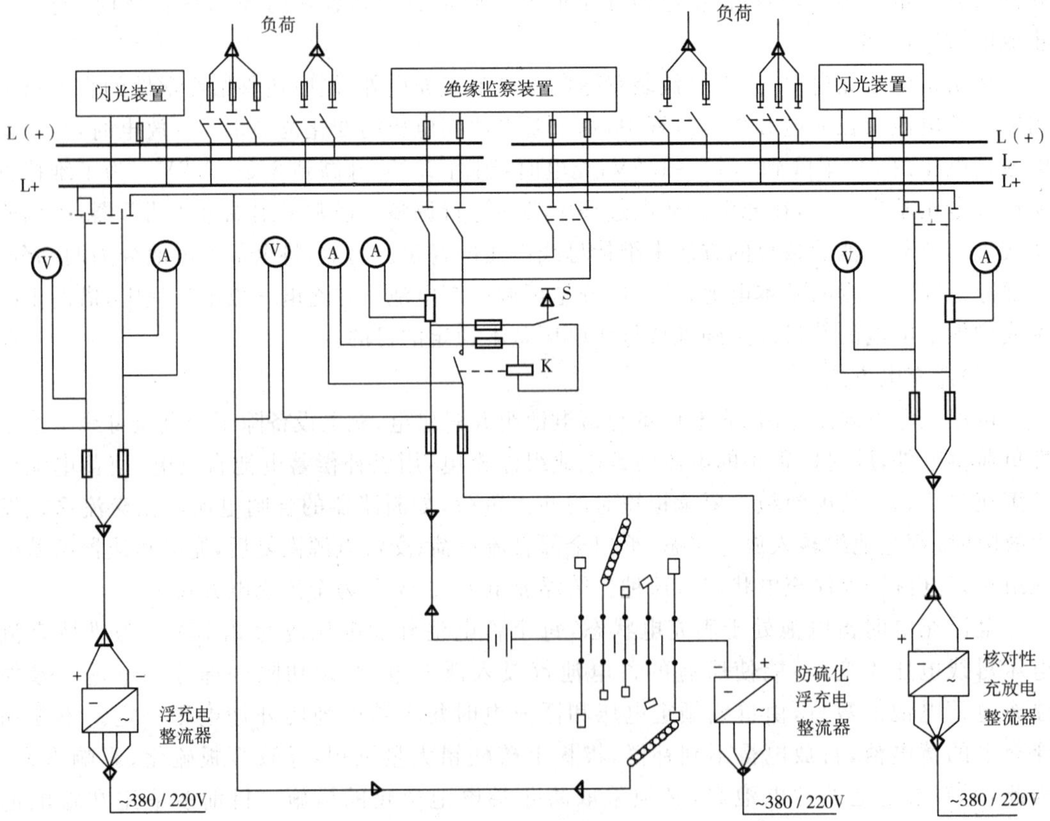

图 8-3　按浮充电方式工作的蓄电池组简化电路图

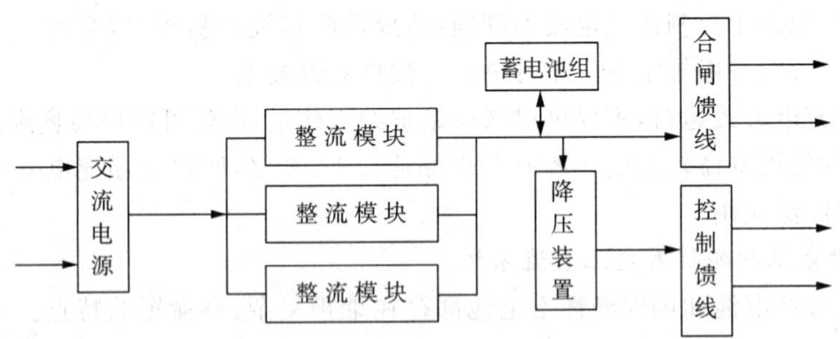

图 8-4　全密封免维护酸性蓄电池直流系统原理框图

（2）特点

①封闭、安全。蓄电池内部能进行自我循环，转化反应，内部电解液不会外溢，非常安全、可靠。

②免维护。由于采用了独特的气体还原系统，通过活性材料，把产生的气体还原为水，使电池在长期运行中，不必补充蒸馏水。

③气压自动调节。在异常运行时，电池内部气体增加，气压上升，调节系统能自动检测

并自动放出过剩气体，调整气压，使电池内部不积存过剩气体。

④无需另设蓄电池室。蓄电池在运行中不产生腐蚀性气体，可直接装在直流屏内。

⑤使用寿命长。由于采用特殊的防腐蚀合金材料，在浮充电状态下(15℃～25℃)，使用寿命在10～18年以上。

⑥在正常浮充条件下无需均衡充电。因每只电池特性非常接近，不会出现各电池不均衡的情况。

这种电池配合先进的线路和充电装置构成的直流系统，能自动浮充电和快速充电，直流母线电压能自动调整，误差不超过额定值的±5%，能实现在线浮充电检测。

三、整流操作直流电源系统

利用蓄电池作为操作电源，主要优点在于直流系统完全独立，其供电可靠性不受交流系统运行情况的影响。但由于其价格昂贵等原因，整流操作电源在小型发电厂和变电站中得到了一定应用。整流操作的直流系统可分为硅整流电容储能直流系统和复式整流装置直流系统两种。

1. 硅整流电容储能装置直流系统

硅整流电容储能装置直流系统是利用硅整流器直接接于发电厂(或变电站)自用变压器低压侧，将交流整流后向直流负荷供电。当出现交流电源异常或消失等危急情况时，释放电容器储存的能量供继电保护装置和断路器跳闸回路使用。

如图8-5所示为硅整流电容储能装置直流系统电路图。一般发电厂(或变电站)装有两组硅整流装置，交流侧都装设带抽头的隔离变压器T1和T2。第一组整流器U1容量较大，供断路器合闸，也兼向控制信号和其他回路供电。第二组整流器U2容量较小，仅向控制信号和保护供电。两组整流器之间用电阻R1和硅二极管V3隔开。逆止元件V3的作用是当断路器合闸时或合闸母线短路故障时，防止整流装置U2向合闸母线供电，造成U2过电流被烧坏，从而保证控制、信号和保护电源可靠工作。电阻R1用来限制控制、信号和保护电路侧短路时流过逆止元件V3的电流。

储能电容器有CI和CII两组，一组供给低压出线保护和断路器跳闸回路，另一组供给其他元件的保护和跳闸回路。在给保护供电的电路中所设的硅二极管V1和V2起隔离作用，防止在事故状态下电容器组向直流母线上的其他回路放电。

由于电容器放电过程是一次性的，所以，在发电厂(或变电站)有几级保护时，必须相应装设几组电容储能装置。

电容储能装置投运后，必须加强对电容器组和逆止元件的监视和维护。电容器组可通过专门的装置进行定期检查，判断其回路是否有断线故障或电容器的电容量是否降低。在运行中停电查线时，应提前释放电容器组储存的电荷，以免触电或烧坏设备。

硅整流电容储能装置的供电可靠性，直接受交流侧电源的影响，因此要求发电厂和变电站至少应设有两路可靠的自用电源，其中一路电源接入硅整流装置，另一路电源备用。

2. 复式整流装置直流系统

复式整流装置是利用交流系统短路时电压降低，而电流增大这一特点，实现对整流电源的补偿，以保证在交流系统发生短路故障时仍能供给继电保护和断路器跳闸电源。

复式整流装置同时取用电压源和电流源两种交流整流电源，电压源一般采用厂(站)用变压器和电压互感器，电流源为能反映短路电流变化的电流互感器。

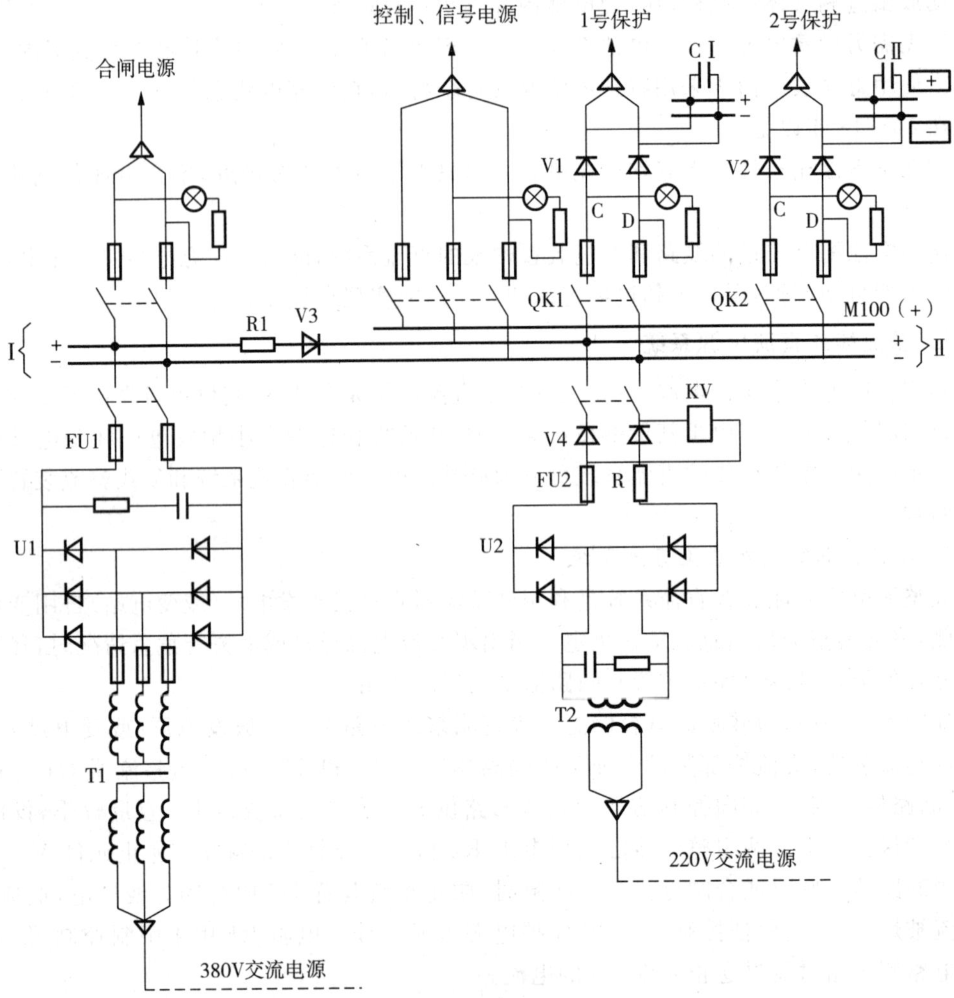

图 8-5　硅整流电容储能直流系统的组成

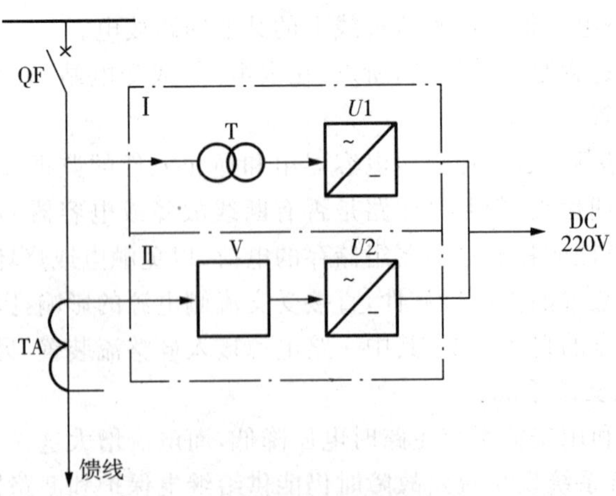

图 8-6　复式整流装置的原理示意图

Ⅰ——电压源　Ⅱ——电流源

与硅整流电容储能式装置相比，当系统发生故障时，复式整流装置能输出较大的功率，并能保持直流电压恒定。但采用复式整流须满足两个条件：①短路电流的大小必须保证继电保护和断路器能可靠地动作；②应有专用的电流互感器，以便在各种短路情况下都能输出足够的功率，向复式整流器供电。

复式整流常用的有单相和三相两种，在电力系统中多数采用单相复式整流方式。

四、交流不间断电源系统（UPS）

UPS是交流不间断电源的简称。目前，它已成为发电厂和变电站计算机、通信、监控系统、应急照明等不能中断供电的重要负荷不可缺少的供电装置。

1. UPS的作用和功能

发电厂和变电站中有很多设备对供电的可靠性、连续性及供电质量要求很高，一般电网及常规的保安电源已不能满足要求，特别是非线性负荷越来越多。这些负荷对电网产生种种干扰，致使电网波形畸变、电噪声日益严重，有时甚至突然中断供电，这将造成计算机停运，各种控制系统失灵等一系列严重后果。UPS装置就是为此而开发的。它的主要功能是：在正常、异常和供电中断事故情况下，均能向重要用电设备及系统提供安全、可靠、稳定、不间断、不受倒闸操作影响的交流电源。

2. UPS的组成及工作原理

UPS由整流器、逆变器、隔离变压器、静态开关、手动旁路开关等设备组成，其系统原理接线图如图8－7所示。

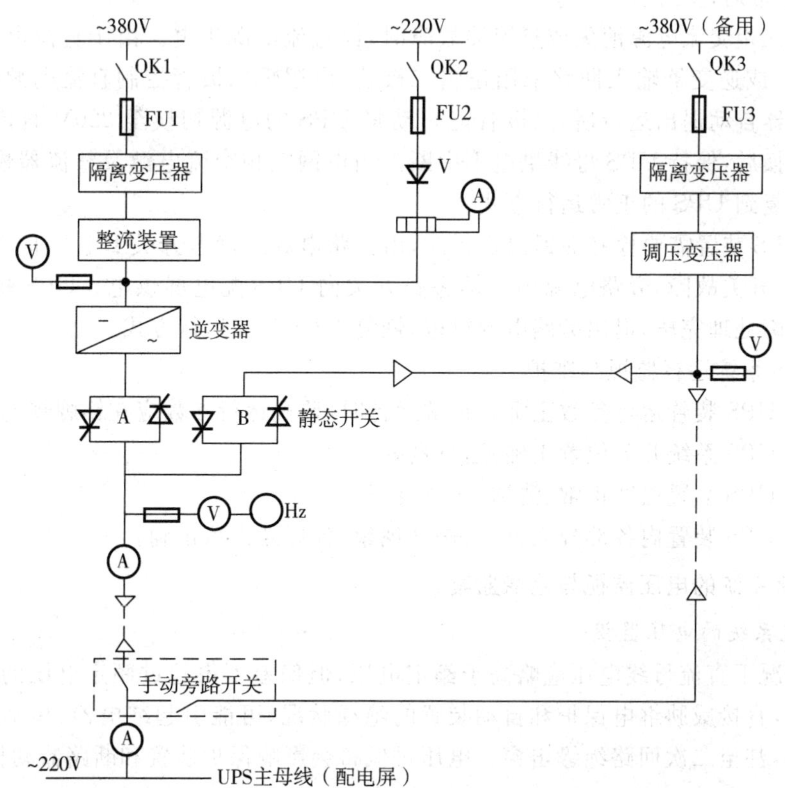

图8－7　UPS系统原理接线图

图中供电电源为3路，其中2路交流电源来自厂用保安段(或其中1路来自一个独立的市电电源)，这两路交流电源可经静态开关自动切换或经手动旁路开关手动切换。第三路电源来自220V的直流屏，由蓄电池组供电，经隔离二极管V引至逆变器前。3路电源配合使用，保证UPS系统在设备故障、电源故障乃至全厂停电时，均能不间断地向UPS配电屏的负荷供电。

UPS的工作原理是正常工作状态下，由厂(站)用电源向其输入交流，经整流器整流、滤波为直流后再送入逆变器，变为稳频稳压的工频交流，经静态开关向负荷供电。当UPS的输入交流电源因故中断或整流器发生故障时，逆变器由蓄电池组供电，则仍可做到不间断地向负荷提供优质可靠的交流电。如果逆变器发生故障，还可自动切换至旁路备用电源供电。当负载启动电流太大时，UPS也可自动切换至备用电源供电，启动过程结束后，再自动恢复由UPS供电。

3. UPS系统的运行方式及运行维护

如图8－7所示，UPS系统的输入电源为三相交流或直流，输出电压为单相交流。

(1)正常运行方式

正常运行时，刀开关QK1合上，熔断器FU1装上，电网三相交流电源通过整流器整流后送给逆变器，经逆变器转换，输出$50H_Z$、220V的单相交流电压，再经静态开关A向UPS配电屏供电。直流电源刀开关QK2合上，熔断器FU2装上，直流电源处于备用状态；旁路电源刀升关QK3合上，熔断器FU3装上，旁路电源、静态开关B手动旁路开关处于备用状态。

(2)非正常运行方式

①电网三相交流电源消失或整流器故障时，由直流电源供电。由于直流电源回路采用二极管切换，或逆变器输入回路采用逻辑二极管，由逻辑二极管控制直流电源的投入或停用。当整流器自动退出运行后，二极管能自动将UPS的电源切换至220V直流电源供电。经逆变器转换后，保持UPS母线供电不中断。当电网三相交流电源及整流器恢复正常时，则又自动恢复到UPS的正常运行方式。

②当UPS装置需要检修而退出运行时，由旁路电源经静态开关B直接向UPS配电屏供电，或静态开关故障，旁路电源用手动旁路开关向UPS配电屏供电。UPS检修完毕，或静态开关故障处理完毕，退出旁路电源供电，恢复UPS正常运行方式。

(3)UPS系统运行监视与维护

①监视UPS装置运行参数正常。正常运行时，监视运行参数应在铭牌规定的范围内。

②检查UPS系统开关位置正确，运行良好。

③保持UPS装置温度正常、清洁、通风良好。

④检查UPS装置内各部分无过热、松动现象，各灯光指示正确。

五、直流系统的电压监视与绝缘监察

1. 直流系统的电压监视

一般情况下直流母线电压应略高于额定电压，但偏差不得超过额定电压的±10%。母线电压过高，直接威胁继电保护和自动装置的绝缘状况，可能引起继电器、指示灯等带电设备过热损坏，甚至二次回路绝缘击穿。电压过低将会影响保护装置和断路器动作的可靠性，降低其灵敏度。

电压监视装置用来监视直流系统母线电压，图8－8为其典型电路。

图中 KV1 为低电压继电器、KV2 为过电压继电器，通常 KV1、KV2 的动作电压分别整定为直流母线额定电压的 75％和 125％，当直流母线电压低于或高于整定值时，电压继电器 KV1 或 KV2 动作，使光字牌 HL1 或 HL2 发光，发出预告信号。

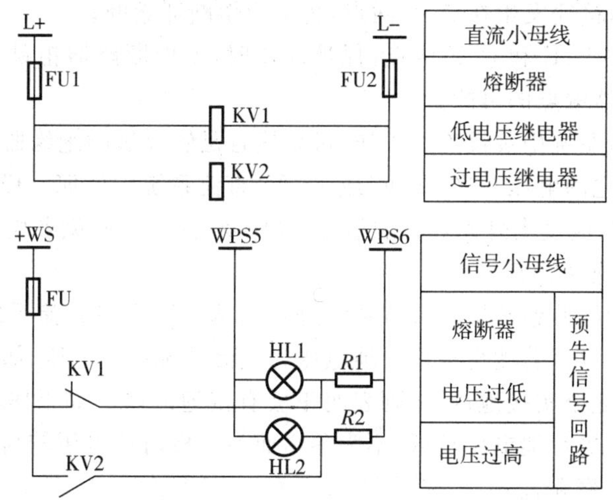

图 8－8 电压监视装置典型电路

2. 直流系统的绝缘监察

(1)直流系统接地的危害

发电厂和变电站的直流系统的供电网络比较复杂，分布范围也较广，由于受潮等原因很容易使绝缘电阻降低。直流系统的绝缘能力降低相当于该回路的某一点经一定的电阻接地。

正常运行的直流系统，其正、负极对地都是绝缘的，直流系统的绝缘能力降低直接影响直流回路的可靠性。直流回路发生一点接地时，由于没有短路电流流过，熔断器不会熔断，仍能继续运行。但如果另一点再接地，就有可能引起信号回路、控制回路、继电保护回路和自动装置回路的误动作或拒绝动作，同时还可能烧坏继电器触点，引起熔断器熔断。

①两点接地可能造成断路器误跳闸

如图 8－9 所示，当 A、B 两点接地时，将电流继电器 1KA、2KA 触点短接，使 KM 启动，KM 触点闭合而跳闸。A、C 两点接地时短接 KM 触点而跳闸。类似地在 A、D 两点，D、F 两点接地时都能造成断路器误跳闸。

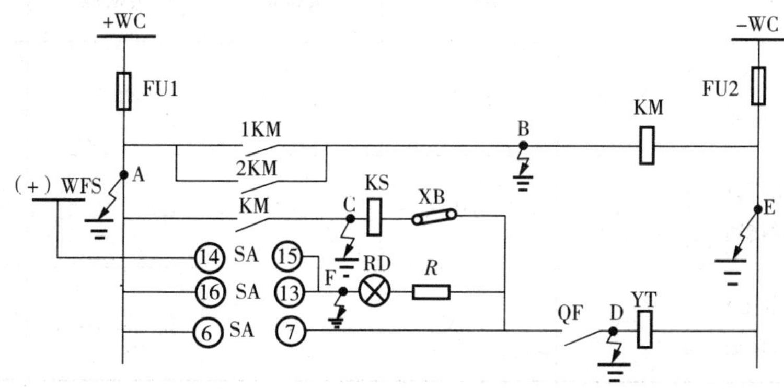

图 8－9 直流系统接地情况图

②两点接地可能造成断路器拒动

如图 8－9 所示，当 B、E 两点，C、E 两点或 D、E 两点发生接地，断路器可能造成拒动。

③两点接地引起熔丝熔断

如图 8－9 所示，接地发生在 A、E 两点，将引起熔断器熔断。

当接地点发生在 B、E 和 C、E 两点，保护动作时，不但断路器拒跳，而且引起熔断器熔断，同时有烧坏继电器触点的可能。

因此必须在直流系统中装设连续工作、可切换且足够灵敏的绝缘监察装置，用来监测直流母线正对地、负对地的电压。当 220V(或 110V)直流系统中任何一极的绝缘下降到 15～20kΩ(或 2～5kΩ)时，应发出灯光和音响信号，以便及时处理，避免事故扩大而造成损失。

(2)直流系统的绝缘监察

通常利用直流绝缘监察装置对直流系统进行监测。正常时直流系统对地绝缘良好，正负极对地电压基本相等。若测得正极对地电压为直流系统母线电压(如 220V)，负极对地为零，则表明负极发生完全实接地；反之则表明正极有接地故障。如果属不完全实接地故障，则绝缘能力降低的一极对地电压较低(不为零)，而另一极对地电压较高。

①简单的绝缘监察装置

一种由电压表(PV)和转换开关(SA)组成简单的绝缘监察装置如图 8－10 所示，可根据转换开关处于不同的位置时电压表 PV 测得的电压值，粗略地判断正、负极母线对地的绝缘状况，从而达到绝缘监察的目的。假设当前直流母线电压为 230V，在不同情况下，电压表 PV 测得的电压情况见表 8－1。

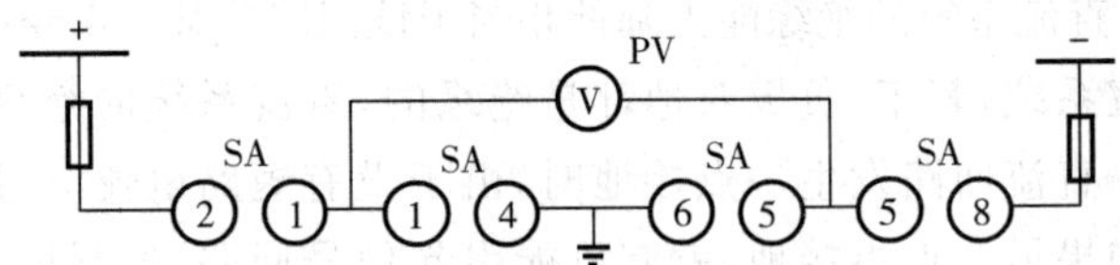

图 8－10　简单的绝缘监察装置

表 8－1　电压表 PV 测得的电压情况

项目 测量电压	绝缘正常	正极完全实接地	负极完全实接地	正极不完全实接地	负极不完全实接地
U_m(母线电压) SA_{1-2}、SA_{5-8}接通	230V	230V	230V	230V	230V
U_+(正对地电压) SA_{1-2}、SA_{5-6}接通	0V	0V	230V	$U_{(+)}<U_{(-)}$	$U_{(+)}>U_{(-)}$
U_-(负对地电压) SA_{1-4}、SA_{5-8}接通	0V	230V	0V	$U_{(-)}>U_{(+)}$	$U_{(-)}<U_{(+)}$

当直流系统发生不完全实接地时，测得的正对地电压 U_+ 与负对地电压 U_- 在 $0\sim U_m$ 之

间，可根据 U_+ 与 U_- 两者大小关系确定究竟是哪一极发生接地。

②电桥原理的绝缘监察装置

下面再介绍一种利用电桥原理实现的、灵敏度较高的绝缘监察装置，如图 8－11 所示。当 220V 直流系统中任何一极的绝缘下降到 15～20kΩ 时，绝缘监察装置发出灯光和音响信号。

如图 8－11 所示为一种电桥原理的绝缘监察装置原理图，整套装置分为信号与测量两个部分，信号部分由接地信号继电器 KS 和电阻 R1、R2、R3 组成，R1＝R2＝R3＝1000Ω，R3 为可调节电阻；测量部分由绝缘电压表 PV1、母线电压表 PV2 和绝缘监察转换开关 SA1、母线电压转换开关 SA2 组成。

PV1 用来测量直流系统对地或正、负极母线对地的绝缘电阻，它有电压和电阻两种刻度。PV2 用来监测直流母线电压，通过切换 SA2 可测量正极和负极对地电压，也可用以粗略估计正极和负极的绝缘电阻。

信号部分的工作原理如下：正常运行时，SA1 置中间位置，其触点 5－7、9－11 接通；SA2 置“m”位置，其触点 9－11 接通。R1、R2 与直流系统正、负极母线对地绝缘电阻 R_+、R_- 组成电桥的四个桥臂，信号继电器 KS 接于电桥的对角线上，相当于直流电桥中的检流计。由于此时直流母线正、负极对地绝缘电阻相等，KS 线圈中仅有很小的不平衡电流流过，KS 不动作。当正极或负极接地，对地绝缘电阻失去平衡，KS 动作发出信号。

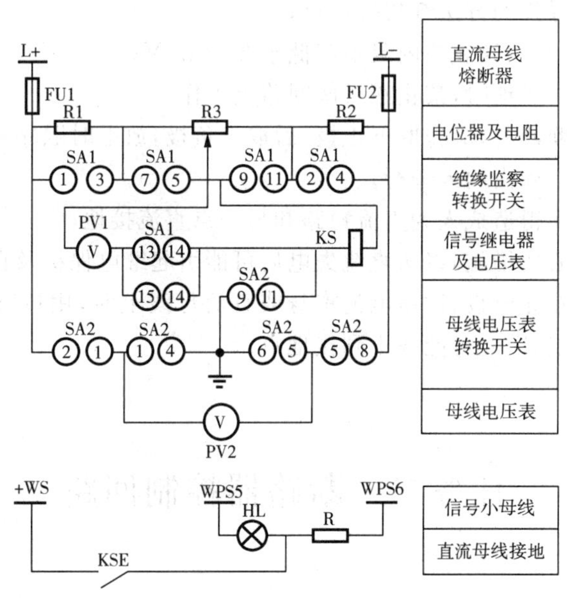

图 8－11　绝缘监察装置接线图

测量部分的工作原理如下：当发生直流系统接地后，先利用 SA2 和 PV2 分别测量正极对地电压 U_+、负极对地电压 U_-，利用表 8－1 判断是正极还是负极绝缘能力降低；然后将 SA2 置“m”位置，使其触点 9－11 接通；再利用 SA1 和 PV1 测量绝缘电阻。

若正极绝缘下降，应先将 SA1 切至“测量 I”位置，其触点 1－3、13－14 接通，R1 被短接，PV1 接入，然后调节电桥的电位器 R3，使 PV1 指示为零，读取 R3 的百分数 x 值。再将 SA1 切至“测量 II”位置，其触点 2－4、14－15 接通，R2 被短接，此时 PV1 指示的数值就是直流系统对地总的电阻值 R_{jd}，若想知道每极的对地电阻，需进行如下换算：

$$R_{+}=\frac{2R_{jd}}{2-x};R_{-}=\frac{2R_{jd}}{x}$$

若负极绝缘下降，应利用上述方法，将 SA1 先后切至"测量 II"、"测量 I"位置，分别测得 x 和 R_{jd}，得各极对地绝缘电阻为：

$$R_{+}=\frac{2R_{jd}}{1-x};R_{-}=\frac{2R_{jd}}{1+x}$$

式中：x 为电位器 R3 读数的百分数；

R_{+}、R_{-} 为直流系统正负极对地绝缘电阻值；

R_{jd} 为直流系统总的对地绝缘电阻值。

3. 直流系统一点接地的查找

直流系统发生接地时，应根据当时的运行方式、操作情况和气候影响，分析接地发生的原因，判断接地点的可能位置。一般采取拉路寻找、分段处理的方法，以先信号、照明部分后操作部分，先室外部分后室内部分为原则。在切断直流回路时，切断时间不得超过 3s，不论回路是否接地均应合上。当发现直流回路有接地时，则应及时找出接地点，尽快消除。

查找直流系统接地时应注意以下事项：

①禁止使用灯泡寻找的方法查找接地点；

②用仪表检查时，所用仪表的内阻不应低于 2000Ω/V；

③当直流系统发生接地时，禁止在二次回路上工作；

④在试取直流熔断器时，应先取下正极、后取下负极，放上时顺序相反；

⑤查找和处理时必须由两人进行；

⑥处理时应注意不得造成人为直流短路和另一点直流接地；

⑦拉路前应采取必要措施，以防直流失电后可能引起继电保护及自动装置的误动。

当直流接地发生在充电设备、蓄电池本身或直流母线上时，用拉路方法查找时，一般不能一下全部拉掉接地点，因此可能找不到接地点。

任务二　断路器控制回路

学习目标

通过对断路器控制回路的讲解和断路器分、合闸操作及断路器控制回路故障查找(例如 ZN63(VS1)－12 户内高压真空断路器及其弹簧操作机构控制回路等)的训练，使学生在完成本任务的学习过程中达到以下 3 个方面的目标：

1. 知识目标

(1)了解断路器的控制方式；

(2)掌握断路器控制回路的基本任务；

(3)熟悉断路器控制回路的组成；

(4)了解断路器的“跳跃”和防跳回路的基本工作原理；

(5)掌握 LW2－Z 型控制开关的使用；

2. 能力目标

(1)能看懂控制开关触点通断符号图；

(2)能看懂各种断路器控制回路图。

(3)具有查找断路器控制回路故障的能力。

3. 态度目标

(1)不旷课，不迟到，不早退；

(2)具有团队意识协作精神；

(3)积极向上努力按时完成老师布置的各项任务；

(4)责任意识，安全意识，规范意识。

任务描述

熟悉 LW2－Z 型控制开关的六个位置，观察控制开关位置的与对应灯光信号的配合，按照指令对断路器进行分闸与合闸操作并学会查找断路器控制回路的故障(例如 ZN63(VS1)－12 户内高压真空断路器及其弹簧操作机构控制回路等)。

任务准备

1. 工作准备

学习阶段	工作(学习)任务	工作目标
入题阶段	根据工作任务，分析设备现状，明确操作、检查项目，编制操作、检查工作安全措施，熟悉图纸资料	确定重点检查项目
准备阶段	检查并落实操作、检查所需材料、工器具、劳动防护用品等是否齐全合格	检验所需设备材料齐全完备
分工阶段	班长根据工作需要和人员精神状态确定工作负责人和工作班成员，组织学习《公司电业安全工作规程》、现场安全措施	全体人员明确工作目标及安全措施

2. 检查工器具、材料表

(一)检验工器具						
√	序号	名　称	规　格	单　位	数　量	备　注
	1	万用表		快		
	2	螺丝刀		把		
	3	剥线钳		把		
	4	毛刷		把		

（续表）

	5	绝缘胶布		盘		
	6	电烙铁		把		
(二)图纸资料						
√	序 号	名　称				备　注
	1	与现场实际接线一致的图纸				
	2	装置资料及说明书				
	3	上次检验报告				
	4	检查规程				

3. 危险点分析及安全控制措施

序号	危险点	安全控制措施
1	误走错间隔，误碰运行设备	检查在断路器控制柜前后应有“在此工作”标示牌
2	工作不慎引起交、直流回路故障	工作中应使用带绝缘手柄的工具，拆动二次线时应作绝缘处理并固定，防止直流接地或短路
3	电压反送、误向运行设备通电流	检查前应断开检修设备与运行设备相关联的电流、电压回路
4	检修中的临时改动忘记恢复	二次回路、相关压板等的临时改动要做好记录，坚持“谁拆除谁恢复”的原则
5	带电插拔插件，易造成集成块损坏；频繁插拔插件，易造成插件插头松动	严禁带电插拔插件，工作时佩戴防静电手环或采取其他防静电措施。整组传动后应尽量避免插拔插件，如需插拔应检验相关回路完好
6	接、拆低压电源时人身触电	接拆电源时应在电源开关拉开的情况下两人一起工作。所使用电源应装有漏电保护器。禁止从运行设备上接取试验电源
7	越过遮栏，易发生人员触电事故	现场设专人监护，严禁跨越围栏
8	联跳回路未断开，误跳运行开关	根据被检验装置与运行设备相关联部分的实际情况，制定技术措施，防止误跳其他开关（误跳母联、分段开关，误启动失灵保护）

任务实施

参观实训室内的断路器的操动机构，了解断路器控制方式。查看实训室内断路器的控制回路，了解其基本构成。对照图纸、设备分析断路器控制回路的基本工作过程。

主要设备

序号	名　　称	数　量
1	LW2－Z 型控制开关	10 套
2	高压断路器	4 台
3	断路器控制屏	4 台

1. 开工

√	序 号	内　容
	1	履行操作票、工作票、安全措施票手续并对危险点和安全注意事项交底;办理工作许可手续

2. 安全措施的执行及确认危险点

(一)检查运行人员所做的措施						
√	检查内容					
	检查所有压板位置,并做好记录					
	检查所有把手及开关位置,并做好记录					
(二)继电保护、断路器操作回路安全措施的执行						
回路	位置及措施内容	执行√	恢复√	位置及措施内容	执行√	恢复√
电流回路						
电压回路						
联跳和失灵回路						
信号回路						
断路器操作回路						
执行人员:				监护人员:		
备注:						

3. 作业流程

(三)断路器分、合闸操作及查找断路器控制回路的故障		
序号	操作、检查内容	
1	断路器合闸操作	
2	断路器分闸操作	
3	断路器控制回路故障查找	

（续表）

（四）工作结束前检查		
序号	内　容	√
1	现场工作结束前，工作负责人会同工作人员检查实验记录有无漏检查项目，试验结论、数据是否完整正确	
2	检查临时接线是否全部拆除，拆下的线头是否全部接好，包括接地线	
3	检查保护装置是否在正常运行状态	
4	打印装置现运行定值区定值与定值通知单逐项核对相符	
5	检查出口压板对地电位正确	

4. 竣工

√	序 号	内　容	备注
	1	检查措施是否恢复到开工前状态	
	2	全体工作班人员清扫、整理现场，清点工具及回收材料。工作负责人周密检查施工现场，是否有遗留的工具、材料	
	3	工作负责人在检修记录上详细记录本次工作所检修项目、发现的问题、试验结果和存在的问题等	
	4	经验收合格，办理工作票终结手续	

二次回路故障查找方法

电气二次接线发生故障，直接影响电气设备和电气系统的安全运行。因此，电气二次接线一旦发生故障，应迅速准确作出判断，排除故障。

一、查找故障的步骤和方法

电气二次接线故障的表现千差万别。导致故障的因素各异。要准确、迅速地消除故障，必须熟悉电气二次接线的图纸，特别是展开接线图。

电气二次接线发生故障后，首先要将显示故障的信号、光字牌和其他现象看准记清，根据现象分析原因。查明原因后，再确定处理步骤和方法。

电气二次接线发生故障后，尽量保持显示故障的各种现状。分析原因时，先检查故障发生的部位或回路。为了缩短检查时间，常采用“缩小范围法”，就是把故障范围逐步缩小，最后确定故障发生点或回路。

图 8－12 为缩小范围法的示意图。先操作第一回路，如被控原件不动作，再操作第二回路，操作时被控原件动作了，则故障可能第一回路中，如被控原件仍不动作，可操作第三回路，如被控元件动作了，则故障可能在第四回路中，如还不动作，则被控原件可能有缺陷。

查找电气二次接线故障的一般步骤和基本方法可归纳如下：

（1）根据故障现象分析故障原因。

（2）保持原状进行外部检查和观察。

(3)检查出故障可能性大的、易出问题、常出问题的部分和元件。

(4)用"缩小范围法"缩小范围。

(5)查明具体故障点并消除故障。

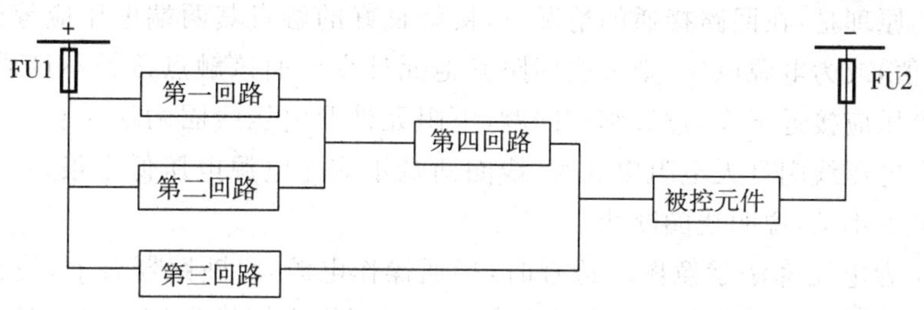

图 8-12　二次回路缩小范围法检查示意图

二、回路不通的检查方法

回路不通是电气二次接线的常见故障。回路不通造成被控元件不动作,后果十分严重。检查目的是找准故障点,及时消除。检查方法有以下几种:

1. 导通法

用万用表的欧姆挡测量电阻。不能用兆欧表代替,原因时兆欧表阻值太大,不易发现接触不良或电阻变值。

用导通法查找回路不通的原理是通过测某两点之间电阻值的变化来判别故障的。对于接触良好的接触点,电阻应为零;严重接触不良时,有一定的阻值;未接通的触点,其两端阻值非常大。对于电流线圈,其电阻应很小(接近于零)。对于电压线圈和电阻元件,其阻值应与标称值相近。

用导通法检查时,必须断开操作电源,回路上不能有电源,同时断开旁路,否则会造成误判断。

图 8-13 为导通法检查示意图。先合上被检查回路断路器,使辅助触点 QF 接通。将万用表的一个测试笔头固定在"102"点,另一个测试笔头触到"139"导线(或端子)上,一次向"137"、"133"、"109"……移动。当发现回路不通或阻值比正常误差过大时,应对照展开接线图进行分析,故障很可能就在此段范围内。

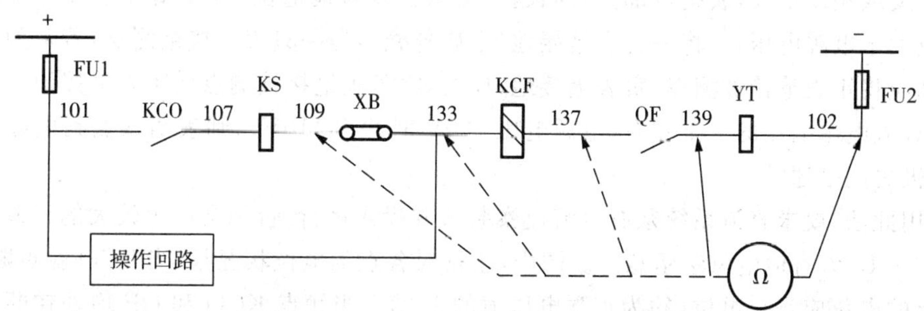

图 8-13　导通法检查示意图

如果"102"点与被测点距离较远,万用表一个测试头无法固定在"102"点时,要采用分段检测方法,但必须防止漏测。导通法检测比较方便可靠

2. 电压降法

用万用表的直流电压挡测回路中各元件上电压降，并且无需断开操作电源。测量时所用的表计量程，应稍大于电源电压。

该方法的原理是：在回路接通的情况下，接触良好的触点其两端电压应等于零，若不等于零（有一定值）或为电源电压，则说明回路其他元件良好而该触点接触不良或未接触。电流线圈两端电压应接近于零，过大则有问题，电阻元件及电压线圈两端应有一定的电压，回路中仅有一个电压线圈且无电阻串联时，线圈两端不应比电源电压低得很多。线圈两端电压正常而其触点不动，说明线圈断线。

图 8－14 为电压降法示意图。检查时，接通操作电源，将断路器合上，使辅助触点 QF 接通。然后测试操作电源电压是否正常。方法是将万用表切换到直流电压挡，"－"试笔固定在"102"（负极）上，"＋"试笔触及"101"（正极），此时表计应指示操作电源的电压。再将"＋"试笔移至"107"，接通 KCO 触点，如指示全电压，表明"101～107"间回路良好；再将"＋"试笔依次移到"109"、"133"、"137"等处（KCO 触点必须闭合）。当发现某表处指示值过小或无指示时，该点前面可能就是故障点。

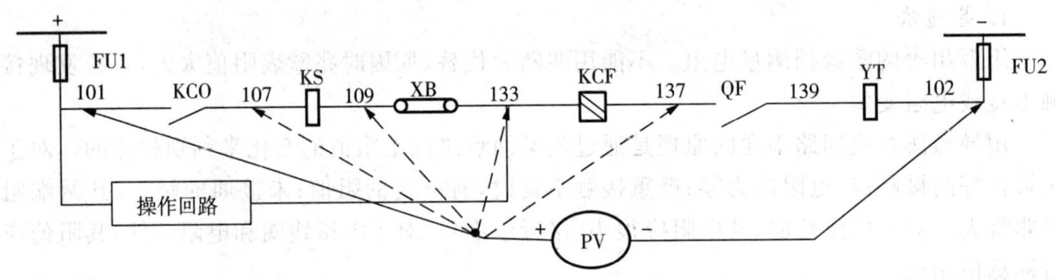

图 8－14　电压降法示意图

此法常用于检查线圈电阻较大的回路，如中间继电器或其他被控元件不动作时的检查。

3. 对地电位法

采用此法，也无需断开操作电源。测量前应首先分析回路各点的对地电位，然后再进行测量，将电位分析和测量结果比较。当所测值和极性与分析相同，误差不大，表明各元件良好；若相反或相差很大，表明该部分有问题。测量各点对地电位，应使用万用表直流电压挡（量程应大于电源电压）。将一支表笔接地（金属外壳），另一只表笔接被测点，若被测点应带正电，则应将正表笔接被测点，负表笔接地；反之，将负表笔接被测点而正表笔接地。若表计指示为直流电源电压的一半左右（电源电压 220V 时约为 110V），则表明该点到电源正极或电源负极之间是通的。

采用此法，要求直流系统须有直流监察装置并投入运行，否则会产生较大的误差。

图 8－15 为对地电位法示意图。图中，正常时各点的电位状况是：当 KCO 触点断开时，"139"上的电位应是负电位（约为正常电压值的 1/2）。当触点 KCO 和 QF 均处在断开位置时，"107"、"109"、"133"、"137"均不带电，电位为零；当 QF 触点闭合时，回路"107"、"109"、"139"、"137"应带负电位；当 QF 触点断开，KCO 触点闭合时，KCO 触点闭合时，回路"107"、"109"、"137"、"133"都应带正电位。如果所测结果与此相反或误差较大时，则表明该部分内可能有故障。

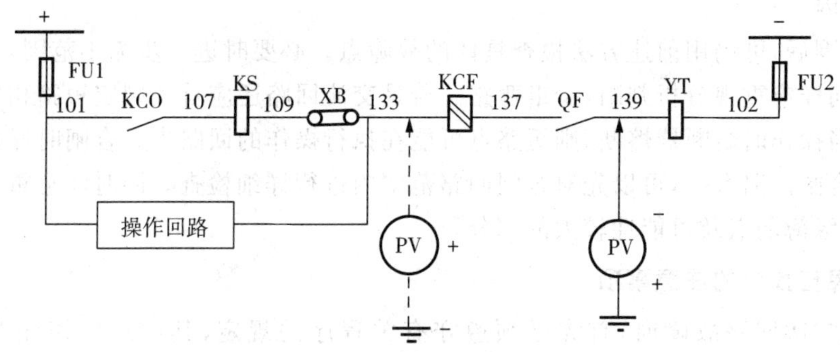

图 8－15　对地电位法示意图

用测对地电位法检查回路不通的故障，方便、准确，且不受各元件和端子安装地点的影响，回路中有两个不通点也能准确查出(两断开点之间对地电位为零)。

三、回路短路的检查方法

回路发生短路故障时，一般表现为熔断器送上就熔断，触点烧毁或短路点局部冒烟。

首先目测有无冒烟或触点烧坏现象。若发现某一触点烧坏，可进一步检查该触点所在回路中各元件。可测该回路电阻值是否较小，回路中各元件(主要是电阻、线圈、电容器等)电阻值是否变小，有无损坏等。

经上述检查未发现明显问题，或是需查找的范围较大(回路分布较广)，则应采取措施、缩小范围。其方法有以下几种：

1. 拆开每一分支回路，逐一回路试投入法

将每一回路的正极或负极拆开，依次逐个测回路电阻值，正常后接人所拆接线，装上熔断器试送一次。对回路电阻小于正常值较多的或试送上后熔断器再次熔断的回路，故障点多在该回路上，可进一步具体检查出故障点。用表计测量回路电阻，只靠测量不能完全准确地发现故障，可能因万用表电压低或短路点经一定的电阻值，也可能因短路点在一个回路的一点与另一个之间，故测量不能发现问题，具体做法：

(1)将每一分支回路正极或负极拆开。

(2)装上一只熔断器(不使之再形成短路)。如装上正极熔断器，若熔断器投入即熔断，说明此回路和电源负极形成短路的可能性很大(若第一次亦是只有正极熔断的话)；若装上正极熔断器正常，可将其拔下，再装上负极熔断器试一下。

(3)假设正极熔断器装上后正常，可在断开的负极熔断器两端测有无电压，或在负极熔断器下边测对地是否有正电，若有则说明故障点在两熔断器以下的主线上；若分支回路拆下，正极接人后，再进行上述相同的测量。

(4)当某一分支回路正极接人，测量负极熔断器两端有电压或负极熔断器对地带正电，说明故障点即在该回路内，应进一步查明故障元件。

2. 逐级分段测量电压法

对于回路的短路故障，也可采用逐级分段测量电压的方法，即先装上一只熔断器后，测另一极熔断器座(未装上熔断器)两端有无电压或测熔断器下面对地电位，再逐级用拉开隔离开关或拆开接线的方法分段后，仍进行上述测量以逐级缩小范围。若测量结果无电压指示，说明故障点仍在被断开的以下网络之内；反之，说明故障在电源熔断器至被断开部分以

前的范围以内。

缩小范围后，可仍用前述方法检查具体的故障点。必要时进一步缩小范围，发生短路故障的检查，同样应重视分析判断，少走弯路。若是交流回路还应首先判定短路相别。如回路无异状，仅当操作时熔断器熔断，则短路点可能在执行操作的回路中。合闸时操作熔断器熔断，故障与合闸回路有关，可以先对合闸回路范围内进行详细检查。同时注意重点先查故障范围内的绝缘簿弱点及可能性较大的部分。

四、故障查找中的注意事项

在查找二次回路故障时，首先必须遵守有关程序的规定，其次还应该注意以下具体事项：

(1)必须按符合实际的图纸进行查找。

(2)在电压互感器二次回路上查找故障时，必须考虑对继电保护及自动装置的影响，防止因失去交流电压而使保护误动作。

(3)拨直流电源熔断器时，应同时拔掉正负极熔断器，以利于分析查找。

(4)带电用表计测量方法查找回路故障时，必须使用高内阻电压表(如万用表)，防止误动跳闸，禁止使用灯泡查找故障。

(5)防止电流互感器二次开路和电压互感器二次短路及接地。

(6)使用的工具应合格且绝缘良好，尽量使必须外露的金属部分减少(可包绝缘)，防止发生接地或短路及人身触电。

(7)拆动二次接线端子，应先核对图纸及端子标号，做好记录和明显标记，拆接线并核对无误，检查接触是否良好。

(8)不许触动继电器的机械部分。

(9)交、直流回路，强、弱电回路不应相混。

查找故障，关键在分析判断，只有正确的分析判断，才能正确处理而少走弯路。先根据接线情况、故障特征、设备状态及信号等情况分析判断可能出现的范围后，再用正确方法、步骤进行检查，以缩小范围。检查、测量中根据其结果和现象进行再分析判断，并加以其他手段证实判断，从而能准确无误地查出故障点。

相关知识

断路器控制回路

一、断路器控制回路概述

高压断路器是电力系统中重要的控制和保护设备，其作用是：正常运行时接通和断开高压电路，改变一次系统的运行方式；发生故障时在继电保护与自动装置的配合下自动地、迅速地切除故障设备，保证一次系统安全运行，减轻故障损失。

断路器控制回路的基本任务是：运行人员通过控制开关发出操作命令，要求断路器跳闸或合闸，然后经过中间环节将命令传送给断路器的操作机构，使断路器跳闸或合闸，断路器完成相应的操作后，由信号装置显示已完成的操作。

为实现对断路器的控制，必须有发出命令的控制开关、执行命令的操作机构和传送命令

的中间机构(如继电器、接触器等),由这几部分连接构成的电路即为断路器的控制回路。

1. 断路器的控制方式

发电厂和变电站内,对断路器的控制方式可分为一对一控制和一对N选线控制。一对一的控制是利用一个控制开关控制一台断路器,一般适用于重要且操作机会较少的设备,如发电机、变压器等。一对N选线控制是利用一个控制开关控制多台断路器,一般适用于馈线较多、接线和要求基本相同的高压和厂用馈线。

根据操作电源的不同,断路器的控制又可分为强电控制和弱电控制。强电控制电压一般为110V和220V,弱电控制电压为48V及以下。

对于强电控制,根据其控制特点,又可分为远方控制和就地控制。就地控制是控制设备安装在断路器附近,运行人员就地进行手动操作。这种控制方式一般适用于不重要的设备,例如6～10kV的馈线、厂用电动机等。远方控制是在离断路器几十至几百米的主控制室的主控制屏(台)上,装设能发出跳、合闸指令的控制开关和按钮,对断路器进行操作。一般适用于发电厂和变电站内较重要的设备,如发电机、主变压器、35kV及以上线路等。

近年来综合自动化变电站的出现,断路器的控制回路已成为综合自动化控制的一部分。本章主要介绍一对一控制的断路器控制回路,这是其他方式的基础。

2. 断路器的操作机构

断路器的操作机构是断路器本身附带的跳、合闸传动装置,它用来使断路器合闸或维持闭合状态,或使断路器跳闸。在操作机构中均设有合闸机构、维持机构和跳闸机构。根据动力来源的不同,操作机构可分为电磁操作机构(CD)、弹簧操作机构(CT)、液压操作机构(CY)、气动操作机构(CQ)和电动操作机构(CJ)等。其中,电磁操作机构、弹簧操作机构和液压操作机构应用较广。实际应用中根据断路器传动方式和机械荷载的不同,配用不同形式的操作机构。

(1)电磁操作机构。电磁操作机构依靠电磁力进行合闸的机构。结构简单、加工方便、运行可靠,是我国断路器应用较广的一种操作机构。由于是利用电磁力直接合闸,合闸电流很大,可达几十至数百安,所以合闸回路不能直接利用控制开关触点接通,必须采用合闸接触器。目前,这种操作机构在10～35kV断路器中得到广泛使用。

(2)弹簧操作机构。弹簧操作机构依靠预先储存在弹簧内的位能。这种机构不需配备附加设备,弹簧储能时耗用功率小,因而合闸电流小,合闸回路可直接用控制开关触点接通。但这种机构结构复杂,加工工艺及材料性能要求高,调试困难。目前,这种操作机构一般应用在35～110kV断路器中。

(3)液压操作机构。液压操作机构依靠压缩气体(氮气)作为能源,以液压油作为传递媒介来进行合闸的机构。这种机构所用的高压油预先储存在储油箱内,用电动机带动油泵运转,将油压入储压桶内,使预压缩的氮气进一步压缩,从而不仅合闸电流小,合闸回路可直接用控制开关触点接通,而且压力高、传动快、动作准确、出力均匀。目前我国110kV及以上少油断路器及SF_6断路器一般采用液压机构。

3. 对断路器控制回路的基本要求

断路器控制回路应满足下列基本要求:

(1)应有对控制电源的监视回路。断路器的控制电源非常重要,一旦失去将无法操作断路器。因此,无论何种原因,当断路器控制电源消失时,应发出声、光信号,提醒运行人员及时处理。对于无人值班变电站，断路器控制电源的消失应发出遥信信号。

(2)应经常监视断路器跳闸、合闸回路的完好性。当跳闸或合闸回路故障时，应发出断路器控制回路断线信号。

(3)应有防止断路器"跳跃"的电气闭锁装置，发生"跳跃"对断路器是非常危险的，容易引起机构损伤，甚至引起断路器的爆炸，故必须采取闭锁措施。断路器的"跳跃"现象一般是在跳闸、合闸回路同时接通时才发生。"防跳"回路的设计应使得断路器出现"跳跃"时，将断路器闭锁至跳闸位置。

(4)跳闸、合闸命令应保持足够长的时间，并且当跳闸或合闸完成后，命令脉冲应能自动解除。断路器的跳、合闸线圈都是按短时带电设计的，因此，跳、合闸操作完成后，必须自动断开跳、合闸回路，否则，跳闸或合闸线圈会烧坏。通常由断路器的辅助触点自动断开跳、合闸回路。

(5)对于断路器的合闸、跳闸状态，应有明显的位置信号。故障自动跳闸、自动合闸时，应有明显的动作信号。

(6)断路器的操作动力消失或不足时，例如弹簧机构的弹簧未拉紧，液压或气压机构的压力降低等，应闭锁断路器的动作并发出信号。SF_6气体绝缘的断路器，当SF_6气体压力降低而断路器不能可靠运行时，也应闭锁断路器的动作并发出信号。

(7)在满足上述要求的前提下，力求控制回路接线简单，采用的设备和使用的电缆最少。

二、断路器控制回路的构成

1. 断路器的控制开关

控制开关又称控制把手、万能转换开关，是运行人员对断路器进行手动跳、合闸的控制装置，其文字符号为SA。控制开关种类很多，用的较多的是有两个固定位置的控制开关—LW2系列封闭式控制开关，其中主要有LW2－Z型及LW2－YZ型，这两种的区别仅在于LW2－YZ型控制开关操作手柄上带有指示灯。

图8－16是LW2－Z型控制开关结构示意图，正面是一个操作手柄，装于屏前，通过旋转手柄可以控制断路器合闸或分闸。与手柄固定连接的转轴上有5～8个触点盒，用螺杆相连装于屏后，每个触点盒四周均匀固定4个静触点，静触点外连4个接线端子。根据盒内动触点簧片的形状与安装位置的不同，采用不同的特征代号来表示。

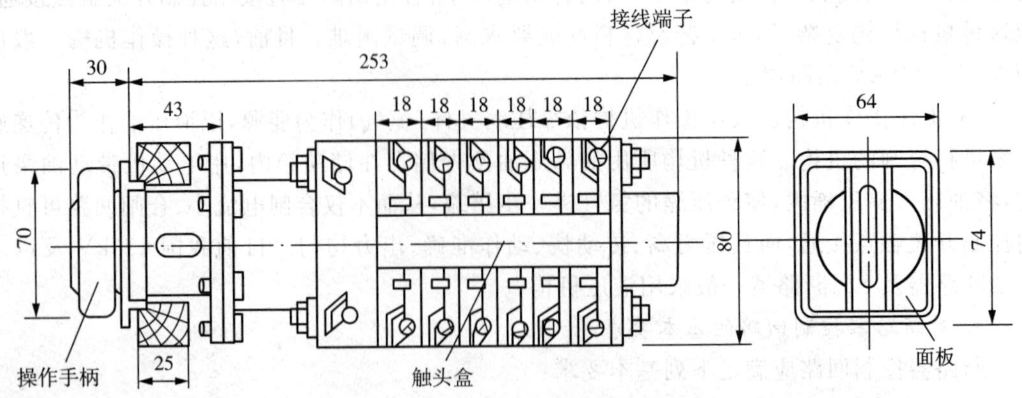

图8－16　LW2－Z型控制开关结构图

断路器的控制回路中使用较多的 LW2－Z－1a、4、6a、40、20、20/F8 型控制开关，共有 6 个触点盒，其中 1a、4、6a、40、20、20 为各触点盒特征代号，F 表示控制开关为方形面板(O 表示圆形面板)，8 为 1～9 种手柄中的一种。

控制开关的手柄有六个位置："预备合闸"、"合闸"、"合闸后"、"预备跳闸"、"跳闸"和"跳闸后"，其中"跳闸后"和"合闸后"为两个固定位置，控制开关 SA 手柄正常应处于"跳闸后"(水平)或"合闸后"(垂直)位置。"预备合闸"和"预备跳闸"为两个预备位置，虽然控制开关手柄也处于垂直或水平位置，但在操作过程中是过渡位置，手柄不宜长时间停在该位置上。"合闸"和"跳闸"为两个自动复归的位置。

用控制开关操作的顺序如下：合闸操作时，将控制开关手柄由水平位置顺时针方向旋转 90°到垂直位置("预备合闸"位置)，再将手柄顺时针旋转 45°("合闸"位置)即发出合闸命令将断路器合上。断路器合上后，手放开控制开关手柄，在弹簧的作用下手柄自动反向复归 45°回到垂直位置("合闸后"位置)，此时指示断路器处于合闸位置。跳闸操作时，应先将 SA 的手柄由垂直位置逆时针方向旋转 90°到水平位置("预备跳闸"位置)，再将手柄逆时针旋转 45°到"跳闸"位置，发出跳闸命令将断路器断开，手松开后，手柄在弹簧的作用下自动顺时针旋转 45°到水平位置("跳闸后"位置)，此时指示断路器处于跳闸位置。

随着转动手柄所处的位置不同，触点盒内触点通断情况不同。表 8－2 给出了 LW2－Z－1a、4、6a、40、20、20/F8 型控制开关的手柄处在六种不同的位置时，各触点的通断情况。表中"·"符号表示触点接通，"－"符号表示触点断开。

表 8－2　LW2－Z－1a、4、6a、40、20、20/F8 型控制开关触点通断情况

在"跳闸后"位置的手柄(正面)的样式和触点盒(脊面)的接线图	合 闸	1 2 3 4		5 6 7 8		9 10 11 12			13 14 15 16			17 18 19 20			21 22 23 24		
手柄和触点盒型式	F8	1a		4		6a			40			20			20		
触点号 / 位置	—	1-3	2-4	5-8	6-7	9-10	9-12	11-10	14-13	14-15	16-13	19-17	17-18	18-20	21-23	21-22	22-24
跳闸后		—	·	—	—	—	—	·	—	·	—	—	—	·	—	—	·
预备合闸		·	—	—	—	·	—	—	·	—	—	—	·	—	—	·	—
合闸		—	—	·	—	—	·	—	—	—	·	·	—	—	·	—	—
合闸后		·	—	—	—	·	—	—	—	—	·	·	—	—	·	—	—
预备跳闸		—	·	—	—	—	—	·	·	—	—	—	·	—	—	·	—
跳闸		—	—	—	·	—	—	·	—	·	—	—	—	·	—	—	·

为便于阅读展开图，控制开关 SA 触点的通断情况在展开图中以图形表示出来，如图 8－17所示。图中 6 条垂直虚线表示控制开关 SA 手柄的六个不同的操作位置：PC－预备合闸、C－合闸、CD－合闸后、PT－预备跳闸、T－跳闸、TD－跳闸后。13 条水平线表示 13 对触点回路，数字表示触点号。水平线下方位于垂直虚线上的粗黑点表示该对触点在此操作位置是接通的，否则是断开的。例如：触点 1－3 左侧 PC 及 CD 垂直虚线上对应的黑点表示

控制开关 SA 手柄打在 PC(预备合闸)及 CD(合闸后)位置时触点 1—3 是接通的。

手柄上带有指示灯的 LW2－YZ 型控制开关,在操作程序上与 LW2－Z 型控制开关完全相同,但触点通断情况不同。

(2)断路器控制回路的构成

断路器的控制回路一般由基本跳合闸回路、防跳跃回路、位置信号回路、事故跳闸音响信号回路等几个部分构成。

图 8－18 是简化的断路器基本跳合闸控制回路。图中 ±WC 是控制电源小母线;±WOM 是合闸电源小母线,由于合闸电流很大,所以单独设置合闸电源;YC 是断路器的合闸线圈,YT 是断路器的跳闸线圈;KMC 是合闸接触器,FU1～FU4 是熔断器;K1 是自动合闸出口继电器的动合触点,K2 是继电保护跳闸出口继电器的动合触点;SA 是断路器的控制开关;QF1 和 QF2 分别是断路器 QF 的动合、动断辅助触点。

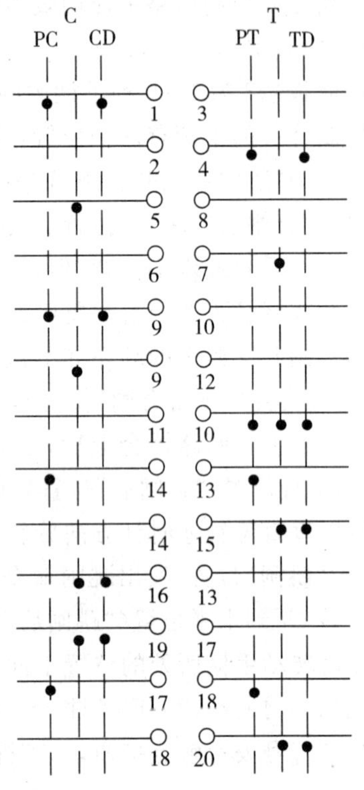

图 8－17 LW2－Z－1a、4、6a、40、20、20/F8 型控制开关触点通断的图形符号

断路器基本跳合闸回路的工作原理简述如下:

①手动合闸。将控制开关 SA 的手柄顺时针旋转 90°到"预备合闸"PC 位置,再将手柄顺时针旋转 45°到"合闸"位置,此时控制开关 SA 触点 5—8 接通(断路器动断辅助触点 QF2 已处于接通状态),故触点 SA_{5-8} 流过电流,其路径为:＋WC→FU1→SA_{5-8}→QF2→KMC→FU2→－WC,接触器 KMC 线圈通电,其动合触点闭合,从而使电路＋WOM→FU3→KMC→YC→KMC→FU4→－WOM 通电,断路器合闸线圈 YC 带电而使断路器合闸。断路器合闸后,其动合辅助触点 QF1 随即闭合,动断辅助触点 QF2 断开。QF1 闭合为下一次断路器跳闸做准备,QF2 断开使合闸接触器 KMC 线圈失电,KMC 触点断开后使合闸线圈 YC 失电,避免合闸线圈 YC 长时间通电被烧坏。手松开后 SA 手柄自动复位于"合闸后"CD 位置。

②手动跳闸。将控制开关 SA 手柄逆时针旋转 90°到"预备跳闸"PT 位置,再将手柄逆时针旋转 45°到"跳闸"T 位置,此时控制开关 SA 的触点 6—7 接通(断路器的动合辅助触点 QF1 已处于接通位置),故断路器跳闸线圈 YT 通电而将断路器断开。断路器断开

后其辅助触点 QF1 随之断开,QF2 随之闭合。QF1 断开使跳闸线圈 YT 失电,避免 YT 线圈长时间通电而被烧坏,QF2 闭合为下一次断路器合闸做准备。手松开后 SA 手柄自动复位于"跳闸后"TD 位置。

③自动合闸。为提高电网供电的可靠性设置了自动合闸功能,如自动重合闸装置、备用电源自动投入装置等。当线路故障而使断路器跳闸后,自动重合闸装置发出合闸命令使其出口继电器 K1 的动合触点接通(断路器的动断辅助触点 QF2 已闭合),KMC 线圈带电,其触点闭合而使合闸线圈 YC 带电将断路器合闸。

④自动跳闸。当一次系统发生故障，继电保护装置启动使保护跳闸出口继电器 K2 的动合触点闭合（断路器动合辅助触点 QF1 已闭合），故跳闸线圈 YT 通电而将断路器断开。

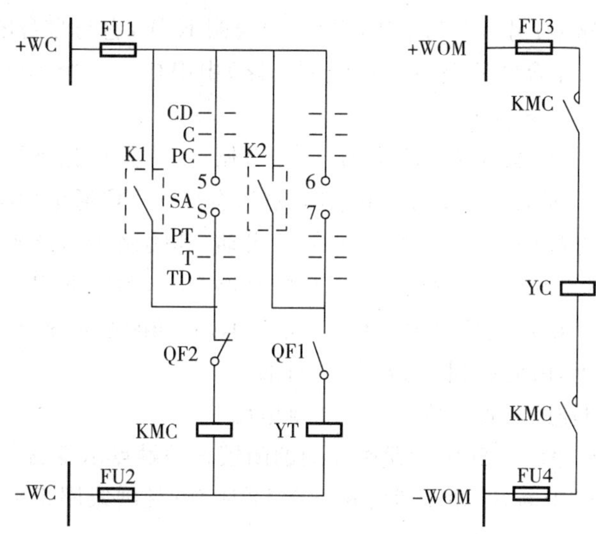

图 8-18　断路器的基本跳合闸回路

3. 断路器的防跳闭锁回路

如图 8-18 所示，若对断路器进行手动合闸时，控制开关手柄打在“合闸”C 位置手尚未松开（SA_{5-8}仍在接通状态）或自动装置的合闸出口继电器 K1 触点粘连，而此时一次系统又发生永久性故障，继电保护装置将动作，保护跳闸出口继电器 K2 触点闭合，跳闸线圈 YT 带电使断路器 QF 跳闸。断路器 QF 断开后，其辅助触点 QF1 断开，QF2 闭合，进而交流接触器 KMC 线圈带电，使得断路器再次合闸。但断路器又合闸于故障设备上，保护再次动作跳闸。同样，跳闸后又合闸，如此反复。断路器的这种合→跳→合→…的现象称“跳跃”现象。断路器“跳跃”将造成断路器绝缘下降，严重时危及人身和设备安全，甚至引起系统瓦解。因此，应采取措施防止“跳跃”现象的发生，称之为“防跳”。

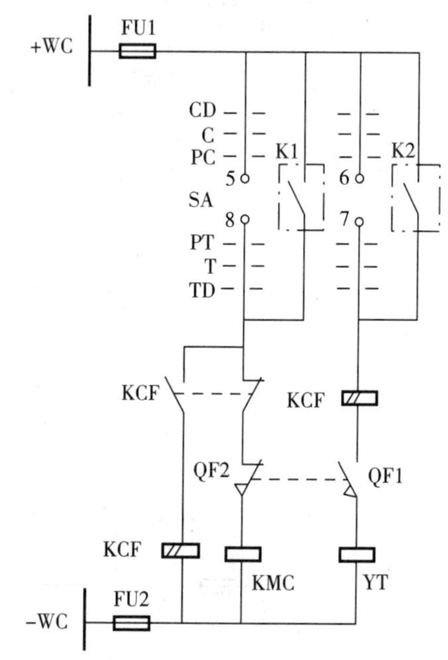

图 8-19　加装防跳继电器的断路器控制回路

防跳的措施有电气防跳和机械防跳。机械防跳指操作机构本身有防跳性能，如 6～10kV 断路器的电磁型操作机构（CD2）就具有机械防跳措施。电气防跳是指不论断路器操作机构本身是否带有机械闭锁，均在断路器控制回路中加装电气防跳电路。

电气防跳的方法有：加装防跳继电器、利用跳闸线圈的辅助触点防跳等。

电气防跳的工作原理如下：

(1)加装防跳继电器的断路器控制回路

图 8-19 中 KCF 为防跳跃闭锁继电器，它有两个线圈，一个是电流启动线圈 KCF，串联于跳闸线圈 YT 回路中；另一个为电压(自保持)线圈 KCF，它与自身的动合触点串联，再并联于 KMC 回路中。在合闸回路(KMC 线圈回路)中串接了一个 KCF 的动断触点。K1 为自动合闸出口继电器的动合触点。

进行手动合闸时，将控制开关 SA 手柄打在“合闸”C 位置后让 SA 手柄一直保持在 C 位置(SA_{5-8}一直接通)，则 KMC 线圈通电，其触点闭合后使 YC 通电而将断路器合上，若此时断路器合闸于永久性故障线路上，则继电保护启动，其跳闸出口继电器动合触点 K2 闭合，从而使得 YT 线圈带电将断路器断开，以切断短路电流，此时 KCF 电流线圈也带电，其动合触点闭合，使 KCF 电压线圈带电自保持，同时 KCF 动断触点断开，使 KMC 线圈失电而无法再将断路器合上，由此起到了“防跳”的目的。

(2)利用跳闸线圈辅助触点构成的电气防跳电路

如图 8-20a)所示，图 8-20b)为跳闸线圈的闭锁辅助触点示意图。当跳闸线圈不带电时，其动合辅助触点 YT1 断开，动断辅助触点 YT2 闭合；跳闸线圈带电时，铁芯被吸起，使两触点改变状态。

图 8-20a 中如果对断路器进行手动合闸，将控制开关 SA 手柄切至“合闸”C 位置并保持在该位置，将会发出合闸脉冲，合上断路器。若断路器合在永久性故障上，则继电保护装置动作，使其跳闸出口继电器的动合触点 K2 闭合，跳闸线圈 YT 励磁，YT 线圈的两个辅助触点动作，其动合辅助触点 YT1 闭合自保持，动断辅助触点 YT2 断开切断合闸回路，以此实现了“防跳”的目的。

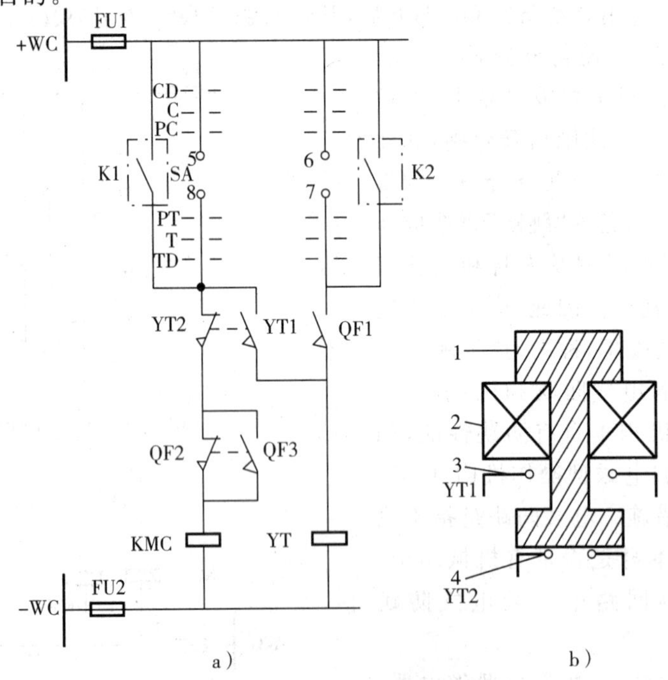

图 8-20 利用跳闸线圈辅助触点构成的防跳电路

a)防跳电路；b)跳闸线圈辅助触点示意图

1—铁芯；2—线圈；3—YT 的辅助常开触点；4—YT 的辅助常闭触点

由于断路器的常闭辅助触点 QF2 有时会过早的断开，不能保证完成合闸所需的时间，因此常用一对滑动触点 QF3（在合闸过程中暂时闭合）与其并联，用来保证断路器的可靠合闸。

利用跳闸线圈辅助触点构成的电气防跳电路有一个缺点，跳闸线圈会长时间通电。因此这种方法的应用在一定程度受到了限制。

4. 断路器的位置信号电路

断路器的位置信号一般用信号灯表示，其形式分为单灯制和双灯制两种。单灯制用于音响监视的断路器控制回路中，双灯制用于灯光监视的断路器控制回路中。

(1) 双灯制。采用双灯制的断路器位置信号电路如图 8-21 所示，图中（＋）WFS 为闪光电源小母线，该电源的母线电压时断时续，由闪光继电器控制。RD 为红灯，GN 为绿灯，红灯 RD 发光表示断路器处于合闸状态，绿灯 GN 发光表示断路器处于跳闸状态。此外，为区分断路器是手动还是自动合闸或跳闸，广泛采用平光和闪光的方式加以区别：平光（红光、绿光）表示手动合闸或跳闸，闪光（红光、绿光）表示自动合闸或跳闸。其工作原理如下：

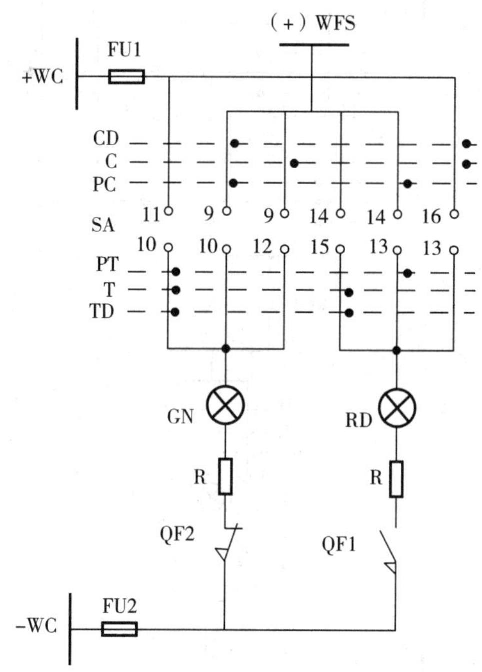

图 8-21　采用双灯制的断路器位置信号电路

①手动合闸。手动合闸后控制开关 SA 处于“合闸后”CD 位置，其触点 SA_{9-10} 和 SA_{16-13} 接通，此时断路器在合闸状态，其动合辅助触点 QF1 闭合，动断辅助触点 QF2 断开，所以只有 SA_{16-13} 通电，电流的路径为＋WC→FU1→SA_{16-13}→RD→QF1→－WC，红灯 RD 接至控制电源小母线，红灯发平光。

②手动跳闸。手动跳闸后控制开关 SA 在“跳闸后”TD 位置，其触点 SA_{11-10} 和 SA_{14-15} 接通，此时断路器处于跳闸状态，其动合辅助触点 QF1 断开，动断辅助触点 QF2 闭合，所以只有 SA_{11-10} 通电，使绿灯 GN 接通控制电源＋WC，绿灯发平光。

③自动合闸。若断路器断开，通过自动装置使断路器合闸，断路器自动合闸后其动合辅助触点 QF1 闭合，动断辅助触点 QF2 断开，而此时控制开关 SA 仍处于“跳闸后”TD 位置，其触点 SA_{11-10} 和 SA_{14-15} 接通，电流的路径为（+）WFS→SA_{14-15}→RD→QF1→－WC，红灯 RD 接至闪光电源小母线，红灯闪光。

④自动跳闸。若一次系统故障使断路器自动跳闸，断路器跳闸后，其动合辅助触点 QF1 断开，动断辅助触点 QF2 闭合，而此时 SA 仍处于“合闸后”CD 位置，其触点 SA_{9-10} 和 SA_{16-13} 接通，因此电流的路径为（+）WFS→SA_{9-10}→GN→QF2→－WC，绿灯 GN 接至闪光电源小母线，绿灯闪光。

（2）单灯制。采用单灯制的断路器位置信号电路如图 8－22 所示。图中断路器的位置信号由装于断路器控制开关手柄内的指示灯指示，KCC、KCT 分别为合闸位置继电器和跳闸位置继电器的动合触点。为区分断路器是手动还是自动跳、合闸，也采用平光和闪光的办法加以区别。其工作原理如下：

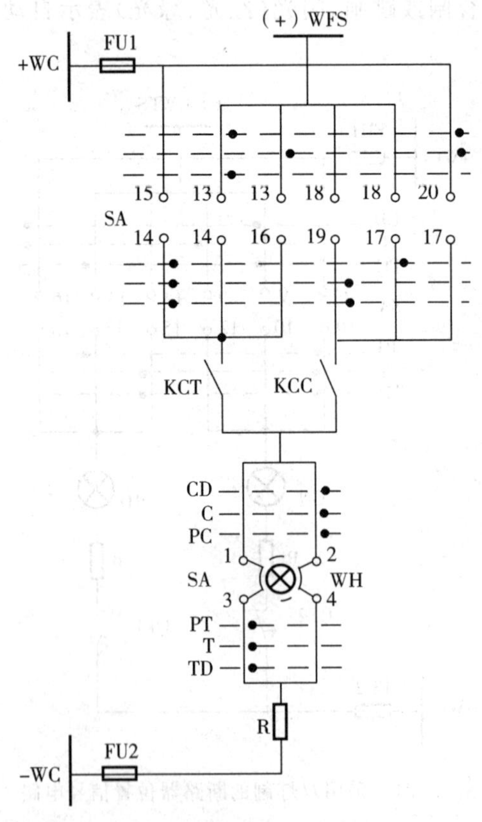

图 8－22 采用单灯制断路器位置信号电路

①手动合闸。手动合闸控制开关 SA 至“合闸后”CD 位置，则触点 SA_{2-4} 和 SA_{20-17} 接通，而此时合闸位置继电器的动合触点 KCC 闭合，则白色信号灯 WH 接通控制电源而发平光。

②手动跳闸。手动跳闸后控制开关 SA 至“跳闸后”TD 位置，其触点 AS_{1-3} 和 SA_{14-15} 接通，而此时跳闸位置继电器的动合触点 KCT 闭合，于是白色信号灯 WH 接通控制电源而发平光。

③自动合闸。若断路器断开，通过自动装置使断路器合闸，而此时控制开关 SA 仍处于“跳闸后”TD 位置，其触点 SA_{1-3} 和 SA_{18-19} 接通，而此时合闸位置继电器 KCC 的动合触点闭合，于是白色信号灯 WH 接通闪光电源而发闪光。

④自动跳闸。若一次系统故障使断路器自动跳闸，而此时控制开关 SA 仍处于“合闸后”CD 位置，其触点 SA_{2-4} 和 SA_{13-14} 接通，而此时跳闸位置继电器 KCT 的动合触点闭合，于是白色信号灯 WH 接通闪光电源而发闪光。

5. 事故跳闸音响信号启动回路

断路器在自动跳闸时，不仅位置信号灯 GN 要发出闪光，而且还要求能发出事故音响信号（蜂鸣器或电喇叭）引起运行人员的注意，以便能及时对事故进行处理。

常见的事故音响启动回路有利用断路器辅助触点启动、利用跳闸位置继电器启动和利用三相断路器辅助触点并联启动三种形式，都是利用“不对应”原理工作的。下面以利用断路器辅助触点启动的事故音响回路为例来说明其工作原理。

事故跳闸音响信号一般采用“不对应原理”启动，即控制开关 SA 在“合闸后”CD 位置，而断路器在跳闸位置时启动事故跳闸音响信号。图 8－23 为事故跳闸音响信号回路的原理接线图，图中 WTS 是事故音响小母线，－WS 是信号母线负极。假设一次系统发生故障使断路器自动跳闸，则图 8－23 中的断路器动断辅助触点随断路器的断开而闭合，而控制开关 SA 仍处于“合闸后”CD 位置，其触点 SA_{1-3} 和 SA_{19-17} 接通，则事故音响小母线 WTS 与信号小母线－WS 接通，启动事故音响信号，蜂鸣器 HAU 发出音响。

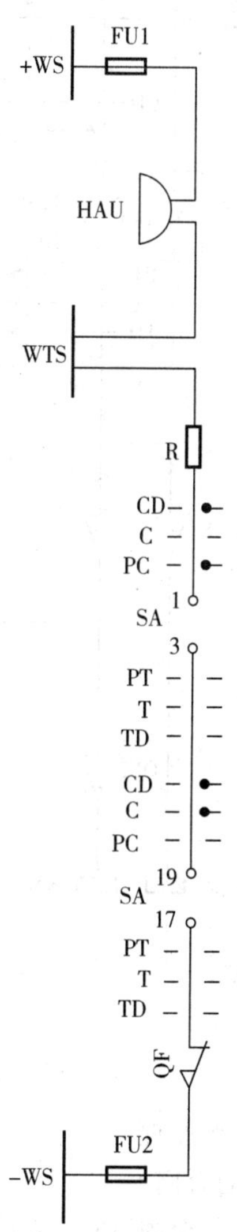

图 8－23　利用断路器辅助触点启动的事故跳闸音响信号回路

三、灯光监视的断路器控制回路

灯光监视就是利用灯光信号监视操作电源及跳、合闸启动回路是否完好。断路器采用不同的操作机构，其相应的断路器控制回路基本相同，下面主要以电磁操作机构的断路器控制回路详细叙述。

1. 灯光监视电磁操作机构的断路器控制回路

（1）基本电路

图 8－24 为灯光监视电磁操作机构的断路器控制回路基本电路，它由跳合闸回路、防跳回路、位置信号回路等基本控制回路组成。图中 KMC 为合闸接触器，YC 为合闸线圈，YT 为跳闸线圈，K1 和 K2 分别是自动合闸与跳闸的出口继电器触点。±WC、±WOM、（＋）WFS 分别为控制电源小母线、合闸电源小母线和闪光电源小母线。

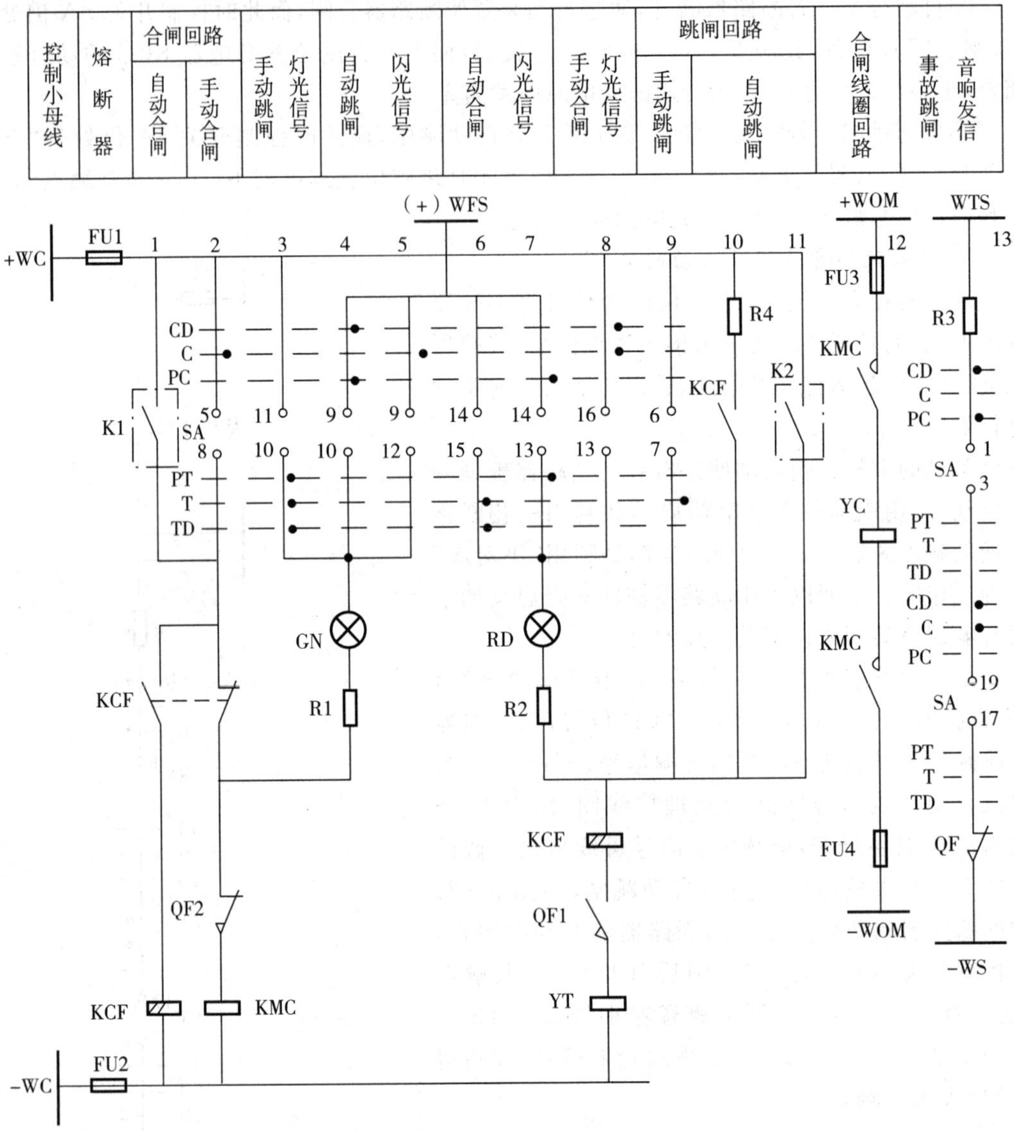

控制小母线	熔断器	合闸回路		手动跳闸灯光信号	自动跳闸闪光信号	自动合闸闪光信号	手动合闸灯光信号	跳闸回路		合闸线圈回路	事故跳闸音响发信
		自动合闸	手动合闸					手动跳闸	自动跳闸		

图 8-24　灯光监视电磁操作机构的断路器控制回路

(2)动作原理

①手动合闸

●“预备合闸”PC。先将控制开关 SA 手柄顺时针旋转 90°至“预备合闸”PC 位置，触点 SA_{9-10} 和 SA_{14-13} 接通，由于此时断路器处于跳闸状态，其动合辅助触点 QF1 断开、动断辅助触点 QF2 闭合，只有 SA_{9-10} 触点流过电流，其路径为(＋)WFS→SA_{9-10}→GN→R1→QF2→KMC→－WC，绿灯 GN 接通闪光电源而发闪光。

●“合闸”C。再将控制开关 SA 手柄顺时针旋转 45°至“合闸”C 位置，触点 SA_{5-8}、SA_{9-12} 和 SA_{16-13} 接通，首先触点 SA_{5-8} 通电，电流路径为＋WC→SA_{5-8}→QF2→KMC→－WC，使合闸接触器 KMC 线圈通电，KMC 触点闭合后使合闸线圈 YC 通电而将断路器合上，断路器合闸后其辅助触点 QF1 闭合、QF2 断开；接着触点 SA_{16-13} 通电，路径为＋WC→

SA_{16-13}→RD→QF1→YT→－WC，使红灯 RD 接通控制电源而发平光。

●“合闸后”CD。断路器合闸后，手松开，SA 手柄在弹簧的作用下自动逆时针旋转 45°至“合闸后”CD 位置，触点 SA_{9-10} 和 SA_{16-13} 接通，仍只有 SA_{16-13} 通电，电流路径为＋WC→SA_{16-13}→RD→QF1→YT→－WC，仍为红灯发平光。

②手动跳闸

●“预备跳闸”PT。先将控制开关 SA 手柄逆时针旋转 90°至“预备跳闸”PT 位置，触点 SA_{11-10} 和 SA_{14-13} 接通，由于断路器的辅助触点 QF1 闭合，因此只有 SA_{14-13} 通电，其路径为(＋)WFS→SA_{14-13}→RD→QF1→YT→－WC，使红灯 RD 闪光。

●“跳闸”T。再将 SA 手柄逆时针旋转 45°至“跳闸”T 位置，触点 SA_{11-10}、SA_{14-15} 和 SA_{6-7} 接通，首先 SA_{6-7} 通电，使跳闸线圈 YT 励磁而将断路器断开，断路器的辅助触点 QF1 断开、QF2 闭合，接着触点 SA_{11-10} 通电，路径为＋WC→SA_{11-10}→GN→QF2→KMC→－WC，使绿灯 GN 发平光。

●“跳闸后”TD。断路器断开后，手松开 SA 手柄，则 SA 手柄在弹簧作用下自动顺时针旋转 45°至“跳闸后”TD 位置，触点 SA_{11-10} 和 SA_{14-15} 接通，但仍只有 SA_{11-10} 通电，电流路径和现象同“跳闸”T 位置。

③自动合闸

若自动装置动作使其合闸出口继电器 K1 触点闭合，则合闸接触器 KMC 线圈通电，KMC 触点闭合后使合闸线圈 YC 通电而将断路器合闸，而此时控制开关 SA 手柄仍在断路器自动合闸之前的位置——“跳闸后”TD 位置，触点 SA_{11-10} 和 SA_{14-15} 接通，但只有 SA_{14-15} 通电，路径为(＋)WFS→SA_{14-15}→RD→R2→QF1→－WC，红灯 RD 发闪光。

④自动跳闸

若一次系统发生故障启动继电保护装置而将保护跳闸出口继电器 K2 的触点闭合，则跳闸线圈 YT 励磁将断路器断开，而此时控制开关 SA 手柄仍然在断路器自动跳闸之前的位置——“合闸后”CD 位置，触点 SA_{9-10} 和 SA_{16-13} 接通，但只有 SA_{9-10} 通电，其路径为(＋)WFS→SA_{9-10}→GN→R1→QF2→KMC→－WC，绿灯 GN 发闪光。

⑤熔断器监视

若红灯 RD 和绿灯 GN 有一个亮，则表示熔断器 FU1、FU2 完好。

⑥保护出口继电器 K2 触点保护

由于断路器的跳闸线圈 YT 的工作电流较大，可达数安培，若 K2 触点先于 QF1 断开，可能烧坏 K2 触点，可利用跳跃闭锁继电器 KCF 的一对动合触点串入电阻 R4 与 K2 触点并联，即使 K2 触点先跳开，电流回路改经 R4 和 KCF 流过，短接了 K2，K2 触点也不会烧坏。

2. 灯光监视弹簧操作机构的断路器控制回路

如图 8－25 所示为具有弹簧操作机构的断路器控制回路。该控制回路是利用储能电动机 M 使弹簧压缩(或拉紧)储能，合闸时弹簧储能释放，使断路器合闸。

弹簧未储能时，操作机构的动合辅助触点 Q1 断开以闭锁合闸回路，动断辅助触点 Q2、Q3 与 Q4 闭合，触点 Q4 发出“弹簧未储能”预告信号，触点 Q2 与 Q3 闭合启动储能电动机 M 使弹簧压缩(或拉紧)储能，储能后触点 Q2、Q3 与 Q4 断开，触点 Q1 闭合，为断路器合闸做好准备。

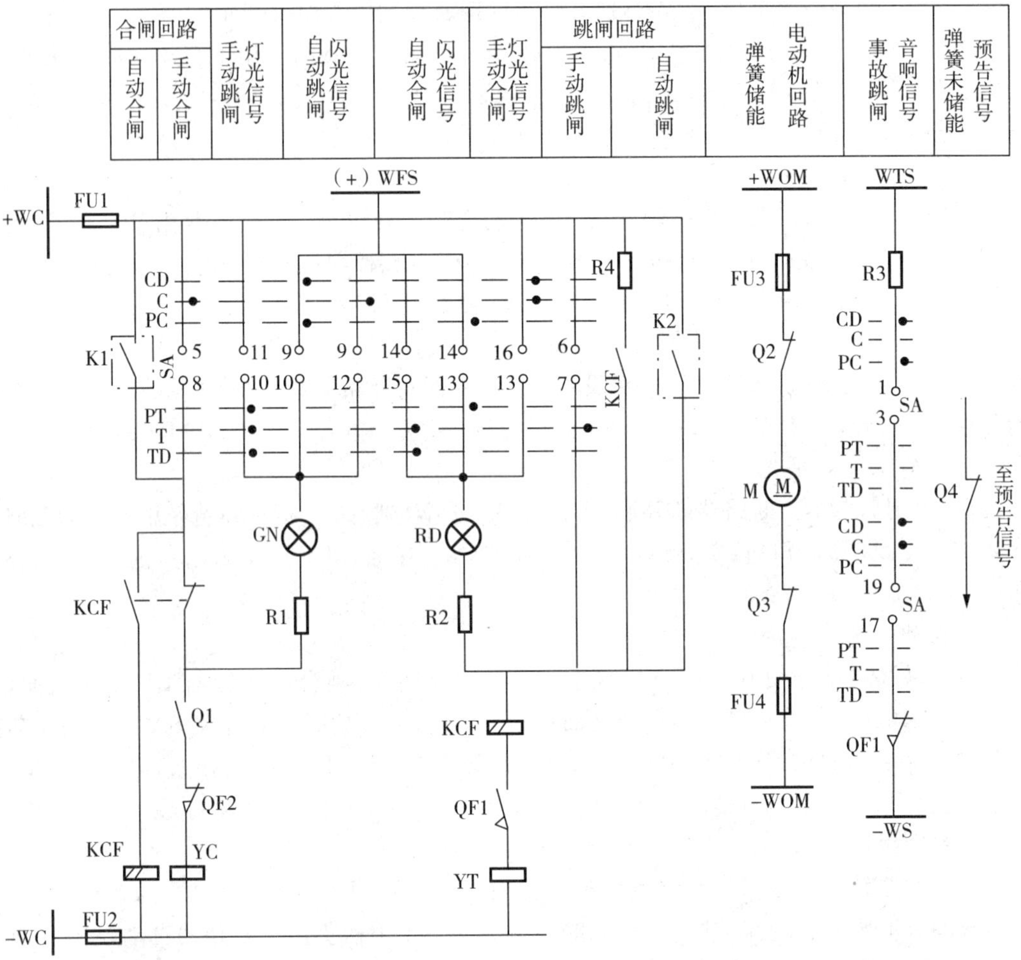

图 8-25　灯光监视弹簧操作机构的断路器控制回路

手动合闸时,控制开关 SA 的触点 5—8 闭合,合闸线圈 YC 励磁,释放弹簧储能,断路器合闸。由于合闸时仅是合闸线圈吸引衔铁,解除已储能弹簧的锁扣,需用功率不大,所以可用控制开关直接控制合闸线圈,无需经过接触器。弹簧未储能时,Q1 是断开的,断路器不能合闸。

手动跳闸时,SA 的触点 6—7 闭合,使跳闸回路带电,断路器跳闸。

当断路器装有自动重合闸装置时,由于弹簧正常运行时处于储能状态,所以能可靠地完成一次重合闸的动作。如果重合闸不成功又跳闸,因此时弹簧未储能,触点 Q1 断开,故不能进行第二次重合闸。但为了保证可靠地防止断路器发生"跳跃",控制回路中仍设有电气防跳措施。

3. 灯光监视液压操作机构的断路器控制回路

具有液压操作机构的断路器控制回路是利用液压储能使断路器跳、合闸,并靠液压使断路器保持在合闸位置的。断路器的跳合闸可用控制开关直接控制。操作机构必须保持一定的液压,液压过高可能发生事故,液压过低,断路器动作速度太慢,电弧会烧坏触头。因此液压操作机构带有反映不同压力的辅助触点,它们能保证断路器可靠地进行操作。图 8-26

为灯光监视液压操作机构的断路器控制回路。

合闸回路		手动跳闸灯光信号	手动跳闸闪光信号	自动合闸闪光信号	手动合闸灯光信号	跳闸回路				液压过低启动回路	信号及合闸小母线	溶断器	预告信号回路及油泵电动机启动回路
自动合闸	手动合闸					手动跳闸		液压过低	自动跳闸				

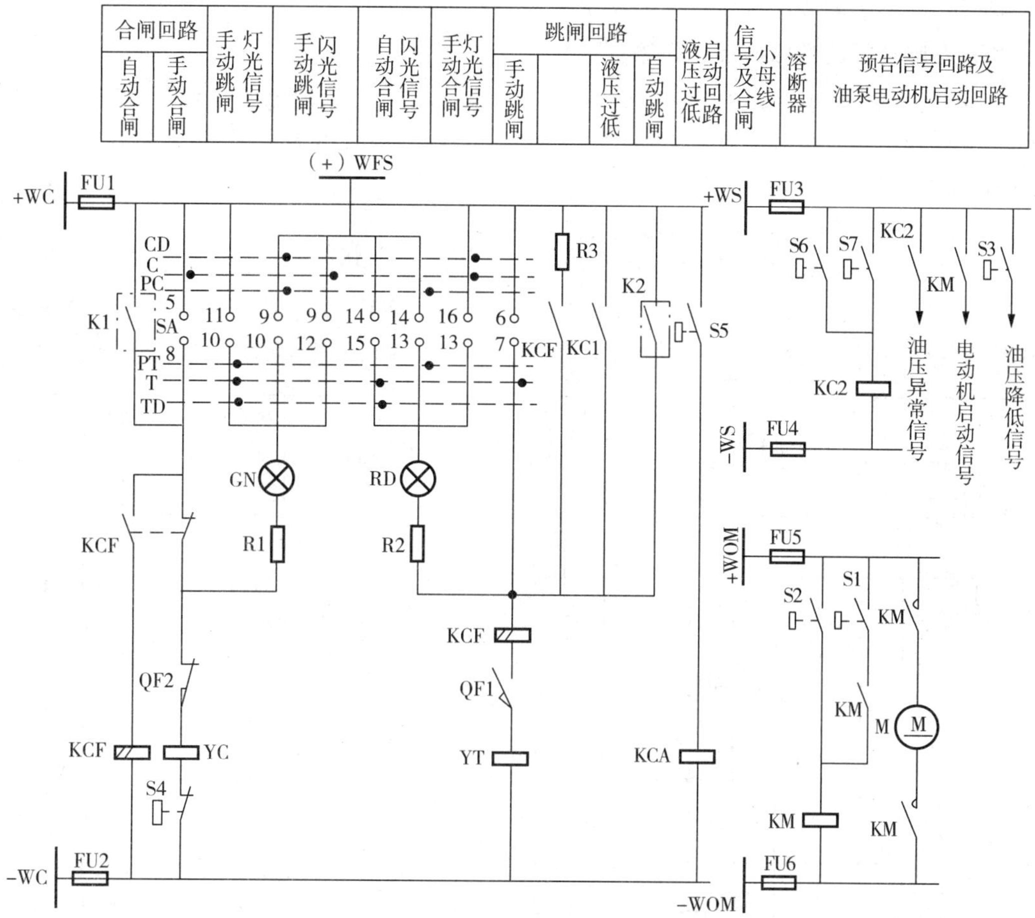

图 8－26　灯光监视液压操作机构的断路器控制回路

4. 灯光监视的断路器控制回路的特点

灯光监视的断路器控制回路的接线特点如下：

(1)控制开关 SA 采用 LW2－Z 型。断路器的位置状态以红、绿灯表示。红灯亮表示断路器在合闸状态，并表示其跳闸回路完好；绿灯亮表示断路器在跳闸状态，并表示其合闸回路完好。如果红、绿灯都不亮，则表示直流控制电源有问题，但此时不发音响信号。

(2)当自动同期或备用电源自动投入装置出口触点 K1 闭合时，断路器合闸，红灯 RD 闪光；当继电保护出口动作 K2 闭合，断路器跳闸，绿灯闪光。闪光表明断路器实际位置与控制开关位置不一致。当断路器在合闸位置，其控制开关触点 SA_{1-3}、SA_{17-19} 闭合，如果此时保护动作或断路器误脱扣时，断路器动断辅助触点 QF2 闭合，接通事故信号小母线 WTS 回路，发出事故音响信号。

(3)断路器跳合闸线圈的短脉冲，是靠其回路串入断路器的辅助触点 QF1、QF2 来保证的。

(4)当控制开关 SA 在“预备合闸”或“预备分闸”位置时，指示灯通过 SA_{9-10} 或 SA_{14-13} 触点接通闪光电源小母线(＋)WFS 回路，指示灯闪光。

(5)断路器的防跳由专设的防跳继电器 KCF 实现。

(6)主控制室到操动机构之间的联系电缆芯数为五芯。

四、音响监视的断路器控制回路

音响监视就是利用音响信号监视操作电源及跳合闸启动回路是否完好。与灯光监视相比，音响监视断路器控制回路具有使用信号灯少、控制与信号电源分开、节省操作电缆和便于运行监视等优点，在断路器数量较多的大型发电厂得到广泛应用。

1. 音响监视的断路器控制回路的基本电路

音响监视的断路器控制回路如图 8－27 所示。图中＋WS、－WS 为信号小母线，WPS3 和 WPS4 为预告信号小母线，WTS 为事故信号小母线，WVS 为控制回路断线预告小母线，KCC 为合闸位置继电器，KCT 为跳闸位置继电器，HL 为光字牌，WH 为白色信号灯。

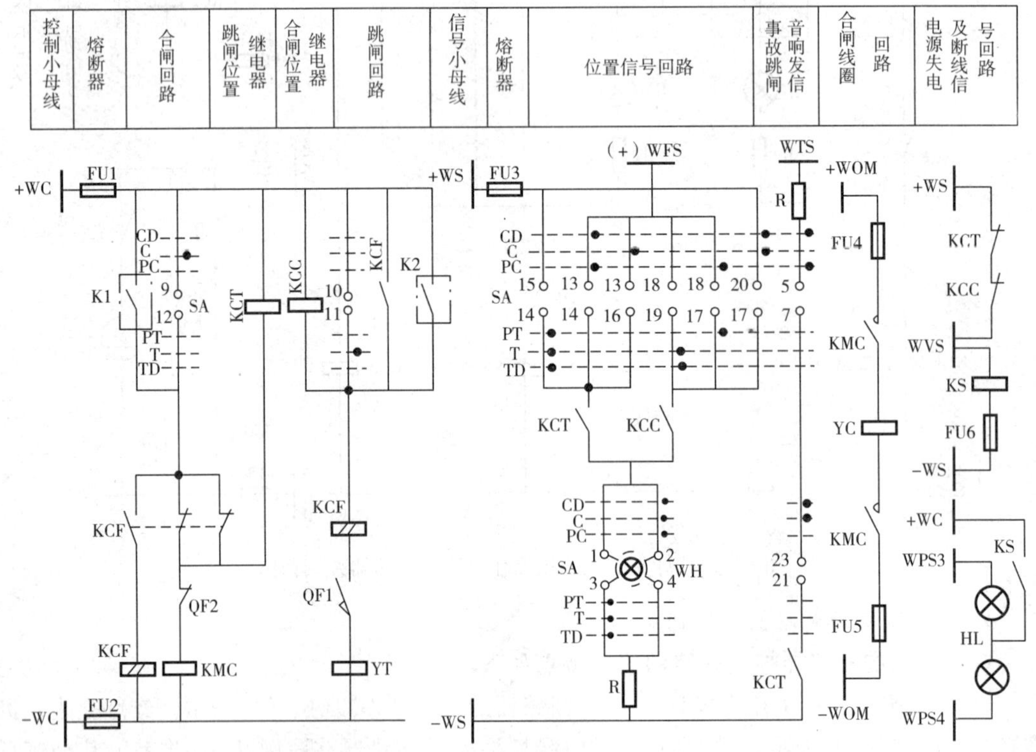

图 8－27　音响监视的断路器控制回路

2. 音响监视的断路器控制回路的基本工作原理

(1)手动合闸

①操作前。手动合闸前断路器的动断辅助触点 QF2 闭合，跳闸位置继电器 KCT 线圈带电，其动合触点闭合，此时 SA 处于“跳闸后”TD 位置，SA 触点 SA_{15-14} 和 SA_{1-3} 接通并通电，电流路径为：＋WS→SA_{15-14}→KCT→SA_{1-3}→－WS，白色信号灯 WH 发平光。

②“预备合闸”PC。将控制开关 SA 切至“预备合闸”PC 位置，触点 SA_{13-14} 和 SA_{2-4} 接通，此时跳闸位置继电器 KCT 触点仍闭合，WH 接通闪光电源而闪光，其路径为：(＋)WFS→SA_{13-14}→KCT→SA_{2-4}→－WS。

③“合闸”C。将控制开关 SA 切至“合闸”C 位置，触点 SA_{9-12} 接通，合闸接触器 KMC 线圈带电，KMC 触点闭合后使合闸线圈 YC 带电，断路器合闸。断路器合闸后，其动合辅助触点 QF1 闭合、动断辅助触点 QF2 断开，于是合闸位置继电器 KCC 线圈带电其触点闭合，信号灯 WH 通过闭合的 SA_{20-17} 和 SA_{2-4} 触点接通信号电源＋WS 和－WS 而发平光。

④“合闸后”CD。手松开控制开关 SA，SA 自动复归到“合闸后”TD 位置，此时触点 SA_{20-17} 和 SA_{2-4} 接通，触点 KCC 也闭合，信号灯 WH 接通信号电源发平光。

(2)手动跳闸

①操作前：手动跳闸前，SA 处于“合闸后”TD 位置，此时触点 SA_{20-17}、SA_{2-4} 和 KCC 都闭合，电流路径为：＋WS→SA_{20-17}→KCC→SA_{2-4}→－WS，信号灯 WH 发平光。

②“预备跳闸”PT：将控制开关 SA 切至“预备跳闸”PT 位置，触点 SA_{18-17}、SA_{1-3} 接通，而此时合闸位置继电器 KCC 的触点仍闭合，白色信号灯 WH 接通闪光电源发闪光。

③“跳闸”PT：将控制开关 SA 切至“跳闸”T 位置，触点 SA_{10-11}、SA_{15-14} 和 SA_{1-3} 接通，SA_{10-11} 接通使跳闸线圈 YT 通电而将断路器跳闸，于是断路器的辅助触点 QF1 断开、QF2 闭合，QF2 闭合使跳闸位置继电器 KCT 线圈通电，白色信号灯 WH 经触点 KCT 与触点 SA_{15-14}、SA_{1-3} 接通信号电源发平光。

④“跳闸后”TD：手松开控制开关 SA 后，SA 自动复归到“跳闸后”TD 位置，此时触点 SA_{15-14}、SA_{1-3} 和触点 KCT 都闭合，信号灯 WH 接通信号电源发平光。

(3)自动合闸

若自动装置动作使其出口继电器 K1 触点闭合，则使路径＋WC→K1→QF2→KMC→－WC 接通，合闸接触器 KMC 线圈通电，其触点闭合，随即合闸线圈 YC 通电而将断路器自动合上。断路器合闸后，辅助触点 QF1 闭合、QF2 断开，合闸位置继电器 KCC 线圈通电，KCC 动合触点闭合，而此时控制开关 SA 仍处于“跳闸后”TD 位置，触点 SA_{18-19} 和 SA_{1-3} 接通，信号灯 WH 接通闪光电源(＋)WFS 而发闪光。

(4)自动跳闸

一次系统发生故障，继电保护装置动作使其出口继电器 K2 触点闭合，跳闸线圈 YT 通电将断路器跳开，断路器的辅助触点 QF1 断开、QF2 闭合。QF2 闭合后使跳闸位置继电器 KCT 线圈通电，触点 KCT 闭合，又由于 SA 仍处于“合闸后”CD 位置，触点 SA_{13-14} 和 SA_{2-4} 接通，信号灯 WH 接至闪光电源(＋)WFS 而发闪光

3. 音响监视的断路器控制回路的特点

音响监视的断路器控制回路的接线特点如下：

(1)控制开关 SA 采用手柄带信号灯的 LW2－YZ 型。断路器的正常合闸位置指示，是以 SA 手柄在合闸位置，其触点 SA_{20-17} 和 KCC 触点接通信号灯来实现；跳闸位置指示，是以手柄在跳闸位置，其触点 SA_{14-15} 和 KCT 触点接通信号灯来实现。当断路器的位置与 SA 手柄不对应时，指示灯发出闪光。如手柄在“合闸后”位置，指示灯闪光，表明断路器已跳闸；如手柄在“跳闸后”位置，指示灯闪光，表明断路器自动合闸。

(2)控制回路的熔断器 FU1、FU2 熔断时，继电器 KCC 和 KCT 的线圈同时断电，其动断触点均闭合，接通断线信号小母线 WCO，发出音响信号。此时由信号灯熄灭，可以找出故障的控制回路。该音响信号装置应带延时，因当发出合闸或跳闸脉冲时，相应的 KCC 或 KCT 被短路而失压，此时音响信号亦可能动作。

(3)KCT 和 KCC 继电器可以用作下次操作回路的监视。如断路器在合闸位置时，KCC 启动，其动断触点断开；同时 KCT 断电，其动断触点闭合。当跳闸回路断线时，KCC 断电，KCC 动断触点接通，从而发出音响信号。合闸回路的监视与此类似。由指示灯的熄灭来找出故障的控制回路。

(4)控制开关 SA 在“预备合闸”或“预备分闸”位置时，指示灯能通过 SA_{13-14} 或 SA_{18-17} 发出闪光。

(5)此接线正常时可以暗屏运行，并能使信号灯点亮，以利于检查回路的完整性。图9-12 中(+)WS 即为可控制暗灯或亮灯运行的小母线。

(6)主控制室与断路器操作机构的联系电缆用三芯电缆即可。

任务三　发电厂、变电站中央信号系统

学习目标

通过对发电厂、变电站中央信号系统的讲解和判断事故或异常设备及其性质(根据中央信号系统的信号判断)的训练，使学生在完成本任务的学习过程中达到以下三个方面的目标：

1. 知识目标

(1)了解信号回路的作用、分类和构成；

(2)了解对中央信号系统回路的基本要求；

(3)了解中央复归能重复动作的中央信号系统的工作原理。

2. 能力目标

(1)熟悉发电厂、变电站中央信号屏的外观和结构；

(2)看懂中央信号屏相关图纸；

(3)懂得根据中央信号系统的信号判断事故或异常设备及其性质。

3. 态度目标

(1)不旷课，不迟到，不早退；

(2)具有团队意识协作精神；

(3)积极向上努力按时完成老师布置的各项任务；

(4)责任意识，安全意识，规范意识。

任务描述

认识中央信号屏，比较中央信号系统掉牌信号、光字信号与音响信号的区别。懂得根据中央信号系统的信号判断事故或异常设备及其性质。

任务准备

1. 工作准备

学习阶段	工作(学习)任务	工作目标
入题阶段	明确学习任务目标及主要学习内容	明确任务
	介绍中央信号的种类	获取相关基础知识
准备阶段	划分小组,规划任务,制订工作计划;围绕学习目标准备考察学习的议题	明确工作计划、目的
分工阶段	在实训室参观中央信号屏,每组分工	获取直观感性认识
	分组观察中央信号系统的掉牌信号、光字信号与音响信号	熟悉中央信号屏上的各种信号
	比较中央预告信号与中央事故信号的区别	
	分析全信号回路的构成	
	分析中央复归重复动作的预告信号和中央复归重复动作的事故音响信号的动作过程	

2. 主要设备

序　号	名　　称	数　量
1	中央信号屏	4套
2	图纸	10套

任务实施

(1)参观实训室内的中央信号系统,分组观察中央信号系统的掉牌信号、光字信号与音响信号,比较中央预告信号与中央事故信号的区别。

(2)熟悉全信号回路的构成。

(3)对照图纸、设备分析中央复归重复动作的预告信号和中央复归重复动作的事故音响信号的动作过程。

(4)懂得根据中央信号系统的信号判断事故或异常设备及其性质(模拟各种设备异常、事故,观察中央信号系统的信号)。

相关知识

一、发电厂、变电站中央信号系统概述

在发电厂和变电站中,常常需用信号装置显示断路器和隔离开关的位置信号;为了及时发现异常工作状态和事故,电气值班人员仅依靠测量仪表来监视设备和系统的运行状态是不够的,还必须借助更直观、更醒目的灯光信号和音响信号来反映系统的运行状态;各车间之间还需用信号进行相互联系。

1. 信号回路的类型

信号回路按用途可分为下列几种。

(1)中央信号

中央信号有两种:事故信号和预告信号,一般装设在主控室的信号屏上,中央信号由此而得名。

①事故信号。当电气设备发生事故时,应使故障回路的断路器跳闸,同时应发出事故信号,指明故障的性质,引起值班人员的注意。事故信号由音响(蜂鸣器,又称电笛)和灯光信号(灯光闪烁)两部分组成。

②预告信号。当电气设备出现异常的工作状态时,一般并不使断路器立即跳闸,但要发出预告信号,以便采取适当的措施处理,防止故障扩大。预告信号也由音响(电铃)和灯光信号(光字牌)两部分组成。

(2)位置信号

用于指示断路器、隔离开关及其他开关电气设备的位置状态,通常用红、绿灯作断路器的合闸、分闸位置信号,用专门的指示器表示隔离开关的位置状态。

(3)指挥信号

指挥信号用于主控室向其他控制室发出操作命令,如主控室向机炉房发出“增负荷”、“减负荷”、“发电机已合闸”等命令。

2. 信号的形式

中央信号由掉牌信号、光字信号、音响信号三种信号形式构成。

(1)掉牌信号

掉牌信号由装在保护屏上的信号继电器实现,能告诉值班人员是何种保护动作,从而帮助值班人员判断故障的性质、故障的远近。

(2)光字信号

光字信号由各种异常工作状态的名称和相应的灯光构成。当发生某种异常工作状态时,相应的灯光变亮,将该种异常工作状态的名称显示出来。

(3)音响信号

事故信号的音响信号部分采用蜂鸣器(又称电笛),预告信号的音响信号部分则采用电铃。

发生事故时,值班人员首先听到事故信号的蜂鸣器发出音响,再通过断路器位置指示灯闪光判断哪个设备发生了事故跳闸,并通过继电保护的掉牌信号判断是何种保护作用于跳闸。

发生异常工作状态时,值班人员则首先听到预告信号的电铃发出音响,再通过控制台的光字信号判断何种设备发生了何种异常工作状态,据此做出正确的判断处理。

3. 信号回路的基本要求

发电厂和变电站的信号系统应能满足以下要求:

(1)断路器事故跳闸时,蜂鸣器能及时发出音响信号,相应的断路器的位置指示灯闪光,信号继电器掉牌,点亮“掉牌未复归”光字牌。

(2)发生异常工作状态时,电铃能及时发出音响信号,并使显示故障性质的光字信号点亮。

(3)对信号回路,应能进行是否完好的试验。

(4)音响信号应能重复动作,并能手动或自动复归,光字信号、继电器的掉牌信号应能暂时保留。

(5)对于指挥信号等应根据需要装设。

二、全信号回路的构成

从信号启动至发出掉牌信号、光字信号和音响信号，就构成了全信号回路。

1. 信号启动回路

全信号回路的第一部分为信号启动回路，分散在各种保护电路中，也是保护回路的组成部分。信号启动回路分为有信号继电器的信号启动回路和无信号继电器的信号启动回路两种形式。

(1)有信号继电器的信号启动回路

信号继电器分为电流型和电压型两种，因此，信号启动回路可分为串联和并联两种接入法。

①串联接入法。串联接入法常用于各种事故信号启动回路。如图 8 - 28 所示，信号继电器 1KS 为电流型，线圈串联接于变压器电流速断保护回路中。

②并联接入法。并联接入法常用于各种预告信号启动回路。如图 8 - 28 所示，信号继电器 2KS 为电压型，当变压器轻瓦斯保护动作时 2KS 启动并掉牌，发出轻瓦斯动作信号。

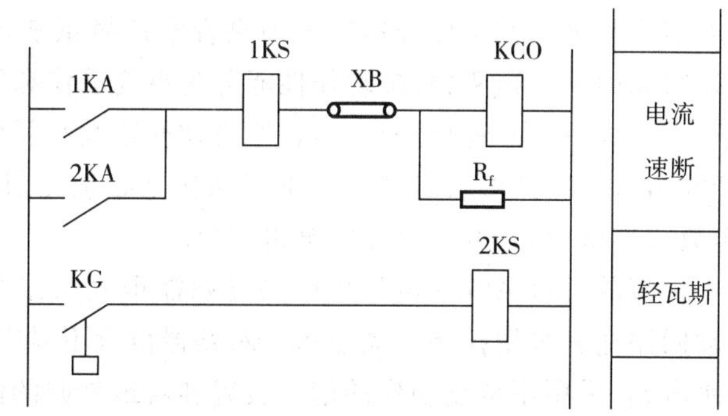

图 8 - 28　信号启动回路

(2)无信号继电器的信号启动回路

在预告信号中，某些信号无需保留，或保护发出的信号源具备保持的能力，可将各保护回路发出的信号源直接引入光字回路而省去信号继电器，即各信号源的保护回路就是信号启动回路。如图 8—29 所示，2KV、KDL 等启动回路为保护的触点。

2. 光字信号回路

光字信号(光字牌)通常在预告信号中采用。如图 8 - 29 所示，为某发电机单元的光字信号回路，光字信号回路一端接至正极信号小母线，另一端接至预告音响小母线，即正极性接法，电站一般都采用正极性接法。

图 8 - 29 中的光字信号回路由保护的触点直接启动，同时也是全信号回路的下一级——预告音响信号的启动回路。例如 1HL 为发电机定子接地监视的光字牌，若定子接地后不消失，保护的触点 2KV 保持闭合，光字牌 1HL 保持点亮，即保护发出的信号源具有保持信号的能力，故可以省去信号继电器。

其他设备单元的光字信号与此相似，通过本单元信号小闸刀从各母线中引接电源，各单元只设电源小闸刀，不设熔断器，以免在各单元要增设电源监视回路。

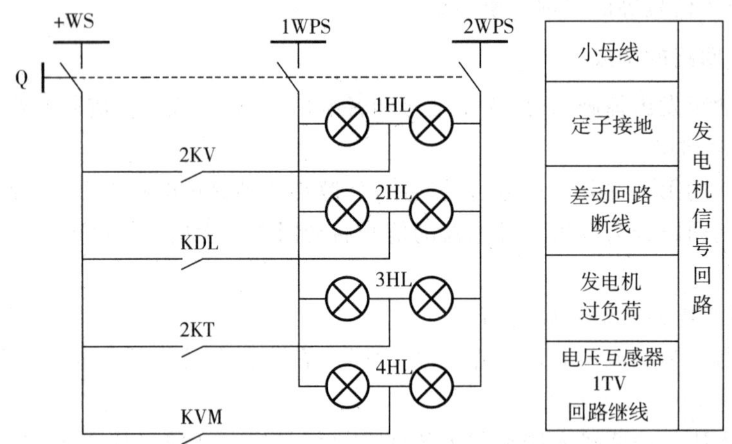

图 8-29　光字信号启动回路

3. 音响信号回路

音响信号回路是当发电厂、变电所发生事故或异常时发出音响，提醒电气值班人员的一套报警系统。事故音响信号和预告音响信号构成了中央音响信号系统，中央音响信号系统按复归方法分为就地复归和中央复归两种；按动作性能分为重复动作和不重复动作两种。

重复动作是指前一个事故(预告)音响停止后，在原启动回路没有复位的情况下，当再次发生事故或异常时，音响信号仍能被再次启动。不重复动作则必须在前一启动回路复位的情况下，当再次发生事故或异常时，音响信号才能被再次启动。

发电厂或变电站中央事故信号系统一般采用中央复归能重复动作的中央信号装置，而且事故音响信号的启动回路通常采用控制开关位置与断路器位置不对应方式。只有设备特别少的变电站或小型水电站，采用不重复动作的信号装置和就地复归的信号装置。

下面以中央复归不重复动作的中央音响信号系统为例，介绍音响信号回路，中央复归重复动作的中央音响信号系统在后续介绍。

(1)事故音响信号回路

图 8-30 为中央复归不重复动作事故音响信号回路图。图中，信号继电器的触点 1KS－nKS 为启动元件；＋WS 和－WS 为信号电源小母线；WTS 为事故音响信号小母线。

①启动。当发生事故时，1KS－nKS 中相应的触点闭合，时间继电器 1KT 因线圈通电而动作：动断触点 $1KT_1$ 断开，将电阻 1R 串联接入时间继电器 1KT 的线圈回路，减小通过时间继电器 1KT 线圈的电流，从而减小时间继电器 1KT 的发热，延长其寿命；动合触点 $1KT_2$ 闭合，接通蜂鸣器 HA，蜂鸣器鸣响，提醒值班人员发生了事故；$1KT_3$ 经过一定的延时后闭合，启动 1KM，其动断触点 1KM1 断开，自动解除音响。

②音响解除

除以上分析的自动解除音响外，还可人工解除。值班人员按下音响解除按钮 2SB，使中间继电器 1KM 动作，动断触点 1KM1 断开蜂鸣器电源，解除音响。

③复归

当事故处理完毕后，将掉牌的信号继电器手动复归，其动合触点断开，切断时间继电器 1KT 电源，时间继电器 1KT 返回，时间继电器动合触点 $1KT_2$ 断开，使中间继电器 1KM 失

电返回，整套装置恢复至动作前的状态。

④音响信号的试验

值班人员可通过按下试验按钮 1SB 对音响信号回路进行试验，回路动作过程与事故时自动启动相似。

白炽灯 1HW 用于监视信号系统的电源，当电源消失时，白炽灯熄灭，提醒值班人员及时检查，排除故障。

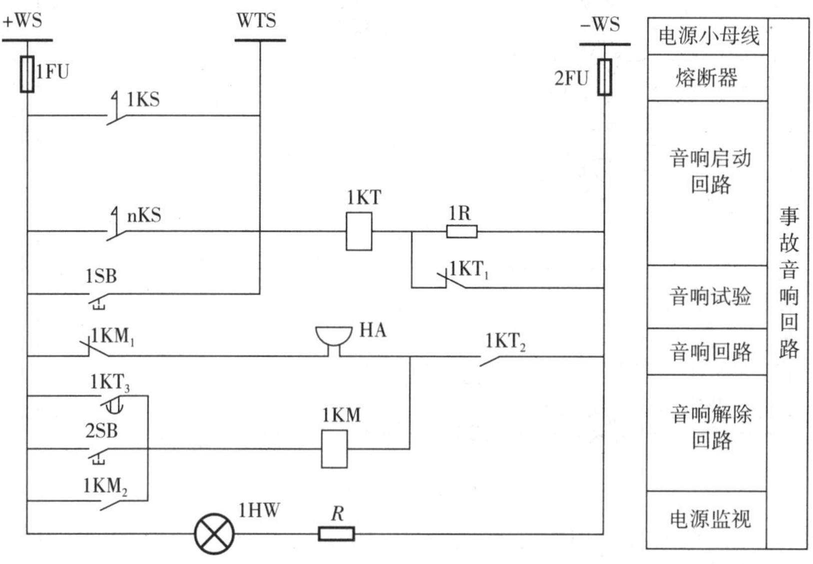

图 8-30　事故音响信号回路图

(2)预告音响信号回路

图 8-31 为中央复归不重复动作预告音响信号回路图。图中，1K－nK 为启动元件，是相关保护信号继电器的触点或保护的触点；＋WS 和－WS 为信号电源小母线；WPS 为预告音响信号小母线；YMS、WSP 为掉牌未复归信号小母线。

预告音响信号回路的动作原理与事故音响信号相似，只是音响信号为电铃，灯光信号为光字牌。

当发生异常工作状态时，如 1# 变压器过负荷，相应保护的动合触点闭合(例如为 1K)，产生下列效果：时间继电器 2KT 通电后去启动电铃；同时点亮光字牌 1HL，使“1# 变压器过负荷”变亮。

三、中央复归重复动作的事故信号系统

如前所述，中央信号由中央事故信号和中央预告信号构成，中央事故信号的作用是：当电气设备发生事故时，应使事故回路的断路器跳闸，同时发出事故信号(包括音响信号和灯光信号)，指明故障的性质，引起值班人员的注意。

1. 冲击继电器的种类及其工作原理

冲击继电器是中央复归能重复动作的中央信号装置的重要元件，通常有 CJ1 型冲击继电器、ZC—23 型冲击继电器、BC—3A 冲击继电器型、JC—2 型冲击继电器等。由于微机控制的新型中央信号逐渐广泛采用，这里只介绍 ZC—23 型冲击继电器的工作原理，并介绍由

其构成的中央事故信号系统。

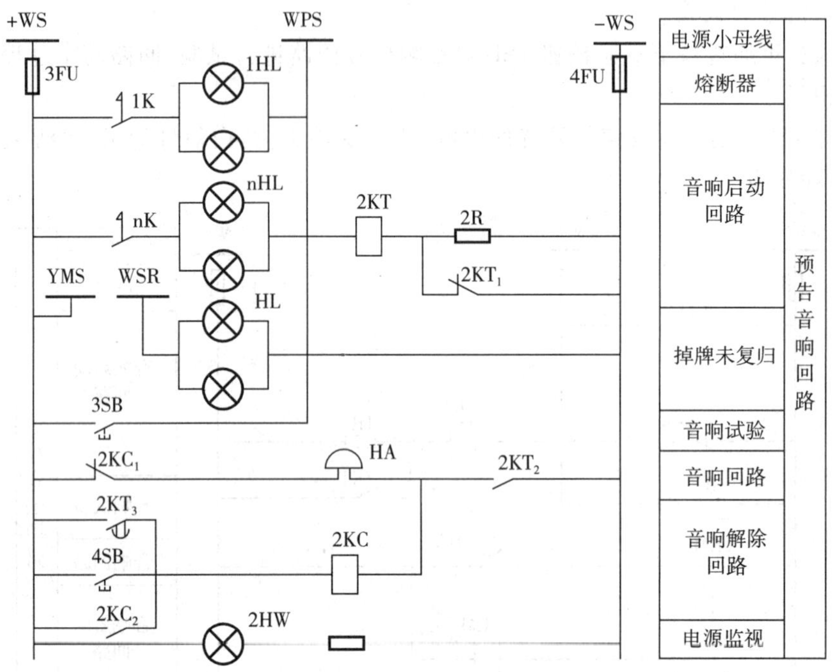

图 8－31 预告音响信号回路

ZC—23 型冲击继电器的内部原理接线图如图 8－32 所示。其中，U 为脉冲变流器；1KR 为单触点干簧继电器；2KR 为多触点干簧继电器；1V、2V 为二极管；C 为电容器。

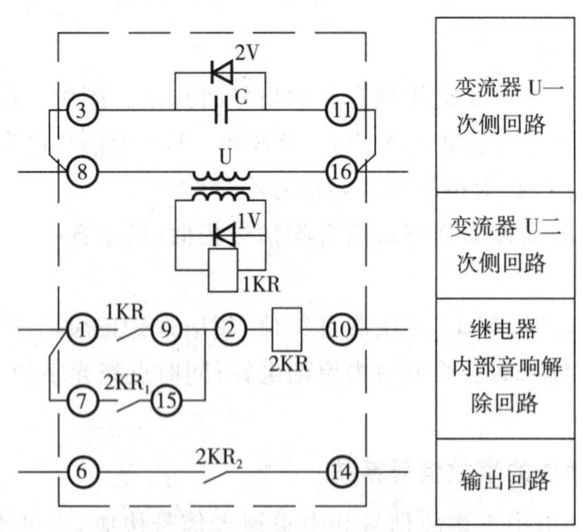

图 8－32 ZC—23 型冲击继电器内部原理接线图

ZC—23 型冲击继电器的工作原理：脉冲变流器 U 一次侧与外部的音响启动回路串联，当外部音响启动回路发生变化时，流过脉冲变流器 U 一次侧线圈的直流电流发生变化，于是在二次线圈回路感应出短暂的尖峰脉冲电流，启动干簧继电器 1KR。1KR 的动合触点闭合，启动干簧继电器 2KR，2KR 的两对动合触点闭合后，分别自保持和接通外部电路，启动音响蜂鸣器。

并联在脉冲变流器 U 一次侧的电容 C 和二极管 2V 组成抗干扰回路，而二次侧的二极管 1V 把由于一次回路电流突然减小而产生的负脉冲电流旁路掉，防止 1KR 误动作。

2. 中央复归重复动作的事故信号装置的基本原理

如图 8－33 所示，为用 ZC—23 型冲击继电器构成的中央复归重复动作的事故信号装置。

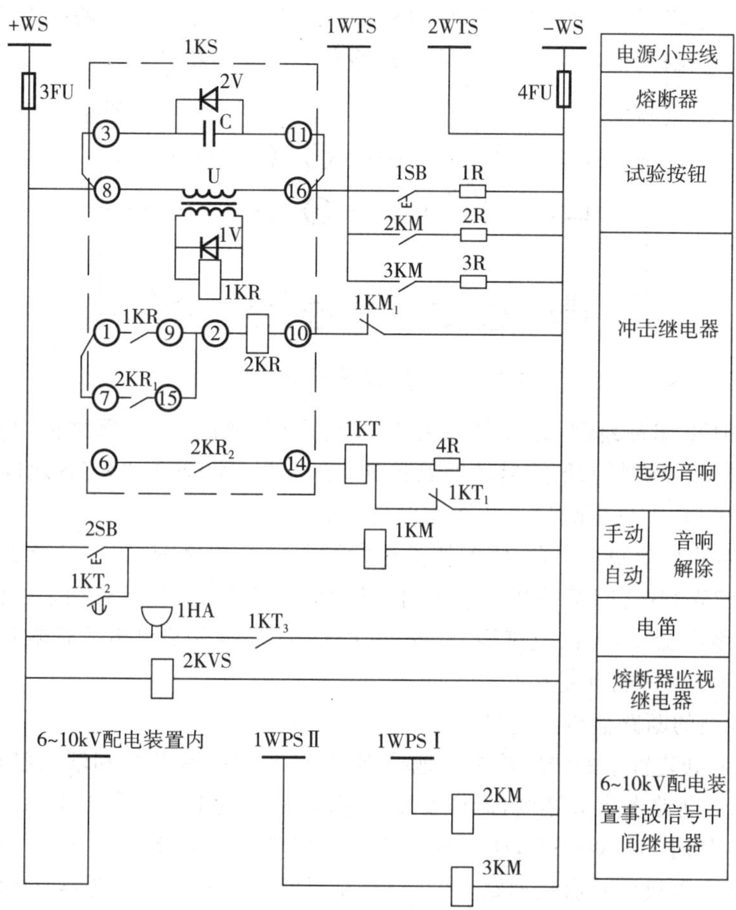

图 8－33　中央复归重复动作的事故信号装置原理图

(1)试验按钮装置的工作原理

为了确保中央事故信号装置长期处于完好状态，在图 8－33 中装设了试验按钮 1SB。按下 1SB 时，冲击继电器一次回路突然按通，冲击继电器被启动，其动合触点 $2KR_2$ 闭合，启动时间继电器 1KT，时间继电器动作产生下列三个效果：

①动断触点 $1KT_1$ 断开，将电阻 4R 串联接入时间继电器回路，从而减小 1KT 的发热，延长 1KT 的寿命。

②动合触点 $1KT_3$ 闭合，接通蜂鸣器 1HA，若 1HA 鸣响，则表示装置完好。

③延时动合触点 $1KT_2$ 经一定的延时后闭合，自动解除音响。

除自动解除音响外，也可手动解除。按下手动解除按钮 2SB，与自动解除相似，启动中间继电器 1KM，$1KM_1$ 动断触点断开，切断 2KR 所在回路。2KR2 断开，使 1KT 返回，$1KT_3$ 触点断开，解除音响。因此，依靠 2SB 图 8－33 能集中在一个地点手动解除，即所谓中央复归。

当用 1SB 试验时，其动断触点断开遥信装置，以免向电力调度误发信号(图中未画出)。

(2)断路器事故信号启动回路的工作原理

图 8－33 中按工程作图惯例，启动回路部分没有画出。断路器事故信号的启动回路如图 8－34 所示。在小母线 1WTS 与 2WTS 之间，并联接入了需要由中央事故信号装置发出事故报警的所有断路器事故信号的启动回路。图中，R 为各个启动回路的电阻，1SA～nSA 为各自断路器的控制开关，1QF－nQF 为各断路器的辅助动断触点。

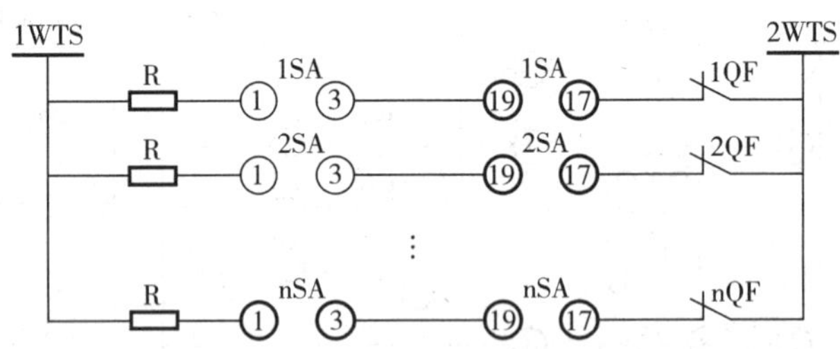

图 8－34　事故音响启动回路图

若断路器 1QF 事故跳闸，在控制开关 1SA 切换至“跳闸后”位置之前，1SA 与 1QF 的位置不对应，对应断路器 1QF 的启动回路接通，小母线 1WTS 与 2WTS 之间接通，与按下试验按钮 1SB 类似，中央事故信号装置发出音响信号。

若在音响解除后值班人员将 1SA 切换至“跳闸后”位置之前，又有断路器事故分闸时，则在 1WTS 与 2WTS 之间又并联上一个启动回路，1WTS 与 2WTS 之间的电阻由 R 变为 R/2，通过冲击继电器 1KA 的电流增大，1KA 再次动作，再次发出事故音响信号。因此，图 8－33 的事故信号装置能重复动作。

(3)就地控制的断路器事故信号

6－10kV 配电装置中的线路均为就地控制，断路器的控制开关和辅助触点在配电装置中。当 6－10kV 断路器事故跳闸，同样要发出事故信号，为节省控制电缆，设置了两段事故信号小母线 1WPSⅠ和 2WPSⅡ，如图 8—33 中下部所示。为便于区分哪段断路器事故跳闸，各段断路器的事故信号启动回路，接在信号小母线与事故信号小母线 1WPSⅠ和 2WPSⅡ之间(图中按工程作图惯例未画出)。

当任一段上的某个断路器事故分闸时，事故信号中间继电器 2KM 或 3KM 动作，动合触点 2KM 或 3KM 闭合，发出事故音响信号；另一对 2KM 或 3KM 触点设在中央预告信号，点亮光字牌，指明事故发生在Ⅰ段或Ⅱ段。

(4)事故信号回路的监视

当熔断器熔断或接触不良时，熔断器监视继电器 1KVS 返回，动断触点闭合(在中央预告信号系统)，延时启动预告音响信号系统，点亮“事故信号回路熔断器熔断”光字牌。

四、中央复归重复动作的预告信号系统

如前所述，预告信号是中央信号系统的一部分，当电气设备出现异常的工作状态时，一般并不使断路器立即跳闸，但要发出预告信号，以便采取适当的措施处理，防止故障扩大。本节主要介绍由 ZC—23 型冲击继电器构成的中央复归能重复动作的预告信号装置。

预告信号分为瞬时预告信号和延时预告信号两种。对某些在电力系统发生短路时可能

伴随发出的预告信号，如过负荷、电压互感器二次回路断线、交流回路绝缘损坏等，应带延时发出音响信号，使短路被切除这些信号消失后，预告信号不会发出，以免影响值班人员的注意力。但运行经验表明，只要预告信号带有 0.2～0.3s 延时，预告信号便没有必要分为瞬时和延时两种，因而 SDJ—84《火力发电厂技术设计规程》中取消了“中央预告信号应分瞬时和延时两种”的内容。因此，本节只介绍不分瞬时和延时的信号回路。

如图 8－35 所示。预告信号系统和事故信号系统在接线上有些不同，但工作原理基本相似。

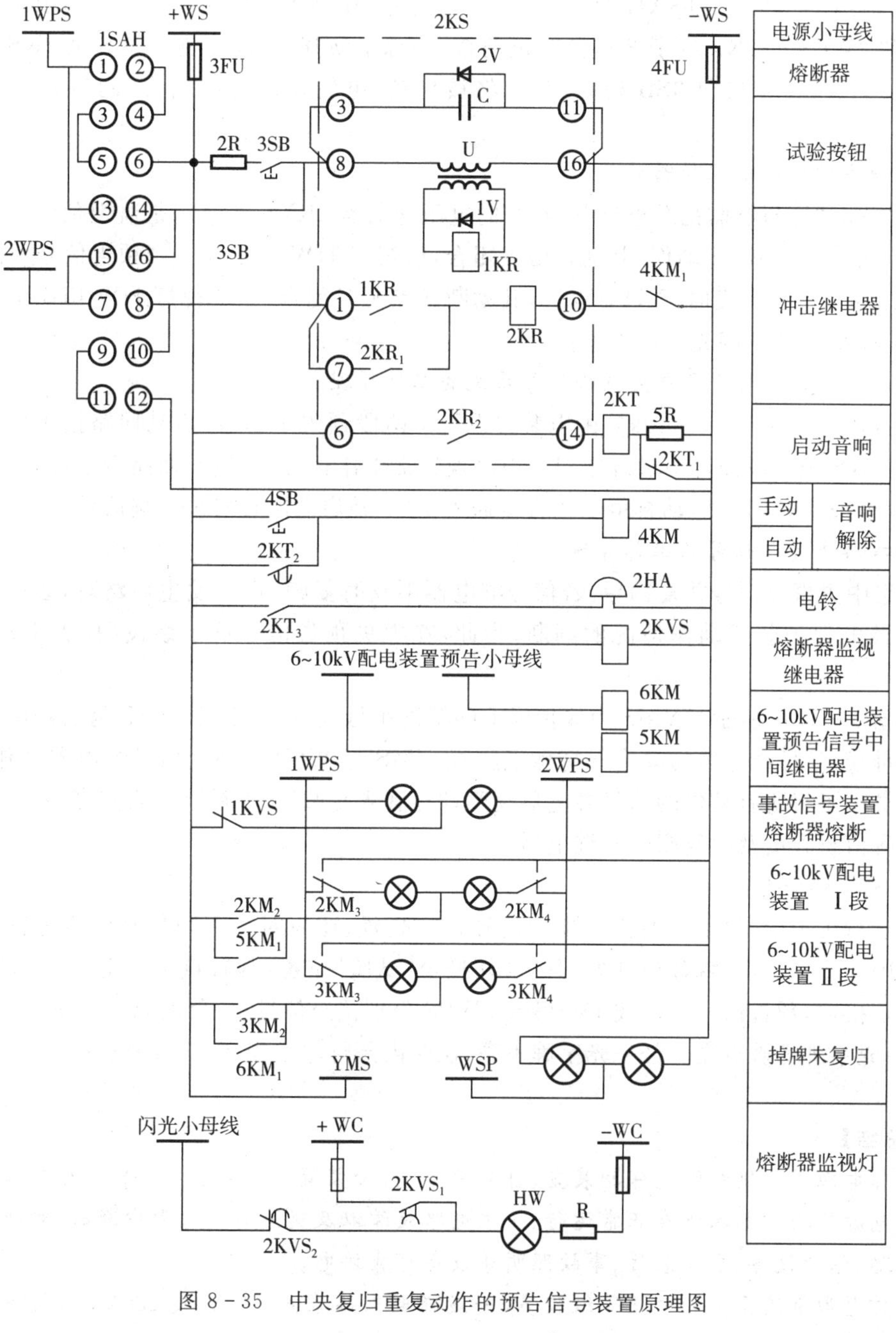

图 8－35　中央复归重复动作的预告信号装置原理图

1. 试验预告信号装置的工作原理

与事故信号系统相似，为了确保中央预告信号装置长期处于完好状态，在图 8—35 中装设了试验按钮 3SB。按下 3SB 时，冲击继电器一次回路突然按通，冲击继电器被启动，下面的动作过程与事故信号系统类似，电铃发出音响信号，表明信号系统工作正常。

2. 预告信号发出的的工作原理

设某台发电机定子绕组发生了接地故障，如图 8 - 29 所示，反映定子绕组接地的保护动作 2KV 动合触点接通，将信号正电源＋WS 至预告信号小母线 1WPS 和 2WPS 这部分电路接通；回到图 8 - 35 中，1SAH 处于“信号”位置时，其触点 13—14 和 15—16 接通，因此 1WPS 和 2WPS 至 2KS 端子 8 这部分电路接通；综上所述，从正电源＋WS 至 2KS 端子 8 已联通，与按下试验按钮 3SB 相同，2KS 将被启动，电铃发出音响信号，同时光字牌已被点亮。

3. 预告信号回路熔断器监视

图 8 - 35“熔断器监视继电器”回路中的电压继电器 2KVS 的作用是监视预告信号系统的电源。正常时，2KVS 动作，其动合触点闭合，监视灯 HW 发平光。当预告信号回路中的熔断器熔断或接触不良时，2KVS 返回，其动断触点延时闭合，将监视灯 HW 切换至闪光小母线上，监视灯 HW 闪光。

4. 6～10kV 配电装置中央预告信号系统的工作原理

如图 8 - 35 所示。6—10kV 配电装置设置了两段预告小母线，启动回路接于信号电源小母线＋WS 至两段预告小母线之间。当出现异常工作状态时，启动回路接通，预告信号继电器 5KM 或 6KM 启动，动合触点闭合接通光字牌，并启动电铃发出音响信号。

5. 掉牌未复归信号的工作原理

发出中央事故信号并复归后，若信号继电器不及时复归，再次发生短路时，会影响运行人员对继电保护装置动作情况的判断，为此，在中央预告信号屏上装设“掉牌未复归”光字牌。

如图 8 - 35 中所示。YMS 为保护屏上的辅助小母线，接正电源；WSP 为公用的掉牌未复归小母线，信号继电器的动合保持触点接在 YMS 与 WSP 之间。信号继电器动作后，若值班人员忘了将所有动作的信号继电器复归，“掉牌未复归”光字牌将一直点亮（不发音响信号），提醒值班人员及时复归信号继电器。

6. 光字牌检查

在运行维护中，除了定期检查预告信号音响装置，还应对光字牌信号回路进行定期检查。如图 8—35 所示，将转换开关 1SAH 切换至“试验”位置，其触点 13—14、15—16 断开，其余触点接通，预告信号小母线 1WPS 与 2WPS 分别接至信号正、负电源。由图 8 - 29 可看出，所有光字牌都被点亮。任一光字牌不亮，说明内部灯泡已损坏，应及时更换。

【项目总结】

操作电源是指供给继电保护装置、自动装置、信号装置、断路器控制等二次回路及事故照明的电源。操作电源能在正常运行、一次电路故障以及交流自用电源中断时，对断路器的控制回路、信号设备、自动装置、事故照明等设备可靠供电。

操作电源直流系统的电压等级较多，一般强电回路采用 110V 或 220V，弱电回路采用

24V或48V。操作电源必须充分可靠，且应具有独立性，目前一般采用直流操作电源。

常见的操作电源主要有交流操作电源、直流操作电源、整流操作电源和交流不间断电源(UPS)。

交流操作电源直接使用交流电源，分为"电流源"和"电压源"两种，目前应用较少。

直流操作电源主要指蓄电池组直流操作电源，是一种独立电源。蓄电池是一种化学电源，它能把电能转变为化学能并储存起来，使用时再把化学能转换为电能供给负载，其变换过程是可逆的。蓄电池分为酸性电池与碱性电池两大类，目前应用较多的是全密闭免维护蓄电池系统。

整流操作电源的基本过程是将交流电源整流后以直流电源的形式供给负载使用，主要包括硅整流电容储能直流电源与复式整流直流电源。

交流不间断电源(UPS)在正常、异常和供电中断等情况下，均能向负载提供安全、可靠。稳定、不间断、不受倒闸操作影响的交流电源，目前已成为发电厂和变电站计算机、监控仪表、信息处理系统等重要负荷不可缺少的供电装置。

直流系统电压的偏差不得超过额定电压的±10%，电压监察装置用来监视直流系统母线电压，当直流母线电压过高或过低时发出信号。

正常运行的直流系统，其正、负极对地都是绝缘的，直流系统的绝缘能力降低直接影响直流回路的可靠性。通常利用直流绝缘监察装置对直流系统进行监测。正常时直流系统对地绝缘良好，正负极对地电压基本相等。发生一极接地时，绝缘能力降低的一极对地电压较低，而另一极对地电压较高。

直流系统发生接地时，应根据当时的运行方式、操作情况和气候影响，分析接地发生的原因，判断接地点的可能位置。一般采取拉路寻找、分段处理的方法，以先信号部分后操作部分，先室外部分后室内部分为原则。在切断各专用直流回路时，切断时间不得超过3s，不论回路接地与否均应合上。当发现直流回路有接地时，则应及时找出接地点，尽快消除。

高压断路器是发电厂和变电站内重要的一次设备，它能切断负荷电流、过负荷电流以及短路电流。运行人员通过断路器控制回路对操作机构下发跳、合闸指令，以完成跳合闸操作。

断路器控制回路应满足以下基本要求：(1)应有对控制电源的监视回路；(2)应经常监视断路器跳闸、合闸回路的完好性；(3)应有防止断路器"跳跃"的电气闭锁装置；(4)跳闸、合闸命令应保持足够长的时间，并且当跳闸或合闸完成后，命令脉冲应能自动解除；(5)应有明显的跳、合闸位置信号；(6)应能对操作机构储能进行监视；(7)接线简单、经济性好。

控制开关是运行人员对断路器进行手动分、合闸的控制装置，常用的控制开关为LW2型。LW2型控制开关SA手柄的6个不同的操作位置：PC—预备合闸、C—合闸、CD—合闸后、PT—预备跳闸、T—跳闸、TD—跳闸后。

断路器的控制回路一般由基本跳合闸回路、防跳跃回路、位置信号回路、事故跳闸音响信号回路等几个部分构成。

断路器控制回路应能实现对断路器的手动跳、合闸与自动跳、合闸的基本操作，同时应具备电气防跳跃功能。断路器不断地合→跳→合→…的现象称为"跳跃"，断路器"跳跃"对设备、对电力系统的危害都很大，因此须采取措施"防跳"。防跳的措施有电气防跳和机械防跳，不论断路器操作机构本身是否带有机械闭锁，均应在断路器控制回路中加装电气防跳电路。电气防跳的方法有加装防跳继电器、利用跳闸线圈的辅助触点防跳等,加装防跳继电器的电气防跳电路应用较多。

断路器的位置信号一般用信号灯表示,其形式分为单灯制和双灯制两种。单灯制用于音响监视的断路器控制信号回路中,双灯制用于灯光监视的断路器控制信号回路中。

断路器由继电保护动作而跳闸时,要求发出事故跳闸音响信号,以引起运行人员的注意。常见的事故音响启动回路有利用断路器辅助触点启动、利用跳闸位置继电器启动和利用三相断路器辅助触点并联启动三种形式,都是利用“不对应”原理工作的。

断路器采用不同的操作机构,其断路器控制回路也不相同,但基本可将断路器控制回路分为灯光监视与音响监视两种类型。

灯光监视就是利用灯光信号监视操作电源及跳、合闸启动回路是否完好。灯光监视的断路器控制回路控制开关采用 LW2—Z 型。断路器的位置状态以红、绿灯表示。红灯亮表示断路器在合闸状态,并表示其跳闸回路完好;绿灯亮表示断路器在跳闸状态,并表示其合闸回路完好。如果红、绿灯都不亮,则表示直流控制电源有问题,但此时不发音响信号。当断路器实际位置与控制开关位置不一致时发出闪光。主控制室到操动机构之间的联系电缆芯数为五芯。

音响监视就是利用音响信号监视操作电源及跳合闸启动回路是否完好。音响监视的断路器控制回路的控制开关采用手柄带信号灯的 LW2—YZ 型。断路器的正常跳、合闸位置指示,是以 SA 手柄的位置与信号灯的状态来实现,当断路器的位置与 SA 手柄不对应时,指示灯发出闪光。控制电源消失以及跳、合闸回路断线时,发出音响信号,并利用指示灯是否熄灭来查找故障。正常时可以暗屏运行,并能使信号灯点亮。主控制室与断路器操作机构的联系电缆用三芯电缆即可。与灯光监视相比,音响监视断路器控制回路具有使用信号灯少、控制与信号电源分开、节省操作电缆和便于运行监视等优点,在断路器数量较多的大型发电厂得到广泛应用。

信号回路的作用:帮助运行人员监视电气设备的工作状态,当电力系统发生事故或异常时,能自动地发出相应的灯光信号和音响信号,唤起运行人员的注意,同时帮助运行人员判断发生事故或异常的设备及其性质,从而及时分析处理。

信号回路按用途可分为:中央信号、位置信号、指挥信号。

在发电厂和有人值班的大中型变电站,一般装设中央复归能重复动作的事故信号和预告信号;小型水电站和火力发电厂的辅助车间通常采用中央复归不能重复动作的中央信号系统。本章着重介绍中央复归能重复动作的中央信号系统。

中央信号由掉牌信号、光字信号、音响信号三种信号形式构成。

根据中央信号系统的音响信号可以判断发生了事故还是异常工作状态,根据光字信号、掉牌信号可以判别发生事故或异常的设备及其性质。

思考题与习题

8－1　操作电源的作用是什么? 目前常用的操作电源有哪几种?

8－2　直流负荷分为哪几类?

8－3　铅酸蓄电池组直流系统有哪两种运行方式?

8－4　试述硅整流电容储能直流系统的工作原理。

8-5　试述复式整流装置直流系统的工作原理。

8-6　为什么直流系统要装设电压监视装置？试述直流系统电压监视装置的工作原理。

8-7　直流系统绝缘能力降低有何危害？

8-8　查找直流系统接地的原则与注意事项有哪些？

8-9　对断路器控制回路的基本要求有哪些？

8-10　断路器的辅助触点有哪几种？它们的位置与主触头有何关系？

8-11　根据动力来源的不同，断路器的操作机构有哪几种？

8-12　简述对断路器进行手动合闸及手动跳闸的基本操作步骤？

8-13　什么是断路器的“跳跃”？试用图8-15说明加装防跳继电器的防跳电路的基本工作原理。

8-14　试用图8-17说明断路器的位置信号。

8-15　试用图8-20说明断路器手动合闸、手动跳闸、自动合闸与自动跳闸的动作原理。

8-16　试用图8-20说明灯光监视的断路器控制回路的特点。

8-17　试用图8-23说明音响监视的断路器控制回路的特点。

8-18　信号回路有哪些类型？发电厂、变电所装设中央信号系统有什么作用？

8-19　说明ZC—23型冲击继电器能重复动作的工作原理。

8-20　说出中央事故信号系统试验和事故时的动作原理。

8-21　说出中央预告信号系统试验和事故时的动作原理。

8-22　如何根据中央信号系统的信号判断事故或异常的设备和性质？

参考文献

[1]电力系统继电保护及二次回路．沈诗佳．北京:中国电力出版社,2007.

[2]电力系统继电保护测试技术．王大鹏,吴璟岚．北京:中国水利电力出版社,2006.

[3]微型机继电保护基础(第二版)．杨奇逊,黄少锋．北京:中国电力出版社,2005.

[4]发电厂及变电站二次回路．黄栋、吴轶群．北京:中国水利水电出版社,2004.

[5]发电厂及变电站的二次回路(第二版)．何永华．北京:中国电力出版社,2004.

[6]电力系统继电保护原理(增订版)．贺家李,宋从矩．北京:中国电力出版社,2004.

[7]二次回路．沈胜标．高等教育出版社,2006.

[8]发电机组微机继电保护及自动装置．高亮．北京:中国电力出版社,2009.

[9]电厂微机保护测试技术．韩笑,向前,邢素娟．北京:中国水利水电出版社,2010.

[10]RCS－985系列发电机变压器成套保护装置技术说明书．南京南瑞继保电气有限公司,2007.

[11]RCS－985系列发电机变压器成套保护装置调试大纲．南京南瑞继保电气有限公司,2007.

[12]电网微机保护测试技术．韩笑,赵景峰,邢素娟．北京:中国水利水电出版社,2005.

[13]国家电网公司生产技能人员职业能力培训专用教材(继电保护)．国家电网公司人力资源部．北京:中国电力出版社,2010.

[14]现场运行人员继电保护实用技术．廖小君,杨先义．北京:中国电力出版社,2011.

[15]继电保护及自动化设备检验培训教材．国网电力科学研究院实验验证中心．北京:中国电力出版社,2012.

[16]电力系统继电保护技术．陈延枫．北京:中国电力出版社,2011.

[17]继电保护原理与应用(第二版)．宋志明．北京:中国电力出版社,2007.

[18]超高压输变电操作技能培训教材(继电保护)．上海超高压输变电公司．北京:中国电力出版社,2007.

[19]电力系统继电保护(第二版)．张宝会,尹项根．北京:中国电力出版社,2010.

[20]电力系统微机继电保护．高亮．北京:中国电力出版社,2007.